大東地志

대동지지 3

경 상 도

초판 1쇄 인쇄 2023년 7월 17일
초판 1쇄 발행 2023년 7월 27일

지 은 이 이상태 고혜령 김용곤 이영춘 김현영 박한남 고성훈 류주희
발 행 인 한정희
발 행 처 경인문화사
편 집 유지혜 김지선 한주연 이다빈 김윤진
마 케 팅 전병관 하재일 유인순
출판번호 제406-1973-000003호
주 소 경기도 파주시 회동길 445-1 경인빌딩 B동 4층
전 화 031-955-9300 팩 스 031-955-9310
홈페이지 www.kyunginp.co.kr
이 메 일 kyungin@kyunginp.co.kr

ISBN 978-89-499-6733-2 94980
978-89-499-6740-0 (세트)
값 42,000원

영인본의 출처는 서울대학교 규장각한국학연구원(古4790-37-v.1-15/국립중앙도서관)에 있습니다.

大 東 地 志

대동지지

경상도

이상태 · 고혜령 · 김용곤 · 이영춘
김현영 · 박한남 · 고성훈 · 류주희

경인문화사

목 차
目 次

제1권 경상도 15읍 • 9

제2권 경상도 25읍 • 113

제3권 경상도 23읍 • 215

제4권 경상도 8읍 • 351

부록 • 407

원문 • 421

경상도

〈영남(嶺南)이라고 부른다〉

본래 진한(辰韓)·변한(弁韓), 2한의 땅이다. 뒤에 모두 신라에 병합되었다. 경덕왕(景德王) 16년(757)에 본도에 상주·양주·강주삼주도독부(尙良康三州都督府)를 두어 군현을 거느리게 하였다. 효공왕(孝恭王) 때 후백제의 견훤이 양주와 강주 두 고을의 땅에 침입하였다. 경순왕(敬順王) 9년(935)〈고려 태조 18년 을미년〉에 고려에 항복하였다. 고려 성종 14년(995)에 상주 등의 주현으로써 영남도(嶺南道)로 삼고, 경주·금주(金州) 등의 주현으로써 영동도(嶺東道)로 삼고, 진주(晉州)·합주(陜州) 등의 주현으로써 산남도(山南道)로 삼았다. 예종(睿宗) 원년(1106)에 3도를 합쳐서 경상진주도(慶尙晉州道)로 삼았다. 명종(明宗) 원년(1171)에 경상주도(慶尙州道)와 진합주도(晉陜州道)로 나누었다가 16년(1176)에 합쳐서 경상주도로 삼았다. 신종(神宗) 7년(1204)에 상진안동도(尙晉安東道)로 고쳤다가 후에 경상진안도(慶尙晉安道)로 고쳤다.〈고종 45년(1258)에 명주도(溟州道)의 화주(和州)·등주(登州)·정주(定州)·장주(長州) 4주가 몽고에 함락되었다. 다음해 본도의 평해(平海)·덕원(德原)·영덕(盈德)·송생(松生)을 할양하여 명주도에 이관하였다가 후에 본도에 돌려주었다. 충렬왕(忠烈王) 16년(1290)에 또 영해 영덕 송생을 동계(東界)에 이관하였다가 다시 본도에 돌려주었다〉 충숙왕(忠肅王) 원년(1314)에 경상도라고 정하였는데, 조선조에서 그대로 따랐다. 모두 71읍이다.

순영(巡營)은 대구부(大邱府)에 있다.

좌병영(左兵營)은 울산부(蔚山府)에 있다.

우병영(右兵營)은 진주목(晉州牧)에 있다.

좌수영(左水營)은 동래부(東萊府)에 있다.

우수영 겸 삼도통제영(右水營兼三道統制營)은 고성현(固城縣)에 있다.

토포영(討捕營)〈전영(前營)은 안동(安東)에 있다. 좌영(左營)은 상주(尙州)에 있다. 중영(中營)은 대구에 있다. 우영(右營)은 진주에 있다. 후영(後營)은 경주에 있다. 별중영(別中營)은 김해(金海)에 있다〉

경주진관(慶州鎭管)〈울산(蔚山)·양산(梁山)·영천(永川)·흥해(興海)·청하(淸河)·영일(迎日)·장기(長鬐)·기장(機張)·언양(彦陽)〉

동래진(東萊鎭)〈예전에는 경주진관에 속하였다〉

안동진관(安東鎭管)〈영해(寧海)·청송(靑松)·순흥(順興)·예천(醴川)·영천(榮川)·풍기(豊基)·의성(義城)·영덕(盈德)·봉화(奉化)·진보(眞寶)·군위(軍威)·비안(比安)·예안(禮安)·용궁(龍宮)·영양(英陽)〉

대구진관(大邱鎭管)〈밀양(密陽)·인동(仁同)·칠곡(漆谷)·청도(淸道)·경산(慶山)·하양(河陽)·현풍(玄風)·신녕(新寧)·영산(靈山)·창녕(昌寧)·의흥(義興)·자인(慈仁)〉

상주진관(尙州鎭管)〈성주(星州)·금산(金山)·개령(開寧)·지례(知禮)·고령(高靈)·문경(聞慶)·함창(咸昌)〉

선산진(善山鎭)〈예전에는 상주진관에 속하였다〉

진주진관(晉州鎭管)〈거창(居昌)·하동(河東)·함양(咸陽)·초계(草溪)·합천(陜川)·곤양(昆陽)· 남해(南海)·사천(泗川)·삼가(三嘉)·의령(宜寧)·산청(山淸)·안의(安義)·단성(丹城)〉

김해진관(金海鎭管)〈창원(昌原)·거제(巨濟)·함안(咸安)·고성(固城)·웅천(熊川)·칠원(漆原)·진해(鎭海)〉

부산포진관(釜山浦鎭管)〈서생포(西生浦)·두모포(豆毛浦)·개운포(開雲浦)·포이포(包伊浦)·서평포(西平浦)〉

가덕도진관(加德島鎭管)〈구산포(龜山浦)·천성포(天城浦)·안골포(安骨浦)·제포(薺浦)·조라포(助羅浦)·지세포(知世浦)·옥포(玉浦)·가배량(加背梁)·장목포(長木浦)〉

다대포진(多大浦鎭)

미조항진관(彌助項鎭管)〈적량(赤梁)·평산포(平山浦)·사량(蛇梁)·당포(唐浦)·영등포(永登浦)〉

제1권

경상도 15읍

1. 경주부(慶州府)

『연혁』(沿革)

본래 진한(辰韓)의 거서촌(居西村)이다.〈거세촌(居世村)이라고도 한다〉 한(漢)나라 선제(宣帝) 원년 갑자년(57)에 6부의 촌장들이 함께 혁거세(赫居世) 박씨를 추대하여 거서간(居西干)으로 삼았다.〈간(干)은 진한·변한(弁韓)의 대인(大人)에 대한 칭호이다. 또한 관장(官長)에 대한 칭호이다〉 여기에 나라를 세워 도읍을 정하고 서야벌(徐耶伐)이라 하였다. 〈동진(東晋) 진수(陳壽)의 『삼국지(三國志)』에는 변한과 진한에 사로국(斯盧國)이 있었다고 한다. 『남사(南史)』에는 위(魏)나라 때는 신로(新盧)라 하였고, 송(宋)나라 때는 신라(新羅) 혹은 사라(斯羅)라 하였다고 한다. 상고하건대 우리나라 방언에는 신(新)을 사(斯)리 하고, 나라[國]를 나(羅)라고 하는데, 와전되어 나(那)·야(耶)·노(盧)라고도 한다. 그래서 사라나 신로라는 것은 모두 새 나라[新國]에 대한 칭호이다. 또 방언에는 큰 평원을 벌(伐)이라고 하니 사야벌은 곧 왕경(王京)을 지칭한 것이다. 또 경도(京都)가 와전되어 서울(徐鬱)이라고 하게 되었다〉 탈해왕(脫解王) 9년(65)에 계림(鷄林)이라고 고쳐 불렀다. 지증왕(智證王) 4년(503)에 신라라고 정하였다. 〈일설에는 기림왕(基臨王) 10년(307)에 다시 신라로 호칭하였다고 한다〉 문무왕(文武王) 3년(663)에 당이 신라를 계림주도독부(鷄林州都督府)로 삼았다.〈문무왕을 대도독(大都督)에 임명하였다〉 경순왕(敬順王) 9년(935)에 고려에 항복하였다.〈역대 58왕 모두 993년이다〉

고려 태조 19년(936)에 경주(慶州)라고 하고 동남도부서사(東南都府署使)를 설치하여 경주를 담당하게 하고, 대성군(大城郡)으로 치소를 삼았다. 23년(940)에 대도독부로 승격시켰다. 고려 성종(成宗) 6년(987)에 동경유수(東京留守)로 개편하여〈성종 14년(995)에 고쳐서 유수사(留守使)와 부유수사(副留守使)를 두었다〉 영동도(嶺東道)에 소속시켰다. 고려 현종 3년(1012)에 강등하여 경주방어사(慶州防禦使)로 삼았고, 5년(1014)에 안동대도호부(安東大都護府)로 고쳤다. 현종 21년(1030)에 다시 동경유수로 삼았다.〈속군은 4곳인데, 흥해군(興海郡)·장산군(章山郡)·수성군(壽城郡)·영천군(永川郡)이다. 속현은 10곳인데, 안강현(安康縣)·신녕현(新寧縣)·자인현(慈仁縣)·하양현(河陽縣)·청하현(淸河縣)·연일현(延日縣)·해안현(解顔縣)·신광현(神光縣)·기계현(杞溪縣)·장기현(長鬐縣)이다〉

【동경에는 또 판관(判官)을 두었는데, 고려 예종(睿宗) 때 소윤(小尹)으로 고쳤다】

신종(神宗) 5년(1202)에 강등하여 지경주사(知慶州使)로 삼았다.〈동경(東京)의 야별초(夜別抄)가 난을 일으켜 상청충원주도(尙淸忠原州道)에 격문을 보내어 모반을 꾀하여 주(州)로 강등시키고 관내의 주·부·군·현·향·부곡을 빼앗아 안동과 상주에 분속시켰다〉 고려 고종(高宗) 6년(1219)에 다시 동경유수(東京留守)로 삼았다. 충렬왕 34년(1308)에 계림부윤(鷄林府尹)으로 개칭하였다. 우왕(禑王) 2년(1376)에 안렴사영(按廉使營)을 금산(金山)에서 본부로 옮겨 왔다.

조선 태조(太祖) 원년(1392)에 안렴사영을 상주(尙州)로 옮겼다. 태종 15년(1415)에 본부에 병마절제사영(兵馬節制使營)을 설치하였다가〈절제사가 부윤을 겸직하게 하였다〉 17년(1417)에 병마절제사영을 울산으로 옮겼다. 세조 12년(1466)에 진(鎭)을 두었다.〈10읍을 관할하게 하였다. 동래는 지금은 독진(獨鎭: 조선시대 진관체제에 편성되지 않은 독립된 진/역자주)이 되었다〉 선조 25년(1592)에 좌도관찰사영을 설치하였다가 다음해에 성주로 옮겼다.〈상세한 것은 대구 편에 있다〉

「읍호」(邑號)

금성(金城) 월성(月城)〈모두 신라 도성의 호칭이다〉 낙랑(樂浪)〈고려 성종 때 정하였다. 『수서』(隋書)와 『당서』(唐書)에는 모두 신라가 한(漢) 나라 때 낙랑 땅이라고 하였다〉 금오(金鰲) 문천(蚊川)

「관원」(官員)

부윤(府尹)〈경주진병마절제사를 겸한다〉 1원

『6부』(六部)

중흥부(中興府)〈본래는 알천양산촌(閼川陽山村)이라고 하였다. 유리왕(儒理王) 9년(32) 봄에 급량부(及梁府)로 개칭하고 그 수장 알평(謁平)에게 이씨(李氏)를 사성하였다. 고려 태조 23년(939)에 중흥부로 고쳤다. 지금의 담암사(曇岩寺)이니 표암봉(瓢岩峯)이라고도 한다〉

남산부(南山府)〈본래는 돌산고허촌(突山高墟村)이라고 하였다. 유리왕 때 사량부(沙梁府)로 고치고 그 수장 소벌도리(蘇伐都利)에게 최씨(崔氏)를 사성하였다. 고려 태조 때 남산부라고 고쳤다. 지금의 형산(兄山)이다〉

장복부(長福府)〈본래는 무산대수촌(茂山大樹村)이라고 하였다. 유리왕 때 점량부(漸梁府)로 고쳤는데 모량부(牟梁府)라고도 한다. 그 수장 구례(俱禮)에게 손씨(孫氏)를 사성하였다.

고려 태조 때 장복부로 고쳤다. 지금의 이산(伊山)인데 개지산(皆地山)이라고도 한다〉

통선부(通仙府)〈본래 자산진피촌(觜山珍皮村)이라고 하였는데 우진촌(于珍村)이라고도 하였다. 유리왕 때 본피부(本皮府)라고 고치고 그 수장 지백호(智伯虎)에게 정씨(鄭氏)를 사성하였다. 고려 태조 때 통선부라고 고쳤으니 지금의 화산(花山)이다〉

가덕부(加德府)〈본래는 금산가리촌(金山加利村)이라고 하였다. 유리왕 때 한지부(漢祗府)로 고쳤는데, 일명 한기부(韓岐府)라고도 한다. 그 수장 지타(祗陁)에게 배씨(裵氏)를 사성하였다〉 고려 태조 때 가덕부로 고쳤으니 지금의 금강산 백율사(栢栗寺) 북산이니 명활산(明活山)이라고도 한다〉

임천부(臨川府)〈본래는 명활산고야촌(明活山高耶村)이라고 하였다. 유리왕 때 비부(比府)라고 고치고 그 수장 호진(虎珍)에게 설씨(薛氏)를 사성하였다. 고려 태조 때 임천부로 고쳤으니 지금의 금강산(金剛山) 일대이다〉

이상의 6부에는 유리왕 때 관원을 두었다.

『6정』(六停)

【신라에서는 영(營)을 정(停)이라 하였다】

동기정(東畿停)〈본래는 모지정(毛只停)이라고 하였다. 대성군에 속해 있었다〉

남기정(南畿停)〈본래는 도품호정(道品號停)이다〉

중기정(中畿停)〈본래는 근내정(根乃停)이다〉

서기정(西畿停)〈본래는 두량미지정(豆良彌知停)이다〉

북기정(北畿停)〈본래는 우곡정(雨谷停)이다〉

막야정(莫耶停)〈본래는 관아량지정(官阿良知停)인데 비아량지정(比阿良知停)이라고도 하였다. 이상 5정은 상성군(商城郡)에 속해 있었다〉

이상의 서울 6정은 각기 당[幢: 군기(軍旗)/역자주]을 가지고 있었다.

『고읍』(古邑)

대성군(大城郡)〈오늘날 본부의 치소이다. 신라가 고구려와 백제를 통합한 후에 대성군을 설치하였다. 영현(領縣: 큰 고을에 딸린 작은 고을/역자주)이 1곳인데 약장현(約章縣)이고, 6부와 동기정(東畿停)이 있다. 조선시대의 한성부(漢城府)와 같다〉

약장현(約章縣)〈읍치에서 동남쪽으로 35리에 있다. 본래 신라의 악지(惡支)였고 아지(阿支)라고도 하였다. 경덕왕(景德王) 16년(757)에 약장이라고 고치고 대성군 소속 현으로 하였다. 고려 현종 9년(1018)에 경주부에 합쳤다〉

상성군(商城郡)〈읍치에서 서쪽으로 10리에 있다. 본래 신라 고허촌 땅으로 서형산군(西兄山郡)이 되었다. 경덕왕 16년(757)에 상성군으로 고쳐 5기정을 거느리고 양주(良州)에 속해 있었다. 고려 현종 9년(1018)에 경주부에 합쳤다〉

임관군(臨關郡)〈읍치에서 동남쪽으로 45리에 있다. 본래는 모벌군(毛伐郡)이었고 모화(毛火) 혹은 문화관(蚊火關)이라고도 하였다. 경덕왕 16년(757)에 임관군이라고 고쳤다. 관할 현이 둘인데, 동진현(東津縣)과 하곡현(河曲縣)이다. 양주(良州)에 소속시켰다. 고려 현종 9년(1018)에 경주부에 합쳤다〉

안강현(安康縣)〈읍치에서 북쪽으로 30리에 있다. 본래는 신라의 비화(比火)였다. 경덕왕 16년(757)에 안강으로 고치고 의창군(義昌郡) 관할 현으로 하였다. 후에 이음즙현(以音汁縣)이 와서 병합되었다. 고려 현종 9년(1018)에 내속하였고, 공양왕 3년(1391)에 감무를 두었으나, 조선 초에 다시 경주부에 합쳤다〉

기계현(杞溪縣)〈읍치에서 북쪽으로 50리에 있다. 본래는 신라의 모호(芼號)였고 화계(化雞)라고도 하였다. 경덕왕 16년(757)에 기계로 고치고 의창군 관할 현으로 하였다. 고려 현종 9년(1018)에 경주부에 합쳤다〉

신광현(神光縣)〈읍치에서 북쪽으로 70리에 있다. 본래는 신라의 동잉음(東仍音)이었고, 신을(神乙)이라고도 하였다. 경덕왕 16년(757)에 신광으로 고쳤고, 의창군 관할 현으로 하였다. 후에 일어진(昵於鎭)이라고 칭하였다. 고려 태조 13년(930)에 왕이 친히 행차하여 성을 쌓아 신광진(神光鎭)이라고 고치고 백성들을 여기에 이주시켰다. 고려 현종 9년(1018)에 경주부에 합쳤다〉

음즙현(音汁縣)〈읍치에서 북쪽으로 10리에 있다. 본래는 음즙벌국(音汁伐國)이었는데, 파사왕(婆娑王) 23년(102)에 항복해 왔으므로 음즙화현(音汁火縣)을 두었다. 경덕왕 16년(757)에 음즙으로 고치고 의창군 관할 현으로 하였다. 후에 안강현에 병합되었다〉

장진현(長鎭縣)〈읍치에서 북쪽으로 100리 청송 경계에 있다. 본래는 신라 장진(長鎭)이었는데 경덕왕 16년(757)에 임고군(臨皐郡) 관할 현으로 하였다〉 고려 현종 9년(1018)에 경주부에 내속하였고, 후에 죽장부곡(竹長部曲)으로 고쳤다.

『방면』(坊面)

동면(東面)〈읍치에서 30리에 걸쳐 있다〉

서면(西面)〈읍치에서 30리에 걸쳐 있다〉

남면(南面)〈읍치에서 40리에 걸쳐 있다〉

천북면(川北面)〈읍치에서 동북쪽으로 20리에 있다〉

강동면(江東面)〈읍치에서 북쪽으로 40리에 있다〉

강서면(江西面)〈읍치에서 북쪽으로 30리에 있다〉

북안곡면(北安谷面)〈본래는 북안곡부곡이었는데, 건너뛰어 영천 동남 경계에 들어갔다. 서북쪽 50리이다〉

기계면(杞溪面)〈읍치에서 북쪽으로 60리에 있다〉

신광면(神光面)〈읍치에서 북쪽으로 70리에 있다〉

죽장면(竹長面)〈읍치에서 북쪽으로 100리에 있다〉

동해면(東海面)〈읍치에서 동쪽으로 50리에 있다〉

외방면(外方面)〈읍치에서 동남쪽으로 40리에 있다〉

견곡면(見谷面)〈읍치에서 서북쪽 20리에 있다〉

산내면(山內面)〈읍치에서 서쪽으로 60리에 있다〉

남로동면(南路東面)〈읍치에서 남쪽으로 40리에 있다〉

남로서면(南路西面)〈읍치에서 남쪽으로 50리에 있다〉

남도면(南道面)

금오면(金鰲面)

○〈성법이부곡(省法伊部曲)은 북쪽 50리에 있다.

팔조부곡(八助部曲)은 동쪽 45리에 있다.

대포부곡(大庖部曲)과

대창부곡(大昌部曲)은 서쪽 50리에 있다.

남안구부곡(南安咎部曲)은 서쪽 45리에 있다.

근곡부곡(根谷部曲)은 안강 서남쪽 5리에 있다.

도계부곡(桃界部曲)과

호명부곡(虎鳴部曲)은 안강현 동남 7리에 있다.

호촌부곡(虎村部曲)은 신광현 동남쪽 5리에 있다. 이상은 모두 부곡이다〉

『산수』(山水)

낭산(狼山)〈읍치에서 동쪽으로 9리에 있다〉

토함산(吐含山)〈읍치에서 동쪽으로 30리에 있다. ○불국사는 신라인 김대성(金大成)이 창건하였다. 청운교와 백운교가 있는데, 그 제작법이 극히 교묘하다. ○실성왕(實聖王) 병진년(416)에 토함산이 무너졌다〉

금강산(金剛山)〈읍치에서 북 7리에 있다. ○백률사(栢栗寺)가 있다〉

선도산(仙桃山)〈읍치에서 서쪽으로 7리에 있다. 서형(西兄)이라고도 하고 서악(西岳)이라고도 한다〉

함월산(含月山)〈읍치에서 동쪽으로 45리, 만호봉(曼瑚峯)이 있다. ○기림사(祇林寺)가 있다〉

금오산(金鳥山)〈읍치에서 남쪽으로 5리에 있다. 남산이라고도 한다. ○구성대(九聖臺) 봉생암(鳳生岩) 북쪽에 상서장(上書莊)이 있고, 동쪽에 서출지(西出池)가 있는데 전에는 그 위에 금송정(琴松亭)이 있었다. ○창림사(昌林寺)는 신라 궁전의 옛터이다. ○즙장사(茸長寺)는 승려 설잠(雪岑)이 지어서 살던 곳이다. 설잠은 김시습(金時習)이다. ○포석정(鮑石亭) 옛터는 산의 서쪽에 있고 본부에서 7리이다. 돌을 다듬어 전복 모양으로 만들었으므로 그렇게 불렀다. 경애왕(景哀王)이 여기에서 견훤의 난을 만났다〉

명활산(明活山)〈읍치에서 동쪽으로 10리에 있다〉

형산(兄山)〈읍치에서 동북쪽으로 30리에 있다〉

울개산(蔚介山)〈읍치에서 서남쪽으로 23리에 있다〉

대안산(伏安山)〈읍치에서 남쪽으로 20리에 있다〉

묵장산(墨匠山)〈읍치에서 남쪽으로 3리에 있다〉

마북산(馬北山)〈신광현 북쪽 26리에 있다〉

비월동산(匪月洞山)〈읍치에서 서쪽으로 60리에 있다〉

마등산(馬登山)〈치술령(鵄述嶺) 서쪽인데, 본부에서 남쪽으로 70리에 있다〉

지화곡산(只火谷山)〈읍치에서 서쪽으로 40리에 있다〉

단석산(斷石山)〈월생산(月生山)이라고도 한다. 서쪽 23리에 석굴이 있다〉

자왕산(紫王山)〈안강현 서쪽 13리에 있다〉

달성산(達成山)〈안강현 남쪽 13리에 있다〉

비학산(飛鶴山)〈신광현(神光縣) 서쪽 5리에 있다〉

인박산(咽薄山)〈읍치에서 남쪽으로 35리에 있다〉

월노산(月老山)〈죽장면(竹長面)에 있다〉

고라산(古羅山)〈죽장면(竹長面) 북쪽 경계에 있다〉

토감산(土甘山)〈신광현(神光縣) 서쪽 10리에 있다〉

운주산(雲住山)〈위와 같다〉

소산(所山)〈기계현(杞溪縣) 서쪽 10리에 있다〉

운악산(雲岳山)〈안강현 북쪽 15리에 있다〉

인출산(印出山)〈읍치에서 서쪽으로 20리에 있다〉

사룡산(四龍山)〈읍치에서 서쪽으로 40리 영천 경계에 있다〉

고관산(高冠山)〈읍치에서 서북쪽 40리에 있다〉

송화산(松花山)〈읍치에서 서쪽으로 10리에 있다〉

성부산(星浮山)〈읍치에서 남쪽으로 20리에 봉우리 하나가 돌출해 있다〉

여나산(余那山)〈읍치에서 남쪽으로 40리에 있다〉

법광산(法光山)〈읍치에서 10리에 있다〉

천태산(天台山)〈읍치에서 동쪽으로 40리에 있다〉

호거산(虎踞山)〈읍치에서 서남쪽 40리에 있다〉

하지산(下枝山)〈읍치에서 서쪽으로 32리, 속칭 부산(富山)이라고 한다. 산의 남쪽에 주암사(朱岩寺)가 있고, 절의 북쪽에 대암(臺岩)이 있는데, 절경이 특출하고 먼 산과 마다를 바라보고 있다. 대암의 서쪽에는 지맥석(持麥石)이 있는데 사방이 깎여져 있고 그 위에는 평탄하여 100여 인이 앉을 수 있다. 지맥석의 서쪽 8-9보에는 주암대(朱岩臺)가 있다〉

고성산(高城山)〈읍치에서 북쪽으로 5리에 있다〉

갑산(甲山)〈읍치에서 북쪽으로 30리에 있다〉

산호봉(珊瑚峯)〈토함산 서쪽 갈래이다〉

동악봉(東岳峯)〈토함산 남쪽 갈래이다〉

동자암(童子岩)〈읍치에서 북쪽으로 40리에 있다〉

주암(珠岩)〈죽장면 곧 영덕현의 옥계(玉溪) 상류에 있다〉

여근곡(女根谷)〈읍치에서 서쪽으로 40리에 있다〉

월명항(月明巷)〈금성 남쪽에 있다〉

시림(始林)〈읍치에서 남쪽으로 4리에 있다. 탈해왕 을축년(65)에 계림(鷄林)이라고 고쳤다〉

흑림(黑林)〈읍치에서 동쪽으로 20리에 있다〉

정전(井田)〈신라 때 획정한 유지가 아직도 남아 있다〉

첨성대(瞻星臺)〈읍치에서 동남쪽으로 3리에 있다. 선덕여왕(善德女王) 16년(647)에 돌을 다듬어 대를 축조하였다. 위는 네모나고 아래는 둥글다. 높이는 19척인데, 가운데는 비어 있다. 사람이 그 가운데를 통하여 오르내리면서 천문을 관측하였다〉

금장대(金藏臺)〈서천 물가에 있다〉

이견대(利見臺)〈읍치에서 동쪽으로 50리 해안에 있다. 대의 아래 10보의 바다 가운데 4쪽으로 된 바위가 솟아 있는데 마치 4문과 같다. 이를 대왕암(大王岩)이라고 부르는데 문무왕의 영구를 화장한 곳이다〉

봉황대(鳳凰臺)〈분황사(芬皇寺) 동쪽 5리에 있다. 선덕여왕 3년(634)에 창건하였다. ○영묘사(靈妙寺)는 서쪽 5리에 있고, 선덕왕 원년(780)에 3층의 전각을 창건하여 4년(783)에 완성하였다. ○황룡사(皇龍寺)는 월성 동쪽에 있다. 진흥왕 14년(553)에 신궁(新宮)을 희사하여 절로 삼았다. 13년이 걸려 왕공하였다. 35년(574)에 황룡사의 장육불상(丈六佛像)을 조성하였는데 무게가 3만 5천 7근이었고 금으로 도금하였는데 그 무게가 1만 198푼이었다. 일명 주상(鑄像)이라고도 하는데, 황철(黃鐵) 57,000근과 황금 30,000푼이 들어갔다. 선덕여왕 14년(645)에 황룡사탑을 축조하였다. 경덕왕 13년(749)에 황룡사종을 주조하였다. 길이는 1장 3촌이었고, 두께는 9촌이었고 무게는 49만 7천 5백 81근이었다. 또 가섭연좌석(迦葉宴坐席)이 있는데, 높이가 5-6장이고 둘래가 거의 3아름이나 되었다. ○봉덕사(鳳德寺)는 혜공왕(惠恭王) 때 봉덕사종을 주조하였다. 무게가 12만근이었고, 종소리가 100여 리에 들렸다. 한림 김필해(金弼奚)가 종명(鐘銘)을 지었다. 뒤에 절이 북천의 범람으로 묻히자 천순(天順) 경진년(1460: 세조 6년/역자주)에 영묘사에 옮겨 달았다. 지금은 부의 남문 밖에 옮겼다. 담암사(曇岩寺): 사릉(蛇陵) 남쪽에 있다. ○천관사(天官寺)는 오릉(五陵)의 동쪽에 있다. ○신원사(神元寺)는 본부의 남쪽 월남리(月南里)에 있다. 그 곁에 귀교(鬼橋)가 있고 절 남쪽에 북연(北淵)이 있는데, 고려 이의민(李義旼)이 여기서 의종(毅宗)을 시해하였다. ○삼랑사(三郎寺)는 진평왕 19년

(597)에 삼랑사가 완성되자 박거물(朴居勿)이 비문을 짓고 요극일(姚克一)이 글씨를 썼다. ○봉성사(奉聖寺)는 동쪽 4리에 있다. 신문왕 5년(685)에 봉성사가 완성되었다. ○영흥사(永興寺): 성내에 있다. 진평왕 18년(596)에 화재가 일어나 350가구가 연소되었다. ○흥륜사(興輪寺)는 남쪽 2리에 있다. 진흥왕 5년(544)에 흥륜사가 완성되었다. ○감은사(感恩寺)는 동쪽 50리에 있다. 동쪽으로 이견대와 3리 떨어져 있다. 경덕왕 12년(748)에 왕이 감은사에 행차하여 바다를 바라보았다. ○천주사(天柱寺)는 월성 서북쪽에 있다. 절의 북쪽에 안압지(雁鴨池)가 있다. 문무왕이 궁내에 못을 파고 돌을 쌓아 산을 만들었는데, 무산(巫山) 12봉을 형상화 하였다. 화초를 심고 진귀한 동물을 길렀다. 그 서쪽에 임해전이 있었는데, 그 주춧돌이 아직도 밭고랑 사이에 있다. ○망덕사(望德寺)는 신문왕 5년(685)에 창건하였다. ○기원사(祇園寺)·실제사(實際寺) 두 절은 진흥왕 27년(566)에 낙성하였다. ○봉은사(奉恩寺)는 원성왕 10년(794)에 창건하였다. 이상 여러 절은 모두 신라의 고적이다〉

【송전(松田)이 10곳 있다】

【사천왕사(四天王寺)는 낭산(狼山) 남쪽에 있다】

『영로』(嶺路)

치술령(鵄述嶺)〈읍치에서 남쪽으로 36리에 있다. 울산으로 통한다〉

잠령(箴嶺)〈읍치에서 동쪽으로 30리에 있다〉

추령(楸嶺)〈읍치에서 동쪽으로 25리에 있다〉

시령(柿嶺)〈읍치에서 동쪽으로 54리 장기현(長鬐縣) 경계에 있다〉

팔조령(八助嶺)〈읍치에서 동쪽으로 25리에 있다〉

건대령(件代嶺)〈읍치에서 동쪽으로 53리에 있다〉

성현(成峴)〈읍치에서 북 58리에 있다〉

사라현(舍羅峴)〈읍치에서 북쪽으로 30리에 있다〉

유현(柳峴)·정현(鼎峴)〈모두 죽장면 청송 경계에 있다〉

우현(牛峴)〈월로산 동쪽 갈래이다〉

성법현(省法峴)〈마북산 남쪽 갈래이다〉

법수현(法水峴)·관현(官峴)·분내현(分內峴)〈기계현 동쪽에 있다〉

향현(香峴)〈읍치에서 동북쪽으로 40리에 있다〉

마이현(馬耳峴)〈읍치에서 서북쪽으로 30리에 있다〉

어의현(於義峴)〈읍치에서 서남쪽으로 25리에 있다〉

동산령(東山嶺)〈읍치에서 동남쪽으로 30리에 있다〉

○바다〈읍치에서 동쪽으로 54리에 있다〉

형강(兄江)〈근원은 토함산에서 나와 서쪽으로 흘러 사등천(史等川)이 되고, 월성에 이르러 문천(蚊川)이 되고 본부의 남쪽을 돌아 북으로 흐르고 인박산의 내를 지나 굴연(掘淵)이 되며, 알천(閼川)을 지나 동북으로 흘러 온연(溫淵)이 되며, 옥산천(玉山川)을 지나고 형산(兄山)을 지나 형강이 된다. 영일현(迎日縣) 땅에 이르러 주진(注津)이 되며 덕도(德島)와 포항창(浦項倉)을 지나 팔조포(八助浦)가 되어 바다로 들어 간다〉

알천(閼川)〈북천이라고도 하고 동천이라고도 한다. 동쪽 5리에 있다. 추령(楸嶺)에서 나와 굴연으로 들어 간다〉 서천(西川)〈읍치에서 서쪽으로 4리에 있다. 한 갈래는 인박산(咽薄山)에서 나오고 한 갈래는 흑장산에서 나오고 또 한 갈래는 지화곡산(只火谷山)에서 나와 합류하여 형강으로 들어간다〉 문천(蚊川)〈읍치에서 남 5리에 있다. 사등천의 하류인데 유람할만 장소가 있다. 옛날에는 일정교(日精橋)가 있었는데 춘양교(春陽橋)라고도 하였다. 또 월정교(月精橋)가 있는데 이 두 다리는 모두 본부의 서남쪽에 있었고 그 유지가 아직도 있다. 문천 위에는 또 백운량(白雲梁)이 있어 다리를 놓았다〉

굴연(掘淵)〈읍치에서 북 20리에 있다. 서천이 아래로 흐르고 어량(魚梁)이 있다〉

사등천(史等川)〈황천〈荒川)이라고도 한다. 동쪽 24리에 있다. 토함산에서 나와 서천으로 들어간다〉

기계천(杞溪川)〈옥산천이라고도 한다. 마북산에서 나와 남쪽으로 흘러 기계와 안강을 지나 형산포로 들어간다〉

신광천(神光川)〈마북산에서 나와 남쪽으로 흘러 신광을 지나, 동쪽으로 꺾어 흘러 흥해군의 북천이 된다〉

잉포천(仍浦川)〈읍치에서 남쪽으로 50리에 있다. 단석산에서 나와 동남쪽으로 흘러 잉포역을 지나 울산 경계로 들어가니 곧 태화강(太和江: 원본에는 대화강(大和江)이라고 되어 있으나 다른 자료나 현지에서는 모두 태화강(太和江)이라고 쓴다. 大와 太는 혼용하는 글자이다/역자주)의 근원이 된다〉

공암천(孔岩川)〈사룡산(四龍山)에서 나와 남쪽으로 흘러 공암(孔岩)을 지나 청도군(淸道郡)의 운문천(雲門川)으로 들어간다. 본부에서 서쪽으로 40리에 있다〉

동해천(東海川)〈읍치에서 동쪽으로 40리에 있다. 함월산(含月山)에서 나와 남쪽으로 흘러 동해면을 지나 바다로 들어간다〉

죽장천(竹長川)〈청송 보현산(普賢山)에서 나와 남쪽으로 흐르다가 죽장면을 지나 영천 경계에 이르러 남천(南川)이 된다〉

온연(溫淵)〈형강의 하류이고 용당(龍堂)이 있다. 안강현 동쪽 24리에 있다〉

형산포(兄山浦)〈안강 동쪽 25리에 있다. 굴연의 하류이다〉

팔조포(八助浦)〈읍치에서 동북쪽으로 53리에 있다. 이상 두 곳에는 어량(魚梁)이 있다〉

금성정(金城井)〈본부 안에 있다〉

추라정(雛羅井)

양산나정(楊山羅井)〈모두 남쪽 7리에 있다〉

알영정(閼英井)〈읍치에서 남쪽으로 5리에 있다〉

왕가수(王家藪)〈읍치에서 남쪽으로 10리에 있다〉

【제언(堤堰)은 207곳이 있다】

『형승』(形勝)

경주는 천년의 고도이며 한 도의 큰 고을로서 왼쪽으로는 창해가 둘러 있고 오른쪽에는 산맥이 첩첩이 있어 산천이 서로 돌아가고 토양이 비옥하여 번화하고 아름다움이 남방에서 제일이다.

『성지』(城池)

읍성(邑城)〈둘레는 4,075척이며 성문은 넷이고 우물은 86개소이고 못은 하나이다〉 금성(金城)〈읍치에서 동쪽으로 4리에 있다. 신라 시조 21년(BC 37)에 경성을 흙으로 쌓고 금성이라고 하였다. 26년(BC 32)에 금성에 궁궐을 지었다. 문헌비고에는 둘레가 2,407자[척(尺)]라고 하였다. 『삼국사기』(三國史記)에는 왕성의 길이가 3,075보, 너비가 3,018보이며, 모두 35리 6부가 있었다고 한다〉

월성(月城)〈읍치에서 동남쪽으로 5리에 있다. 금성의 동남쪽이다. 반월성이라고도 하고 신월성(新月城)이라고도 하며 재성(在城)이라고도 한다. 파사왕 22년(101)에 축조하였다. 소지왕(炤智王) 9년(488)에 수축하고 10년(489)에 이거하였다. 『삼국사기』(三國史記)에는 토축으로 쌓았고, 둘레는 1,023보라고 하였다. 『문헌비고』(文獻備考)에는 둘레가 3,023자[척(尺)]라고 하였다〉

명활성(明活城)〈월성의 동쪽에 있다. 자비왕(慈悲王) 16년(473) 명활산성을 쌓아 18년(475)에 이거하였다. 진평왕(眞平王) 15년(593)에 석축으로 개축하였는데 둘레가 3,000보였다. 『문헌비고』(文獻備考)에는 둘레가 7,818자[척(尺)]라고 하였다〉

만월성(滿月城)〈월성 북쪽에 있다. 『삼국사기』에는 토축으로 쌓았고, 둘레가 1,838보라고 하였다. 『문헌비고』(文獻備考)에는 둘레가 4,945자[척(尺)]라고 하였다〉

남산성(南山城)〈월성의 남쪽에 있으니 곧 고허성(高墟城)이다. 진평왕 13년(591)에 토축으로 쌓았다. 문무왕 3년(663)에 남산 신성에 긴 창고를 지었다. 같은 임금 19년(679)에 증축하였는데, 둘레가 2,804보였다. 『문헌비고(文獻備考)』에는 흙으로 쌓았으며, 둘레는 7,540자[척(尺)]라고 하였다〉

부산성(富山城)〈읍치에서 서쪽으로 32리에 있다. 문무왕 3년(663)에 돌로 쌓았고, 둘레는 3,600자[척(尺)], 못이 1개, 우물이 9개, 시내가 4개 있다〉

서형산성(西兄山城)〈곧 옛 상성군(商城郡)의 성으로 본래 고허촌(高墟村) 땅이다. 진평왕 15년(593)에 쌓았고 둘레는 2,000보였다. 같은 임금 48년(626)에 고허성을 쌓았다. 문무왕 13년(673)에 서형산성을 증축하였다〉

관문성(關門城)〈곧 옛 임관군(臨關郡) 성이다. 성덕왕 21년(722) 인부 3만 9천명을 징발하여 각간(角干) 원진(元眞)에게 명하여 모벌군성(毛伐郡城)을 쌓게 하였다. 석성이며 둘레가 6,799자[척(尺)]로 일본 왜적들의 침입을 차단하기 위한 것이다. 지금은 관문성이라고 부른다. 『신당서』(新唐書)에는 "그 나라가 산맥이 수십리이며 좁은 골짜기를 철문으로 막았는데 이를 관문이라고 한다. 동쪽으로 장인국(長人國)과 떨어져 있는데 신라에서는 항상 궁사 수천명을 주둔시켜 지켰다"고 하였다. ○고찰하건대 장인국(長人國)이라는 것은 일본(日本)을 지칭한다. 키큰 사람이라고 한 것은 『당서』(唐書)의 오류이다〉

북형산성(北兄山城)〈형산 동북 30리에 있다. 문무왕 13년(673)에 쌓았다〉

신광현성(神光縣城)〈고려 태조 13년(931)에 쌓았다〉

『영아』(營衙)

후영(後營)〈효종 8년(1657)에 설치하였다. ○후영장 겸 토포사는 1원이다. ○관할 속읍은 경주(慶州)·울산(蔚山)·흥해(興海)·영천(永川)·청하(淸河)·영일(迎日)·장기(長鬐)·언양(彦陽)이다〉

좌병영(左兵營)〈태종 15년(1415)에 본부의 동남쪽 20여 리 토을마리(吐乙磨里)에 병영을 설치하고 병사가 부윤을 겸하게 하였다. 같은 임금 17년(1417)에 울산부(蔚山府)로 병영을 옮겼다〉

『진보』(鎭堡)

「혁폐」(革弊)

감포진(甘浦鎭)〈읍치에서 동남쪽으로 72리 해변에 있다. 지금은 울산부에 속하는 옛 동진현(東津縣)의 읍치 자리이다. 중종 7년(1512)에 석축으로 쌓았는데 둘레는 736자[척(尺)]이다. 우물이 넷이 있다. 수군만호(水軍萬戶)를 두었다. 선조 25년(1592)에 동래로 옮겼다〉

하서지목책(下西知木柵)〈읍치에서 동쪽으로 60리에 있다. 그 안에 우물 하나와 못 둘이 있다〉

『봉수』(烽燧)

주사봉(朱砂峯) 봉수〈읍치에서 서쪽으로 40리에 있다〉

접포현(蝶布峴) 봉수〈읍치에서 서쪽으로 26리에 있다〉

고위산(高位山) 봉수〈읍치에서 남쪽으로 25리에 있다〉

소산(蘇山) 봉수〈읍치에서 남쪽으로 60리에 있다〉

독산(禿山) 봉수〈읍치에서 동쪽으로 54리에 있다〉

하서지(下西知) 봉수〈읍치에서 동남쪽으로 63리에 있다〉

『창고』(倉庫)

창(倉)이 4곳 있다.〈읍내에 있다〉

신광창(神光倉)

기계창(杞溪倉)

죽장창(竹長倉)

안강창(安康倉)〈각기 옛 현에 있다〉

의곡창(義谷倉)

잉보창(仍甫倉)〈각기 그 역에 있다〉

동창(東倉)〈읍치에서 동남쪽으로 35리에 있다〉

형창(兄倉)

달창(達倉)

『역참』(驛站)

사리역(沙里驛)〈읍치에서 북쪽으로 6리에 있다〉

모량역(牟梁驛)〈읍치에서 서쪽으로 23리에 있다〉

아화역(阿火驛)〈읍치에서 서쪽으로 45리에 있다〉

조역(朝驛)〈읍치에서 동쪽으로 25리에 있다〉

구어역(仇於驛)〈읍치에서 동남쪽으로 48리에 있다〉

경역(鏡驛)〈읍치에서 북쪽으로 39리 안강에 있다〉

인비역(仁庇驛)〈읍치에서 북쪽으로 76리 기계에 있다〉

의곡역(義谷驛)〈읍치에서 서쪽으로 57리에 있다〉

잉보역(仍甫驛)〈읍치에서 남쪽으로 55리에 있다〉

노곡역(蘆谷驛)〈읍치에서 남쪽으로 26리에 있다〉

육역(陸驛)〈읍치에서 북쪽으로 75리 신광면에 있다〉

『교량』(橋梁)

대교(大橋)〈문천(蚊川) 위에 있다. ○경덕왕 39년(780)에 세웠다. 월정교(月淨橋) 춘양교(春陽橋) 두 다리를 문천 위에 세웠다〉

효불효교(孝不孝橋)〈읍치에서 동쪽으로 6리에 있다〉

광제원교(廣濟院橋)〈굴연천(屈淵川)에 있다〉

신원교(神元橋)〈읍치에서 서쪽으로 10리에 있다〉

『토산』(土産)

철(鐵), 수정(水精), 화반석(花斑席), 대[죽(竹)], 닥나무[저(楮)], 왜닥나무[왜저(倭楮)], 옻[칠(漆)], 감[시(柿)], 송이버섯[송심(松蕈)], 꿀[밀(密)], 잣[해송자(海松子)]〈중국인들은 이를 신라 잣이라고 부른다〉, 인삼(人蔘)〈중국인들은 이를 신라 인삼이라고 부른다〉 김[해의(海衣)], 미역[곽(藿)], 어물(魚物) 15종이 있다.

『장시』(場市)

읍내장(邑內場)은 2일, 7일이다. 사정장(沙正場)은 4일, 9일이다. 사평장(沙坪場)은 1일, 6일이다. 구어장(仇於場)은 3일, 8일이다. 하서장(下西場)은 4일, 9일이다. 어일장(於日場)은 5일, 10일이다. 모량장은 3일, 8일이다. 건천장(乾川場)은 5일, 10일이다. 아화장(阿火場)은 1일, 6일이다. 의곡장(義谷場)은 4일, 9일이다. 호곡장(芦谷場)은 5일, 10일이다. 잉보장(仍甫場)은 3일, 8일이다. 안강장(安康場)은 4일, 9일이다. 달성장(達城場)은 3일, 8일이다. 기계장(杞溪場)은 3일, 8일이다. 인비장(仁庇場)은 1일, 6일이다. 토성장(土城場)은 1일, 6일이다. 죽장장은 3일, 8일이다. 연화장(連貨場)은 5일, 10일이다. 입석장(立石場)은 4일, 9일이다. 적화곡장(赤火谷場)은 1일, 6일이다.

『누정』(樓亭)

고도남루(古都南樓)

빈현루(賓賢樓)

의풍루(倚風樓)

광풍루(光風樓)

함벽정(涵碧亭)

일승정(一勝亭)〈모두 읍내에 있다〉

연병관(鍊兵館)〈서천 가에 있다. 서쪽으로 4리에 있다〉

『묘전』(廟殿)

집경전(集慶殿)〈조선 세종조에 건축하여 태조의 어진을 봉안하였다. 참봉 2원을 두었다. 후에 강릉부로 옮겼으나 화재가 나서 폐지되었다〉

숭덕전(崇德殿)〈본부의 남쪽 월남리에 있다. 신라 남해왕 3년(AD 6)에 시조묘(始祖廟)를 건립하였으나 고려 때 폐지되었다. 조선 세종 11년(1428)에 신라 시조묘를 세우고 매년 춘추에 향과 축문을 내려 제사하였다. 경종 3년(1722)에 숭덕전이라고 사액하였다. 영조 28년(1751)에 비를 세웠는데 대제학 조관빈(趙觀彬)이 비문을 찬하였다〉 신라 시조〈성 박씨, 한(漢) 오봉(五鳳) 원년 갑자년(BC 57)에 건국하였다. ○참봉 1원을 두었는데, 박씨들 중에서 차출하였다〉

○경순왕묘(敬順王廟)〈읍치에서 북쪽으로 4리에 있다. 본래는 영당(影堂)이었다. 매 절일(節日)에 고을의 수석 향리가 3반을 이끌고 제사하였다. 조선 경종 2년(1721)에 사액하였다. ○참봉 1인을 두었는데, 김시들 중에서 차출하였다〉 경순왕〈성 김씨, 후당(後唐) 청태(淸泰) 2년 을미년(935)에 고려에 나라를 바쳤다〉

『단유』(壇壝)

나력(奈歷)〈습비부(習比部)에 있었다〉

【나력은 일명 금강북악(金剛北岳)이라고도 한다】

혈례(穴禮)〈대성군(大城郡)에 있다. 위 두 곳은 신라의 삼산(三山)으로서 대사(大祀)로 제사하였다〉

토함산〈동악(東岳)이다. 대성군에 있다〉

금강산〈북악(北岳)이다. 대성군에 있다. 위 두 곳은 중사(中祀)에 속한다〉

온말늑(溫沫懃)〈동진(東鎭)이다. 아곡정(牙谷亭)에 있다〉

북형산성〈대성군에 있다. 위 두 곳은 중사에 속한다〉

훼황(卉黃)〈모량부(牟梁部)에 있다〉

고허(高墟)〈사량부에 있다〉

서술(西述)〈모량부에 있다. 곧 선도산이다. 위 세곳은 소사(小祀)에 속한다.

이상은 신라의 사전(祀典)에 기록되어 있는 것인데 고려 때 모두 폐지되었다〉

『사원』(祠院)

화악서원(畫岳書院)〈조선 명종 신유년(1561)에 건립하였다. 인조 계해년(1623)에 사액하였다〉 설총(薛聰)〈문묘(文廟)를 보라〉 김유신(金庾信)〈김해인이다. 벼슬은 태대서발한(太大舒

發翰) 평양군개국공(平壤郡開國公)이며 흥무왕(興武王)에 추봉되었다〉 최치원(崔致遠)〈문묘를 보라〉을 제사한다.

○옥산서원(玉山書院)〈선조 계유년(1573)에 건립하고 갑술년(1574)에 사액하였다〉 이언적(李彦迪)〈문묘(文廟)를 보라〉을 제사한다.

○숭렬사(崇烈祠)〈숙종 경진년(1700)에 건립하고 신묘년(1711)에 사액하였다〉 최진립(崔震立)〈자는 士建, 호는 잠와(潛窩), 본관은 경주이다. 인조 병자년(1636)에 공주영장으로서 전사하였다. 벼슬은 공조참판이고 병조판서에 추증되었다. 시호는 정무(貞武)이다〉을 제사한다.

『전고』(典故)

신라 시조 8년(BC 50)에 왜구가 변방을 노략질 하려고 하다가 왕에게 신통한 덕(德)이 있다는 것을 듣고 돌아갔다. 17년(BC 41)에 왕이 6부를 순력하면서 농업과 양잠을 독려하였는데, 왕비 알영(閼英)이 수행하였다. 30년(BC 28)에 낙랑(樂浪) 사람들이 장차 습격하려고 하여 변경에 이르러 백성들이 밤에도 대문을 닫지 않고 들에는 노적이 많은 것을 보고 서로 의논하기를, "이곳은 도가 있는 나라이니 침범할 수 없겠다" 하고 군사를 철수하여 돌아갔다. 53년(AD 5)에 동옥저(東沃沮)가 사신을 보내어 좋은 말 200필을 바치면서 아뢰기를, "제가 듣건대 남한에 성인이 있다하니 사신을 보내어 방물을 바칩니다" 하였다. 남해왕(南解王) 원년(AD 4)에 낙랑의 군사가 금성을 포위하였다가 조금 후 물러갔다. 같은 왕 11년(AD 14)에 왜선 100여 척이 해변의 민가를 노략질하자 6부의 정예 군사를 징발하여 물리쳤다. 낙랑은 신라의 내부가 취약하다고 생각하여 금성을 매우 다급하게 공격하였으나 얼마 후 물러나 알천 가에 주둔하면서 돌무더기 20개를 조성한 후에 돌아갔다. 6부의 군사 1천명이 추격하였으나 토함산에서부터 알천까지 와서 돌무더기를 보고 적군이 많은 줄 알고 그쳤다. 유리왕 14년(37) 겨울에 고구려가 낙랑을 멸하니 낙랑인 5천명과 대방인(帶方人)들이 투항하였다. 왕이 6부에 나누어 살도록 하였다. 지마왕(祗摩王) 10년(121) 여름에 왜구가 동해안을 침범하였다. 조분왕(助賁王) 3년(232)에 갑자기 왜구가 침입하여 금성을 포위하였다. 왕이 직접 나가 싸우니 적군이 궤멸되어 달아나고, 1천여 명을 죽여 목을 베었다. 흘해왕(訖解王) 37년(346)에 갑자기 왜군이 풍도(風島)에 침입하여 변방의 민호를 노략질하였다. 또 금성에까지 진출하여 포위하였으나, 적군의 양식이 떨어져 퇴각하려고 할 때 왕이 강세(康世)에게 명하여 쳐서 물리치게 하였다. 내물왕(奈勿王) 9년(364) 여름에 왜구가 대거 내침하였다. 왕이 두려워하여 짚으로 허수아비 수천 개를 만들어 무기를 붙여 토함산 아래에 진열하고 용사 1천명을 부현(斧峴) 동쪽 언덕에 매복해 놓았다. 왜구가 수가 많은 것을 두려워 하여 직진하자 매복한 군사가 일어나 불의에 습격하자 왜군이 대패하여 달아났다. 이를 추격하여 거의 다 죽였다. 내물왕 18년(373) 봄에 백제의 독산성(禿山城) 성주가 300명을 데리고 신라로 망명하니 왕이 수용하여 6부에 나누어 살게 하였다. 같은 임금 38년(393) 여름에 왜구가 침입하여 금성을 포위하였다. 5일이나 포위를 풀지 않자 그대로 성문을 닫고 방어하였다. 적군이 이에 퇴각하자 왕이 먼저 용감한 기병 200을 보내어 그들의 귀로를 차단하고 또 보병 1천명을 보내어 독산(獨山)〈지금의 동산령(東山嶺)이다〉으로 추격하여 협공하여 대패시키고 죽여서 머리를 벤 것이 매우 많았다. 실성왕(實聖王) 4년(405)에 왜군이 침입하여 명활산성(明活山城)을 공격하였으나 이기지 못하고 돌아갔다. 왕이 기병을 거느리고 독산의 남쪽에서 지키고 있다가 패배시키고 300여 명의 적군을 죽여서 머리를 베었다. 같은 임금 6년(407)에 왜구가 동해안을 침입하고 또 남해안을 침입하여 100여 인을 잡아갔다. 눌지왕(訥祗王) 15년(431)에 왜구가 동해안에 침입하고 명활산성을 포위하였으나 전과가 없이 돌아갔다. 같은 임금 28년(444)에 왜구가 금성을 10일이나 포위하였으나 양식이 떨어져 돌아갔다. 왕이 수천여 명의 기병을 거느리고 독산의 동쪽으로 추격하였으나 적에게 패배하고 전사한 사람이 반이 넘었다. 자비왕 2년(459)에 왜인이 병선 100여 척을 가지고 동해안을 습격하여 월성으로 진출하여 포위하였다. 퇴각하려고 할 때 군사를 보내어 습격하니 적군이 익사한 자가 반이 넘었다. 같은 임금 19년(476)에 왜구가 동해안을 침입하자 왕이 장군 덕지(德智)에게 명하여 격멸시키고 200여 인을 죽여서 목을 베었다. 같은 임금 20년(477)에 왜구가 군사를 일으켜 5개 길로 침입하였으나 결국 성과 없이 물러갔다. 소지왕(炤智王) 8년(486)에 왜구가 변경을 침입하니 왕이 낭산의 남쪽에서 대 열병식을 거행하였다. 지증왕(智證王) 6년(505)에 왕이 친히 국내의 주(州)·군(郡)·현(縣)을 획정하였다. 선덕여왕 15년(646)에 대신 비담(毘曇) 등이 군사를 일으켜 임금을 폐하려 하여 명활산성에 주둔하였다. 여왕의 군대는 월성(月城)에 진을 치고 10일 동안 공격과 방어를 하였으나 풀지 않았다. 김유신이 여러 장수를 독려하여 용감히 싸워, 비담 등이 패주하자 추격하여 목을 베었다.【진흥왕 10년(549)에 양(梁)이 사신을 보내어 부처의 사리(舍利)를 신라에 보내왔다. 왕이 백관으로 하여금 그것을 받들어 근처 흥륜사 앞 길에 봉안하게 하였다】 문무왕(文武王) 9년(669)에 포로로 잡은 고구려인 7000명이 경주로 들어왔다. 왕이 백제의 유민들이 반란을 일으킬까 걱정하여 군사를 일으켜 백제를 토벌하였다. 문충(文忠) 등에게 분부하여 36개의 성을 공략하여 얻고 그 사람들을 내지(內地)로 이주시켰다. 천존(天存)과 죽지(竹旨) 등은 7개의 성을 빼앗고 2천여 명의 군관을 베었다. 문영(文穎) 등은 성 12곳을 빼앗고 오랑캐 군사를 쳐서 7천명을 베고 전마(戰馬)를 얻은 것이 매우 많았다. 성덕왕(聖德王) 30년(731)에 일본 병선 300척이 우리 동해안을 습격하니 왕이 장수들에게 명하여 군사를 보내어 격파하였다. 혜공왕(惠恭王) 16년(780) 여름에 김지정(金志貞)이 난을 일으켜 왕궁을 포위하니 상대등 양상(良相)과 이찬 경신(敬信)〈곧 원성왕(元聖王)이다〉이 군사를 일으켜 지정을 죽이고 양상이 자립하여 왕이 되었다. 헌덕왕(憲德王) 11년(819)에 장군 김웅원(金雄元)을 보내어 당(唐)을 도와 이사도(李師道)를 토벌하였다.〈황제가 사신을 보내어 군사를 요청하였다〉 헌덕왕 14년(822)에 김헌창(金憲昌)이 난을 일으켰다.〈자세한 것은 공주(公州) 편에 기록되어 있다〉 각간(角干) 김충공(金忠恭)과 잡찬(迊飡) 김윤응(金允膺) 등을 보내어 문화(蚊火)의 관문을 지키게 하였다. 흥덕왕 11년(836) 겨울에 왕이 죽고 후사가 없으므로 김양(金陽)이 균정(均貞)〈원성왕의 손자〉의 아들 호징(祐徵)〈바로 신무왕(神武王)이다〉과 더불어 균정을 받들어 왕으로 삼고 적판궁(積板宮)으로 들어갔다가 김명(金明)〈바로 민애왕(閔哀王)이다〉에게 시해되었다. 김명은 체륭(涕隆)〈바로 희강왕(僖康王)이다〉을 추대하여 왕으로 삼았다가 후에 체륭을 죽이고 스스로 왕이 되었다. 김양이 무주(武州)〈지금의 광주(光州)이다〉에서 군사를 일으켜 청해진(淸海鎭)〈지금의 왕도이다〉 대사(大使) 장보고(張保皐)와 더불어 군사를 경주로 진격시켜 김명을 토벌하였다. 김명은 군사가 패하자 도망하여 월유댁(月遊宅)으로 들어갔으나 병사들이 추격하여 목을 베었다. 실성왕(實聖王) 10년(411)에 도적 떼가 나라의 서남쪽에서 일어나 경주의 서부에까지 이르렀다. 도적들은 그들의 바지를 붉은 색으로 칠하여 주현의 백성들을 도륙하고 수탈한 것을 표시하였다. 효공왕(孝恭王) 4년(900)에 국원(國原) 청주(菁州) 괴양(槐壤)의 도적 두목인 청길(淸吉) 신훤(莘萱) 들이 성을 들어 궁예(弓裔)에게 항복하였다. 경애왕(景哀王) 3년(926)에 후백제 왕 견훤(甄萱)이 고울부(高鬱部)로 습격하여 경주 근처를 핍박하였다. 왕이 고려에 위급함을 알리자 고려가 공훤(公萱) 등을 보내어 군사 1만을 파견하였으나 그들이 미처 오기 전에 견훤이 갑자기 왕도에 이르렀다. 왕과 비빈들은 포석정에 유람하여 술을 마시며 즐기다가 갑자기 군사가 닥치는 소리를 듣고 왕과 비빈들은 도망하여 성남의 별궁에 숨고, 시종과 궁녀 관원들은 모두 포로가 되었다. 견훤은 드디어 군사를 풀어 대규모로 노략질을 하고 왕궁에 들어가 거처하였다. 좌우의 군사를 풀어 왕을 잡아 군중에 두고 핍박하여 자살하게 하였다. 왕비를 강제로 욕보이고 그 부하들을 풀어 빈첩(嬪妾)들을 유린하였다. 그 후 김부(金傅)〈경순왕(敬順王)이다〉를 세워 왕으로 삼고 왕의 동생 효렴(孝廉) 재상 영경(英景) 등을 포로로 하고 경주의 자제들과 여러 장인(匠人), 무기 보화 등을 모두 빼앗아 돌아갔다. 고려왕이 사신을 보내어 애도하고 친히 정예 기병을 거느리고 구원하였으나, 공산(公山) 전투에서 패하였다.〈자세한 것은 대구 편에 있다〉 경순왕 5년(931)에 고려왕이 신라로 가자 신라의 왕이 임해전(臨海殿)에서 회맹(會盟)하였다.

○고려 현종(顯宗) 2년(1011)에 동여진(東女眞)이 선박 백여 척을 동원하여 경주를 노략질하였다. 문종(文宗) 27년(1073)에 동번(東蕃)의 해적이 동경(東京)을 노략질하였다. 고려 명종(明宗) 3년(1173)에 동북면병마사(東北面兵馬使) 김보당(金甫當)이 군사를 일으켜 정중부(鄭仲夫)를 토벌하고 전왕(前王)〈의종(毅宗)〉을 다시 세우고자 하여 장순석(張純錫)으로 하여금 거제도에 가서 전왕을 받들고 나와 경주에 거주하도록 하였다. 경주인들이 전왕을 객사(客舍)에 가두고 지켰는데, 이의민(李義旼)이 전왕을 빼내어 신원사(神元寺) 북연(北淵)에 이르러 시해하였다. 고려 신종(神宗) 2년(1199)에 또 경주에서 도적이 일어나 명주(溟州)의 도적들과 합쳐서 여러 주군을 침략하였다. 같은 임금 5년(1202)에 동경의 도적 색좌(索佐) 등이 군사를 일으키고 장수들을 보내어 여러 방면으로 주군을 침략하니 왕이 여러 장수를 보내어 토벌하게 하였다. 도적들이 운문산(雲門山)과 울진 초전(草田) 등의 적들을 모집하여 3군을 편성하였다. 동경의 적들은 기계현(杞溪縣)을 노략질하였는데 이유성(李維城)이 1천여 명을 베어 죽였다. 고종 25년(1238)에 몽고 군대가 동경에 이르러 황룡사탑(黃龍寺塔)을 불태웠다. 공민왕 23년(1374)에 왜구가 계림부(鷄林府)를 노략질하였다. 우왕 3년(1377)에 왜구가 계림부를 노략질하였다. 같은 임금 5년(1379)에 왜구가 다시 계림부를 노략질하였다. 같은 임금 7년(1381)에 계림 원수 원호(元虎)가 왜적 11명을 베어 죽였다. 같은 임금 8년(1382)에 왜구가 계림을 노략질하였다. 같은 임금 9년(1383)에 왜구가 안강과 기계를 노략질하였다.〈처음에 일본의 대내의홍(大內義弘)이 여러 섬의 왜구들이 우리 강역을 침략하는 것을 금지시키고자 하였는데, 마침 우리 나라에서는 한국주(韓國柱)를 구주(九州)에 사신으로 보내어 도적을 금지하도록 요청하였다. 의홍이 휘하의 박거사(朴居士)를 보내어 그 군사 186인과 함께 같이 오도록 하였다. 이 때 왜구가 계림을 노략질하니 거사가 군사를 지휘하여 그들과 전투를 벌였다. 그런데 계림의 원수였던 하을지(河乙沚)가 머뭇거리면서 구원하지 않았다. 거사의 군대는 대패하여 탈출할 수 있었던 사람이 겨우 50여 인에 지나지 않았다〉

○조선 선조 25년(1592) 4월 왜적이 경주를 함락시켰다. 8월에 왜적 기병 500여 명이 언양

에서부터 노곡(蘆谷)으로 향하니, 의병장 김호(金虎) 등이 군사 1,400여 명을 지휘하여 대항하니 적이 달아나서 경주로 돌아갔다. 김호 등이 추격하여 50여 명을 죽였다. 좌병사 박진(朴晉)이 군사 1만여 명을 지휘하여 진격하였으나 경주의 왜적이 그 미비한 곳을 엄습하자 박진은 달아나서 안강현으로 돌아갔다. 다시 결사대 1천여 명을 모집하여 몰래 성 아래로 잠복하여 적진 속으로 비격진천뢰(飛擊震天雷)를 쏘아대니 소리가 천지를 울려서 전 부대가 놀라 넘어졌다. 다음날 적은 성을 버리고 서생포(西生浦)로 돌아가고 박진은 마침내 경주로 들어갔다. 같은 왕 31년(1598) 정월에 경리(經理) 양호(楊鎬)가 울산에서부터 경주로 돌아와 주둔하였다.

2. 울산도호부(蔚山都護府)

『연혁』(沿革)

본래 신라의 굴아화촌(屈阿火村)이었다. 파사왕 때 비로소 개지변현(皆知邊縣)〈계변성(戒邊城)이라고도 하고 신학성(新鶴城)이라고도 하고 화성군(火城郡)이라고도 하였다〉을 두었다. 경덕왕 16년(757)에 하곡(河曲)이라고 고치고 임관군(臨關郡) 관할 현으로 삼았다. 고려 태조 때 흥려부(興麗府)로 승격하였다.〈현 사람 박윤웅(朴允雄)에게 큰 공이 있어서 우풍현(虞風縣)과 동진현(東津縣)을 여기에 합병시켰다〉 뒤에 공화현(恭化縣)으로 강등시켰다. 현종 9년(1018)에 지울주군사(知蔚州郡事)로 고쳤다.〈영현이 동래(東萊)와 헌양(巘陽) 둘이다〉 또 고쳐서 방어사(防禦使)를 두었다. 조선 태조 6년(1397)에 진(鎭)을 설치하고 병마사(兵馬使)가 지주사(知州事)를 겸하게 하였다. 태종 13년(1413)에 진을 파하고 지울주군사로 고쳤다. 같은 임금 17년(1417)에 좌도병마도절제사영(左道兵馬都節制使營)을 읍치에 두었다. 세종 18년(1436)에 읍치를 병영 서쪽 7리에 설치하였다. 후에 병영을 폐지하였다가 다시 진을 설치하여 병마첨절제사(兵馬僉節制使)를 두고 지군사(知郡事)를 겸하게 하였다. 같은 임금 19년(1437)에 도호부(都護府)로 승격시켰다. 후에 좌도절제사(左道節制使)로써 판부사(判府事)를 겸직하게 하고 판관(判官)을 두었다. 이해에 다시 강등시켜 군으로 삼았다. 선조(宣祖) 31년(1598)에 도호부사로 승격시키고 병마절도사가 부사를 겸직하게 하였다. 광해군 8년(1616)에 부사를 별도로 두었다.

「읍호」(邑號)

학성(鶴城)〈고려 성종 때 정하였다〉

「관원」(官員)

도호부사(都護府使)〈경주진관병마동첨절제사를 겸한다〉 1원을 두었다.

『고읍』(古邑)

우풍현(虞風縣)〈우불산(于弗山) 아래에 있었다. 본래는 신라 우화현(于火縣)인데 경덕왕 16년(757)에 우풍으로 고치고 동안군(東安郡) 영현(領縣)으로 삼았다. 고려 태조 때 울산에 합쳤다〉

동양현(東洋縣)〈읍치에서 동북쪽으로 30리에 있다. 본래는 신라 율포현(栗浦縣)인데 경덕왕 16년(757)에 동진(東津)으로 고치고 임관군(臨關郡) 영현(領縣)으로 삼았다. 고려 태조 때 울산에 합쳤다. 조선시대에 감포진(甘浦鎭)을 두었다. 경주 편을 보라〉

동안현(東安縣)〈읍치에서 남쪽으로 50리에 있다. 본래 신라의 생서량(生西良)인데 경덕왕 16년(757)에 동안군으로 고쳤다. 관할 영현(領縣)은 하나인데 우풍현이고, 양주(良州)에 소속되었다. 고려 현종 9년(1018)에 울산에 합쳤다. 조선시대에 서생포진(西生浦津)을 두었다〉

『방면』(坊面)

부내면(府內面)〈읍치에서 십리에 걸쳐 있다〉

동면(東面)〈읍치에서 동쪽으로 10리에서 시작하여 30리에서 끝난다〉

유포면(柳浦面)〈읍치에서 동쪽으로 20리에서 시작하여 35리에 있다〉)

부남면(府南面)〈5리에서 시작하여 15리에서 끝난다〉

내상면(內廂面)〈읍치에서 동쪽으로 10리에서 시작하여 20리에서 끝난다〉

대현면(大峴面)〈읍치에서 남쪽으로 5리에서 시작하여 30리에서 끝난다〉

청량면(青良面)〈읍치에서 남쪽으로 15리에서 시작하여 35리에서 끝난다〉

온양면(溫陽面)〈읍치에서 서남쪽으로 30리에서 시작하여 60리에서 끝난다〉

웅촌면(熊村面)〈읍치에서 서쪽으로 30리에서 시작하여 70리에서 끝난다〉

범서면(凡西面)〈본래 범서부곡이다. 서쪽 15리에서 시작하여 30리에서 끝난다〉

수서면(水西面)〈읍치에서 북쪽으로 10리에서 시작하여 30리에서 끝난다〉

농소면(農所面)〈읍치에서 동북쪽으로 10리에서 시작하여 35리에서 끝난다〉

『산수』(山水)

무리농산(無里籠山)〈읍치에서 동쪽으로 20리에 있다〉

달천산(達川山)〈읍치에서 북쪽으로 20리에 있다〉

문수산(文殊山)〈읍치에서 서쪽으로 25리에 있다. 북쪽에 망해대(望海臺)가 있다〉

원적산(圓寂山)〈읍치에서 서쪽으로 60리 양산 경계에 있다. 산봉우리가 첩첩이 연하여 있고 골짜기가 깊고 그윽하다. ○운흥사(雲興寺)가 있다〉

불광산(佛光山)〈읍치에서 남쪽으로 45리 기장 경계에 있다. ○대원사(大原寺)가 있다〉

오산(鰲山)〈읍치에서 동쪽으로 10리에 있다. 큰 벌판 위에 우뚝 솟아 있다〉

동대산(東大山)〈읍치에서 동쪽으로 25리에 있다. 남쪽에 효성점(曉星岾)이 있다〉

우불산(亐弗山)〈읍치에서 서쪽으로 50리에 있다〉

황모산(黃茅山)〈읍치에서 서북쪽 5리에 있다〉

봉서산(鳳棲山)〈읍치에서 북쪽으로 40리에 있다〉

천곡산(泉谷山)〈읍치에서 북쪽으로 20리에 있다〉

관문산(關門山)〈읍치에서 북쪽으로 40리에 있다〉

척과산(尺果山)〈읍치에서 북쪽으로 30리에 있다〉

함월산(含月山)〈읍치에서 서쪽으로 10리에 있다〉

화장산(華藏山)〈읍치에서 서남쪽 40리에 있다〉

용초산(聳峭山)〈우불산의 동쪽에 있다〉

은월봉(隱月峯)〈태화진(太和津)의 서쪽에 있다〉

입암(立岩)〈굴대천의 북쪽에 있다〉

파연암(派蓮岩)〈읍치에서 동쪽으로 30리에 있다. 방어진 동북쪽이다〉

처용암(處容岩)〈개운포 바다 속에 있다〉

장춘오(藏春塢)〈황룡연 동쪽에 있다. 그 남쪽에 산이 우뚝 솟은 것이 있는데 이름을 파이훼(葩異卉)라고 한다. 바다 대나무[海竹]와 동백이 겨울을 지나면 향기를 뿜는다〉

【송전(松田)이 5곳 있다】

『영로』(嶺路)

율현(栗峴)〈읍치에서 서쪽으로 가는 길에 있다〉

대점(大岾)〈읍치에서 북쪽으로 40리에 있다〉

○바다〈읍치에서 동쪽으로 35리에 있다〉

태화강(太和江: 원본에는 대화강(大和江)이라고 되어 있으나 다른 자료나 현지에서는 모두 태화강(太和江)이라고 쓴다. 大와 太는 혼용하는 글자이다/역자주)〈근원은 경주의 단석산에서 나와 남쪽으로 흘러 소산(所山)에 이른다. 꺾어서 동남쪽으로 흘러 반구천(盤龜川)이 되고 입암에 이르러 언양 남천을 오른쪽으로 지나 굴화천이 된다. 동쪽으로 흘러 읍치의 남쪽을 지나 태화강 주진(注津)이 된다. 도산(島山)에 이르러 왼쪽으로 어련천(漁連川)을 지나 거슬러 저내포(渚內浦)가 되고 바다로 들어간다. 어량(魚梁)이 있다〉

굴화천(掘火川)〈굴화역 동쪽에 있으며, 곧 태화강 상류이다. 입암연(立巖淵) 하류이다〉

남목천(南木川)〈고을 동쪽 30리에 있으며, 근원은 동대산(東大山)에서 나왔고, 파련암포(波連巖浦)와 합쳐서 바다로 들어간다〉

어련천(語連川)〈고을 동쪽 10리에 있으며, 근원은 경주(慶州) 동산(東山)에서 나와 남쪽으로 흘러 염포(鹽浦)로 들어간다〉

서천(西川)〈읍치에서 서쪽으로 10리에 있다. 척과산에서 나와 남쪽으로 흘러 굴화천 하류로 들어간다〉

황룡연(黃龍淵)〈고을 서쪽 10리에 있으며 곧 태화강(太和江)의 상류이다. 못의 물이 넓고 맑으며 깊다. 못의 북쪽에는 바위 언덕이 깎은 듯 하고 층을 지어 서 있다〉

입암연(立岩淵)〈고을 서쪽 20리에 있다. 언양현(彦陽縣) 남천(南川) 및 취성천(鷲城川)이 합쳐 흘러서 이 못이 되었다. 바위가 물 가운데 탑같이 서 있고, 그 물이 검푸르러서 거기에 서면 오싹하다〉

개운포(開雲浦)〈고을 남쪽 25리에 있다. 신라 헌강왕(憲康王) 5년(879)에 학성(鶴城)에서 놀러 왔다가 해포(海浦)에 이르러 처용(處容)이라는 이인(異人)을 만났다. 바로 이 곳 해변에 처용암이라는 바위가 있다. 또 선착장이 있다.

제해포(諸海浦)〈제내포(諸內浦)라고도 한다. 동남쪽 10리에 있다. 염분이 있다〉

유포(柳浦)〈읍치에서 동쪽으로 30리 바다 어구에 있다〉

화포(火浦)〈읍치에서 남쪽으로 70리에 있다〉

염포(鹽浦)〈읍치에서 동남쪽으로 15리에 있다. 예전에는 항시 거주하는 왜인 민호가 있었다〉

연지(蓮池)〈성 서쪽 2리에 있다〉

어풍대(御風臺)〈읍치에서 동남쪽 바다 가에 있다〉

【제언(堤堰)이 105개소 있다】

「도서」(島嶼)

명산도(鳴山島)〈읍치에서 남쪽으로 10리에 있다〉

죽도(竹島)〈읍치에서 남쪽으로 20리에 있다〉

동백도(冬柏島)〈읍치에서 남쪽으로 30리에 있다. 동백이 섬에 가득하다〉

『성지』(城池)

읍성(邑城)〈조선 성종 12년(1481)에 쌓았다. 둘레가 3,635자[척(尺)]이며, 안에 우물이 여덟 곳 있다〉

고읍성(古邑城)〈계변성(戒邊城) 서쪽에 있다. 고려 우왕 11년(1385) 박위(朴葳)가 쌓았다. 둘레가 315보이다〉

도산성(島山城)〈읍치에서 동쪽으로 5리에 있다. 신학성이라고도 하고 계변성이라고도 하고 증성(甑城)이라고도 한다. 선조 30년(1597)에 왜적이 옛 성터를 바탕으로 하여 수축하였다. 순천의 왜교(倭橋), 남해 노량(露梁)과 함께 왜적의 3대 소굴이 되었다. ○『명사』(明史)에는 왜교를 예교(曳橋)라 하고, 노량을 노영(老營)이라고 하였다〉

반구정첩(伴鷗亭疊)

태화강첩(太和江疊)〈이 두 곳은 왜적들이 축조한 것이다〉

『영아』(營衙)

좌병영(左兵營)〈태종 15년(1415)에 경주의 동남쪽 20여 리에 병마절제사영을 설치하였다. 같은 임금 17년(1417)에 계변성 북쪽에 이설하였으니, 바로 옛 군치이다. 선조 37년(1604)에 내상으로 이설하였으니 예전에 진영을 설치했던 자리이다〉

「성지」(城池)

〈석성(石城): 둘레가 9,316자[척(尺)]이다. 우물이 3개, 도랑이 2개, 연못이 3개 있다〉

「관원」(官員)

경상좌도병마절도사(慶尙左道兵馬節度使), 중군(中軍)〈우후(虞侯)가 겸한다〉 심약(審藥) 각 1원을 두었다.

○평사(評事)〈명종 8년(1553)에 두었다가 곧 폐지하였다〉

「속영」(屬營)

〈경주는 후영(後營)이다. 대구는 중영(中營)이다. 안동은 전영(前營)이다〉

『진보』(鎭堡)

서생포진(西生浦鎭)〈읍치에서 남쪽으로 53리에 있다. 처음에 수군 만호를 두었다. 선조 25년(1592)에 왜인들이 성을 쌓은 외증성(外甑城)에 이설하였다. ○수군동첨절제사(水軍同僉節制使) 1원을 두었다〉

「혁폐」(革廢)

염포진(鹽浦鎭)〈읍치에서 남쪽으로 23리에 있다. 성의 둘레는 1,039자[척(尺)]이고 우물이 3개 있었다. 수군만호가 있었다. ○예전에 항시 거주하는 왜인 민호(民戶)가 있었다. 중종 5년(1610)에 제포(薺浦)의 왜변을 듣고 일본으로 들어갔다〉

【창고가 하나 있다】

개운포진(開雲浦鎭)〈개운포에 있었다. 수군 만호가 있었다. 선조 25년(1592)에 동래 부산포로 옮겼다〉

유포석보(柳浦石堡)〈세조 때 돌로 쌓았다. 병사가 군사를 나누어 지켰다〉

『봉수』(烽燧)

남목천(南木川) 봉수〈읍치에서 동쪽으로 30리에 있다〉

천내(川內) 봉수〈방어진(魴魚津) 서쪽에 있다〉

가리산(加里山) 봉수〈개운포(開雲浦)에 있다〉

하산(下山) 봉수〈읍치에서 남쪽으로 50리에 있다〉

이길(爾吉) 봉수〈읍치에서 남쪽으로 67리에 있다〉

『창고』

읍창(邑倉)은 3곳이 있다.

공수창(公須倉)〈읍치에서 남쪽으로 40리에 있다〉

서창(西倉)〈읍치에서 서쪽으로 40리 웅촌면에 있다〉

외창(外倉)〈읍치에서 동쪽으로 30리에 있다〉

병영에는 창(倉) 3곳, 고(庫) 2곳이 있다.

『역참』(驛站)

간곡역(肝谷驛)〈읍치에서 서쪽으로 39리에 있다〉

굴화역(掘火驛)〈읍치에서 서쪽으로 45리에 있다〉

부평역(富平驛)〈병영의 성 서쪽에 있다〉

『목장』(牧場)

울산장(蔚山場)〈읍치에서 동쪽으로 35리 방어진에 있다. ○감목관(監牧官) 1원이 있다. ○부속 목장은 장기(長鬐) 동을배곶(冬乙背串)에 있다〉

【창고가 하나 있다】

『진도』(津渡)

태화진(太和津)〈부의 남쪽 1리에 있다〉

주진(注津)〈읍치의 남쪽 4리에 있다〉

『교량』(橋梁)

해양교(海陽橋)〈병영의 동문 밖에 있다〉

『토산』(土産)

철(鐵), 마류석(碼瑠石) 심중청(深中青) 대나무[죽(竹)] 왜닥나무[왜저(倭楮)] 닥나무[저(楮)] 모시[저(苧)], 표고버섯[향심(香蕈)], 꿀[밀(密)], 미역[곽(藿)], 김[해의(海衣)], 오해조(烏海藻) 우무가사리([우모(牛毛)]) 차(茶), 해달(海獺) 전복[복(鰒)], 해삼(海蔘), 홍합(紅蛤)

등 어물 수십 종이 있다.

『장시』(場市)

읍내장은 5일, 10일이다. 대현장(大峴場)은 1일, 6일이다. 내상장(內廂場)은 2일, 7일이다. 포항장(浦項場)은 2일, 7일이다. 성황당장(城隍堂場)은 3일, 8일이다. 공수곶장(公須串場)은 3일, 8일이다. 서창장(西倉場)은 4일, 9일이다.

『누정』(樓亭)

태화루(太和樓)〈읍치에서 서남쪽 5리에 있었다. 지금은 그 편액을 학성관 남쪽 종루에 옮겨 걸었다. 당(唐) 정관(貞觀) 17년에 승려 자장법사(慈藏法師)가 창건한 태화사(太和寺)의 누각이다. 누각은 층층의 절벽 위에 있다. 아래로 큰 강과 산과 들판을 내려다보고 밖으로는 바다가 하늘에 접하여 있다〉

강해루(江海樓)

반구정(伴鷗亭)

『단유』(壇壝)

우불산단(于弗山壇)〈신라의 사전(祀典)에 올라 있다. 우화산(于火山)은 생서량군(生西良郡)의 우화현에 있었으므로 산의 이름을 그렇게 불렀다. 소사(小祀)에 속하였고, 고려와 조선에서도 그대로 인습하였다〉

『사원』(祠院)

구강서원(鷗江書院)〈숙종 무오년(1678)에 건립하였고, 갑술년(1694)에 사액하였다〉 정몽주(鄭夢周)와 이언적(李彦迪)을 제사한다.〈모두 문묘(文廟)를 보라〉

『전고』(典故)

고려 태조 13년(948)에 신라 개지변이 최환(崔奐)을 보내어 항복을 청하였다. 고려 성종 16년(997)에 왕이 동경으로부터 흥려부(興麗府)를 지나면서 태화루(太和樓)에 거동하여 여러 신하들에게 연회를 베풀었다. 고려 현종 2년(1011)에 울주에 성을 쌓았다. 공민왕 10년(1361)

에 왜구가 울주를 노략질하였다. 같은 임금 23년(1374)에 왜구가 울주를 노략질하였다. 우왕 2년(1376)에 왜구가 울주를 도륙해 불지르고 또 노략질 하였다. 같은 임금 2년(1376)에 왜구가 또 울주 등지를 노략질하고 불태워 거의 전멸하다시피 하였다. 왜구가 또 울주를 노략질하니 원수 우인열(禹仁烈)이 그들을 공격하여 9명을 베었다. 왜구가 또 울주 등지를 노략질하니 우인렬 배극렴(裵克廉) 등이 그들과 싸워 10명을 베고 선박 7척을 빼았았다. 같은 임금 5년(1379)에 왜구가 울주를 노략질하고 울주에 머물면서 벼를 베어 식량으로 하였다. 같은 임금 7년(1381)에 원수 남질(南秩)이 울주에서 왜적과 싸웠다. 같은 임금 10년(1384)에 왜구가 울주를 노략질하고 조운선을 탈취하였다.

○조선 선조 25년(1592) 4월에 왜적이 좌병영을 함락시키니 병사 이각(李珏)과 우후 원응두(元膺斗)가 먼저 도망가고, 13개 고을에서 온 병사들이 성에 들어왔다가 모두 무너졌다. 같은 임금 26년(1593) 9월에 송응창(宋應昌)·이여송(李如松) 등이 군사를 이끌고 다시 여기에 주둔하였다. 유정(劉綎)은 팔거(八莒)에 주둔하고 오유충(吳惟忠)과 낙상지(駱尙志) 등은 보병 1만여 명을 거느리고 울산에 주둔하였다. 같은 임금 30년(1597) 정월에 왜장 청정(淸正) 등이 병선을 이끌고 바다를 건너 와서 서생 도산(島山) 등의 옛 진지를 수리하였다. 양호(楊鎬)가 먼저 청정을 공격하고자 하여 마귀(麻貴)와 함께 군사 4만 5천을 인솔하여 조령을 넘어 나아가 경주에 주둔하고 행장(行長)의 지원병을 공격하였다. 중협장(中協將)으로 하여금 의성(義城) 동쪽으로 향하게 하고, 좌우 두 협장으로 하여금 전라도와 경상도의 요새지를 장악하게 하였다. 또 세 협장으로 하여금 우리 군사와 함께 천안 전주 남원을 거쳐 내려가 기세를 올리면서 거짓으로 순천 등지를 공격하여 행장을 견제하는 것처럼 하였다. 그때 청정은 울산 동해안의 깎아지른 곳에 성을 쌓고 도산(島山)이라고 하였다. 스스로 대군을 인솔하여 도산에 주둔하고 여러 장수들을 나누어 요로를 차단하고 있었다. 12월에 이방춘(李芳春)은 왼쪽 길로 가고, 고책(高策)은 가운데 길로, 팽우덕(彭友德)은 오른쪽 길로, 오유충(吳惟忠)은 양산을 점령하고, 동정의(董正誼)는 남원으로 가고, 노계충(盧繼忠)은 서강에 주둔하여 수로를 방어하였다. 접반사 이덕형(李德馨)과 원수 권율(權慄)은 경리(經理) 마귀(麻貴)를 따라 먼저 울산에 도착하여 적군의 진지와 60리를 두고 대치하였다. 파새(擺賽)를 선봉장으로 삼아 정예군사 1천명을 지휘하게 하고, 양등산(楊登山)에게 기병 2천을 주어 합동으로 공격하여 적군 460명을 죽였다. 다음날 3협장이 함께 진격하였는데, 좌군은 반구정의 적 진지를 포위하고 중군은 병영에서부터 직진하여 적의 본부를 치고, 우군은 태화강의 적군 진지를 포위하였다. 양호가 모든

군사를 독전하여 격전을 치러 진지들을 모두 태워버리고 반구정과 태화강의 두 적 진지들을 격파하니 왜의 잔병들이 도망하여 도산으로 들어갔다. 양호와 마귀는 도산 북변의 고봉으로 올라가 독전하였으나 전세가 불리하였다. 진인(陳寅)은 탄환을 맞고 서울로 돌아갔다. 그 때 도산 성중에는 기갈이 날로 심해지자 청정이 거짓 항복하기로 약속하여 그 예봉을 완화시키려 하였다. 이에 전라도와 경상도 여러 곳에 주둔하던 왜군은 군사를 동원하여 원조하러 갔다. 같은 임금 31년(1598) 정월에 양호가 앞뒤로 적의 공격을 받을까 두려워하여 군사를 이끌고 경주로 돌아가고, 오유충과 조승훈(祖承訓)은 한밤중에 결사대 20인을 이끌고 서생포에 들어가 조교(弔橋) 위의 패자(牌子)를 뽑아버리고 이춘방(李春芳)은 적의 길을 차단하여 100여 명을 죽였다. 이 전투에서 중국 군사로 전사한 사람은 1천 4백명, 부상자는 삼천여 명이었다. 그때 왜적이 전라도와 경상도의 남부에 웅거하여 3개소에 근거지를 두고 있었다. 동군은 청정이 도산에서 진을 쳤고, 서군은 행장이 순천 율림(栗林)의 왜교(倭橋)에 진을 쳤고, 중군은 석만자(石蔓子)가 사천의 삼천포 북도(北堵)와 진주 남강 남쪽에 진을 치고 대로를 통하여 동서군을 성원하고 있었다.

3. 양산군(梁山郡)

『연혁』(沿革)

본래 신라 삽량주(歃良州)였다. 문무왕(文武王) 5년(665)에 주(州)를 두었다. 경덕왕(景德王) 16년(757)에 양주도독부(良州都督府)로 고쳤다〈9주의 하나이다. 관할 주 1곳, 소경(小京) 1곳, 군 12곳, 현 34곳이었다. ○도독부의 관할 현은 하나였는데, 헌양(巘陽)이다〉 고려 태조 23년(940)에 양주(梁州)로 고쳤고 성종 때 방어사를 두었다. 고려 현종(顯宗) 9년(1018)에 지군사로 고쳤고〈관할 현은 둘인데, 동평현(東平縣)과 기장현(機張縣)이다〉 후에 밀성(密城)에 속하였다가, 충렬왕(忠烈王) 30년(1304)에 다시 양주를 두었다. 조선 태종(太宗) 13년(1413)에 양산군으로 고쳤다. 선조 임진년(1592) 왜란을 겪은 후에 동래부에 합쳤다가 36년(1603)에 다시 설치하였다.

「읍호」(邑號)

의춘(宜春)〈고려 성종 때 정한 것이다〉 순정(順正)

「관원」(官員)

군수〈경주진관병마동첨절제사(慶州鎭管兵馬同僉節制使)를 겸한다〉 1원

『방면』(坊面)

읍내면(邑內面)〈읍치로부터 5리에 걸쳐 있다〉

상동면(上東面)〈읍치로부터 5리에서 시작하여, 30리에서 끝난다〉

하동면(下東面)〈읍치에서 동남쪽으로 10리에서 시작하여, 40리에서 끝난다〉

상북면(上北面)〈읍치에서 서북쪽으로 10리에서 시작하여, 20리에서 끝난다〉

하북면(下北面)〈20리에서 시작하여, 40리에서 끝난다〉

상서면(上西面)〈10리에서 시작하여, 40리에서 끝난다〉

하서면(下西面)〈20리에서 시작하여, 60리에서 끝난다〉

대상동면(大上洞面)〈읍치에서 남쪽으로 10리에서 시작하여, 20리에서 끝난다〉

대하동면(大下洞面)〈읍치에서 남쪽으로 40리에서 시작하여, 60리에서 끝난다. 위의 두 면(面)은 대저도(大渚島)에 있다〉

좌이전면(左耳田面)〈읍치에서 남쪽으로 30리에서 시작하여, 50리에서 끝난다〉

〈범곡부곡(凡谷部曲)은 북쪽으로 10리에 있다. 와곡부곡(瓦谷部曲)은 북쪽으로 6리에 있다. 범어부곡(凡魚部曲)은 서쪽으로 6리에 있다. 어곡소부곡(於谷所部曲)은 읍치에서 5리에 있다. 작은 성이 있으니, 속칭 수질옥부곡(水蛭獄部曲)이라고 한다.

『산수』(山水)

취서산(鷲棲山)〈읍치에서 북쪽으로 30리 언양현(彦陽縣) 경계에 있다. ○통도사(通道寺)에는 석가불(釋迦佛)의 두골 사리와 입던 가사(袈裟)를 안장하고 있다〉

원적산(圓寂山)〈두성산(斗聖山)이라고도 한다. 북쪽으로 20리에 있다. 산세가 가파르고 청수하며 수많은 부용(芙蓉)이 연파(烟波) 가운데 드리우고 있다. 북쪽으로는 취서산과 접하고 동쪽으로는 우불산과 연이어 구비구비 중첩되어 있다. ○불지사(佛池寺)가 있다. 절의 북쪽 바위 아래에 샘이 솟아나는데 그 색이 황금과 같다.

성황산(城隍山)〈읍치에서 동북쪽으로 5리에 있다〉

이천산(梨川山)〈읍치에서 서쪽으로 30리에 있다〉

증산(甑山)〈읍치에서 서남쪽으로 12리 큰 평야 가운데 있다〉

금정산(金井山)〈읍치에서 남쪽으로 40리 동래 경계에 있다〉

칠점산(七點山)〈읍치에서 남쪽으로 60리 대저도 가운데 있다. 일곱 봉우리가 점과 같다〉

임경대(臨鏡臺)〈황산역 서쪽 절벽 위에 있다. 최고운(崔孤雲: 고운은 호이고 이름은 치원(致遠)이다/역자주) 선생이 유람하였던 곳이어서 일명 최공대(崔公臺)라고도 한다. 그의 시에, "내려다 보니 맑은 강물은 고요히 흐르고, 멀리 연기 낀 봉우리 첩첩이 손에 잡힐 듯하다"고 하였다〉

【송전(松田)이 하나 있다】

「영로」(嶺路)

사배야현(沙背也峴)〈읍치에서 남쪽으로 40리 동래로 가는 길에 있다〉

황산천(黃山遷)〈황산 강가에 있다. 길에 암벽이 나와 있어 매우 위험하다. 밀양으로 통한다〉

○바다〈대저도(大楮島)의 남쪽에 있다〉

황산강(黃山江)〈고을 서쪽 20리에 있다. 낙동강 하류인데 예전에는 황산하라고 불렀다. 신라와 가야의 경계였다.

영천(靈川)〈읍치에서 동쪽으로 20리에 있다. 남쪽으로 흘러 기장현 서쪽 경계를 지나 동래부(東萊府)의 동쪽으로 흘러 해운포(海雲浦)가 되고 바다로 들어간다.

호천(狐川)〈호포(狐浦)라고도 한다. 서쪽 10리에 있다. 취서산(鷲棲山)과 원적산(圓寂山) 두 산의 물이 합류하여 황산강(黃山江)으로 들어 간다.

내포천(內浦川)〈읍치에서 서쪽으로 40리에 있다. 밀양 고사산(姑射山)에서 나와 남쪽으로 흘러 군의 서쪽 경계에 이르러 가야진(伽倻津)으로 들어 간다〉

북천(北川)〈고을 북쪽 10리에 있으며, 호천의 상류이다. 물이 넘치면 바로 읍성으로 치기 때문에 돌을 쌓아서 뚝을 막았다〉

구읍포(仇邑浦)〈읍치에서 서쪽으로 3리에 있다. 호천 상류이다〉

대저포(大渚浦)〈읍치에서 서쪽으로 20리에 있다〉

유포(杻浦)〈읍치에서 남쪽으로 35리에 있다.

동두저포(東豆渚浦)〈유포의 하류이다〉

원포(源浦)〈읍치에서 서쪽으로 30리에 있다〉

계원연(鷄原淵)〈쌍벽루(雙碧樓) 아래에 있다. 한 지류는 원적산에서 나오고 한 지류는 군북 10리의 석곡천에서 나와 합쳐서 호천으로 들어간다. 서안에 죽오(竹塽)가 있다〉

【제언이 하나 있다】

「도서」(島嶼)

대저도(大渚島)〈읍치에서 남쪽으로 40리에 있다. 낙동강이 바다로 들어가는 어구이다. 토지가 비옥하고 주민이 많다〉

사두도(蛇頭島)〈읍치에서 남쪽으로 45리에 있다. 곧 칠점산(七點山) 남쪽 갈래이다. 좋은 전답 5백여 경(頃)이 있고, 민호가 즐비하며 부유하다〉

소요저도(所要渚島)〈대저도(大渚島) 동쪽에 있다. 밭 수백여 경(頃)이 있는데, 토지가 극히 기름지다〉

『성지』(城池)

읍성(邑城)〈둘레가 3,710자[척(尺)]이다. 성 안에 우물 5개와 못 1개가 있다〉

고성(古城)〈성황산(城隍山)에 있다. 둘레가 4,368자[척(尺)]이다. 성 안에 우물 6개와 못 2개가 있다〉

고성(古城)〈읍치에서 동쪽으로 3리에 있다. 석축의 유지가 있다〉

고장성(古長城)〈황산강 동북에 있다. 강가에 흙과 돌로 섞어 쌓았다〉

구법곡성(九法谷城)

호포성(狐浦城)〈이상 두 곳은 왜인들이 쌓은 것이다〉

○신라 문무왕 13년(673)에 삽량주 골사현성(骨事峴城)을 쌓았다. 신문왕 7년(687)에 삽량성을 쌓았다. 둘레가 1,260보이다.

『봉수』(烽燧)

위천산(渭川山) 봉수〈읍치에서 북쪽으로 21리에 있다〉

『창고』(倉庫)

읍창은 2곳이 있다.

감동창(甘同倉)〈읍치에서 남쪽으로 40리에 있다. 통영(統營: 삼도수군통제영(三道水軍統

制營)으로 현재의 경남 통영시에 있었다/역자주)에 물자를 조달하기 위하여 설치하였다〉

『역참』(驛站)

황산도(黃山道)〈황산 강가에 있다. ○관할 역이 16개소이다. ○찰방(察訪) 1원을 두었다〉

【창고가 둘 있다】

윤산역(輪山驛)〈읍치에서 서쪽으로 5리에 있다〉

위천역(渭川驛)〈읍치에서 북쪽으로 20리에 있다〉

「혁폐」(革弊)

원포역(源浦驛)〈읍치에서 서쪽으로 30리에 있다〉

「보발」(步撥)

관문참(官門站) 내포참(內浦站)

『진도』(津渡)

가야진(伽倻津)〈옥지연(玉池淵)이라고도 하며, 서쪽 40리 황산강(黃山江) 상류(上流)에 있다〉

동완진(東浣津)〈읍치에서 남쪽으로 25리, 황산강(黃山江) 하류에 있다. 이 두 곳은 김해로 통한다〉

호포진(狐浦津)〈대로면(大路面)에 있는 작은 나루이다〉

『토산』(土産)

쇠[철(鐵)] 대나무[죽(竹)], 차(茶), 송이버섯[송심(松蕈)], 표고버섯[향심(香蕈)], 은어[은구어(銀口魚)], 황어(黃魚) 숭어[수어(水魚)]

『장시』(場市)

읍내장은 1일, 6일이다. 감동장(甘洞場)은 3일, 8일이다. 황산장(黃山場)은 5일, 10일이다. 용당장(龍堂場)은 3일, 8일이다.

『교량』(橋梁)

계원교(鷄原橋)〈계원연 아래에 있다〉 구읍포교(仇邑浦橋), 화자포교(火者浦橋)

『누정』(樓亭)

쌍벽루(雙碧樓)〈읍내에 있다. 파란 물을 굽어보면서 수많은 대나무가 푸르게 우거져 있다〉

『단유』(壇壝)

가야진단(伽倻津壇)〈읍치에서 남쪽으로 22리에 있다. 신라에서는 황산하(黃山河)라고 하였고, 고려에서는 가야진연소(伽倻津衍所)라고 하였다. 조선시대에는 백성들이 적석룡단(赤石龍壇)이라고 하였다. 모두 남독(南瀆)으로서 중사(中祀)에 올라있다.

『사원』(祠院)

송담서원(松潭書院)〈숙종 병자년(1696)에 세웠고, 정유년(1717)에 사액하였다〉 백수회(白受繪)〈자(字)는 여빈(汝彬)이며 본관은 부여(扶餘)이다. 벼슬은 자여찰방(自如察訪)이고 호조참의에 추증되었다. 선조 임진년(1592)에 9년 동안 일본에 잡혀 구류되었다가 절개를 지켜 돌아왔다〉

『전고』(典故)

신라 지마왕(祗摩王) 4년(115)에 가야가 남변을 노략질하였다. 왕이 직접 보병과 기병을 이끌고 황산하(黃山河)를 건너니, 가야인들이 복병해 있다가 여러 겹으로 포위하였다. 왕이 용감히 싸워 포위를 풀고 물러갔다. 미추왕(味鄒王) 3년(264) 봄 3월에 왕이 황산에 행차하여 왕이 노인과 극빈자들을 위문하고 진휼하였다. 자비왕(慈悲王) 6년(463)에 왜구가 삽량주(歃良州)에 침략하였으나 이기지 못하고 물러갔다. 왕이 장수에게 명하여 귀로에 복병해 있다가 요격하여 대패시켰다. 왕이 왜구가 자주 강역을 침략하는 것 때문에 연변에 두 개의 성을 쌓았다. 고려 공민왕(恭愍王) 10년(1361)에 왜구가 양주(梁州)를 노략질하였다. 같은 임금 13년(1364)에 왜구가 양주를 노략질하여 200여 호를 불질렀다. 우왕(禑王) 2년(1376)에 왜구가 양주를 도륙하고 불질렀다. 같은 임금 3년(1377)에 왜구가 양주를 노략질하니 김해부사 박위(朴葳)가 황산강에서 왜적을 쳐서 패주시키고 29명을 죽였다. 적이 낭패하여 스스로 자살하거나 물에 뛰어들어 거의 전멸하였다. 배극렴(裵克廉)이 또 왜적과 싸워서 그 괴수의 목을 베었다. 같은 임금 7년(1381)에 원수 남질(南秩)이 양주에서 왜구와 싸웠다. 같은 임금 10년(1384)에 왜구가 양주를 노략질하였다. 조선 선조 25년(1592)에 왜적이 양주를 함락시켰다. 같은 임금 30년(1597)에 왜구가 양주를 노략질하였다.

4. 영천군(永川郡)

『연혁』(沿革)

본래 신라의 절야화(切也火)이다. 경덕왕(景德王) 16년(757)에 임고군(臨皐郡)으로 고쳤다.〈관할 영현이 다섯이니, 도동현(道同縣), 임천현(臨川縣), 장진현(長鎭縣), 신녕현(新寧縣), 민백현(黽白縣)이다〉 고려 태조 23년(958)에 도동(道同)과 임천(臨川) 두 고을을 합쳐서 영주(永州)라고 하였다. 고려 성종(成宗) 14년(995)에 자사(刺史)를 두었고, 고려 현종(顯宗) 9년(1018)에 경주(慶州)에 예속시켰다. 고려 명종(明宗) 2년(1172)에 감무(監務)를 두었으며, 뒤에 승격시켜서 지주사(知州事)로 삼았다. 조선 태종(太宗) 13년(1413)에 영주군(永州郡)이라고 고쳤다.

「읍호」(邑號)

익양(益陽)〈고려 성종 때 정한 것이다〉 영양(永陽)

「관원」(官員)

군수〈경주진관병마동첨절제사(慶州鎭管兵馬同僉節制使)를 겸한다〉

『고읍』(古邑)

도동현(道同縣)〈읍치에서 남쪽으로 7리에 있다. 본래 신라의 도동대(刀冬大)였다. 경덕왕 16년(757)에 도동으로 고치고 임고군의 영현으로 하였다. 고려 초에 영천에 합쳤다〉

임천현(臨川縣)〈읍치에서 동남쪽으로 5리에 있다. 본래 골화소국(骨火小國)이었는데 골벌국(骨伐國)이라고도 하였다. 신라 조분왕(助賁王) 7년(236)에 정벌하여 병합시키고 현을 두었다. 경덕왕 16년(757)에 임천으로 고치고, 임고군의 영현으로 하였다. 고려 초에 영천에 합쳤다〉

『방면』(坊面)

내동면(內東面)〈읍치로부터 10리에서 끝난다〉

내서면(內西面)〈읍치로부터 10리에서 끝난다〉

완산면(完山面)〈읍치에서 동쪽으로 5리에서 시작하여, 10리에서 끝난다〉

추곡면(追谷面)〈읍치에서 동쪽으로 10리에서 시작하여, 30리에서 끝난다〉

고촌면(古村面)〈읍치에서 동쪽으로 40리에서 시작하여, 50리에서 끝난다〉

원당면(元堂面)〈읍치에서 동남쪽으로 20리에서 시작하여, 30리에서 끝난다〉

칠백면(七百面)〈읍치에서 남쪽으로 15리에서 시작하여, 20리에서 끝난다〉

거여면(巨餘面)〈읍치에서 서쪽으로 10리에서 시작하여, 15리에서 끝난다〉

고견면(古見面)〈읍치에서 서쪽으로 15리에서 시작하여, 20리에서 끝난다〉

북습면(北習面)〈읍치에서 서쪽으로 30리에서 시작하여, 50리에서 끝난다〉

산저면(山底面)〈읍치에서 서북쪽으로 10리에서 시작하여, 25리에서 끝난다〉

아천면(阿川面)〈읍치에서 북쪽으로 10리에서 시작하여, 20리에서 끝난다〉

즐림면(櫛林面)〈읍치에서 북쪽으로 20리에서 시작하여, 30리에서 끝난다〉

명산면(鳴山面)〈읍치에서 북쪽으로 15리에서 시작하여, 35리에서 끝난다〉

자천면(慈川面)〈읍치에서 북쪽으로 40리에서 시작하여, 80리에서 끝난다〉

구천면(仇川面)〈읍치에서 북쪽으로 40리에서 시작하여, 1백 리에서 끝난다〉

비소곡면(比召谷面)〈30리에서 시작하여, 40리에서 끝난다〉

후곡면(厚谷面)〈30리에서 시작하여, 50리에서 끝난다〉

부곡면(釜谷面)〈15리에서 시작하여, 25리에서 끝난다〉

모사동면(毛沙洞面)〈30리에서 시작하여, 40리에서 끝난다〉

창수면(蒼水面)〈20리에서 시작하여, 30리에서 끝난다〉

환귀(還歸面)〈30리에서 시작하여, 40리에서 끝난다〉

『산수』(山水)

보현산(普賢山)〈모자산(母子山)이라고도 한다. 북쪽으로 100리에 있고 청송의 안덕(安德) 옛 현 경계에 붙어 있다. 동으로는 경주의 옛 죽장현(竹長縣) 경계에 붙어 있고 남으로는 신녕(新寧) 땅에 연접해 있다. ○정각사(鼎脚寺) 공덕사(功德寺)가 있다〉

팔공산(八空山)〈읍치에서 서쪽으로 50리에 있다. 대구 칠곡 의흥 하양 신녕과 본읍 경계에 걸쳐 있다〉 위에 움직이는 바위가 잇다. ○은해사(銀海寺) 백지사(栢旨寺) 운부사(雲浮寺) 상원사(上元寺)가 있다〉

채약산(採藥山)〈읍치에서 남쪽으로 15리에 있다〉

기룡산(騎龍山)〈읍치에서 북쪽으로 10리에 있다〉

구미산(龜尾山)〈읍치에서 동쪽으로 40리에 있다〉

사룡산(四龍山)〈읍치에서 남쪽으로 50리 경주 경계에 있다〉

병산(屛山)〈병풍암(屛風岩)이라고도 한다. 서쪽으로 15리에 있다. 바위가 병풍처럼 펼쳐져 있다〉

작산(鵲山)〈읍치에서 남쪽으로 6리에 있다〉

죽방산(竹防山)〈읍치에서 남쪽으로 9리에 있다. 남천(南川)과 북천(北川) 두 냇물의 어구이다〉

청경산(淸景山)〈읍치에서 동쪽으로 30리에 있다〉

검단산(黔丹山)〈자천면(慈川面)에 있다. 경주 죽장면 경계이다. 산 남쪽에 운혈(雲穴)이 있다〉

석지산(石芝山)〈읍치에서 남쪽으로 25리에 있다〉

【영지사(靈芝寺)가 있다】

현암(玄岩)〈읍치에서 동북쪽으로 60리에 있다. 남천의 상류이니 본군의 땅이다. 건너편은 죽장면 경계이다〉

태조지(太祖旨)〈읍치에서 서쪽으로 30리에 있다. 팔공산 아래의 한 작은 봉우리이다. 고려 태조가 견훤에게 패배하여 물러나 여기에서 보전하였다〉

【송곡(松谷)이 있다】

『영로』(嶺路)

유현(柳峴)〈읍치에서 북쪽으로 100리 보현산 남쪽에 있다. 경주와 청송의 경계이다〉

왜항(倭項)〈보현산 남쪽 가지이다〉

거치(居峙)〈읍치에서 서쪽으로 40리에 있다〉

왜굴치(倭屈峙)〈읍치에서 서쪽으로 15리에 있다〉

유현(柳峴)〈읍치에서 남쪽으로 20리에 있다〉

○남천(南川)〈근원은 보현산의 남쪽에서 나와 남쪽으로 흘러 죽장면(竹長面) 경계를 지나고 입암천(立岩川)을 지나 서남쪽으로 흘러 군의 동쪽에 이르고, 청경산천(淸景山川)을 지나 읍치 남쪽 1리를 지난다. 그 아래는 동경도(東京渡)가 되니 곧 금호강(琴湖江)의 상류이다〉

북천(北川)〈근원은 보현산(普賢山) 남쪽에서 나와 남쪽으로 흘러 자천면(慈川面)과 신녕(新寧)의 고현면(古縣面)을 지난다. 군의 서쪽 청통역(淸通驛) 남쪽에 이르러 남천과 합쳐 동경도로 흘러간다〉

입암천(立岩川)〈근원은 죽장면(竹長面)의 법수현(法水峴)서쪽에서 나와 남쪽으로 흘러 성혈(聖穴)을 지나 남천으로 들어간다〉

범어천(凡魚川)〈읍치에서 남쪽으로 15리에 있다. 경주 사산(四山) 서쪽에서 나와 북쪽으로 흘러 동경도로 들어간다〉

청경산천(淸景山川)〈청경산에서 나와 서쪽으로 흘러 남천 아래로 들어간다〉

시천(匙川)〈읍치에서 서쪽으로 15리에 있다. 팔공산에서 나와 동쪽으로 흘러 동경도로 들어간다〉

영지천(靈芝川)〈읍치에서 남쪽으로 20리에 있다. 영지산에서 나와 서쪽으로 흘러 남천 아래로 들어간다〉

청천제(菁川堤)〈읍치에서 남쪽에 있다〉

【제언이 187곳 있다】

『성읍』(城邑)

읍성(邑城)〈선조(宣祖) 24년(1591)에 쌓았다. 둘레 1,902자[척(尺)]이며 우물이 3개 있다〉

고읍성(古邑城)〈읍치에서 서쪽으로 2리에 있다. 고려 우왕 8년(1382)에 쌓았다. 둘레가 1,300자[척(尺)]이며, 우물이 3개 있다〉

임천고현성(臨川古縣城)〈남정원(南亭院) 서쪽에 있다. 읍치에서 동남쪽으로 5리 떨어져 있다. 고려 고종 20년(1233)에 이자성(李子晟)이 이 성을 근거지로 하여 동경(東京)의 적을 대파하였다〉

금강성(金剛城)〈읍치에서 동쪽으로 8리에 옛터가 있는데, 곧 도동현성(道同縣城)이라고 한다.

『봉수』(烽燧)

구토현(仇吐峴) 봉수〈읍치에서 북쪽으로 20리에 있다〉

성산(城山) 봉수〈읍치에서 서쪽으로 23리에 있다〉

성황당(城隍堂) 봉수〈읍치에서 서쪽으로 10리에 있다〉

영계방산(永溪方山) 봉수〈읍치에서 동쪽으로 35리에 있다〉

『창고』(倉庫)

읍창(邑倉)은 2곳이 있다.

북창(北倉)〈읍치에서 동북쪽으로 40리에 있다〉

자창(慈倉)〈읍치에서 북쪽으로 60리에 있다〉

동창(東倉)〈읍치에서 동쪽으로 30리에 있다〉

남창(南倉)〈읍치에서 남쪽으로 35리에 있다〉

산창(山倉)〈칠곡(漆谷) 가산산성(架山山城)에 있다〉

『역참』(驛站)

청통역(淸通驛)〈읍치에서 서쪽으로 3리에 있다〉

청경역(淸景驛)〈읍치에서 동쪽으로 38리에 있다〉

『진도』(津渡)

동경도(東京渡)〈읍치에서 남쪽으로 10리에 있다. 남천과 북천 두 하천이 모이는 곳이다. 겨울에는 다리로 건너고 여름에는 배로 건넌다〉

『토산』(土産)

잣[해송자(海松子)], 옻[칠(漆)], 쇠[철(鐵)], 자초(紫草), 송이버섯, 벌꿀[봉밀(蜂密)], 은어[은구어(銀口魚)], 황어(黃魚), 삿갓풀[입초(笠草)]

『장시』(場市)

읍내장은 1일, 6일이다. 묵석장(墨石場)은 3일, 8일이다.

『누정』(樓亭)

명원루(明遠樓)〈읍내에 있다. 동남쪽이 넓게 터지고, 아래에는 큰 냇물이 있다. 암벽이 여러 산 봉우리들을 둘러 싸고 주변의 산악에는 우뚝우뚝한 큰 숲이 있다. 큰 들판에 황금 전답이 선명하다〉

동수루(東水樓)〈청통역 옆에 있다. 동남쪽 바위 절벽에 두 하천이 합류한다〉

『단유』(壇壝)

골화(骨火)〈신라의 사전(祀典)에 삼산(三山)의 하나로서 대사(大祀)에 들어 있었다. 절야화군(切也火郡)에 속했다. 후에 폐지되었다〉

『사원』(祠院)

임고서원(臨皐書院)〈명종(明宗) 을묘년(1555)에 세웠고, 선조 계묘년(1603)에 사액하였다〉 정몽주(鄭夢周)〈문묘 조를 보라〉 황보인(皇甫仁)〈자는 사겸(四兼)이요, 호는 지봉(芝峯)이며, 영천인(永川人)이다. 단종(端宗) 계유년(1453)에 화를 입었으며, 벼슬은 영의정이고, 시호는 충정(忠定)이다〉 장현광(張顯光)〈성주(星州) 조를 보라〉을 제사한다.

○도잠서원(道岑書院)〈광해군 계축년(1613)에 세웠고, 숙종 무오년(1678)에 사액하였다〉 조호익(曹好益)〈자는 사우(士友)요, 호는 지산(芝山)이며, 창녕인(昌寧人)이다. 벼슬은 안주목사(安州牧使)였고, 이조 참판에 추증되었다〉을 제사한다.

『전고』(典故)

신라 지증왕(智證王) 5년(504)에 골화성(骨火城)을 쌓았다.

○고려 신종(神宗) 5년(1202)에 경주 별초군(別抄軍)이 운문의 도적과 부인사(符印寺) 동화사(桐華寺) 두절의 승려들을 이끌고 영천을 공격하였다. 고을 사람 이극인(李克仁)이 정예군사를 이끌고 성밖으로 나가 싸우니 경주인들이 패주하였다. 고려 고종 20년(1233)에 동경의 반적 최산(崔山) 등이 난을 일으키니 왕이 이자성(李子晟)을 보내어 군사를 이끌고 길을 두 배로 달려서 영천에 들어가 고을 성에 주둔하게 하였다. 반적들은 고을의 남쪽 교외에 주둔하였는데, 자성이 드디어 성문을 열고 용감히 싸워 대패시키니, 수십리에 시체가 쓰러져 있었다. 최산 등을 참수하니 동경이 드디어 평온하게 되었다. 우왕 7년(1381)에 왜구가 영천에 침입하여

불질렀다. 같은 임금 9년(1383)에 왜구가 영천을 노략질하였다.

○조선 선조 25년(1592) 9월에 좌병사 박진(朴晉)이 영천에 주둔하던 왜적을 공격하였으나, 적군의 습격을 받아 겨우 혼자 탈출하였다. 이 때 영천의 왜적은 봉고어사(封庫御史)라고 자칭하면서 신녕과 안동으로 향하고 있었는데, 의병장 권응수(權應銖) 등이 박연(朴淵)에서 적을 만나 죽인 것이 매우 많았다. 그 때 영천의 양반과 백성들은 권응수 등에게 원병을 요청하여 함께 진격하였다. 추평(楸坪)에 군사를 주둔하였는데, 적군이 성문을 닫고 나오지 않았다. 권응수가 여러 군사와 함께 합세하여 성문을 부수니, 적이 달아나 관사로 들어갔다. 권응수가 바람을 타고 불을 놓아 대부분 태워 죽여서 수백여 명을 베었다. 안동 이남에 주둔하던 왜적이 모두 물러나 상주로 향하니 경상좌도의 수십 읍이 안전하게 되었다. 권응수의 용감하고 분투함에는 다른 장수들이 미치지 못하였다.

5. 흥해군(興海郡)

「연혁」(沿革)

본래 신라의 퇴화군(退火郡)이다. 경덕왕(景德王) 16년(757)에 의창군(義昌郡)으로 고치고〈관할 영현은 여섯인데, 사계현(祀溪縣) 신광현(神光縣) 안강현(安康縣) 음즙현(音汁縣) 임정현(臨汀縣) 기립현(鬐立縣)이다〉, 양주(良州)에 소속시켰다. 고려 태조 23년(958)에 흥해로 고쳤다.〈『주관육익』(周官六翼)에 이르기를 "고려 태조 13년(948)에 북미질부(北彌秩夫) 성주 훤달(萱達)이 남미질부(南彌秩夫) 성주와 함께 와서 항복하였으므로 두 질부를 합쳐서 흥해군을 만들었다"고 하였다〉 고려 현종(顯宗) 9년(1018)에 경주(慶州)에 소속시켰고, 고려 명종(明宗) 2년(1172)에 감무(監務)를 두었다. 공민왕(恭愍王) 16년(1367)에 승격시켜 지군사(知郡事)로 삼았다.〈국사(國師)였던 승려 천희(千熙)의 고향이었기 때문이다〉 조선에서도 이를 그대로 따랐다. 후에 군수(郡守)로 고쳤다.

「읍호」(邑號)

곡강(曲江) 오산(鰲山)

「관원」(官員)

군수〈경주진관병마동첨절제사(慶州鎭管兵馬同僉節制使)를 겸한다〉 1원을 두었다.

『방면』(坊面)

동부면(東部面)〈읍치에서 5리에 걸쳐 있다〉

서부면(西部面)〈읍치에서 5리에 걸쳐 있다〉

북상면(北上面)〈읍치 7리에서 시작하여, 15리에서 끝난다〉

북하면(北下面)〈읍치 7리에서 시작하여, 20리에서 끝난다〉

동상면(東上面)〈읍치 10리에서 시작하여, 20리에서 끝난다.

동하면(東下面)〈읍치 7리에서 시작하여, 15리에서 끝난다.

서면(西面)〈읍치 7리에서 시작하여, 15리에서 끝난다〉

남면(南面)〈읍치 10리에서 시작하여, 20리에서 끝난다〉

『산수』(山水)

도음산(禱陰山)〈읍치에서 서남쪽 10리에 있다〉

망창산(望昌山)〈읍치에서 남쪽으로 2리에 있다〉

고령산(孤靈山)〈읍치에서 동쪽으로 10리에 있다〉

별산(鱉山)〈읍치에서 동쪽으로 10리에 있다〉

봉림산(鳳林山)〈읍치에서 남쪽으로 15리 해변에 있다〉

【송전(松田)이 11개소 있다】

「영로」(嶺路)

별내현(別乃峴)〈읍치에서 북쪽으로 20리 청하현 경계에 있다〉

불현(佛峴)〈읍치에서 남쪽으로 20리 영일 경계에 있다〉

○바다〈읍치에서 동쪽으로 3리에 있다〉

곡강(曲江)〈읍치에서 동쪽으로 7리에 있다. 근원은 경주 마북산(馬北山)에서 나왔으며, 남쪽으로 흘러 고을 북쪽에 이르러 북천(北川)이 되고, 동으로 흘러 호령산(狐靈山) 아래에 이르러 곡강이 되어 바다로 들어간다〉

남천(南川)〈읍치에서 남쪽으로 5리에 있다. 도음산에서 나와 북으로 흘러 곡강으로 들어간다〉

사읍포(沙邑浦)〈읍치에서 동쪽으로 20리에 있다〉

두모적포(豆毛赤浦)〈읍치에서 동쪽으로 15리에 있다〉

포이포(包伊浦)〈읍치에서 북쪽으로 20리에 있으며, 어량이 있다〉

방어곶(魴魚浦)〈읍치에서 북쪽으로 15리에 있다〉

『성지』(城池)

읍성〈우왕 14년(1388)에 축조하였다. 둘레가 1,493자[척(尺)]이고 우물이 3곳 있다〉

망창산고성(望昌山古城)〈흙으로 쌓았으며 둘레가 6,000자[척(尺)]이다. 못 1개, 샘이 2개 있다〉

○고려 현종 2년(1011)에 흥해에 성을 쌓았다.

『진보』(鎭堡)

「혁폐」(革廢)

칠포진(漆浦鎭)〈읍치에서 북쪽으로 15리에 있다. 예전에는 두모적포(豆毛赤浦)에 있었다가 중종 5년(1510)에 여기에 옮겼다. 또 영일현(迎日縣)의 통양포(通洋浦)의 만호(萬戶)를 옮겨서 이 성에 합하였다. 둘레가 1,153자[척(尺)]이며 우물이 2개 있다. 수군만호를 두었었는데, 선조 25년(1592)에 동래부로 옮겼다〉

『봉수』(烽燧)

지을산(知乙山)〈읍치에서 동쪽으로 15리에 있다〉

오산(烏山)〈읍치에서 북쪽으로 16리에 있다〉

『역참』(驛站)

망창역(望昌驛)〈읍치에서 동쪽으로 2리에 있다〉

『진도』(津渡)

왜우음진(倭于音津)〈읍치에서 동쪽으로 15리에 있다〉

곡강진(曲江津)〈읍치에서 북쪽에 있다〉

『토산』(土産)

대나무[죽(竹)], 송이버섯[송심(松蕈)], 미역[곽(藿)], 김[해의(海衣)], 세모(細毛), 우무가사리[우모(牛毛)], 전복[(복(鰒)], 해삼(海蔘), 홍합(紅蛤) 등 15종

『장시』(場市)

읍내장은 2일, 7일이다. 여천장(余川場)은 4일, 9일이다.

『누정』(樓亭)

망진루(望辰樓)〈읍내에 있다. 성을 등지고 높이 솟아 질펀하게 큰 들을 바라보고 있다〉

『단유』(壇壝)

아등변(阿等邊)〈근오형변(斤烏兄邊)이라고도 한다. 신라에서 동해신(東海神)을 여기에 제사하는 것 때문에 중사(中祀)에 올라 있었다. 퇴화군(退火郡)에 속하였다〉

참포(槧浦)〈토지하(吐只河)라고도 한다. 신라 때는 동독(東瀆)이라고 하여 중사(中祀)에 올라 있었는데, 지금의 곡강(曲江)이다〉

비약악(非藥岳)〈신라 때는 명산의 하나로 소사(小祀)에 올라 있었다. 퇴화군에 속하였다〉

『전고』(典故)

신라 소지왕(炤智王) 3년(482)에 고구려가 말갈과 함께 북변에 침입하여 호명(狐鳴) 등 7읍을 빼앗았다. 또 미질부(彌秩夫)에 진군하니 신라 군대가 백제 가야와 함께 원병하여 지역을 나누어 방어하니 적군이 패퇴하였다. 추격하여 이하(泥河) 서쪽에서 격파하고 1천여 명을 죽였다.

○고려 선종(宣宗) 원년(1083)에 동여진(東女眞)이 홍해군 모산진(毋山津) 농장을 노략질하니 수비군이 그들을 공격하여 패퇴시켰다.

6. 청하현(淸河縣)

『연혁』(沿革)

본래 신라의 아혜(阿兮)였는데, 경덕왕 16년(757)에 해아(海阿)라고 고치고 유린군(有隣郡) 관할 현으로 삼았다. 고려 태조 23년(958)에 청하라고 고쳤다. 현종(顯宗) 9년(1018)에 경주에 예속시켰다. 조선 태조 때 처음 감무(監務)를 두었다. 태종 13년(1413)에 현감으로 고쳤다.〈본현의 옛 치소는 현재의 치소에서 남쪽으로 10리에 있었다〉

「읍호」(邑號)

덕성(德城)

「관원」(官員)

현감〈경주진관병마첨절제도위(慶州鎭管兵馬僉節制都尉)를 겸한다〉 1원

『방면』(坊面)

현내면(縣內面)〈읍치에서 5리에 걸쳐 있다〉

동면(東面)〈읍치 7리에서 시작하여, 15리에서 끝난다〉

남면(南面)〈5리에서 시작하여, 10리에서 끝난다〉

서면(西面)〈5리에서 시작하여, 10리에서 끝난다〉

북면(北面)〈5리에서 시작하여, 20리에서 끝난다〉

역면(驛面)〈읍치에서 북쪽으로 5리에서 끝난다〉

○〈북아부곡(北阿部曲)은 북쪽으로 10리에 있다. 모등곡부곡(毛等谷部曲)은 서쪽으로 5리에 있다. 신지부곡(新池部曲)은 서쪽으로 4리에 있다. 우천부곡(于川部曲)은 서쪽으로 10리에 있다. 남계부곡(南界部曲)은 남쪽으로 10리에 있다〉

『산수』(山水)

호학산(呼鶴山)〈현의 서쪽 9리에 있다〉

내영산(內迎山)〈현의 서북쪽 20리에 있다. 산에는 대(大) 중(中) 소(小) 세 개의 바위가 솥발처럼 벌려 암반 위에 있는데, 사람들이 3동석(動石)이라고 한다. 바위와 폭포의 경치가 그윽한 가운데 기묘하다. ○보경사(寶鏡寺)가 있다〉

신귀산(神龜山)〈현의 북쪽 10리에 있다. 세 용(龍)이 웅덩이에 있다〉

용산(龍山)〈현의 남쪽 6리에 있다〉

응봉(鷹峯)〈읍치에서 서쪽으로 20리에 있다〉

【송전(松田)이 4개소 있다】

「영로」(嶺路)

별내현(別乃峴)〈현의 남쪽 15리 흥해군(興海郡)과의 경계 대로(大路)에 있다〉

○바다〈현의 동쪽 7리에 있다〉

개포(介浦)〈현의 동쪽 60리에 있다. 일찍이 병선(兵船)을 배치했었으나, 해구(海口)가 광활하기 때문에 항상 풍랑의 근심이 있어서, 영일현(迎日縣)의 통양포(通洋浦)로 옮겨 배치했다. 세상에 전하는 말로는 신라 때에 군영(軍營)을 설치하고 이 해안 포구 세 곳에 해자(垓子)를 파서 왜구를 막았다고 하였는데, 그 길이는 각각 2리이고, 깊이는 몇 길이 되었으며, 그 유적이 아직도 남아 있다〉

이기로포(二岐路浦)〈현의 동쪽 10리에 있다〉

허혈포(虛穴浦)〈현의 동쪽 7리에 있다. 바위 빈 구멍이 있다〉

고송라포(古松羅浦)〈현의 북쪽 13리에 있다〉

도리포(桃李浦)〈현 북쪽 11리에 있다〉

【제언이 8개소 있다】

『성지』(城池)

읍성〈고려 말에 감무 민인(閔寅)이 축조하였다. 둘레는 1,353자[척(尺)]이며, 높이는 9자[척(尺)]이고, 성 안에 우물이 2개, 못이 2개 있다〉

덕성(德城)〈읍치에서 남쪽으로 10리에 옛 터가 있다〉

『봉수』(烽燧)

도리산(桃李山) 봉수〈읍치에서 북쪽으로 11리에 있다〉

『역도』(驛道)

송라도(松羅道)〈현의 북쪽 1리에 있다. 옛 터는 북쪽으로 13리에 있다. ○딸린 역이 일곱

이다. ○찰방 1원이 있다〉

『토산』(土産)

대나무[죽(竹)], 벌꿀[봉밀(蜂密)], 석이버섯[석심(石蕈)], 미역[곽(藿)], 김[해의(海衣)] 등 어물 10종이 있다.

『장시』(場市)

읍내장은 5일, 10일이다. 송라장(松羅場)은 3일, 8일이다.

『누정』(樓亭)

해월루(海月樓)〈읍내에 있다〉

봉송정(鳳松亭)〈읍치에서 동쪽으로 2리에 있다. 큰 소나무 수백 그루가 바다 어구를 가리고 있다〉

『전고』(典故)

고려 현종(顯宗) 2년(1011)에 청하에 성을 쌓았다. 같은 임금 3년(1012)에 동여진(東女眞)이 청하를 노략질하였다. 고려 우왕(禑王) 10년(1384)에 왜구가 청하현을 노략질하였다.

7. 영일현(迎日縣)

『연혁』(沿革)

본래 신라의 근오지현(斤烏支縣)〈일명 오량지현(烏良支縣)이라고도 한다〉으로 경덕왕(景德王) 16년(757)에 임정현(臨汀縣)으로 고쳐 의창군(義昌郡)의 영현(領縣)으로 삼았다. 고려 태조 23년(940)에 영일(迎日)로 고쳤다. 고려 현종 9년(1018)에 경주(慶州)에 속했다. 공양왕 2년(1390)에 감무(監務)를 두어 군(軍)을 관할토록 하고 만호(萬戶)가 겸하도록 하였다. 조선 태종 때에 진(鎭)을 설치하고 병마사(兵馬使)가 지현사(知縣事)를 겸하도록 하였다. 세종 때 병마첨절제사(兵馬僉節制使)로 개칭하였다가 후에 현감(縣監)만 두었다.

「읍호」(邑號)

오천(烏川)·인성(寅城)

「관원」(官員)

현감(縣監)〈경주진관병마절제도위(慶州鎭管兵馬節制都尉)를 겸한다〉 1명을 두었다.

『방면』(坊面)

현내면(縣內面)〈읍치로부터 5리에서 끝난다〉

서면(西面)〈읍치로부터 7리에서 시작하여 15리에서 끝난다〉

남면(南面)〈읍치로부터 5리에서 시작하여 15리에서 끝난다〉

고현면(古縣面)〈읍치에서 동남쪽으로 7리에서 시작하여 20리에서 끝난다〉

역면(驛面)〈읍치에서 동쪽으로 7리에서 시작하여 15리에서 끝난다〉

고읍면(古邑面)〈읍치에서 북쪽으로 7리에서 시작하여 15리에서 끝난다〉

부산면(夫山面)〈읍치에서 동북쪽으로 20리에서 시작하여 70리에서 끝난다. 장기현(長鬐縣) 북쪽 경계를 넘어 동을배곶(冬乙背串)의 바닷가에 있다〉

○〈도지부곡(都只部曲)은 읍치에서 북쪽으로 8리에 있다〉

『산수』(山水)

운제산(雲梯山)〈읍치에서 남쪽으로 15리에 있으며, 경주(慶州)와 경계한다. 산 꼭대기에 大王岩(大王岩)이 있다. 바위가 갈라진 틈 사이에 샘이 있어서 물이 솟아 흘러 나온다. 서쪽에는 만장암(萬丈岩)이 있는데, 바위 굴속이 그윽하고 깊다. ○원효사(元曉寺)·오어사(吳魚寺)가 모두 운제산의 동쪽 항사동(恒沙洞)에 있다.

진전산(陳田山)〈읍치에서 동남쪽으로 30리에 있으며, 장기현과 경계한다〉

대흥산(大興山)〈읍치에서 남쪽으로 20리에 있다〉

사화랑산(沙火郎山)〈읍치에서 동쪽으로 15리에 있으며, 장기현과 경계한다〉

「영로」(嶺路)

사현(沙峴)〈읍치에서 동쪽으로 17리에 있으며 장기현으로 통한다〉

향재[향점(香岾)]〈읍치에서 서남쪽으로 10리에 있으며, 경주(慶州)로 통한다〉

○바다〈읍치에서 동북쪽으로 10여 리에 있다〉

임곡포(林谷浦)〈읍치에서 동쪽으로 20리에 있다〉

일월지(日月池)〈읍치에서 동쪽으로 10리 떨어진 도기야(都祈野)에 있는데, 신라 시대에 해와 달에 제사지는 곳이었다. 고을 이름이 영일(迎日)이 된 것은 여기에서 유래하였다〉

동을배곶(冬乙背串)〈읍치에서 동북쪽으로 73리 떨어진 부산면(夫山面)에 있다〉

어룡대(魚龍臺)〈읍치에서 동쪽으로 10리 떨어진 바닷가에 있다〉

대서대(大嶼臺)〈읍치에서 동쪽으로 30리에 있는데, 큰 바위가 바다 가운데 우뚝 솟아있다〉

【제언(堤堰)이 27개 있다】

「도서」(島嶼)

죽도(竹島)〈읍치에서 북쪽으로 16리에 있는데, 대나무 숲이 있으며, 옆에는 조그마한 섬이 있다〉

덕도(德島)〈영일현의 북쪽에 있는 주진(注津) 하류 가운데 두 개의 조그마한 섬이 있다〉

『성지』(城池)

읍성(邑城)〈공양왕 2년(1390)에 쌓았는데, 둘레가 2,940자[척(尺)]이다. 남문(南門)과 북문(北門) 2개가 있고, 우물이 3개 있다〉

고현성(古縣城)〈읍치에서 동쪽으로 15리에 있는데, 흙으로 쌓은 성으로 둘레가 1,000자[척(尺)]이다〉

고읍성(古邑城)〈읍치에서 북쪽으로 7리에 있는데, 흙으로 쌓은 성으로 둘레가 900자[척(尺)]이다〉

고려 현종 2년(1011)에 영일현에 성을 쌓았다.

『진보』(鎭堡)

「혁폐」(革廢)

통양포진(通洋浦鎭)〈읍치에서 북쪽으로 22리에 있다. 수군만호(水軍萬戶)를 두었다가 후에 흥해군(興海郡) 칠포(漆浦)에 합하였다.

『봉수』(烽燧)

대동배(大冬背)

『창고』(倉庫)

읍창(邑倉)

포항창(浦項倉)〈읍치에서 북쪽으로 20리 떨어진 통양포(通洋浦)의 주진(注津) 하류에 있다. 영조 8년(1732)에 북관(北關: 함경도 지방/역자주) 백성을 구제하는 밑천으로 삼고자 창고를 설치하고, 별장(別將)을 두어 관리토록 하였다. 이것은 경상 감사(慶尙監司) 조현명(趙顯命)의 청을 따른 것이다〉

『역참』(驛站)

대송역(大松驛)〈읍치에서 동쪽으로 10리에 있다〉

『진도』(津渡)

주진(注津)〈읍치에서 북쪽으로 15리에 있다. 경주(慶州) 형산포(兄山浦)의 하류로 흥해(興海)로 통한다〉

『토산』(土産)

숫돌[여석(礪石)]〈운제산(雲梯山)에서 나오는데, 그 품질이 아주 좋아 국가의 용도로 취하여 사용한다〉·대나무[죽(竹)]·송이[송심(松蕈)]·벌꿀[봉밀(蜂蜜)]·미역[곽(藿)]·김[해의(海衣)]·물개[해달(海獺)]·전복[복(鰒)]·홍합(紅蛤) 등 해산물 15종류.

『장시』(場市)

읍내(邑內)의 장날은 3일, 8일이다. 포항(浦項)의 장날은 1일, 6일이다. 포시(鋪市)의 장날은 10일장으로 한달에 세 번(10일, 20일, 30일) 열린다.

『누정』(樓亭)

의운정(倚雲亭)〈읍내에 있다. 남쪽으로는 운제산이 바라보이고, 동쪽으로는 동해(東海)와 접해 있다. 산과 바다 사이에 있어서 토지가 넓고 비옥하게 펼쳐져 있으며, 천택(川澤)이 잇따라 굽이굽이 흐른다.

대송정(大松亭)〈읍치에서 동쪽으로 7리에 있다. 동해(東海) 바다를 베고 누워 있으며, 푸

른 소나무들이 백사장을 뒤덮고 있다〉

『사원』(祠院)

오천서원(烏川書院)〈선조 무자년(1588)에 건립하였으며, 광해군 임자년(1612)에 사액(賜額)하였다〉에 정습명(鄭襲明)〈영일 사람으로 고려 의종(毅宗) 신묘년(1171)에 약을 마시고 죽었다. 벼슬은 추밀원 지주사(樞密院知奏事)에 이르렀다〉·정몽주(鄭夢周)〈정습명의 후손이다. 문묘(文廟) 편에 보인다〉·정사도(鄭思道)〈고려 때 사람으로 벼슬은 정당문학(政堂文學) 오천군(烏川君)에 이르렀고, 시호는 문정(文貞)이다〉·정철(鄭澈)〈자는 계함(季涵)이고 호는 송강(松江)이며, 영일 사람이다. 벼슬은 좌의정(左議政) 인성부원군(寅城府院君)에 이르렀으며, 시호는 문청(文淸)이다. ○정사도·정철 두 사람은 영조 경신년(1740)에 별사(別祠)를 세워 배향하였다〉

『전고』(典故)

고려 현종 3년(1012)에 동여진(東女眞)이 영일현을 노략질 하였다. 고려 명종 23년(1193)에 영일현에서 마노(瑪瑙)를 바쳤다. 조선 선조 25년(1592)에 왜군이 영일현을 함락시켰다.

8. 장기현(長鬐縣)

『연혁』(沿革)

본래 신라의 지답현(只沓縣)으로 경덕왕 16년(757)에 기립현(鬐立縣)으로 고쳐 의창군(義昌郡)의 영현(領縣)으로 삼았다. 고려 태조 23년(940)에 장기현으로 이름을 고쳤고, 현종 9년(1018)에 경주(慶州)에 소속시켰다. 공양왕 2년(1390)에 감무(監務)를 두었다. 조선 때에 지현사(知縣事)로 고쳤다. 태종 13년(1413)에 현감(縣監)으로 고쳤다.

「읍호」(邑號)

봉산(蓬山)

「관원」(官員)

현감(縣監)〈경주진관병마절제도위(慶州鎭管兵馬節制都尉)를 겸한다〉 1명을 두었다.

『방면』(坊面)

현내(縣內)〈읍치로부터 15리에서 끝난다〉

남면(南面)〈읍치로부터 10리에서 시작하여 20리에서 끝난다〉

서면(西面)〈읍치로부터 5리에서 시작하여 18리에서 끝난다〉

북면(北面)〈읍치로부터 10리에서 시작하여 65리에서 끝난다. ○신촌부곡(新村部曲)은 읍치에서 북쪽으로 12리에 있다. 팔어부곡(八於部曲)은 읍치에서 서쪽으로 7리에 있다. 허어리부곡(許於里部曲)은 읍치에서 북쪽으로 15리에 있다〉

『산수』(山水)

거산(巨山)〈읍치에서 서쪽으로 2리에 있다. 옛 읍치(邑治)에서 치소를 이 산 꼭대기로 옮겼다〉

묘봉산(妙峰山)〈읍치에서 서쪽으로 18리에 있으며, 영일현과 경계한다〉

망해산(望海山)〈읍치에서 서쪽으로 19리에 있다〉

효성산(曉星山)〈묘봉산의 남쪽 줄기이다〉

증산(甑山)〈효성산의 동쪽 줄기이다〉

대곡산(大谷山)〈읍치에서 서쪽으로 20리에 있다〉

마산(馬山)〈읍치에서 동쪽으로 5리에 있다〉

삼학산(三鶴山)〈읍치에서 북쪽으로 10리에 있다〉

운장산(雲章山)〈읍치에서 북쪽으로 40리에 있다〉

명월산(明月山)〈동을배곶(冬乙背串)에 있다〉

소봉대(小蓬臺)〈읍치에서 동남쪽으로 20리 떨어진 바닷가에 있다〉

【송전(松田)이 2개 있다】

「영로」(嶺路)

시령(柿嶺)〈읍치에서 남쪽으로 16리에 있으며 경주(慶州)와 경계한다〉

허어령(許於嶺)〈읍치에서 북쪽으로 30리에 있다〉

모이현(毛伊縣)〈읍치에서 서북쪽으로 25리에 있다〉

○바다〈읍치에서 동쪽으로 6리에 있다〉

동천(東川)〈읍치에서 북쪽으로 20리에 있다. 물의 근원이 운장산(雲章山)에서 나와 동쪽

으로 흘러 바다로 들어간다〉

서천(西川)〈물의 근원이 영일현의 진전산(陳田山)에서 나와 동쪽으로 흘러 장기현의 남쪽을 지나 천을이천(淺乙伊川)과 함께 합류하여 바다로 들어간다〉

천을이천(淺乙伊川)〈읍치에서 북쪽으로 10리에 있다. 물의 근원이 모이현(毛伊縣)에서 나와 남쪽으로 흘러 서천(西川)과 합류하여 바다로 들어간다〉

양포(梁浦)〈읍치에서 동쪽으로 9리에 있다〉

송길포(松吉浦)〈읍치에서 북쪽으로 25리에 있다〉

동을배곶(冬乙背串)〈읍치에서 북쪽으로 65리 떨어져 바다에 쑥 들어가 있다. 그 끝나는 곳이 영일의 부산면(夫山面)이다〉

【제언(堤堰)이 3곳 있다】

『성지』(城池)

읍성(邑城)〈둘레가 2,980척이다. 우물이 4곳, 못이 2곳 있다〉

고읍성(古邑城)〈읍치에서 남쪽으로 2리에 있다. 둘레가 1,460척이며, 샘이 2곳 있다〉

『진보』(鎭堡)

「혁폐」(革廢)

포이포진(包伊浦鎭)〈읍치에서 북쪽으로 17리에 있다. 예전에는 수군만호(水軍萬戶)가 있었는데, 선조 25년(1592)에 동래부(東萊府)로 옮겼다〉

『봉수』(烽燧)

발산(鉢山) 봉수〈읍치에서 북쪽으로 60리에 있다〉

뇌성산(磊城山) 봉수〈읍치에서 북쪽으로 18리에 있다〉

복길(福吉) 봉수〈읍치에서 남쪽으로 18리에 있다〉

『역참』(驛站)

봉산역(峯山驛)〈읍치에서 남쪽으로 3리에 있다〉

『목장』(牧場)

동을배곶장(冬乙背串場)〈울산목장(蔚山牧場)에 속한다〉

『토산』(土産)

대나무[죽(竹)]·뇌록(磊綠: 단청(丹靑)할 때 쓰는 염료인 진채(眞彩)의 하나. 청과 황의 중간색으로 회록색/역자주)〈뇌성산(磊城山)에서 나온다〉·송이버섯[송심(松蕈)]·미역[곽(藿)]·김[해의(海衣)]·물개[해달(海獺)]·전복[복(鰒)]·홍합(紅蛤)·해삼(海蔘) 등 어물(魚物) 10여 종류

『장시』(場市)

읍내의 장날은 1일, 6일이다. 대박곡(大朴谷)의 장날은 4일, 9일이다.

『전고』(典故)

고려 현종 2년(1011)에 장기현에 성을 쌓았다. 같은 임금 3년(1012)에 여진(女眞)이 장기현을 노략질하므로 임금이 문연(文演)·강민첨(姜民瞻) 등을 보내어 주군(州郡)의 군사들을 독려하여 격퇴하였다.

○조선 선조 25년(1592)에 왜군이 장기현을 함락하였다.

9. 기장현(機張縣)

『연혁』(沿革)

본래 신라의 갑화양곡현(甲火良谷縣)으로, 경덕왕(景德王) 16년(757)에 기장현(機長縣)이라고 고치고, 동래군(東萊郡)의 속현으로 하였다. 고려 현종(顯宗) 9년(1018)에 양주(梁州)에 속하게 하고 감무(監務)를 두었다. 조선 태종 13년(1413)에 현감으로 고쳤다. 선조(宣祖) 32년(1599)에 동래에 합쳤다.〈왜적의 노략질로 쑥대밭이 되었기 때문이다〉 광해군(光海君) 9년(1617)에 고을이 다시 설치되었다.

「읍호」(邑號)

거성(車城)

「관원」(官員)

현감〈경주진관병마절제도위(慶州鎭管兵馬節制都尉)를 겸한다〉 1원을 두었다.

『방면』(坊面)

현내면(縣內面)〈종으로 10리에 걸쳐 있다〉

동면(東面)〈읍치 3리에서 시작하여, 15리에서 끝난다〉

남면(南面)〈10리에서 시작하여, 20리에서 끝난다〉

중북면(中北面)〈20리에서 시작하여, 49리에서 끝난다〉

하북면(下北面)〈22리에서 시작하여, 40리에서 끝난다〉

상서면(上西面)〈10리에서 시작하여, 25리에서 끝난다〉

하서면(下西面)〈25리에서 시작하여, 45리에서 끝난다〉

○〈고촌부곡(古村部曲)

결미부곡(結彌部曲)은 서쪽으로 10리에 있다.

사량촌부곡(沙良村部曲)은 동쪽으로 5리에 있다.

사야부곡(沙也部曲)은 동쪽으로 3리에 있는데 오늘날의 사야촌(沙也村)이다〉

『산수』(山水)

탄산(炭山)〈읍치의 서쪽 2리에 있다〉

운봉산(雲峰山)〈읍치에서 서쪽으로 15리에 있다〉

백운산(白雲山)〈읍치에서 북쪽으로 40리에 있다〉

취봉산(鷲峯山)〈읍치에서 북쪽으로 20리에 있다〉

불광산(佛光山)〈읍치에서 북쪽으로 45리에 있다〉

앵림산(鶯林山)〈읍치에서 남쪽으로 10리에 있다〉

삼각산(三角山)〈읍치에서 북쪽으로 30리에 있다〉

거물산(巨勿山)〈읍치에서 동북쪽으로 20리에 있다〉

선여산(船餘山)〈읍치에서 서북쪽으로 30리에 있다〉

철마산(鐵馬山)〈읍치에서 서북쪽으로 15리에 있다〉

거문산(巨文山)〈읍치에서 북쪽으로 10리에 있다〉

용천봉(龍泉峯)〈읍치에서 서쪽으로 15리에 있다〉

【송전(松田)이 1개소 있다】

○바다〈읍치에서 동쪽으로 8리에 있다〉

이을포(伊乙浦)〈읍치의 동쪽 6리에 있다〉

가을포(加乙浦)〈읍치에서 남쪽으로 3리에 있다〉

동백포(冬柏浦)〈읍치에서 동남쪽으로 4리에 있다〉

공수포(公須浦)〈읍치에서 동쪽으로 9리에 있다〉

기포(碁浦)〈읍치에서 동쪽으로 7리에 있다〉

【제언이 7개소가 있다】

「도서」(島嶼)

무지포도(無只浦島)〈읍치의 남쪽 4리에 있다〉

죽도(竹島)〈읍치의 남쪽 8리에 있다. 또 옆에 작은 섬이 있다〉

동백도(冬柏島)〈기포(碁浦)의 남족 섬 옆에 있다. 수중에는 은탄(隱灘)이 있다. 또 암석이 있어 배들이 바로 내려갈 수 없고 항해하기가 극히 어렵다〉

『성지』(城池)

읍성〈둘레가 2,197자[척(尺)]이며, 우물이 3개 있다〉

고읍성(古邑城)〈둘레가 3,208자[척(尺)]이다〉

임랑포성(林郞浦城)〈읍치에서 북쪽으로 45리 해변에 있다〉

왜성(倭城)〈위 2곳은 왜인들이 쌓은 것이다〉

『진보』(鎭堡)

「혁폐」(革廢)

두모포진(豆毛浦鎭)〈읍치의 동쪽 7리에 있다. 중종 5년(1510)에 성을 쌓았는데, 둘레는 1,250자[척(尺)]이다. 예전에는 수군만호(水軍萬戶)가 있었으나, 선조 25년(1592)에 동래부로 옮겼다.

『봉수』(烽燧)

아이(阿爾) 봉수〈읍치에서 북쪽으로 20리에 있다〉

남산(南山) 봉수〈읍치에서 남쪽으로 5리에 있다〉

『역참』(驛站)

아월역(阿月驛)〈읍치에서 북쪽으로 48리에 있다〉

신명역(新明驛)〈읍치에서 서쪽으로 1리에 있다〉

【쌍교(雙轎)가 있다】

『토산』(土産)

대나무[죽(竹)], 먹[묵(墨)], 바둑돌[기(碁)], 석류(石榴), 감[시(柹)], 유자[유(柚)], 오매[(烏梅)], 말[조(藻)]〈가을포에서 난다〉, 미역[곽(藿)], 김[해의(海衣)], 세모(細毛), 전복[복(鰒)], 해삼(海蔘), 홍합(紅蛤) 등 어물 10여 종이 난다.

『장시』(場市)

읍내장(邑內場)은 5일, 10일이다. 좌촌장(佐村場)은 4일, 9일이다.

『누정』(樓亭)

식파루(息波樓)

공진루(拱辰樓)〈성의 남쪽 문루(門樓)이다〉

『전고』(典故)

고려 현종(顯宗) 2년(1011)에 기장에 성을 쌓았다. 우왕(禑王) 2년에 왜적이 기장성을 도륙하고 불질렀다. 우왕 5년(1379)에 왜적이 기장에 침입하여 땅을 쓸 듯이 노략질하고 남김이 없었다. 공양왕 3년(1391)에 기장에 성을 쌓았다.

○조선 선조 25년(1592)에 왜군이 기장을 함락시켰다. 같은 임금 30년(1597)에 왜군이 기장을 함락시켰다.

10. 언양현(彦陽縣)

『연혁』(沿革)

본래 신라의 거지화현(居知火縣)으로 경덕왕(景德王) 16년(757)에 헌양현(巘陽縣)으로 고치고, 양주도독부(良州都督府)의 영현으로 삼았다. 고려 현종 때 울주(蔚州)에 예속시켰다. 고려 인종(仁宗) 21년(1143)에 감무(監務)를 두었다. 조선 태종 13년(1413)에 언양현감(彦陽縣監)으로 고쳤다. 선조 32년(1599)에 울산에 합쳤다가〈왜적의 노략질로 쑥대밭이 되었기 때문이다〉 광해군 4년(1612)에 고을을 다시 설치하였다.

「읍호」(邑號)

헌산(巘山)

「관원」(官員)

현감(縣監)〈경주진관병마절제도위(慶州鎭管兵馬節制都尉)를 겸한다〉 1원을 두었다.

『방면』(坊面)

상북면(上北面)〈읍치에서 동북쪽으로 20리에 걸쳐 있다〉

중북면(中北面)〈읍치에서 북쪽으로 5리에서 시작하여, 15리에서 끝난다〉

하북면(下北面)〈읍치에서 서북쪽으로 5리에서 시작하여, 35리에서 끝난다〉

상남면(上南面)〈읍치에서 서쪽으로 5리에서 시작하여, 30리에서 끝난다〉

중남면(中南面)〈읍치에서 남쪽으로 처음은 5리에서 시작하여, 20리에서 끝난다〉

하남면(下南面)〈읍치에서 서남쪽으로 처음은 10리에서 시작하여, 30리에서 끝난다〉

삼동면(三同面)〈읍치에서 남쪽으로 처음은 10리에서 시작하여, 30리에서 끝난다〉

『산수』(山水)

고헌산(高巘山)〈읍치에서 북쪽으로 10리에 있다〉

취서산(鷲棲山)〈일명 대석산(大石山)이라고도 한다. 서남쪽으로 12리 양산 경계에 있다〉

석남산(石南山)〈일명 가지산(迦智山)이라고도 한다. 서쪽으로 27리에 있다〉

화장산(華藏山)〈읍치에서 북쪽으로 2리에 있다. 산 위에 굴(窟)이 있고 굴 앞에 평평한 대(臺)가 있다. 대의 가운데에 우물이 있는데, 바위 틈에서 물이 쏟아져 나온다〉

정족산(鼎足山)〈읍치에서 남쪽으로 20리에 있다〉

반구산(盤龜山)〈읍치에서 동북쪽으로 18리에 있다. 산 위에 반구대(盤龜臺)가 있는데 절경을 이루고 있다〉

간월산(看月山)〈읍치에서 서남쪽으로 10리에 있다〉

고모산(古毛山)〈읍치에서 동남쪽으로 15리에 있다〉

송동(松洞)〈읍치에서 북쪽으로 2리에 있다〉

「영로」(嶺路)

천화현(穿火峴)〈읍치에서 서쪽으로 28리 밀양부(密陽府)와의 경계에 있다〉

가슬현(嘉瑟峴)〈읍치에서 서쪽으로 31리 청도군(淸道郡)과의 경계에 있다〉

진현(進峴)〈고헌산의 남쪽에 있다〉

은현(隱峴)〈읍치에서 북쪽으로 15리에 있다〉

○남천(南川)〈근원은 석남산(石南山)에서 나와서 동쪽으로 흐르다가 왼쪽으로 취성천(鷲城川)을 지나 울산군(蔚山郡) 태화강(太和江)으로 흘러 들어간다.

취성천(鷲城川): 남쪽으로 15리에 있다. 근원은 취서산(鷲棲山)에서 나와 동쪽으로 흐르다가 남천(南川)과 합류한다.

【제언이 25개소가 있다】

『성지』(城池)

읍성(邑城)〈연산군(燕山君) 6년(1500)에 개축하였다. 둘레가 3,064자[척(尺)]이다. 성안에 우물 3개가 있다. 읍성에는 문이 4개 있다〉

취서산고성(鷲棲山古城)〈산 위에 있다. 단조성(丹鳥城)이라고도 한다. 둘레가 4,050자[척(尺)]이다. 못이 1개 있다〉

『봉수』(烽燧)

부로산(夫老山) 봉수〈읍치에서 남쪽으로 5리에 있다〉

『역참』(驛站)

덕천역(德川驛)〈읍치에서 서남쪽 5리에 있다〉

『토산』(土産)

쇠[철(鐵)], 대나무[죽(竹)], 석류[유(榴)], 표고버섯[향심(香蕈)], 석이버섯[석심(石蕈)], 송이버섯[송심(松蕈)], 벌꿀[봉밀(蜂蜜)], 은어[은구어(銀口魚)], 황어(黃魚)

『장시』(場市)

읍내장은 2일, 7일이다.

『전고』(典故)

고려 우왕(禑王) 2년(1376)에 왜구가 언양을 불태우고 노략질하였다. 같은 임금 3년(1377)에 왜구가 언양을 불태우고 노략질 하였다. 같은 임금 5년(1379)에 왜구가 언양을 노략질하여 땅을 쓸 듯이 남김이 없었다. 같은 임금 7년(1381)에 원수 남질(南秩)이 언양에서 왜구와 싸웠다.〈영해(寧海) 울주(蔚州) 양주(梁州) 등지에서도 같다〉

11. 동래도호부(東萊都護府)

『연혁』(沿革)

본래는 거칠산국(居漆山國)이었다.〈일명 장산국(萇山國)이라고도 하는데 옛터가 읍치의 동쪽 10리에 있다〉 신라 탈해왕 23년(79)에 이곳을 점령하여 거칠산군(居漆山郡)을 두었다. 경덕왕(景德王) 16년(757)에 동래군이라고 고치고〈영현이 둘인데, 동평현(東平縣)과 기장현(機張縣)이다〉 양주(良州)의 속군으로 삼았다. 고려 현종(顯宗) 9년(1018)에 울주(蔚州)에 예속시켰다가, 뒤에 현령을 두었다. 조선 태조(太祖) 때 처음으로 진을 설치하여 병마사(兵馬使)가 판현사(判縣事)를 겸하게 하였다. 세종(世宗) 때 첨절제사로 개칭하고, 뒤에 속현인 동평현(東平縣)으로 진을 옮겼으나, 머지않아 옛 읍치로 돌아갔고, 뒤에 현령(縣令)으로 고쳤다. 명종(明宗) 2년(1547)에 도호부(都護府)로 승격하였다.〈본현은 왜인들이 왕래하는 첫 길목이었기 때문이다〉 선조 때 현령(縣令)으로 강등하였다가 후에 다시 승격하였다. 선조 25년(1592)에 현령으로 강등하였다가 후에 다시 도호부로 승격하였다.〈명나라 장수들을 접대하기 위해서였다〉 숙종(肅宗) 16년(1690) 방어사(防禦使)를 겸하였다가 곧 폐지하였다. 영조(英祖) 25년(1749)에 독진(獨鎭)으로 승격하였다.〈예전에는 경주진관(慶州鎭管)에 속하였다〉

「읍호」(邑號)

봉래(蓬萊) 봉산(蓬山) 내산(萊山)

「관원」(官員)

도호부사(都護府使)〈동래진관병마첨절제사(東萊鎭管兵馬僉節制使)와 수성장(守城將)을 겸한다〉 1원을 두었다.

『고읍』(古邑)

동평현(東平縣)〈읍치에서 남쪽으로 10리 떨어진 곳에 있다. 본래 신라의 대증현(大甑縣)으로서, 경덕왕(景德王) 16년(757)에 동평현으로 고치고 동래군의 영현으로 삼았다. 고려 현종(顯宗) 9년(1018)에 양주(梁州)에 예속시켰다. 조선 태종(太宗) 5년(1405)에 다시 동래군에 귀속하였다. 뒤에 다시 양주에 예속되었다가 세종 때에 다시 동래군에 귀속하였다.

『방면』(坊面)

동부면(東部面)〈읍치에서 5리에 걸쳐 있다〉

서부면(西部面)〈읍치에서 5리에 걸쳐 있다〉

동면(東面)〈읍치로부터 10리에서 시작하여, 30리에서 끝난다〉

남면(南面)〈읍치로부터 10리에서 시작하여, 25리에서 끝난다〉

서면(西面)〈읍치로부터 5리에서 시작하여, 25리에서 끝난다〉

북면(北面)〈읍치로부터 10리에서 시작하여, 30리에서 끝난다〉

동평면(東平面)〈읍치에서 남쪽으로 15리에서 시작하여, 25리에서 끝난다〉

부산면(釜山面)〈읍치에서 남쪽으로 20리에서 시작하여, 25리에서 끝난다〉

사천면(沙川面)〈읍치에서 서남쪽으로 20리에서 시작하여, 20리에서 끝난다〉

제도면(諸島面)〈읍치에서 동쪽으로 20리에 있다〉

○〈고지도부곡(古智圖部曲)은 곧 고지도이다. 조정부곡(調井部曲)은 북쪽으로 20리에 있

다. 형변부곡(兄邊部曲)은 부의 남쪽 해안에 있다. 부산부곡(富山部曲)은 곧 부산포(釜山浦)이다. 생천향(生川鄕)은 남쪽으로 20리에 있다.

『산수』(山水)

윤산(輪山)〈읍치에서 북쪽으로 8리에 있다〉

금정산(金井山)〈읍치에서 북쪽으로 20리에 있다. 산 정상에 3길 정도 높이의 돌이 있는데, 위에 우물이 있다. 둘레가 10여 자[척(尺)]이며, 깊이는 7치[촌(寸)] 쯤 된다. 물이 항상 가득 차 있어 가뭄에도 마르지 않고, 빛은 황금색이다. ○범어사(梵魚寺)가 있다〉

계명산(鷄鳴山)〈읍치에서 북쪽으로 25리에 있다〉

상산(上山)〈읍치에서 동쪽으로 15리에 있다. 대마도를 바라는데 가장 가깝다〉

부산(釜山)〈동평현(東平縣)에 있으며, 산의 형태가 가마솥 모양과 같다〉

화지산(花池山)〈읍치에서 남쪽으로 10리에 있다〉

엄광산(嚴光山)〈읍치에서 서남쪽으로 28리에있다〉

선암산(仙岩山)〈읍치에서 서쪽으로 15리에 있다〉

금용산(金湧山)〈읍치에서 서쪽으로 10리에 있다〉

송현산(松峴山)〈읍치에서 서남쪽으로 30리에 있다〉

승악산(勝岳山)〈읍치에서 서남쪽 35리에 있다〉

영가대(永嘉臺)〈부산포 해변에 있다. 일본으로 들어가는 자들은 여기서 배를 출발시킨다〉

겸효대(謙孝臺)〈읍치에서 남쪽으로 5리에 있다〉

해운대(海雲臺)〈읍치에서 동쪽으로 18리에 산맥이 바다로 들어가는 곳에 누애 머리 같은 곳이 있다. 그 위에는 모두 동백과 두충(杜冲) 나무가 사계절 푸르다. 대마도가 매우 가깝게 바라보인다〉

몰운대(沒雲臺)〈읍치에서 서남쪽 60리에 있다. 한 개의 산록이 바다로 들어간다. 서쪽으로 가덕도(加德島) 등 여러 섬이 보이고, 남쪽으로는 대양을 면하여 절경을 이루고 있다〉

번우암(飜雨岩)〈금정산(金井山)에 있다〉

【송봉산(松封山)은 2곳이 있다】

【송전(松田)은 8곳이 있다】

「영로」(嶺路)

안령(鞍嶺)〈북로에 있다〉

기비현(其比峴)〈읍치에서 서쪽으로 10리에 있다〉

사배야현(沙背也峴)(북쪽 20리 양산 경계의 대로에 있다.)

○바다〈동서남 3면을 둘러싸고 있다〉

범어천(梵魚川)〈금정산에서 나와 남쪽으로 흘러 읍치의 남쪽과 다도(茶島)를 지나 해운포로 들어간다〉

사천(絲川)〈울산의 우불산(于弗山) 남쪽에서 나와 남류하여 기장현 경계를 지나고 동래부에 이르러 오른쪽으로 사배야현의 물굽이를 지나 부의 동쪽을 지나 해운포가 되어 바다로 들어간다〉

남내포(南乃浦)〈읍치에서 남쪽으로 20리에 있다〉

감동포(甘同浦)〈동평현 서쪽 13리에 있다〉

재송포(栽松浦)〈읍치에서 동쪽으로 10리에 있다. 소나무 수만 주가 있다〉

해운포(海雲浦)〈읍치에서 동쪽으로 19리에 있다〉

다대포(多大浦)〈읍치에서 서남쪽 50리에 있다. 대마도와 마주하고 있다. 북쪽 15리쯤에 옛 다대선창이 있다. 동쪽 15리 쯤에 다아리도(多阿里島)가 있는데, 그 앞 바다는 뱃길이 순조롭다. 또 15리쯤 가면 절영도(絶影島)가 있는데 왜관과 마주보고 있다. 또 20리쯤 가면 오륙도가 있다. 또 20리쯤 가면 수영(水營) 선창이 있다. 통영에서 육로로 3일 거리이며 수로로는 2일이면 도착할 수 있다.다대포 서쪽에서 10리쯤 가면 고리도(古里島)〉가 있다. 또 15리쯤 가면 몰운대가 있고, 앞 바다에는 숨은 섬이 있는데, 부서도(釜嶼島)라고 한다. 서남쪽으로 가덕도(加德島) 앞 바다가 있다〉

초량항(草梁項)〈읍치에서 남쪽으로 30리 절영도(絶影島) 안에 있다〉

오해야항(吳海也項)〈읍치에서 남쪽으로 43리에 있다〉

온정(溫井)〈읍치에서 북쪽으로 5리에 있는데 물이 매우 뜨겁다. 신라 때 왕들이 자주 여기에 행차하였다. 추석(甃石)의 네 귀퉁이에 구리 기둥을 세웠는데, 그 구멍이 아직도 있다〉

【제언(堤堰)은 24곳이 있다】

「도서」(島嶼)

절영도(絶影島)〈수영과 부산에서 각기 3, 4리 쯤 떨어져 있다. 바깥 사면은 절벽이 험준하지만 섬 내부는 토질이 비옥하고 땅이 넓어 4-5백 가구의 민호를 수용할 수 있다. 동남북 3면은 돌뿔과 뾰죽 바위가 절벽처럼 서 있다. 오직 서쪽 사면은 북쪽으로 조금 평탄하다〉

고지도(古智島)〈읍치에서 남쪽으로 30리에 있다〉

모등변도(毛等邊島)〈고지도 서쪽에 있다〉

다도(茶島)〈읍치에서 남쪽으로 4리에 있다〉

오륙도(五六島)〈절영도(絶影島) 동쪽에 있다. 바다 속에 봉우리가 뾰죽 솟아 열을 지어 서 있다. 동쪽에서 보면 6봉우리가 되고, 서쪽에서 보면 5봉우리가 되므로 그렇게 이름을 붙였다. 제3봉에는 명나라 장수 만세덕(萬世德)〉의 공적비가 있다〉

동백도(冬柏島)〈석포의 동남쪽에 있다〉

다아리도(多阿里島)〈다대포 동쪽 바다에 있다〉

고리도(古里島)〈다대포 서쪽 10리에 있다〉

목도(木島)

형제도(兄弟島)〈모두 다대포 앞 바다에 있다〉

태종대(太宗臺)〈초량 앞 바다에 있다〉

관음암(觀音岩)

우암(牛岩)

석우암(石牛岩)

요암(腰岩)〈모두 수영 앞바다에 있다〉

『성지』(城池)

읍성(邑城)〈고려 우왕 13년(1387)에 박위(朴葳)가 쌓았다. 조선 영조(英祖) 7년(1731)에 옛 성터를 넓혀 고쳐 쌓았다. 둘레가 17,291자[척(尺)]이다. 우물이 10개, 못이 1개 있다〉

금정산성(金井山城)〈읍치에서 북쪽으로 20리에 있다. 들레가 60,908자[척(尺)]이다. 숙종 29년(1596)에 쌓기 시작하여 곧 중지하였다가 후에 개축하였다. 해월사(海月寺)·국청사(國淸寺)가 있다. ○별장(別將) 1명이 있다〉

고읍성(古邑城)〈읍치에서 동쪽으로 20리 떨어진 해운포(海雲浦)에 있다. 동남쪽은 돌로 쌓았고, 서북쪽은 흙으로 쌓았다. 둘레가 4,438자[척(尺)]이다〉

동평고현성(同平古縣城)〈신라 지마왕(祗摩王) 10년(121)에 쌓았다. 대증산성(大甑山城)

이라는 것이 이것이다. 동남쪽은 돌로 쌓았고, 서북쪽은 흙으로 쌓았다. 둘레가 3,508자[척(尺)]이다〉

증산성(甑山城)〈왜인(倭人)들이 쌓은 것이다〉

『영아』(營衙)

좌수영(左水營)〈읍치에서 동남쪽으로 10리에 있다. 예전에는 동래부의 부산포(釜山浦)에 설치하였는데, 후에 울산의 개운포(開雲浦)에 이설하였다가 선조 25년(1592)에 본 부의 남촌(南村)으로 이설하였다. 인조 14년(1636)에 감만이포(戡蠻夷浦)로 이설하였다가 효종(孝宗) 3년(1652)에 남촌의 옛 터로 돌아왔다. 현종 11년(1670)에 항구에 석축을 쌓아 흘러오는 모래를 막았다〉

「성지」(城池)

〈성의 둘레는 9190척이고, 우물 3곳이 있다〉

「관원」(官員)

경상좌도수군절도사(慶尙左道水軍節度使) 중군(中軍)〈우후(虞侯)가 겸한다〉 왜학훈도(倭學訓導) 각 1원을 두었다.

「속읍」(屬邑)

울산(蔚山) 기장(機長)

「속진」(屬鎭)

부산포(釜山浦) 다대포(多大浦) 서생포(西生浦) 개운포(開雲浦) 두모포(豆毛浦) 서평포(西平浦) 포이포(包伊包)

본영과 속읍 및 속진의 각종 전선(戰船)은 65척이다.〈나룻배[진선(津船)]는 42척이다〉

동래진(東萊鎭)〈영조(英祖) 때 독진(獨鎭)으로 승격하였다. ○수성장(守城將)은 본 부의 부사(府使)가 겸한다. ○관할 속읍은 동래(東萊) 양산(梁山) 기장(機長)이다.

『진보』(鎭堡)

부산포진(釜山浦鎭)〈읍치에서 남쪽으로 20리에 있다. 조선 성종 19년(1488)에 축성되었다. 둘레가 5,356자[척(尺)]이다. ○수군첨절제사(水軍僉節制使) 1원을 두었다〉

다대포진(多大浦鎭)〈읍치에서 서남쪽 50리에 있다. 성의 둘레가 1,806자[척(尺)]이다. 옛

날에 수군만호(水軍萬戶)를 두었다가 승격하였다. ○수군첨절제사(水軍僉節制使) 겸 감목관(監牧官) 1원을 두었다〉

두모포진(豆毛浦鎭)〈읍치에서 남쪽으로 25리에 있다. 선조 25년(1592)에 기장에서 부산으로 옮겨왔다. 숙종 6년(1678)에 또 왜관의 옛터에 옮겼다. 성의 둘레가 1,250자[척(尺)]이다. ○수군만호(水軍萬戶) 1원을 두었다〉

개운포진(開雲浦鎭)〈읍치에서 남쪽으로 30리에 있다. 선조 25년(1592)에 울산에서부터 부산포의 왜군이 쌓은 성으로 옮겨왔다. ○수군만호(水軍萬戶) 1원을 두었다〉

포이포진(包伊浦鎭)〈읍치에서 동남쪽으로 13리에 있다. 선조 25년(1592) 장기에서부터 여기로 옮겨 설치하였다. ○수군만호(水軍萬戶) 1원을 두었다〉

서평포진(西平浦鎭)〈읍치에서 서남쪽으로 49리에 있다. 예전에는 읍치에서 남쪽으로 6리에 있었다. 선조 25년(1592)에 다대포와 합쳐 옛 진지의 남쪽 2리에 옮겼다가 다시(多柿) 다대포의 옛 터로 이설하였다. ○수군만호(水軍萬戶) 1원을 두었다〉

「혁폐」(革廢)

해운포진(海雲浦鎭)〈읍치에서 동남쪽으로 18리에 있었다. 중종 9년(1514)에 성을 쌓았는데, 둘레는 1,306자[척(尺)]이고 못이 하나 있다. 예전에는 만호(萬戶)가 있었다〉

감포진(甘浦鎭)〈읍치에서 남쪽으로 11리에 있었다. 선조 25년(1592)에 경주에서 부산으로 옮겨왔다가 또 남촌(南村)으로 옮겼다. 만호가 있었다. 영조 27년(1751)에 폐지하였다〉

축산포진(丑山浦鎭)〈읍치에서 남쪽으로 12리에 있다. 선조 25년(1592)에 영해(寧海)에서 부산으로 옮겨왔다. 인조 14년(1636)에 또 감만이포(戡蠻夷浦)로 이설하였다. 효종 3년(1652)에 또 읍치에서 남쪽으로 이전하였다. 예전에는 만호(萬戶)가 있었다. 영조 27년(1751)에 폐지하였다〉

칠포진(漆浦鎭)〈읍치에서 남쪽으로 12리에 있었다. 선조 25년(1592)에 흥해(興海)에서 부산으로 옮겨왔다가 또 남촌(南村)으로 이전하였다. 예전에는 만호(萬戶)가 있었다. 영조 27년(1751)에 폐지하였다〉

제석곶수(帝釋串戍)〈석성이 있다. 중종 5년(1510)에 왜변으로 인하여 고립되어 지키기 어려웠으므로 폐지하였다〉

『봉수』(烽燧)

계명산(鷄鳴山) 봉수〈읍치에서 북쪽으로 25리에 있다. 금정산 북쪽 봉우리이다〉

황령산(黃嶺山) 봉수〈읍치에서 남쪽으로 5리에 있다〉

구봉(龜峯) 봉수〈읍치에서 서남쪽 25리에 있다〉

응봉(鷹峯) 봉수〈읍치에서 서남쪽 50리에 있다. ○봉화가 처음 시작되는 곳이다〉

우비오(于飛烏) 봉수〈읍치에서 동쪽으로 15리에 있다. 상산(上山)의 남쪽 봉우리이다. ○봉화가 처음 시작되는 곳이다〉

『창고』(倉庫)

읍창(邑倉)은 3곳이 있다.

부산창(釜山倉)〈왜관(倭館)의 소요물품을 조달하기 위하여 설치하였다. 동래(東萊) 울산(蔚山) 기장(機長)의 세미(稅米)를 거두어 보관한다〉

『역참』(驛站)

휴산역(休山驛)〈읍치에서 남쪽으로 1리에 있다〉

소산역(蘇山驛)〈읍치에서 북쪽으로 15리에 있다〉

「보발」(步撥)

소산참(蘇山站)

관문참(官門站)

부산참(釜山站)

『목장』(牧場)

절영도(絶影島)

오해야항(吳海也項)〈읍치에서 남쪽으로 40리에 있다〉

석포(石浦)〈읍치에서 남쪽으로 25리에 있다. 단종 원년(1453)에 토질이 비옥하고 목초가 풍부하여 말을 기르기에 적당하였으므로 목장을 설치하였다. 둘레가 90리이다〉

『교량』(橋梁)

동천교(東川橋)

이섭교(利涉橋)

광제교(廣濟橋)

『토산』(土産)

대나무[죽(竹)], 석류[유(榴)], 유자[유(柚)], 표고버섯[향심(香蕈)], 청옥(青玉), 미역[곽(藿)], 김[해의(海衣)], 곤포(昆布), 다시마[다사마(多士麻)], 바다말[해조(海藻)], 전복[복(鰒)], 홍합(紅蛤), 해삼(海蔘) 등 어물(魚物) 15종이 난다.

『장시』(場市)

읍내장은 2일, 7일이다. 좌수영장(左水營場)은 5일, 10일이다. 부산장(釜山場)은 4일, 9일이다. 독지장(禿旨場)은 1일, 6일이다.

『누정』(樓亭)

정원루(靖遠樓)〈읍내에 있다〉

망미루(望美樓)

식파루(息波樓)

『단유』(壇壝)

형변부곡(兄邊部曲)〈신라 때 남해신(南海神)을 여기서 제사하였는데, 중사(中祀)에 속했다. 고려에 와서 폐지되었다〉

『사원』(祠院)

안락서원(安樂書院)〈선조 을사년(1605)에 건립하고, 인조 갑자년(1624)에 충렬사(忠烈祠)라고 사액하였다가 효종 임진년(1652)에 이름을 "안락서원"으로 고쳐 사액하였다〉 제향 인물은 송상현(宋象賢)〈개성부(開城府) 조를 보라〉 정발(鄭撥)〈자는 자주(子周), 본관은 경주이고, 부산첨사(釜山僉使)였다. 좌찬성(左贊成)을 증직하고 충장(忠壯)이란 시호를 내렸다〉 윤흥신(尹興信)〈다대첨사였다〉 조영규(趙英圭)〈자는 옥첨(玉瞻), 본관은 직산이다. 양산군수(梁山郡守)였고, 호조판서(戶曹判書)를 증직하였다〉 노개방(盧蓋邦)〈자는 유륜(維輪)이고, 본관은 풍천(豐川)이다. 동래부의 교수(敎授)였고, 승지(承旨)를 증직하였다. 문덕겸(文德謙)〈임진왜란 때 향교 유생으로서 문묘(文廟)를 지키다가 죽었다. 호조좌랑(戶曹佐郞)을 증직하였다〉 송봉수(宋鳳壽)〈군자감(軍資監) 判官을 증직하였다〉 김희수(金希壽)〈군자감(軍資監) 判官을 증직하였다. 이상 2인은 송상현의 비장(裨將)이었다〉 김상(金祥)〈본부의 백성으로 동부(東部) 참봉(參奉)을 증직하였다. 이상 3명은 동무(東廡)에 배향한다〉 송백(宋伯)〈본부의 호장(戶長)으로 예빈시(禮賓寺) 주부(主簿)를 증직하였다〉 신여노(申汝櫓)〈본관은 고령(高靈)이다. 송상현의 하인으로 중부 참봉을 증직하였다. 이상 2인은 서무(西廡)에 배향한다〉 열녀 김섬(金蟾)〈함흥 기생으로 송상현의 첩이다〉 열녀 애향(愛香)〈정발의 첩이다. 이상 2인은 문 밖에서 제향한다. ○이상 여러 사람은 임진년(1592) 4월에 순절한 사람들이다〉을 제사한다.

『전고』(典故)

신라 성덕왕(聖德王) 11년(712)에 온천으로 행차하였다.

○고려 현종(顯宗) 12년(1021)에 동래군성(東萊郡城)을 수리하였다. 충정왕(忠定王) 2년(1350)에 왜구가 동래군을 노략질하였다. 공민왕(恭愍王) 10년(1361)에 왜구가 동래를 불태우고 약탈하며 조운선(漕運船)을 빼앗아 갔다. 우왕(禑王) 2년(1376)에 왜구가 동평현(東平縣)과 동래군을 도륙하고 불태우고, 3년에 울주(蔚州)에 침략하여 벼를 베어 군량으로 하고 기장을 침략하였다. 상원수(上元帥) 우인열(禹仁烈)이 군사를 모집하여 동래에서 야간 전투를 벌여 7명을 목베었다. 우왕 10년(1384)에 왜구가 동래를 불태우고 노략질하였다. 공양왕 원년(1389)에 경상도의 박위(朴葳)가 병선 100척을 가지고 대마도를 쳐서 왜선 300척과 가옥 거의 전부를 불태웠다.

○조선 중종 5년(1510)에 삼포(三浦)〈부산포(釜山浦), 울산 염포(鹽浦), 웅천(熊川)의 제포(薺浦)〉에 거주하는 왜인들이 몰래 대마도의 왜구를 끌어들여 부산진을 습격하고 첨사 이우증(李友曾)을 살해하고 연달아 동래를 함락하였다.〈웅천 조에 자세한 내용이 있다〉 선조 25년(1592) 4월에 왜의 우두머리 평수길(平秀吉)이 일본 제도의 군사 25만명을 징발하여 친히 영솔하고 일기도(一岐島)에 와서 평수가(平秀家) 청정(淸正) 등 36장수들로 하여금 나누어 지휘하게 하고, 대마도주(對馬島主) 평의지(平義智)와 평조신(平調信) 평행장(平行長) 현소(玄蘇)

등으로 하여금 병선 5,000여 척을 이끌고 바다를 건너 침입해 왔다. 부산첨사 정발(鄭撥)은 전선에 구멍을 뚫어 침몰시키고 군사와 백성들을 모두 인솔하여 성을 지켰다. 적은 성을 포위하고 서문 밖 높은 곳에 올라가 총을 소나기처럼 퍼부었다. 정발은 서문을 지키며 적군과 항전하였는데 화살에 맞아 죽은 자가 매우 많았다. 정발은 화살이 떨어지자 총에 맞아 죽고 성은 드디어 함락되었다. 동래부사 송상현은 경내의 군사와 백성들을 모두 징집하고 근처의 고을 백성들을 불러 성으로 들어오게 하여 나누어 지켰다. 좌병사(左兵使) 이각(李珏)은 병영에서 달려 들어와 부산이 함락되었다는 말을 듣고 짐짓 말하기를, "나는 대장(大將)이니 마땅히 밖에서 대비하겠다" 하고 즉시 성을 나가 소산역(蘇山驛)에서 진을 치고 있었다. 드디어 성이 포위되자 송상현은 성의 남문에 올라가 전투를 독려하였다. 반나절이 되어 성이 함락하자 송상현은 굴하지 않고 죽었다. 왜군은 성을 함락하고 거의 전원을 살육하였다. 조방장(助防將) 홍윤관(洪允寬)과 우위장(右衛將) 양산군수 조영규(趙永圭) 대장(代將) 송봉수(宋鳳秀) 교수 노개방(盧蓋邦) 등이 모두 이때 죽었다. 적군은 연이어 서평(西平)과 다대포(多大浦)를 함락하였는데, 다대첨사 윤흥신(尹興信)도 힘껏 싸우다 죽었다. 좌병사 이각은 소산역에서 혼자 탈출하여 달아나니 많은 군사가 크게 무너졌다.〈후에 임진강의 군중에서 이각을 참수하였다〉 좌수사(左水使) 박홍(朴泓)은 부산에서 패전한 소식을 듣고 양식과 무기를 불태우고 성을 버리고 도망갔다. 박홍은 정발의 첩보를 보고 동래로 갔으나 역시 그 성에 들어가지 않고 도망하였다. 선조 27년(1594) 5월에 청정(淸正)이 군사를 인솔하여 바다를 건너가자 46개 부대가 연속하여 철수하고, 다만 부산의 4개 부대만 남겨두었다.

부록

대마도(對馬島)〈동래부의 동남쪽 바다 가운데 있다. 바람이 순조로우면 하루만에 도달할 수 잇다. 옛적에는 진한(辰韓)에 속해 있었다. 신라 실성왕(實聖王) 7년(408)에 왜(倭)가 대마도에 군영을 설치하였다. 이것이 왜인들이 점령하기 시작한 시초이고 여러 번 신라의 변방 우환이 되었다. 섬은 8개 군으로 나뉘는데 주민들은 모두 연해의 포구에 거주하고 있다. 남북의 거리는 3일 길이며 동서는 하루나 반나절 길이다. 사면이 모두 돌산이고 토질은 척박하여 민생이 가난하다. 소금을 굽거나 고기를 잡아 팔아서 생계를 삼는다. 종씨(宗氏)가 대대로 도주(島主)가 되고 군수 이하 토관(土官)들은 모두 도주가 임명하는데 역시 세습이다. 토지와 염호(鹽戶)를 나누어주고 세를 거두어 2/3을 도주에게 바친다. 목마장이 4곳이 있는데 말들은 대부분 등이 굽었다. 생산되는 것 중에 많은 것은 감귤(柑橘)과 목화, 닥나무[楮]이다. 남도와 북도에 높은 산들이 있는데, 모두 천신산(天神山)이라고 한다. 대마도는 동해 여러 섬가운데서 요충지에 있는데, 고려말 우리 나라에 노략질한 자들은 모두 일본 서안 각 섬 및 이 섬의 왜구들이다. 조선 세종 때 대마도 왜적이 변경을 침범하자 이종무(李從茂)에게 명하여 절제사 9명을 지휘하여 정벌하여 크게 이겼다. 선조 임진년(1592)에 일본이 침략할 때 또한 이 섬을 근거로 왕래하였다. 이 섬은 우리 나라에 가장 가깝고 가난이 심하여 매년 일정하게 보내주는 쌀과 포(布)의 수가 정해져 있다〉

우리 조정에서 연례적으로 주는 공무(公貿)〈면포(綿布) 57,405필 20자 5치〉

예조(禮曹)의 연례 구청(求請)에 대한 회사(回賜)〈매[鷹子] 58연(連), 인삼 32근 8냥, 호피(虎皮) 13장, 표피(豹皮) 17장, 흰모시[白苧布] 40필, 흰명주[白綿紬] 검은 삼베[黑麻布] 각 32필, 흰 면포 65필, 붓과 먹 각 475개, 유둔(油芚) 68번, 화문석(花紋席) 110장, 백지 77속, 우산지 29속 10장, 화위(火慰) 참빗[眞梳] 호피(虎皮), 호랑이 쓸개[호담(虎膽)], 개 쓸개[견담(犬膽)], 각 52개, 칼[刀子] 사자연(獅子硯) 연적(硯滴) 각 26개, 마성(馬省) 74개, 부채 80개, 법유(法油) 청밀(淸蜜) 녹말(綠末) 율뮤[薏苡] 각 1석 2두, 호도(胡桃) 잣[栢子] 대추[大棗] 밤[黃栗] 각 3석 7두, 개암[榛子] 1석 11두이다. 이 밖에 또 도주에게 해마다 주는 미곡과 잡물이 있는데, 다 기록할 수 없다〉

대마도가 연례적으로 헌납하는 별도의 공무(公貿)〈동·철(銅鐵) 29,373근 5냥 4전, 납철(鑞鐵) 16,013근 8냥, 소목(蘇木) 6,335근, 흑각(黑角) 400각(桷), 호초(胡椒) 4,400근, 백반(白礬) 1,400근, 주홍(朱紅) 8근, 채화연갑(彩畵硯匣) 2좌, 무늬 종이 3축, 금붙이 병풍 1쌍, 적동 세수대야 1부, 흑칠(黑漆) 화전갑(華牋匣) 1좌, 수정 갓 줄[笠緖] 1줄, 채화 칠촌경(七寸鏡) 2면, 가은(假銀) 담배대[烟管] 10개〉

왜관(倭館)〈부산포에 있다. 예전에는 항상 거주하는 왜인들이 있었다. 중종 5년(1510)에 제포(薺浦)에 사는 왜인들과 함께 변란을 일으켜 밤을 타고 성을 함락시키자 장수를 보내어 토벌하고 절대로 거주하는 것을 허용치 않았다. 후에 대마도 왜인이 문서를 바치고 죄를 청하였으므로 예전과 같이 거주하는 것을 허용하였는데, 임진년(1592) 직전에 대마도에 들어갔다. 선조 기해년(1599)에 통지(通知)한 후에 다시 왜관을 설치하고 접대하였다. 모두 300인이 거주하고 왜관의 우두머리[館首]는 글을 아는 승려이다〉

초량관사(草梁官舍)〈바로 공물 바치는 왜인들이 숙배(肅拜)하는 곳이다. 숙종 4년(1678)에 왜관을 초량으로 옮겼다. ○왜학훈도(倭學訓導)와 별차(別差)가 1원이다〉

왜관공무(倭館公貿)〈면포가 36,44필, 쌀 10,839석, 대두(大豆) 5,886석 삼수미(三手米) 4,720석이다〉

왜료(倭料)〈쌀 2,287석, 대두 822석, 삼수미 383석, 돈 800냥이다〉

세곡납부 읍[下納各邑]〈동래 기장 경주 대구 인동 칠곡 울산 성주 초계 고령 영해 영덕 청하 선산 홍해 영일 장기이다〉

○개시(開市)〈세종 때 왜인들이 부산포 제포 염포 등지에 와서 살았는데, 이들이 삼포 왜인들의 시작이다. 후에 점차 수가 늘어나자 대마도주(對馬島主)에게 명하여 쇄환토록 하였다. 성종 때 일본 서계(書契) 사신이 사사로이 물건을 헌납하자 "남의 신하된 자는 사사로운 요구가 있을 수 없다"고 책망하고 거절하고 허용치 않았다. 그 후 별폭(別幅) 안에 비로소 매물(賣物)이라고 칭하였다가 또 상품이라고 칭하자, 우리 조정에서는 또 무역을 허용하였다. 선조 때 강화를 허용한 후에 비로소 왜관 대청에서 개시(開市)를 열었다. ○왜관 개시는 매월 3일 8일로 정하였으나, 왜인들의 특별한 요청이 있거나 물화(物貨)가 쌓일 때는 별도로 개시를 열었다〉

12. 안동(安東)

『연혁』(沿革)

본래 신라의 고타야군(古陁耶郡)이었는데, 경덕왕(景德王) 16년(757)에 고창군(古昌郡)〈속현이 셋인데, 직녕현(直寧縣) 일계현(日谿縣) 고구현(高邱縣)이다〉으로 고치고, 상주(尙州)에 소속시켰다. 고려 태조 13년(930)에 안동부(安東府)로 승격하였다.〈군 사람이었던 김선평(金宣平) 김행(金幸) 장길(張吉)이 태조를 도와 공을 세웠기 때문에 김선평은 대상(大相)에, 김행과 장길은 각기 대광(大匡)에 제수하였다〉 후에 영가군(永嘉郡)으로 강등하였다. 고려 성종 14년(995)에 길주자사(吉州刺史)로 승격하였다. 현종(顯宗) 3년(1012)에 안무사(按撫使)로 고치고 9년(1018)에 지길주사(知吉州事)로 고쳤다가 21년(1030)에 지안동부사(知安東府事)로 고쳤다.〈속군이 셋인데 임하군(臨河郡) 예안군(禮安郡) 의흥군(義興郡)이다. 속현은 11곳인데 일직현(一直縣) 은풍현(殷豊縣) 감천현(甘泉縣) 봉화현(奉化縣) 안덕현(安德縣) 풍산현(豊山縣) 기주현(基州縣) 흥주현(興州縣) 순안현(順安縣) 의성현(義城縣) 기양현(基陽縣)

이다〉 고려 명종(明宗) 27년(1197)에 도호부(都護府)로 승격하였다.〈영남 도적 김삼(金三) 등이 주군(州郡)을 노략질하였는데, 안동에서 토벌한 공이 있었기 때문이다〉 고려 신종(神宗) 5년(1202)에 대도호부(大都護府)로 승격하였다.〈동경(東京)의 야별초(夜別抄)였던 패좌(孛左) 등이 모반하자 안동에서 그것을 방어한 공이 있었기 때문이다〉 충렬왕(忠烈王) 34년(1308)에 복주목(福州牧)으로 고쳤다가 충선왕(忠宣王) 2년(1310)에 강등하여 지주사(知州事)로 하였다.〈이때 여러 목(牧)을 모두 폐지하였기 때문이다〉 공민왕(恭愍王) 5년(1356)에 다시 목으로 고치고 10년(1361)에 안동대도호부(安東大都護府)로 승격하였는데〈왕이 홍건적을 피해 남쪽으로 순행(巡幸)하여 고을에 머물 때에, 고을 사람들이 정성을 다하였기 때문이다〉 조선에 들어 와서도 그대로 하였다. 세조(世祖) 12년(1430)에 진(鎭)을 설치하고〈15읍을 관할한다〉 부사(府使)가 병마부사(兵馬副使)를 겸임하게 하였다가, 얼마 안 가서 부사(副使)는 폐지하였다. 선조(宣祖) 9년(1576)에 강등하여 현감(縣監)으로 만들었다가〈도적의 변란이 있었기 때문이다〉 같은 임금 14년(1581)에 다시 승격하였다. 정조 즉위년 병신년(1776)에 현감으로 강등하였다가 9년(1785)에 다시 승격하였다.

「읍호」(邑號)

석릉(石陵) 고녕(古寧) 화산(花山)〈능라(綾羅) 지평(地平) 일계(一界) 고장(古藏) 지역이다〉

「관원」(官員)

대도호부사(大都護府使)〈안동진병마첨절제사(安東鎭兵馬僉節制使)를 겸한다〉 1원

『고국』(古國)

창녕국(昌寧國)〈일명 고타야국(古陁也國)이라고도 한다. 신라가 점령하여 군을 두었다〉

소라국(召羅國)〈춘양현(春陽縣)의 옛 읍치에서 남쪽으로 10리 수구(水口)에 소라국 옛 터가 있다. 고려 때 소라부곡이 되었다. 경계를 건너 뛰어 봉화현(奉化縣)의 동쪽에 들어가 있다〉

구령국(駒令國)〈오늘날 춘양현의 옛 읍치에서 북쪽으로 30여 리에 관적령(串赤嶺)이 있는데, 산 위의 골짜기가 열려 있고 삼면은 험악하다. 골짜기 입구에 성문의 두 초석이 이 있다. 남쪽으로 15리를 가면 산 위에 작은 석성(石城)이 있는데, 성 안에는 장단(將壇) 터가 있다. 현재 봉화현의 각화사(覺華寺) 동구 석현(石峴)으로 나라의 경계로 삼았다고 한다. 오늘날은 구령방(駒令坊)이라고 한다. ○관적령은 영주군(榮州郡) 북쪽 30리에 있다〉

『고읍』(古邑)

임하현(臨河縣)〈읍치에서 동쪽으로 33리에 있다. 본래 신라의 굴화군(屈火郡)이었는데 일명 굴불군(屈弗郡)이라고도 한다. 신라 경덕왕(景德王) 16년(757)에 곡성군(曲城郡)으로 고치고 명주(溟州)에 예속하게 하였다. 속현이 하나 있는데 연무현(緣武縣)이었다. 고려 태조(太祖) 23년(940)에 임하현으로 고쳤다. 현종(顯宗) 9년(1018)에 안동부에 예속하였다〉

풍산현(豊山縣)〈읍치에서 서쪽으로 35리에 있다. 본래는 신라의 하지현(下枝縣)이었는데 경덕왕(景德王) 16년(757)에 영안현(永安縣)으로 고치고 예천군(醴泉郡)에 예속하게 하였다. 고려 태조 6년(923)에 고을 사람 원봉(元逢)이 귀순(歸順)한 공로가 있었으므로 승격시켜 순주(順州)로 하였으나, 13년(930)에 원봉이 견훤(甄萱)에게 항복하였으므로, 다시 낮추어 하지현(下枝縣)으로 하였다가 뒤에 풍산으로 고쳤다. 풍악(豊岳)이라고도 한다. 고려 현종(顯宗) 9년(1018)에 안동부에 예속되었다. 명종(明宗)은 감무(監務)를 두었으나 뒤에 다시 본부에 예속되었다〉

일직현(一直縣)〈읍치에서 남쪽으로 31리에 있다. 본래 신라의 일직현(一直縣)이었는데, 경덕왕(景德王) 16년(757)에 직녕현(直寧縣)으로 고치고 고창군(古昌郡)에 예속시켰다. 고려 태조 때 다시 일직으로 고치고, 현종(顯宗) 때에 안동부에 예속되었다〉

감천현(甘泉縣)〈읍치에서 서쪽으로 1백 리에 있다. 신라 때 이름을 고치고 예천군(醴泉郡) 영현(領縣)으로 하였다. 고려 현종(顯宗) 9년(1018)에 안동부에 예속되었다〉

춘양현(春陽縣)〈읍치에서 북쪽으로 120리에 있다. 본래 가야향(加也鄕)이었는데 고려 충렬왕(忠烈王) 10년(1284)에 이 고장 사람인 호군(護軍) 김인궤(金仁軌)가 공(功)을 세워 현(縣)으로 승격하였다.

재산현(才山縣)〈읍치에서 동쪽으로 75리에 있다. 본래 덕산부곡(德山部曲)이었는데 고려 충렬왕(忠烈王) 때 경화옹주(敬化翁主)의 관향이었으므로 승격시켜 현(縣)으로 하였다.

길안현(吉安縣)〈읍치에서 동쪽으로 50리에 있다. 본래 길안부곡(吉安部曲)인데, 고려 충혜왕(忠惠王) 때 현으로 승격하였다.

내성현(奈城縣)〈읍치에서 북쪽으로 90리에 있다. 본래 퇴관부곡(退串部曲)이었는데, 고려 충혜왕(忠惠王)이, 이 고을 사람인 내시 강금강(姜金剛)이 원(元) 나라에 있을 때 시위(侍衛)한 공로가 있다고 하여, 현(縣)으로 승격시켰다. 이상 4개 현은 조선왕조 초기에 안동부에 예속하였다.

『방면』(坊面)

동부면(東部面)

서부면(西部面)〈모두 읍내에 있다〉

동선면(東先面)〈읍치로부터 10리에서 시작하여, 30리에서 끝난다〉

동후면(東後面)〈위와 같다〉

남선면(南先面)〈읍치로부터 7리에서 시작하여 20리에서 끝난다〉

남후면(南後面)〈읍치로부터 10리에서 시작하여 30리에서 끝난다〉

서선면(西先面)〈읍치로부터 15리에서 시작하여 25리에서 끝난다〉

서후면(西後面)〈위와 같다〉

북선면(北先面)〈읍치로부터 10리에서 시작하여 30리에서 끝난다〉

북후면(北後面)〈읍치로부터 20리에서 시작하여 50리에서 끝난다〉

임현내면(臨縣內面)〈읍치로부터 동쪽으로 20리에서 시작하여 30리에서 끝난다〉

임동면(臨東面)〈읍치로부터 동쪽으로 30리에서 시작하여 70리에서 끝난다〉

임서면(臨西面)〈읍치로부터 남쪽으로 25리에서 시작하여 80리에서 끝난다〉

임남면(臨南面)〈읍치로부터 동남쪽으로 50리에서 시작하여 60리에서 끝난다〉

임북면(臨北面)〈읍치로부터 동쪽으로 30리에서 시작하여 80리에서 끝난다. 이상 다섯 면(面)은 임하(臨何) 옛 군(郡)의 땅이다〉

풍현내면(豊縣內面)〈읍치로부터 서쪽으로 35리에서 시작하여 40리에서 끝난다〉

풍남면(豊南面)〈읍치로부터 서남쪽으로 50리에서 시작하여 70리에서 끝난다〉

풍서면(豊西面)〈읍치로부터 서쪽으로 40리에서 시작하여 70리에서 끝난다〉

풍북면(豊北面)〈읍치로부터 서쪽으로 30리에서 시작하여 60리에서 끝난다. 이상 4면은 풍산(豊山) 옛 현의 땅이다〉

일직면(一直面)〈읍치로부터 남쪽으로 30리에서 시작하여 60리에서 끝난다〉

감천면(甘泉面)〈읍치로부터 서쪽으로 90리에서 시작하여 1백 리에서 끝난다. 예천 북쪽 영천(榮川) 남쪽, 풍기(豊基) 동남 경계로 넘어가 있다〉

길안면(吉安面)〈읍치로부터 동남쪽으로 40리에서 시작하여 70리에서 끝난다〉

내성면(奈城面)〈읍치로부터 북쪽으로 50리에서 시작하여 1백 10리에서 끝난다. 봉화(奉化) 서쪽인 영천(榮川) 순흥(順興) 동쪽, 영월(寧越) 영춘(永春)의 남쪽에 넘어들어가 있다〉

춘양면(春陽面)〈읍치로부터 북쪽으로 1백 리에서 시작하여 2백 15리에서 끝난다. 남쪽으로 재산(才山)에 연접해 있는데, 봉화 경계에 쑥 들어갔으며, 북쪽으로는 영월(寧越)의 동쪽 경계에 연접해 있다. 태백산(太白山) 남쪽에 위치해 있다〉

재산면(才山面)〈읍치로부터 동북쪽으로 90리에서 시작하여 1백 20리에서 끝난다. 이상 6면은 각각 그 옛 현이다〉

소천면(小川面)〈옛 소천부곡이다. 읍치로부터 동북쪽으로 90리에서 시작하여 1백 30리에서 끝난며, 서쪽으로 춘양에 연접해 있다. 이상 2면은 예안(禮安) 영양(英陽)의 북쪽에 넘어들어가 있는데, 서쪽으로는 봉화와 연접했고, 북쪽으로는 삼척(三陟), 동쪽으로는 울진(蔚珍)과 연접해 있으며, 태백산 남쪽에 위치해 있다〉

○개단부곡(皆丹部曲)은 내성(奈城)의 옛 현이며, 읍치에서 북쪽으로 25리에 있다.

요촌부곡(蓼村部曲)은 읍치에서 동쪽으로 35리에 있다.

신양부곡(新陽部曲)은 풍산현에 있다.

토탄부곡(吐呑部曲)은 내성 옛 현의 북쪽이다.

하양부곡(河陽部曲)

『산수』(山水)

태백산(太白山)〈읍치에서 북쪽으로 120리에 있다. 북쪽으로는 영월 정선 삼척과 접하고 남쪽으로는 안동 예안 봉화와 접하며, 서쪽으로 뻗어나가 소백산(小白山)과 죽령(竹嶺)이 된다. 그 곁가지는 문수산(文殊山) 대림산(大林山) 삼태산(三台山) 우보산(牛甫山) 말읍산(末邑山) 우검산(牛檢山) 등 여러 산이 된다. 산이 모두 흰 돌[白礫]로 되어 있어 바라보면 눈이 쌓인 산과 같으므로 태백산이라고 하게 되었고, 그 둘레가 수 300리가 된다. 산의 북쪽은 모두 험난하고 깊은 골짜기와 위태로운 봉우리가 첩첩이 쌓였고, 산의 남쪽은 천석(泉石)이 모두 골짜기의 평평한 곳에 있고 산 허리 이상에는 바위 산이 없다. 비록 웅대한 산이지만, 멀리서 바라보면 봉우리가 그다지 우뚝하게 솟아 있지 않아, 마치 가는 구름과 흐르는 물과 같아서 하늘 가에서 북쪽을 가리고 있다. 산색이 청수하고 명랑하다. 북쪽에는 황지산(黃池山) 명승지가 있다. 산 위에는 들판이 열려 있어 산골 백성들이 꽤 모여 살고 있는데 땅의 기운은 높고 추우며 서리가 일찍 내려 오직 조와 보리를 경작한다. 산의 남쪽으로 조금 내려오면 모두가 평지로서 넓은 들판이 탁 트이어 맑고 깨끗하다. 흰 모래의 굳은 토양이 자못 서울과 흡사하다. 내성 춘양 재산 소천 4촌은 모두 깊은 절벽과 첩첩 봉우리가 연달아 구비치며 골짜기를 형성하고 있다. 산골짜기 백성들이 모여 살고 있는데, 먼 길을 가서 연해의 고기와 소금을 교역하는 이득을 취한다. ○춘양에는 하나의 넓은 골짜기가 있는데, 평야가 넓고 큰 개울이 굽이굽이 흐르고 산록이 아름답게 펼쳐 있으며 벼를 심는 논이 가득하다. 골짜기의 너비 범위가 거의 4-50리가 된다. 동쪽으로 삼척으로 가면 고기와 소금이 지천으로 있다. 사찰 10여 곳이 있다.

청량산(淸涼山)〈읍치에서 북쪽으로 95리 옛 재산현(才山縣)의 서쪽, 예안(禮安) 고을 사계(砂溪)의 동쪽에 있다. 태백산의 한 갈래가 동남쪽으로 내려와 백석산(白石山)이 되고 더 남쪽으로 내려와 두타산(頭陀山)이 된다. 또 서남쪽으로 내려와 청량산(淸涼山)이 되는데, 밖에서 보면 단지 흙 봉우리 몇 덩어리로 보이지만, 그 골짜기에 들어가 보면 사면에 바위 절벽이 둘러싸 있는데 모두 만장이나 되는 바위들로서 기이하고 험난한 것이 그 형상을 이루 표현할 수 없다. 연화봉(蓮花峯) 축융봉(祝融峯) 장인봉(丈人峯) 선학봉(仙鶴峯) 자란봉(紫鸞峯) 향로봉(香爐峯) 금탑봉(金塔峯) 탁필봉(卓筆峯) 연적봉(硯滴峯) 자소봉(紫霄峯) 경일봉(擎日峯) 의상봉(義相峯) 등이 있다. 또 난가대(爛柯臺) 치원대(致遠臺) 반야대(般若臺) 요초대(瑤草臺) 풍혈대(風穴臺) 채하대(彩霞臺) 참란대(驂鸞臺) 후선대(嗅仙臺) 등이 있다. 직불암(直佛庵)과 금생굴(金生窟)이 있는데, 모두 폭포가 있다. 또 연대사(蓮臺寺) 청량사(淸涼寺) 등 10여 곳의 절이 있다.

【중대사(中臺寺)가 있다】

【보문사(普門寺)가 있다】

하지산(下枝山)〈일명 풍악산(豊岳山)이라고도 하는데, 옛날 풍산현(山縣) 북쪽에 있다.

병산(甁山)〈읍치의 북쪽 10리에 있다〉

문필산(文筆山)〈일명 갈나산(葛那山)이라고도 하는데, 읍치의 남쪽 23리에 있다〉

하가산(下柯山)〈일명 학가산(鶴駕山)이라고도 한다. 읍치의 서쪽 4리에 있다. 영천(榮川) 예천(醴泉) 두 읍의 경계에 있다. 두 개울 사이의 산세가 흡사 오관산(五冠山) 및 삼각산(三角山)과 같고 사석봉(沙石峯) 아래에는 풍산의 들판이 있다.

여산(廬山)〈일명 오로봉(五老峯)이라고도 한다. 읍치에서 동쪽으로 25리에 있다〉

천등산(天燈山)〈읍치의 북쪽 30리 예안 경계에 있다. 봉정사(鳳停寺)가 있는데 기암절벽이 마주보고 있으니 그 골짜기를 낙수대(落水臺)라고 한다〉

화산(花山)〈하나는 읍치에서 남쪽으로 10리에, 또 하나는 풍산 옛 읍치에서 남쪽으로 5리

에 있다〉

송관산(松官山)〈내성 옛 읍치의 남쪽 5리에 있다〉

문수산(文殊山)〈읍치에서 북쪽으로 90리 내성 옛 읍치의 북쪽에 있으니, 곧 순흥 와단면(臥丹面) 경계이며 태백산의 서쪽 갈래이다〉

저수산(猪首山)〈읍치에서 북쪽으로 5리에 있다〉

백병산(白屛山)〈내성 옛 읍치에서 북쪽으로 40리에 있다. 순흥에 자세히 나온다〉

조골산(照骨山)〈읍치에서 북쪽으로 40리에 있다〉

황학산(黃鶴山)〈읍치에서 동쪽으로 60리 길안에 있다〉

통구산(通邱山)〈소천면 동쪽에 있다. 울진 경계에 접해 있다〉

와룡산(臥龍山)〈읍치에서 동쪽으로 20리에 있다〉

약산(藥山)〈임하 옛 읍치의 동쪽 5리에 있다〉

원지산(遠志山)〈풍산 옛 읍치의 남쪽 5리에 있다〉

비파산(琵琶山)〈일명 개내산(介內山)이라고도 한다. 소천 남쪽 30리에 있다. 3층의 석실(石室)이 있다〉

봉래산(蓬萊山)〈소천 동쪽 5리에 있다. 절벽이 천길이나 되고 그 아래에는 깊은 못이 있다〉

건지산(乾止山)〈읍치에서 서쪽으로 25리에 있다. 그 아래에 상락대(上洛臺)가 있다〉

개일산(開日山)〈읍치에서 북쪽으로 39리에 있다〉

석개산(石介山)〈비파산 동쪽에 있다〉

제비산(齊飛山)〈재산 옛 읍치의 서쪽에 있다〉

어름산(御廩山)〈읍치에서 동북쪽으로 20리에 있다〉

철둔산(鐵屯山)〈어름산의 동쪽에 있다〉

주마산(走馬山)〈감천 옛 읍치의 북쪽에 있다〉

병산(屛山)〈풍남면 하회(河洄)에 있다〉

남성산(南城山)〈읍치에서 서쪽으로 20리에 있다〉

용각산(龍角山)〈남후면에 있다〉

검암산(儉岩山)〈읍치에서 남쪽으로 25리에 있다〉

등운산(騰雲山)〈황학산 남쪽 갈래 의성군(義城郡) 우곡면(羽谷面)과의 경계에 있다〉

오리기산(五里岐山)〈임동면에 있다〉

수각산(水閣山)〈읍치에서 동쪽에 있다〉

황산(黃山)〈읍치에서 북쪽으로 30리에 있다. ○광흥사(廣興寺)가 있다〉

무협(巫峽)〈읍치에서 동남쪽에 있다〉

【황장봉산(黃腸封山) 1곳이 있다】

【송전(松田) 10곳이 있다】

「영로」(嶺路)

석현(石峴)〈옛 일직현(一直縣) 읍치 남쪽 5리에 있다〉

귀령(龜嶺)〈옛 일직현(一直縣) 남쪽에 있다〉

두현(豆峴)〈옛 일직현(一直縣) 서쪽에 있다〉

산성현(山城峴)〈읍치에서 서쪽으로 40리 예천(醴泉) 경계에 있다〉

고암현(古岩峴)〈읍치에서 남쪽으로 30리에 있다〉

이이현(耳而峴)〈옛 임하현(臨河縣) 동쪽 청송(靑松) 경계에 있다〉

두모현(豆毛峴)〈읍치에서 북쪽으로 35리에 있다〉

모현(茅峴)〈옛 길안현(吉安縣) 동쪽 길에 있다〉

봉정현(鳳停峴)〈읍치에서 북쪽으로 28리에 있다〉

계외령(階外嶺)〈읍치에서 동북쪽으로 10리에 있다〉

풍현(楓峴)〈읍치에서 서북쪽으로 30리 영천(榮川) 경계에 있다〉

덕현(德峴)〈읍치에서 동쪽으로 5리에 있다〉

추현(楸峴)〈읍치에서 동쪽으로 60리 진보(眞寶) 경계에 있다〉

곤니현(昆泥峴)〈옛 재산현(才山縣) 북쪽에 있다〉

○요촌탄(蓼村灘)〈읍치에서 동쪽으로 40리 예안 부진(浮津)의 하류에 있다〉

물야탄(勿野灘)〈읍치에서 동쪽으로 10리 요촌탄 아래에 있다〉

광탄(廣灘)〈읍치에에 동쪽 13리에 있다〉

와부탄(瓦釜灘)〈읍치에서 동쪽으로 3리 진보의 신한천(神漢川) 하류에 있다. 견항진(犬項津)의 남쪽에서 합쳐서 물야탄으로 들어간다〉

독천(禿川)〈읍치에서 남쪽으로 20리에 있다. 근원은 의성의 황산(黃山)에서 나와서 서북쪽으로 흐르다가 옛 일직현(一直縣)을 경유하고 사천(斜川)을 지나 검암산(儉岩山)에 이르러 견항진(犬項津)으로 들어간다〉

금소천(琴召川)〈임하 옛 읍치의 서쪽 5리에 있으며, 안동 읍치와의 거리는 동쪽으로 27리이다. 근원은 청송(淸松) 보현산(普賢山)에서 나와 서북쪽으로 흐르다가 안덕 옛 읍치와 송제역(松蹄驛) 금소역(琴召驛)을 지나 신한천으로 들어간다.

신한천(神漢川)〈근원은 영양 일월산에서 나와 남쪽으로 흘러 장군천(將軍川)이 되고 영양현에 이르러 남쪽으로 소읍령천(小泣嶺川) 청사천(青祀川)을 지나고 남쪽으로 흘러 대읍령천(大泣嶺川)을 지나고, 서쪽으로 흘러 진보현 북쪽을 지나, 신한천이 되어 왼쪽으로 청송부 남쪽을 지나, 낙연(落淵)이 된다. 임하 옛 읍치를 지나고 왼쪽으로 향하여 금소천을 지나 광탄 선어연(仙魚淵) 와부탄을 이루었다가 물야탄으로 들어간다.

사천(沙川)〈내성에 있다. 자세한 것은 영주편에 있다〉

화천(花川)〈근원은 풍현에서 나와 남쪽으로 흘러 풍산현의 화산(花山)을 지나 하회 상류로 들어간다.

사천(斜川)〈근원은 의성 운방산(雲放山)에서 나와 북쪽으로 흘러 독천으로 들어간다〉

재산천(才山川)〈근원은 영양 일월산과 청량산에서 나와 서쪽으로 흘러 매토천(買吐川) 아래로 들어간다〉

소천(小川)〈근원은 영양 검마산(釗磨山)에서 나와 서쪽으로 흘러 본현의 수비창(首比倉)을 지나 천천(穿川) 아래로 들어간다〉

황지(黃池)〈삼척 경계에 있다. 태백산의 북쪽과 우보산(牛甫山)의 서쪽 10리에서 산중의 물이 합쳐서 서남쪽으로 흐르다가 백석평(白石坪)을 지나고 20리에서 천산을 지나 남쪽으로 흘러서 낙동강의 원류가 된다. 천천(穿川)이라고도 한다〉

선어연(仙魚淵)〈읍치에서 동쪽으로 10리에 있다〉

낙연(落淵)〈임하 동쪽 5리에 있다. 와부탄 상류의 석벽 가운데서 끊어져 폭포가 된다〉

망라담(網羅潭)〈일명 마라담(馬螺潭)이라고 한다. 속칭으로 망천(網川)이라고도 하고 마애(磨崖)라고도 한다. 읍치에서 서쪽으로 30리에 있다. 여울 위의 절벽이 천길이나 된다.

하회(河洄)〈읍치에서 서남쪽으로 40리에 있다. 곧 낙동강의 상류이다. 망천의 물이 구비구비 돌고 돌아 출렁거리며 흐르고 깊이 고이기도 한다. 동에서 남으로 남에서 북쪽으로 구비치며 둥그렇게 돌고 고리를 이루어 흐른다. 강가에는 모두 석벽이 아름답고 수려하다. 병산(屛山)은 하회 가운데 있다. 물 위에는 玉淵亭과 작은 암자들이 석벽 사이에 점철되어 있다. 강의 아래 위에는 또 삼구정(三龜亭)이 있다. 수동(繡洞) 구담(九潭) 가일(佳逸) 등의 마을이 모두 강가에 있는 이름난 마을이다. 하류에는 여울이 많아 비록 낙동강으로 상선은 통행하지 못하지만 작은 거룻배를 띄울 수 있다. 또 극히 비옥한 논밭이 강의 남쪽을 둘러싸고 있다〉

【제언(堤堰) 8곳이 있다】

『형승』(形勝)

물은 황지(黃池)에서 흘러내려 수많은 계곡을 삼키고, 산은 태백에서 나와 수많은 봉우리를 아우른다.

『성지』(城池)

읍성(邑城)〈둘레가 2,947자[척(尺)]이며 우물 18개, 도랑이 하나 있다〉

청량산고성(淸凉山古城)〈둘레가 1,350자[척(尺)], 우물이 7개, 개울이 2개 있다〉

하지산고성(下枝山古城)〈풍산의 옛 읍성이다. 흙으로 쌓았고, 둘레는 수천 자[척(尺)]가 된다〉

하지산고성(下枝山古城)〈산 정상에 옛 터가 있다〉

『아영』(衙營)

전영(前營)〈인조 때 설치하였다. ○전영장(前營將) 1원을 두었다. 관할 속읍은 안동(安東) 영해(寧海) 청송(靑松) 순흥(順興) 예천(醴泉) 풍기(豊基) 영천(榮川) 의성(義城) 영덕(盈德) 용궁(龍宮) 예안(禮安) 봉화(奉化) 진보(眞寶) 영양(英養) 비안(比安)이다〉

『봉수』(烽燧)

당북산(堂北山)〈내성 옛 읍치에서 남으로 3리에 있다〉

개목산(開目山)〈읍치에서 북쪽으로 19리에 있다〉

봉지산(峯枝山)〈읍치에서 남쪽으로 14리에 있다〉

감곡산(甘谷山)〈일직 읍치에서 동쪽으로 9리에 있다〉

신석산(新石山)〈읍치에서 남쪽으로 26리에 있다〉

약산(藥山)〈임하 옛 읍치에서 동쪽으로 5리에 있다. 이상 두 곳은 간봉(間烽)이다〉

『창고』(倉庫)

읍창(邑倉)은 3곳이 있다.

소천창(小川倉)

재산창(才山倉)

춘양창(春陽倉)

감천창(甘泉倉)

일직창(一直倉)

임하창(臨河倉)

내성창(奈城倉)

풍산창(豊山倉)〈이상은 각기 그 옛 읍치에 있다〉

금소창(琴召倉)

안기창(安奇倉)

【마령창(馬嶺倉)과 광덕창(光德倉)이 있다】

『역참』(驛站)

안기도(安奇道)〈읍치에서 북쪽으로 3리에 있다. ○관할 역(驛)은 11곳이 있다. 찰방 1원을 두었다〉

금소역(琴召驛)〈금소천 북쪽 가에 있다〉

운산역(雲山驛)〈일직 옛 읍치의 남쪽에 있다〉

송제역(松蹄驛)〈임하 옛 읍치에 있다. 안동에서 76리이다〉

옹천역(瓮遷驛)〈읍치에서 북쪽으로 34리에 있다〉

안교역(安郊驛)〈풍산 옛 읍치에 있다. 안동에서 37리이다〉

유동역(幽洞驛)〈감천 옛 읍치에 있다. 안동에서 113리이다〉

『진도』(津渡)

견항진(犬項津)〈읍치에서 동쪽으로 3리 물야탄 하류에 있다〉

· 진(津)

『토산』(土産)

쇠[철(鐵)] 잣[해송자(海松子)], 감[시(柿)] 벌꿀[봉밀(蜂密)], 오미자(五味子) 송이버섯[송심(松蕈)], 석이버섯[석심(石蕈)], 은어[은구어(銀口魚)], 벼루돌[연석(硯石)]〈구룡산(九龍山)과 호천(虎川)에서 난다. 물에 잠겨 있는 것이 좋은데, 이를 마간석(馬肝石)이라고 한다〉

『장시』(場市)

읍내장(邑內場)은 2일, 7일이다. 신당장(新塘場)은 4일, 9일이다. 산하리장(山下里場)은 5일, 10일이다. 편항장(鞭巷場)은 5일, 10일이다. 미질장(美質場)은 1일, 6일이다. 풍산장(豊山場)은 2일, 7일이다. 옹천장(甕遷場)은 3일, 8일이다. 구미장(龜尾場)은 6일, 10일이다. 장동장(獐洞場)은 10일장으로 한 달에 3번(6일, 16일, 26일)이다. 내성장(奈城場)은 10일장으로 한 달에 3번(7일, 17일, 27일)이다. 재산장(才山場)은 5일, 10일이다.

『누정』(樓亭)

관풍루(觀風樓)

능초루(凌超樓)

제남루(濟南樓)〈모두 읍내에 있다〉

영호루(映湖樓)〈읍치에서 남쪽으로 5리에 있다. 무협(巫峽)이 그 왼쪽에 펼쳐져 있고, 성산(城山)이 그 오른쪽에 다가와 있다. 큰 내가 띠를 두른 것처럼 돌아가며 호수를 이루고 있다. 고려 공민왕(恭愍王)이 이 누정에 행차하여 뱃놀이를 즐기고 친히 편액을 썼다〉

모은루(慕恩樓)〈읍치에서 서쪽으로 5리에 있다〉

청암정(青岩亭)〈내성(奈城)에 있다. 정자는 못 가운데 있는 큰 바위에 지어져 마치 섬과 같다〉

영은정(迎恩亭)〈읍치에서 북쪽으로 5리에 있다. 고려 충렬왕(忠烈王)이 일찍이 여기에 올라 편액을 지었다〉

귀래정(歸來亭)〈와부탄(瓦釜灘) 위에 있다〉

삼구정(三龜亭)〈옛 풍산현(豊山縣) 읍치에서 서쪽으로 6리 금산촌(金山村) 동쪽에 있다. 정자의 주추돌에 3개의 돌이 있는데 형태가 엎드린 거북과 같다. ○동오봉(東吳峯)은 그 높이가 가히 60길이 되는데 정자가 봉우리 위에 버티고 있다. 동 서 남쪽은 모두 큰 들판이고 그 남쪽에 곡강(曲江)이라는 큰 내가 있으니 곧 낙동강의 상류이다. 마라담(馬螺潭) 위에는 절벽이 아득하게 있는데, 높이가 만길이나 된다. 강 위에는 긴 숲이 10리에 걸쳐 뻗어 있다. 정자 북쪽에는 학가산(鶴駕山)이 있는데, 두 개울[쌍계(雙溪)]이 산간에서 나와 낙동강으로 들어간다. 그 물이 모인 곳이 병담(屛潭)인데 일명 화천(花川)이라고도 한다. 그 봉우리에는 또 바위 절벽이 천여 길이나 되어 병벽(屛壁)이라고 한다. 두 계곡 북쪽의 기암을 붕석(鵬石)이라고 한다. 계곡의 양쪽에는 밤나무 천여 그루가 있다〉

『묘전』(廟殿)

관왕묘(關王廟)〈읍치에서 서악(西岳) 동대(東臺)에 있다. 선조(宣祖) 무술년(1598)에 명나라 장수 설호신(薛虎臣)이 석상(石像)을 건립하여 사당을 세우고 묘정비를 세웠다〉 관우(關羽)〈경도(京都)를 보라〉를 제사한다.

○삼공신묘(三功臣廟)〈고려 초에 건립하였다〉 권행(權幸)〈벼슬은 태사(太師)이고 본래 성은 김씨(金氏)였는데, 권씨(權氏)를 사성하였다〉 김선평(金宣平)〈벼슬은 태사이다〉 장정필(張貞弼)〈처음 이름은 길(吉)이었고, 벼슬은 태사이다〉을 제사한다.

『사원』(祠院)

호계서원(虎溪書院)〈선조 병자년(1576)에 건립하고 숙종 병진년(1676)에 사액하였다〉 이황(李滉)〈문묘(文廟)를 보라〉 유성룡(柳成龍)〈자는 이견(而見)이고 호는 서애(西崖)이다. 풍산인으로 벼슬은 영의정이고 시호는 문충(文忠)이다〉 김성일(金成一)〈자는 사순(士純)이고 호는 학봉(鶴峯)이다. 본관은 의성(義城)이며 벼슬은 경상우도관찰사(慶尙右道觀察使)로서 이조판서에 증직되었고, 시호는 문충(文忠)이다〉을 제사한다.

○삼계서원(三溪書院)〈선조(宣祖) 무자년(1588)에 건립하였고, 현종 경자(1660)년에 사액하였다〉 권벌(權橃)〈자는 중허(重虛)이고 호는 충재(沖齋)이다. 본관은 안동이며 벼슬은 좌찬성(左贊成)으로 영의정에 증직되었고 시호는 충정(忠定)이다〉을 제사한다.

○주계서원(周溪書院)〈광해군(光海君) 임자년(1612)에 건립하였고, 숙종 계유년(1693)에 사액하였다〉 구봉령(具鳳齡)〈자는 경서(景瑞)이고 호는 백담(栢潭)이다. 본관은 능성(陵城)이며 벼슬은 이조참판이다〉 권춘란(權春蘭)〈자는 언회(彦晦)이고 호는 회곡(晦谷)이다. 본관은 안동이고 벼슬은 사간(司諫)이다〉을 제사한다.

○고죽서원(孤竹書院)〈정조(正祖) 경술년(1790)에 건립하고 무오년(1798)에 사액하였다〉 김제(金濟)〈호는 백암(白岩)이고 본관은 선산(善山)이다. 고려 때 평해군사(平海郡事)를 지내고 시호는 충개(忠介)이다〉 김주(金澍)〈자는 택부(澤夫)이고 호는 용암(龍岩)이다. 김제의 동생이다. 공양왕(恭讓王) 때 예의판서(禮儀判書)로서 북경에 사신으로 갔다가 압록강에 이르러 조선(朝鮮) 왕조가 개국했다는 소식을 듣고 중국으로 돌아갔다. 시호는 충정(忠貞)이다〉를 제사한다.

○서간사(西磵祠)〈숙종 기사년(1689)에 건립하고 정조 병오년(1786)에 사액하였다〉 김상헌(金尙憲)〈종묘(宗廟)를 보라〉을 제사한다.

『전고』(典故)

신라 파사왕(破婆王) 5년(84)에 고타군(古陀郡)에서 청우(靑牛)를 바쳤다. 일성왕(逸聖王) 5년(138)에 북쪽으로 순수하다가 친히 태백산(太白山)에 제사하였다. 조분왕(助賁王) 13년(242)에 고타군에서 가화(嘉禾)를 바쳤다. 무열왕(武烈王) 2년(655)에 굴불군(屈佛郡)에서 흰 돼지[白猪]를 바쳤다. 경명왕(景明王) 6년(922)에 하지성(下枝城) 장군 원봉(元逢)이 고려에 항복하자 고려 태조(太祖)가 하지성을 순주(順州)로 승격하였다. 경순왕(敬順王) 3년(929)〈고려 태조 12년〉에 후백제의 견훤(甄萱)이 고려의 고창군(古昌郡)을 포위하자 유검필(庾黔弼)이 태조를 따라가서 급히 구하고, 예안진(禮安鎭)에 행차하였다. 유검필이 이에 저수봉(猪首峯)에서 분연히 공격하여 대파하였다.〈순주 장군 원봉이 견훤에게 항복하였으나 고려 태조가 앞의 공로 때문에 용서하였다. 다만 순주를 현령(縣令)으로 강등하였다〉 경순왕 4년(930)에 고려 태조가 병산(甁山)에 진을 치고 견훤은 석산(石山)에 진을 쳤는데 서로의 거리가 500보 쯤 되었다. 견훤이 패주하여 죽은 사람이 8,000여 명이나 되었고 시랑(侍郎) 김악(金渥)을 사로잡았다. 견훤이 순주(順州)를 공격하여 함락하자 태조가 순주로 행군하여 그 성을 접수하였다. 이에 영안(永安) 하곡(河曲) 직명(直明) 송생(松生) 등 30여 군현이 고려에 항복하였다.

○고려 공민왕(恭愍王) 10년(1361)에 왕이 홍건적(紅巾賊)의 난을 피하여 남으로 순행하여 복주(福州)에 머물렀다. 우왕(禑王) 7년(1381)에 왜구가 임하현(臨河縣)에 침입하자 안동병마사(安東兵馬使) 정남진(鄭南晉)이 왜적을 격파하고 16명을 목베었다. 우왕 8년(1382)에 왜구가 안동 등 여러 곳을 노략질하였다.〈영월 예안 영주 순흥과 보주(甫州)〉 변안열(邊安烈)과 한방언(韓邦彦) 등이 왜적을 안동에서 격파하여 30여 명을 목베고 말 60필을 빼앗았다. 우

왕 9년(1383)에 왜구가 비옥(比屋) 의성 등지를 노략질하여 여러 번 싸웠으나 이기지 못하였는데, 부원수(副元帥) 윤가관(尹可觀)이 안동 예안 등에서 싸워 패배하였다. 왜구가 춘양(春陽)과 길안(吉安)을 노략질하였다.

13. 영해도호부(寧海都護府)

『연혁』(沿革)

본래 우시산국(于尸山國)이었다. 신라가 탈해왕(脫解王) 23년(79)에 멸망시키고 우시군(于尸郡)을 두었다. 경덕왕(景德王) 16년(757)에 유린군(有隣郡)으로 고치고〈영현은 셋인데, 임하현(臨河縣) 고은현(古隱縣) 평해현(平海縣)이다〉 명주(溟州)에 예속시켰다. 고려 태조(太祖) 23년(940)에 예주(禮州)로 고치고 지군사(知郡事)를 두었다가 현종(顯宗) 때 방어사(防禦使)로 고쳤다.〈속부(屬府)는 하나인데 보성부(甫城府)이고, 속군은 셋인데 영양(英陽) 평해(平海) 영덕(盈德)이고, 속현은 둘이니 청도(青島)와 송생(松生)이다〉 고려 고종(高宗) 46년(1259)에 덕원소도호부(德原小都護府)로 승격하고,〈위사공신(衛社功臣) 박송비(朴松庇)의 고향이었기 때문이다〉 뒤에 예주목(禮州牧)으로 승격하였다. 충선왕(忠宣王) 2년(1310)에 강등하여 영해부(寧海府)로 하였다.〈여러 목(牧)을 모두 없앨 때의 일이다〉 조선 태조(太祖) 6년(1397)에 처음으로 진(鎭)을 두고, 병마사(兵馬使)가 판부사(判府使)를 겸임(兼任)하게 하였으며, 태종(太宗) 13년(1413)에 진을 폐지하고 도호부(都護府)로 고쳤다.

「읍호」(邑號)

단양(丹陽)〈고려 성종(成宗) 때 정한 것이다〉

「관원」(官員)

도호부사(都護府使)〈안동진관병마동첨절제사(安東鎭管兵馬同僉節制使)를 겸한다〉 1원을 두었다.

『방면』(坊面)

읍내면(邑內面)〈5리에 걸쳐 있다〉

남면(南面)〈읍치로부터 5리에서 시작하여 20리에서 끝난다〉

북면(北面)〈읍치로부터 5리에서 시작하여 20리에서 끝난다〉

무곡면(畝谷面)〈본래는 묘곡부곡이었다. 읍치에서 서남쪽으로 25리에 있다〉

가을면(加乙面)〈읍치에서 서쪽으로 25리에 있다〉

석보면(石保面)〈본래는 석보부곡이었다. 읍치에서 서쪽으로 20리에서 시작하여 75리에서 끝난다〉

오오곡면(烏於谷面)〈읍치에서 서북쪽으로 45리에 있다〉

서면(西面)〈읍치로부터 8리에서 시작하여 40리에서 끝난다〉

○〈백석부곡(白石部曲)은 읍치에서 북쪽으로 25리, 창수부곡(倉稼部曲)은 서쪽으로 30리에 있다. 가서향(加西鄕)은 읍치에서 서쪽으로 13리에 있다〉

『산수』(山水)

위장산(葦長山)〈일명 용두산(龍頭山)이라고도 한다. 읍치에서 서쪽으로 50리 진보(眞寶) 영덕(盈德) 경계에 있다. 그 산정(山頂)에 갈대 우물이 있는데, 물이 심히 청정하고 장마나 가뭄에도 물의 증감(增減)이 없다〉

동해산(東海山)〈읍치에서 동쪽으로 4리에 있다〉

반포산(半浦山)〈읍치에서 남쪽으로 7리에 있다〉

잉량화산(仍良火山)〈읍치에서 서쪽으로 9리에 있다〉

가서산(加西山)〈읍치에서 서쪽으로 13리에 있다〉

가을산(加乙山)〈읍치에서 서쪽으로 23리에 있다〉

등운산(騰雲山)〈읍치에서 북쪽으로 10리에 있다〉

오항산(烏項山)〈읍치에서 남쪽으로 15리에 있다〉

망월봉(望月峯)〈읍치에서 동쪽으로 5리에 있다〉

함한동(含恨洞)〈읍치에서 남쪽으로 3리에 있다. 연지계(臙脂溪)가 있다〉

관어대(觀魚臺)〈읍치에서 동쪽으로 7리에 있다. 절벽이 우뚝 솟아 있고, 해변이 위태롭게 천층으로 동쪽을 바라보고 구름과 파도가 만리에 걸쳐 있다. 또 일출(日出)을 볼 수 있다〉

【묘장산(苗長山)은 읍치에서 서남쪽으로 30리에 있다】

【황장봉산(黃腸封山) 1곳이 있다】

【송전(松田) 9곳이 있다】

「영로」(嶺路)

서읍령(西泣嶺)〈읍치에서 서쪽으로 40리에 있다〉

오현(烏峴)〈읍치에서 서북쪽으로 50리 떨어진 영양 경계의 소로에 있다〉

남면현(南眠峴)〈읍치에서 남쪽으로 20리 영덕 경계의 대로에 있다〉

송현(松峴)〈읍치에서 남쪽으로 5리에 있다. 남쪽에는 정신방(貞信坊)이 있다〉

덕현(德峴)〈오현의 동쪽에 있다〉

삼승령(三升嶺)〈읍치에서 서북쪽으로 30리 떨어진 평해 경계에 있다〉

지경현(地境峴)〈읍치에서 북쪽으로 30리 평해 경계의 대로에 있다〉

○바다〈읍치에서 동쪽으로 7리에 있다〉

적천(赤川)〈읍치에서 서북쪽으로 5리에 있다〉

【적천교(赤川橋)가 있다】

대읍령천(大泣嶺川)〈근원은 오현에서 나와 남쪽으로 흘러 적천(赤川)이 되어 바다로 들어간다〉

소읍령천(小泣嶺川)〈읍치에서 서쪽으로 50리에 있다. 서쪽으로 흘러 진보의 신한천(神漢川)으로 들어간다〉

무곡천(畝谷川)〈근원은 위장산에서 나와 동쪽으로 흘러 용두산의 남쪽을 지나 읍치에서 서쪽에 이르렀다가 적천으로 들어간다〉

병곡포(柄谷浦)〈읍치에서 북쪽으로 15리에 있다〉

망곡포(網谷浦)〈백사정(白沙汀) 위에 있다〉

고성포(高城浦)〈관어대(觀魚臺) 아래에 있다〉

경정포(景汀浦)〈읍치에서 동남쪽으로 15리에 있다〉

백사정(白沙汀)〈읍치에서 북쪽으로 20리 해변에 있다〉

경정(鯨汀)

장정(長汀)〈모두 읍치에서 북쪽으로 10리에 있다〉

용당(龍塘)〈읍치에서 서쪽으로 5리에 있다. 산의 돌 사이에서 샘이 솟아 나와서 큰 못이 되었다. 그 아래에 관개(灌漑)하는 토지가 매우 넓다〉

영혈지(靈穴池)〈영양 경계에 있다〉

【제언(堤堰)은 7곳이 있다】

【대진(大津)이 관어대(觀魚臺) 아래에 있다】

「도서」(島嶼)

축산도(丑山島)〈읍치에서 동남쪽으로 10리에 있다. 섬 가운데 높은 봉우리가 있는데, 마산(馬山)이라고 한다〉

『성지』(城池)

읍성(邑城)〈우왕 10년(1384)에 원수 윤가관(尹可觀)이 축조하였다. 둘레가 1,278자[척(尺)]이고, 문이 셋, 우물이 셋, 못이 하나 있다. 동쪽은 낮고 남쪽은 좁으며 오직 서쪽 만이 탁 틔어서 광야를 임하고 있다〉

고성(古城)〈읍치에서 서쪽으로 15리에 있다. 산성(山城)이라고 부른다. 산에 토축(土築)으로 쌓은 옛 터가 있다〉

『진보』(鎭堡)

「혁폐」(革弊)

축산포진(丑山浦鎭)〈읍치에서 동남쪽으로 14리에 있다. 수군만호(水軍萬戶)가 있었다. 선조 25년(1592)에 동래부의 부산포로 옮겼다〉

『봉수』(烽燧)

대소산(大所山) 봉수〈읍치에서 동쪽으로 8리에 있다〉

광산(廣山) 봉수〈읍치에서 서쪽으로 43리에 있다〉

『창고』(倉庫)

읍창(邑倉)

석보창(石保倉)〈석보 면에 있다〉

『역참』(驛站)

병곡역(柄谷驛)〈읍치에서 북쪽으로 2리에 있다. 예전에는 병곡포(柄谷浦)에 있었다〉

영양역(寧陽驛)〈읍치에서 서쪽으로 75리에 있다〉

『토산』(土産)

대나무[죽(竹)], 감[시(柿)], 석류[유(榴)], 벌꿀[봉밀(蜂密)], 송이버섯[송심(松蕈)], 미역[곽(藿)], 김[해의(海衣)], 전복[복(鰒)], 홍합(紅蛤) 등 어물 10여 종이 있다.

『장시』(場市)

읍내장은 2일, 7일이다. 석보장(石保場)은 3일, 8일이다.

『누정』(樓亭)

해안루(海晏樓)〈읍내에 있다〉

임영루(臨瀛樓)〈읍치에서 서쪽으로 5리에 있다〉

봉송정(奉松亭)〈읍치에서 북쪽으로 4리에 있다. 소나무를 심었다〉

『전고』(典故)

고려 현종 13년(1022)에 우산국(于山國) 백성들 중 나라가 망하여 도망해 온 자들을 예주(禮州)에 거처하게 하고 영구히 戶籍에 편입하도록 하였다. 고려 공민왕(恭愍王) 21년(1372)에 왜구가 영해를 노략질 하였다. 고려 우왕(禑王) 7년(1381)에 왜구가 축산도(丑山島)에 들어와 영해〈영덕(盈德) 송산(松山)〉를 노략질하였다. 왜구가 또 영해를 불태우고 노략질하였다. 원수(元帥) 남질(南秩)이 영해에서 왜구와 싸웠다.〈울산(蔚山) 양주(梁州) 언양(彦陽) 등지도 같다〉 모두 5번 싸워 8명을 죽였다. 우왕 11년(1385)에 왜선(倭船) 28척이 축산도에 정박하였다. 같은 임금 13년(1387) 초에 왜구들이 모두 축산도를 거쳐 노략질을 하였기 때문에 판밀직사사(判密直司事) 윤가관(尹可觀)이 합포(合浦)에 출진하여 병선과 군졸을 배치한 후에야 왜구의 걱정이 조금 줄어들었다.

14. 청송도호부(青松都護府)

『연혁』(沿革)

본래 신라의 청기현(青己縣)이었다. 경덕왕 16년(757)에 적선현(積善縣)으로 고치고 야성군(野城郡) 영현(領縣)으로 삼았다. 고려 태조 23년(940)에 도이현(島伊縣)이라고 고쳤다가 또 운봉현(雲鳳縣)이라고 고쳤다. 고려 성종(成宗) 5년(986)에 청도현(靑島縣)으로 고치고 현종(顯宗) 9년(1018)에 예주(禮州)의 영현으로 삼았다. 고려 공양왕 2년(1390)에 감무(監務)를 두었다. 조선 태조 3년(1394)에 진보현(眞寶縣)을 여기에 합쳤디. 세종(世宗)이 즉위하던 해(1418)에 왕비였던 소헌왕후(昭憲王后)의 본향(本鄕)이라고 하여 청보군(靑寶郡)으로 승격하였다. 뒤에 진보현(眞寶縣)를 떼어내어 독립시키고, 송생현(松生縣)을 여기에 붙여서 청송(靑松)으로 고쳤다. 세조(世祖) 때 도호부(都護府)로 승격시켰다. 성종(成宗) 5년(1474)에 진보를 여기에 합쳤다가 9년(1478)에 분리하였다.

「관원」(官員)

도호부사(都護府使)〈안동진관병마동첨절제사(安東鎭管兵馬同僉節制使)를 겸한다〉 1원

『고읍』(古邑)

안덕현(安德縣)〈읍치에서 남쪽으로 53리에 있다. 본래 신라의 이화혜현(伊火兮縣)이다. 신라 경덕왕 16년(757)에 연무현(緣武縣)이라고 고쳐서 곡성군(曲城郡)의 영현(領縣)으로 삼고 이화혜정(伊火兮停)을 두었다. 고려 태조 23년(940)에 안덕현으로 고쳤다. 현종(顯宗) 9년(1018)에 안동부(安東府)에 예속시켰다. 고려 공양왕(恭讓王) 2년(1390)에 감무(監務)를 두었다. 조선 태조(太祖) 때 송생현(松生縣)에 합쳤다.

송생현(松生縣)〈읍치에서 동쪽으로 15리에 있다. 본래 신라의 소량현(召良縣)이었다. 신라 경덕왕 16년(757)에 송생현이라고 고치고 야성군(野城郡)의 영현으로 삼았다. 고려 현종(顯宗) 9년(1018)에 예주(禮州)에 예속시켰고 인종(仁宗) 21년(1143)에 감무(監務)를 두었다. 조선 태조 때 안덕현을 여기에 합쳤다가 세종 때 청송에 합쳤다. ○읍호는 송산(松山)이다〉

『방면』(坊面)

부내면(府內面)〈읍치 5리에서 시작하여 20리에서 끝난다〉

부동면(府東面)〈읍치 20리에서 시작하여 60리에서 끝난다〉

부남면(府南面)〈읍치 25리에서 시작하여 60리에서 끝난다〉

부서면(府西面)〈읍치 7리에서 시작하여 20리에서 끝난다〉

현내면(縣內面)〈읍치에서 남쪽으로 40리에서 시작하여 50리에서 끝난다〉

현동면(縣東面)〈읍치에서 남쪽으로 40리에서 시작하여 70리에서 끝난다〉

현남면(縣南面)〈읍치에서 남쪽으로 60리에서 시작하여 80리에서 끝난다〉

현서면(縣西面)〈읍치에서 남쪽으로 60리에서 시작하여 90리에서 끝난다〉

현북면(縣北面)〈읍치에서 남쪽으로 20리에서 시작하여 35리에서 끝난다〉 이상 5개 면은 안덕 옛 현이다.

『산수』(山水)

방광산(放光山)〈읍치에서 북쪽으로 2리에 있다〉

주방산(周房山)〈산 위에 소학대(巢鶴臺)가 있다. 바위로 골짜기가 형성되어 있어 눈과 마음을 놀랍게 하고 샘과 폭포는 절경을 이룬다. ○대흥사(大興寺)와 백운암(白雲庵)이 있다〉

명월산(明月山)

주아산(注兒山)〈위의 세 산은 모두 읍치에서 동쪽으로 30리 영덕현(盈德縣) 경계에 있다〉

월외산(月外山)〈읍치에서 동쪽으로 10리에 있다〉

보광산(普光山)〈읍치에서 남쪽으로 5리에 있다〉

보현산(普賢山)〈일명 모자산(母子山)이라고도 한다. 읍치에서 남쪽으로 75리 경주·영천(榮川)·신녕(新寧) 경계에 있다〉

천마산(天馬山)〈읍치에서 북쪽으로 5리 진보 경계에 있다〉

갈전산(葛田山)〈읍치에서 동남쪽으로 40리에 있다〉

해현산(海峴山)〈읍치에서 남쪽으로 30리에 있다〉

현비암(懸碑岩)〈일명 용전암(龍纏岩)이라고도 한다. 남천(南川) 상류에 있다〉

방대(方臺)〈안덕현(安德縣) 옛 읍치에서 북쪽으로 10리에 있다. 개울가에 층층 암벽의 절경이 있다〉

이전평(梨田坪)〈읍치에서 동남쪽으로 50리에 있다〉

【종산(宗山) 안산(安山) 업산(業山) 동대산(東臺山)이 있다】

「영로」(嶺路)

도현(刀峴)〈읍치에서 남쪽으로 70리, 영천군(榮川郡)과 신녕현(新寧縣) 경계에 있다.

삼자현(三者峴)〈읍치에서 남쪽으로 38리에 있다〉

모현(矛峴)〈읍치에서 남쪽으로 70리 신녕현(新寧縣) 경계에 있다〉

유현(柳峴)〈읍치에서 동남쪽으로 74리, 경주(慶州) 죽장면(竹長面)의 경계에 있다〉

어화현(於火峴)〈읍치에서 남쪽으로 52리에 있다〉

지현(枝峴)〈읍치에서 서쪽으로 10리에 있다〉

우현(牛峴)〈읍치에서 남쪽 길에 있다〉

○남천(南川)〈근원은 화현과 유현에서 나와 북쪽으로 흐르다가 현비암과 추수(楸水)를 지나고 읍치의 남쪽을 돌아 서북쪽으로 흘러서 파천(巴川)이 되고 초원(椒原)에 이르러 진보의 신한천(新漢川)으로 들어간다〉

안덕서천(安德西川)〈근원은 보현산(普賢山)에서 나와 서북쪽으로 흐르다가 안덕현(安德縣) 옛 읍치를 지나 안동부(安東府) 경계에 이르러 금소천(琴召川)이 된다〉

송생천(松生川)〈주방산에서 나와 서쪽으로 흘러서 초수(椒水)와 합친다〉

초수(椒水)〈읍치에서 동쪽으로 8리에 있다. 근원은 월외산에서 나와 서쪽으로 흐르다가 남천으로 들어간다〉

【제언(堤堰)은 4곳이 있다】

『성지』(城池)

주방산고성(周房山古城)〈둘레가 1,450자[척(尺)]이고, 3면이 하늘이 만든 험한 지형이다. 안에 2개의 시내가 있다〉

『창고』(倉庫)

읍창(邑倉)

남창(南倉)〈읍치에서 남쪽으로 30리에 있다〉

안덕창(安德倉)〈옛 안덕현 읍치에 있다〉

현서창(縣西倉)〈옛 안덕현 읍치에서 서쪽으로 15리에 있다〉

『역도』(驛道)

청운역(靑雲驛)〈읍치에서 남쪽으로 15리에 있다〉

이전역(梨田驛)〈읍치에서 동남쪽으로 50리에 있다〉

문거역(文居驛)〈읍치에서 남쪽으로 60리에 있다〉

화목역(和睦驛)〈읍치에서 남쪽으로 70리, 옛 안덕현 읍치에서 서쪽으로 20리 모현(矛峴) 아래 있다〉

『토산』(土産)

옻[칠(漆)], 잣[해송자(海松子)], 벌꿀[봉밀(蜂蜜)], 송이버섯[송심(松蕈)], 석이버섯[석심(石蕈)], 자초(紫草) 웅담(熊膽)

『장시』(場市)

읍내장(邑內場)은 4일, 9일이다. 동곡장(東谷場)은 3일, 8일이다. 천변장(川邊場)은 5일, 10일이다. 화목장(和睦場)은 4일, 9일이다.

『누정』(樓亭)

찬경루(讚慶樓)〈읍내에 있다. 냇물이 쟁반처럼 돌아간다〉

고수정(孤秀亭)

『사원』(祠院)

병암서원(屛岩書院)〈숙종(肅宗) 신사년(1701)에 창건하고 임오년(1702)에 사액하였다〉 이이(李珥) 김장생(金長生)〈모두 문묘(文廟)를 보라〉을 제사한다.

『전고』(典故)

고려 우왕(禑王) 7년(1381)에 왜구가 송생현(松生縣)을 노략질 하였다.

15. 순흥도호부(順興都護府)

『연혁』(沿革)

본래 신라의 급벌산현(及伐山縣)이었다. 경덕왕이 급산군(岋山郡)으로 고치고〈영현(領縣)이 하나인데, 인풍현(隣豐縣)이다〉 삭주(朔州)에 예속시켰다. 고려 태조 23년(940)에 흥주(興

州)라고 고쳤다가 현종(顯宗) 9년(1018)에 안동(安東)에 소속시켰고, 후에 순안(順安)에 이속시켰다. 고려 명종(明宗) 2년(1172)에 감무(監務)를 두었다. 충렬왕(忠烈王) 때 흥녕현령(興寧縣令)으로 승격하였고〈왕의 태(胎)를 안장하였기 때문이다〉 충숙왕(忠肅王) 때 지흥주사(知興州事)로 승격하였다.〈왕의 태(胎)를 안장하였기 때문이다〉 충목왕(忠穆王) 때 순흥부(順興府)로 승격하였다.〈왕의 태(胎)를 안장하였기 때문이다〉 조선 태종 13년(1413)에 도호부(都護府)로 고쳤다가, 세조 2년(1456)에 폐지하였다.〈마아령(馬兒嶺) 개울 동쪽 땅을 분할하여 영천군(榮川郡)에 소속시키고, 문수산수(文殊山水) 동쪽 땅은 봉화현(奉化縣)에 소속시켰으며, 그 나머지 땅은 풍기군(豊基郡)에 소속시켰다〉 숙종 9년(1683)에 다시 부(府)로 승격되었다.〈고을 사람이 상소를 올려 호소하였기 때문이다〉

「읍호」(邑號)

순정(順定)〈고려 성종(成宗) 때 정한 것이다〉

「관원」(官員)

도호부사(都護府使)〈안동진관병마동첨절제사(安東鎭管兵馬同僉節制使)를 겸한다〉 1원

『고읍』(古邑)

인풍현(隣豊縣)〈읍치에서 동쪽으로 30리 봉황산(鳳凰山)의 남쪽에 있다. 본래 신라의 이벌지현(伊伐支縣)이다. 신라 경덕왕 16년(757)에 인풍현(隣豊縣)으로 고치고 급산군(岋山郡)의 영현(領縣)으로 하였다. 고려 초에 순흥에 내속하였다. 삼국사기(三國史記)에는 미상이라고 하였다.

『방면』(坊面)

동원면(東元面)〈읍치에서 동쪽으로 5리에서 시작하여 10리에서 끝난다〉

죽내면(竹內面)〈읍치에서 남쪽으로 10리에서 끝난다〉

태평면(太平面)〈읍치에서 서쪽으로 10리에서 끝난다〉

일부석면(一浮石面)〈읍치에서 동쪽으로 10리에서 시작하여 40리에서 끝난다〉

이부석면(二浮石面)〈읍치에서 동쪽으로 10리에서 시작하여 30리에서 끝난다〉

삼부석면(三浮石面)〈읍치에서 동쪽으로 20리에서 시작하여 50리에서 끝난다〉

수식면(水息面)〈읍치에서 동쪽으로 30리에서 시작하여 50리에서 끝난다〉

화천면(花川面)〈읍치에서 동쪽으로 30리에서 시작하여 40리에서 끝난다〉

도구면(道溝面)〈읍치에서 동쪽으로 10리에서 시작하여 20리에서 끝난다〉

수민면(壽民面)〈읍치에서 동쪽으로 30리에서 시작하여 50리에서 끝난다〉

대룡산면(大龍山面)〈읍치에서 남쪽으로 30리에서 시작하여 45리에서 끝난다. 건너 뛰어 영천(榮川)의 풍기천(豊基川)으로 들어가 있다〉

창락면(昌樂面)〈읍치에서 서쪽으로 30에서 시작하여 40리에서 끝난다. 건너 뛰어 풍기(豊基) 서쪽 경계에 있는 죽령(竹嶺) 남쪽으로 들어가 있다〉

와단면(臥丹面)〈읍치에서 동쪽으로 60리에서 시작하여 100리에서 끝난다. 북쪽으로 영월(寧月) 서쪽으로 영천(榮川) 오록면(梧鹿面)에 접하고, 동쪽으로는 안동 춘양면(春陽面)에 접하며 남쪽으로는 봉화(奉化) 경계에 접한다〉

○대룡산부곡(大龍山部曲)

감곡부곡(甘谷部曲)

임곡소(林谷所)

『산수』(山水)

비봉산(飛鳳山)〈읍치에서 북쪽으로 1리에 있다〉

소백산(小白山)〈읍치에서 북쪽으로 20리에 있고, 북으로 단양(丹陽) 영춘(永春)과 접한다. 가장 높은 봉우리는 국망봉(國望峯)이라고 하고, 원적봉(圓寂峯) 월명봉(月明峯) 석름봉(石廩峯) 환희봉(歡喜峯) 백학봉(白鶴峯) 백련봉(白蓮峯) 연좌봉(宴坐峯) 상원봉(上元峯) 등이 있다. 또한 백운대(白雲臺) 광풍대(光風臺) 제월대(霽月臺) 자하대(紫霞臺) 금강대(金剛臺) 등이 있다. 또 관음사(觀音寺) 굴죽사(屈竹寺) 암폭사(岩瀑寺) 상원사(上元寺) 성혈사(聖穴寺) 등의 10여 곳의 절이 있다. ○자개봉(紫蓋峯): 읍치에서 동쪽으로 25리에 있다. ○비로봉(毘盧峯): 소백산 서쪽 산맥에 있다 ○경원봉(慶元峯): 읍치에서 북쪽으로 13리에 있다. 충숙왕(忠肅王)의 태(胎)를 안장하였다. ○윤암봉(輪岩峯)에는 충목왕(忠穆王)의 태를 안장하였다. ○초암동(草庵洞): 읍치에서 동쪽으로 45리에 있다. 충렬왕(忠烈王)의 태를 안장하였다. ○욱금동(郁錦洞): 소백산 남쪽에 있다. 샘과 바위가 수십리에 걸쳐 골짜기의 저지대에 있다. 울창하고 청량하며 서북쪽은 높은 산맥을 이루고 있다. ○양곡동(陽谷洞): 읍치에서 북쪽으로 15리에 있다〉

봉황산(鳳凰山)〈읍치에서 동쪽으로 30리에 있다. ○부석사(浮石寺)는 신라 문무왕(文武

王) 16년(676)에 승려 의상(義相)에게 명하여 창건하였다. 절 동쪽에 선묘정(善妙井)이 있고, 서쪽에 식사룡정(食沙龍井)이 있고, 뒤편에는 취원루(聚遠樓)가 있는데, 공활하고 아득하여 하늘 밖으로 나온 것과 같다. 또 응석사(凝石寺) 정불사(淨佛寺) 등의 절이 있다〉

문수산(文殊山)〈읍치에서 동북쪽으로 60리 와단면(臥丹面)에 있다. 안동 태백산 서쪽 갈래이다. 남쪽으로 봉화와 30리 거리에 있다. ○지림사(智林寺)가 있다〉

백병산(白屛山)〈와단면에 있는데, 북쪽으로 영월에 접하고 있다. 곧 문수산의 서쪽 갈래이다. 서남쪽으로 청송부와 50리 거리에 있다. 그 남족에 금륜봉(金輪峯)이 있다〉

교내산(橋內山)〈곧 소백산의 서쪽 갈래이다. 서쪽으로는 죽령과 연결되어 있고 북쪽으로는 단양과 접해 있다. 산 속에는 제법 들판이 열려 있고 수목이 무성하다. 골짜기 어구에는 계곡이 걸쳐 있는데 큰 나무를 걸쳐서 다리를 놓았다. 나무를 제거하면 길이 막히게 되는데, 산골 사람들이 모여 산다〉

용암산(龍岩山)〈대룡산면에 있다〉

「영로」(嶺路)

죽령(竹嶺)〈읍치에서 서북쪽으로 40리 단양 경계에 있다. 동남쪽으로는 풍기군(豊基郡)과의 거리가 24리이다. ○신라 아달라왕(阿達羅王) 5년(158) 봄에 죽죽(竹竹)으로 하여금 처음 이 길을 개척하게 하였으므로 그렇게 명명하게 되었다. 고개 서쪽에 죽죽의 사당이 있다. 고개가 자못 높고 경상좌도(慶尙左道)의 대로와 연결된다〉

마아령(馬兒嶺)〈읍치에서 동북쪽으로 40리 영춘(永春) 경계에 있다. 남족으로 영천(榮川)과 36리 거리에 있다〉

○동천(東川)〈일명 사천(沙川)이라고도 한다. 하나는 읍치에서 동쪽으로 10리에 있고, 또 하나는 읍치에서 동쪽으로 1리에 있는데, 모두 소백산에서 나와 읍치에서 동남쪽으로 30리에 이르러 풍기 남·북천과 합쳐 영천(榮川) 경계로 들어간다〉

적덕천(赤德川)〈읍치에서 동남쪽으로 55리에 있다. 사천 상류이다〉

우계(愚溪)〈읍치에서 동쪽으로 30리에 있다. 근원은 마아령에서 나와 남쪽으로 흘러 영천군(榮川郡)을 지나 남쪽으로 적덕천에 들어간다〉

죽계(竹溪)〈읍치에서 동쪽으로 3리에 있다. 근원은 소백산 야활산(野濶山) 밑에서 나오는데 물과 돌이 맑디 맑다. 위에는 백운동(白雲洞)이 있는데 그윽하고 깊으며 깨끗하다〉

초정(椒井)〈와단면(臥丹面) 백병산(白屛山) 양지녘에 있다〉

【제언(堤堰)이 2개 있다】

『성지』(城池)

소백산고성(小白山古城)〈소백산 위에 있는데 둘레는 1,428자[척(尺)]이며, 가운데에 궁실(宮室) 터가 남아 있다〉

비봉산고성(飛鳳山古城)〈성터가 산을 빙 둘러 있으며, 산꼭대기에 성문(城門) 터가 남아 있다〉

봉황산고성(鳳凰山古城)〈산꼭대기에 터가 남아 있다〉

죽령고관성(竹嶺古關城)〈고개 위에 터가 남아 있는데, 신라(新羅) 시대에 관방(關防)으로 축조하였다〉

옥천산고성(玉泉山古城)

『봉수』(烽燧)

사랑당(沙郎堂) 봉수〈읍치에서 동쪽으로 40리에 있다〉

죽령(竹嶺) 봉수〈읍치에서 서북쪽으로 41리에 있다〉

『창고』(倉庫)

읍창(邑倉)

동창(東倉)〈읍치에서 동쪽으로 30리에 있는데, 옛 인풍현(粼豊縣) 터이다〉

【창(倉) 1곳이 있다】

『역참』(驛站)

창락도(昌樂道)〈죽령(竹嶺) 아래에 있다. ○속역(屬驛)이 9개 있다. ○찰방(察訪)이 1명 있다〉

죽동역(竹洞驛)〈읍치에서 남쪽에 있다〉

『토산』(土産)

닥나무[저(楮)]·감[시[柹]]·벌꿀[봉밀(蜂蜜)]·송이[송심(松蕈)]·석이[석심(石蕈)]·자초

(紫草)·은어[은구어(銀口魚)]

『장시』(場市)

읍내장(邑內場)은 5일, 10일이다.

아곡장(鵝谷場)은 10일장으로 한달에 세 번(4일, 14일, 24일) 열린다.

감곡장(甘谷場)은 10일장으로 한달에 세 번(1일, 11일, 21일) 열린다.

『누정』(樓亭)

봉서루(鳳棲樓)〈읍내에 있다. 높이 만 층으로 깎아지른 정상을 쳐다볼 수 있고, 멀리 천 겹으로 겹친 봉우리를 바라볼 수 있다. 기이한 바위들이 우뚝우뚝 솟아 있고, 많은 골짜기들이 주위를 빙 돌아 있으며, 폭포 물이 거세게 흘러 누정 아래에 모여들어서는 얕아져서 조잘조잘 흐르는데, 모래와 돌들이 맑고 조그마하다.

승운루(勝雲樓)

풍영루(風詠樓)

『단유』(壇壝)

죽지(竹旨)〈신라(新羅) 사전(祀典)에는 죽지가 급벌산군(及伐山郡)에 있으며, 명산(名山)으로 소사(小祀)에 실려 있는데, 고려 때 혁폐하였다〉

○성인단(成仁壇)〈숙종(肅宗) 을해년(1695)에 쌓았으며, 영조(英祖) 임진년(1772)에 충신신단(忠臣神壇)이라고 사액하였다〉에서 금성대군 유(錦城大君瑜)와 이보흠(李甫欽)〈모두 영월(寧越) 편을 보라〉을 제향한다.

『사원』(祠院)

소수서원(紹修書院)〈백운동(白雲洞)에 있다. 중종 계묘년(1543)에 주세붕(周世鵬)이 풍기군수(豊基郡守)가 되었을 때에 창건하였는데 이것이 서원(書院)의 시작이었다. 명종 경술년(1550)에 임금이 손수 친필로 사액하였는데, 임금의 사액이 이로부터 시작되었다〉에서 안유(安裕)〈문묘(文廟)에 보인다〉·안축(安軸)〈자는 당지(當之)이고 호는 근재(謹齋)이며, 안유의 족손(族孫)이다. 벼슬은 삼중대광(三重大匡) 흥녕부원군(興寧府院君)에 이르렀다〉·안보(安

輔)〈자는 원지(員之)이고 안축의 아우이다. 벼슬은 정당문학(政堂文學)에 이르렀으며 시호는 문경(文敬)이다〉·주세붕(周世鵬)〈자는 경유(景游)이고 호는 신재(愼齋)이다. 벼슬은 대사성(大司成)에 이르렀다〉을 제향한다.

『전고』(典故)

고려 우왕 8년(1382)에 왜적(倭賊)이 객관(客館)에 웅거하니, 부사(府使) 최운해(崔雲海)가 날마다 싸워 노획한 우마(牛馬)와 재화(財貨)를 번번이 사졸(士卒)과 고을 백성들에게 나누어 주어 크게 승리하게 되었다. 같은 임금 9년(1383)에 전의시령(典儀寺令)이 여러 병마사(兵馬使)를 독려하여 왜(倭)와 더불어 순흥(順興)에서 싸워 6명을 목 베어 죽였다. 조선 세조 원년(1455)에 금성대군 유(錦城大君瑜)〈세조의 아우이다〉를 순흥부에 안치하였는데, 부사 이보흠(李甫欽)이 금성대군과 합심하여 상왕(上王)〈단종대왕(端宗大王)이다〉을 맞아들여 복위시킬 것을 도모하였다. 격문을 남쪽 군현에 돌려 장차 병사를 일으키고자 하였는데, 일이 발각되어 모두 피살되었다. 다음 해에 마침내 순흥부를 혁폐하였다. 선조 25년(1592) 4월에 유극량(劉克良)을 조방장(助防將)으로 삼아 죽령을 지키도록 하였다.

제2권

경상도 25읍

1. 예천군(醴泉郡)

『연혁』(沿革)

본래 신라의 수주촌(水酒村)이다〈촌간(村干)이 있다〉 경덕왕 16년(757)에 예천군(醴泉郡)으로 고치고〈영현(領縣)은 6곳이니 안인(安仁)·가유(嘉猷)·은정(殷正)·영안(永安)·감천(甘泉)·축산(竺山)이다〉 상주(尙州)에 예속시켰다. 고려 태조 23년(940)에 보주(甫州)로 고치고 현종 9년(1018)에 안동부(安東府)의 속현(屬縣)이 되었다. 명종 2년(1172)에 기양현령(基陽縣令)으로 올리고〈태자(太子)의 태(胎)를 간직하였기 때문이다〉 신종(神宗) 7년(1204)에 지보주사(知甫州事)로 올렸다.〈동경적(東京賊: 1203년에 경주에서 일어난 민란을 말함/역자주)을 현내(縣內)에서 물리쳤기 때문이다〉 조선 태종 13년(1413)에 보주군으로 고쳤다가 16년에 예천(醴泉)으로 고쳤다.

「읍호」(邑號)

양양(襄陽)〈조선 정종(定宗)때 정하였다〉

청하(淸河)

「관원」(官員)

군수(郡守)〈안동진관 병마동첨절제사(安東鎭管 兵馬同僉節制使)를 겸한다〉 1원이 있다.

『고읍』(古邑)

다인(多仁)〈월경지(越境地)로서 용궁(龍宮) 동남쪽 경계에 있는데 거리가 군(郡)의 남쪽으로 45리에 있다. 본래 신라의 달기(達己)이고 일명 다기(多己)라 한다. 경덕왕 16년(757)에 다인(多仁)으로 고쳐서 상주(尙州)의 영현으로 삼았다. 고려초에는 그대로 속하게 하고 후에 예천군에 내속(來屬)되었다. ○읍호(邑號)는 인양(仁陽)이다〉

안인(安仁)〈서북쪽으로 40리에 있는데 갈평창(葛平倉)에 가까운 곳이다. 본래 신라의 난산(蘭山)인데 경덕왕 16년(757)에 안인으로 고쳐서 예천군(醴泉郡)의 영현으로 삼았다. 고려초에는 그대로 속하였다〉

『방면』(坊面)

동읍내면(東邑內面)

남읍내면(南邑內面)

서읍내면(西邑內面)

북읍내면(北邑內面)〈모두 읍치로부터 10리에 끝난다〉

신당면(神堂面)〈읍치로부터 동쪽으로 10리에서 시작하여 15리에서 끝난다〉

보문면(普門面)〈읍치로부터 동쪽으로 20리에서 시작하여 40리에서 끝난다〉

음산면(陰山面)〈읍치로부터 동쪽으로 10리에서 시작하여 20리에서 끝난다〉

뇌택면(雷澤面)〈읍치로부터 동쪽으로 10리에서 시작하여 20리에서 끝난다〉

신당명면(神堂鳴面)〈읍치로부터 남쪽으로 15리에서 시작하여 25리에서 끝난다〉

위라곡면(位羅谷面)〈위와 같다〉

개포리면(開浦里面)〈읍치로부터 서남으로 10리에서 시작하여 20리에서 끝난다〉

유등천면(柳等川面)〈읍치로부터 서쪽으로 10리에서 시작하여 20리에서 끝난다〉

당동면(堂洞面)〈읍치로부터 서쪽으로 10리에서 시작하여 30리에서 끝난다〉

지서아면(只西牙面)〈읍치로부터 서쪽으로 20리에서 시작하여 25리에서 끝난다〉

제곡면(諸谷面)〈읍치로부터 서북쪽으로 15리에서 시작하여 30리에서 끝난다〉

유리동면(流里洞面)〈위와 같다〉

화북면(花北面)〈읍치로부터 서북쪽으로 25리에서 시작하여 80리에서 끝난다〉

동로소면(冬老所面)〈읍치로부터 서북쪽으로 90리에서 끝난다〉〈위의 두 면은 서북쪽으로 쑥 들어가 동쪽으로는 풍기(豐基)의 상리(上里) 하리(下里) 2면이 되고, 화북면(花北面)의 서쪽 즉 상주(尙州)의 산양(山陽), 산동(山東), 산서(山西), 산북(山北) 4면의 경계이다. 동노소(冬老所)의 구획처는 서쪽으로 문경(聞慶)의 신북면(身北面)의 경계와 접하여 있고, 북쪽으로는 청풍(淸風) 단양(丹陽) 풍기(豐基)에 교차하는 곳에 접해 있다〉

현내면(縣內面)〈읍치로부터 남쪽으로 40리에서 시작하여 50리에서 끝난다〉

현서면(縣西面)〈읍치로부터 남쪽으로 50리에서 시작하여 60리에서 끝난다〉

현남면(縣南面)〈위와 같다〉

현동면(縣東面)〈읍치로부터 남쪽으로 50리에서 시작하여 70리에서 끝난다〉〈위의 4면은 다인고현(多仁古縣)의 땅이니 동쪽으로는 안동의 풍남면(豐南面), 의성(義城)의 우곡면(羽谷面), 비안(比安)의 정서면(定西面)과 접하여 있고 남쪽으로는 상주(尙州)의 중동면(中東面), 용궁(龍宮)의 내하면(內下面)·남하면(南下面)과 접하여 있고 북쪽으로는 같은 현(縣)의 중상

면(中上面)·중하면(中下面)과 접하여 있다〉

【승도면(繩刀面)은 동쪽으로 20리에 있고 호포면(芦浦面)은 남쪽으로 15리에 있다】

○〈고림부곡(高林部曲)은 용궁(龍宮)의 북쪽 경계로 넘어 들어가 있는데 군과의 거리가 서쪽으로 20리 떨어져 있고 효천부곡(孝川部曲)은 남쪽으로 18리 떨어져 있고 보진부곡(寶進部曲)은 남쪽으로 27리 떨어져 있다〉

『산수』(山水)

덕봉산(德鳳山)〈읍치로부터 서쪽으로 3리에 있다〉

서암산(西岩山)〈읍치로부터 서쪽으로 8리에 있다〉

용문산(龍門山)〈읍치로부터 북쪽으로 33리에 있다. 고려 명종(明宗)이 태자의 태(胎)를 산의 서쪽 봉우리에 봉안하였다〉

보문산(普門山)〈읍치로부터 동쪽으로 34리에 있다. ○보문사(普門寺)는 고려가 사적(史籍)을 이 절에 보관하였다가 우왕 7년(1381)에 충주(忠州) 개천사(開天寺)로 옮겼다〉

작성산(鵲城山)〈읍치로부터 북쪽으로 90리에 있다. 풍기(豐基) 두솔산(兜率山)의 서쪽 갈래이다〉

하가산(下柯山)〈읍치로부터 동쪽으로 31리에 있다. 안동과의 경계이다〉

정개산(鼎盖山)〈읍치로부터 동쪽으로 6리에 있다〉

천장산(天藏山)〈화북면(花北面) 안인고현(安仁古縣)의 북쪽에 있다〉

【천주사(天柱寺)는 화북면에 있다】

오적산(五赤山)〈읍치로부터 동쪽으로 30리에 있다〉

승산(蠅山)〈읍치로부터 남쪽으로 5리에 있다〉

비봉산(飛鳳山)〈다인고현의 남쪽에 있는데 군과의 거리가 60리이다〉

용뇌산(龍腦山)〈다인고현의 동쪽에 있다. 군과의 거리가 50리이다〉

선몽대(仙夢臺)〈사천(沙川) 가에 있다. 군과의 거리가 15리이다〉

동노평(冬老坪)〈읍치로부터 북쪽으로 53리에 있다〉

【황장봉산[黃腸封山: 재관(梓棺)을 짜는 좋은 소나무를 황장목(黃腸木)이라고 하는데 국가에서 황장목을 기르기 위하여 지정하여 보호하는 산/역자주]이 1곳이다】

「영로」(嶺路)

귀미현(歸尾縣)〈읍치로부터 동쪽으로 10리에 있다〉

진월치(辰月峙)〈읍치로부터 동북쪽으로 40리에 있다. 영천과의 경계이다〉

호항령(弧項嶺)〈읍치로부터 북쪽으로 90리에 있다〉

○사천(沙川)〈읍치로부터 동쪽으로 10리에 있다. 영천에 상세하다〉

양천(瀼川)〈읍치로부터 남쪽으로 1리에 있다. 풍기 명봉산(鳴鳳山) 및 골리현(骨里峴)에서 나와서 동쪽으로 흘러 은풍고현(殷豐古縣)을 지나고 은풍 동천(東川)을 지나 동남쪽으로 흘러 용문산(龍門山)·정개산(鼎盖山)을 거쳐 이동천(里洞川)으로 흘러 군의 남쪽 12리에 이르러 사천으로 들어간다〉

유등천(柳等川)〈읍치로부터 서쪽으로 15리에 있다. 서암산(西庵山)에서 나와서 서쪽으로 흘러 우두원(牛頭院)을 경유하여 다시 남쪽으로 흘러 용궁의 성화천(省火川)으로 들어간다〉

대곡탄(大谷灘)〈다인고현(多仁古縣)의 동쪽으로 9리에 있다〉

주천(酒泉)〈군의 북쪽 황혁동(黃革洞)에 있다. 물맛이 극히 달아서 열읍(洌邑)이라고 이름한 것은 이 때문이다〉

홍련지(紅蓮池)〈다인고현에 있다. 군과의 거리가 60리이다〉

【제언(堤堰)이 17개 있다】

【돌천(突川)이 있다】

『성지』(城池)

덕봉산고성(德鳳山古城)〈산위에 있다. 흑응성(黑鷹城)이라고 불리운다. 성의 둘레는 4,080자이고 우물이 2곳 지(池)가 1곳 있다〉

작성(鵲城)〈작성산 위에 있다. 둘레는 610자이고 서쪽에 석문(石門)이 있는데 3면이 모두 암석이다〉

고성(姑城)〈안인고현(安仁古縣)에 있다〉

『창고』(倉庫)

읍창(邑倉)·현창(縣倉)〈다인고현(多仁古縣)에 있다〉·갈평창(葛平倉)〈읍치로부터 서북쪽으로 40리에 있다〉·산창(山倉)〈문경(聞慶) 조령산성(鳥嶺山城)에 있다〉

『역참』(驛站)

통명역(通明驛)〈읍치로부터 동쪽으로 7리에 있다〉

수산역(守山驛)〈다인고현의 서쪽에 있다〉

『진도』(津渡)

현창진(縣倉津)

『토산』(土産)

철(鐵)·닥나무[저(楮)]·뽕[상(桑)]·석이버섯[석심(石蕈)]·잣[해송자(海松子)]·오미자(五味子)·지치[자초(紫草)]·벌꿀[봉밀(蜂蜜)]·송이버섯[송심(松蕈)]·은어[은구어(銀口魚)]·붕어[즉어(鯽魚)]

『장시』(場市)

읍내장은 2일, 7일이고 보통장(甫通場)은 5일, 9일이고 어천장(語川場)은 5일, 10일이고 북면장(北面場)은 1일, 6일이고 신운장(信雲場)은 3일, 8일이고 유등천장(柳等川場)은 4일, 9일이고 소야장(蘇野場)은 3일, 9일이다.

『누정』(樓亭)

쾌빈루(快賓樓)〈읍내면 뒤 혈고산(頁高山)의 앞에 있는데 큰 내를 끼고 있다〉

용두정(龍頭亭)·읍호정(挹湖亭)

『사원』(祠院)

정산서원(鼎山書院)〈광해군 임자년(1612)에 지었고 숙종 정축년(1697)에 사액(賜額)되었다〉에서 이황(李滉)〈문묘를 보라〉과 조목(趙穆)〈자는 사경(士敬)이고 호(號)는 월천(月川)이며 횡성(橫城)사람이다. 관직은 공조참판을 지냈다〉을 제향한다.

『전고』(典故)

고려 신종 5년(1202)에 경주적(慶州賊: 경주에서 일어난 민란/역자주)이 기양현(基陽縣)

에 들어와 남도초토병마사(南道招討兵馬使) 최광의(崔匡義)가 그들을 격퇴하여 죽은 자와 잡힌 자가 매우 많았다. 우왕 8년(1382)에 왜구(倭寇)가 보주(甫州)를 노략질하였다.

2. 영천군(榮川郡)

『연혁』(沿革)

본래 날이(捺已)이다. 신라 파사왕(婆娑王)이 빼앗아 군(郡)을 설치하였다. 경덕왕 16년(757)에 내령군(奈靈郡)으로 고쳤다.〈영현은 2곳이니 선곡(善谷)과 옥마(玉馬)이다〉 고려 태조 23년(940)에 강주(剛州)로 고치고 성종 14년(995)에 단련사(團練使)를 두었다. 현종 9년(1018)에 안동(安東)에 속하였고 인종 21년(1143)에 순안현령(順安縣令)을 두었다. 고종 46년(1259)에 지영주사(知榮州事)로 올렸다.〈위사공신(衛社功臣) 김인준(金仁俊)의 고향이기 때문이다〉

조선 태종 13년(1413)에 영천군(榮川郡)으로 고치고〈세조 2년(1456)에 순흥부(順興府)를 혁파하였다. 마아령(馬兒嶺) 아래 수동(水東) 지역인 부석(浮石)·수식곶(水息串)·천파(川破)·문단(文丹) 4리(里)를 본군에 나누어 속하게 하였다. 숙종 9년(1683)에 순흥(順興)을 다시 설치하여 영천군에 환속시켰다.

「읍호」(邑號)

구성(龜城)〈고려 성종때 정하였다〉

「관원」(官員)

군수(郡守)〈안동진관 병마동첨절제사(安東鎭管 兵馬同僉節制使)를 겸한다〉 1원이 있다.

『방면』(坊面)

산이면(山伊面)〈읍치로부터 동쪽으로 5리에서 시작하여 10리에서 끝난다〉

봉향면(奉香面)〈읍치로부터 5리에서 시작하여 10리에서 끝난다〉

망궐면(望闕面)〈읍치로부터 10리에서 끝난다〉

가흥면(可興面)〈읍치로부터 남쪽으로 5리에서 시작하여 10리에서 끝난다〉

두전면(豆田面)〈읍치로부터 남쪽으로 10리에서 시작하여 30리에서 끝난다〉

권선면(權先面)〈위와 같다〉

호문면(好文面)〈읍치로부터 서남쪽으로 15리에서 시작하여 30리에서 끝난다〉

진혈면(辰穴面)〈읍치로부터 남쪽으로 20리에서 시작하여 40리에서 끝난다〉

적포면(赤布面)〈읍치로부터 남쪽으로 10리에서 시작하여 20리에서 끝난다〉

어화면(於火面)〈읍치로부터 동남쪽으로 10리에서 시작하여 20리에서 끝난다〉

천상면(川上面)〈읍치로부터 동남쪽으로 27리에서 시작하여 40리에서 끝난다〉

말산면(末山面)〈읍치로부터 동쪽으로 10리에서 시작하여 30리에서 끝난다〉

임지면(林只面)〈읍치로부터 동쪽으로 20리에서 시작하여 60리에서 끝난다. 봉화(奉化)의 남쪽 경계와 안동 재산면(才山面)의 서쪽 경계를 넘어가 있다〉

북면(北面)〈읍치로부터 30리에서 시작하여 50리에서 끝난다. 소천촌(韶川村)은 순흥(順興)의 이부석면(二浮石面)의 경계를 넘어가 있고, 답곡촌(沓谷村)은 순흥부의 일부석면(一浮石面)의 경계를 넘어가 있다. 지곡촌(枝谷村)은 같은 부의 동원면(東元面)의 경계를 넘어 있다. 이 2촌은 북쪽으로 영춘(永春)과 접하고 있다〉

오록면(梧鹿面)〈읍치로부터 동북쪽으로 50리에 있는데 순흥(順興)에서 3리를 넘어 부석면(浮石面)의 경계에 있다. 북쪽으로 영춘(永春)과 접하여 있다〉

○〈벌지부곡(伐只部曲)은 읍치로부터 동쪽으로 15리에 있고 용산부곡(龍山部曲)은 읍치로부터 서쪽으로 2리에 있고 마륜부곡(馬輪部曲)은 읍치로부터 북쪽으로 60리에 있다. 임지력부곡(林只力部曲)은 곧 임지면(林只面)이다. 성을량부곡(省乙良部曲)은 읍치로부터 동쪽으로 15리에 있고 오등부곡(烏等部曲) 유수부곡(楡水部曲)은 읍치로부터 북쪽으로 30리에 있고 답곡부곡(沓谷部曲)은 읍치로부터 북쪽으로 30리에 있으니 곧 답곡(沓谷)이다. 니곡부곡(泥谷部曲)은 지금의 미전리(彌田里)이니 읍치로부터 서쪽으로 25리에 있고 내소리부곡(奈小里部曲)은 지금의 사내리(沙奈里)이니 읍치로부터 동쪽으로 1리에 있다〉

『산수』(山水)

철탄산(鐵呑山)〈읍치로부터 북쪽으로 1리에 있다〉

구산(龜山)〈읍치로부터 서남쪽으로 1리에 있다. 평지에 홀로 서 있고 그 남쪽 기슭에는 암벽이 불쑥 일어나 있으니 이름을 동구암(東龜岩)이라 한다. 또 서구대(西龜臺)와 더불어 강을 건너 마주하고 있다〉

풍락산(豐樂山)〈읍치로부터 동쪽으로 55리에 있다〉

학가산(鶴駕山)〈읍치로부터 남쪽으로 40리에 있다. 안동과의 경계이다〉

영지산(靈池山)〈읍치로부터 동쪽으로 30리에 있다〉

송관산(松官山)〈읍치로부터 동쪽으로 55리에 있다. 봉화(奉化)와의 경계이다〉

당산(唐山)〈읍치로부터 동쪽으로 20리에 있다〉

첨보산(簷甫山)〈읍치로부터 북쪽으로 5리에 있다〉

덕산(德山)〈읍치로부터 남쪽으로 3리에 있다〉

봉산(烽山)〈읍치로부터 동쪽으로 15리에 있다〉

연화산(蓮花山)〈읍치로부터 동쪽으로 15리에 있다〉

장군곡(藏軍谷)〈읍치로부터 동쪽으로 8리에 있다〉

「영로」(嶺路)

관적령(串赤嶺)〈읍치로부터 북쪽으로 33리에 있다. 영춘(永春) 순흥(順興) 양 읍과의 경계이다. 답곡(沓谷)은 그 아래 있다〉

예불령(禮佛嶺)〈오록면(梧鹿面) 북쪽에 접해 있다. 영춘과의 경계이다〉

마아령(馬兒嶺)〈읍치로부터 북쪽으로 36리에 있다. 영춘(永春) 순흥과의 경계이며 험준하다〉

백령(白嶺)〈읍치로부터 남쪽으로 15리에 있다〉

병치(並峙)〈읍치로부터 동쪽으로 20리에 있다〉

신현(神峴)〈읍치로부터 동쪽으로 15리에 있다〉

임천(臨川)〈읍치로부터 서쪽으로 3리에 있다. 물의 근원은 순흥(順興) 소백산(小白山)에서 나와 동남쪽으로 흘러 순흥 죽계(竹溪)가 되며 동원면(東元面)에 이르러 동천(東川)을 지나 장암천(藏岩川)이 된다. 창보역(昌保驛)을 경유하여 풍기(豐基)의 남·북천(南·北川)을 지나서 동·서구기(東·西龜基)를 경유하여 남쪽으로 흘러 사천(沙川)으로 들어간다〉

사천(沙川)〈읍치로부터 동쪽으로 15리에 있다. 근원은 순흥 백병산(白屛山)에서 나와 서남쪽으로 흘러 청암(青岩) 오록(梧鹿)을 경유하여 마아령(馬兒嶺)의 우계(愚溪)를 지나 서남쪽으로 흘러 순흥 적덕천(赤德川)이 된다. 봉화(奉化)의 물야계(勿野溪)를 지나 남쪽으로 흘러 안동 내성고현(奈城古縣)의 남쪽을 경유하여 소천(小川)이 된다. 봉화(奉化) 전천(前川)을 지나 안동의 유동역(幽東驛) 동쪽에 이르러 오른쪽으로 임천(臨川)을 지나 예천(醴泉) 남쪽에 이르게 되며 양천(瀁川)을 지나 용궁(龍宮)을 거쳐 용비산(龍飛山)을 돌아서 성화천(省火川)을 지나 무흘탄(無訖灘)으로 들어간다.

장암천(藏岩川)〈읍치로부터 남쪽으로 12리에 있다〉

초정(椒井)〈읍치로부터 북쪽으로 42리에 있다. 순흥을 보라〉

【제언은 2곳이다】

『성지』(城池)

구산고성(龜山古城)〈둘레는 1281자이고 우물은 1곳이 있다〉

『봉수』(烽燧)

창팔래산(昌八來山)〈읍치로부터 동쪽으로 30리에 있다〉

성내산(城內山)〈읍치로부터 북쪽으로 14리에 있다〉

『창고』(倉庫)

읍창(邑倉)·동창(東倉)〈읍치로부터 동쪽으로 30리에 있다〉·북창(北倉)〈오록면(梧鹿面)에 있다〉

『역참』(驛站)

창보역(昌保驛)〈읍치로부터 서쪽으로 9리에 있다〉

평은역(平恩驛)〈읍치로부터 동남쪽으로 26리에 있다〉

『토산』(土産)

닥나무[저(楮)]·잣[해송자(海松子)]·옻[칠(漆)]·송이버섯[송심(松蕈)]·석이버섯[석심(石蕈)]·벌꿀[봉밀(蜂蜜)]·은어[은구어(銀口魚)]

『장시』(場市)

읍내장은 3일, 8일이고 반구장(盤邱場)은 4일, 9일이다.

『누정』(樓亭)

제민루(濟民樓)〈구남(龜南)에 있다〉

영훈정(迎薰亭)〈읍치로부터 남쪽으로 3리에 있다〉

『단유』(壇壝)

태백산(太白山)〈신라 사전(祀典)에 북악(北岳)으로서 중사(中祀)로 기록하였는데 내이군(奈已郡)에 연계하였으며 고려에서는 폐하였다 하였다〉

『사원』(祠院)

이산서원(伊山書院)〈선조 계유년(1573)에 지었고 갑술년(1574)에 사액하였다〉에서 이황(李滉)〈문묘에 있다〉을 제향한다.

『전고』(典故)

신라 일성왕(逸聖王) 5년(138)에 북쪽을 순행(巡幸)하였는데 태백산(太白山)에서 제사드렸다. 소지왕(炤智王) 22년(500)에 내이군(奈已郡)에 순행(巡幸)하였다. ○고려 태조 12년(929). 우왕 8년(1382) 봄에 왜적이 수천명 영주(榮州)에 침략하여 사람을 많이 죽였다. 우왕 9년(1383)에 왜가 영주를 침략하였다〉

3. 풍기군(豐基郡)

『연혁』(沿革)

본래 신라 대매(代買)인데 후에 기목진(基木鎭)을 설치하였다. 고려 태조 23년(940)에 기주(基州)라고 고치고 현종 9년(1018)에 안동의 속현이 되었다. 명종 2년(1172)에 감무(監務)를 두었고 후에 다시 안동에 속하였다. 공양왕 2년(1390)에 다시 감무를 두었다.〈안동의 속현으로써 은풍(殷豐)을 내속하였기 때문이다〉 조선 태종 13년(1413)에 기천현감(基川縣監)으로 고치고 문종 원년(1451)에 풍기군(豐基郡)으로 올렸다.〈임금의 태(胎)를 봉안하였으므로 2 현의 이름을 뽑아서 고친 것이다〉

「읍호」(邑號)

영정(永定)〈고려 성종때 지었다〉·안정(安定)

「관원」(官員)

군수(郡守)〈안동진관병마동첨절제사(安東鎭管兵馬同僉節制使)를 겸한다〉 1원이 있다. 〈세조 2년(1456)에 순흥부(順興府)를 혁파하고 소백산(小白山) 이남의 땅을 갈라서 본군에 속하게 하였다. 숙종 9년(1683)에 순흥부를 다시 설치하고 그에 되돌려 속하게 하였다〉

『고읍』(古邑)

은풍(殷豐)〈읍치로부터 서남쪽으로 37리에 있다. 본래 신라 적아(赤牙)였는데 경덕왕 16년(757)에 은정(殷正)으로 고치고 예천군의 영현으로 삼았다. 고려 태조 23년(940)에 은풍으로 고치고 현종 9년(1018)에 안동에 속하게 하였다. 공양왕 2년(1390)에 풍기군에 내속되었다. ○읍호(邑號)는 은산(殷山)이다〉

『방면』(坊面)

동부면(東部面)〈읍치로부터 15리에서 끝난다〉

서부면(西部面)〈읍치로부터 20리에서 끝난다〉

동촌면(東村面)〈읍치로부터 20리에서 끝난다〉

생고개면(生古介面)〈읍치로부터 남쪽으로 5리에서 시작하여 15리에서 끝난다〉

와룡동면(臥龍洞面)〈읍치로부터 서남쪽으로 5리에서 시작하여 15리에서 끝난다〉

보좌리면(普佐里面)〈읍치로부터 남쪽으로 15리에서 시작하여 50리에서 끝난다〉

상리면(上里面)〈읍치로부터 서쪽으로 15리에서 시작하여 6리에서 끝난다〉

하리면(下里面)〈읍치로부터 서남쪽으로 25리에서 시작하여 50리에서 끝난다〉

『산수』(山水)

두솔산(兜率山)〈읍치로부터 서쪽으로 20리에 있다. 순흥 창락면(昌樂面)과의 경계이다. 죽령(竹嶺)과 더불어 서로 이어져 있고 북쪽으로는 단양(丹陽)의 경계와 접하여 있다. 깊은 산이 중첩되어 있다〉

명봉산(鳴鳳山)〈읍치로부터 서쪽으로 55리에 있다. 문종대왕(文宗大王)의 태(胎)를 봉안

한 곳이다〉

부로산(夫老山)〈읍치로부터 서남쪽으로 40리에서 있다〉

경청산(警淸山)〈은풍고현(殷豐古縣)이다. 읍치로부터 동쪽으로 10리에 있다〉

부용산(芙蓉山)〈읍치로부터 남쪽으로 50리에서 있다. 예천과의 경계이다〉

점방산(占方山)〈읍치로부터 동쪽으로 10리에 있다. 순흥과의 경계이다〉

「영로」(嶺路)

한현(汗峴)〈읍치로부터 서남쪽으로 30리에 있다〉

골리현(骨里峴)〈읍치로부터 서쪽으로 2리에 있다〉

여현(礪峴)〈읍치로부터 남쪽으로 14리에 있다〉

봉치(鳳峙)〈은풍고현(殷豐古縣) 서쪽으로 15리에 있다〉

고현(故峴)〈두솔산(兜率山)의 서쪽 갈래이다. 단양과의 경계이다〉

【송봉산(松封山)은 6곳이다. 용촌사(龍村寺)는 북쪽으로 7리에 있다. 고려 태조(太祖)의 영정(影幀)이 처음에 문경(聞慶) 양산사(陽山寺)에 있었는데 우왕 5년(1379)에 왜구의 침입 때문에 이곳으로 옮기고 후에 폐하였다】

○남천(南川)〈읍치로부터 남쪽으로 3리에 있다. 순흥 죽령(竹嶺)에서 나와서 동쪽으로 흘러 영천군(榮川郡)의 임천(臨川)이 된다〉

은풍동천(殷豐東川)〈고현(古縣) 동쪽으로 20리에 있다. 골리현에서 나와서 남쪽으로 흘러 서천(西川)에서 합류한다〉

은풍서천(殷豐西川)〈고현(古縣)의 서쪽으로 10리에 있다. 명봉산(鳴鳳山)에서 나와서 고현(古縣) 남쪽으로 8리에 이르러 동남으로 흘러 예천(醴泉)의 경계에 이르러 양천(瀼川)이 된다〉

『성지』(城池)

두솔산고성(兜率山古城)〈죽령(竹嶺)의 아래에 있다〉

부로산고성(夫老山古城)〈옛 터가 남아있다〉

등항성(登降城)〈읍치로부터 서쪽으로 5리에 있다〉

어름성(於凜城)〈일명 빙성(氷城)이라 한다. 은풍고현(殷豐古縣)의 남쪽으로 30리에 있다. 둘레는 980보이고 샘이 10곳 시내가 1곳 있다〉

『봉수』(烽燧)

망전산(望前山)〈읍치로부터 남쪽으로 8리에 있다〉

『창고』(倉庫)

읍창(邑倉)·은풍창(殷豊倉)〈고현(古縣)에 있다〉

『토산』(土産)

닥나무[저(楮)]·잣[해송자(海松子)]·석이버섯[석심(石蕈)]·송이버섯[송심(松蕈)]·벌꿀[봉밀(蜂蜜)]·지치[자초(紫草)]·은어[은구어(銀口魚)]

『장시』(場市)

읍내장은 3일, 9일이고 전구장(前丘場)은 1일, 5일이고 영정장(永定場)은 5일, 10일이고 은풍장(殷豊場)은 4일, 9일이다.

『누정』(樓亭)

읍청정(挹淸亭)이 있다.

『전고』(典故)

신라 선덕왕 11년(642)에 김춘추(金春秋)가 고구려에 사신(使臣)으로 가는데 벌매현(伐買縣)에 도착하였다. 고려 태조 12년(929)에 기목진(基木鎭)에 행차하였다. ○조선 선조 25년(1592)에 왜가 풍기(豐基)를 함락하였다.

4. 의성현(義城縣)

『연혁』(沿革)

본래 소문국(召文國)이었다.〈나라의 터는 남쪽으로 25리에 있으니 소문중(召文重)이라고 부른다〉 신라 벌휴왕(伐休王) 2년(185)에 멸망시키고 소문군(召文郡)을 설치하였다. 경덕왕 16년(757)에 문소군(聞韶郡)으로 고치고〈영현은 4곳이니 진보(眞寶)·비옥(比屋)·안현(安賢)·단밀(丹密)이다〉 상주(尙州)에 예속시켰다. 고려 태조 23년(940)에 의성부(義城府)로 올리고 현종 9년(1018)에 안동(安東)에 속하게 하였다. 인종 21년(1143)에 현령을 두었고 신종(神宗) 2년(1189)에 감무(監務)로 내렸다.〈일찌기 적(賊)에 함락되었기 때문이다〉 충렬왕(忠烈王)때 대구(大邱)에 합병시키고 곧 나누어서 현령을 두었다. 조선에서는 그대로 따랐다.

「관원」(官員)

현령(縣令)〈안동진관병마절제도위(安東鎭管兵馬節制都尉)를 겸한다〉 1원이 있다.

『고읍』(古邑)

일계(日谿)〈읍치로부터 동쪽으로 40리에 있다. 본래 신라의 열혜(熱兮)였으며 일명 니혜(泥兮)라고도 한다. 경덕왕 16년(757)에 일계(日谿)라고 고치고 고창군(古昌郡)의 영현으로 하였다. 고려 태조 23년(940)에 본 현에 내속되었다〉

고구(高邱)〈읍치로부터 북쪽으로 30리에 있다. 본래 신라의 구화(仇火)였다. 일명 구벌(仇伐) 또는 고근(高近)이라고도 한다. 경덕왕 16년(757)에 고구(高邱)라고 고치고 고창군(古昌郡)의 영현으로 삼았다. 고려 태조 23년(940)에 내속되었다〉

『방면』(坊面)

남부면(南部面)〈읍치로부터 15리에서 끝난다〉

북부면(北部面)〈읍치로부터 10리에서 끝난다〉

점곡면(點谷面)〈읍치로부터 동쪽으로 15리에서 시작하여 40리에서 끝난다〉

빙산면(氷山面)〈읍치로부터 동남쪽으로 25리에서 시작하여 50리에서 끝난다〉

소야면(巢野面)〈읍치로부터 동남쪽으로 50리에서 시작하여 80리에서 끝난다〉

산운면(山雲面)〈읍치로부터 남쪽으로 30리에서 시작하여 40리에서 끝난다〉

가음면(佳音面)〈읍치로부터 동남쪽으로 30리에서 시작하여 40리에서 끝난다〉

상천면(上川面)〈읍치로부터 남쪽으로 15리에서 시작하여 20리에서 끝난다〉

하천면(下川面)〈읍치로부터 서쪽으로 20리에서 시작하여 30리에서 끝난다〉

석전면(石田面)〈위와 같다〉

금뇌면(金磊面)〈위와 같다〉

소문면(召文面)〈읍치로부터 동쪽으로 20리에서 시작하여 30리에서 끝난다〉

억곡면(億谷面)〈읍치로부터 남쪽으로 30리에서 시작하여 40리에서 끝난다〉

안평면(安平面)〈읍치로부터 서북쪽으로 15리에서 시작하여 30리에서 끝난다〉

옥산면(玉山面)〈읍치로부터 동쪽으로 30리에서 시작하여 45리에서 끝난다〉

구산면(龜山面)〈읍치로부터 북쪽으로 10리에서 시작하여 30리에서 끝난다〉

단촌면(丹村面)〈읍치로부터 북쪽으로 15리에서 시작하여 25리에서 끝난다〉

외야면(外也面)〈위와 같다〉

내사곡면(內舍谷面)〈읍치로부터 동쪽으로 10리에서 시작하여 40리에서 끝난다〉

외사곡면(外舍谷面)〈읍치로부터 동쪽으로 40리에서 시작하여 50리에서 끝난다〉

우곡면(羽谷面)〈읍치로부터 서북쪽으로 50리에서 시작하여 80리에서 끝난다. 안동의 남쪽경계와 비안(比安)의 북쪽 경계 넘어에 있는 월경지이다〉

니혜면(泥兮面)〈읍치로부터 동쪽으로 30리에서 시작하여 50리에서 끝난다. 즉 일계고현(日谿古縣)이다〉

구화면(仇火面)〈읍치로부터 북쪽으로 25리에서 시작하여 40리에서 끝난다. 즉 고구고현(高邱古縣)이다〉

○〈반촌향(反村鄕)은 남쪽으로 25리에 있고 신촌부곡(新村部曲)은 동북쪽으로 30리에 있다. 굴어곡부곡(屈於谷部曲)은 남쪽으로 5리에 있고 부곡부곡(朱谷部曲)은 동쪽으로 30리에 있다. 골라소(骨羅所)는 동남쪽으로 50리에 있다〉

『산수』(山水)

금학산(金鶴山)〈읍치로부터 남쪽으로 25리에 있다〉

선암산(船岩山)〈읍치로부터 남쪽으로 50리에 있다. 의흥과의 경계이다〉

비봉산(飛鳳山)〈읍치로부터 서남쪽으로 30리에 있다. ○백장사(百丈寺)가 있다〉

황산(黃山)〈읍치로부터 동쪽으로 50리에 있다. 산중에 뽕나무가 많아 인근의 주민이 양잠을 하면서 산다〉

둔덕산(屯德山)〈읍치로부터 동쪽으로 3리에 있다〉

두음산(豆音山)〈읍치로부터 서쪽으로 25리에 있다〉

등운산(騰雲山)〈읍치로부터 북쪽으로 40리에 있다. 안동과의 경계이다〉

천방산(天放山)〈읍치로부터 서쪽으로 30리에 있다〉

영니산(盈尼山)〈읍치로부터 남쪽으로 25리에 있다. 석탑이 있다〉

운방산(雲放山)〈우곡면(羽谷面)에 있다〉

오토산(五土山)〈읍치로부터 남쪽으로 15리에 있다〉

오동산(梧桐山)〈읍치로부터 서쪽으로 15리에 있다〉

청령산(青靈山)〈읍치로부터 동북쪽으로 20리에 있다. ○고운사(孤雲寺)가 있다〉

빙산(氷山)〈읍치로부터 동남쪽으로 40리에 있다. 산의 큰 바위 아래 석혈(石穴)이 있는데 구멍의 입구가 높이는 3자, 넓이는 5자이고 가로로 5자 남짓 들어가서 이곳을 풍혈(風穴)이라 한다. 또 굴에는 바위 바닥에 직하하여 넓이가 1자가 되고 깊이는 헤아려 알 수 있는 것이 겨우 1자 정도이다. 그 아래 돌아가면 골짜기가 깊고 얕은 것을 알 수가 없다. 입하(立夏) 후에 얼음이 얼기 시작하여 몹시 더워지면 얼음은 단단해지고 장마가 오면 얼음이 풀린다. 봄과 여름에 춥지도 않고 덥지도 않고 겨울에는 온기(溫氣)가 있어서 봄날씨 같다. 이 때문에 빙혈(氷穴)이라고 한다. ○빙혈의 옆에는 옛적에 태일전(太一殿)이 있었는데 성화(成化) 14년(1478)에 충청도의 태안(泰安)으로 옮겼다〉

철현봉(鐵峴峯)〈읍치로부터 북쪽으로 20리에 있다〉

천암(穿岩)〈읍치로부터 동쪽으로 20리에 있다. 황산천(黃山川)가에서 굽어 내려보면 깊은 못에 바위 가운데 구멍이 있어 기괴하고 이상하다〉

아미암(峩眉岩)〈읍치로부터 남쪽으로 25리에 있다. 극히 기이하고 아름답다〉

병풍암(屛風岩)〈선암산(船岩山)의 동쪽에 있다〉

선암(仙岩)〈장천(長川) 상류의 북안(北岸)에 있다〉

혈동(穴洞)〈읍치로부터 동쪽으로 25리에 있다. 사곡리(舍谷里)에 암혈(岩穴)이 있는데 매우 깊어서 놀랄만하다〉

【대산장대(大山藏臺)가 있다】

「영로」(嶺路)

모현(茅峴)〈읍치로부터 동쪽으로 45리에 있다〉

백장령(百丈嶺)〈읍치로부터 서남쪽으로 38리에 있다〉

성령(城嶺)〈읍치로부터 서쪽으로 30리에 있다. 비안(比安)과의 경계이다〉

계란현(鷄卵峴)〈읍치로부터 북쪽으로 10리에 있다〉

두이현(豆易峴)〈읍치로부터 서북쪽으로 20리에 있다〉

불현(佛峴)〈읍치로부터 동쪽으로 15리에 있다〉

능현(菱峴)〈읍치로부터 남쪽으로 5리에 있다〉

가창현(可倉峴)〈읍치로부터 남쪽으로 20리에 있다〉

외야현(外也峴)〈읍치로부터 북쪽으로 20리에 있다. 안동(安東)과의 경계이다〉

○장천(長川)〈근원은 모현(茅峴)의 석혈(石穴)에서 나와서 서북쪽으로 흘러 울금담(鬱金潭)을 이루고 현의 서쪽을 지나고 또 북쪽으로 흘러서 서쪽으로 꺾이어 고성(古城)의 산 서쪽을 돌아서 쌍계천(雙溪川)으로 들어간다〉

쌍계천(雙溪川)〈근원은 빙산(氷山)에서 나와서 서쪽으로 흘러 봉황천(鳳凰川)을 이루고 서북쪽으로 흘러 가음창(佳音倉)·봉대창(鳳臺倉)을 경유하여 하천(下川)이 되고 장천(長川)을 지나서는 강천(羌川)이 된다. 안평천(安平川)을 지나서 쌍계역(雙溪驛)에 이르러 서쪽으로 위수(渭水)로 들어간다〉

안평천(安平川)〈근원은 두이현(豆易峴)에서 나와 남쪽으로 흘러 안평창(安平倉)을 지나 남쪽으로 쌍계천으로 들어간다〉

하천(下川)〈읍치로부터 남쪽으로 20리에 있다. 근원은 빙산에서 나와 남천(南川)과 합류하여 현(縣) 서쪽으로 20리에서 병천(幷川)이 되니 곧 비안(比安)의 쌍계(雙溪) 상류이다〉

황산천(黃山川)〈읍치로부터 동쪽으로 30리에 있다. 근원은 황산(黃山)에서 나와서 서북쪽으로 흘러 안동의 경계로 들어가서 독천(禿川)이 된다〉

봉항천(鳳凰川)〈읍치로부터 동쪽으로 35리에 있다〉

소야천(巢野川)〈근원은 청송(靑松) 보현산(普賢山) 서쪽 갈래에서 나와 서쪽으로 흘러 의흥(義興) 남천(南川)이 된다〉

탄지(炭池)〈읍치로부터 남쪽으로 30리에 있다〉

어정(御井)〈소문리(召文里)에 있다. 세상에서 전하기를 소문국(召文國) 시대에 합쳤다고 한다〉

【제언은 96곳이다】

『성곽』(城郭)

읍성(邑城)〈토성(土城)이다. 둘레는 4,720자이다〉

금학산고성(金鶴山古城)〈일명 금성(金城)이라고 한다. 둘레는 9,100자이다. 높고 험하다. 샘이 4곳 있다. 신라 문무왕 13년(673)에 소문성(召文城)을 쌓았다고 한 것이 이것이다〉

일계고현성(日谿古縣城)〈읍치로부터 동쪽으로 40리에 있다. 황산성(黃山城)이라고도 칭한다. 동·남·북 3면이 절벽이고 오직 서쪽만이 석축을 쌓아서 145자이다〉

고성(古城)〈읍치로부터 서쪽으로 5리에 있다. 선조 30년(1597)에 중국 장수가 왜를 정벌하러 왔을 때 옛터가 있으므로 개축하여 이곳에 주둔하였다. 둘레는 5리여이다. 지금은 옛터가 남아있다〉

고구고현(高邱古縣)〈일명 마령성(馬嶺城)이라고도 한다. 읍치로부터 북쪽으로 30리에 있다. 둘레는 3리이며 신라 소지왕(炤智王) 7년(485)에 구화성(仇火城)을 쌓았다고 한 것이 이것이다〉

『봉수』(烽燧)

마산(馬山)〈읍치로부터 북쪽으로 30리에 있다〉

계란현(鷄卵峴)〈읍치로부터 북쪽으로 10리에 있다〉

성산(城山)〈읍치로부터 서쪽으로 5리에 있다〉

대야곡(大也谷)〈읍치로부터 남쪽으로 2리에 있다〉

승원(蠅院)〈읍치로부터 남쪽으로 35리에 있다〉

『창고』(倉庫)

읍창(邑倉) 2곳이 있다. 봉대창(鳳臺倉)〈가음면(佳音面)에 있다〉

동창(東倉)〈읍치로부터 동쪽으로 40리에 일계고현(日谿古縣)에 있다〉

소창(召倉)〈소문리(召文里)에 있다〉

안평창(安平倉)〈안평면(安平面)에 있다〉

『역참』(驛站)

철파역(鐵坡驛)〈읍치로부터 북쪽으로 5리에 있다〉

청로역(青路驛)〈읍치로부터 남쪽으로 32리에 있다〉

『토산』(土産)

뽕[상(桑)]·옻[칠(漆)]·닥나무[저(楮)]·송이버섯[송심(松蕈)]·지치[자초(紫草)]·벌꿀[봉밀(蜂蜜)]·돗자리[직석(織席)]

『장시』(場市)

읍내장(邑內場)은 2일, 7일이고 하천장(下川場)은 4일, 8일이고 점곡장(點谷場)은 4일, 9일이다. 가룡장(佳龍場)은 1일로서 1달에 3번 장이 서고 산운장(山雲場)은 6일로서 1달에 3번 장이 선다. 사곡장(舍谷場)은 5일, 10일이고 빙산장(氷山場)은 3일, 8일이다. 우곡장(羽谷場)은 1일, 6일이고 안평장(安平場)은 5일, 9일이다. 도리원(都里院)이 있다.

『누정』(樓亭)

문소루(聞韶樓)〈읍내에 있다〉·기양정(岐陽亭)·능파정(凌波亭)〈모두 읍치로부터 서쪽으로 1리에 있다〉

『사원』(祠院)

빙계서원(氷溪書院)〈명종 병진년(1556)에 세웠고 선조 병자년(1576)에 사액되었다〉에서 김안국(金安國)〈태묘(太廟)를 보라〉·이언적(李彦迪)〈문묘를 보라〉·유성룡(柳成龍)·김성일(金誠一)〈모두 안동을 보라〉·장현광(張顯光)〈성주(星州)를 보라〉을 제향한다.

『전고』(典故)

신라 경순왕 3년〈고려 태조 12년(929)〉에 후백제의 왕 견훤(甄萱)이 갑졸(甲卒) 5,000명을 이끌고 의성부(義城府)를 침입하였다. 의성부(義城府) 성주(城主)는 김홍술(金洪術)이었다.〈홍술(洪術)은 부리(府吏)로써 성주(城主)가 되었다〉 ○고려 우왕 9년(1383)에 왜구(倭寇)가 의성(義城) 등〈영주(永州)·신녕(新寧)·장수(長守)·의흥(義興)·길안(吉安)·안강(安康)·기계(杞溪)·선주(善州)·단양(丹陽)·제천(堤川)〉 여러 곳에 침입하였다. 전의령(典儀令) 우하(禹夏)를 파견하여 병마사(兵馬使)들을 독려하여 의성(義城)에서 3명의 목을 베고 왜를 격퇴시켰다.

5. 영덕현(盈德縣)

「연혁」(沿革)

본래 신라 야시홀(也尸忽)이었는데 경덕왕 16년(757)에 야성군(野城郡)으로 고치고〈영현은 3이니 진안(眞安)·적선(積善)·송생(松生)이다〉 명주(溟州)에 예속시켰다. 고려 태조 23년(940)에 영덕(盈德)으로 고치고 현종 9년(1018)에 예주(禮州)에 속하게 하였다가 후에 감무(監務)를 두었다. 또 현령(縣令)으로 고쳤다. 조선 태종 15년(1415)에 지현사(知縣事)로 올렸다.〈지역이 대해의 연안이기 때문이다〉 후에 현령(縣令)으로 되돌렸다.

「관원」(官員)

현령(縣令)〈안동진관병마절제도위(安東鎭管兵馬節制都尉)를 겸한다〉 1원이 있다.

「고읍」(古邑)

진안(眞安)〈읍치로부터 서쪽으로 40리에 달로산(達老山) 아래 있다. 본래 신라의 조람(助攬)이었는데 경덕왕 16년(757)에 진안으로 고쳐 야성군(野城郡)의 영현(領縣)으로 삼았다. 고려 초에 진보(眞寶)에 합쳐졌고 현종때 나누어서 내속되었다〉

「방면」(坊面)

읍내면(邑內面)〈읍치로부터 5리에서 끝난다〉

동면(東面)〈읍치로부터 5리에서 시작하여 25리에서 끝난다〉

중남면(中南面)〈읍치로부터 6리에서 시작하여 50리에서 끝난다〉

외남면(外南面)〈읍치로부터 20리에서 시작하여 50리에서 끝난다〉

서면(西面)〈읍치로부터 20리에서 시작하여 60리에서 끝난다〉

북면(北面)〈읍치로부터 10리에서 시작하여 20리에서 끝난다〉

○〈오보부곡(烏保部曲)은 동해변에 있고 이이아부곡(伊已牙部曲)은 읍치로부터 남쪽으로 25리에 있다. 지품부곡(知品部曲)은 읍치로부터 서북쪽으로 17리에 있다〉

「산수」(山水)

무둔산(無芚山)〈읍치로부터 북쪽으로 2리에 있다〉

달로산(達老山)〈읍치로부터 서쪽으로 40리에 있다〉

대둔산(大芚山)〈읍치로부터 서북쪽으로 40리에 있다. 산의 남쪽에 입암(笠岩)이 있다〉

암곡산(岩谷山)〈읍치로부터 북쪽으로 10리에 있다〉

화림산(花林山)〈읍치로부터 북쪽으로 10리에 있다〉

황석산(黃石山)〈읍치로부터 남쪽으로 16리에 있다. ○정수사(淨水寺)가 있다〉

위장산(葦長山)〈읍치로부터 서북쪽으로 60리에 있다. 진보와의 경계이다〉

주방산(周房山)〈읍치로부터 서쪽으로 40리에 있다. 청송과의 경계이다〉

팔각산(八角山)〈읍치로부터 서쪽으로 30리에 있다〉

두성산(豆城山)〈읍치로부터 서쪽으로 10리에 있다. 용추(龍湫)가 있다〉

소지산(所之山)〈읍치로부터 서남쪽으로 15리에 있다〉

경악산(鯨岳山)〈읍치로부터 동북쪽으로 20리에 있다〉

오보산(烏保山)〈동해 가에 있다〉

소라암(小螺岩)·용암(龍岩)〈모두 읍치로부터 동쪽으로 15리에 해변에 있다〉

삼동석(三動石)〈읍치로부터 남쪽으로 50리에 있다. 청하(淸河)를 보라〉

빙혈(氷穴)〈일명 풍혈(風穴)이라 한다. 대둔산(大芚山)에 있다. 성하(盛夏)에는 오히려 얼음이 단단해진다〉

【황장봉산(黃膓封山)이 1곳이고, 송전(松田)이 1곳이다】

「영로」(嶺路)

임물현(林勿峴)〈읍치로부터 서북쪽으로 45리에 있다. 진보(眞寶)와의 경계이다〉

죽현(竹峴)〈읍치로부터 서쪽으로 40리에 있다. 청송(靑松)과의 경계이다〉

남면현(南眠峴)〈읍치로부터 동북쪽으로 15리에 있다. 영해(寧海)와의 경계이다〉

어화현(於花峴)·고령(孤嶺)〈모두 읍치로부터 서남쪽으로 40리에 있다. 청송과의 경계이다〉

○「바다」〈읍치로부터 동쪽으로 13리에 있다〉

오십천(五十川)〈근원은 임물현(林勿峴)에서 나와서 동쪽으로 흘러 오른쪽으로는 달로산(達老山)을 지난 물이 옥계(玉溪)에 이르러 현성(縣城)의 서쪽을 돌아서 동쪽으로 흘러 해천(海川)으로 들어간다. 물이 굽어 돌기를 50번이나 하므로 이러한 이름이 생겼다〉

옥계(玉溪)〈읍치로부터 서쪽으로 30리에 있다. 경주(慶州) 월로산(月老山)에서 나와서 주암(珠岩)을 거쳐 북쪽으로 흘러 오십천(五十川)으로 들어간다〉

삼강(三江)〈읍치로부터 동남쪽으로 15리에 있다. 바닷물이 조수처럼 넘쳐 들어온다〉

포내천(浦內川)〈읍치로부터 동쪽으로 15리에 있다. 오십천(五十川)의 하류이다〉

남역포(南驛浦)〈읍치로부터 남쪽으로 20리에 있다〉

골곡포(骨谷浦)〈읍치로부터 남쪽으로 45리에 있다〉

【제언(堤堰)은 3곳 있다】

『성지』(城池)

읍성(邑城)〈둘레는 2,390자이며 곡성(曲城)은 6곳, 우물은 2곳, 연못은 1곳 있다〉

고성(古城)〈동문밖에 흙으로 쌓았다. 둘레는 3,300자이다〉

달로산고성(達老山古城)〈둘레는 8,356자이다. 동쪽에 진안고현의 터가 있다〉

『봉수』(烽燧)

별반산(別畔山)〈읍치로부터 동쪽으로 18리에 있다〉

『역참』(驛站)

주등역(酒登驛)〈읍치로부터 동쪽으로 9리에 있다〉

남역(南驛)〈읍치로부터 남쪽으로 21리에 있다〉

『토산』(土産)

철(鐵)·대나무[죽(竹)]·잣[해송자(海松子)]·활[궁간(弓幹)]·뽕[상(桑)]·벌꿀[봉밀(蜂蜜)] 미역[곽(藿)]·해의(海衣)·세모(細毛)·지치[자초(紫草)]·복어(鰒魚)·인삼[삼(蔘)]·홍합(紅蛤)·문어(文魚) 등 어물(魚物) 15종이 난다.

『장시』(場市)

읍내장은 2일, 7일이고 식률장(植栗場)은 5일, 10일이고 장사장(長沙場)은 4일, 9일이다.

『진보』

「혁폐」

오포진(烏浦鎭)〈읍치로부터 남쪽으로 17리에 있다. 순변사(巡邊使) 고형산(高荊山)이 망망한 바다로 통하지 못한다고 하여 현의 남쪽 13리로 옮겼다. 중종때 성을 쌓았는데 둘레는 1,490자이다. 수군만호(水軍萬戶)를 두었다가 후에 혁폐하였다〉

『전고』(典故)

고려 공민왕 21년(1372)에 왜가 영덕(盈德)에 쳐들어 왔다. 우왕 7년(1381)에 왜가 영덕에 쳐들어 왔다.

6. 봉화현(奉化縣)

『연혁』(沿革)

본래 신라의 고사마(古斯馬)였다. 경덕왕 16년(757)에 옥마(玉馬)로 고쳐 내령군(奈靈郡)의 영현(領縣)으로 삼았다. 고려 태조 23년(940)에 봉화(奉化)로 고치고 현종 9년(1018)에 안동(安東)에 속하게 하였다. 공양왕 2년(1390)에 감무(監務)를 두었다.

조선 태종 13년(1413)에 현감(縣監)으로 고치고〈세조 2년(1456)에 순흥(順興)의 문수산(文殊山)의 수동(水東)의 땅을 나누어서 내속시켰다. 숙종 9년(1683)에 순흥으로 되돌렸다.

「관원」(官員)

현감(縣監)〈안동진관 병마절제도위(安東鎭管 兵馬節制都尉)를 겸한다〉 1원이 있다.

『방면』(坊面)

현내면(縣內面)〈읍치로부터 5리에서 끝난다〉

중동면(中東面)〈읍치로부터 5리에서 시작하여 20리에서 끝난다〉

상동면(上東面)〈안동 북쪽 지역에 월경(越境)하여 있다. 동쪽은 소천(小川)이 되고 남쪽은 재산(才山)이 되며 서쪽은 춘양(春陽)이 되고 북쪽은 영월(寧越)의 상동(上東)과 삼척(三陟)의 상장성(上長省) 경계와 접하고 있다. 처음 경계는 40리이며 끝의 경계는 80리이다〉

남면(南面)〈읍치로부터 40리에서 끝난다〉

서면(西面)〈읍치로부터 5리에서 시작하여 15리에서 끝난다〉

북면(北面)〈읍치로부터 5리에서 시작하여 10리에서 끝난다〉

물야면(勿野面)〈읍치로부터 북쪽으로 15리에서 끝난다. 본래 물야 부곡이었다〉

○미량곡부곡(彌良谷部曲)은 읍치로부터 서북쪽으로 7리에 있고 매토부곡(買吐部曲)은 별호가 청둔(靑屯)인데 본래 안동의 땅이다. 공양왕 2년(1390)에 내속되었고 상동면(上東面)의 남쪽 경계에 있다〉

『산수』(山水)

금륜봉(金輪峯)〈읍치로부터 북쪽으로 2리에 있다〉

태백산(太白山)〈읍치로부터 동북쪽으로 80리에 있다. 안동에 상세하다. ○각화사(覺華寺) 홍제암(洪濟庵)이 모두 현(縣)에서 50리 떨어져 있다〉

풍악산(豐樂山)〈읍치로부터 남쪽으로 15리에 있다. 영천(榮川)과의 경계이다〉

태자산(太子山)〈읍치로부터 남쪽으로 35리에 있다. 예안(禮安)과의 경계이다〉

가마산(駕馬山)〈읍치로부터 남쪽으로 5리에 있다〉

망일봉(望日峯)〈읍치로부터 서북쪽으로 2리에 있다〉

【황장봉산(黃膓封山)은 각화사(覺華寺) 북쪽 기슭에 있다. 송전(松田)은 10곳이 있다】

「영로」(嶺路)

파탄암현(破呑岩峴)〈태백산 남쪽 각화사의 동쪽에 있다. 안동(安東) 소천면(小川面) 및 삼척(三陟)과의 경계와 통한다〉

묘치(猫峙)〈읍치로부터 남쪽으로 2리에 있다〉

신라현(新羅峴)〈읍치로부터 남쪽으로 15리에 있다. 동쪽에 망선암(望仙庵)이 있다〉

○남천(南川)〈금륜봉(金輪峯)에서 나와서 남쪽으로 흘러 예안 지역을 경유하여 예천(醴泉)의 사천(沙川)으로 들어간다〉

매토천(買吐川)〈읍치로부터 동쪽으로 50리에 있다. 물의 근원은 황지(潢池)에서 나와서 도미천(道美川)과 합쳐서 남쪽으로 흘러 예안(禮安) 지역에 이르러 단사계(丹砂溪)가 된다〉

도미천(道美川)〈읍치로부터 동쪽으로 30리에 있다. 순흥(順興) 백병산(白屛山)에서 나와서 안동 춘양면 지역 및 봉화현의 중동면(中東面)의 경계를 경유하여 남쪽으로 흘러 매토천

(買吐川)으로 들어간다〉

물야계(勿野溪)〈읍치로부터 북쪽으로 18리에 있다. 순흥 문수산(文殊山)에서 나와서 안동 내성면(奈城面) 지역을 경유하여 영천(榮川)의 사천(沙川)으로 들어간다〉

용연(龍淵)〈태백산(太白山) 아래에 있다〉

『봉수』(烽燧)

용점산(龍岾山)〈읍치로부터 서쪽으로 13리에 있다〉

『역참』(驛站)

도침역(道深驛)〈혹은 미둔(彌屯)이라고도 한다. 옛적에는 현(縣)의 북쪽으로 13리에 있었고 지금은 현내(縣內)에서 5리에 있다〉

『토산』(土産)

잣[해송자(海松子)]·석이버섯[석심(石蕈)]·송이버섯[송심(松蕈)]·벌꿀[봉밀(蜂蜜)]·수달(水獺)·은어[은구어(銀口魚)]

『장시』(場市)

읍내장은 5일, 10일이다.

『궁실』

선원각(璿源閣)·실록각(實錄閣)·사고(史庫)〈모두 각화사(覺華寺) 곁에 있다. 참봉(參奉) 및 수직군(守直軍)이 있다〉

『누정』(樓亭)

봉서루(鳳捿樓)는 읍내에 있다.

『사원』(祠院)

문암서원(文岩書院)〈광해군 병진년(1616)에 세웠고 숙종 갑술년(1634)에 사액되었다〉에서 이황(李滉)〈문묘를 보라〉과 조목(趙穆)〈예천을 보라〉을 제향한다.

7. 진보현(眞寶縣)

『연혁』(沿革)

본래 신라 칠파화(漆巴火)였다. 경덕왕 16년(757)에 진보(眞寶)로 고쳐서 문소군(聞韶郡)의 영현(領縣)으로 삼았다. 고려 태조가 올려서 보성군(甫城郡)으로 하였고〈일명 재암성(載岩城)이라 하였다〉 진안현(眞安縣)으로써 내속(來屬)케 하였다. 현종 9년(1018)에 예주(禮州)에 속하게 하였고 또 진안(眞安)을 나누어서 영덕(盈德)에 속하게 하였다. 공양왕 2년(1390)에 감무를 두었다. 조선 태조 3년(1394)에 청도(青島)에 합쳤다. 세종대에 갈라서 현감(縣監)을 두었고 성종 5년(1474)에 혁파하여 청송(青松)에 속하게 하였다.〈현(縣)의 사람 금맹성(琴孟誠)이 현감(縣監) 신석동(申石洞)을 때리고 욕보였기 때문이다〉 9년에 옛날로 복귀하였다〈토민들이 호소하였기 때문이다〉

「읍호」(邑號)

진해(眞海)

「관원」(官員)

현감(縣監)〈안동진관병마절제도위(安東鎭管兵馬節制都尉)를 겸한다〉 1원이 있다.

『방면』(坊面)

하리면(下里面)〈사방이 5리에서 끝난다〉

상리면(上里面)〈읍치로부터 동쪽으로 10리에서 시작하여 20리에서 끝난다〉

동면(東面)〈읍치로부터 20리에서 시작하여 30리에서 끝난다〉

남면(南面)〈읍치로부터 5리에서 시작하여 25리에서 끝난다〉

서면(西面)〈읍치로부터 7리에서 시작하여 25리에서 끝난다〉

북면(北面)〈읍치로부터 10리에서 시작하여 30리에서 끝난다〉

〈○천숙부곡(泉宿部曲)은 읍치로부터 동쪽으로 10리에 있고 춘감부곡(春甘部曲)은 읍치로부터 북쪽으로 10리에 있고 파질부곡(巴叱部曲)은 읍치로부터 남쪽으로 15리에 있다. 고을

마부곡(古乙亇部曲)은 읍치로부터 동쪽으로 30리에 있고 성부부곡(省夫部曲)은 읍치로부터 북쪽으로 30리에 있다〉

『산수』(山水)

남각산(南角山)〈읍치로부터 남쪽으로 8리에 있다. ○수정산(水淨山)이 있다〉

고산(高山)〈읍치로부터 서쪽으로 10리에 있다〉

둔동산(芚洞山)〈읍치로부터 동쪽으로 30리에 있다〉

위장산(葦長山)〈읍치로부터 동쪽으로 40리에 있다. 영해 영덕과의 경계이다〉

천마산(天馬山)〈읍치로부터 서남쪽으로 20리에 있다. 청송과의 경계이다〉

자양산(紫陽山)〈읍치로부터 북쪽으로 25리에 있다〉

두음산(斗陰山)〈위와 같다〉

낙평(落坪)〈읍치로부터 동쪽으로 20리에 있다〉

「영로」(嶺路)

임물현(林勿峴)〈읍치로부터 동남쪽으로 30리에 있다. 영덕과의 경계이다〉

추현(楸峴)〈읍치로부터 서쪽으로 20리에 있다. 안동과의 경계이다〉

정현(井峴)〈읍치로부터 동남쪽으로 30리에 있다. 청송과의 경계이다〉

○신한천(神漢川)〈읍치로부터 북쪽으로 1리에 있다. 안동에 상세하다. ○남안(南岸)에는 석벽(石壁)이 400여 자가 되어 성의 기초를 이루고 있으나 축성한 것은 아니다〉

대읍령천(大泣嶺川)〈읍치로부터 동쪽으로 20리에 있다. 물의 근원은 영해(寧海) 서읍령(西泣嶺)에서 나와서 서쪽으로 흘러 신한천(神漢川)으로 들어간다〉

파천(巴川)〈읍치로부터 남쪽으로 20리에 있다. 남각산(南角山)에서 나와서 서쪽으로 흘러 청송 남천(南川)으로 들어간다〉

호명천(虎鳴川)〈읍치로부터 서쪽으로 20리에 있다. 청송 남천(南川)의 하류이다〉

【제언(堤堰)은 6곳이다】

『봉수』(烽燧)

신법산(神法山)〈읍치로부터 서쪽으로 10리에 있다〉

『창고』(倉庫)

읍창(邑昌)·북창(北倉)〈북면에 있다〉

『역도』

각산역(角山驛)〈읍치로부터 동쪽으로 5리에 있다〉

『토산』(土産)

지치[자초(紫草)]·석이버섯[석심(石蕈)]·송이버섯[송심(松蕈)]·벌꿀[봉밀(蜂蜜)]

『장시』(場市)

읍내장은 2일, 7일이다.

『누정』(樓亭)

옥류정(玉流亭)은 읍 뒤에 있다.

『사원』(祠院)

봉각서원(鳳覺書院)〈선조 임인년(1602)에 세웠고 숙종 경오년(1690)에 사액받았다〉에서 이황(李滉)〈문묘를 보라〉을 제향한다.

『전고』(典故)

신라 경명왕(景明王) 6년(922)에 진보성장군(眞寶城將軍) 홍술(洪述)이 고려에 항복하였다. 경순왕(敬順王) 4년(930)에 재암성장군(載岩城將軍) 선필(善弼)이 고려에 항복하였다.

8. 군위현(軍威縣)

『연혁』(沿革)

본래 신라 노동멱(奴同覓)이었는데 경덕왕 16년(757)에 군위(軍威)로 고치고 숭선군(嵩

善郡)의 영현(領縣)으로 삼았다. 고려 현종 9년(1018)에 상주(尙州)에 속하게 하였고 인종 21년(1143)에 일선(一善)에 환속시켰다. 공양왕 2년(1390)에 감무(監務)를 두고 효령(孝靈)을 겸하여 맡았다. 조선 태종 13년(1413)에 현감(縣監)으로 고쳤다.

「읍호」(邑號)

적라(赤羅)

「관원」(官員)

현감(縣監)〈안동진관병마절제도위(安東鎭管兵馬節制都尉)를 겸한다〉 1원이 있다.

『고읍』(古邑)

효령(孝靈)〈읍치로부터 서남쪽으로 35리에 있다. 본래 신라의 모혜(芼兮)였는데 경덕왕 16년(757)에 효령(孝靈)이라 고치고 숭선군(嵩善郡)의 영현(領縣)으로 삼았다. 고려 현종 9년(1018)에 상주에 속하게 하고 인종 21년(1143)에 일선(一善)으로 환속시켰다. 공양왕 2년(1390)에 내속(來屬)되었다〉

『방면』(坊面)

현내면(縣內面)〈읍치로부터 3리에서 끝난다〉

동리면(東里面)〈읍치로부터 3리에서 시작하여 15리에서 끝난다〉

서리면(西里面)〈읍치로부터 서북쪽으로 5리에서 시작하여 10리에서 끝난다〉

성동면(城東面)〈읍치로부터 10리에서 시작하여 20리에서 끝난다〉

중리면(中里面)〈읍치로부터 동남쪽으로 10리에서 시작하여 25리에서 끝난다〉

효령면(孝靈面)〈읍치로부터 남쪽으로 20리에서 시작하여 40리에서 끝난다〉

석본면(石本面)〈읍치로부터 북쪽으로 15리에서 시작하여 25리에서 끝난다〉

화곡면(花谷面)〈읍치로부터 서북쪽으로 30리에서 시작하여 40리에서 끝난다〉

남면(南面)〈읍치로부터 3리에서 시작하여 15리에서 끝난다〉

〈○소소보부곡(召召保部曲)은 읍치로부터 서쪽으로 10리에 있고 잉미곡부곡(仍未谷部曲)은 읍치로부터 남쪽으로 20리에 있다〉

『산수』(山水)

마정산(馬井山)〈읍치로부터 동남쪽으로 5리에 있다〉

유봉산(留鳳山)〈읍치로부터 남쪽으로 24리에 있다. ○신흥사(新興寺)가 있다〉

한적산(韓赤山)〈읍치로부터 남쪽으로 15리에 있다〉

청화산(青華山)〈읍치로부터 서북쪽으로 20리에 있다. 선산(善山)과의 경계이다〉

간점산(肝岾山)〈읍치로부터 북쪽으로 20리에 있다. 비안(比安)과의 경계이다. ○연어사(鳶魚寺)가 있다〉

화산(花山)〈화곡면(花谷面)의 마지막 경계이다〉

두음산(豆音山)〈읍치로부터 북쪽으로 15리에 있다〉

금산(錦山)〈읍치로부터 남쪽으로 40리에 있다. 의흥(義興)과의 경계이다〉

영방산(迎邦山)〈월영사(月影寺)가 있다〉

기우봉(祈雨峯)〈읍치로부터 서쪽으로 7리에 있다〉

농암(籠岩)〈읍치로부터 북쪽으로 13리에 있다〉

「영로」(嶺路)

풍현(風峴)〈읍치로부터 서쪽으로 10리에 있다〉

추현(搥峴)〈읍치로부터 서북쪽으로 15리에 있다〉

뇌현(磊峴)〈고령 옛 현에 있다. 읍치로부터 동쪽으로 7리에 있다〉

박달치(朴達峙)〈유봉산(留鳳山) 남쪽에 있다〉

○병천(幷川)〈읍치로부터 동남쪽으로 10리에 있다. 의흥(義興)의 남천(南川)과 부계 고현(缶溪 古縣)의 남천(南川)이 모두 서북으로 흘러 박달산(朴達山)의 북쪽에서 합하여 현의 남쪽을 돌아서 북쪽으로 흘러 10여 굽이를 돌아서 비안(比安)의 경계로 들어가 남천(南川)이 된다〉

남천(南川)〈읍치로부터 남쪽으로 1리에 있다. 병천(幷川)의 하류이다〉

효령천(孝令川)〈읍치로부터 남쪽으로 10리에 있다. 의흥(義興)의 지토현(智土峴)에서 나와서 북쪽으로 흘러 의흥의 부계천(缶溪川)으로 들어간다〉

【제언은 40곳이다】

【선교(船橋)는 남천(南川)에 있다】

『창고』(倉庫)

읍창(邑倉)·화곡창(花谷倉)〈화곡면(花谷面)에 있다〉·효령창(孝令倉)〈효령고현(孝寧古縣)에 있다〉

『역참』(驛站)

소계역(召溪驛)〈읍치로부터 남쪽으로 10리에 있다〉

『토산』(土産)

옻[칠(漆)]·벌꿀[봉밀(蜂蜜)]·지치[자초(紫草)]·송이버섯[송심(松蕈)]

『장시』(場市)

읍내장은 2일, 7일이고 효령장(孝令場)은 3일, 8일이고 화곡장(花谷場)은 1일, 6일이다.

『누정』(樓亭)

준희루(晙喜樓)〈현내(縣內)에 있다〉

침류정(枕流亭)〈읍치로부터 남쪽으로 2리에 있다〉

귀영정(歸詠亭)〈읍치로부터 북쪽으로 7리에 있다〉

연어정(鳶魚亭)〈읍치로부터 서쪽으로 30리에 있다〉

『사원』(祠院)

금발한사(金發翰祠)〈효령(孝寧) 서쪽 산에 있다. 신라때 세웠고 매 해 단오(端吾) 날에 가장 높은 관리가 제사를 행한다〉에서 김유신(金庾信)〈경주(慶州)를 보라〉을 제향한다.

『전고』(典故)

조선 선조 25년(1592)에 왜(倭)가 군위(軍威)를 함락하였다.

9. 비안현(比安縣)

『연혁』(沿革)

본래 신라 아화옥(阿火屋)이었는데〈일명 병옥(並屋)이라고 한다〉 경덕왕 16년(757)에 비옥(比屋)으로 고쳐서 문소군(聞韶郡)의 영현(領縣)으로 삼았다. 고려 현종 9년(1018)에 상주(尙州)에 속하게 하였고 공양왕 2년(1390)에 안정감무(安貞監務)로써 겸임하게 하였다. 조선 세종 3년(1421)에 안비(安比)로 고치고 5년에 비안(比安)으로 고쳐 비옥(比屋)을 치소(治所)로 하였다.

「읍호」(邑號)

병산(屛山)

「관원」(官員)

현감(縣監)〈안동진관병마절제도위(安東鎭管兵馬節制都尉)를 겸한다〉 1원이 있다.

『고읍』(古邑)

안정(安貞)〈읍치로부터 북쪽으로 17리에 있다. 본래 신라 아시혜(阿尸兮)였고 일명 아을혜(阿乙兮)라고도 한다. 경덕왕 16년(757)에 안현(安賢)으로 고치고 문소군(聞韶郡)의 영현을 삼았다. 고려 태조 23년(940)에 안정(安貞)으로 고쳤고 현종 9년(1018)에 상주(尙州)에 속하게 하였다. 공양왕 2년(1390)에 비옥(比屋)을 겸하여 맡았다. 조선에서는 세종때 두 현을 합하였다. 위를 보라〉

『방면』(坊面)

현내면(縣內面)〈읍치로부터 7리에서 끝난다〉

신동면(身東面)〈읍치로부터 15리에서 끝난다〉

남면(南面)〈위와 같다〉

내면(內面)〈읍치로부터 10리에서 끝난다〉

외서면(外西面)〈읍치로부터 20리에서 끝난다〉

내북면(內北面)〈읍치로부터 10리에서 끝난다〉

외북면(外北面)〈읍치로부터 30리에서 끝난다〉

정동면(定東面)〈읍치로부터 북쪽으로 15리에서 끝난다〉

정북면(定北面)〈읍치로부터 북쪽으로 30리에서 끝난다〉

정서면(定西面)〈위와 같다. 위의 3면은 안정고현(安貞古縣)의 지역이다〉

○〈퇴곡부곡(退谷部曲)은 읍치로부터 동쪽으로 10리에 있다. 신평부곡(新平部曲)·하팔점이부곡(下筆岾伊部曲)·물실부곡(勿失部曲)이 있다.

『산수』(山水)

대암산(大岩山)〈읍치로부터 북쪽으로 20리에 있다〉

간점산(肝岾山)〈읍치로부터 남쪽으로 17리에 있다. 군위(軍威)와의 경계이다〉

백마산(白馬山)〈읍치로부터 서쪽으로 17리에 있다. 선산(善山)과의 경계이다. 용흥사(龍興寺)가 있다〉

봉두산(鳳頭山)〈읍치로부터 북쪽으로 30리에 있다〉

봉미산(鳳尾山)〈읍치로부터 북쪽으로 20리에 있다. 미흘사(彌屹寺)가 있다〉

성안굴(聖安窟)〈읍치로부터 북쪽으로 11리에 있다〉

관어대(觀魚臺)〈안정고현(安貞古縣)에 있다. 읍치로부터 남쪽으로 5리에 있다〉

【비옹산(飛鳳山)·무거산(無居山)이 있다】

○남천(南川)〈읍치로부터 남쪽으로 1리에 있다. 군위(軍威)의 병천(幷川) 하류이다〉

쌍계(雙溪)〈읍치로부터 동쪽으로 10리에 있다. 의성(義城)의 장천(長川)과 본 현(縣)의 남천(南川)이 합류하여 현(縣)의 북쪽을 돌아서 서쪽으로 흘러 굴곡하여 상주의 단밀고현(丹密古縣)의 경계로 들어간다〉

【제언(堤堰)은 42곳이다】

『성지』(城池)

고성(古城)〈읍치로부터 북쪽으로 1리에 있다. 성황산(城隍山)이라고 부른다〉

『창고』(倉庫)

읍창(邑倉)·안정창(安貞倉)이 있다.

『역참』(驛站)

안계역(安溪驛)〈읍치로부터 서북쪽으로 29리에 있다〉

쌍계역(雙溪驛)〈읍치로부터 동쪽으로 10리에 있다〉

『토산』(土産)

옻[칠(漆)]·벌꿀[봉밀(蜂蜜)]·지치[자초(紫草)]

『장시』(場市)

읍내장은 2일, 7일이고 안계장(安溪場)은 1일, 6일이다.

『누정』(樓亭)

쌍명루(雙明樓)〈청산이 병풍처럼 둘러 있고 큰 계곡이 옷깃처럼 띠를 두르고 있는 것 같다〉·망북정(望北亭)

『전고』(典故)

고려 우왕 9년(1383)에 왜구가 비옥(比屋)을 노략질하였다.

○조선 선조 25년(1592)에 왜가 비안(比安)을 함락하였다.

10. 예안현(禮安縣)

『연혁』(沿革)

본래 신라 매곡(買谷)이었는데 경덕왕 16년(757)에 선곡(善谷)이라 고치고 내령군(奈靈郡)의 영현으로 삼았다. 고려 태조 12년(929)에 예안군(禮安郡)으로 승격시키고〈남쪽으로 견훤(甄萱)을 정벌할 때 예안진(禮安鎭)에 주둔하였는데 성주(城主) 이능선(李能宣)이 의거(義擧)하여 귀순(歸順)하였다〉 현종 9년(1018)에 안동에 속하게 하였고 후에 감무를 두었다. 우왕 2년(1376)에 군(郡)으로 승격하였고〈왕의 태(胎)를 봉안(奉安)하였기 때문이다〉 곧 지주사(知州事)로 올렸다. 공양왕 2년(1390)에 감무(監務)로 내렸다. 조선 태종 13년(1413)에 현감(縣

監)으로 고쳤다.

「읍호」(邑號)

선성(宣城)

「관원」(官員)

현감(縣監)〈안동진관 병마절제도위(安東鎭管 兵馬節制都尉)를 겸한다〉 1원이 있다.

『고읍』(古邑)

의인(宜仁)〈읍치로부터 동쪽으로 9리에 있다. 본래 안덕현(安德縣)의 지도부곡(知道部曲)이었다. 고려 공민왕 18년(1369)에 의인현(宜仁縣)으로 올려서 안동부에 속하게 하였다. 공양왕 2년(1390)에 내속(來屬)되었다〉

『방면』(坊面)

읍내면(邑內面)〈읍치로부터 10리에서 끝난다〉

서면(西面)〈읍치로부터 7리에서 시작하여 40리에서 끝난다〉

북면(北面)〈읍치로부터 서북쪽으로 8리에 시작하여 40리에서 끝난다〉

동상면(東上面)〈읍치로부터 20리에서 시작하여 40리에서 끝난다〉

동하면(東下面)〈읍치로부터 10리에서 시작하여 20리에서 끝난다〉

의서면(宜西面)〈읍치로부터 북쪽으로 10리에서 시작하여 20리에서 끝난다〉

의동면(宜東面)〈읍치로부터 동북쪽으로 10리에서 시작하여 30리에서 끝난다〉

『산수』(山水)

요성산(邀聖山)〈읍치로부터 북쪽으로 18리에 있다〉

영지산(靈芝山)〈읍치로부터 북쪽으로 5리에 있다. 한쪽 갈래는 동쪽으로 도산(陶山)과 부용산(芙蓉山)이 된다〉

청량산(淸凉山)〈읍치로부터 동북쪽으로 30리에 있다. 안동(安東) 재산(才山)과의 경계이다〉

용두산(龍頭山)〈읍치로부터 북쪽으로 20리에 있다〉

건지산(乾芝山)〈읍치로부터 동쪽으로 20리에 있다. 낙모봉(落帽峯)이 있다〉

도산(陶山)〈읍치로부터 동쪽으로 10리에 있다. 두 산이 합하여 긴 계곡을 이루는데 매우 높지는 않다. 황지(黃池)의 물이 여기에 이르러 비로소 커진다. 두 산이 모두 석벽으로 되어 있으나 물가에 있어 가히 배를 띠울 만 하다. 계곡의 가운데는 조용하고 사이에는 아름다운 산이 있고 뒤에는 계곡이다. 남쪽은 모두 좋은 밭이 있다〉

부용산(芙蓉山)〈읍치로부터 동쪽으로 7리에 있다〉

고산(孤山)〈읍치로부터 동쪽으로 25리에 있다〉

박달산(朴達山)〈읍치로부터 서쪽으로 30리에 있다. 안동과의 경계이다〉

폭두산(幅頭山)〈읍치로부터 서쪽으로 10리에 있다〉

태조봉(太祖峯)〈읍치로부터 서북쪽으로 40리에 있다〉

취암(臭岩)〈읍치로부터 남쪽으로 3리에 있다. 바위가 아름답고 높이 솟아 10여 길이 된다. 그 위에는 5-60인이 앉을 만하다. 앞에는 큰 강이 있어 노닐며 감상하기가 매우 좋다〉

【농암(聾岩)이 있다】

「영로」(嶺路)

장갈령(長葛嶺)〈읍치로부터 동쪽으로 30리에 있다. 영양(英陽)의 청사고현(靑祀古縣)의 경계이다〉

대현(大峴)〈읍치로부터 북쪽으로 20리에 있다. 봉화(奉化)와 통한다〉

도갑현(刀甲峴)〈읍치로부터 서북쪽으로 40리에 있다〉

○나화석천(羅火石川)〈읍치로부터 동북쪽으로 28리에 있다. 봉화 매토천(買吐川) 하류이다〉

단사계(丹砂溪)〈읍치로부터 동북쪽으로 20리에 있다. 나화석천(羅火石川)의 하류이다. 바위가 아름답게 우뚝 솟아 있으며 계곡의 물은 굽이치며 흐른다. 돌의 색깔이 매우 붉다. 남쪽으로 왕무석(王毋城) 갈선대(葛仙臺)가 있다〉

손량천(損良川)〈읍치로부터 동쪽으로 5리에 있다. 단사계의 하류이며 물이 많아지기 시작한다〉

부진(浮津)〈읍치로부터 남쪽으로 1리에 있다. 손량천(損良川)의 하류이다. 남쪽으로 흘러 안동의 경계에 이르러 요촌탄(蓼村灘)이 된다〉

분강(湓江)〈읍치로부터 동쪽으로 8리에 있다. 부진(浮津)의 상류이며 물의 남북이 모두 유람하기에 좋은 경치이다〉

월명담(月明潭)〈읍치로부터 동쪽으로 25리에 있다〉

탁영담(濯纓潭)〈읍치로부터 동쪽으로 10리에 있다〉

풍월담(風月潭)〈읍치로부터 동쪽으로 7리에 있다〉〈위의 3곳은 모두 분강(湓江)의 상류이다〉

【천연대(天淵臺)가 있다】

퇴계(退溪)〈건지산(乾芝山)의 남쪽에 있다. 서쪽으로 흘러 분강으로 들어간다〉

동계(東溪)〈읍치로부터 동쪽으로 10리에 있다〉

조산수(造山藪)〈부진(浮津)의 남쪽 연안이다〉

대왕수(大王藪)〈용두산(龍頭山)의 남쪽지역에 있다. 교목(喬木)이 많아 고려 태조가 군사를 주둔시켰던 곳이다〉

『성지』(城池)

북산고성(北山古城)〈선성(宣城)이라 부르며 일명 성황산(城隍山)이라고도 한다. 현의 북쪽에 있으며 둘레는 1,149 자이다〉

의인고현성(宜仁古縣城)〈고현(古縣)의 남쪽에 있다. 흙으로 쌓은 옛 터가 남아 있다〉

『봉수』(烽燧)

녹전산(祿轉山)〈읍치로부터 서쪽으로 20리에 있다〉

『역참』(驛站)

선안역(宣安驛)〈읍치로부터 남쪽으로 3리에 있다〉

『토산』(土産)

철(鐵)·옻[칠(漆)]·뽕[상(桑)]·잣[해송자(海松子)]·석이버섯[석심(石蕈)]·송이버섯[송심(松蕈)]·지치[자초(紫草)]·벌꿀[봉밀(蜂蜜)]·은어[은구어(銀口魚)]

『장시』(場市)

읍내장은 2일, 7일이고 도동장(陶洞場)은 1일, 6일이고 우천장(迂川場)은 3일, 9일이다.

『누정』(樓亭)

망미루(望美樓)·관심정(寬心亭)

『사원』(祠院)

역동서원(易東書院)〈선조 무신년(1608)에 세웠고 숙종 갑자년(1684)에 사액하였다〉에서 우탁(禹倬: 고려시대 주자학이 도입되던 초기의 학자로서 주역에 특히 밝았다고 한다/역자주)〈단양(丹陽)을 보라〉과 박충좌(朴忠佐)〈고려때 사람으로 함양부원군(咸陽府院君)이며 시호(諡號)는 문제(文齊)이다〉를 제향한다.

○도산서원(陶山書院)〈선조 갑술년(1574)에 세웠고 을해년(1575)에 사액하였다〉에 이황(李滉)〈문묘를 보라〉과 조목(趙穆)〈예천(醴泉)을 보라〉을 제향(祭享)한다.

『전고』(典故)

고려 우왕 8년(1382)에 왜구가 예안(禮安)에 쳐들어왔다. 우왕 9년(1383)에 부원수(副元帥) 윤가관(尹可觀)이 예안에서 왜와 더불어 싸웠으나 패하였다. 전의부령(典儀副令) 우하(禹夏)가 왜와 예안에서 싸워 8명을 목베었다.

11. 용궁현(龍宮縣)

『연혁』(沿革)

본래 신라의 축산(竺山)이었다.〈일명 원산(園山)이라 한다〉 경덕왕 16년(757)에 예천군(醴泉郡)의 영현(領縣)이 되었다. 고려 성종 14년(995)에 용주자사(龍州刺史)를 두었고 목종(穆宗) 8년(1005)에 파(罷)하였다. 현종 3년(1012)에 용궁군(龍宮郡)이 되었고 9년에 상주(尙州)에 속하였다. 명종 2년(1172)에 감무를 두었다. 조선 태종 13년(1413)에 현감이라 고쳤다.〈철종 기미년(1859)에 옛 치소(治所)의 서쪽 10리 성화천변(省火川邊)으로 치소를 옮겼다〉

「관원」(官員)

현감(縣監)〈안동진관병마절제도위(安東鎭管兵馬節制都尉)를 겸한다〉 1원이 있다.

『방면』(坊面)

북면(北面)〈읍치로부터 15리에 끝난다〉

북상면(北上面)〈읍치로부터 동북쪽으로 20리에 있다〉

성화면(省火面)〈읍치로부터 서쪽으로 5리에 있다〉

서면(西面)〈읍치로부터 10리에 끝난다〉

남상면(南上面)〈읍치로부터 20리에 끝난다〉

남하면(南下面)〈읍치로부터 30리에 끝난다〉

내상면(內上面)〈읍치로부터 동쪽으로 25리에 있다〉

내하면(內下面)〈읍치로부터 동남쪽으로 35리에 있다〉

중상면(中上面)〈읍치로부터 동쪽으로 45리에 있다〉

중하면(中下面)〈읍치로부터 동남쪽으로 60리에 있다〉

〈양정부곡(陽井部曲)은 읍치로부터 남쪽으로 10리에 있다. 풍양부곡(豐壤部曲)은 읍치로부터 남쪽으로 15리에 있다. 하남부곡(河南部曲)·무송부곡(茂松部曲)·평구부곡(平邱部曲)·곡계부곡(曲溪部曲)이 있다〉

『산수』(山水)

축산(竺山)〈옛 읍치(邑治)의 북쪽 산이다. 읍치로부터 동쪽으로 10리에 있다〉

용비산(龍飛山)〈읍치로부터 동남쪽으로 12리에 있다〉

천덕산(天德山)〈읍치로부터 동쪽으로 17리에 있다〉

나부산(羅浮山)〈읍치로부터 동남쪽으로 25리에 있다〉

위봉산(委峯山)〈읍치로부터 동쪽으로 30리에 있다〉

알운산(遏雲山)〈읍치로부터 남쪽으로 25리에 있다〉

오산(鰲山)〈읍치로부터 동쪽으로 55리에 있다〉

대항산(大恒山)〈읍치로부터 동남쪽으로 15리에 있다〉

마산(馬山)〈읍치로부터 남쪽으로 15리에 있다〉

대동산(大洞山)〈읍치로부터 남쪽으로 20리에 있다〉

월로산(月老山)〈읍치로부터 남쪽으로 30리에 있다〉

노선산(老仙山)〈읍치로부터 동쪽으로 45리에 있다〉

「영로」(嶺路)

대현(大峴)〈읍치로부터 동쪽으로 25리에 있다. 예천으로 가는 길이다〉

○낙동강(洛東江)〈안동(安東) 하회수(河洄水)의 하류인데 꺾이어서 남쪽으로 흘러 현의 동남쪽 45리에 이르러 수정탄(修正灘)이 되고 또 꺾이어서 서북쪽으로 흘러 현의 남쪽으로 15리에 와서 작탄(鵲灘)이 된다. 현의 남쪽 7리에 이르면 무흘탄(無訖灘)이 된다. 현의 남천(南川)과 성화천(省火川)이 이곳에서 만나 서쪽으로 흘러 하풍진(河豐津)이 되고 상주의 경계로 들어간다〉

남천(南川)〈옛 읍치(邑治)의 남쪽에 있다. 예천의 사천(沙川) 하류가 용비산(龍飛山)의 북쪽을 돌아서 성화천을 지나 무흘탄으로 들어간다〉

동천(東川)〈읍치로부터 동쪽으로 5리에 있다. 예천의 명천(冥川) 하류인데 성화천으로 들어간다〉

성화천(省火川)〈물의 근원은 예천의 작성산(鵲城山)에서 나와서 남쪽으로 흘러 사불현(四佛峴) 운달산(雲達山)의 물과 만나 현의 서쪽에 이르러 사천(沙川)으로 들어가서 삼탄(三灘)이 된다〉

【제언은 9곳이다】

『성지』(城池)

용비산고성(龍飛山古城)〈둘레는 871자이고 샘이 3곳이 있다〉

『창고』(倉庫)

읍창(邑倉)

사창(社倉)〈읍치로부터 동쪽으로 40리에 있다〉

산창(山倉)〈문경(聞慶)의 조령산성(鳥嶺山城)에 있다〉

『역참』(驛站)

대은역(大隱驛)〈읍치로부터 동쪽으로 13리에 있다〉

지보역(知保驛)〈읍치로부터 동쪽으로 40리에 있다〉

『진도』(津渡)

하풍진(河豐津)〈읍치로부터 서남쪽으로 20리 대로(大路)에 있다〉

『토산』(土産)

철(鐵)·배[이(梨)]·감[시(柹)]·잣[해송자(海松子)]·벌꿀[봉밀(蜂蜜)]·은어[은구어(銀口魚)]·대나무[죽(竹)]

『장시』(場市)

읍내장은 2일, 7일이고 화음장(華陰場)은 3일, 8일이고 지보장(知保場)은 1일, 6일이다.

『누정』(樓亭)

부취루(浮翠樓)·수월루(水月樓)〈모두 구읍(舊邑)에 있다〉·청원정(淸遠亭)〈성화천(省火川) 동쪽 연안에 있다〉

『전고』(典故)

조선 선조 25년(1592)에 왜구(倭寇)가 용궁(龍宮)을 함락하였다.

12. 영양현(英陽縣)

『연혁』(沿革)

본래 신라의 고은(古隱)이었는데 경덕왕 16년(757)에 유린군(有隣郡)의 영현이 되었다. 고려 태조 23년(940)에 영양군(英陽郡)으로 고치고〈혹은 영양(迎陽)이라 한다〉 현종 9년(1018)에 예주(禮州)에 속하였다. 명종 5년(1175)에 감무를 두었고 후에 다시 예주에 속하였다. 조선 숙종 2년(1676)에 다시 현감을 두었고 3년에 영해(寧海)〈예주〉에 환속시켰다가 9년에 다시 두었다.

「읍호」(邑號)

익양(益陽)

「관원」(官員)

현감(縣監)〈안동진관병마절제도위(安東鎭管兵馬節制都尉)를 겸한다. 1원이 있다〉

『고읍』(古邑)

청사(靑杞)〈읍치로부터 서쪽으로 30리에 있다. 본래 대청부곡(大靑部曲)은 옛날에 청도현(靑島縣)에 속하였고 소청부곡(小靑部曲)은 영양현(英陽縣)에 속하였는데 고려 충렬왕(忠烈王)때 두 부곡을 합하여 청사현(靑杞縣)으로 만들고 예주에 속하게 하였다. 조선 숙종 9년(1683)에 내속되었다〉

『방면』(坊面)

읍내면(邑內面)〈읍치로부터 15리에서 끝난다〉

남면(南面)〈읍치로부터 15리에서 시작하여 20리에서 끝난다〉

동면(東面)〈읍치로부터 5리에서 시작하여 30리에서 끝난다〉

북면(北面)〈읍치로부터 40리에서 끝난다〉

초도면(初度面)〈읍치로부터 북쪽으로 5리에서 시작하여 20리에서 끝난다〉

북이도면(北二度面)〈읍치로부터 20리에서 시작하여 40리에서 끝난다〉

서면(西面)〈읍치로부터 20리에서 끝난다〉

서이도면(西二度面)〈읍치로부터 35리에서 끝난다〉

수비면(首比面)〈읍치로부터 북쪽으로 30리에서 시작하여 80리에서 끝난다〉

청사면(靑杞面)〈읍치로부터 10리에서 시작하여 30리에서 끝난다〉

○〈수비부곡(首比部曲)은 읍치로부터 북쪽으로 60리에 있는데 본래 본 현에 속하였다. 문종(文宗)때 울진(蔚珍)에 이속되었다가 후에 다시 내속되었다. 창석부곡(唱石部曲)·관하부곡(貫下部曲)·주곡부곡(主谷部曲)이 있다〉

『산수』(山水)

일월산(日月山)〈읍치로부터 북쪽으로 30리에 있다. 안동과의 경계이다. 굴정동(窟井洞)이라는 동굴이 있는데 동굴 입구는 심히 좁고 그 내부는 넓게 트였다. ○용화사(龍華寺)가 있다〉

검마산(劒磨山)〈읍치로부터 북쪽으로 50리에 있다. 울진과의 경계이다. ○도성사(道成寺)

가 있다〉

작약산(芍藥山)〈읍치로부터 북쪽으로 1리에 있다〉

울연산(蔚然山)〈읍치로부터 북쪽으로 50리에 있다. 울진과의 경계이다〉

불길산(佛吉山)〈수비면(首比面)의 끝 경계이다〉

흥림산(興霖山)〈읍치로부터 북쪽으로 10리에 있다〉

백암산(白岩山)〈읍치로부터 동쪽으로 30리에 있다. 울진 평해(平海)와의 경계이다〉

하풍산(河豐山)〈읍치로부터 남쪽으로 15리에 있다〉

한병산(翰屛山)〈읍치로부터 동남쪽으로 25리에 있다〉

칠성봉(七星峯)〈읍치로부터 북쪽으로 10리에 있다〉

입암(立岩)〈남천(南川)의 옆에 있다〉

【송전(松田) 1곳이 있다】

【광비령(廣庇嶺)〈읍치로부터 동쪽으로 30리에 있다〉】

「영로」(嶺路)

동산현(東山峴)〈읍치로부터 서북쪽으로 30리에 있다. 안동 재산면(才山面)으로 통한다〉

대현(大峴)〈읍치로부터 북쪽으로 20리에 있다. 수비면(首比面)으로 통한다〉

○장군천(將軍川)〈물의 근원은 일월산(日月山)에서 나와서 남쪽으로 흘러 현의 남쪽에 이르러 소읍령천(小泣嶺川) 및 청사천(靑祀川)을 지나 진보(眞寶)와의 경계에 이르러 대천(大川)이 된다. 신한천(神漢川)이라고 한다〉

홍제천(興霽川)〈읍치로부터 서쪽으로 10리에 있다. 동쪽으로 흘러 장군천(將軍川)으로 들어간다〉

서읍령천(西泣嶺川)〈읍치로부터 동남쪽으로 10리에 있다〉

청사천(靑祀川) 원혜지(元惠池)가 있다.

【제언은 2곳이 있다】

『성지』(城池)

고성(古城)〈읍치로부터 동쪽으로 15리에 있다. 산 위의 둘레가 2,078자로서 높고 험하다〉

『창고』(倉庫)

읍창(邑倉)·청사창(靑祀倉)·수비창(首比倉)

『토산』(土産)

잣[해송자(海松子)]·송이버섯[송심(松蕈)]·지치[자초(紫草)]·벌꿀[봉밀(蜂蜜)]

『장시』(場市)

읍내장은 4일, 9일이다.

『사원』(祠院)

영산서원(英山書院)〈효종 을미년(1655)에 세웠고 숙종 갑술년(1694)에 사액되었다〉에서 이황〈문묘를 보라〉과 김성일(金城一)〈안동을 보라〉을 제향한다.

『전고』(典故)

고려 우왕 9년(1383)에 왜구가 청사(靑祀)를 노력질하였다.

13. 대구도호부(大邱都護府)

『연혁』(沿革)

본래 신라의 달구화(達句火)〈일명 달구벌(達句伐) 또는 달벌구(達伐句) 또는 달불성(達弗城)이라고 한다〉였으나 경덕왕 16년(757)에 대구(大邱)로 고치고 수창군(壽昌郡)의 영현으로 삼았다. 고려 현종 9년(1018)에 경산부(京山府)에 속하였고, 인종 21년(1143)에 현령을 두었다. 조선 세종대에 지군사(知郡事)로 승격하였다. 세조 12년(1466)에는 진(鎭)을 설치하고〈12읍을 관할하였다〉 도호부(都護府)로 올렸다.

「읍호」(邑號)

달성(達城)

「관원」(官員)

도호부사(都護府使)〈선조 34년(1601)에 관찰사(觀察使)가 겸하였다. 숙종 2년(1676)에 부사(府使)를 두었고 숙종 10년(1684)에 관찰사가 겸하였다. 숙종 27년(1701)에 부사를 두었고 34년(1708)에 관찰사가 겸하였다〉

판관(判官)〈대구진관 병마절제도위(大邱鎭管 兵馬節制都尉)를 겸한다. ○관찰사(觀察使)가 부사(府使)를 겸하면 두고, 만약 부사(府使)를 따로 두면 판관은 없앤다〉 1원이다.

『고읍』(古邑)

수성(壽城)〈읍치로부터 남쪽으로 15리에 있다. 본래 신라의 위화(喟火)였으며 혹은 상촌창(上村昌)이라고도 한다. 신라 경덕왕 16년(757)에 수창군(壽昌郡)으로 고쳤다. 영현은 4곳이니 대구(大邱)·하빈(河濱)·팔리(八里)·화원(花園)으로 양주(良州)에 예속되었다. 고려 태조 23년(940)에 수성(壽城)으로 고치고 현종 9년(1018)에 경주(慶州)에 속하게 하였다. 공양왕 2년(1390)에 감무를 두어 해안(解顔)을 겸하여 맡았다. 조선 태조 3년(1394)에 혁파(革罷)하여 대구부에 소속시켰고 후에 경주에 환속하였다. 태종 14년(1414)에 다시 내속되었다. ○「주관육익」(周官六翼)에 이르기를 수성(壽城)은 옛적에 3성(城)이 있었으니 수대군(壽大郡)은 혹은 양성(壤城)이라 하였고 구구성(句具城)과 조이성(助伊城)이 있었다〉고 하였다.

해안(解顔)〈읍치로부터 북쪽으로 17리에 있다. 본래 신라의 치성화(雉省火)이며 혹은 미리(美里)라고도 한다. 경덕왕 16년(757)에 해안(解顔)으로 고치고 장산군(獐山郡)의 영현이 되었다. 고려 현종 9년(1018)에 경주에 속하였고 공양왕 2년(1390)에 수성감무(壽城監務)를 겸하였다. 조선 태조 3년(1394)에 내속(來屬)되었고 후에 경주로 환속되었다. 태조 14년(1414)에 다시 내속되었다〉

하빈(河濱)〈읍치로부터 서쪽으로 37리에 있다. 본래 신라의 다사지(多斯只)이며 일명 답지(畓只)라고도 한다. 경덕왕 16년(757)에 하빈(河濱)으로 고쳐서 수창군(壽昌郡)의 영현으로 삼았다. 고려 현종 9년(1018)에 경산부(京山府)에 속하였고 후에 다시 내속되었다. 읍호(邑號)는 금호(琴湖)이다〉

풍각(豐角)〈읍치로부터 남쪽으로 70리에 있다. 동남쪽으로 밀양(密陽)과 50리 떨어져 있다. 본래 신라의 상화촌(上火村)이었는데 경덕왕 16년(757)에 유산(幽山)으로 고쳐 화왕군(火王郡)의 영현으로 삼았다. 고려 태조 23년(940)에 풍각(豐角)으로 고치고 현종 9년(1018)에 밀

성(密城)으로 그대로 이어서 속하게 하였다. 조선 현종때 내속(來屬)되었다〉

화원(花園)〈읍치로부터 서남쪽으로 30리에 있다. 서쪽으로 성주와 70리 떨어져 있다. 본래 신라의 설화(舌火)였는데 경덕왕 16년(757)에 화원(花園)으로 고치고 수창군(壽昌郡)의 영현(領縣)으로 삼았다. 고려 현종 9년(1018)에 경산부(京山府)에 속하였고 후에 본부(本府)에 이속되었다. 후에 다시 경산부에 속하였다. 조선 숙종때 다시 대구부에 속하였다. 「읍호」(邑號)는 금성(錦城)이다〉

『방면』(坊面)

동상면(東上面)〈읍치로부터 5리에서 끝난다〉

동중면(東中面)〈읍치로부터 5리에서 시작하여 10리에서 끝난다〉

동하면(東下面)〈읍치로부터 5리에서 시작하여 20리에서 끝난다〉

서상면(西上面)〈읍치로부터 5리에서 끝난다〉

서중면(西中面)〈읍치로부터 5리에서 시작하여 10리에서 끝난다〉

서하면(西下面)〈읍치로부터 20리에서 시작하여 30리에서 끝난다〉

감물천면(甘勿川面)〈읍치로부터 서쪽으로 20리에서 시작하여 30리에서 끝난다〉

옥포면(玉浦面)〈읍치로부터 서쪽으로 35리에서 시작하여 40리에서 끝난다〉

월배면(月背面)〈읍치로부터 남쪽으로 20리에서 시작하여 30리에서 끝난다〉

조암면(阻岩面)〈읍치로부터 남쪽으로 20리에서 시작하여 25리에서 끝난다〉

법화면(法華面)〈읍치로부터 서남쪽으로 40리에서 시작하여 50리에서 끝난다〉

성평곡면(省平谷面)〈읍치로부터 서남쪽으로 35리에서 시작하여 45리에서 끝난다〉

수현내면(守縣內面)〈읍치로부터 동남쪽으로 5리에서 시작하여 20리에서 끝난다〉

수동면(守東面)〈읍치로부터 동남쪽으로 5리에서 시작하여 20리에서 끝난다〉

수북면(守北面)〈읍치로부터 10리에서 시작하여 20리에서 끝난다〉

상수남면(上守南面)〈읍치로부터 남쪽으로 40리에서 시작하여 50리에서 끝난다〉

하수남면(下守南面)〈읍치로부터 남쪽으로 35리에서 시작하여 40리에서 끝난다〉

상수서면(上守西面)〈읍치로부터 남쪽으로 20리에서 시작하여 40리에서 끝난다〉

하수서면(下守西面)〈읍치로부터 남쪽으로 8리에서 시작하여 10리에서 끝난다〉〈위의 7면은 수성고현(壽城古縣) 지역이다〉

해동촌면(解東村面)〈읍치로부터 동북쪽으로 20리에서 시작하여 30리에서 끝난다〉

해북촌면(解北村面)〈읍치로부터 북쪽으로 30리에서 시작하여 50리에서 끝난다〉

해서부면(解西部面)〈읍치로부터 북쪽으로 15리에서 시작하여 20리에서 끝난다〉

해서촌면(解西村面)〈읍치로부터 북쪽으로 20리에서 시작하여 40리에서 끝난다〉〈위의 4면은 해안고현(解顔古縣) 지역인데 금호강(琴湖江)의 북쪽에 있다〉

하동면(河東面)〈읍치로부터 서쪽으로 20리에서 시작하여 30리에서 끝난다〉

하서면(河西面)〈읍치로부터 서쪽으로 40리에서 시작하여 50리에서 끝난다〉

하남면(河南面)〈읍치로부터 서쪽으로 35리에서 시작하여 40리에서 끝난다〉

하북면(河北面)〈읍치로부터 서북쪽으로 40리에서 시작하여 50리에서 끝난다〉〈위의 4 면은 하빈고현(河濱古縣) 지역인데 금호강의 북쪽에 있다〉

각현내면(角縣內面)〈읍치로부터 남쪽으로 70리에서 끝난다〉

각북면(角北面)〈읍치로부터 남쪽으로 50리에서 시작하여 70리에서 끝난다〉

각초동면(角初洞面)〈읍치로부터 남쪽으로 70리에서 시작하여 100리에서 끝난다〉

각이동면(角二洞面)〈읍치로부터 남쪽으로 80리에서 시작하여 100리에서 끝난다〉

각남면(角南面)〈읍치로부터 남쪽으로 70리에서 시작하여 100리에서 끝난다. 위의 5면은 풍각고현(豊角古縣)의 지역이다〉

화원내면(花縣內面)〈읍치로부터 서남쪽으로 30리에서 시작하여 35리에서 끝난다. 곧 화원고현(花園古縣) 지역이다〉

○〈두야보부곡(豆也保部曲)은 옛 풍각현(豊角縣) 땅에 있다. 자이소(資已所) 해안현부곡(解顔縣部曲)이 있다〉

『산수』(山水)

연구산(連龜山)〈읍치로부터 남쪽으로 3리에 있다〉

침산(砧山)〈읍치로부터 북쪽으로 6리에 있다〉

팔공산(八公山)〈옛날에는 공산(公山)이라 하였다. 해안고현(解顔古縣) 지역의 북쪽으로 17리에 있다. 부(府)에서의 거리가 35리이다. 산의 반거(盤據)가 대구(大邱)·칠곡(漆谷)·인동(仁同)·신녕(新寧)·하양(河陽)의 경계에 수백리나 연이어 펴져 있어 굳게 얽히고 중첩되어 있다. ○동화사(桐華寺)는 둥그렇게 모아져 있고 건축은 크고 웅장하다. 부인사(符仁寺)·자화사

(慈華寺)·기계사(杞溪寺)가 있다〉

【송전(松田)은 2곳이 있다】

비슬산(琵瑟山)〈읍치로부터 남쪽으로 40리에 있다. 대구에 근거하여 현풍과 창녕이 교차하는 곳에 있다. 산 속에 샘이 솟아나는 바위가 있다. ○용천사(湧泉寺)·용연사(龍淵寺)·인흥사(仁興寺)가 있다〉

성불산(成佛山)〈읍치로부터 남쪽으로 10리에 있다〉

오족산(烏足山)〈읍치로부터 동쪽으로 20리에 있다〉

왕산(王山)〈해안고현(解顔古縣)에 있다〉

성산(城山)〈화원고현(花園古縣)의 북쪽으로 5리에 있으며 작은 산이 큰 강에 근거하여 있다. 위는 평평하고 넓으며 아래는 금강정(錦江亭)·오류정(五柳亭)의 옛터가 있다. 신라 왕이 꽃을 감상하던 곳인데 현 이름이 이 때문에 생긴 것이다〉

독모산(獨母山)〈읍치로부터 북쪽으로 20리에 있다〉

최항산(最項山)〈수성고현(壽城古縣)에 있다. ○지장사(地藏寺)가 있다〉

수왕산(水王山)〈각남면(角南面)에 있다〉

형제봉(兄弟峯)〈읍치로부터 동쪽으로 20리에 있다〉

금호평(琴湖坪)〈금호강의 좌우에 모두 넓은 들이 있고 전지(田地)가 비옥하다〉

「영로」(嶺路)

팔조령(八助嶺)〈읍치로부터 남쪽으로 50리에 있다. 청도(淸道)와의 경계이며 대로(大路)이다〉

고로치(高老峙)〈각남면에 있다. 부와의 거리가 85리이며 밀양의 경계이다〉

장현(墻峴)〈읍치로부터 동쪽으로 15리에 있다. 경산(慶山)과의 경계이다〉

정치(鼎峙)〈읍치로부터 북쪽으로 30리에 있다. 칠곡(漆谷)과의 경계이다〉

향림치(香林峙)〈해동면(解東面)에 있다. 하양(河陽)과의 경계이다〉

【제언은 103곳이다】

○낙동강(洛東江)〈읍치로부터 서쪽으로 50리에 있다. 성주(星州) 동안진(東安津)의 하류이다〉

금호강(琴湖江)〈물의 원류는 청송(靑松)의 보현산(普賢山)에서 나와서 남쪽으로 흘러 빙천(氷川)이 되고 자을아천(慈乙阿川)이 되며 병풍암(屛風岩)에 이른다. 신녕(新寧)의 서천(西

川)을 지나 영천군(永川郡)을 경유하여 죽방산(竹坊山)의 남쪽에 이르러 왼쪽으로 남천(南川) 범어천(凡魚川)을 지난다. 오른쪽으로 시천(匙川)을 지나고 왼쪽으로는 영지산천(靈芝山川)을 지나 하양현(河陽縣)을 경유하여 남서쪽으로 흐른다. 다시 왼쪽으로 관란천(觀瀾川)을 지나 황률천(黃栗川)이 되고 반계(盤溪)에 이르러 왼쪽으로 경산(慶山)의 남천(南川)을 지나고 부(府)의 북쪽에 이르러 사천(泗川) 전탄(箭灘)이 된다. 왼쪽으로 신천(新川)을 지나고 오른쪽으로는 해안천(解顔川)을 지나 거천(莒川) 서쪽으로 들어가서 금호진(琴湖津)이 되고 하빈고현(河濱古縣)을 경유하여 낙동강으로 들어간다〉

달천(達川)〈금호(琴湖)의 하류이다. 하빈고현의 동쪽으로 60리에 있다〉

신천(新川)〈근원은 비슬산과 팔조령에서 나와 북쪽으로 흘러 만나서 부의 동쪽으로 4리를 경유하여 금호강으로 들어간다. ○입암(笠岩)이 물 가운데 갓 모양으로 있다〉

해안천(解顔川)〈원류는 팔공산(八公山)에서 나와서 남쪽으로 흘러 금호강(琴湖江)으로 들어간다〉

풍각산(豊角山)〈하나는 청도(淸道) 외서면(外西面)에서 나오고 하나는 비슬산에서 나와서 합쳐서 동쪽으로 흘러 청도의 경계에 이르러 자천(紫川)이 된다〉

서면천(西面川)〈원류는 연구산(連龜山)에서 나와서 서쪽으로 흘러 낙동강으로 들어간다〉

행탄(杏灘)〈하빈고현의 남쪽으로 10리에 있으며 낙동강 중간에 있다〉

저탄(猪灘)〈해안고현의 남쪽으로 5리에 있다. 금호강의 상류이다〉

『형승』(形勝)

한 도의 중앙에 처해 있어서 남북의 거리가 매우 고르다. 4 산이 높은 요새가 되고 가운데는 넓은 들이 감추어져 있다. 지세(地勢)는 평탄하고 큰 강이 연이어져 사방에서 모여든다.

『성지』(城池)

읍성(邑城)〈조선 영조 12년에 쌓았는데 둘레는 2,124보이며 우물은 5 곳이다〉

달성(達城)〈읍치로부터 서쪽으로 4리에 있다. 신라 첨해왕(沾解王) 15년(261)에 달벌성(達伐城)을 쌓았는데 극종(克宗)을 성주(城主)로 삼았다. 둘레는 944자이며 우물은 3곳이고 연못은 2곳이다〉

성불산고성(成佛山古城)〈수성고현(壽城古縣)의 서쪽으로 10리에 있다. 둘레는 3,051자

이다〉

마천산고성(馬川山古城)〈읍치로부터 서쪽으로 35리에 있으며 하빈고현(河濱古縣)의 남쪽으로 1리에 옛터가 있는데 금성(錦城)이라고 부른다〉

화원고성(花園古城)〈고현(古縣)의 북쪽으로 5리에 있는데 성산(城山)이라고 부른다〉

구왜성(舊倭城)이 있다.

『영아』(營衙)

순영(巡營)〈조선 태조 원년(1392)에 안렴도관찰출척사영(按廉都觀察黜陟使營)을 상주(尙州)에 설치하였다. 태종 원년(1401)에 다시 안렴사(按廉使)를 두었고 세조 11년(1465)에 고쳐서 관찰사(觀察使)라 하였다. 중종 13년(1518)에 본도(本道)의 일이 번거롭기 때문에 나누어서 좌우도관찰사(左右道 觀察使)로 하였다가 같은 해에 다시 합하였다. 선조 25년(1592)에 왜가 쳐들어와서 싸움이 계속되니 도로가 불통하여 또 좌우로 나누어서 좌영(左營)은 경주(慶州)에 두고 우영(右營)은 상주(尙州)에 설치하였다. 26년에 다시 합하여 성주(星州)의 팔거고현(八莒古縣)에 영을 두었으니 곧 총병(摠兵) 유정(劉綎)이 진을 치고 있던 곳이다. 28년에 땅이 넓어 다스리기 어렵기 때문에 다시 좌우로 나누었다. 29년에 다시 합하여 달성(達城)에 영을 설치하고 인하여 석축(石築)을 쌓았다. 30년에 전쟁으로 인하여 불이 나서 또 파하였다. 선조 31년(1598)에 관찰사 한준겸(韓俊謙) 체찰사(體察使) 이덕형(李德馨)이 장계(狀啓)를 올려 대구(大邱)와 성주(星州)가 한 도의 중앙이 되는데, 피폐해져서 회복되지 못하였으니 안동부에 감영을 남겨 둘 것을 청하였다. 선조 34년(1601)에 체찰사가 다시 장계로서 청하여 대구부에 옮겼다〉

「관원」(官員)

관찰사(觀察使)〈병마수군절도사(兵馬水軍節度使) 순찰사(巡察使) 대구도호부사(大邱都護府使)를 겸한다〉·도사(都事)·중군(中軍)〈토포사(討捕使)를 겸한다〉·심약(審藥)·검률(檢律)이 각 1원이 있다.

중영(中營)〈인조때 설치하였다. ○중영장(中營將) 1원이 있다. ○속읍(屬邑)은 밀양(密陽)·인동(仁同)·칠곡(漆谷)·청도(淸道)·경산(慶山)·하양(河陽)·현풍(玄風)·신녕(新寧)·영산(靈山)·창녕(昌寧)·의흥(義興)·자인(慈仁)이다〉

『봉수』(烽燧)

마천산(馬川山)〈읍치로부터 서쪽으로 35리에 있다〉

성산(城山)〈화원고현에 있다. 읍치로부터 북쪽으로 5리에 있다〉

법이산(法伊山)〈수성고현의 남쪽에 있다〉

『창고』(倉庫)

사창(司倉)·영창(營倉)·수성창(修城倉)이 있다.

고(庫)는 6곳이다.〈모두 읍내에 있다〉

남창(南倉)〈읍치로부터 남쪽으로 15리에 있다〉·하창(河倉)〈하서면(河西面)에 있는데 낙동강변에 있다〉·강창(江倉)〈금호강(琴湖江)이 낙동강으로 들어가는 입구의 남쪽 강변에 있다〉·풍창(豐倉)〈풍각(豐角古縣)에 있다〉·해창(解倉)〈읍치로부터 북쪽으로 10리에 있다〉

화원창(花園倉)〈고현(古縣) 남쪽에 있다〉·대혜창(大惠倉)〈선산(善山)에 있다〉·팔거창(八莒倉)이 있다.

『역참』(驛站)

범어역(凡魚驛)〈읍치로부터 동쪽으로 9리에 있다〉

금천역(琴川驛)〈하빈고현의 서쪽으로 1리에 있다〉

설화역(舌火驛)〈화원고현의 서쪽으로 5리에 있다〉

유산역(幽山驛)〈풍각고현에 있다〉

『보발』(步撥)

관문참(官門站)·오동원참(梧桐院站)이 있다.

『진도』(津渡)

사문역(沙門驛)〈금호강의 입강처 서쪽에 있다. 성주(星州)와 통한다〉

금호진(琴湖津)〈읍치로부터 서쪽으로 10리에 있다. 북쪽으로 칠곡으로 통한다. 겨울에는 다리를 놓는다〉

『토산』(土産)

감[시(柹)]·잣[해송자(海松子)]·대나무[죽(竹)]·옻[칠(漆)]·석류[류(榴)]·지치[자초(紫草)]·송이버섯[송심(松蕈)]·우리(또는 구리때)[입초(笠草)]·호도(胡桃)·은어[은구어(銀口魚)]·황어(黃魚)·잉어[이어(鯉魚)]·붕어[즉어(鯽魚)]

『장시』(場市)

읍내장은 2일, 7일이고 화원장(花園場)은 3일, 8일이고 현내장(縣內場)은 5일, 10일이고 무태장(無怠場)은 4일, 9일이고 백안장(百安場)은 5일, 10일이고 범어장(凡魚場)은 4일, 9일이고 풍각장(豐角場)은 4일, 9일이고 해안장(解安場)은 5일, 10일이고 오동원장(梧桐院場)은 4일, 9일이다.

『누정』(樓亭)

금학루(琴鶴樓)·관풍루(觀風樓)·척금루(滌襟樓)·점풍루(占豐樓)·읍북루(挹北樓)〈모두 읍내에 있다〉

임수정(臨水亭)〈읍치로부터 서남쪽으로 35리에 있다〉

하목당(霞鶩堂)〈낙동강변에 있는데 경치가 좋은 곳이다〉

『사원』(祠院)

연경서원(研經書院)〈명종 갑자년(1564)에 세웠고 현종 경자년(1660)에 사액되었다〉에서

이황(李滉)〈문묘를 보라〉·정구(鄭逑)〈충주를 보라〉·정경세(鄭經世)〈상주(尙州)를 보라〉를 제향한다.

○낙빈서원(洛濱書院)〈숙종 기미년(1679)에 세웠고 갑술년(1694)에 사액되었다〉에서 박팽년(朴彭年)·성삼문(成三問)·하위지(河緯地)·이개(李塏)·유성원(柳誠源)·유응부(兪應孚)〈모두 과천(果川)을 보라〉를 제향한다.

○표충사(表忠祠)〈현종(顯宗) 경술년(1670)에 세웠고 숙종 정묘년(1687)에 사액되었다〉에는 신숭겸(申崇謙)〈마전(麻田)을 보라〉·김락(金樂)〈순천(順天)사람이고 시호는 충절(忠節)이다〉을 제향한다.

『전고』(典故)

신라 신문왕(神文王) 9년(689)에 달구벌(達句伐)로 도읍을 옮기고자 하였으나 하지 못하였다. 민애왕(閔哀王) 원년(838)〈무오년 정월에 민애왕 명(明)이 희강왕(僖康王)을 죽이고 스스로 왕이 되었다〉 겨울에 청해진대사(淸海鎭大使) 장보고(張保皐)〈5,000명의 군대를 그의 친구 정년(鄭年)에게 주어서 정벌하는 것을 돕게 하였다〉 무주도독(武州都督) 김양(金陽)은 우징(祐徵)〈이가 곧 신무왕(神武王)이 되었다〉을 받들고 여러 장수를 거느리고 군사를 통할하여 철야현(鐵冶縣)〈지금의 남평현(南平縣)의 철양고현(鐵冶古縣)이다〉에 이르렀다. 왕이 김민주(金敏周) 등으로 하여금 마군(馬軍) 보군(步軍)을 이끌고 맞아 싸우도록 하였다. 김양(金陽)은 낙금(駱金)과 이순행(李順行)을 보내 마군 3,000명으로써 돌격하게 하여 거의 다 죽이고 상처를 입혔다. 2년 봄 윤(潤)정월에 김양 등은 군대 10,000여 명을 이끌고 주야로 행군해 와서 달구벌에 이르렀다. 왕은 장군 대참(大斬) 윤린(允璘) 등에게 명하여 장수와 병졸이 저항하여 싸웠으나 일전에 대패하여 왕의 군대는 죽은 자가 반이 넘었다. 왕의 좌우가 모두 흩어져 버리자 왕은 도망하여 월유택(月遊宅)으로 들어갔으나 병사들이 찾아내어 그를 죽였다. 군신(群臣)들은 예로서 그를 장사지내고 민애(閔哀)라는 시호(諡號)를 주었다. 경애왕(景哀王) 4년〈고려 태조 10년(927)〉에 후백제왕 견훤(甄萱)이 신라의 교외와 주변을 핍박하였다. 신라는 고려에 구원을 요청하였다. 고려 태조는 정예(精銳) 기병(騎兵) 5,000명을 이끌고 공산(公山) 동수(桐藪)에서 견훤을 맞아 크게 싸웠으나 불리하였다. 견훤의 병사는 태조를 포위하여 매우 급하게 되었다. 대장 신숭겸(申崇謙) 김락(金樂)은 그곳에서 죽고 제군(諸軍)은 패배하고 태조는 겨우 죽음을 면하였다.

○고려 우왕 원년(1374)에 조민수(趙敏修)가 또 대구에서 왜(倭)와 싸웠으나 패전하여 병사들이 죽은 자가 매우 많았다. 〈조민수(趙敏修)는 전에 김해(金海)에서도 패하였다〉 9월에 왜구(倭寇)가 대구에 쳐들어 왔다.〈경산(京山)·선주(善州)·인동(仁同)·지례(知禮)·김산(金山)등〉 8년에 왜구가 대구(大邱) 화원(花園)에 쳐들어 왔다.

○조선 선조 30년(1597) 정월에 왜가 다시 대거 쳐들어와서 도원수(都元帥) 권률(權慄)이 대구에 머물면서 각도의 병사 2만3천여 명을 모아서 장군을 정하여 각처의 적(賊)이 가는 길에 병사를 나누어 배치하였다.

14. 밀양도호부(密陽都護府)

『연혁』(沿革)

본래 신라의 추화(推火)인데 경덕왕 16년(757)에 밀성군(密城郡)으로 고치고〈영현(領縣)은 5이니 밀진(密津)·상약(尙藥)·오병(烏兵)·형산(荊山)·소산(蘇山)이다〉 양주(良州)에 속하게 하였다. 고려 성종 14년(995)에 밀주자사(密州刺史)로 고치고 현종 9년(1018)에 방어사(防禦使)로 고쳤다.〈속군은 2이니 창녕(昌寧) 청도(淸道)이며 속현(屬縣)은 4이니 현풍(玄風)·계성(桂城)·영산(靈山)·풍각(豐角)이다〉 충렬왕(忠烈王) 원년(1275)에 귀화부곡(歸化部曲)으로 내렸다.〈조천(趙阡) 등이 수령(守令)과 장수(將帥)를 죽이고 모반하였기 때문이다〉 2년에 소복별감(蘇復別監)을 두고 계림부(鷄林府)에 속하게 하였다가 후에 밀성현령(密城縣令)으로 하였다. 충렬왕 11년(1285)에 군(郡)으로 올렸으나 얼마 안되어 현(縣)으로 내렸다. 공양왕 2년(1390)에 밀양부(密陽府)로 올렸다.〈증조 익양후(益陽侯)의 처(妻) 박씨의 관향(貫鄕)이기 때문이다〉 조선 태조 때 밀성군으로 되돌렸고 후에 밀양부로 올렸다.〈중국에 들어간 환관 김인보(金仁甫)의 고향이기 때문이다〉 태조때 지군사(知郡事)로 내렸고 후에 도호부(都護府)로 올렸다. 중종 13년(1518) 에 현으로 내리고〈부의 영역을 청도 영산 경산 현풍 등읍에 나누어 분속시켰다〉 17년에 다시 승격시켰다.〈선조 33년(1600)에 방어사를 겸하였고 다음 해에 파하였다. 37년에 다시 겸하게 하였고 인조 7년(1629)에 파하였다가 19년에 토포사(討捕使)를 겸하였고 현종 때 파하였다〉

「읍호」(邑號)

응천(凝川)·밀산(密山)

「관원」(官員)

도호부사(都護府使)〈대구진관 병마동첨절제사(大邱鎭管 兵馬同僉節制使)를 겸한다〉 1원이 있다.

『고읍』(古邑)

밀진(密津)〈지금의 영산현(靈山縣) 남쪽으로 30리에 있다. 멸포(蔑浦)는 즉 현(縣)의 땅이니 본래 신라의 추포(推浦)였고 일명 죽산(竹山)이라고도 한다. 경덕왕 16년(757)에 밀진으로 고쳐서 밀성군(密城郡)의 영현으로 삼았다. 고려 초에 그대로 속하게 하였다〉

수산(守山)〈읍치로부터 남쪽으로 40리에 있다. 본래 천산부곡(穿山部曲)이었는데 일명 은산(銀山)이라고도 한다. 고려초에 수산현(守山縣)으로 승격시켰고 현종 9년(1018)에 밀양도호부에 내속되었다〉

『방면』(坊面)

부내면(府內面)〈읍치로부터 10리에서 끝난다〉

부내초동면(府內初同面)〈읍치로부터 남쪽으로 10리에서 시작하여 30리에서 끝난다〉

부내이동면(府內二同面)〈읍치로부터 30리에서 시작하여 40리에서 끝난다〉

부내삼동면(府內三同面)〈위와 같다〉

부북면(府北面)〈읍치로부터 30리에서 시작하여 50리에서 끝난다〉

상동면(上東面)〈읍치로부터 동북쪽으로 15리에서 시작하여 50리에서 끝난다〉

하동초동면(下東初同面)〈읍치로부터 동남쪽으로 30리에서 시작하여 50리에서 끝난다〉

하동이동면(下東二同面)〈읍치로부터 동쪽으로 20리에서 시작하여 40리에서 끝난다〉

중초동면(中初同面)〈읍치로부터 동쪽으로 15리에서 시작하여 80리에서 끝난다〉

중이동면(中二同面)〈읍치로부터 동쪽으로 25리에서 시작하여 70리에서 끝난다〉

중삼동면(中三同面)〈읍치로부터 동쪽으로 20리에서 시작하여 30리에서 끝난다〉

상남면(上南面)〈읍치로부터 30리에서 끝난다〉

하남초동면(下南初同面)〈읍치로부터 20리에서 끝난다〉

하남이동면(下南二同面)〈읍치로부터 30리에서 끝난다〉

하남삼동면(下南三同面)〈읍치로부터 15리에서 끝난다〉

상서초동면(上西初同面)〈읍치로부터 20리에서 시작하여 40리에서 끝난다〉

상서이동면(上西二同面)〈읍치로부터 30리에서 시작하여 40리에서 끝난다〉

상서삼동면(上西三同面)〈읍치로부터 30리에서 시작하여 50리에서 끝난다〉

중서면(中西面)〈읍치로부터 30리에서 끝난다〉

하서면(下西面)〈읍치로부터 15리에서 시작하여 40리에서 끝난다〉

고미면(古彌面)〈읍치로부터 동북쪽으로 80리에서 시작하여 120리에서 끝난다〉

〈○내진향(來進鄕)은 일명 통가(通駕)라고도 하는데 읍치로부터 서쪽으로 20리에 있다. 운막향(雲幕鄕)은 속칭 백족(白足)이라고 부르는데 읍치로부터 남쪽으로 25리에 있다. 신포향

(薪浦鄕)은 곧 삽포(鈒浦)인데 아래를 보라. 이동음부곡(伊冬音部曲)은 일명 금산(金山)인데 읍치로부터 남쪽으로 30리에 있다. 금음물부곡(今音勿部曲)은 동남쪽 아래로 5리에 있다. 오정부곡(烏丁部曲) 평릉부곡(平陵部曲)은 읍치로부터 동북쪽으로 15리에 있다. 고매부곡(古買部曲)은 청도(淸道) 동쪽 경계와 경주 서쪽 경계에 월경(越境)하여 들어가 있는데 읍치로부터 동북쪽으로 95리이다. 곡량소부곡(谷良所部曲)은 읍치로부터 서쪽으로 20리에 있다. 파서방부곡(破西防部曲)은 읍치로부터 남쪽으로 30리에 있다. 근개부곡(近皆部曲)은 읍치로부터 서쪽으로 25리에 있고 양량부곡(陽良部曲)은 읍치로부터 북쪽으로 10리에 있다. 음곡소(陰谷所)는 읍치로부터 서쪽으로 25리에 있다〉

『산수』(山水)

화악산(華岳山)〈일명 둔덕산(屯德山)이라고 한다. 읍치로부터 북쪽으로 20리에 있다〉

추화산(推火山)〈읍치로부터 동쪽으로 5리에 있다〉

우령산(牛齡山)〈읍치로부터 서쪽으로 10리에 있다〉

재악산(載岳山)〈읍치로부터 동쪽으로 45리에 있다. 영정사(靈井寺) 금강암(金剛庵)은 계곡이 빼어난 경치이며 좌우에는 폭포가 있다〉

만어산(萬魚山)〈읍치로부터 동쪽으로 10리에 있다. 한 동굴이 있는데 동굴 입구에는 암석이 크고 작은 것이 모두 종경(鍾磬)의 소리가 난다〉

자씨산(慈氏山)〈읍치로부터 동쪽으로 15리에 있다〉

구령산(龜齡山)〈읍치로부터 서남쪽으로 30리에 있다〉

실혜산(實兮山)〈읍치로부터 동쪽으로 31리에 있다. 엄광사(嚴光寺)가 있다〉

고암산(高岩山)〈읍치로부터 서쪽으로 9리에 있다〉

용두산(龍頭山)〈읍치로부터 동쪽으로 4리에 있다〉

고사산(姑射山)〈읍치로부터 동쪽으로 50리에 있다. 계곡과 바위가 극히 아름답다〉

천대암산(天臺岩山)〈읍치로부터 동쪽으로 40리에 있다〉

감물리산(甘勿里山)〈읍치로부터 동쪽으로 45리에 있다〉

무흘산(無訖山)〈읍치로부터 남쪽으로 30리에 있다〉

마암산(馬岩山)〈읍치로부터 서남쪽으로 30리에 있다〉

덕화산(德火山)〈읍치로부터 서쪽으로 15리에 있다〉

종남산(終南山)〈읍치로부터 남쪽으로 15리에 있다〉

남산(南山)〈읍치로부터 남쪽으로 5리에 있다〉

마암(馬岩)〈읍치로부터 서쪽으로 6리에 있다. 바위가 응천(凝川)에 쑥 들어가 있는 것이 마치 말이 물마시는 모양이다. 아래는 깊은 못이 있다〉

율림(栗林)〈응천(凝川)의 남북(南北) 연안 몇 리에 가득하다. 세수(稅收)가 매우 많으며 그 품질이 또한 매우 좋아서 세칭 밀률(密栗)이라 한다〉

「영로」(嶺路)

일령(日嶺)〈일명 나현(羅峴)이라고 한다. 읍치로부터 서쪽으로 15리에 있다. 고암산(高岩山)의 남쪽이다〉

호법현(胡法峴)〈읍치로부터 서북쪽으로 37리에 있다〉

천화령(穿火嶺)〈읍치로부터 동쪽으로 93리에 있다. 언양(彥陽)과의 경계이다〉

작원잔로(鵲院棧路)〈읍치로부터 동남쪽으로 45리에 있다. 절벽에 의지한 잔도(棧道)가 심히 위험하다. 한굽이 한굽이 돌을 파내어 길을 만들었다. 아래를 내려다보면 천 길의 못이 있는데 물 색깔이 매우 짙어서 사람들이 모두 벌벌떨며 더듬더듬 걸음으로 간다. 그 서쪽 연안을 가면 곧 김해(金海)의 도요저(都要渚)이다〉

영현(鈴峴)〈읍치로부터 서남쪽으로 15리에 있다〉

석골치(石骨峙)〈읍치로부터 동북쪽으로 20리에 있다〉

○해양강(海陽江)〈읍치로부터 남쪽으로 35리에 있으니 곧 낙동강이다〉

응천(凝川)〈물의 근원은 대구 비슬산(琵瑟山)에서 나와서 동남쪽으로 흘러 청도(青道) 자천(紫川)이 되고 청도군을 돌아서 동남쪽으로 흘러 오혜산(烏惠山) 남쪽의 유천역(楡川驛)에 이르러 왼쪽으로 청도(青道) 운문천(雲門川)을 지나 유천(楡川)이 된다. 부(府)의 동쪽에 이르러 월영연(月盈淵)이 되고 왼쪽으로 재악천(載岳川)을 지나 부(府) 남쪽을 경유하고 율림(栗林)의 남쪽을 경유하여 무흘천이 되어 해양강으로 들어간다. ○우도(牛島)는 응천(凝川) 가운데에 있다〉

내진천(來進川)〈읍치로부터 서쪽으로 20리에 있다. 근원은 화악사(華岳寺)에서 나와서 수산진(守山津) 상류로 들어간다〉

재악천(載岳川)〈근원은 천화현(穿火峴)에서 나와서 서쪽으로 흘러 재악산(載岳山)의 북쪽을 경유하여 응천(凝川)으로 들어간다〉

월영연(月盈淵)〈읍치로부터 동쪽으로 15리에 있다. 재악산의 물이 추화산(推火山)에 이르러 응천(凝川)으로 들어가는 곳이다〉

구연(臼淵)〈천화령(穿火嶺)아래에 있다. 둘레는 100여 자이며 폭포와 떨어지는 돌로 파여서 오목하게 되어 연못을 이루었는데 마치 모양이 대구(碓臼: 절구) 같다〉

삽포(鈒浦)〈읍치로부터 동남쪽으로 50리에 있다〉

장군정(將軍井)〈읍내에 있는데 깊이가 10여 자이고 물이 맑다〉

수산제(守山堤)〈수산현(守山縣)에 있다. 둘레는 20여 리이고 가운데에 죽도(竹島)가 있고 세발마름[기(芰)] 연[하(荷)] 마름[능(蔆)] 가시연[차(茨)] 들이 멀리 펼쳐 있다〉

『성지』(城池)

읍성(邑城)〈조선 성종 10년(1479)에 쌓았는데 둘레는 4,670자이고 우물은 4곳, 못은 1곳이 있다〉

추화산고성(推火山古城)〈산마루에 있다. 둘레는 2,360자이고 샘이 2곳, 못이 1곳 있다〉

『봉수』(烽燧)

분성(盆城)〈읍치로부터 북쪽으로 20리에 있다〉

성황(城隍)〈즉 추화산(推火山)이다〉

남산(南山)〈읍치로부터 남쪽으로 5리에 있다〉

백산(栢山)〈읍치로부터 남쪽으로 40리에 있다〉

『창고』(倉庫)

읍창(邑倉)·북창(北倉)〈고미면(古弥面)에 있다〉·동창(東倉)〈상동면(上東面)에 있다〉·하동창(下東倉)〈하동면(下東面)에 있다〉·남창(南倉)〈읍치로부터 남쪽으로 30리에 있다〉·서창(西倉)〈읍치로부터 서쪽으로 35리에 있다〉

○삼랑창(三郎倉)〈후조창(後漕倉)이라고 부른다. 읍치로부터 남쪽으로 40리 강변에 있다. 영조 을유년(1765)에 우참찬(右參贊) 이익보(李益輔)가 세울 것을 청하여 설치하였다. 밀양(密陽)·현풍(玄風)·창녕(昌寧)·영산(靈山)·김해(金海)·양산(梁山) 6읍의 전세(田稅)와 대동미(大同米)를 걷우어 서울에 까지 조운(漕運)하였다. 밀양부사(密陽府使)는 제포만호(薺浦萬

戶)가 건우어 들이는 일을 감봉(監捧: 세금을 징수하는 일을 감독하는 행정/역자주)한다〉

『역도』(驛道)

용가역(龍駕驛)〈읍치로부터 북쪽으로 7리에 있다〉

수안역(水安驛)〈읍치로부터 서쪽으로 30리에 있다〉

무흘역(無訖驛)〈읍치로부터 동남쪽으로 30리에 있다〉

금동역(金洞驛)〈읍치로부터 남쪽으로 23리에 있다〉

양동역(良洞驛)〈수산고현(守山古縣)에 있다〉

『진도』(津渡)

뇌진(磊津)〈읍치로부터 남쪽으로 35리에 있다〉

수산진(守山津)〈읍치로부터 남쪽으로 40리에 있다〉

용진(龍津)〈읍치로부터 남쪽으로 36리에 있다. 수산진 하류이다〉

오우진(五友津)〈읍치로부터 남쪽으로 40리에 있다. 용진(龍津)하류이다. 위는 모두 김해로 통한다〉

『교량』(橋梁)

균교(菌橋)〈읍치로부터 서쪽으로 45리에 있다. 내진천(來進川)의 하류이다〉

내포교(內浦橋)〈작원(鵲院) 앞이다〉

『토산』(土産)

닥나무[저(楮)]·대나무[죽(竹)]〈황죽(篁竹)·전죽(箭竹)·묘죽(苗竹)〉·은어[은구어(銀口魚)]·붕어[즉어(鯽魚)]·위어(葦魚)·농어[노어(鱸魚)]

『장시』(場市)

읍내장은 2일, 7일이고 성외장(城外場)은 5일, 10일이고 팔풍장(八風場)은 3일, 8일이고 삼랑장(三郎場)은 1일, 6일이고 수산장(守山場)은 3일, 8일이고 수안장(水安場)은 1일, 6일이다.

『누정』(樓亭)

영남루(嶺南樓)〈읍내에 있는데 옛날 영남사(嶺南寺)의 누각(樓閣)이었다. 절이 폐허가 되었었는데 공민왕 을사년(1365)에 군사(郡事)인 김주(金湊)가 다시 창건하였다. 굽어보면 긴 강이 있고 평탄한 넓은 들이 펼쳐있다〉

소루(召樓)〈지금의 침류당(枕流堂)이다. 영남루(嶺南樓) 서쪽에 있다〉

삼랑루(三郞樓)〈읍치로부터 남쪽으로 30여 리에 응천(凝川)이 강으로 들어가는 곳에 있다〉

읍승정(揖升亭)·응향루(凝香樓)〈모두 읍내에 있다〉·덕민정(德民亭)〈수산고현(守山古縣)에 있다〉

『단유』(壇壝)

해치야리(海恥也里)〈일명 실제(悉帝)라고도 한다. 추화군(推火郡)에 있다. 신라에서는 남진(南鎭)으로써 중사(中祀)로 기록하였는데 고려 때 폐하였다〉

『사원』(祠院)

예림서원(禮林書院)〈명종(明宗) 정묘년(1567)에 세웠고 현종(顯宗) 기유년(1669)에 사액(賜額)되었다〉에서 김종직(金宗直)〈자는 계온(季溫)이고 호는 점필재(佔畢齋)이며 선산(善山) 사람이다. 관직은 형조판서를 지냈고 영의정에 추증(追贈)되었으며 시호(諡號)는 문간(文簡)이다〉·박한주(朴漢柱)〈자는 천지(天支)이고 호는 우졸재(迂拙齋)이다. 밀양사람이며 연산군 갑자년(1504)에 사화(士禍)를 입었다. 관직은 헌납(獻納)이었고 도승지(都承旨)를 추증받았다〉를 제향한다.

표충사(表忠祠)〈영조(英祖) 계해년(1743)에 세웠고 동년에 사액되었다〉에 석(釋) 휴정(休靜)〈자는 현응(玄應)이고 호는 청허(淸虛)이며 또는 서산(西山)이다. 속성(俗姓)은 최씨이며 완산(完山) 사람이다. 선조 임진왜란때 의병을 일으켜 승군(僧軍)을 조직하여 왜를 토벌하였다. 국일자도대선사도총섭(國一紫都大禪師都摠攝)의 칭호를 하사받았다〉·석(釋) 유정(惟政)〈자는 이유(離幼)이고 호는 사명(泗溟) 또는 송운(松雲)이다. 속성(俗姓)은 임(任)씨이고 풍천(豐川)사람이다. 관직은 지중추(知中樞)에 올랐고 사적으로 받은 시호(諡號)는 자통홍제존자(慈通弘濟尊者)이다. 임진왜란때 휴정(休靜)을 대신하여 도총섭(都摠攝)이 되고 후에 사신을 받들고 일본에 갔다〉·석(釋) 영규(靈圭)〈임진왜란때 창의하여 승려 700인을 데리고 문열

공(文烈公) 조헌을 따라 왜적을 토벌하였다. 그 때 금산(錦山)에서 순사하였으며 지충추(知中樞)를 추증하였다〉를 제향한다.

『전고』(典故)

고려 명종 24년(1194)에 남로병마사(南路兵馬使)가 밀성(密城) 저전촌(楮田村)에서 동경적(東京賊)〈즉 남적(南賊) 김사미(金沙彌)를 말한다〉을 격멸하여 7,000여 명을 죽이고 또 3일을 계속 싸워 김사미가 패하여 죽었다. 원종 12년(1271)에 본 군의 백성 방보(方甫) 등이 난을 일으켜 부사(府使)를 죽이고 진도적(珍島賊)〈삼별초(三別抄)〉과 내응하였으므로 일선(一善) 현령(縣令)이 방보(方甫) 등 적도(賊徒)를 죽여 드디어 평정되었다. 공민왕 10년(1361)에 왜구(倭寇)가 또 밀성(密城)〈양주(梁州)·김해(金海)·사천(泗川)이다〉을 노략질하였다. 공민왕 13년(1364)에 왜구가 밀성을 노략질하였다. 공민왕 23년(1374)〈우왕즉위년 초〉에 왜구가 밀성(密城)에 침입하여 관청을 불태우고 사람들을 잡아갔다. 우왕 원년(1374)에 왜적이 수십척의 배로 김해(金海)로부터 황산강(黃山江)에 거슬러 올라와서 장차 밀성을 쳐들어 오려고 하였다. 도순문사(都巡問使) 조민수(曺敏修)가 적을 맞아 싸워 10명을 베었다. 김해부사(金海府使) 박위(朴葳)는 황산강에서 왜를 격퇴시키고 29명을 목베었다. 적은 강에 몸을 던져 죽은 자도 또한 많았다. 또 왜적이 50척의 배로 김해(金海) 남포(南浦)에 이르러 장차 황산강으로 거슬러 올라와서 곧바로 밀성을 공격하려 하였다. 박위(朴葳)는 그것을 정탐하여 알고 양쪽 강가에 군사를 매복시켜 배 30척을 준비하여 그들을 기다렸다. 적(賊)의 배 한 척이 강 입구로 들어오자 매복군이 일어났다. 박위도 막아 싸우니 적(賊)은 낭패하여 스스로 자살하고 강물에 몸을 던져 거의 다 죽었다. 이 때 강주원수(江州元帥) 배극렴(裵克廉)은 또 왜와 싸워 적의 우두머리를 죽였다. 우왕 2년(1375) 왜가 또 밀성(密城)〈및 동래(東萊)〉에 쳐들어왔다. 우왕 3년(1376) 왜구가 밀성에 침입하여 우인열(禹仁烈)이 나가 싸웠으나 패하였고 전객부령(典客副令) 최방양(崔方兩) 등이 죽었다. 5년에 왜구가 밀성에 침입하여 촌락을 노략하였다. 원수(元帥) 왕빈(王賓)이 격퇴시켰다. 우왕 7년(1381)에 왜구가 밀성에 쳐들어 왔다. 지병마사(知兵馬使) 이흥부(李興富)가 3명을 목 베었다. 공양왕 원년에 박위(朴葳)가 왜 선박 1척을 나포하고 32명을 죽였다. 박자안(朴子安)은 왜와 싸워 30명을 목베었다. ○조선 선조 25년(1592) 4월에 왜가 양산(梁山)·울산(蔚山)을 함락하고 길을 나누어서 진격하여 일 군은 언양을 따라 경주를 침범하고 일 군은 곧바로 밀양을 침범하였다. 밀양부사(密陽府使) 박진(朴晉)은 양산으로부터 황산잔도(黃山棧道)〈곧 작원잔로(鵲院棧路)이다〉를 가로막아 지키고 힘써 싸워서 몇 명을 베었다. 적은 고개를 넘어 귀로를 끊으니 박진은 얼른 본부로 돌아와서 창고를 불태우고 포위를 뚫고 달아나고 왜는 밀양을 함락하였다. 묘향산(妙香山)의 승려 휴정(休靜)은 여러 절의 승려들 수천여 명을 불러모으고 제자 의엄(義嚴)을 총섭(總攝)으로 삼아 원수(元帥)에 소속시켜? 성원하게 하였다. 또 제자인 관동(關東)의 유정(惟政)과 호남(湖南)의 처영(處英)을 장수로 삼고 각기 본도를 따르게 하고 일으키니 역시 수천인을 얻었다. 유정은 담략과 지략이 있어서 여러 번 왜의 진영에 사신을 가서 왜인들이 신복(信服)하였다. 승군은 접전하는 것은 능하지 않으나 경비를 잘하여서 먼저 궤멸되어 흩어지지 않으니 여러 도에서 승군을 의뢰하였다.

15. 인동도호부(仁同都護府)

『연혁』(沿革)

본래 신라의 사동화(斯同火)〈혹은 이동혜(爾同兮)〉였다. 경덕왕 16년(757)에 수동(壽同)이라고 고쳐서 성산군(星山郡)의 영현(領縣)으로 삼았다. 고려 태조 23년(940)에 인동(仁同)이라 고치고 현종 9년(1018)에 경산부(京山府)에 속하게 하였다. 공양왕 2년(1390)에 감무(監務)를 두어서 약목(若木)을 병합시켰다. 조선 태종 13년(1413)에 현감(縣監)으로 고쳤다. 선조 37년(1604)에 도호부(都護府)로 올리고 조방장(助防將)을 겸하게 하였다.〈41년에 조방장을 없앴다〉

「읍호」(邑號)

옥산(玉山)

「관원」(官員)

도호부사(都護府使)〈대구진관병마동첨절제사(大邱鎭管兵馬同僉節制使)를 겸한다〉 1원이 있다.

『고읍』(古邑)

약목(若木)〈읍치로부터 서남쪽으로 30리에 있다. 칠진(漆津)의 서쪽으로 27리이다. 본래 신라 대미(大未)였고 일명 칠촌(七村)이라고도 한다. 경덕왕 16년(757)에 계자(谿子)라고 고쳐 성산군(星山郡)의 영현으로 삼았고 고려 태조 23년(940)에 약목(若木)으로 고쳤다. 현종 9

년(1018)에 경산부(京山府)에 속하였고 공양왕 2년(1390)에 내속되었다. 읍호(邑號)는 곤산(昆山)이다〉

『방면』(坊面)

읍내면(邑內面)〈읍치로부터 사방으로 5리이다〉

북면(北面)〈읍치로부터 10리에서 시작하여 15리에서 끝난다〉

동면(東面)〈읍치로부터 15리에서 시작하여 25리에서 끝난다〉

석적면(石積面)〈읍치로부터 동쪽으로 20리에서 시작하여 35리에서 끝난다〉

문량면(文良面)〈읍치로부터 동남쪽으로 25리에서 시작하여 35리에서 끝난다〉

장곡면(長谷面)〈읍치로부터 남쪽으로 10리에서 시작하여 15리에서 끝난다〉

북삼면(北三面)〈읍치로부터 서쪽으로 10리에서 시작하여 30리에서 끝난다〉

약목면(若木面)〈읍치로부터 서남쪽으로 30리에서 시작하여 40리에서 끝난다〉

기산면(岐山面)〈읍치로부터 서남쪽으로 40리에서 시작하여 50리에서 끝난다〉〈위의 3면은 약목고현(若木古縣)의 땅이다〉

〈○저항부곡(猪項部曲)이 있다〉

『산수』(山水)

옥산(玉山)〈읍치로부터 동쪽으로 50보에 있다〉

유악산(流岳山)〈읍치로부터 동쪽으로 10리에 있다〉

금오산(金烏山)〈약목고현의 북쪽에 있다. 선산(善山) 성주(星州)와의 경계이다. ○선봉사(仙鳳寺)가 있다〉

소학산(巢鶴山)〈읍치로부터 동남쪽으로 30리에 있다. 칠곡과의 경계이다〉

황학산(黃鶴山)〈읍치로부터 남쪽으로 30리에 있다〉

오태산(五泰山)〈읍치로부터 서쪽으로 14리에 있다〉

소암(嘯岩)〈읍치로부터 서남쪽으로 35리에 있다. 낙동강 서쪽의 경계이다〉

「영로」(嶺路)

소야현(所也峴)〈읍치로부터 동남쪽으로 40리에 있다. 칠곡과의 경계이다〉

월암현(月岩峴)〈읍치로부터 서쪽으로 있다. 성주로 가는 길이다〉

지지관(枳旨關)〈읍치로부터 서쪽으로 5리에 있다. 낙동강의 연안이다〉

【송전(松田)은 7곳이다】

○낙동강(洛東江)〈읍치로부터 서쪽으로 5리에 있다. 선산(善山) 송학진(松鶴津)의 하류이다〉

북천(北川)〈혹은 장천(丈川)이라고도 한다. 읍치로부터 북쪽으로 10리에 있다. 물의 근원은 칠곡(漆谷) 팔공산(八公山)에서 나와서 서북쪽으로 흘러 유악산(流岳山) 소학산(巢鶴山) 두 산의 물과 만나 천생산성(天生山城)을 경유하여 비산진(緋山津)으로 들어간다〉

약목천(若木川)〈금오산의 남쪽에서 나와서 남쪽으로 흘러 약목고현(若木古縣)을 지나 낙동강으로 들어간다〉

【지주비(砥柱碑)가 있다】

【제언(堤堰)은 12곳이다】

『성지』(城池)

천생산성(天生山城)〈읍치로부터 동쪽으로 8리에 있다. 본래 신라(新羅) 고성(古城)이었다. 조선 선조 34년(1601)에 곽재우(郭再祐)가 외성(外城)을 쌓았는데 둘레는 3,612자이고 4면의 석벽이 뾰족하게 서 있어 만 길[인(仞)]이나 된다. 하늘이 만들어 준 성으로 성안에는 연못이 4곳 있다〉

『봉수』(烽燧)

건대산(件臺山)〈읍치로부터 북쪽으로 3리에 있다〉

박집산(朴執山)〈읍치로부터 남쪽으로 35리에 있다〉

『창고』(倉庫)

읍창(邑倉)·중지창(中旨倉)〈읍치로부터 남쪽으로 30리에 강변에 있다〉

현창(縣倉)〈약목고현(若木古縣)에 있다〉

서창(西倉)〈기산면(岐山面)에 있다〉

『역참』(驛站)

양원역(楊原驛)〈읍치로부터 남쪽으로 1리에 있다〉

동안역(東安驛)〈읍치로부터 서쪽으로 30리에 있다. 약목고현(若木古縣)의 동쪽에 있다〉

「보발」(步撥)

양원참(楊原站)

『진도』(津渡)

칠진(漆津)〈읍치로부터 서쪽으로 10리에 있다. 선산(善山) 보천탄(寶泉灘)의 하류이고 성주(星州) 소나강(所那江)의 상류이다〉

비산진(緋山津)〈읍치로부터 서북쪽으로 7리에 있다〉

『토산』(土産)

감[시(柹)]·호도(胡桃)·대나무[죽(竹)]·벌꿀[봉밀(蜂蜜)]·은어[은구어(銀口魚)]·붕어[즉어(鯽魚)]

『장시』(場市)

석교(石橋)는 읍치로부터 서쪽으로 2리에 있다. 읍내장은 4일, 9일이고 대교장(大橋場)은 2일, 7일이며 약목장(若木場)은 3일, 8일이다.

『누정』(樓亭)

인풍루(仁風樓)·망호루(望湖樓)〈모두 읍내에 있다. 장강(長江)이 띠를 두르고 있다. 서쪽으로 금오산(金烏山)이 바라보인다〉

『사원』(祠院)

오산서원(吳山書院)〈선조(宣祖) 갑술년(1574)에 세웠고 광해군(光海君) 기유년(1609)에 사액되었다〉에서 길재(吉再)〈선산(善山)을 보라〉를 제향한다.

동낙서원(東洛書院)〈효종(孝宗) 갑오년(1654)에 세웠고 숙종(肅宗) 병진년(1676)에 사액받았다〉에서 장현광(張顯光)〈성주(星州)를 보라〉을 제향한다.

『전고』(典故)

고려 우왕 9년(1383)에 왜가 인동에 쳐들어 왔다. ○조선 선조 25년(1592)에 의병장(義兵將) 곽재우(郭再祐)가 본부에서 왜적을 대파(大破)하였다.

16. 칠곡도호부(漆谷都護府)

『연혁』(沿革)

본래 신라의 팔거리(八居里)〈인리(仁里) 혹은 북치장리(北恥長里)라고 한다〉였는데 경덕왕 16년(757)에 팔리(八里)라고 고쳐 수창군(壽昌郡)의 영현(領縣)으로 삼았다. 고려 태조 23년(940)에 팔거(八莒)라고 현종 9년(1018)에 경산부(京山府)에 속하게 하였다. 조선 인조 18년(1640)에 읍을 설치하고 이름을 칠곡(漆谷)이라 고쳐 도호부로 삼았다.

「읍호」(邑號)

가산(架山)

「관원」(官員)

도호부사(都護府使)〈대구진관병마동첨절제사(大邱鎭管兵馬 同僉節制使) 가산산성 수성장(架山山城 守城將)을 겸한다〉 1원이 있다.〈팔거고현(八莒古縣)은 남쪽으로 30리에 있다. 본부는 처음에 산성(山城)에 설치하였는데 후에 평지로 옮겼다〉

『방면』(坊面)

동북면(東北面)〈읍치로부터 5리에서 시작하여 20리에서 끝난다〉

서북면(西北面)〈읍치로부터 7리에서 시작하여 20리에서 끝난다〉

하북면(下北面)〈읍치로부터 5리에서 시작하여 20리에서 끝난다〉

팔거면(八莒面)〈읍치로부터 동쪽으로 20리에서 시작하여 35리에서 끝난다〉

퇴천면(退川面)〈읍치로부터 남쪽으로 25리에서 시작하여 30리에서 끝난다〉

문주면(文朱面)〈읍치로부터 남쪽으로 25리에서 시작하여 50리에서 끝난다〉

이언면(伊彦面)〈읍치로부터 서남쪽으로 35리에서 시작하여 40리에서 끝난다〉

상지면(上枝面)〈읍치로부터 남쪽으로 30리에서 시작하여 40리에서 끝난다〉

도촌면(道村面)〈읍치로부터 서쪽으로 40리에서 시작하여 50리에서 끝난다〉

노곡면(蘆谷面)〈읍치로부터 서쪽으로 50리에서 시작하여 60리에서 끝난다〉

파미면(巴彌面)〈읍치로부터 서쪽으로 50리에서 시작하여 70리에서 끝난다〉

『산수』(山水)

팔공산(八公山)〈옛날에는 공산(公山)이라 하였다. 읍치로부터 동북쪽으로 10리에 있으며 대구(大邱)·영천(永川)·하양(河陽)·신녕(新寧)·의흥(義興)의 경계에 자리잡고 있다. 석봉(石峯)이 가로놓여있고 동남쪽의 골짜기와 산은 자못 아름답다〉

소학산(巢鶴山)〈읍치로부터 서북쪽으로 30리에 있다. 인동과의 경계이다〉

도덕산(道德山)〈읍치로부터 서쪽으로 5리에 있다〉

건령산(建靈山)〈읍치로부터 서쪽으로 20리에 있다〉

【송전(松田)은 16곳이다】

거무산(巨武山)〈읍치로부터 서쪽으로 50리에 있다〉

우암산(牛岩山)〈읍치로부터 서북쪽으로 20리에 있다〉

녹봉(鹿峯)〈읍치로부터 남쪽으로 15리에 있다〉

왕산봉(王山峯)〈읍치로부터 남쪽으로 35리에 있다〉

발암(鉢岩)〈읍치로부터 서쪽으로 20리에 있다〉

파암(把岩)〈가산(架山)의 서쪽 갈래이다〉

【가산(架山)은 서쪽에 있다】

「영로」(嶺路)

소야현(所也縣)〈읍치로부터 서북쪽으로 20리에 있다. 인동과의 경계이다〉

정치(鼎峙)〈읍치로부터 남쪽으로 10리에 있다. 대구와의 경계이다〉

무사현(無思峴)〈읍치로부터 동쪽 길이다〉

○낙동강(洛東江)〈읍치로부터 서쪽으로 50리에 있다. 인동(仁同) 칠진(漆津)의 하류이다〉

금호강(琴湖江)〈읍치로부터 남쪽으로 10리에 있다. 대구에 상세하다〉

팔거천(八莒川)〈소야현(所也峴)·가토산(加土山)에서 나와서 남쪽으로 흘러 금호강으로 들어간다〉

매원천(梅院川)〈읍치로부터 서쪽으로 40리에 있다. 소학산(巢鶴山)에서 나와서 서쪽으로

흘러 낙동강으로 들어간다〉

『성지』(城池)

가산산성(架山山城)〈곧 공산(公山)의 서쪽 갈래이다. 본래 공산고성(公山古城)이었다. 인조 18년에 내성을 쌓았는데 둘레는 4,710보이고 우물은 21곳 못은 9곳이다. 성은 만길이나 되는 산 위에 있는데 준험하기가 비할 바가 없다. 성에 임하여 남북대로가 있는데 적을 방어하는 요충지이다. 숙종 26년(1700)에 외성(外城)을 쌓았는데 둘레는 3,754보이다. 천주사(天柱寺)가 있다. 영조 17년(1741)에 중성(中城)을 쌓았는데 둘레는 602보이다. 보국사(寶國寺)는 북성(北城)에 있다. ○본성(本城)은 순영(巡營)에 속한다. ○수성장(守城將)은 본부의 부사(府使)가 겸하며 별장(別將) 1원과 승(僧) 총섭(總攝) 1인이 있다. ○속읍(屬邑)은 칠곡(漆谷)·의흥(義興)·신녕(新寧)·군위(軍威)·하양(河陽)이다.

『창고』(倉庫)

읍창(邑倉)·승창(僧倉)·남창(南倉)·북창(北倉)〈위의 3창은 외성에 있다〉

강창(江倉)·고마창(雇馬倉)·팔거창(八莒倉)〈고현(古縣) 서쪽에 있다. 성주(星州)와의 거리가 70리이다〉 서창(西倉)〈중성(中城)에 있다〉

『역참』(驛站)

고평역(高平驛)〈읍치로부터 남쪽으로 10리에 있다〉

「보발」(步撥) 고평참(高平站)

「혁폐」(革弊)

수향역(水鄕驛)·연정(緣情)〈위의 것은 팔거(八莒)에 연계되어 있다〉

『토산』(土産)

대나무[죽(竹)]·옻[칠(漆)]·감[시(柿)]·잣[해송자(海松子)]·호도(胡桃)·지치[자초(紫草)]·벌꿀[봉밀(蜂蜜)]·은어[은구어(銀口魚)]·잉어[이어(鯉魚)]·붕어[즉어(鯽魚)]

『장시』(場市)

남창장(南倉場)은 4일, 9일이고 우암장(牛岩場)은 1일, 6일이고 팔거장(八莒場)은 5일, 10일이고 상지장(上枝場)은 3일, 8일이고 매원장(梅院場)은 1일, 6일이다.

『전고』(典故)

조선 선조 26년(1593)에 이여송(李如松)이 군대를 이끌고 돌아가 유정(劉綎)이 주둔한 팔거(八莒)에서 묵었다.

17. 청도군(淸道郡)

『연혁』(沿革)

본래 이서소국(伊西小國)이었는데 신라가 멸망시키고〈생각건대 '삼국사(三國史)'에 이르기를 유리왕(儒理王) 14년(37)에 이서소국(伊西小國)을 정벌하여 멸망시켰다 하고 유례왕(儒禮王) 14년(297)에 이서소국이 금성(金城)을 침략해왔다 하였다. 그 사이가 225년인즉 유리왕과 유례왕은 소리가 비슷하므로 중첩 기록되어 잘못 전해진 것이 아닌가 어느것이 옳은지 알 수 없다〉 솔이산(率伊山)·오도산(烏刀山)·경산(驚山)의 세 현(縣)을 두었다. 경덕왕 16년(757) 세 현의 이름을 모두 고쳐 밀성군의 영현으로 하였다. 고려 태조 23년(940)에 세 현을 합쳐서 청도군(淸道郡)을 두었고 현종 9년(1018)에 밀성(密城)에 속하게 하였다.〈『삼국사(三國史)』 지지(地志)에 '오악(烏岳) 등의 세 현을 합하여 대성군(大城郡)으로 하였다'고 한 것은 잘못이다〉 예종(睿宗) 4년(1109)에 감무(監務)를 두었고 충선왕(忠宣王) 후4년(1312)에 지군사(知郡事)로 올리고〈군(郡) 사람인 상호군(上護軍) 김선장(金善莊)이 공을 세웠기 때문이다〉 다음 해에 다시 감무로 하였다. 공민왕 15년(1366)에 지군사로 다시 올렸다.〈군(郡) 사람 감찰대부(監察大夫) 김한귀(金漢貴)의 청(請) 때문이었다〉 조선 세조 12년(1466)에 군수로 고쳤다.

「읍호」(邑號)

오산(鰲山)·도주(道州)

「관원」(官員)

군수(郡守)〈대구진관 병마동첨절제사(大邱鎭管 兵馬同僉節制使)를 겸한다〉 1원이 있다.

『고읍』(古邑)

소산(蘇山)〈읍치로부터 동쪽으로 50리에 있다. 매전역(買田驛) 땅이다. 본래 솔이산성(率伊山城)이었는데 경덕왕 16년(757)에 소산(蘇山)으로 고치고 밀성군(密城郡)의 영현으로 삼았다. 고려 초에 본군에 합하였다〉

오악(烏岳)〈읍치로부터 남쪽으로 35리에 있다. 유천역(楡川驛) 땅이다. 본래 오도산성(烏刀山城)이었고 일명 오구산(烏邱山)이라고 하고 오례산(烏禮山)이라고도 하고 오야산(烏也山)이라고도 하고 구도성(仇道城)이라고도 한다. 경덕왕 16년(757)에 오악(烏岳)으로 고치고 밀성군(密城郡)의 영현으로 삼았다. 고려 초에 본군에 합하였다〉

형산(荊山)〈읍치로부터 동남쪽으로 7리에 있다. 폐성(吠城)의 땅이다. 본래 가산성(茄山城이었고 일명 이서국(伊西國)의 터라 하였다. 일명 경산(驚山)이라고도 한다. 경덕왕 16년(757)에 형산(荊山)으로 고치고 밀성군(密城郡)의 영현으로 삼았다. 고려초에 청도군에 합하였다〉

『방면』(坊面)

상읍내면(上邑內面)〈읍치로부터 동서로 10리이고 남북으로 7리이다〉

차읍내면(次邑內面)〈읍치로부터 북쪽으로 5리에서 시작하여 20리에서 끝난다〉

상동면(上東面)〈읍치로부터 동북쪽으로 40리에서 시작하여 110리에서 끝난다. 동쪽으로 경주와 접하고 있고 서쪽으로 자인(慈仁)과 접하여 있으며 북쪽으로 영천(永川)과 접하여 있다〉

중동면(中東面)〈읍치로부터 동쪽으로 50리에서 시작하여 70리에서 끝난다〉

상남면(上南面)〈읍치로부터 동남쪽으로 20리에서 시작하여 70리에서 끝난다〉

하남면(下南面)〈읍치로부터 남쪽으로 10리에서 시작하여 40리에서 끝난다〉

상북면(上北面)〈읍치로부터 10리에서 시작하여 25리에서 끝난다〉

차북면(次北面)〈읍치로부터 10리에서 시작하여 20리에서 끝난다〉

내종면(內終面)〈읍치로부터 동쪽으로 10리에서 시작하여 25리에서 끝난다〉

외종면(外終面)〈읍치로부터 동쪽으로 25리에서 시작하여 40리에서 끝난다〉

적암면(赤岩面)〈읍치로부터 동남쪽으로 20리에서 시작하여 40리에서 끝난다〉

내서면(內西面)〈읍치로부터 서쪽으로 5리에서 시작하여 15리에서 끝난다〉

외서면(外西面)〈읍치로부터 서쪽으로 30리에서 시작하여 60리에서 끝난다. 창녕(昌寧)동쪽 경계에 월경(越境)하여 있다〉

○매전부곡(買田部曲)은 즉 매전역(買田驛) 땅이다. 북곡부곡(北谷部曲)은 읍치로부터 동쪽으로 25리에 있다. 부곡부곡(釜谷部曲)은 읍치로부터 북쪽으로 15리에 있다〉

『산수』(山水)

오산(鰲山)〈읍치로부터 남쪽으로 2리에 있다. 동쪽에는 고사동(高沙洞)이 있고 남쪽에는 적천사(磧川寺)가 있다〉

운문산(雲門山)〈읍치로부터 동쪽으로 96리에 있다. 경주와의 경계이다. 옛 칭호는 작갑(鵲岬)이었는데 산세가 높고 험하며 산의 반거가 여러 주의 사이에 걸쳐 있고 봉우리가 중첩되어 있으며 계곡이 깊고 그윽하며 기암(奇岩)이 많다. 징연산(澄淵山)의 남쪽에는 낙화암(落花岩) 이목연(李木淵)이 있다. ○운문사(雲門寺)는 신라승 보양(寶壤)이 창건한 것이다〉

오혜산(烏惠山)〈읍치로부터 동남쪽으로 31리에 있다. 곧 오례산(烏禮山)이다〉

마곡산(馬谷山)〈읍치로부터 동북쪽으로 113리에 있다. 상동면(上東面)과 경주와의 경계이다〉

호거현(虎距山)〈읍치로부터 동쪽으로 55리에 있다. 매전역(買田驛)의 동쪽이다〉

중산(中山)〈읍치로부터 동쪽으로 50리에 있다〉

대왕산(大王山)〈읍치로부터 동북쪽으로 40리에 있다〉

송정산(松亭山)〈읍치로부터 동북쪽으로 30리에 있다〉

화산(華山)〈읍치로부터 서남쪽으로 5리에 있다〉

공암(孔岩)〈읍치로부터 동쪽으로 86리에 있다. 암벽사이에 길이 나있는데 마치 문과 같으며 수십보쯤 된다〉

낙수암(落水岩)〈읍치로부터 남쪽으로 10리에 있다. 폭포에 흐르는 물이 100여 자나 된다〉

선암(仙岩)〈읍치로부터 동쪽으로 60리에 있다. 기암이 솟아 있는 것이 마치 그림같다〉

봉암(蜂岩)〈거연(巨淵)의 상류이다〉

옥정암(玉井岩)〈바위와 물이 절경을 이룬다〉

「영로」(嶺路)

갑을령(甲乙嶺)〈읍치로부터 서쪽으로 50리에 외서면(外西面)에 있다. 창녕(昌寧)으로 통한다〉

팔조령(八助嶺)〈읍치로부터 북쪽으로 30리에 있다. 대구(大邱)와의 경계이다〉

은피령(隱避嶺)〈읍치로부터 동쪽으로 120리에 있다. 언양(彦陽)과의 경계이다〉

성현(省峴)〈읍치로부터 북쪽으로 23리에 있다. 경산(慶山)과의 경계이다〉

회곡치(回谷峙)〈상동면(上東面)에 있다〉

내령(奈嶺)

갈지령(葛旨嶺)〈모두 대왕산(大王山)의 동쪽 갈래에 있다. 자인(慈仁)과의 경계이다〉

웅현(熊峴)〈읍치로부터 동쪽으로 45리에 있다〉

건현(巾峴)〈읍치로부터 동쪽으로 20리에 있다〉

사현(沙峴)〈읍치로부터 동쪽으로 40리에 있다〉

오현(烏峴)〈읍치로부터 동쪽으로 50리에 있다〉

○자천(紫川)〈읍치로부터 북쪽으로 5리에 있다. 군을 돌아 동남쪽으로 흘러 거연(巨淵)이 되고 오혜산(烏惠山)의 남쪽 운문천에 이른다. 동북쪽으로부터 와서 밀양부(密陽府) 경계에 이르러 만나서는 응천(凝川)이 된다. 밀양(密陽)에 상세하다〉

운문천(雲門川)〈읍치로부터 동쪽으로 90리에 있다. 물의 근원은 운문산 및 언양(彦陽)의 하북면(下北面)의 경계에서 나와서 북쪽으로 흘러 약야계(若耶溪)·이목연(李木淵)이 된다. 공암천(孔岩川)을 지나 낙화암(洛花岩)·선암(仙岩)을 경유하여 마곡산(馬谷山)의 물을 지나 꺾여서 서남쪽으로 흘러 서지산(西芝山)·호거산(虎距山)·매전(買田)의 북쪽을 경유하여 오혜산(烏惠山)의 남쪽 자천(紫川)에 이른다. 북쪽으로부터 와서 운문천·자천(紫川)이 만나는 곳을 유천(楡川)이라 하는데 군과의 거리가 40리이다〉

【제언(堤堰)은 48곳이다】

『성지』(城池)

읍성(邑城)〈선조 24년(1591)에 쌓았는데 1,570보이다〉

오혜산고성(烏惠山古城)〈둘레는 9,980자이며 시내가 3곳 못이 5곳 샘이 3곳 있다〉

폐성(吠城)〈읍치로부터 동쪽으로 7리에 있다. 동서 모두 석벽으로 되었는데 성의 터가 남

아있다〉

『봉수』(烽燧)

남산(南山)〈읍치로부터 남쪽으로 10리에 있다〉

북산(北山)〈읍치로부터 북쪽으로 24리에 있다〉

『창고』(倉庫)

읍창(邑倉)·상동창(上東倉)〈읍치로부터 동쪽으로 90리에 있다〉·하남창(下南倉)〈읍치로부터 동쪽으로 50리에 있다〉·서창(西倉)〈외야면(外也面)에 있다〉

『역참』(驛站)

성현도(省峴道)〈성현(省峴)의 남쪽에 있다. 속역(屬驛)은 13이다. 찰방(察訪) 1원이 있다〉

유천역(楡川驛)〈읍치로부터 남쪽으로 40리에 있다〉

서지역(西芝驛)〈읍치로부터 동쪽으로 81리에 있다〉

매전역(買田驛)〈읍치로부터 동쪽으로 50리에 있다〉

오서역(鰲西驛)〈읍치로부터 서쪽으로 2리에 있다〉

『보발』(步撥)

오서참(鰲西站)·유천참(楡川站)

『토산』(土産)

대나무[죽(竹)]〈황죽(篁竹)·전죽(箭竹)·묘죽(苗竹)〉·닥나무[저(楮)]·옻[칠(漆)]·밤[율(栗)]·감[시(柹)]·호도(胡桃)·송이버섯[송심(松蕈)]·석이버섯[석심(石蕈)]·벌꿀[봉밀(蜂蜜)]·은어[은구어(銀口魚)]

『장시』(場市)

읍내장은 5일, 10일이고 산성장(山城場)은 1일, 6일이고 성현장(省峴場)은 3일, 8일이고 양원장(陽院場)은 4일, 9일이고 구좌장(仇佐場)은 4일, 9일이고 대전장(大田場)은 2일, 7일이고 대천장(大川場)은 5일, 10일이고 갈지장(葛旨場)은 1일, 6일 동창장(東倉場)은 2일, 7일 유천장(楡川場)은 4일, 9일이다.

『사원』(祠院)

자계서원(紫溪書院)〈선조 무인년(1578)에 세웠고 현종(顯宗) 신축년(1661)에 사액되었다〉에서 김극일(金克一)〈김해(金海) 사람이다. 관직은 지평(持平)에 이르렀고 집의(執義)를 증직받았다. 사적인 시호(謚號)는 절효(節孝)이다〉·김일손(金馹孫)〈목천(木川)을 보라〉·김대유(金大有)〈자는 천우(天佑)이고 호는 삼족당(三足堂)이며 김일손(金馹孫)의 조카이다. 관직은 정언(正言)이었으며 응교(應教)를 증직(贈職)받았다〉를 제향한다.

『전고』(典故)

고려 명종 23년(1193)에 남적(南賊) 김사미(金沙彌)가 운문사에 근거하여 일어났고 효심(孝心)은 초전(草田)에 근거하여 도망다니는 무리를 모아 주(州)·현(縣)을 약탈하였다. 동남로(東南路) 안찰부사(按察府使) 김광제(金光濟)가 적(賊)을 토벌하였으나 이기지 못하여 중앙의 군대를 보내줄 것을 청하였다. 왕은 김존걸(金存傑) 등을 보내 그들을 물리치게 하였으나 이기지 못하였다. 우왕 5년(1379)에 왜구가 청도(淸道)를 노략질하였다. 원수(元帥) 우인렬(禹仁烈)이 격퇴하여 달아났다.

○조선 선조 25년(1592)에 왜가 청도(淸道)를 함락하였다.

18. 경산현(慶山縣)

『연혁』(沿革)

본래 압량소국(押梁小國)이었는데 신라 파사왕(婆娑王) 23년(102)에 빼앗아서 군을 두었다. 〈혹은 지마왕(祗摩王)때 빼앗아서 군을 설치하였다고 한다〉 후에 압량주(押梁州)가 되어〈일명 압독주(押督州)라고 한다〉 군주(軍主)를 두었다.〈선덕왕(善德王) 11년(642)에 김유신(金庾信)을 군주(軍主)로 삼았다〉【파사왕(婆娑王) 27년(106)에 압독(押督)에 행차하여 가난한 사람들에게 진휼하였다】

진덕왕(眞德王) 2년(648)에 도독(都督)이라고 칭하였다.〈무열왕(武烈王) 3년(656)에 김인문(金仁問)에게 압독주총관(押督州摠管)을 주었고 8년에 대야주(大耶州)도독(都督)으로 옮겼다〉 경덕왕 16년(757)에 장산군(獐山郡)으로 고치고〈영현은 3곳이니 해안(解顔)·여량(餘粮)·자인(慈仁)이다〉 양주(良州)에 예속시켰다. 고려 태조 23년(940)에 장산(章山)으로 고치고 현종 9년(1018)에 경주에 속하게 하였다. 명종 2년(1172)에 감무를 두었고 충선왕 즉위년에 경산(慶山)으로 고쳤다〈충선왕의 이름이 장(璋)이므로 왕의 이름을 피휘하였고 음은 같다〉 충숙왕(忠肅王) 4년(1317)에 현령(縣令)으로 올리고 〈국사(國師) 승(僧) 일연(一然)의 고향이기 때문이다〉 공양왕(恭讓王) 2년(1390)에 지군사(知郡事)로 올렸다.〈왕비 노씨(盧氏)의 고향이기 때문이다〉 조선 태조 초에 현령(縣令)으로 다시 내렸고 선조 34년(1601)에 대구에 합쳤다.〈왜구가 침입하여 폐허가 되었기 때문이다〉 선조 40년(1607)에 다시 나누어서 설치하였다.

「읍호」(邑號)

옥산(玉山)

「관원」(官員)

현령(縣令)〈대구진관병마절제도위(大邱鎭管兵馬節制都尉)를 겸한다〉 1원이 있다.

『방면』(坊面)

읍내면(邑內面)〈사방이 7리에서 끝난다〉

상동면(上東面)읍치로부터 7리에서 시작하여 10리에서 끝난다〉

하동면(下東面)〈읍치로부터 10리에서 시작하여 15리에서 끝난다〉

중남면(中南面)〈읍치로부터 6리에서 시작하여 20리에서 끝난다〉

외남면(外南面)〈읍치로부터 20리에서 시작하여 30리에서 끝난다〉

서면(西面)〈읍치로부터 7리에서 시작하여 20리에서 끝난다〉

북면(北面)〈읍치로부터 7리에서 시작하여 15리에서 끝난다〉

『산수』(山水)

마암산(馬岩山)〈읍치로부터 남쪽으로 20리에 있다. 쌍계사(雙溪寺)가 있다〉

동학산(動鶴山)〈읍치로부터 서쪽으로 8리에 있다〉

장고산(長鼓山)〈읍치로부터 동쪽으로 4리에 있다〉

성현산(省峴山)〈읍치로부터 남쪽으로 10리에 있다〉

경흥산(慶興山)〈읍치로부터 서쪽으로 15리에 있다〉

옥산(玉山)〈읍치로부터 서쪽으로 5리에 있다〉

성암(聖岩)〈읍치로부터 서쪽으로 3리에 있다. 가운데 석굴이 있는데 수십인이 들어갈 수 있다〉

【송전(松田)은 4곳이다】

「영로」(嶺路)

구현(鳩峴)〈읍치로부터 동쪽으로 10리에 있다. 자인(慈仁)과의 경계이다〉

대장현(大墻峴)〈읍치로부터 서쪽으로 20리에 있다. 대구와의 경계이다〉

성현(省峴)〈읍치로부터 남쪽으로 30리에 있다. 청도(淸道)와의 경계이다〉

송현(松峴)〈성현의 서쪽 갈래이다〉

○황률천(黃栗川)〈읍치로부터 북쪽으로 9리에 있다. 금호강(琴湖江)의 상류이다. 대구를 보라〉

남천(南川)〈근원은 마암산(馬岩山)에서 나와서 북쪽으로 흘러 현의 남쪽으로 1리를 경유하여 황률천 하류로 들어간다〉

갑지(甲池)〈읍치로부터 동쪽으로 10리에 있다〉

【제언(堤堰)은 54곳이다】

『성지』(城池)

읍성(邑城)〈둘레는 4,800자이다. 서문은 진옥루(鎭玉樓)라고 한다〉

고포성(古浦城)〈읍치로부터 북쪽으로 9리에 있다. 둘레는 3,170자이다〉

금성(金城)〈읍치로부터 남쪽으로 7리에 있다. 둘레는 2,155자이다〉

우곡성(亏谷城)〈읍치로부터 서쪽으로 6리에 있다. ○'주관육익'(周官六翼)에 이르기를 신라때 고포(古浦)·금성(金城)·우곡(亏谷)의 세 성을 합하여 압량군(押梁郡)으로 하였다. 문무왕(文武王)이 통일한 후에 고쳐서 세 성으로 하였다 고 하였다〉

신라 문무왕 3년(663)에 장산성(獐山城)을 쌓았다.〈어디인지는 알 수 없다〉

『봉수』(烽燧)

성산(城山)〈즉 고포성(古浦城)이다〉

『역참』(驛站)

압량역(押梁驛)〈읍치로부터 동쪽으로 12리에 있다. 압량국(押梁國)의 옛 터라고 세상에서 전해진다〉

【건흥원(乾興院)은 북쪽으로 20리에 있다】

『토산』(土産)

대나무[죽(竹)]·대추[조(棗)]·매실[매(梅)]·연자(蓮子)·지치[자초(紫草)]·우리(또는 구리때)[입초(笠草)]·벌꿀[봉밀(蜂蜜)]·은어[은구어(銀口魚)]·붕어[즉어(鯽魚)]

『장시』(場市)

읍내장은 5일, 10일이고 번야장(磻野場)은 1일, 6일이다.

『단유』(壇壝)

부악(父岳)〈지금의 팔공산(八公山)이다. 신라에서 부악(父岳)이라 한 것은 중악(中岳)에서 중사(中祀)를 기록한 것을 본 뜬 것이다. 압독군(押督郡)에 연계되어 있다. 고려에서는 폐지하였다〉

『전고』(典故)

신라 나해왕(奈解王) 23년(218)에 백제〈구수왕(仇首王) 5년〉가 군사를 보내어 압량성(押梁城)을 포위하였다. 왕이 친히 군대를 이끌고 싸워서 물리쳤다.〈일설에는 아군이 졌다고도 한다〉 신문왕(神文王) 9년(689)에 장산성(獐山城)에 행차하였다. ○고려 우왕 8년(1382)에 왜구가 경산(慶山)에 침입하였다. ○조선 선조 25년(1592)에 왜구가 경산에 침입하였다. 선조 30년(1597)에 왜구가 경산(慶山)에 침입하였다.

19. 하양현(河陽縣)

『연혁』(沿革)

본래 신라에서 읍을 두었는데〈읍호(邑號)는 알 수 없다〉 고려초에 하주(河州)로 고쳤다. 성종 14년(995)에 자사(刺史)를 두었고 현종 9년(1018)에 하양현(河陽縣)으로 고치고 경주에 속하게 하였다가 후에 감무(監務)를 두었다. 조선 태종 13년(1413)에 현감(縣監)으로 고치고 선조 34년에 대구에 합쳤다〈왜구에게 탕잔(蕩殘)되었기 때문이다〉 선조 40년(1607)에 다시 현감을 두었다.〈숙종 41년(1715)에 읍치를 옛 터의 남쪽 5리에 있는 천천면(泉天面)으로 옮겼다〉

「읍호」(邑號)

화성(花城)

「관원」(官員)

현감(縣監)〈대구진관 병마절제도위(大邱鎭管 兵馬節制都尉)를 겸한다〉 1원이 있다.

『방면』(坊面)

읍내면(邑內面)〈읍치로부터 5리에서 끝난다〉

북면(北面)〈읍치로부터 10리에서 끝난다〉

마양면(磨陽面)〈읍치로부터 서쪽으로 10리에서 끝난다〉

와촌면(瓦村面)〈읍치로부터 동쪽으로 10리에서 끝난다〉

중림면(中林面)〈읍치로부터 남쪽으로 13리에서 끝난다〉

낙산면(樂山面)〈읍치로부터 남쪽으로 10리에서 시작하여 18리에서 끝난다〉

안심면(安心面)〈읍치로부터 서쪽으로 23리에서 시작하여 30리에서 끝난다〉

○〈양량촌부곡(陽良村部曲)은 읍치로부터 서쪽으로 12리에 있다. 이지부곡(狸只部曲)은 읍치로부터 서쪽으로 8리에 있다. 안심소(安心所)는 일명 명산(明山)이라 하는데 팔공산(八公山)아래 즉 안심면(安心面)에 있다〉

『산수』(山水)

무락산(無落山)〈읍치로부터 서북쪽으로 15리에 있다〉

초례산(醮禮山)〈읍치로부터 서북쪽으로 23리에 있다. 이지음곡(利旨音谷)이 있다〉

팔공산(八公山)〈읍치로부터 서북쪽으로 25리에 있다. 칠곡(漆谷)과의 경계이다〉

별방산(別房山)〈읍치로부터 서쪽으로 25리에 있다〉

광명산(光明山)〈읍치로부터 서쪽으로 27리에 있다〉

외적산(外赤山)〈읍치로부터 동쪽으로 10리에 있다〉

병풍암(屛風岩)〈읍치로부터 서북쪽으로 17리에 있다〉

【송전(松田)이 3 곳 있다】

○남천(南川)〈읍치로부터 남쪽으로 3리에 있다. 영천의 동경도(東京渡) 하류이고 대구의 금호강(琴湖江)의 상류이다〉

동천(東川)〈초례산(醮禮山)에서 나와서 동남쪽으로 흘러 남천(南川)으로 들어간다〉

대지(大池)〈읍치로부터 동북쪽으로 5리에 있다〉

【제언(堤堰)은 24곳 있다】

『봉수』(烽燧)

시산(匙山)〈읍치로부터 서쪽으로 5리에 있다〉

『역참』(驛站)

화양역(華陽驛)〈일명 화량(化良)이라고도 한다. 읍치로부터 서쪽으로 5리에 있다〉

『토산』(土産)

대추[조(棗)]·우리(또는 구리때)[입초(笠草)]·은어[은구어(銀口魚)]·붕어[즉어(鯽魚)]

『장시』(場市)

읍내장은 4일, 9일이다.

『사원』(祠院)

금호서원(琴湖書院)〈숙종 갑자년(1684)에 세웠고 정조 경술년(1790)에 사액되었다〉에서 허조(許稠)〈태묘(太廟)를 보라〉를 제향한다.

『전고』(典故)

선조 25년(1592)에 왜구(倭寇)가 하양(河陽)에 쳐들어 왔다.

20. 현풍현(玄風縣)

『연혁』(沿革)

본래 신라의 추량화(推良火)였는데 경덕왕 16년(757)에 현효(玄驍)라고 고치고 대왕군(大王郡)의 영현으로 삼았다. 고려 태조 23년(940)에 현풍(玄風)이라 고치고〈風은 한편으로 豐이라고도 쓴다〉 현종 9년(1018)에 밀성군(密城郡)에 속하게 하였다. 공양왕(恭讓王) 2년(1390)에 감무를 두었다.〈밀성군(密城郡)의 구지산부곡(仇知山部曲)을 나누어서 속하게 하였다〉

조선 태종 13년(1413)에 현감(縣監)으로 고쳤다.

「읍호」(邑號)

포산(苞山)

「관원」(官員)

현감(縣監)〈대구진관병마절제도위(大邱鎭管兵馬節制都尉)를 겸한다〉 1원이 있다.

『방면』(坊面)

동부면(東部面)〈읍치로부터 8리에서 끝난다〉

서부면(西部面)〈읍치로부터 5리에서 끝난다〉

논공면(論工面)〈읍치로부터 동쪽으로 8리에서 시작하여 20리에서 끝난다〉

유가면(瑜伽面)〈읍치로부터 동쪽으로 5리에서 시작하여 15리에서 끝난다〉

우만면(亏滿面)〈읍치로부터 남쪽으로 10리에서 끝난다〉

말역촌면(末亦村面)〈읍치로부터 남쪽으로 10리에서 시작하여 15리에서 끝난다〉

묘동면(妙洞面)〈읍치로부터 남쪽으로 7리에서 시작하여 15리에서 끝난다〉

구지산면(仇知山面)〈본래 부곡이었다. 읍치로부터 남쪽으로 15리에서 시작하여 30리에서 끝난다〉

마산면(馬山面)〈읍치로부터 남쪽으로 10리에서 시작하여 20리에서 끝난다〉

산전면(山田面)〈읍치로부터 남쪽으로 10리에서 시작하여 15리에서 끝난다〉

모로촌면(毛老村面)〈읍치로부터 서남쪽으로 8리에서 시작하여 15리에서 끝난다〉

오설면(烏舌面)〈읍치로부터 서남쪽으로 15리에서 시작하여 20리에서 끝난다〉

걸산면(乬山面)〈읍치로부터 서쪽으로 10리에서 시작하여 15리에서 끝난다〉

율촌면(津村面)〈읍치로부터 서쪽으로 7리에서 시작하여 17리에서 끝난다〉

답지면(沓谷面)〈읍치로부터 서쪽으로 20리에서 시작하여 25리에서 끝난다〉

왕지면(王旨面)〈상지면(上旨)이다. 위의 3면은 낙동강의 서쪽에 있다〉

『산수』(山水)

비슬산(琵瑟山)〈일명 포산(苞山)이라고 한다. 읍치로부터 동쪽으로 15리에 있다. 반거가 대구·창녕(昌寧)·현풍의 경계에 이어져 있고 산세가 험준하고 매우 중첩되어 있다. 대견봉(大見峯)·천왕봉(天王峯)의 두 봉우리가 있다. 산의 남쪽에는 대견사(大見寺)가 있는데 신라 헌덕왕(憲德王)이 창건한 것이다. 또 절이 세 곳 있다〉

금사산(金寺山)〈읍치로부터 서쪽으로 9리에 있다. 낙동강변이다〉

옥산(玉山)〈읍치로부터 서쪽으로 5리에 있다. 들 가운데 홀로 서 있다〉

대니산(戴尼山)〈일명 태리산(台離山)이라고 한다. 읍치로부터 서남쪽으로 20리에 있다. 아래는 솔례촌(率禮村)이 있다〉

대암(臺岩)〈읍치로부터 서남쪽으로 25리에 있다. 강 가운데 우뚝 솟아 있어 100여 명이 앉을 수 있다〉

「영로」(嶺路)

마현(馬峴)〈동남로이다〉

대치(大峙)〈남로(南路)이다. 모두 창녕(昌寧)으로 통한다〉

서치(鼠峙)〈일명 서현(西峴)이라고 한다. 읍치로부터 동북쪽으로 20리에 있다. 대구로 통한다〉

유가치(瑜伽峙)〈읍치로부터 동쪽으로 15리에 있다. 청도로 통한다〉

○낙동강(洛東江)〈읍치로부터 서쪽으로 5리에 광탄(廣灘)이 있다. 대암(臺岩)을 경유하면 개산강(開山江)이 된다〉

과포(寡浦)〈읍치로부터 서쪽으로 10리에 있다. 광탄(廣灘)의 하류이다〉

구천(龜川)〈근원은 비슬산(琵瑟山)에서 나와 서쪽으로 흘러 현의 남쪽으로 1리를 경유하여 광탄으로 들어간다〉

차천(車川)〈읍치로부터 남쪽으로 10리에 있다. 근원은 창녕(昌寧) 용흥사(龍興寺) 골짜기에서 나와 서북쪽으로 흘러 광탄 하류로 들어간다〉

장택(長澤)〈읍치로부터 서쪽으로 9리에 있다. 둘레는 4리이다. 못가에 금계돈(金溪墩)이 있다〉

【제언은 4곳이다】

『성지』(城池)

고성(古城)〈읍치로부터 서쪽으로 4리에 있다. 서산성(西山城)이라고 불리운다. 둘레는 1,823자이다〉

석문성(石門城)〈석성산(石城山)이라고 불리운다. 읍치로부터 서남쪽으로 20리에 있다. 선조 30년(1597)에 왜란이 일어났을 때 곽재우(郭再祐)가 옛 터를 따라 개축하였다. 둘레는 2,759자이다〉

『봉수』(烽燧)

소이산(所伊山)〈읍치로부터 북쪽으로 6리에 있다〉

『창고』(倉庫)

읍창(邑倉)·강창(江倉)〈읍치로부터 서쪽으로 5리에 있다〉

『역참』(驛站)

쌍산역(雙山驛)〈읍치로부터 북쪽으로 5리에 있다〉

『진도』(津渡)

답곡진(沓谷津)〈읍치로부터 서남쪽으로 20리에 있다〉

마정진(馬丁津)〈읍치로부터 남쪽으로 27리에 있다. 답곡진(沓谷津) 하류이다〉

『토산』(土産)

대나무[죽(竹)]·석류나무[류(榴)]·매실[매(梅)]·지치[자초(紫草)]·벌꿀[봉밀(蜂蜜)]·잉어[이어(鯉魚)]·붕어[즉어(鯽魚)]

『장시』(場市)

읍내장은 2일, 7일이고 차천장(車川場)은 5일, 10일이다.

『사원』(祠院)

도동서원(道東書院)〈선조 을사년(1605)에 세웠고 정미년(1607)에 사액되었다〉에서 김굉필(金宏弼)〈문묘(文廟)에 보라〉·정구(鄭逑)〈충주(忠州)에 보라〉를 제향한다.

○예연서원(禮淵書院)〈숙종 갑인년(1674)에 세웠고 정사년(1677)에 사액받았다〉에서 곽준(郭䞭)〈안의를 보라〉·곽재우(郭再祐)〈자는 계수(季綏)이고 호는 망우당(忘憂堂)이다. 준(䞭)의 조카이다. 임진왜란때 의병장(義兵將)이었는데 홍의장군(紅衣將軍)이라 불리웠다. 관직은 함경감사(咸鏡監司)를 지냈으며 병조판서(兵曹判書)를 증직(贈職)받았다. 시호는 충익(忠翼)이다〉를 제향한다.

『전고』(典故)

조선 선조 25년(1592)에 의병장(義兵將) 곽재우(郭再祐)가 현풍(玄風) 창녕(昌寧)사이에서 왜병을 패퇴시켰다. 적은 주둔군을 철수하여 달아났다. 이후 경상우도(慶尙右道)에서 적(賊)은 길이 단절되어 적병은 대구의 중로(中路)를 경유하여 왕래하였다.

21. 신녕현(新寧縣)

『연혁』(沿革)

본래 신라의 사정화(史丁火)였다. 경덕왕 16년(757)에 신녕(新寧)이라 고치고 임고군(臨皐郡)의 영현(領縣)이 되게 하였다. 고려 현종 9년(1018)에 경주(慶州)에 속하게 하였다. 공양왕 2년(1390)에 감무(監務)를 두었다. 조선 태종 13년(1413)에 현감(縣監)으로 고치고 장수역

(長壽驛) 땅에 읍치를 옮겼다.〈옛 읍치는 지금의 치소에서 동쪽으로 25리에 있다〉 연산군 3년(1497)에 혁파하여 곁의 읍으로 분속하였다.〈현리(縣吏)들이 현감(縣監) 길수(吉修)가 엄하고 심하게 하는 것을 괴롭게 여겨 읍을 비우고 도망하였기 때문에 혁파하였다. 신촌면(新村面)을 분할하여 의성(義城)에 속하게 하고 이지면(梨旨面)은 하양(河陽)에, 치산면(雉山面)은 의흥(義興)에 속하게 하고 그 나머지는 영천(永川)에 속하게 하였다〉 9년(1503)에 복치하였다.

「읍호」(邑號)

화산(花山)

「관원」(官員)

현감(縣監)〈대구진관병마절제도위(大邱鎭管兵馬節制都尉)를 겸한다〉 1원이 있다.

『고읍』(古邑)

민백(黽白)〈읍치로부터 동쪽으로 30리에 있다. 본래 신라의 매열차(買熱次)였으나 경덕왕 16년(757)에 민백(黽白)을 임고군(臨皐郡)의 영현으로 삼았다. 고려 현종 9년(1018)에 내속되었다〉

이지(梨旨)〈읍치로부터 서남쪽으로 20리에 있다. 본래 영주(永州) 이지은소(梨旨銀所)였으나 고려말에 올려서 현으로 하여 그대로 영주(永州)에 속하게 하였다. 조선 태조 때 내속(來屬)되었다〉

『방면』(坊面)

현내면(縣內面)〈읍치로부터 5리에서 끝난다〉

장수면(長水面)〈읍치로부터 서쪽으로 10리에서 끝난다〉

치산면(雉山面)〈읍치로부터 북쪽으로 5리에서 시작하여 15리에서 끝난다〉

이지면(梨旨面)〈일명 남면(南面)이라 한다. 읍치로부터 30리에서 끝난다. 영천(永川)의 서쪽 하양(河陽)의 북쪽에 월경(越境)하여 있다〉

아촌면(阿村面)〈읍치로부터 동쪽으로 7리에서 시작하여 17리에서 끝난다〉

대량면(代良面)〈읍치로부터 동쪽으로 15리에서 시작하여 30리에서 끝난다〉

고현면(古縣面)〈읍치로부터 동쪽으로 30리에서 시작하여 40리에서 끝난다〉

지곡면(知谷面)〈읍치로부터 동북쪽으로 위와 같다〉

신촌면(新村面)〈읍치로부터 동북쪽으로 50리에서 시작하여 70리에서 끝난다. 본래 신촌부곡(新村部曲)이었다. 동쪽으로 영천(永川)과 접하여 있고 북쪽으로 청송(靑松)과 접하여 있으며 서쪽으로 의성(義城)과 접하여 있다〉

『산수』(山水)

화산(華山)〈읍치로부터 북쪽으로 30리에 있다. 의흥(義興)을 보라〉

팔공산(八公山)〈읍치로부터 서쪽으로 15리에 있다. 인종대왕(仁宗大王)의 태(胎)를 봉안하였다. 산 가운데에 수도동(修道洞)이 있는데 날으는 듯한 폭포가 100자가 된다. 또 선주암(仙舟岩) 읍선대(揖仙臺)가 있다. 대구(大邱)를 보라. ○수도사(修道寺)가 있다〉

보현산(普賢山)〈읍치로부터 북쪽으로 75리에 있다. 일명 모자산(母子山)이라고도 한다. 북쪽으로 청송(靑松)과 접하여 있고 동쪽으로 영천(永川)과 접하여 있다. 법화동(法華洞)이 있는데 웅장한 반석이 험준하고 높다. 동쪽으로는 대해(大海)를 바라보며 북쪽으로는 태백산(太白山)을 끌어 안고 있다. ○법화사(法華寺)가 있다〉

판립산(板立山)〈보현산(普賢山)의 서쪽 갈래이다〉

경림산(瓊林山)〈읍치로부터 동쪽으로 40리에 있다〉

백학산(白鶴山)〈읍치로부터 동쪽으로 20리에 있다〉

【송전(松田)은 1곳이다】

「영로」(嶺路)

여음동령(餘音洞嶺)〈읍치로부터 서쪽으로 10리에 있다〉

갑현(甲峴)〈읍치로부터 서북쪽으로 15리에 있다. 모두 의흥(義興)과의 경계이다〉

○서천(西川)〈근원은 화산에서 나와서 남쪽으로 흘러 현의 서쪽을 돌아서 다시 동쪽으로 영천의 북천(北川)으로 들어간다〉

자을아천(慈乙阿川)〈읍치로부터 동쪽으로 20리에 있다. 영천(永川)의 북천(北川)에 상세하다〉

【제언은 118곳이다】

『봉수』(烽燧)

여음동(餘音洞)〈읍치로부터 서쪽으로 10리에 있다〉

『창고』(倉庫)

읍창·동창(東倉)〈현(縣)과의 거리가 20리이다〉

『역참』(驛站)

장수도(長水道)〈읍치로부터 서쪽으로 5리에 있다. 일명 장수(長壽) 또는 장수(長守)라고 한다. ○속역(屬驛)은 14곳이다. ○찰방(察訪) 1원이 있다〉

『토산』(土產)

대나무[죽(竹)]·옻[칠(漆)]·우리(또는 구리때)[입초(笠草)]·벌꿀[봉밀(蜂蜜)]

『장시』(場市)

읍내장은 3일, 8일이고 고현장(古縣場)은 5일, 10일이고 황지원장(黃地院場)은 1일, 6일이다. 환벽정(環碧亭)이 있다.

『전고』(典故)

고려 우왕 9년(1383)에 왜구가 신녕(新寧)·장수(長守)에 쳐들어 왔다. ○조선 선조 25년(1592)에 왜가 신녕(新寧)을 함락하였다.

22. 영산현(靈山縣)

『연혁』(沿革)

본래 신라의 서화(西火)인데 경덕왕 16년(757)에 상약(尙藥)이라 고치고 밀성군(密城郡)의 영현으로 삼았다. 고려 태조 23년(940)에 영산(靈山)으로 고치고 현종 9년에 밀성군(密城郡)에 속하게 하였다. 원종 15년(1274)에 감무(監務)를 두었다. 조선 태종 13년(1413)에 현감으로 고치고 인조 9년(1631)에 창녕(昌寧)을 합하였다가 인조 15년(1637)에 나누었다.

「읍호」(邑號)

취산(鷲山)·취성(鷲城)

「관원」(官員)

현감(縣監)〈대구진관병마절제도위(大邱鎭管兵馬節制都尉)를 겸한다〉 1원이 있다.

『고읍』(古邑)

계성(桂城)〈읍치로부터 북쪽으로 15리에 있다. 본래 신라에서 읍을 두었는데 옛 이름은 알 수 없다. 경덕왕(景德王) 16년(757)에 계성(桂城)으로 고치고 화왕군(火王郡)의 영현(領縣)으로 삼았다. 고려 현종(顯宗) 9년(1018)에 밀성군(密城郡)에 속하게 하였다. 공민왕 15년(1366)에 내속(來屬)되었다. 공양왕(恭讓王) 2년(1390)에 밀성군(密城郡)에 되돌렸다. 조선 태조 3년(1394)에 다시 내속되었다.

『방면』(坊面)

읍내면(邑內面)〈읍치로부터 10리에서 끝난다〉

부곡면(釜谷面)〈읍치로부터 동쪽으로 12리에서 시작하여 40리에서 끝난다〉

기곡면(箕谷面)〈읍치로부터 동남쪽으로 12리에서 시작하여 20리에서 끝난다. 옛날 길곡부곡(吉谷部曲)이었다〉

도천면(都泉面)〈읍치로부터 북쪽으로 5리에서 시작하여 15리에서 끝난다〉

계성면(桂城面)〈읍치로부터 북쪽으로 7리에서 시작하여 15리에서 끝난다〉

마단면(馬丹面)〈읍치로부터 남쪽으로 12리에서 시작하여 20리에서 끝난다〉

장가면(長嘉面)〈읍치로부터 서쪽으로 20리에서 시작하여 30리에서 끝난다〉

도사면(道謝面)〈읍치로부터 서남쪽에 있다. 위와 같다〉

○〈마천부곡(馬川部曲)은 동남쪽으로 30리에 있고 옥기음부곡(玉岐音部曲)은 계성(桂城)고현에서 서쪽으로 10리에 있다. 오가이향(烏加伊鄕)은 매포(買浦)에 있는데 동쪽으로 현과의 거리가 20리이다. 퇴곡소(退谷所)는 동쪽으로 10리에 있다. 다이소(多伊所)는 동쪽으로 30리에 있다〉

『산수』(山水)

영취산(靈鷲山)〈읍치로부터 동북쪽으로 7리에 있다. ○보림사(寶林寺) 법화사(法華寺)는 모두 절벽위에 있는데 돌로 된 길로 겨우 통하는데 사람들은 가장자리에 매달려 오르내린다.

또 죽림사(竹林寺)가 있다〉

태자산(太子山)〈읍치로부터 북쪽으로 10리에 있다. 신라 태자(太子)의 묘(墓)가 있으므로 이름이 되었다〉

통초산(通草山)〈읍치로부터 서쪽으로 22리에 있다〉

석천산(石泉山)〈읍치로부터 남쪽으로 15리에 있다〉

작약산(芍藥山)〈읍치로부터 동쪽으로 2리에 있다. 남쪽으로 바위가 병풍처럼 둘러 있는데 전죽(箭竹)이 난다〉

덕암산(德岩山)〈읍치로부터 동쪽으로 20리에 있다〉

반월산(半月山)〈읍치로부터 서쪽으로 10리에 있다〉

문성산(文星山)〈읍치로부터 남쪽으로 15리에 있다〉

【송전(松田)은 16곳이다】

「영로」(嶺路)

니물현(尼勿峴)〈읍치로부터 동쪽으로 17리에 있다. 밀양(密陽)과의 경계이다〉

건현(件峴)〈읍치로부터 동쪽으로 22리에 있다. 밀양과의 경계이다〉

○기강(岐江)〈읍치로부터 서쪽으로 28리에 있다. 낙강(洛江)과 진강(晉江)의 합류처이다〉

계성천(桂城川)〈창녕(昌寧) 대왕산(大王山)의 남쪽에서 나와서 남쪽으로 흘러 계성고현을 경유하여 태자산(太子山)을 돌아 매포진(買浦津)으로 들어간다〉

천연천(穿淵川)〈읍치로부터 동쪽으로 2리에 있다〉

동보포(同步浦)〈읍치로부터 서쪽으로 20리에 있다〉

장자택(長子澤)〈읍치로부터 서쪽으로 10리에 있다〉

작택(鵲澤)〈읍치로부터 서쪽으로 11리에 있다〉

법사지(法師池)〈읍치로부터 남쪽으로 18리에 있다〉

【제언은 10곳이다】

『성지』(城池)

읍성〈둘레는 3,810자이다〉

계성고현성(桂城古縣城)〈남은 터가 있다〉

『봉수』(烽燧)

소산(所山)〈읍치로부터 서쪽으로 5리에 있다〉

여통(餘通)〈읍치로부터 서쪽으로 14리에 있다〉

『역참』(驛站)

일문역(一門驛)〈읍치로부터 서쪽으로 5리에 있다〉

온정역(溫井驛)〈읍치로부터 동쪽으로 20리에 있다〉

『진도』(津渡)

매포진(買浦津)〈읍치로부터 남쪽으로 23리에 있다. 일명 멸포(蔑浦)이니 곧 칠원현(漆原縣) 우질포(亏叱浦)의 하안(下岸)이다〉

송진(松津)〈읍치로부터 남쪽으로 20리에 있다. 모두 칠원(漆原)으로 통한다〉

『토산』(土産)

대나무[죽(竹)]·매실[매(梅)]·석류[류(榴)]·감[시(柹)]·벌꿀[봉밀(蜂蜜)]·잉어[이어(鯉魚)]·붕어[즉어(鯽魚)]

『장시』(場市)

읍내장은 5일, 10일이고 건천장(乾川場)은 1일, 6일이고 도흥장(道興場)은 2일, 7일이다.

『단유』(壇壝)

기강용단(岐江龍壇)〈『고려사』 사전(祀典)에는 가야진(加耶津) 명소(溟所)를 소사(小祀)로 기록하였다. 지금 읍에서는 봄 가을에 제사를 드린다〉

『누정』(樓亭)

대월루(待月樓)와 쌍수정(雙樹亭)이 있다.

『전고』(典故)

고려 우왕 3년(1377)에 왜구가 영산(靈山)에 근거하였는데 험준하여 자체로 견고한 곳이다. 도순문사(都巡問使) 우인렬(禹仁烈)·부원수(副元帥) 배극렴(裵克廉) 등이 진격하였으나 불리하였다. 또 율포(栗浦)에서 싸워 적장(賊將)을 참수(斬首)하고 또 10여 명을 죽이고 말 60여 필을 획득하였다. ○조선 선조 25년(1592)에 왜가 영산(靈山)을 함락시켰다.

23. 창녕현(昌寧縣)

『연혁』(沿革)

본래 신라의 비자화(比自火)였다.〈일명 비사벌(比斯伐)이라 한다. ○전주(全州)의 옛 이름과 같다〉 진흥왕(眞興王) 16년(555)에 하주(下州)를 두었고 26년(565)에 주를 폐하였다가 후에 하주정(下州停)을 두었다. 신문왕(神文王) 5년(685)에 파하였고 모산정(貌山停)을 두었다.〈지금의 운봉현(雲峯縣)이다〉 경덕왕(景德王) 16년(757)에 화왕군(火王郡)으로 고치고〈영현은 세 곳이니 현효(玄驍)·유산(幽山)·계성(桂城)이다〉 양주(良州)에 예속시켰다. 고려 태조 23년(940)에 창녕(昌寧)으로 고치고 현종 9년(1018)에 밀성군(密城郡)에 속하게 하였다. 명종 2년(1172)에 감무를 두었고 조선 태종 13년(1413)에 현감(縣監)으로 고쳤다. 인조 9년(1631)에 혁파하여 영산현(靈山縣)에 속하게 하였다〈역적(逆賊)의 변이 있었기 때문이다〉 15년(1637)에 나누었다.

「읍호」(邑號)

창산(昌山)·하성(夏城)

「관원」(官員)

현감(縣監)〈대구진관 병마절제도위(大邱鎭管 兵馬節制都尉)를 겸한다〉 1원이 있다.

『방면』(坊面)

현내면(縣內面)〈읍치로부터 5리에서 끝난다〉

고암면(高岩面)〈읍치로부터 북쪽으로 5리에서 시작하여 20리에서 끝난다〉

성산면(城山面)〈읍치로부터 북쪽으로 20리에서 시작하여 40리에서 끝난다〉

합산면(合山面)〈읍치로부터 서쪽으로 15리에서 시작하여 30리에서 끝난다〉

대곡면(大谷面)〈읍치로부터 서쪽으로 10리에서 시작하여 30리에서 끝난다〉

옥야면(沃野面)〈읍치로부터 서북쪽으로 2리에서 시작하여 40리에서 끝난다〉

이언면(利彦面)〈읍치로부터 서쪽으로 20리에서 시작하여 40리에서 끝난다〉

장유면(長遊面)〈읍치로부터 서쪽으로 10리에서 시작하여 30리에서 끝난다〉

지포면(池浦面)〈읍치로부터 서쪽으로 5리에서 시작하여 10리에서 끝난다〉

대송면(大松面)〈위와 같다〉

창락면(昌樂面)〈읍치로부터 남쪽으로 5리에서 시작하여 15리에서 끝난다〉

어촌면(漁村面)〈읍치로부터 남쪽으로 7리에서 시작하여 20리에서 끝난다〉

남곡면(南谷面)〈읍치로부터 서남쪽으로 20리에서 시작하여 40리에서 끝난다〉

○〈신문부곡(薪文部曲)은 읍치로부터 남쪽으로 20리에 있고 성산향(城山鄕)은 읍치로부터 북쪽으로 23리에 있는데 지금의 산성면(山城面)이다〉

『산수』(山水)

화왕산(火王山)〈읍치로부터 동쪽으로 4리에 있다. 산의 모양이 높고 험준하다. 가운데 샘이 9곳, 못이 3곳 있다. 임진왜란때 곽재우(郭再祐)가 이곳에서 왜에 저항하였다. ○관음사(觀音寺) 옥천사(玉泉寺)가 있다〉

문방산(文房山)〈읍치로부터 서북쪽으로 30리에 있다〉

효자암산(孝子岩山)〈읍치로부터 남쪽으로 25리에 있다〉

합산(合山)〈읍치로부터 서북쪽으로 20리에 있다〉

비슬산(琵瑟山)〈읍치로부터 북쪽으로 30리에 있다. 대구(大邱) 현풍(玄風)과의 경계이다. ○연화사(蓮華寺)와 용흥사(龍興寺)가 있다〉

유남산(楡南山)〈읍치로부터 북쪽으로 10리에 있다〉

관주산(貫珠山)〈화왕산의 동남쪽에 있다〉

어산(於山)〈창락면(昌樂面)에 있다〉

맥산(麥山)〈읍치로부터 서쪽으로 15리에 있다〉

우항산(牛項山)〈읍치로부터 서쪽으로 40리에 있다〉

조화봉(照花峯)〈비슬산(琵瑟山)의 남쪽에 있다〉

대견봉(大見峯)〈위와 같다. 현풍과의 경계이다〉

「영로」(嶺路)

마현(馬峴)〈읍치로부터 북쪽으로 30리에 있다. 현풍으로 통한다〉

○낙동강(洛東江)〈읍치로부터 서쪽으로 40리에 있다〉

물슬천(勿瑟川)〈읍치로부터 서쪽으로 15리에 있다. 근원은 화왕산(火王山) 유남산(楡南山) 태백산(太白山) 등 여러 산에서 나와서 합하여서 서쪽으로 흘러 낙동강으로 들어 간다〉

남천(南川)〈읍치로부터 남쪽으로 2리에 있다. 화왕산(火王山)에서 나와서 서쪽으로 흘러 토천(兎川)이 되고 낙동강으로 들어간다〉

곽천(藿川)〈읍치로부터 북쪽으로 30리에 있다. 근원은 용흥사동(龍興寺洞)에서 나와서 서쪽으로 흘러 현풍의 경계로 들어가서 차천(車川)이 된다〉

이지포(梨旨浦)〈읍치로부터 서쪽으로 25리에 있다. 물슬천(勿瑟川)이 강으로 들어가는 곳이다〉

용장택(龍壯澤)〈읍치로부터 서북쪽으로 20리에 있다. 둘레는 5리이다〉

반개택(盤介澤)〈읍치로부터 남쪽으로 30리에 있다〉

누구택(樓仇澤)〈읍치로부터 서쪽으로 25리에 있다〉

【제언(堤堰)은 16 곳이 있다】

『성지』(城池)

화왕산고성(火王山古城)〈둘레는 5,983자이고 샘이 9곳 못이 3곳 있다〉

고성(古城)〈성산면(城山面)에 있다〉

『봉수』(烽燧)

태백산(太白山)〈읍치로부터 서북쪽으로 30리에 있다〉

『창고』(倉庫)

읍창(邑倉)·사창(社倉)〈대곡면(大谷面)에 있다〉·감물창(甘勿倉)

『역참』(驛站)

내야역(內野驛)〈읍치로부터 북쪽으로 1리에 있다〉

『진도』(津渡)

박지곡진(朴只谷津)〈일명 박진(朴津)이라고 한다. 읍치로부터 서쪽으로 10리에 있다. 의령(宜寧)으로 통한다〉

우산진(牛山津)〈읍치로부터 서쪽으로 40리에 있다. 초계(草溪)로 통한다〉

마수원진(馬首院津)〈읍치로부터 서쪽으로 40리에 있다〉

감물창진(甘勿倉津)〈읍치로부터 서쪽으로 40리에 있다〉

『토산』(土産)

대나무[죽(竹)]·석류[류(榴)]·오미자(五味子)·벌꿀[봉밀(蜂蜜)]·붕어[즉어(鯽魚)]

『장시』(場市)

대견장(大見場)은 3일, 8일이고 연암장(燕岩場)은 4일, 9일이다.

『누정』(樓亭)

불일루(不日樓)·징원루(澄源樓)·만향정(滿香亭)

『사원』(祠院)

관산서원(冠山書院)〈광해군 경신년(1620)에 세웠고 숙종 신묘년(1711)에 사액되었다〉에서 정구(鄭逑)〈충주(忠州)를 보라〉를 제향한다.

『전고』(典故)

조선 선조 25년(1592)에 의병장(義兵將) 성천희(成天禧) 등이 병사(兵士) 1,000여 명을 지휘하여 창녕(昌寧)의 왜적을 포위하여 하루 온종일 교전하였는데 적은 울타리를 불태우고 도망갔다.

24. 의흥현(義興縣)

『연혁』(沿革)

본래 신라에서 읍을 두었는데〈읍호(邑號)는 알 수 없다〉 고려초에 의흥(義興)으로 고쳤고 현종 9년(1018)에 안동에 속하게 하였다. 공양왕 2년(1390)에 감무(監務)를 두었다. 조선 태종 13년(1413)에 현감(縣監)으로 고쳤다.

「읍호」(邑號)

구산(龜山)

「관원」(官員)

현감(縣監)〈대구진관 병마절제도위(大邱鎭管兵馬節制都尉)를 겸한다〉 1원이 있다.

『고읍』(古邑)

부계(缶溪)〈읍치로부터 남쪽으로 31리에 있다. 본래 신라에서 읍을 두었으나 옛 이름은 알 수 없다. 경덕왕 16년(757)에 부림(缶林)으로 고쳐 숭선군(嵩善郡)의 영현으로 삼았다. 고려 태조 20년(937)에 부계(缶溪)로 고치고 현종 9년(1018)에 상주(尙州)에 속하였다가 후에 선주(善州)에 속하였다. 공양왕 2년(1390)에 내속(來屬)되었다〉

『방면』(坊面)

중리면(中里面)〈읍치로부터 남쪽으로 5리에서 끝난다〉

하리면(下里面)〈읍치로부터 서쪽으로 5리에서 시작하여 10리에서 끝난다〉

우보리면(牛保里面)〈읍치로부터 서남쪽으로 15리에서 시작하여 20리에서 끝난다〉

내화리면(乃化里面)〈읍치로부터 서쪽으로 10리에서 시작하여 20리에서 끝난다〉

파립면(巴立面)〈읍치로부터 동쪽으로 10리에서 시작하여 20리에서 끝난다〉

소수리면(小首里面)〈읍치로부터 동쪽으로 15리에서 시작하여 30리에서 끝난다〉

신남면(身南面)〈읍치로부터 남쪽으로 15리에서 시작하여 30리에서 끝난다〉

부동면(缶東面)〈읍치로부터 남쪽으로 20리에서 시작하여 30리에서 끝난다〉

현내면(縣內面)〈읍치로부터 남쪽으로 25리에서 시작하여 40리에서 끝난다〉

부남면(缶南面)〈읍치로부터 남쪽으로 30리에서 시작하여 50리에서 끝난다〉

부서면(缶西面)〈읍치로부터 서남쪽으로 20리에서 시작하여 40리에서 끝난다〉

○〈피토부곡(皮吐部曲)은 읍치로부터 남쪽으로 11리에 있다. 고로곡부곡(古老谷部曲)은 읍치로부터 동쪽으로 20리에 있다. 니화촌(尼火村)은 읍치로부터 서쪽으로 10리에 있다〉

『산수』(山水)

용두산(龍頭山)〈읍치로부터 동쪽으로 1리에 있다〉

선암산(船岩山)〈읍치로부터 동쪽으로 17리에 있다. 의성(義城)과의 경계이다. ○수태사(水泰寺)가 있다〉

원통산(圓通山)〈읍치로부터 서쪽으로 17리에 있다〉

화산(華山)〈읍치로부터 동쪽으로 40리에 있다. 신녕(新寧)과의 경계이다. ○풍혈(風穴)이 산의 서쪽 기슭에 있는데 넓이가 3자 2치이고 길이가 2자8치이다. 바람이 굴에서부터 나와서 매우 차다. 초여름에는 반드시 얼음이 언다. ○인각사(獜角寺)가 산의 골짜기에 있다. ○석벽(石壁)이 빽빽하게 서 있다〉

팔공산(八公山)〈읍치로부터 남쪽으로 50리에 있다. 대구(大邱) 칠곡(漆谷)과의 경계이다〉

각씨산(閣氏山)〈읍치로부터 동쪽으로 20리에 있다〉

도봉산(到鳳山)〈우보리면(牛保里面)에 있다. ○신흥사(新興寺)가 있다〉

「영로」(嶺路)

자비현(慈悲峴)〈읍치로부터 서남쪽으로 50리에 있다. 인동(仁同)과의 경계이다〉

지사현(知士峴)〈읍치로부터 남쪽으로 48리에 있다. 칠곡(漆谷)과의 경계이다〉

토을현(吐乙峴)〈읍치로부터 남쪽으로 35리에 있다. 가운데 길이다〉

석모현(石毛峴)〈읍치로부터 남쪽으로 45리에 있다. 칠곡과의 경계이다〉

신현(新峴)〈읍치로부터 서남쪽으로 25리에 있다〉

○남천(南川)〈근원은 화산(華山) 구룡담(九龍潭)에서 나와서 서쪽으로 흘러 소학대(巢鶴臺)에 이르러 오른쪽으로 의성(義城)의 소야천(巢野川)을 지나 서북쪽으로 흘러 현의 남쪽을 경유하여 왼쪽으로 우곡천(牛谷川)을 지나고 꺾여서 서쪽으로 흘러 군위(軍威)의 병천(幷川)이 된다〉

우곡천(牛谷川)〈읍치로부터 남쪽으로 11리에 있다. 남천(南川) 하류로 들어간다〉

부계천(缶溪川)〈근원은 팔공산(八公山)에서 나와서 서북쪽으로 흘러 부계고현(缶溪古縣)

의 남쪽을 경유하여 왼쪽으로 군위(軍威)의 효령천(孝令川)을 지나 북쪽으로 흘러 병천(幷川)으로 들어간다〉

【제언은 19곳이다】

『성지』(城池)

화산성(華山城)〈숙종 35년(1709)에 쌓기 시작하여 중간에 그만두었다. 둘레는 9,300여 보(步)이다〉

고성(古城)〈읍치로부터 동쪽으로 2리에 있다. 성산(城山)이라 칭한다. 둘레는 1,110자이다〉

고성(古城)〈팔공산(八公山)의 부계고현(缶溪古縣))에서 서쪽으로 40리에 있다. 둘레는 3,075자이다. 지금은 가산성(架山城) 터에 들어가 있다〉

『창고』(倉庫)

읍창(邑倉) 〈두 곳 있다〉·부계창(缶溪倉)〈고현(古縣)에 있다〉

『역참』(驛站)

우곡역(牛谷驛)〈읍치로부터 남쪽으로 10리에 있다〉

『봉수』(烽燧)

승목산(繩木山)〈읍치로부터 서쪽으로 10리에 있다〉

보지현(甫只峴)〈읍치로부터 남쪽으로 15리에 있다〉

토을현(吐乙峴)〈위를 보라〉

『토산』(土産)

옻[칠(漆)]·지치[자초(紫草)]·우리(또는 구리때)[입초(笠草)]·송이버섯[송심(松蕈)]·석이버섯[석심(石蕈)]·벌꿀[봉밀(蜂蜜)]

『장시』(場市)

읍내장은 5일, 10일이고 신원장(新院場)은 1일, 6일이다.

『누정』(樓亭)

선승정(選勝亭)이 있다.

『전고』(典故)

고려 우왕 9년(1383)에 왜구가 의흥(義興)에 침입하였다.

25. 자인현(慈仁縣)

『연혁』(沿革)

본래 신라의 노사화(奴斯火)였다.〈일명 기화(基火)라고 한다〉 경덕왕 16년(757)에 자인(慈仁)으로 고치고 장산군(獐山郡)의 영현으로 삼았다. 고려 현종 9년에 경주에 속하게 하였고 조선 인조 15년(1637)에 다시 현을 설치하였다.

「관원」(官員)

현감(縣監)〈대구진관병마절제도위를 겸한다〉 1원이 있다.

『고읍』(古邑)

여량(餘粮)〈읍치로부터 북쪽으로 10리에 있다. 본래 신라의 마진량(麻珎良) 이었다. 진(珎)은 한편으로 이(弥)로 쓰기도 한다. 경덕왕 16년(757)에 여량(餘粮)이라 고치고 장산군(獐山郡)의 영현으로 삼았다. 고려 현종 9년(1018)에 경주에 속하게 하였고 구사부곡(仇史部曲)으로 내렸다. 조선 효종 9년(1658)에 내속되었다〉

『방면』(坊面)

가촌면(加村面)〈읍치로부터 5리에서 시작하여 15리에서 끝난다〉

동내면(洞內面)〈읍치로부터 10리에서 시작하여 15리에서 끝난다〉

하조곡면(下早谷面)〈읍치로부터 10리에서 끝난다〉

대사동면(大寺洞面)〈읍치로부터 10리에서 시작하여 15리에서 끝난다〉

가야지면(加耶旨面)〈읍치로부터 10리에서 끝난다〉

마사리면(馬沙里面)〈읍치로부터 10리에서 시작하여 15리에서 끝난다〉

구사면(仇史面)〈읍치로부터 10리에서 시작하여 20리에서 끝난다〉

『산수』(山水)

도천산(到天山)〈읍치로부터 북쪽으로 3리에 있다〉

구룡산(九龍山)〈읍치로부터 동쪽으로 30리에 있다. 반룡산(盤龍山)이 있다〉

삼성산(三聖山)〈읍치로부터 남쪽으로 15리에 있다〉

금박산(金朴山) 점산(簟山)〈모두 읍치로부터 동북쪽으로 15리에 있다〉

금학산(金鶴山)〈읍치로부터 동쪽으로 10리에 있다〉

삼천산(三川山)〈읍치로부터 동쪽으로 15리에 있다〉

박가리산(朴加利山)〈읍치로부터 동쪽으로 20리에 있다〉

송림동(松林洞)〈읍치로부터 동쪽으로 20리에 있다〉

「영로」(嶺路)

구현(鳩峴)〈읍치로부터 서쪽으로 10리에 있다. 경산(慶山)과의 경계이다〉

고리령(古里嶺)〈읍치로부터 서남쪽으로 20리에 있다. 북쪽으로 신죽사(新竹寺)가 있다〉

삼현(三峴)〈읍치로부터 동북쪽으로 20리에 있다〉

○관란천(觀瀾川)〈읍치로부터 동남쪽으로 10리에 있다. 근원은 금박산(金朴山) 구룡산(九龍山) 등의 산에서 나와서 합쳐져서 서쪽으로 흘러서 왼쪽으로 오목천(烏沐川)을 지나 북쪽으로 흘러 현의 서쪽을 지나 경산(慶山)의 황률천(黃栗川) 상류로 들어간다〉

오목(烏沐)〈근원은 구룡산의 남쪽에서 나와 서쪽으로 흘러 꺾여서 관란천(觀瀾川)으로 들어간다〉

【제언(堤堰)은 12 곳이다】

『역참』(驛站)

산역(山驛)〈읍치로부터 남쪽으로 3리에 있다〉

『토산』(土産)

대나무[죽(竹)]·대추[조(棗)]·은어[은구어(銀口魚)]·붕어[즉어(鯽魚)]

『장시』(場市)

읍내장은 3일 8일이다.

『누정』(樓亭)

낙산루(樂山樓)가 있다.

『전고』(典故)

고려 우왕 5년(1379)에 왜구(倭寇)가 자인(慈仁)에 쳐들어 왔다.

제3권

경상도 23읍

1. 상주목(尙州牧)

『연혁』(沿革)

본래 사벌국(沙伐國)이다.〈일명 사벌량국(沙伐梁國) 혹은 사불국(沙弗國)이라고도 한다〉 신라(新羅) 첨해왕(沾解王) 3년(249)에 이 나라를 멸망시키고 사벌주(沙伐州)를 두었다. 법흥왕(法興王) 12년(525)에 상주(尙州)라고 개칭하고 군주(軍主: 신라 때 지방행정 구역인 주(州)의 장관. 후에는 총관(摠管) 혹은 도독(都督)이라고도 하였다/역자주)를 두었다.〈대아찬(大阿飡) 이등(伊登)으로 군주를 삼았다〉 진흥왕(眞興王) 13년(552)에 상주정(上州停)을 두었다가, 18년(557)에 폐지하여 사벌군(沙伐郡)으로 강등시켰다. 진평왕(眞平王) 36년(614)에 폐지하였다가 신문왕(神文王) 7년(687)에 다시 사벌주(沙伐州)〈일명 사대주(沙大州)라고도 한다〉 총관(摠管)을 두었다.〈이찬(伊飡) 관등이 장관이 되는 기관을 총관(摠管)이라고 한다〉 경덕왕(景德王) 16년(757)에 상주도독부(尙州都督府)라고 개칭하였다.〈9주(九州)의 하나이다. ○예하의 주(州) 1곳, 군(郡) 10곳, 현(縣) 34곳이다. ○도독부(都督府)의 영현(領縣)은 청효현(靑驍縣) 화창현(化昌縣) 다인현(多仁縣)이다〉 혜공왕(惠恭王) 때 부(府)를 사벌주(沙伐州)로 개칭하였다. 고려 태조(太祖) 23년(940)에 다시 상주(尙州)라 하였고 후에 안동도호부(安東都護府)로 고쳤다. 고려 성종(成宗) 2년(983)에 상주목(尙州牧)〈12목의 하나이다〉으로 고쳤고, 14년(995)에 귀덕군절도사(歸德軍節度使)〈12절도사의 하나이다〉로 삼아 영남도(嶺南道)에 소속시켰다. 현종(顯宗) 3년(1012)에 안동대도호부(安東大都護府)로 고치고, 5년(1014)에 상주안무사(尙州安撫使)로 개칭하고 9년(1018)에 목(牧)을 두었다.〈8목의 하나이다. ○속군(屬郡)은 7곳이니 문경군(聞慶郡)·용궁군(龍宮郡)·개령군(開寧郡)·보령군(報令郡)·함창군(咸昌郡)·영동군(永同郡)·해평군(海平郡)이다. 속현(屬縣)은 18곳이니 화녕현(化寧縣)·단밀현(丹密縣)·산양현(山陽縣)·청리현(靑里縣)·공성현(功成縣)·화창현(化昌縣)·청산현(靑山縣)·비옥현(比屋縣)·안정현(安貞縣)·중년현(中年縣)·가은현(加恩縣)·호계현(虎溪縣)·어모현(禦侮縣)·다인현(多仁縣)·일선현(一善縣)·군위현(軍威縣)·효령현(孝靈縣)·부계현(缶溪縣)이다〉 충선왕(忠宣王) 2년(1310)에 강등시켜 지주사(知州事)로 삼았다가〈여러 목(牧)을 모두 폐지하였다〉 공민왕(恭愍王) 5년(1356)에 다시 목으로 하였다. 조선(朝鮮) 태조(太祖) 원년(1392)에 관찰사영(觀察使營)을 경주(慶州)에서 이곳으로 옮겨왔다. 세조(世祖) 12년(1466)에 진(鎭)을 설치하였다.〈관할 8읍 중에 선산(善山)은 지금 독진(獨鎭)이 되었다〉 선조(宣祖) 29년(1596)에 관찰사영(觀察使營)을 대구(大邱)로 옮겼다.

「읍호」(邑號)

상락(上洛)〈고려 성종(成宗) 때 정한 것이다〉 적산(商山) 타아(陁阿)

「관원」(官員)

목사(牧使)〈상주진관병마첨절제사(尙州鎭管兵馬僉節制使)를 겸한다〉 1원을 두었다.〈세종(世宗) 31년(1449)에 관찰사(觀察使)가 목사(牧使)를 겸하게 하였다가 곧 폐지하였다. 세조(世祖) 때이래 목사(牧使)가 경상우도병마절도부사(慶尙右道兵馬節度副使)를 겸하게 하였다가 곧 폐지하였다〉

『고읍』(古邑)

화녕군(化寧郡)〈읍치에서 서쪽으로 51리에 있다. 본래 신라의 답달비현(荅達匕縣)이었는데 일명 답달현(畓達縣)이라고도 한다. 경덕왕(景德王) 16년(757)에 화녕군(化寧郡)이라고 고쳤다. 영현(領縣)이 1곳이니 도안현(道安縣)이었다. 고려 현종(顯宗) 9년(1018)(1018)에 상주에 합쳤다〉

중모현(中牟縣)〈읍치에서 서남쪽으로 57리에 있다. 본래 신도량현(新刀良縣)이었다. 경덕왕(景德王) 16년(757)에 도안현(道安縣)으로 고치고 화녕군(化寧郡) 영현(領縣)으로 삼았다. 고려 태조(太祖) 23년(940)에 중모현(中牟縣)으로 고쳤고 현종(顯宗) 9년(1018)에 상주에 합쳤다〉

단밀현(丹密縣)〈읍치에서 동쪽으로 57리에 있다. 본래는 무동미지(武冬彌知)라 하였는데 "무(武)"는 "갈(曷)"이라고 쓰기도 한다. 경덕왕(景德王) 16년(757)에 단밀현(丹密縣)으로 고치고 문소군(聞韶郡) 영현(領縣)으로 하였다. 고려 현종(顯宗) 9년(1018)에 상주에 합쳤다〉

산양현(山陽縣)〈읍치에서 북쪽으로 63리에 있다. 본래 신라 근품현(近品縣)이었는데 품(品) 자는 암(嵒) 자로 쓰기도 한다. 경덕왕(景德王) 16년(757)에 가유현(嘉猷縣)라고 고치고 예천군(醴泉郡) 진현(鎭縣)으로 하였다. 고려 태조(太祖) 23년(940)에 산양현(山陽縣)으로 고쳤다. 고려 현종(顯宗) 9년(1018)에 상주에 합쳤다가, 후에 분리하여 감무(監務)를 두었다. 명종(明宗) 10년(1555)에 다시 상주에 합쳤다〉

공성현(功成縣)〈읍치에서 남쪽으로 30리에 있다. 본래 신라의 대병부곡(大幷部曲)이었는데, 고려 태조(太祖) 23년(940)에 공성현으로 고치고 현종 9년에 상주에 합쳤다〉

청리현(靑理縣)〈읍치에서 남쪽으로 20리에 있다. 본래 신라의 음리대현(音里大縣)이었는데 음리화정(音里火停: 정(停)은 신라의 지방군 사령부/역자주)을 설치하였다. 경덕왕(景德王) 16년(757)에 청효현(靑驍縣)이라고 개칭하고 상주(尙州)의 영현(領縣)으로 하였다. 고려 태조(太祖) 23년(940)에 청리현(靑里縣)이라고 고쳤다가, 현종(顯宗) 9년(1018)에 상주에 합쳤다〉

화창현(化昌縣)〈읍치에서 서북쪽으로 50리에 있다. 본래 신라의 지내미지현(知乃彌知縣)이었는데 경덕왕(景德王) 16년(757)에 화창현(化昌縣)이라고 고치고 상주 영현(領縣)으로 하였다. 고려 현종(顯宗) 9년(1018)에 상주에 합쳤다〉

영순현(永順縣)〈읍치에서 동북쪽으로 35리에 있다. 본래 상주의 북쪽에 백림하촌(百林下村)이 있었는데, 고려 고종(高宗) 때 이 촌의 사람 대금취(大金就)가 몽고(蒙古)를 쳐서 공을 세웠으므로 그가 살던 촌을 영순현(永順縣)으로 승격하였다가 후에 합쳤다〉

『방면』(坊面)

부내면(府內面)

내동면(內東面)〈읍치에서 동쪽으로 1리에서 시작하여 20리에서 끝난다〉

중동면(中東面)〈읍치에서 동쪽으로 20리에서 시작하여 30리에서 끝난다〉

【중남면(中南面)과 중서면(中西面)이 있다】

외동면(外東面)〈읍치에서 동쪽으로 15리에서 시작하여 40리에서 끝난다〉

내서면(內西面)〈읍치에서 서쪽으로 1리에서 시작하여 30리에서 끝난다〉

외서면(外西面)〈읍치에서 서북쪽으로 15리에서 시작하여 50리에서 끝난다〉

내남면(內南面)〈읍치에서 남쪽으로 1리에서 시작하여 20리에서 끝난다〉

외남면(外南面)〈읍치에서 남쪽으로 20리에서 시작하여 40리에서 끝난다〉

내북면(內北面)〈읍치에서 북쪽으로 1리에서 시작하여 25리에서 끝난다〉

중북면(中北面)〈읍치에서 북쪽으로 1리에서 시작하여 30리에서 끝난다〉

외북면(外北面)〈읍치에서 북쪽으로 15리에서 시작하여 35리에서 끝난다〉

장천면(長川面)〈본래는 장천부곡(長川部曲)이다. 읍치에서 동남쪽으로 15리에서 시작하여 40리에서 끝난다〉

은척면(銀尺面)〈本古縣地 읍치에서 서북쪽으로 40리에서 시작하여 60리에서 끝난다. 본

래 옛 화창현(化昌縣)이다〉

단북면(丹北面)〈읍치에서 북쪽으로 40리에서 시작하여 80리에서 끝난다〉

단동면(丹東面)〈읍치에서 동쪽으로 40리에서 시작하여 90리에서 끝난다〉

단서면(丹西面)〈읍치에서 서쪽으로 40리에서 시작하여 60리에서 끝난다〉

단남면(丹南面)〈읍치에서 남쪽으로 40리에서 시작하여 50리에서 끝난다. 이상 4면은 옛 단밀(丹密) 지역이다. 중동면(中東面)과 함께 낙동강(洛東江)의 동쪽에 있다〉

영순면(永順面)〈本地 읍치에서 동북쪽으로 30리에서 시작하여 50리에서 끝난다. 본래 옛 영순현(永順縣) 지역이다〉

산양면(山陽面)〈읍치에서 65리에서 끝난다〉

산동면(山東面)〈읍치에서 동쪽으로 50리에서 시작하여 110리에서 끝난다〉

산남면(山南面)〈읍치에서 남쪽으로 5리에서 시작하여 80리에서 끝난다〉

산서면(山西面)〈읍치에서 서쪽으로 60리에서 시작하여 70리에서 끝난다〉

산북면(山北面)〈읍치에서 북쪽으로 120리에서 끝난다. 이상 5면은 옛 산양현(山陽縣) 지역으로 함창(咸昌)과 문경(聞慶) 두 고을의 동쪽, 용궁(龍宮)과 예천(醴泉) 두 읍의 서쪽에 넘어가 있다. 산북면(山北面)은 북쪽으로 충주(忠州) 경계에 접하여 있다〉

화동면(化東面)〈읍치에서 동쪽으로 40리에서 시작하여 60리에서 끝난다〉

화서면(化西面)〈읍치에서 서쪽으로 50리에서 시작하여 70리에서 끝난다〉

화북면(化北面)〈읍치에서 서북쪽으로 70리에서 시작하여 110리에서 끝난다. 이상 3면은 옛 화녕현(化寧縣) 지역이다〉

공동면(功東面)〈읍치에서 동쪽으로 30리에서 시작하여 50리에서 끝난다〉

공서면(功西面)〈읍치에서 서쪽으로 30리에서 시작하여 55리에서 끝난다. 이상 2면은 옛 공성현(功成縣) 지역이다〉

모동면(牟東面)〈읍치에서 동쪽으로 40리에서 시작하여 70리에서 끝난다〉

모서면(牟西面)〈읍치에서 서쪽으로 90리에서 끝난다. 이상 2면은 옛 중모현(中牟縣) 지역이다〉

청동면(青東面)〈읍치에서 동쪽으로 15리에서 시작하여 35리에서 끝난다〉

청남면(青南面)〈읍치에서 남쪽으로 20리에서 시작하여 30리에서 끝난다. 이상 2면은 옛 청리현(青里縣) 지역이다〉

○〈무림부곡(茂林部曲) 읍치에서 북쪽으로 30리에 있다.

연산부곡(連山部曲)은 낙동강(洛東江) 동쪽으로 5리에 있다.

일원부곡(日原部曲)은 읍치에서 남북쪽으로 15리에 있다.

양녕부곡(壤寧部曲)

하곡부곡(河曲部曲)

가량부곡(加良部曲)은 읍치에서 남북쪽으로 15리에 있다.

보량부곡(保良部曲)은 읍치에서 동쪽으로 20리에 있다.

양보부곡(陽保部曲)은 산양면(山陽面)에 있다.

관제부곡(灌濟部曲)과

선은소(鐥銀所)는 모두 화녕면(化寧面)에 있다.

평안부곡(平安部曲)

평산부곡(平山部曲)은 모두 공성면(功成面)에 있다.

주선부곡(主善部曲)

단곡부곡(丹谷部曲)

생물부곡(生物部曲)은 모두 단밀면(丹密面)에 있다.

해상이소(海上伊所)는 중모면(中牟面)에 있다〉

『산수』(山水)

왕산(王山)〈읍성 안에 있는 작은 산이다〉

천봉산(天峯山)〈읍치에서 북쪽으로 7리에 있다〉

구봉산(九峯山)〈화녕면(化寧面)에 있다. 읍치에서 서쪽으로 70리 거리에 있다. 속리산(俗離山)의 남쪽 갈래이며 보은(報恩)과의 경계이다. 봉우리가 창을 진열한 것처럼 극히 험준하다〉

속리산(俗離山)〈화녕면(化寧面) 서북쪽 30리에 있다. 읍치에서 80리 거리에 있다. 청주(青州)와 보은(保恩) 두 읍의 경계에 있다. 보은(報恩) 편에 자세히 있다〉

사불산(四佛山)〈일명 공덕산(功德山)이라고도 한다. 옛 산양현(山陽縣)에 있다. 읍치와 100리 거리에 있다. 동쪽으로는 작성산(鵲城山)에 이르고 서쪽으로는 운달산(雲達山)에 이르며 남쪽으로는 천장산(天藏山)에 이어진다. ○산 위에 사방 1길쯤 되는 바위가 있는데 그 4면에 사방불(四方佛)이 새겨져 있다. 신라 진평왕(眞平王)이 순행하여 관람하였다. 그 산의 중봉은 법왕봉(法王峯)이라고 하는데 그 남쪽 바위에 또 미륵불상(彌勒佛像)을 새겼고, 그 옆에 미륵암(彌勒庵)이 있다. 암자 북쪽에는 묘봉(妙峯)이 멀리서 사방불을 향하여 솟아 있다. 이곳은 신라의 왕들이 사면불을 향하여 예불하는 곳이다. 또 대승사(大乘寺) 백련사(白蓮寺) 금룡사(金龍寺) 등이 있다〉

병풍산(屛風山)〈읍치에서 동쪽으로 10리에 있다〉

갑장산(甲長山)〈읍치에서 남쪽으로 30리에 있다. 남쪽은 선산(山)의 연악산(岳山)이 된다〉

석악산(石岳山)〈읍치에서 북쪽으로 6리에 있다〉

만악산(萬岳山)〈옛 단밀현(丹密縣) 남쪽에 있다. 읍치에서 47리 거리에 있다. 용암사(龍岩寺)는 위로 가파른 바위에 의지하고 아래로는 아득한 물을 바라보고 있다〉

백화산(白華山)〈옛 중모현(中牟縣)에 있다. 읍치에서 서쪽으로 72리 황간(黃澗) 경계에 있다〉

노음산(露陰山)〈읍치에서 서쪽으로 10리에 있다. 일명 서노악(西露岳)이라고도 한다. 북석악(北石岳) 남연악(南淵岳)과 함께 적산(商山)의 삼악(三岳)이라고 부른다〉

운달산(云達山)〈읍치에서 북쪽으로 90리 문경(聞慶) 경계에 있다. 그 아래에 조동천(鳥洞泉)이 바위 틈에서 나오는데 농천(農泉)이라고 한다〉

오봉산(五峯山)〈읍치에서 동북쪽으로 15리에 있다〉

대가산(大駕山)〈읍치에서 북쪽으로 20리에 있다〉

우두산(牛頭山)〈읍치에서 서북쪽으로 40리에 있다〉

봉황산(鳳凰山)〈읍치에서 서쪽으로 50리에 있다〉

팔음산(八音山)〈읍치에서 서쪽으로 55리에 있다〉

원통산(圓通山)〈읍치에서 서쪽으로 40리에 있다〉

천둔산(千屯山)〈읍치에서 서쪽으로 60리 청산(靑山) 경계에 있다〉

웅이산(熊耳山)〈읍치에서 서남쪽으로 50리에 있다〉

용문산(龍門山)〈예 중모현(中牟縣)에 있다〉

서산(西山)〈화녕면(化寧面) 서남쪽에 있다〉

재목산(梓木山)〈읍치에서 서북쪽으로 60리 함창(咸昌) 경계에 있다〉

외홍암(外興岩)〈읍치 북쪽에 있다〉

「영로」(嶺路)

왜유현(倭踰峴)〈읍치에서 남쪽으로 47리 금산(金山) 경계 대로에 있다〉

대조현(大鳥峴)〈산양현(山陽縣)에 있다. 읍치에서 북쪽으로 88리에 있다〉

야운령(野雲嶺)〈운달산(雲達山) 북쪽 갈래이다〉

송현(松峴)〈읍치에서 북쪽으로 28리 함창(咸昌) 경계에 있다〉

죽현(竹峴)〈읍치에서 남쪽으로 38리 선산(善山) 경계 대로(大路)에 있다〉

안곡현(安谷峴)〈읍치에서 남쪽으로 40리 선산(善山) 경계, 개령(開寧)으로 통하는 대로에 있다〉

불현(佛峴)〈읍치에서 남쪽으로 30리에 있다. 선산(善山)으로 통한다〉

이불현(二佛峴)〈낙동강(洛東江)의 경계에 있다〉

갈령(葛嶺)〈읍치에서 서북쪽으로 70리에 있다. 청주(淸州)로 통하는 사이길이다〉

율현(栗峴)〈읍치에서 서북쪽으로 70리에 있다. 보은(報恩)으로 통한다〉

웅현(熊峴)〈읍치에서 서쪽으로 40리에 있다.청산(靑山)으로 통한다〉

낙동강(洛東江)〈읍치에서 동남쪽으로 36리에 있다. 용궁(龍宮)의 삼탄(三灘)의 하류가 송라탄(松羅灘)이 되고 천지대(天之臺)를 지나 비난진(飛鸞津)이 된다. 오른쪽으로 이수장천(伊水長川)을 지나 죽암진(竹岩津)이 되고, 왼쪽으로 위수(渭水)를 지나 낙동진(洛東津)이 된다. 동남쪽으로 흘러 선산(善山) 경계로 들어간다〉

위수(渭水)〈근원은 의흥현(義興縣) 화산(華山)의 구룡담(九龍潭)에서 나와 서쪽으로 흘러 소학대(巢鶴臺)에 이르고 소야천(巢野川)을 지나 서북쪽으로 흐른다. 의흥현(義興縣)을 거쳐 우곡천(牛谷川)을 지나 꺾어서 서쪽으로 흘러 병천(并川)이 된다. 부계천(缶溪川)을 지나고 한적산(韓敵山)을 지나 선교천(船橋川)이 되고 군위현(軍威縣)을 돌아 수십 구비를 돌아 화곡창(花谷倉)을 지난다. 간점산(肝岾山)을 지나 비안현(比安縣) 남쪽을 돌아 쌍계(雙溪)를 지나 꺾여서 북으로 흐르다가 안계역(安溪驛)에 이른다. 또 서쪽으로 흐르다가 옛 단밀현(丹密縣)을 경유하여 위수(渭水)가 되어 죽암진(竹岩津)으로 들어간다〉

이수(伊水)〈근원은 웅이산(熊耳山)과 고산(高山) 웅현(熊峴)의 동쪽에서 나온다. 북쪽으로 흘러 옛 공성현(功成縣)과 청리현(靑里縣)을 경유하여 소호천(巢湖川)이 된다. 상주 읍치 남쪽 5리에 이르러 남천(南川)이 된다. 읍치 동쪽 5리에 이르러 북천(北川)과 합쳐서 낙동강(洛東江)으로 들어간다〉

북천(北川)〈읍치에서 서쪽으로 4리에 있다. 근원은 웅현(熊峴) 가전현(加田峴) 우두산(牛頭山)에서 나와 동으로 흘러 읍치 북쪽을 지나 남천(南川)과 합친다〉

장천(長川)〈읍치에서 남쪽으로 30리에 있다. 근원은 연악산(淵岳山)에서 나와 동북쪽으로 흐르다가 외동면(外東面)을 지나 비난진(飛鸞津)으로 들어간다〉

인천(寅川)〈읍치에서 북쪽으로 60리에 있다.일명 산양천(山陽川)이라고도 한다. 남쪽으로 흘러 용궁(龍宮)의 무흘탄(無訖灘)으로 들어간다〉

영천(潁川)〈읍치에서 북쪽으로 45리 영순면(永順面)에 있다〉

통천(通川)〈읍치에서 서쪽으로 60리에 있다. 근원은 구봉산(九峯山)에서 나와 남쪽으로 흐르다가 옛 화녕현(化寧縣)과 중모현(中牟縣)을 지나 황간(黃澗) 경계에 이르러 송천(松川)이 된다. 영동현(永同縣)을 보라〉

공검지(恭檢池)〈읍치에서 북쪽으로 27리에 있다. 고려 명종(明宗) 25년(1195) 사록(司錄) 최정빈(崔正份)이 옛 터를 개축하여 뚝을 쌓았다. 길이는 860보이고 둘레는 16,647척이다. 그 못은 실상 함창현(咸昌縣)에 있지만 전적으로 상주(尙州)의 백성들이 관개의 이득을 얻고 있다. 함창현을 보라〉

불암지(佛岩池)〈읍치에서 북쪽으로 4리에 있다〉

대제(大堤)〈옛 단밀현(丹密縣) 읍치 북쪽에 있다〉

기지(機池)〈읍치에서 남쪽으로 6리에 있다. 둘레는 4,181척이다〉

【제언(堤堰)이 51곳이 있다】

『형승』(形勝)

왼쪽으로는 낙동강(洛東江)을 두르고, 오른쪽으로는 속리산(俗離山)을 끼고, 북쪽으로는 조령(鳥嶺)과 건너 있고, 남쪽으로는 광야(廣野)를 바라보고 있어 선박과 수레의 집합처이며 교통이 사방으로 통달하는 요충지로서 신라 때부터 큰 고을이 되었다.

『성지』(城池)

읍성(邑城)〈둘레는 3,883척이다. 우물이 21곳, 연못이 1곳 있다〉

사벌국고성(沙伐國古城)〈병풍산(屛風山) 아래에 있다. 성 옆에 높은 언덕과 같은 곳이 있는데 세상에서 전해오기를 사벌국(沙伐國) 왕의 무덤이라고 한다〉

백화산고성(白華山古城)〈둘레는 1,904척이다. 샘이 5곳, 시내 1곳이 있다〉

옛 화녕현성(化寧縣城)〈읍치에서 서쪽으로 50리에 있다. 세상에서 견훤(甄萱)의 성이라고 전해오고 있으나 잘못이다〉

고성(古城)〈읍치에서 서북쪽으로 50리에 있다. 곧 성산(城山)이라고 부르는데, 화창현성(化昌縣城)으로서 유지(遺址)가 있다〉

『영아』(營衙)

좌영(左營)〈인조(仁祖) 때 설치하였다. ○좌영장겸토포사(左營將兼討捕使) 1원을 두었다. ○관할 속읍은 상주(尙州) 개령(開寧) 금산(金山) 지례(知禮) 함창(咸昌)이다〉

○감영(監營): 조선 태조(太祖) 원년(1392)에 경주(慶州)에서부터 관찰사영(觀察使營)을 이곳으로 옮겨왔다. 세종(世宗) 31년(1449)에 관찰사가 목사(牧使)를 겸직하게 하였다가 곧 폐지하였다. 세조(世祖) 때 목사가 경상우도병마절도부사(慶尙右道兵馬節度副使)를 겸직하게 하였다가 곧 폐지하였다. 선조(宣祖) 29년(1598)에 관찰사영을 대구(大邱)로 옮겼다. 대구를 보라〉

『봉수』(烽燧)

회룡산(回龍山) 봉수〈옛 공성현(功成縣) 서남쪽에 있다. 읍치에서 50리 거리에 있다〉

서산(西山) 봉수〈옛 청리현(青理縣) 서쪽에 있다. 읍치에서 30리 거리에 있다〉

소산(所山) 봉수〈읍치에서 동쪽으로 5리에 있다〉

『창고』(倉庫)

읍창(邑倉) 3곳이 있다.

단밀창(丹密倉)

공성창(功成倉)

중모창(中牟倉)

산양창(山陽倉)

화녕창(化寧倉)

청리창(青理倉)

외서창(外西倉)〈읍치에서 서북쪽으로 10리 옛 화창현(化昌縣)에 있다〉

『역참』(驛站)

낙원역(洛源驛)〈읍치에서 동북쪽으로 16리에 있다〉

낙양역(洛陽驛)〈읍치에서 서쪽으로 3리에 있다〉

낙서역(洛西驛)〈읍치에서 서쪽으로 19리에 있다〉

낙평역(洛平驛)〈읍치에서 남쪽으로 26리에 있다〉

낙동역(洛東驛)〈낙동강(洛東江)에서 1리에 있다〉

장림역(長林驛)〈옛 화녕현(化寧縣) 동쪽에 있다〉

「보발」(步撥)

낙원참(洛源站)

낙동참(洛東站)

『진도』(津渡)

송라진(松羅津)〈용궁하(龍宮河)의 풍진(豐津) 아래에 있다〉

비난진(飛鸞津)〈송라진(松羅津) 아래에 있다〉

죽암진(竹岩津)〈비난진(飛鸞津) 아래에 있다〉

낙동진(洛東津)〈죽암진(竹岩津) 아래에 있다. 동래(東萊)로 가는 대로에 있다〉

『교량』(橋梁)

북천교(北川橋)〈읍치에서 북쪽으로 5리에 있다〉

남대교(南大橋)〈읍치에서 남쪽으로 5리에 있다〉

동미교(東迷橋)〈읍치에서 동쪽으로 5리에 있다〉

양산지교(陽山旨橋)〈읍치에서 남쪽으로 13리에 있다〉

『토산』(土産)

옥석(玉石)〈갑장산(甲長山)에서 난다〉 옥등석(玉燈石)〈대조현(大鳥峴)에서 나온다〉 철(鐵)〈송라탄(松羅灘)에서 나온다〉 수정석(水晶石) 감[시(柿)] 밤[율(栗)] 호도(胡桃) 송이버섯[송심(松蕈)] 석이버섯[석심(石蕈)] 왕골[완초(莞草)] 닥나무[저(楮)] 은어[은구어(銀口魚)] 벌꿀[봉밀(蜂蜜)]

『장시』(場市)

읍내장(邑內場)은 2일, 7일이다. 북천장(北川場)은 4일, 9일이다. 낙동장(洛東場)은 5일, 10일이다. 단밀장(丹密場)은 3일, 8일이다. 공성장(功成場)은 1일, 6일이다. 장공장(長蚣場)은 3일, 8일이다. 중모장(中牟場)은 4일, 9일이다. 철곡장(鐵谷場)은 2일, 7일이다. 화녕장(化寧場)은 3일, 8일이다. 은척장(銀尺場)은 4일, 9일이다. 낙원장(洛源場)은 5일, 10일이다. 삼탄장(三灘場)은 3일, 8일이다. 산양장(山陽場)은 5일, 10일이다.

『누정』(樓亭)

진남루(鎭南樓)

이향정(二香亭)

관수루(觀水樓)〈낙동강(洛東江)의 동쪽 언덕에 있다. 석벽(石壁)이 강을 따라 수십리에 이어있다. 백사(白沙)가 고르게 덮여있고 긴 강이 가득히 보이고 먼 봉우리가 은은히 나타나고 있다〉

영빈관(迎賓館)〈읍치에서 북쪽으로 5리에 있다〉

『사원』(祠院)

도남서원(道南書院)〈선조(宣祖) 병오년(1606)에 창건하고 숙종(肅宗) 정사년(1677)에 사액(賜額)하였다〉 정몽주(鄭夢周) 김굉필(金宏弼) 정여창(鄭汝昌) 이언적(李彦迪) 이황(李滉)〈모두 문묘(文廟)를 보라〉 노수신(盧守愼)〈충주(忠州)를 보라〉 유성룡(柳城龍)〈안동(安東)을 보라〉 정경세(鄭經世)〈자는 경임(景任), 호는 우복(愚伏)이고 본관은 진주(晋州)이다. 벼슬은 이조판서(吏曹判書)와 문형(文衡: 홍문관 대제학(大提學)의 별칭이다/역자주)을 지내고 좌찬성(左贊成)에 증직되었다. 시호는 문장(文壯)이다〉를 제사한다.

○옥동서원(玉洞書院)〈선조 때 창건하고 정조(正祖) 기유년(1789)에 사액(賜額)하였다〉 황희(黃喜)〈태묘(太廟)를 보라〉 김식(金湜)〈자는 정원(淨遠), 호는 사서(沙西)이고 본관은 옥천(沃川)이다. 벼슬은 대사헌(大司憲)을 지내고 영의정(領議政)에 증직되었다. 시호는 충간(忠簡)이다〉을 제사한다.

○흥암서원(興岩書院)〈숙종 임오년(1702)에 창건하고 영조(英祖) 병신년(1776)에 어필(御筆)로 사액(賜額)하였다〉 송준길(宋浚吉)〈문묘(文廟)를 보라〉을 제사한다.

○충신의사단(忠臣義士壇)〈임신왜란 때 여러 의사(義士)들이 순절한 곳이다. 정조(正祖) 임자년(1792)에 단호(壇號)를 하사하였다. 상단(上壇)에는 4명의 종사관(從事官)을 제향하고 하단(下壇)에는 전망자(戰亡者)들을 제향한다〉 윤섬(尹暹)〈자는 여진(汝進), 호는 과제(果齊)이고 본관은 남원(南原)이다. 벼슬은 교리(校理)를 지내고 영의정(領議政)에 증직되었다. 시호는 문열(文烈)이다〉 이경류(李慶流)〈자는 장원(長遠)이고 본관은 한산(韓山)이다. 벼슬은 예조좌랑(禮曹佐郎)을 지내고 도승지(都承旨)에 증직되었다〉 박호(朴箎)〈자는 대건(大建)이고 본관은 밀양(密陽)이다. 벼슬은 홍문관(弘文館) 교리(校理)를 지냈다〉 김준신(金俊臣)을 제사한다.

『전고』(典故)

신라 자비왕(慈悲王) 8년(465)에 사벌군(沙伐郡)에 메뚜기 재해가 있었다. 신문왕(神文王) 7년(687)에 사벌성(沙伐城)을 쌓았고〈둘레가 1,109보이다〉 11년(691)에 사화주(沙火州)에서 흰 참새[백작(白雀)]를 바쳤다. 진성여왕(眞聖女王) 3년(889)에 원종(元宗)과 애노(哀奴)가 사벌주(沙伐州)를 근거로 반란을 일으켰다. 촌주(村主) 우련(祐連)이 힘써 싸우다가 죽었다. 효공왕(孝恭王) 10년(906)에 태봉(泰封)의 임금 궁예(弓裔)가 왕건(王建)에게 명하여 군사 3,000명을 이끌고 상주 사화진(沙火鎭)을 공격하여 견훤(甄萱)과 여러 차례 싸워서 이겼다. 경명왕(景明王) 2년(918)에 상주의 적장 아자개(阿慈蓋)가 사자를 보내어 고려(高麗)에 항복하였다. 경애왕(景哀王) 3년(926)에〈고려 태조 왕건(王建) 10년이다〉 견훤(甄萱)이 근품성(近品城)을 불태웠다. 고려 태조가 또 근품성(近品城)을 공격하여 함락시켰다.

○고려 고종(高宗) 41년(1255)에 몽고(蒙古) 장군 나대(羅大)가 상주산성(尙州山城)을 공격하니 황령사(黃嶺寺)〈함창현(咸昌縣)에 있다〉 승려 홍지(洪之)가 한 장수를 사살하니 사졸(士卒) 중에 죽은 자가 절반이 넘었고 드디어 포위를 풀고 돌아갔다. 공민왕(恭愍王) 11년(1362)에 왕이 복주(福州: 안동의 옛 이름/역자주)에서부터 상주(尙州)로 행차하였다. 고려 우왕(禑王) 6년(1380)에 왜구(倭寇)가 중모(中牟) 화녕(化寧) 공성(功成) 청리(青理) 등의 고을을 노략질하고 상주를 불태웠다.〈선주(善州) 황간(黃澗) 어모(禦侮)도 같다〉 창왕(昌王) 때 때 경상도도순문사(慶尙道都巡問使) 박위(朴葳)와 안동원수(安東元帥) 최단(崔鄲)이 상주 중모현(中牟縣)에서 적을 공격하여 격파하였다.

○조선 선조(宣祖) 25년(1592) 4월에 왜적이 상주(尙州)를 함락시켰다. 순변사(巡邊使)

이일(李鎰)의 군대가 무너지니 종사관 박호(朴篪) 윤섬(尹暹) 이경류(李慶流)와 상주 판관(判官) 권길(權吉)이 모두 전사하고 시체가 산을 쌓은 것 같았다. 이일은 간신히 죽음을 면하고 조령(鳥嶺)을 넘어 충주(忠州)에 있는 신립(申砬)의 군대로 달려갔다. 조령조방장(鳥嶺助防將) 변기(邊璣)가 전사하였다.〈임진왜란 때 왜장(倭將) 휘원(輝元)이 상주에서 머물렀다〉

2. 성주목(星州牧)

『연혁』(沿革)

본래 벽진가야(碧珍加耶)였는데, 신라가 병합하여 벽진군(碧珍郡)〈일명 본피현(本彼縣)이라고도 한다〉을 두었다. 경덕왕(景德王) 16년(757)에 신안현(新安縣)이라고 개칭하고 성산군(星山郡)의 영현(領縣)으로 삼았다. 고려 태조(太祖) 23년(940)에 경산(京山)이라고 고쳤고, 현종(顯宗) 9년(1018)에 지부사(知府事)를 두었다.〈속군(屬郡)은 하나인데 고령군(高靈郡)이다. 속현(屬縣)은 14곳인데, 야본현(若本縣) 인동현(仁同縣) 지례현(知禮縣) 가리현(加利縣) 팔거현(八莒縣) 금산현(金山縣) 황간현(黃澗縣) 관성현(管城縣) 안읍현(安邑縣) 양산현(陽山縣) 이산현(利山縣) 대구현(大邱縣) 화원현(花園縣) 하빈현(河濱縣)이다〉 충렬왕(忠烈王) 21년(1295)에 흥안도호부(興安都護府)로 승격하였고 34년(1308)에 성주목(星州牧)으로 승격하였다가 충선왕(忠宣王) 2년(1310)에 경산부(京山府)로 강등하였다.〈여러 목(牧)을 모두 폐지하였기 때문이다〉 조선 태종(太宗) 때 성주목(星州牧)으로 승격하였다.〈임금의 태(胎)를 조곡산(祖谷山)에 봉안하였기 때문이다〉 광해군(光海君) 7년(1615)에 신안현감(新安縣監)으로 강등하였다가〈고을 사람 이창록(李昌祿)이 시사(時事)를 논하다가 대역죄로 국문을 받아 죽었기 때문이다〉 인조 원년(1623)에 다시 승격하였다. 인조 9년(1631)에 또 성산현감(星山縣監)으로 강등하였다가〈고을 사람 박흔(朴訢)의 옥사 때문이다〉 18년(1640)에 다시 주로 승격하였고, 22년에 현으로 강등하였다가〈이권(李綣)이 역모로 처형되었기 때문이다〉 효종 4년(1653)에 다시 주로 승격하였다. 영조(英祖) 12년(1736)에 현으로 강등하였다가〈고을 사람이 목사(牧使)를 독살하였기 때문이다〉 21년(1745)에 다시 승격하였다.

「관원」(官員)

목사(牧使)〈상주진관병마동첨절제사 및 독용산성수성장(尙州鎭管兵馬同僉節制使禿用山

城守城將)을 겸한다〉 1원을 두었다.

『고읍』(古邑)

가리현(加利縣)〈읍치에서 남쪽으로 39리에 있다. 본래 신라의 일리현(一利縣)이었는데, 경덕왕(景德王) 16년(757)에 성산군(星山郡)으로 개칭하였다. 영현(領縣)은 4곳이니, 도산현(都山縣) 신안현(新安縣) 수동현(壽同縣) 계자현(谿子縣)이고 강주(康州)에 소속시켰다. 고려 태조(太祖) 23년(940)에 가리현(加利縣)이라고 개칭하고 현종(顯宗) 9년(1018)에 성주에 합쳤다. ○읍호(邑號)를 기성(岐城)이라고 하였다〉

도산현(都山縣)〈읍치에서 서쪽으로 30리에 있다. 본래 신라의 적산현(狄山縣)이었는데, 경덕왕(景德王) 16년(757)에 도산현(都山縣)이라고 고치고 성산군(星山郡)의 영현(領縣)으로 삼았다. 고려 현종(顯宗) 9년(1018)에 성주에 합쳤다〉

【방언에는 적(狄)을 도(都)라고 칭한다】

『방면』(坊面)

주내면(州內面)

선남면(船南面)〈본래는 선남부곡(船南部曲)이다. 읍치에서 20리 거리에 있다〉

화곡면(禾谷面)〈읍치에서 동쪽으로 20리에 있다〉

오도면(吳道面)〈읍치에서 동쪽으로 30리에 있다〉

대동면(大洞面)〈읍치에서 동쪽으로 35리에 있다〉

용산면(龍山面)〈읍치에서 동남쪽으로 10리에 있다〉

산남면(山南面)〈읍치에서 동남쪽으로 15리에 있다〉

초곡면(草谷面)〈읍치에서 동남쪽으로 20리에 있다〉

두의면(豆衣面)〈읍치에서 동남쪽으로 30리에 있다〉

조곡면(祖谷面)

다질면(茶叱面)〈모두 읍치에서 동남쪽으로 40리에 있다〉

벌지면(伐旨面)〈읍치에서 동남쪽으로 60리에 있다〉

남산면(南山面)〈읍치에서 남쪽으로 10리에 있다〉

지사면(知士面)〈읍치에서 남쪽으로 15리에 있다〉

생법산면(省法山面)〈읍치에서 남쪽으로 20리에 있다〉

운라면(云羅面)〈읍치에서 남쪽으로 30리에 있다〉

소야면(所也面)

흑수면(黑水面)〈읍치에서 남쪽으로 50리에 있다〉

대척면(大尺面)〈읍치에서 남쪽으로 40리에 있다〉

사등면(沙等面)〈읍치에서 서남쪽으로 15리에 있다〉

대리면(大里面)〈읍치에서 서남쪽으로 30리에 있다〉

소건면(所件面)〈읍치에서 서남쪽으로 35리에 있다〉

오차면(吳次面)〈읍치에서 서남쪽으로 60리에 있다〉

운곡면(雲谷面)

목아면(木牙面)〈모두 읍치에서 서쪽으로 10리에 있다〉

대가곡면(大家谷面)〈읍치에서 서쪽으로 10리에 있다〉

명암면(明岩面)〈읍치에서 서쪽으로 30리에 있다〉

덕곡면(德谷面)〈읍치에서 남쪽으로 30리에 있다〉

금물면(今勿面)〈읍치에서 서쪽으로 40리에 있다〉

증산면(甑山面)〈읍치에서 서쪽으로 50리에 있다〉

초전면(草田面)〈읍치에서 서북쪽으로 30리에 있다〉

신곡면(薪谷面)〈본래 신곡부곡(薪谷部曲)이다. 읍치에서 서북쪽으로 40리에 있다〉

북산면(北山面)〈읍치에서 북쪽으로 10리에 있다〉

당소면(唐所面)〈읍치에서 북쪽으로 30리에 있다〉

비호석면(非乎石面)〈읍치에서 북쪽으로 20리에 있다〉

이물면(爾勿面)〈읍치에서 서쪽으로 50리에 있다〉

노장곡면(蘆長谷面)

유동면(柳洞面)〈읍치에서 동쪽으로 10리에 있다〉

○〈위곡부곡(葦谷部曲)은 읍치에서 동쪽으로 30리에 있다〉

『산수』(山水)

인현산(印懸山)〈읍치에서 북쪽으로 9리에 있다〉

조곡산(祖谷山)〈읍치에서 남쪽으로 35리에 있다〉

선석산(禪石山)〈읍치에서 북쪽으로 28리에 있다. 세종(世宗)의 태(胎)를 안장하였다〉

적산(狄山)〈읍치에서 서쪽으로 25리에 있다. 적산사(積山寺)가 있으니, 곧 조선조 정승이었던 이직(李稷)의 옛 저택이다〉

비지산(斐旨山)〈읍치에서 서북쪽으로 25리에 있다. 산의 동쪽에 둥근 바위가 3층으로 뾰죽하게 솟아 있는데 태자암(太子岩)이라고 한다. 높이가 9척이고 직경이 13척인데 매우 기괴하다〉

가야산(加耶山)〈읍치에서 서남쪽으로 48리에 있다. 남쪽에 심원사(深源寺)가 있다. 합천(陜川)을 보라.

수도산(修道山)〈읍치에서 서남쪽으로 60리 거창(居昌)과 지례(知禮)의 경계에 있다〉

기수산(祈水山)〈읍치에서 서쪽으로 40리에 있다〉

운봉산(雲峯山)〈읍치에서 북쪽으로 30리 개령산(開寧山) 경계에 있다. 달전암(達田庵)이 있다〉

대마평(大馬坪)〈읍치에서 북쪽으로 20리에 있다〉

【의마대총(義馬隊塚)이 있다】

「영로」(嶺路)

화령(花嶺)〈읍치에서 서쪽으로 20리에 있다〉

물한령(勿閑嶺)〈고령(高靈) 도로에 있다〉

성현(星峴)〈남쪽 도로 즉 인동(仁同)으로 가는 길에 있다〉

부상현(扶桑峴)〈북쪽 개령(開寧)으로 가는 길에 있다〉

대야현(大也峴)〈북쪽 도로에 있다〉

화지현(火只峴)〈동쪽 도로에 있다〉

호현(狐峴)〈읍치에서 서쪽으로 25리에 있다〉

전현(箭峴)〈서산(西山) 경계에 있다〉

이괘현(履掛峴)〈북쪽 선산(善山)으로 가는 길에 있다〉

서곡현(西谷峴)〈일명 신곡현(薪谷峴)이라고도 한다. 북쪽 금산(金山) 경계에 있다〉

흘음치(屹音峙)〈서남쪽 거창(居昌)으로 가는 길에 있다〉

부항(釜項)〈서쪽 지례(知禮)로 가는 길에 있다. 동쪽에 쌍계사(雙溪寺)가 있다〉

○소야강(所耶江)〈곧 낙동강(洛東江)이다. 읍치에서 동쪽으로 20리에 있다. 인동(仁同)의 칠진(漆津) 하류이다. 일명 고도암진(高道岩津)이라고도 한다〉

이천(伊川)〈근원은 비지산(斐旨山)에서 나와 남쪽으로 흐르다가 읍치 서쪽 5리를 지나 읍성을 안고 동쪽으로 흐른다. 왼쪽으로 달전(達田)의 마포천(馬鋪川)을 지나 소야강(所耶江)으로 들어간다〉

조곡천(祖谷川)〈근원은 조곡산(祖谷山)에서 나와 동쪽으로 흐르다가 소야강(所耶江)으로 들어간다〉

마포천(馬鋪川)〈일명 백천(白川)이라고도 부른다. 읍치에서 북쪽으로 10리에 있다. 근원은 개령(開寧)의 운봉산(雲峯山)에서 나와 남쪽으로 흐르다가 고을 동쪽에 이르러 이천(伊川)에 합친다〉

가야천(加耶川)〈읍치에서 서남쪽으로 47리에 있다. 근원은 가야산(加耶山)과 수도산(修道山)에서 나와 북쪽으로 흐르다가 쌍계사(雙溪寺) 앞을 지나 동쪽으로 흐른다. 독용산성(禿用山城)을 돌아 다시 남쪽으로 흘러 고령(高靈) 경계의 바다로 들어간다. 고령천(高靈川)의 상하(上下)와 좌우(左右)는 전답이 극히 비옥하다〉

【제언(堤堰)이 35곳 있다】

『성지』(城池)

읍성(邑城)〈예전에는 흙으로 쌓았으나, 중종(中宗) 15년(1520)에 석축(石築)으로 쌓았고, 선조(宣祖) 24년(1591)에 또 개축하였다. 둘레가 6,053척이다. 성을 둘러싸고 맑은 물이 있다. 동문을 영춘루(迎春樓)라고 하고 북문 밖에는 용흥사(龍興寺)가 있다〉

독용산성(禿用山城)〈본래 도산성(都山城)이다. 읍치에서 서쪽으로 33리에 있다. 수도산(修道山)의 동쪽에 옛 석축(石築)이 있다. 숙종(肅宗) 원년(1675)에 개축하였다. 둘레가 4,581보이다. 옹성(瓮城)이 1곳, 포루(砲樓)가 4곳, 시내가 3곳, 샘이 2곳이다. 평탄하고 험준한 곳이 반반이다. ○관할 속읍은 성주(星州)와 고령(高靈)이다. ○수성장(守城將)은 본읍의 목사(牧使)가 겸하고, 별장(別將) 1원을 두었다〉

『봉수』(烽燧)

각산(角山)〈읍치에서 북쪽으로 20리에 있다〉

성산(星山)〈읍치에서 동쪽으로 5리에 있다〉

이부노산(伊夫老山)〈옛 가리현(加利縣) 서남쪽에 있다〉

말응덕산(末應德山)〈옛 가리현(加利縣) 동쪽에 있다〉

『창고』(倉庫)

읍창(邑倉)은 2곳이 있다.

동안창(東安倉)〈읍치에서 동쪽으로 26 에 있다〉

달창(達倉)〈읍치에서 서북으로 25 에 있다〉

가리고현창(加利古縣倉)

산성창(山城倉)

남창(南倉)〈읍치에서 남쪽으로 40리에 있다〉

천평창(泉坪倉)〈읍치에서 서쪽으로 30리에 있다〉

『역참』(驛站)

답계역(踏溪驛)〈읍치에서 북쪽으로 10리에 있다〉

안언역(安堰驛)〈읍치에서 남쪽으로 28리에 있다〉

무계역(茂溪驛)〈예전에는 무기역(茂淇驛)이라고 하였는데, 무계진(茂溪津) 서쪽에 있다〉

『진도』(津渡)

동안역(東安驛)〈읍치에서 동쪽으로 26리에 있다. 소야강(所耶江) 하류이다〉

무계진(茂溪津)〈읍치에서 동남쪽으로 55리에 있다. 동안진(東安津) 하류이다〉

『토산』(土産)

대[죽(竹)] 옻[칠(漆)] 닥나무[저(楮)] 감[시(枾)] 자초(紫草) 잣[해송자(海松子)] 송이버섯[송심(松蕈)] 벌꿀[봉밀(蜂蜜)] 은어[은구어(銀口魚)]가 난다.

『장시』(場市)

읍내장(邑內場)은 2일, 7일이다. 신장장(新場場)은 5일, 10일이다. 대교장(大橋場)은 4일,

9일이다. 무계장(茂溪場)은 1일, 6일이다. 안언장(安堰場)은 3일, 8일이다. 천평장(泉坪場)은 1일, 6일이다.

『누정』(樓亭)

임풍루(臨風樓)

청운루(青云樓)

호산정(湖山亭)

쌍도정(雙島亭)

『묘전』(廟殿)

관왕묘(關王廟)〈선조 정유년(1597)에 명나라 장수 모국기(茅國器)와 원영종(遠英宗)이 창건하였고, 정미년(1607)에 남정(南亭) 아래로 이건하였다〉 관우(關羽)를 제사한다.〈경도(京都)의 동묘(東廟)를 보라〉

『사원』(祠院)

천곡서원(川谷書院)〈중종 무자년(1528)에 창건하고 선조(宣祖) 계유년(1573)에 사액(賜額)하였다〉 정숙자[程叔子: 북송의 성리학자 정이(程頤)를 지칭함/역자주] 주자(朱子) 김굉필(金宏弼) 이언적(李彦迪)〈모두 문묘(文廟)를 보라〉 정구(鄭逑)〈충주(忠州)를 보라〉 장현광(張顯光)〈자는 덕회(德晦), 호는 여헌(旅軒)이고 본관은 인동(仁同)이다. 벼슬은 우참찬(右參贊)을 지내고 영의정(領議政)을 증직하였다. 시호는 문강(文康)이다〉을 제사한다.

회연서원(檜淵書院)〈인조 정묘년(1627)에 창건하고 숙종(肅宗) 경오년(1690)에 사액(賜額)하였다〉 정구(鄭逑)〈충주(忠州)를 보라〉를 제사한다.

충렬사(忠烈祠)〈숙종 기유년[숙종 년간에는 기유년이 없음, 을유년(1705)을 오기한 것으로 보임/역자주]에 창건하고 정조(正祖) 병진년(1796)에 사액(賜額)하였다〉 제말(諸沫)〈선조 임진년(1592)에 왜란(倭亂)으로 전사하였다. 벼슬은 성주목사(星州牧使)를 지내고 병조판서(兵曹判書)에 증직되었다. 시호는 충무(忠武)이다〉 이사룡(李士龍)〈본 고을의 포수(砲手)이다. 인조(仁祖) 무인년(1638)에 청(淸) 나라에 징병되어 요동(遼東)에 들어가 중국 금주(錦州)의 송산(松山)에서 의리를 지키다 순절하였다. 성주목사(星州牧使)를 증직하였다〉

『전고』(典故)

신라 경명왕(景明王) 7년(924)〈고려 태조(太祖) 6년이다〉에 벽진장군(碧珍將軍) 양문(良文)이 고려(高麗)에 항복하였다. 경애왕(景哀王) 3년(928)〈고려 태조 10년이다〉에 후백제 임금 견훤(甄萱)이 장수를 보내어 고려 벽진군(碧珍郡)을 침략하고 크고 작은 나무와 2군의 벼를 베어갔다. 설날 아침에 색상(索湘)이 싸우다가 죽었다. 고려 우왕(禑王) 6년(1380)과 9년(1383)에 왜구(倭寇)가 경산부(京山府)를 노략질하였다. 조선 선조(宣祖) 25년(1592)에 전직 장령(掌令) 정인홍(鄭仁弘)이 좌랑(佐郎) 김면(金沔), 현감 박성(朴惺), 유생 곽준(郭䞭)·곽저(郭䞭), 첨사(僉使) 손인갑(孫仁甲) 등과 더불어 의병을 모집하였는데, 손인갑은 무예와 용기가 탁월하여 먼저 무계(茂溪)에 주둔하고 있던 왜적을 공격하여 패퇴시키고 그 주둔지와 군량미를 불태웠다. 정인홍은 그로 인하여 성주(星州)에 주둔하면서 고령(高靈)과 합천(陜川)으로 가는 가는 길을 지켰다. 7월에 의병장(義兵將) 김준민(金俊民)이 무계(茂溪)에서 왜적을 패퇴시켰다. 곽재우(郭再祐)가 또 왜적을 현풍(玄風) 창녕(昌寧) 사이에서 격퇴하자 적군은 주둔지를 떠나 달아났다. 이로부터 경상우도(慶尙右道)의 적로(賊路)가 단절되고 적병이 대구(大邱)를 경유하는 중앙 길로 왕래하였다. 8월에 왜적이 지례(知禮)에서 패전하여 성주(星州)로 향하다가 성주군의 공격을 받고 소멸되어 살아남은 자가 없었다. 30년(1597) 8월에 경리(經理) 양호(楊鎬)와 모국기(茅國器)가 성주에 주둔하였다〉

3. 금산군(金山郡)

『연혁』(沿革)

본래 신라 동잠현(桐岑縣)이다. 경덕왕(景德王) 16년(757)에 금산현(金山縣)으로 고치고 개령군(開寧郡) 영현으로 삼았다. 고려 현종(顯宗) 9년(1018) 경산부(京山府)에 소속시켰다. 공양왕(恭讓王) 2년(1390)에 감무(監務)를 두었다. 조선 정종(定宗) 즉위년(1398)에 승격하여 군(郡)으로 삼았다.〈임금의 태(胎)를 안장하였기 때문이다〉

「읍호」(邑號)

금릉(金陵)

「관원」(官員)

군수(郡守)〈상주진관병마동첨절제사(尙州鎭管兵馬同僉節制使)를 겸한다〉 1원을 두었다.

『고읍』(古邑)

어모현(禦侮縣)〈읍치에서 북쪽으로 35리에 있다. 신라 아달라왕(阿達羅王) 4년(157)에 감물현(甘勿縣)을 두었는데 일명 금물현(今勿縣)이라고도 하고 음달현(陰達縣)이라고도 하였다. 신라 경덕왕(景德王) 16년(757)에 어모현으로 고치고 개령군(開寧郡)의 영현으로 삼았다. 고려 현종(顯宗) 9년(1018)에 상주(尙州)에 소속시켰다. 조선 태조(太祖) 때 금산군에 합쳤다〉

『방면』(坊面)

군내면(郡內面)〈읍치로부터 10리에서 끝난다〉

미곡면(米谷面)〈읍치로부터 8리에서 시작하여 10리에서 끝난다〉

김천면(金泉面)〈읍치로부터 남쪽으로 8리에서 시작하여 10리에서 끝난다〉

고가대면(古加大面)〈읍치로부터 남쪽으로 5리에서 시작하여 10리에서 끝난다〉

건천면(乾川面)〈읍치로부터 남쪽으로 40리에서 시작하여 50리에서 끝난다. 성주(星州) 지례(知禮) 두 고을 사이로 넘어가 있다〉

조마면(助馬面)〈읍치로부터 서남쪽으로 40리에서 시작하여 50리에서 끝난다〉

과곡내면(果谷內面)〈南初三十終四十五 읍치로부터 남쪽으로 30리에서 시작하여 45리에서 끝난다〉

과곡외면(果谷外面)〈읍치로부터 서남쪽으로 15리에서 시작하여 40리에서 끝난다〉

파이면(巴爾面)〈읍치로부터 서쪽으로 10리에서 시작하여 15리에서 끝난다. 본래는 파매처(巴買處)였는데 지금은 봉계(鳳溪)라고 부른다. 토지가 비옥하여 백성들이 모두 부유하다〉

황금소면(黃金所面)〈읍치로부터 서북쪽으로 30리에서 시작하여 50리에서 끝난다〉

구소요면(仇所要面)〈읍치로부터 북쪽으로 15리에서 시작하여 40리에서 끝난다〉

천상면(川上面)〈읍치로부터 북쪽으로 10리에서 시작하여 15리에서 끝난다〉

천하면(川下面)〈읍치로부터 북쪽으로 15리에서 시작하여 20리에서 끝난다〉

위량면(位良面)〈읍치로부터 동북쪽으로 20리에서 시작하여 50리에서 끝난다〉

대항면(代項面)〈읍치로부터 서남쪽으로 15리에서 시작하여 45리에서 끝난다〉

연명면(延命面)〈본래는 연명향(延命鄕)이었다. 읍치로부터 동쪽으로 30리에서 시작하여 40리에서 끝난다. 성주(星州) 북쪽 경계와 개령(開寧) 남쪽 경계에 들어가 있다〉

○〈굴곡부곡(屈曲部曲)은 읍치에서 남쪽으로 3리에 있다.

신가량부곡(新加良部曲)은 읍치에서 남쪽으로 23리에 있다.

조마부곡(助馬部曲)은 읍치에서 남쪽으로 25리에 있다. 지금의 조마면(助馬面)이다.

어미곡부곡(於米谷部曲)은 읍치에서 남쪽으로 27리에 있다.

수다곡소(水多谷所)는 읍치에서 남쪽으로 28리에 있다.

『산수』(山水)

오파산(五波山)〈읍치에서 동쪽으로 5리에 있다〉

황악산(黃岳山)〈읍치에서 서쪽으로 15리 황간(澗) 경계에있다. 직지사(直指寺)가 있다. 절 북쪽에 정종(定宗)의 태(御)를 봉안하였다. 능여암(能如庵)이 있다〉

속문산(俗門山)〈읍치에서 북쪽으로 37리에 있다〉

고산(高山)〈읍치에서 서북쪽으로 35리 상주(尙州)의 옛 공함현(功咸縣)과 중모현(中牟縣) 두 고을 경계에 있다〉

극낙산(極樂山)〈읍치에서 서북쪽으로 11리 황간(黃澗) 경계에 있다〉

흑운산(黑雲山)〈읍치에서 북쪽으로 31리에 있다. 복룡사(伏龍寺)가 있다〉

삼성산(三聖山)〈읍치에서 서쪽으로 15리 황간(黃澗) 경계에 있다〉

덕대산(德大山)〈읍치에서 서남쪽으로 25리에 있다〉

「영로」(嶺路)

추풍령(秋豐嶺)〈읍치에서 서북쪽으로 35리에 있다. 충청도와 경상도의 인후(咽喉)가 된다. 고개는 높지 않지만 봉우리가 화평하고 계곡 물이 청정하다. 고개의 동쪽과 서쪽은 땅이 기름지고 관개가 용이하다〉

괘방령(掛榜嶺)〈읍치에서 서쪽으로 15리 황간(黃澗) 경계에 있다〉

좌현(左峴)〈속문산(俗門山)의 동쪽 선산(善山) 경계에 있다〉

전현(箭峴)〈건천면(乾川面) 성주(星州) 경계에 있다〉

병점(餠岾)〈읍치에서 남쪽으로 11리에 있다. ○진흥사(眞興寺)가 있다〉

석현(石峴)〈읍치에서 서남쪽으로 40리 지례(知禮) 경계에 있다〉

○감천(甘川)〈읍치에서 동쪽으로 11리에 있다. 지례(知禮) 경계에서부터 굴곡을 지으며 동북쪽으로 흘러 개령(開寧) 땅으로 들어간다. 선산부(善山府) 편에 자세히 기록되어 있다〉

직지천(直指川)〈근원은 황악산(黃岳山)에서 나와 남쪽으로 흘러 군의 서쪽을 돌아 남쪽으로 감천(甘川)에 들어간다〉

아천(牙川)〈읍치에서 동쪽으로 15리에 있다. 근원은 속문산(俗門山)과 흑운산(黑雲山)에서 나와 남쪽으로 흘러 감천(甘川)으로 들어 간다〉

연화지(鳶華池)

【제언(堤堰)은 8곳이다】

『성지』(城池)

속문산고성(俗門山古城)〈읍치에서 북쪽으로 40리에 있다. 옛 어모현(禦侮縣)의 진성(鎭城)으로 보인다. 둘레는 2,450척이다. 샘 2곳, 연못 2곳이 있다〉

고성산고성(高城山古城)〈읍치에서 남쪽으로 9리에 있다. 유지(遺址)가 있다〉

『봉수』(烽燧)

고성산(高城山)〈위를 보라〉

소산(所山)〈읍치에서 북쪽으로 29리에 있다〉

『창고』(倉庫)

읍창(邑倉)

김천역창(金泉驛倉)

『역참』(驛站)

김천도(金泉道)〈읍치에서 남쪽으로 10리에 있다. ○속역(屬驛)은 19곳이다. ○찰방(察訪) 1원을 두었다〉

추풍역(秋豐驛)〈읍치에서 서북쪽으로 30리에 있다〉

문산역(文山驛)〈읍치에서 북쪽으로 3리에 있다. 두하원(豆下院) 북쪽 25리 상주(尙州)로 가는 길에 있다〉

『토산』(土産)

대[죽(竹)] 감[시(柿)] 송이버섯[송심(松蕈)] 벌꿀[봉밀(蜂蜜)] 은어[은구어(銀口魚)]

『장시』(場市)

읍내장(邑內場)은 4일, 9일이다. 김천장(金泉場)은 5일, 10일이다. 아천장(牙川場)은 2일, 7일이다. 추풍장(秋豐場)은 4일, 9일이다.

『누정』(樓亭)

풍월루(風月樓)〈읍내에 있다〉

봉황대(鳳凰臺)〈대(臺)의 서쪽에 용금문(湧金門)이 있다〉

『전고』(典故)

신라 진덕여왕(眞德女王) 원년(647)에 백제가 동잠현(桐岑縣)과 감물현(甘勿縣)을 침공하였다.〈무주(茂州)를 보라〉

○고려 우왕(禑王) 6년(1380)에 왜구(倭寇)가 어모현(禦侮縣)을 노략질하였고, 9년(1383)에 왜구가 금산현(金山縣)을 노략질하였다.

○조선 선조(宣祖) 25년(1592)에 왜적이 금산군(金山郡)을 함락시켰다.

4. 개령현(開寧縣)

『연혁』(沿革)

본래 감문소국(甘文小國)이었다. 신라 조분왕(助賁王) 2년(231)에 정벌하여 합병하고 감문군(甘文郡)을 두었다. 진흥왕(眞興王) 18년(557)에 감문주(甘文州)를 두었다. 〈사찬(沙飡) 기종(起宗)으로 군주(軍主)를 삼았다〉 진평왕(眞平王) 때 고을을 폐지하였다가 문무왕(文武王) 원년(661)에 다시 감문군(甘文郡)을 두었다. 경덕왕(景德王) 16년(757)에 개령군(開寧郡)으로 개칭하고〈영현(領縣)은 4곳이니, 어모현(禦侮縣) 금산현(金山縣) 지례현(知禮縣) 무풍현(茂豐縣)이다〉 상주(尙州)에 소속시켰다. 고려 현종(顯宗) 9년(1018)에 상주에 예속시켰다가 명종(明宗) 때 분리하여 감무(監務)를 두었다. 조선 태종(太宗) 13년(1413)에 현감(縣監)으로 개칭하였다. 선조(宣祖) 34년(1601)에 금산군(金山郡)에 합쳤다가〈역적 길운절(吉雲節)이 처형되었기 때문이다〉 39(1606)년에 선산부(善山府)에 이속시켰다. 광해군(光海君) 원년(1609)에 고을을 다시 설치하였다.

「읍호」(邑號)

감주(甘州)

「관원」(官員)

현감(縣監)〈상주진관병마절제도위(尙州鎭管兵馬節制都尉)를 겸한다〉 1원을 두었다.

『방면』(坊面)

적전면(赤田面)〈읍치로부터 동쪽으로 10리에서 끝난다〉

동서면(東西面)〈읍치로부터 10리에서 끝난다〉

아포면(牙浦面)〈읍치로부터 동쪽으로 10리에서 시작하여 20리에서 끝난다〉

곡송면(曲松面)〈위와 같다〉

농소면(農所面)〈읍치로부터 서남쪽으로 10리에서 시작하여 30리에서 끝난다〉

적현면(赤峴面)〈읍치로부터 남쪽으로 5리에서 시작하여 40리에서 끝난다〉

서면(西面)〈읍치로부터 서쪽으로 10리에서 끝난다〉

북면(北面)〈읍치로부터 북쪽으로 10리에서 시작하여 20리에서 끝난다〉

○〈달오촌부곡(達烏村部曲)과

무령곡부곡(茂領谷部曲)은 모두 읍치에서 남쪽으로 20리에 있다.

다질촌부곡(叱村部曲)은 읍치에서 북쪽으로 15리에 있다.

하활촌부곡(下活村部曲)〉

상오지부곡(上烏知部曲)

금물도부곡(今勿刀部曲)

『산수』(山水)

감문산(甘文山)〈일명 성황산(城隍山)이라고도 한다. 읍치에서 북쪽으로 2리에 있다. ○계림사(鷄林寺)가 있다〉

유산(柳山)〈읍치에서 동쪽으로 2리에 있다. 소산(小山)의 감천(甘川)이 그 아래로 지나간다. 산의 북쪽에 동원(東院)이 있다. 그 옆에 옛 감문국(甘文國) 때의 궁궐 터가 있다〉

결수산(乞水山)〈읍치에서 남쪽으로 30리 성주(星州) 경계에 있다. ○고방사(高方寺)가 있다〉

태성산(台星山)〈읍치에서 동쪽으로 12리에 있다〉

복우산(伏牛山)〈읍치에서 북쪽으로 20리 선산(善山) 경계에 있다. ○문수사(文殊寺)가 있다〉

금오산(金烏山)〈읍치에서 남쪽으로 30리 선산(善山)과 인동(仁同) 경계에 있다. ○갈항사(葛項寺)가 있다〉

운봉산(雲峯山)〈운암산(雲暗山)이라고 쓰기도 한다. 읍치에서 남쪽으로 30리에 있다〉

황산(荒山)〈결수산(乞水山)의 남쪽 갈래이다〉

「영로」(嶺路)

우현(右峴)〈복우산(伏牛山)의 서쪽 선산(善山) 경계에 있다〉

갈항현(葛項峴)〈읍치에서 남쪽으로 20리에 있다〉

감천(甘川)〈읍치에서 남쪽으로 2리에 있다.금산(金山) 경계로부터 동쪽으로 흘러 선산(善山) 경계로 들어간다. ○내의 상·하와 좌·우에는 모두 비옥한 평야가 있다. 물을 따라 9개의 보를 막아 관계에 편리하고, 장마나 한발에도 벼농사에 피해가 없다〉

아천(牙川)〈읍치에서 서쪽으로 15리 금산(金山) 경계에 있다〉

【제언(堤堰)은 19곳이 있다. 十九】

『성지』(城池)

고성(古城)〈읍치에서 북쪽으로 2리에 있다. 감문국(甘文國) 때의 성이다〉

고성(古城)〈옛 터가 태성산(台星山)에 있다〉

『봉수』(烽燧)

성황산(城隍山) 봉수〈위를 보라〉

『창고』(倉庫)

읍창(邑倉)

동창(東倉)〈읍치에서 동쪽으로 30리에 있다〉

『역도』(驛道)

양천역(楊川驛)〈읍치에서 동쪽으로 3리에 있다〉

부상역(扶桑驛)〈읍치에서 남쪽으로 30리에 있다〉

『토산』(土産)

대[죽(竹)] 감[시(柿)] 밤[율(栗)] 은어[은구어(銀口魚)]

『장시』(場市)

읍내장(邑內場)은 2일, 7일이다. 이수천장(梨水川場)은 3일, 8일이다.

『능묘』(陵墓)

금효왕릉(金孝王陵)〈읍치에서 북쪽으로 20리에 큰 무덤이 있는데, 감문국(甘文國) 금효왕(金孝王)의 능이라고 전해 온다〉

장릉(獐陵)〈읍치 서쪽 웅현리(熊峴里)에 있다. 감문국(甘文國) 때 장부인(獐夫人)의 능이라고 전해온다〉

『사원』(祠院)

덕림서원(德林書院)〈현종(顯宗) 기유년(1669)에 건립하고 숙종(肅宗) 정축년(1697)에 사액(賜額)하였다〉 김종직(金宗直)〈밀양(密陽)을 보라〉 정붕(鄭鵬)〈선산(善山)을 보라〉 정경세(鄭經世)〈상주(尙州)를 보라〉를 제사한다.

5. 지례현(知禮縣)

『연혁』(沿革)

본래 신라의 지품천현(知品川縣)이다.〈옛 산청현(山淸縣)과 같다〉 경덕왕(景德王) 16년(757)에 지례현(知禮縣)으로 고치고 개령군(開寧郡) 영현(領縣)으로 삼았다. 고려 현종(顯宗) 9년(1018)에 경산부(京山府)에 소속시켰다. 공양왕(恭讓王) 2년(1390)에 감무(監務)를 두었다. 조선 태종(太宗) 13년(1413)에 현감(縣監)으로 개칭하였다.

「읍호」(邑號)

구성(龜城)

「관원」(官員)

현감(縣監)〈상주진관병마절제도위(尙州鎭管兵馬節制都尉)를 겸한다〉 1원을 두었다.

『방면』(坊面)

하현내면(下縣內面)〈읍치로부터 1리에서 시작하여 10리에서 끝난다〉

상현내면(上縣內面)〈읍치로부터 5리에서 시작하여 10리에서 끝난다〉

상남면(上南面)〈읍치로부터 남쪽으로 26리에서 시작하여 46리에서 끝난다〉

하남면(下南面)〈읍치로부터 남쪽으로 10리에서 시작하여 25리에서 끝난다〉

상서면(上西面)〈읍치로부터 25리에서 시작하여 35리에서 끝난다〉

하서면(下西面)〈읍치로부터 서쪽으로 10리에서 시작하여 25리에서 끝난다〉

상북면(上北面)〈북쪽으로 8리에서 시작하여 30리에서 끝난다〉

하북면(下北面)〈읍치로부터 북쪽으로 8리에서 시작하여 15리에서 끝난다〉

○〈월이곡부곡(月伊谷部曲)과

사등량부곡(沙等良部曲)은 모두 읍치에서 서쪽으로 25리에 있다.

두의곡부곡(頭衣谷部曲)은 읍치에서 서쪽으로 25리에 있다〉

『산수』(山水)

구산(龜山)〈읍치에서 남쪽으로 2리에 있다〉

대덕산(大德山)〈읍치에서 서남쪽으로 40리 무주(茂朱)의 옛 무풍현(茂豐縣) 경계에 있다〉

문의산(文義山)〈읍치에서 남쪽으로 5리에 있다〉

수도산(修道山)〈읍치에서 동쪽으로 15리 성주(星州) 경계에 있다〉

남산(南山)〈읍치에서 남쪽으로 5리에 있다〉

알산(乶山)〈읍치에서 남쪽으로 10리에 있다〉

문암산(文岩山)〈일명 비봉산(飛鳳山)이라고도 한다. 읍치에서 서남쪽으로 30리에 있다. ○봉곡사(鳳谷寺)가 있다〉

사발점(沙鉢岾)〈읍치에서 남쪽으로 9리에 있다. ○궁곡사(弓谷寺)가 있다〉

삼도봉(三道峯)〈읍치에서 서북쪽으로 40리 무주(茂朱)의 옛 무풍현(茂豐縣)과 황간현(黃澗縣) 그리고 본현의 3고을 경계에 있다. 충청도 전라도 경상도 3도가 만나는 곳이다. 그래서 삼도봉이라고 명명한 것이다〉

공자동(孔子洞)

백이동(伯夷洞)〈모두 읍치에서 북쪽으로 20리에 있다〉

「영로」(嶺路)

우마현(牛馬峴)〈읍치에서 서남쪽으로 45리 거창(居昌) 경계에 있다〉

우두현(牛頭峴)〈읍치에서 남쪽으로 45리 거창(居昌) 경계에 있다. 요해처(要害處)이다〉

부항현(釜項峴)〈읍치에서 동쪽으로 30리 성주(星州) 경계 한송정(寒松亭) 서쪽 감천(甘川) 가에 있다〉

병현(餠峴)〈읍치에서 동쪽으로 12리 성주(星州) 경계에 있다〉

석현(石峴)〈읍치에서 북쪽으로 15리 금산(金山) 경계에 있다〉

산의지치(山衣旨峙)〈읍치에서 남쪽으로 40리 거창(居昌) 경계에 있다〉

○감천(甘川)〈근원은 3곳이 있는데, 그 하나는 읍치에서 서쪽으로 35리 무주(茂朱)의 부항령(釜項嶺)에서 나오는데, 내감천(內甘川)이라고 부른다. 또 하나는 대덕산(大德山)에서 나오는데 외감천(外甘川)이라고 부른다. 또 하나는 우두현(牛頭峴)에서 나온다. 합쳐서북쪽으로 흐르다가 구산(龜山) 아래를 지나 동북쪽으로 흘러 금산(金山) 경계에 들어간다. 다시 동쪽으로 흘러 개령과 선산을 지나 통감천(桶甘川)으로 들어간다. 선산 편에 자세히 적혀 있다〉

현전천(縣前川)〈근원은 삼도봉(三道峯)에서 나와 동쪽으로 흐르다가 읍치 앞을 지나가 감천(甘川)에 합친다〉

『성지』(城池)

구산고성(龜山古城)〈둘레가 1,340척이다〉

『봉수』(烽燧)

구산(龜山) 봉수〈위를 보라〉

『창고』(倉庫)

읍창(邑倉)

남창(南倉)〈읍치에서 남쪽으로 40리에 있다〉

서창(西倉)〈읍치에서 서쪽으로 30리에 있다〉

『토산』(土産)

잣[해송자(海松子)] 석류(石榴) 감[시(柿)] 송이버섯[송심(松蕈)] 석이버섯[석심(石蕈)] 벌꿀[봉밀(蜂蜜)] 은어[은구어(銀口魚)]

『장시』(場市)

읍내장(邑內場)은 2일, 7일이다. 남면장(南面場)은 5일, 10일이다.

『전고』(典故)

고려 우왕(禑王) 9년(1383)에 왜구(倭寇)가 지례(知禮)를 노략질하였다. 조선 선조(宣祖) 25년(1592)에 왜적이 지례를 함락시켰다. 8월에 의병장(義兵將) 김면(金沔)이 지례에 주둔하고 있던 왜적을 토벌하여 거의 다 죽였다. 아군의 전사자는 50여 명이었다.

6. 고령현(高靈縣)

『연혁』(沿革)

본래 대가야국(大加耶國)이다.〈시조 이진아고왕(伊珍阿鼓王)으로부터 도설지왕(道設智王)까지 모두 16대 520년을 지속하였다. ○도읍 터가 읍치 남쪽 1리에 있다〉 신라 진흥왕(眞興王) 23년(562)에 이를 멸망시키고 대가야군(大加耶郡)을 두었다. 경덕왕(景德王) 16년(757)에 고령군(高靈郡)으로 개칭하고〈영현(領縣)이 2곳이니, 신복현(新復縣)과 야로현(冶爐縣)이다〉 강주(康州)에 소속시켰다. 고려 현종(顯宗) 9년(1018)에 경산부(京山府)에 예속시켰다가 명종(明宗) 5년(1175)에 감무(監務)를 두었다. 조선 태종(太宗) 13년(1413)에 현감(縣監)으로 개칭하였다.

「읍호」(邑號)

고양(高陽) 영천(靈川)

「관원」(官員)

현감(縣監)〈상주진관병마절제도위(尙州鎭管兵馬節制都尉)〉 1원을 두었다.

『고읍』(古邑)

신복현(新復縣)〈읍치에서 남쪽으로 30리에 있다. 본래 신라의 가시혜현(加尸兮縣)인데, 일명 가시성(加尸城)이라고도 한다. 경덕왕(景德王) 16년(757)에 신복현(新復縣)이라고 개칭하고 고령군(高靈郡) 영현(領縣)으로 하였다. 고려 초에 고령에 합쳤다. 읍치 서쪽 10리에 가서곡(加西谷)이 있는데, 아마도 이곳인 것 같다〉

『방면』(坊面)

동부면(東部面)〈읍치로부터 동쪽으로 7리에서 끝난다〉

서부면(西部面)〈읍치로부터 서쪽으로 3리에서 끝난다〉

송천면(松泉面)〈읍치로부터 동쪽으로 7리에서 시작하여 20리에서 끝난다〉

구음면(九音面)〈위와 같다〉

하미면(下彌面)〈읍치로부터 동남쪽으로 20리에서 시작하여 30리에서 끝난다〉

일낭면(一郎面)〈읍치로부터 남쪽으로 7리에서 시작하여 10리에서 끝난다〉

우촌면(牛村面)〈읍치로부터 남쪽으로 10리에서 시작하여 70리에서 끝난다〉

유천면(鍮泉面)〈읍치로부터 남쪽으로 13리에서 시작하여 28리에서 끝난다〉

상동면(上洞面)〈읍치로부터 서남쪽으로 20리에서 시작하여 30리에서 끝난다〉

하동면(下洞面)〈읍치로부터 서남쪽으로 10리에서 시작하여 28리에서 끝난다〉

고곡면(高谷面)〈읍치로부터 북쪽으로 7리에서 시작하여 10리에서 끝난다〉

관동면(舘洞面)〈위와 같다〉

안림면(安林面)〈읍치로부터 서쪽으로 10리에서 시작하여 15리에서 끝난다〉

내곡면(乃谷面)〈읍치로부터 동쪽으로 10리에서 시작하여 15리에서 끝난다〉

구곡면(九谷面)〈읍치로부터 동쪽으로 25리에서 시작하여 25리에서 끝난다〉

『산수』(山水)

이산(耳山)〈읍치에서 서쪽으로 2리에 있다〉

미숭산(美崇山)〈읍치에서 서남쪽으로 20리 합천(陜川) 경계에 있다. ○반룡사(盤龍寺)가 있다〉

옥산(玉山)〈읍치에서 북쪽으로 7리 소산(小山)에 있다〉

소학산(巢鶴山)〈읍치에서 남쪽으로 38리 초계(草溪) 경계에 있다〉

만대산(萬岱山)〈일명 가점산(可岾山)이라고도 한다. 읍치에서 서남쪽으로 34리 합천(陜川) 경계에 있다〉

비룡산(飛龍山)〈읍치에서 동쪽으로 15리에 있다〉

태광산(太光山)〈읍치에서 동북쪽으로 25리 성주(星州) 경계에 있다〉

금곡(琴谷)〈읍치에서 북쪽으로 3리에 있다. 가야국(加耶國) 가실왕(嘉悉王)의 악사(樂師)였던 우륵(于勒)이 중국의 진쟁(秦箏)을 모방하여 악기를 만들었는데, 가야금(加耶琴)이라고 한다. 이곳이 바로 우륵이 공인(工人) 예업(隷業)을 거느리던 곳이다〉

사혜평(沙惠坪)〈읍치에서 남쪽으로 5리에 있다〉

「영로」(嶺路)

안언현(安偃峴)〈안원현(安原峴)이라고 쓰기도 한다. 읍치에서 북쪽으로 20리 성주(星州) 경계 대로(大路)에 있다〉

지로치(知老峙)〈읍치에서 서남쪽으로 30리 합천(陜川) 경계에 있다〉

구미치(九未峙)〈읍치에서 남쪽으로 38리 초계(草溪) 경계에 있다〉

○개산강(開山江)〈곧 낙동강(洛東江)의 이칭이다. 읍치에서 동쪽으로 22리 현풍(玄風) 경계에 있다. 성주(星州)의 무계진(茂溪津) 하류이다. 그 아래에 현풍(玄風)의 답곡진(畓谷津)이 있다〉

가야천(加耶川)〈근원은 합천(陜川)의 가야산(加耶山)과 성주(星州)의 수도산(修道山)에서 나와 합쳐서 동북쪽으로 흐르다가 쌍계사(雙溪寺) 앞을 지난다. 또 동쪽으로 흘러 독용산성(禿用山城)에 이르러 북쪽으로 꺾어 동남쪽으로 흘러 소가야천(小加耶川)을 지나 남쪽으로 흐른다. 향림(香林)과 적림(赤林)을 경유하여 읍치 동쪽을 지나 사우평(沙愚坪)에 이르렀다가 용담천(龍潭川)을 만나 동남으로 흐르다가 개산강(開山江)으로 들어간다〉

소가야천(小加耶川)〈일명 용담천(龍潭川)이라고도 한다. 근원은 가야산(加耶山)의 남동쪽에서 나와 남쪽으로 흐르다가 낙화담(落花潭)이 된다. 홍류동(紅流洞)을 경유하여 옛 야로현(冶爐縣)을 지나 오른쪽으로 우두령(牛頭嶺)에서 나오는 물을 지나 동쪽으로 흘러 용담천(龍潭川)이 된다. 안림역(安林驛)과 읍치 남쪽을 지나 가야천(加耶川)으로 들어간다〉

어정(御井)〈읍치에서 남쪽으로 1리에 있다. 대가야국(大加耶國)의 궁궐 터가 있다. 그 옆에 석정(石井)이 있는데 속칭 어정(御井)이라고 한다〉

적림(赤林)〈가야천(加耶川)의 동쪽 연안에 있다〉

향림(香林)〈가야천(加耶川)의 서쪽 연안에 있다. 위 2곳은 고을 남쪽에 있다〉

【제언(堤堰)은 5곳이 있다】

『성지』(城池)

고성(古城)〈이산(耳山)에 옛 터가 있다〉

『봉수』(烽燧)

망산(望山) 봉수〈읍치에서 동쪽으로 7리에 있다〉

『창고』(倉庫)

읍창(邑倉)

강창(江倉)〈개산강(開山江) 강변에 있다〉

산창(山倉)〈성주(星州)의 독용산성(禿用山城)에 있다〉

『역참』(驛站)

안림역(安林驛)〈읍치에서 서쪽으로 10리에 있다〉

『토산』(土産)

대[죽(竹)] 감[시(柿)] 매실[매(梅)] 비자[비(榧)] 벌꿀[봉밀(蜂蜜)] 벼루 돌[연석(硯石)] 자황(磁黃) 은어[은구어(銀口魚)] 잉어[이어(鯉魚)] 붕어[즉어(鯽魚)]

『장시』(場市)

읍내장(邑內場)은 4일, 9일이다.

『누정』(樓亭)

피향루(披香樓)

벽송정(碧松亭)〈모두 읍내에 있다〉

개호정(開湖亭)〈개산강(開山江) 강변에 있다〉

『능묘』(陵墓)

금림왕릉(錦林王陵)〈읍치에서 서쪽으로 2리쯤에 고분(古墳)이 있다. 세상에서는 금림왕(錦林王) 능이라고 전해 온다〉

『단유』(壇壝)

추심(推心)〈신라의 사전(祀典)에는 "추심이 대가야군(大加耶郡)에 있는데, 명산(名山)으로 소사(小祀)에 올라 있다"고 하였다〉

『전고』(典故)

신라 진흥왕(眞興王) 23년(562)에 가야(加耶)에 반란이 일어나니 김이사부(金異斯夫)에게 명하여 토벌하게 하였다. 부장(副將)이었던 사다함(斯多含)이 기병 5,000명을 이끌고 먼저 전단문(栴檀門) 안으로 들어가 백기(白旗)를 세우니 성안에 있던 사람들이 두려워서 어찌할 줄을 몰랐다. 이사부(異斯夫)가 군사를 이끌고 들어오니 일제히 항복하였다.

○고려 창왕(昌王) 때 박위(朴葳)가 고령현(高靈縣)에서 왜구를 토벌하여 35명을 죽였다.

○조선 선조(宣祖) 25년(1592)에 의병장(義兵將) 김면(金沔)이 거창(居昌)에서부터 군사를 이끌고 와서 고령현(高靈縣)에서 진을 치고 있다가 왜적이 강을 따라 내려간다는 소식을 듣고 요격하여 80여 명을 베었다. 적선에 싣고 있던 것을 노획하였는데, 모두가 내탕(內帑)의 값진 보배들이었다.

7. 문경현(聞慶縣)

『연혁』(沿革)

본래 신라 고사갈이현(高思曷伊縣)이었다.〈일명 관문현(冠文縣)이라고도 한다〉 경덕왕(景德王) 16년(757)에 관산현(冠山縣)이라고 고치고 고령군(古寧郡)의 영현(領縣)으로 삼았다. 고려 태조(太祖) 23년(940)에 문희군(聞喜郡)으로 고치고 현종(顯宗) 9년(1018)에 상주(尙州)에 소속시켰다. 후에 문경현(聞慶縣)이라고 고치고 공양왕(恭讓王) 2년(1390)에 감무(監務)를 두었다. 조선 태종(太宗) 13년(1413)에 현감(縣監)으로 개칭하였다.

「관원」(官員)

현감(縣監)〈상주진관병마절제도위(尙州鎭管兵馬節制都尉) 및 조령산성수성장(鳥嶺山城守城將)을 겸한다〉 1원을 두었다.

『고읍』(古邑)

가은현(加恩縣)〈읍치에서 서남쪽으로 41리에 있다. 본래 신라(新羅)의 가해현(加害縣)이었다. 경덕왕(景德王) 16년(757)에 가선현(嘉善縣)으로 개칭하고 고령군(古寧郡)의 영현으로 삼았다. 고려 태조(太祖) 23년(940)에 가은현(加恩縣)으로 고치고 현종(顯宗) 9년(1018)에 상주(尙州)에 소속시켰다. 공양왕(恭讓王) 2년(1390)에 문경에 합쳤다〉

호계현(虎溪縣)〈읍치에서 동남쪽으로 40리에 있다. 본래 신라의 호측현(虎側縣)으로 일명 배산성(拜山城)이라고도 하였다. 경덕왕(景德王) 16년(757)에 호계현(虎溪縣)으로 개칭하고 고령군(古寧郡) 영현(領縣)으로 삼았다. 고려 현종(顯宗) 9년(1018)에 상주(尙州)에 예속시켰다. 조선 태종(太宗) 때 문경에 합쳤다〉

『방면』(坊面)

읍내면(邑內面)〈읍치에서 5리에서 끝난다〉

초곡면(草谷面)〈읍치에서 서북쪽으로 7리에서 시작하여 28리에서 끝난다〉

신동면(身東面)〈읍치에서 동남쪽으로 7리에서 시작하여 20리에서 끝난다〉

신남면(身南面)〈읍치에서 남쪽으로 5리에서 시작하여 25리에서 끝난다〉

신북면(身北面)〈읍치에서 동북쪽으로 10리에서 시작하여 40리에서 끝난다〉

가현내면(加縣內面)〈읍치에서 서남쪽으로 40리에서 시작하여 50리에서 끝난다〉

가동면(加東面)〈읍치에서 남쪽으로 28리에서 시작하여 40리에서 끝난다〉

가남면(加南面)〈읍치에서 서남쪽으로 50리에서 시작하여 65리에서 끝난다〉

가서면(加西面)〈읍치에서 서남쪽으로 50리에서 시작하여 90리에서 끝난다〉

가북면(加北面)〈읍치에서 서쪽으로 25리에서 시작하여 70리에서 끝난다. 이상 5개면은 옛 가은현(加恩縣) 지역에 있다〉

호현내면(虎縣內面)〈읍치에서 동남쪽으로 27리에서 시작하여 45리에서 끝난다〉

호남면(虎南面)〈읍치에서 동남쪽으로 40리에서 시작하여 50리에서 끝난다〉

호서면(虎西面)〈읍치에서 동남쪽으로 40리에서 시작하여 50리에서 끝난다. 이상 3개면은 옛 호계현(虎溪縣) 지역에 있다〉

○〈벌천부곡(伐川部曲)은 읍치에서 북쪽으로 15리에 있다.

마량부곡(馬良部曲)은 옛 호계현(虎溪縣)에 있다.

잉을항소(仍乙項所)는 읍치에서 동쪽으로 10리에 있다.

고곡부곡(高谷部曲)

견천부곡(絹川部曲)

소산천부곡(小山川部曲)〉

『산수』(山水)

주흘산(主屹山)〈읍치에서 북쪽으로 1리에 있다〉

관혜산(冠兮山)〈읍치에서 남쪽으로 4리에 있다〉

희양산(曦陽山)〈읍치에서 서쪽으로 30리 연풍(延豐) 경계에 있다. ○봉암사(鳳岩寺)가 있는데 일명 양산사(陽山寺)라고도 한다. 산 위에 백운대(白云臺)가 있고, 산의 서남쪽에는 구룡봉(九龍峯)이 있다. 산의 서쪽 20여 리부터는 외선유동(外仙游洞)이 되고, 그 서쪽 10여 리부터는 내선유동(內仙游洞)이 된다. 모두 수석이 절경을 이루고 있다〉

재목산(梓木山)〈가은방(加恩方)에 있다. 읍치에서 남쪽으로 2리에 있다〉

장산(獐山)〈옛 호계현(虎溪縣) 읍치 북쪽으로 1리에 있다〉

소둔산(所屯山)〈읍치에서 남쪽으로 15리에 있다〉

봉명산(鳳鳴山)〈읍치에서 동쪽으로 8리에 있다. ○금학사(金鶴寺)가 있다〉

화산(華山)〈일명 청화산(靑華山)이라고도 한다. 옛 가은현(加恩縣) 서쪽에 있다. 읍치에서 70리 거리에 있다. 남쪽으로 보은(報恩)의 속리산(俗離山)에 접하고 서쪽으로 청주(淸州) 송면리(松面里), 북쪽으로 선유동(仙游洞)과 용유동(龍游洞)의 명승지가 잇다〉

불일산(佛日山)〈옛 가은현(加恩縣)에 있다. 읍치에서 서남쪽 20리에 있다. 청화산(靑華山)과 서로 이어 있다〉

대미산(黛眉山)〈읍치에서 동북쪽으로 30리에 있다〉

용뇌산(龍磊山)〈일명 운달산(雲達山)이라고 한다. 읍치에서 동쪽으로 20리에 있다〉

여산(廬山)〈옛 호계현(虎溪縣) 서쪽에 있다〉

대야산(大耶山)〈희양산(曦陽山) 남쪽의 최상봉을 비로봉(毗盧峯)이라고 하는데 선유동(仙游洞)의 주산(主山)이 된다. 서쪽으로 청주(淸州) 화양동(華陽洞)과 30리 거리에 있다〉

관방산(官方山)〈현의 서쪽·리에 있다〉

용유동(龍游洞)〈청화산(靑華山)의 남쪽 골짜기는 평평하고 모두 반석으로 되어 있다. 큰 내가 우회하며 빙빙 돌아가고 바위의 형상이 기괴하며 만가지 형태를 띠고 있다. 골짜기의 바람이 서늘하다〉

【황장봉산(黃腸封山)이 1곳 있다】

【송전(松田) 2곳이 있다】

「영로」(嶺路)

계립령(鷄立嶺)〈세속에서는 마골점(麻骨岾)이라고 부른다. 읍치에서 북쪽으로 28리 연풍(延豐) 경계에 있다. 신라 아달라왕(阿達羅王) 3년(156)에 처음으로 계립령로(鷄立嶺路)를 개통하였다〉

이화현(伊火峴)〈읍치에서 서쪽으로 18리 연풍(延豐) 경계 샛길에 있다〉

갈령(葛嶺)

고모령(古毛嶺)〈모두 서쪽 도로에 있다〉

조령(鳥嶺)〈속칭 새재[초점(草岾)]라고 한다. 읍치에서 서북쪽으로 28리 연풍(延豐) 경계에 있다. 경상우도(慶尙右道)에서 서울로 통하는 대로로서 험난한 길이 양장(羊腸)처럼 일백 구비를 이루고 있다. 남북의 경계를 이루고 있고 충청도로 들어가는 목구멍으로서 전쟁이 나면 반드시 지켜야하는 곳이다〉

불한령(不寒嶺)〈희양산(曦陽山) 남쪽 갈래에 있다. 서쪽으로 20리 거리부터 내선유동(內

仙游洞)이 된다〉

야운령(野云嶺)〈운달산(雲達山) 북쪽 갈래이다. 읍치에서 동북쪽으로 30리에 있다〉

토천(兎遷)〈일명 관갑천(串岬遷)이라고도 한다. 읍치에서 남쪽으로 20리에 있다. 곧 용연(龍淵)의 동쪽 언덕이다. 위로는 뾰죽한 봉우리가 둘러 있고 아래로는 심연(深淵)을 굽어보고 있다. 길이 좁고 협착하며 바위를 깎아 비탈길[잔도(棧道)]을 내었다. 빙빙 돌아가는 굴곡이 6-7리이며 견탄(犬灘)으로 통한다〉

○견탄(犬灘)〈읍치에서 동남쪽으로 35리에 있다. 근원은 조령(鳥嶺)의 용추(龍湫)에서 나와 남쪽으로 흐르다가 초곡(草谷)을 지나 고을 남쪽에 이른다. 요성천(聊城川)을 지나 소야천(所耶川)이 되고 호천(湖泉)을 지나면 물은 고모성(姑母城)과 고부성(姑父城)을 경유하여 토천성(兎遷城)에 이르러 용연(龍淵)이 된다. 가은천(加恩川)을 지나 동남쪽으로 흘러 회연(回淵)이 되고, 옛 호계현(虎溪縣)을 지나 인천(寅川)과 관천(串川)이 된다. 남쪽으로 흘러 봉황대(鳳凰臺)에 이르렀다가 이안천(利安川)을 지난다. 또 영천을 지나 무흘탄(無訖灘)으로 들어간다. ○용연(龍淵) 아래에는 암석이 뾰죽이 서 있고 폭포수가 못을 이룬다. 상·중·하(上中下)의 3굴(窟)이 있는데, 험난한 요충을 이루고 있다〉

요성천(聊城川)〈읍치에서 동쪽으로 4리에 있다. 근원은 대미산(黛眉山)에서 나와 남쪽으로 흘러 읍치 남쪽 화봉원(華封院) 앞에 이른다. 소야천(所耶川)과 합류하여 토천(兎遷)에 이르러 가은천(加恩川)과 합쳐 대탄(大灘) 상류가 된다〉

소야천(所耶川)〈읍치에서 남쪽으로 6리에 있다. 근원은 계립령(鷄立嶺)과 조령(鳥嶺)의 여러 골짜기에서 나와 남쪽으로 흘러 요성천(聊城川)에서 합친다〉

가은천(加恩川)〈옛 가은현(加恩縣) 남쪽에 있다. 근원은 속리산(俗離山)의 동쪽에에서 나와 동쪽으로 흘러 용연(龍淵)에 이른다. 요성천(聊城川) 소야천(所耶川)이 여기에서 합친다〉

인천(寅川)〈옛 호계현(虎溪縣) 동쪽에 있다. 읍치에서부터 55리 거리 상주(尙州) 경계에 있다〉

병천(甁川)〈옛 가은현(加恩縣) 서쪽에 있다. 화양동(華陽洞)과 40리 거리에 있다. 그 아래에는 상·하의 용추(龍湫) 2곳이 있고, 북쪽으로는 선유동(仙游洞)과 접하고 있다. 골짜기의 산수와 바위 절들이 절경을 이루고 있다. 논이 비옥하고 토양이 감과 밤에 적합하다〉

용연(龍淵)〈읍치에서 남쪽으로 22리에 있다. 가은천(加恩川)과 소야천(所耶川)이 합류하는 곳이다〉

용추(龍湫)〈조령(鳥嶺) 아래 동화원(桐華院) 서북쪽 1리에 있다. 폭포(瀑布)가 있는데 아름답기가 맑은 날 벼락 속에 흰 무지개가 뜬 것과 같다. 물의 깊이를 측량할 수 없다〉

조천(潮泉)〈두 곳이 있다. 하나는 소둔산(所屯山)에 있는데 바위 굴에서 나온다. 그 근원은 실과 같아서 매일 아침 저녁으로 분출되어 넘쳐서 3리를 적시는데 마치 조수(潮水)가 왕래하는 것과 같다. 또 하나는 읍치 남쪽 5리의 정곡리(井谷里)에 있는데 흙 굴에서 나온다. 매일 3번씩 분출되어 동구(洞口)로 나와 소야천(所耶川)으로 들어간다〉

【제언(堤堰) 2곳이 있다】

『성지』(城池)

조령산성(鳥嶺山城)〈숙종 34년(1708)에 쌓았다. 남북으로 18리이며, 둘래는 18,509척이다. 성은 3곳에 있는데, 하나는 고개 위 충청도와 경상도 경계에 있고 조령관(鳥嶺關)이라고 한다. 또 하나는 응암(鷹岩) 북쪽에 있는데, 옛 충원성(忠元城)을 토대로 개축한 것이다. 조동문(鳥東門)이 있다. 또 하나는 초곡(草谷)에 있는데 주흘관(主屹關)이라고 한다. 문경(聞慶) 함창(咸昌) 예천(禮泉) 용궁(龍宮) 상주(尙州) 5고을의 군향창(軍餉倉: 군량미를 비축하는 창고/역자주)이 있다. 위 3곳에는 모두 홍예문(虹預門: 무지개 모양으로 된 성문/역자주)이 있어 대로로 통한다. 또 홍예문(虹預門) 3칸이 있는데, 성 안의 모든 시내물이 모두 여기를 통하여 흘러간다. 영조(英祖) 27년(1751)에 별장(別將)을 두었다. 문경·함창 두 고을의 군사들이 여기에 전속되어 있다. ○수성장(守城將)은 본 현의 현감(縣監)이 겸하고 별장(別將) 1원을 두었다〉

「혁폐」(革廢)

어류성(御留城)〈조령 동쪽에 유지(遺址)가 있다. 그 가운데는 넓게 펼쳐 있으나 형세가 험난하다. 동남쪽은 절벽이 천길이나 되고 북쪽은 조금 낮으나 인력으로 통행할 수 있는 곳이 아니다. 성을 쌓은 곳은 불과 500-600척이다. 성 안에는 우물과 샘이 많아 수만 명의 군사를 수용할 수 있다. 북쪽에는 월악산(月岳山)이 있고 동쪽에는 작성(鵲城)이 있으며 서쪽에는 조령(鳥嶺)이 있고 남쪽에는 토천(兎遷)이 있는데 모두 험절한 곳이고 비탈길이 관문을 두르고 있다〉

희양산성(曦陽山城)〈옛 가은현(加恩縣)에 있다. 읍치에서 북쪽으로 15리에 있다. 3면이 모두 석벽(石壁)이다〉

옛 가은현성(加恩縣城)〈옛 현에 있다. 읍치에서 서남쪽으로 5리에 있다. 둘레가 565척이고, 우물이 1곳 있다. ○어떤 곳에는 견훤성(甄萱城)이라고도 하였는데 견훤(甄萱)이 가은현 사람이었기 때문이다〉

요성(聊城)〈읍치에서 동남쪽으로 4리에 있다. 둘레가 556척이다〉

고부성(姑父城)〈토천(兎遷) 남쪽 고산(高山) 위에 있다. 둘레가 620척이다. 고모성(姑母城)과 서로 대치하여 있다〉

고모성(姑母城)〈토천(兎遷) 서쪽의 끊어질 듯한 봉우리 위에 있다. 양쪽 협곡이 중앙을 묶어 놓은 것과 같다. 대천(大川)과 대로가 그 아래로 지나간다. 성의 둘레는 990척이다. 모두 신라 때 방수(防守)하던 곳이다〉

정곡성(井谷城)〈읍치에서 남쪽으로 5리 정곡리(井谷里)에 있다〉

『봉수』(烽燧)

선암산(禪岩山) 봉수〈옛 호계현(虎溪縣)에 있다. 읍치에서 북쪽으로 7리에 있다〉

탄항(炭項) 봉수〈읍치에서 북쪽으로 31리에 있다〉

『창고』(倉庫)

읍창(邑倉)〈읍내에 있다〉

호계창(虎溪倉)

가은창(加恩倉)〈각기 옛 고을에 있다〉

산성창(山城倉)〈주흘관(主屹關) 안에 있다〉

『역도』(驛道)

유곡도(幽谷道)〈읍치에서 동남쪽으로 40리에 있다. ○속역(屬驛)은 18곳이 있다. ○찰방(察訪) 1원이 있다〉

요성역(聊城驛)〈읍치에서 동쪽으로 3리에 있다〉

「보발」(步撥)

요성참(聊城站)

견탄참(犬灘站)

『진도』(津渡)

견탄진(犬灘津)〈가물 때는 다리로 건너고 물이 차면 배로 건넌다〉

『토산』(土産)

감[시(柿)] 잣[해송자(海松子)] 송이버섯[송심(松蕈)] 석이버섯[석심(石蕈)] 닥나무[저(楮)] 벌꿀[봉밀(蜂蜜)] 웅담(熊膽) 은어[은구어(銀口魚)]

『장시』(場市)

읍내장(邑內場)은 2일, 7일이다. 진남장(鎭南場)은 1일, 6일이다. 호남장(虎南場)은 3일, 8일이다. 유곡장(幽谷場)은 2일, 7일이다. 가은장(加恩場)은 3일, 8일이다. 농암장(籠岩場)은 5일, 10일이다. 송면리장(松面里場)四九)은 4일, 9일이다.

『누정』(樓亭)

교구정(交龜亭)〈읍치에서 서쪽으로 27리 조령(鳥嶺) 용추(龍湫) 위에 있다. 신임·구임 감사(監司)가 인부(印符)를 교환하는 곳이다〉

천교정(遷喬亭)〈유곡정(幽谷亭)이다〉

『단유』(壇壝)

주흘산단(主屹山壇)〈명산으로 소사(小祀)에 올라 있다〉

관혜산(冠兮山)〈주흘산(主屹山)에 붙여 제사한다〉

재목산(梓木山)

장산(獐山)〈위 3곳에는 본 고을에서 춘추로 제사한다〉

『전고』(典故)

신라 선덕여왕(善德女王) 11년(642)에 김춘추(金春秋)〈후에 무열왕(武烈王)이 되었다〉가 고구려(高句麗)에 사신으로 가니 고구려 왕이 말하기를, "마목현(麻木峴)〈곧 계립령(鷄立嶺)이다〉과 죽령(竹嶺)은 본래 우리 나라 땅이다. 만약 돌려주지 않으면 돌아갈 수 없으리라" 하였다.〈고구려 장수왕이 남쪽으로 백제(百濟)를 정벌하고 그 땅을 빼앗았는데, 그 강역이 조령

(鳥嶺)과 죽령(竹嶺)에 미쳤다. 신라 진흥왕(眞興王)이 죽령에서부터 한양(漢陽) 적성(積城)까지의 땅을 공략하여 빼았았다〉

○고려 태조(太祖) 10년(927)에 왕이 고사갈이성(高思曷伊城)을 준행하니 성주(城主) 홍달(興達)이 귀부하였다. 배산성(拜山城)을 수리하고 정조(正朝)와 제선(悌宣)에게 명하여 군사 2부대를 이끌고 지키게 하였다. 같은 왕 12년(929)에 후백제(後百濟) 왕 견훤(甄萱)이 가은현(加恩縣)을 포위하였으나 이기지 못하고 돌아갔다.

○조선 선조(宣祖) 25년(1592) 4월에 변기(邊璣)가 조방장이 되어 조령(鳥嶺)을 지키다가 전사하였다. 이 달에 왜적이 문경(聞慶)을 함락시켰다. 현감(縣監) 신길원(申吉元)은 적에게 잡히자 그들을 꾸짖으며 굴하지 않고 죽었다.

8. 함창현(咸昌縣)

『연혁』(沿革)

본래 고령가야국(古寧加耶國)이었는데 신라(新羅)가 병합하여 고동람군(古冬攬郡)으로 삼았다.〈일명 고능현(古陵縣)이라고도 하였다〉 경덕왕(景德王) 16년(757)에 고령군(古寧郡)으로 개칭하고〈영현(領縣)은 3곳인데, 관산현(冠山縣) 가선현(嘉善縣) 호계현(虎溪縣)이다〉 상주(尙州)에 예속시켰다. 고려 광종(光宗) 15년(964)에 함령군(咸寧郡)이라고 개칭하고 현종(顯宗) 9년(1018)에 상주(尙州)에 예속시켰다. 후에 함창현(咸昌縣)이라고 개칭하고 명종(明宗) 2년에 감무(監務)를 두었다. 조선 태종(太宗) 13년(1413)에 현감(縣監)으로 고쳤다.

관원(官員): 현감(縣監)〈상주진관병마절제도위(尙州鎭管兵馬節制都尉)를 겸한다〉 1원을 두었다.

『방면』(坊面)

현내면(縣內面)〈읍치로부터 7리에서 끝난다〉

북면(北面)〈읍치로부터 3리에서 시작하여 7리에서 끝난다〉

동면(東面)〈읍치로부터 7리에서 시작하여 15리에서 끝난다〉

남면(南面)〈읍치로부터 7리에서 시작하여 10리에서 끝난다〉

상서면(上西面)〈읍치로부터 7리에서 시작하여 15리에서 끝난다〉

하서면(下西面)〈읍치로부터 5리에서 시작하여 25리에서 끝난다〉

○〈이안부곡(利安部曲)은 읍치에서 서쪽으로 5리에 있다.

덕봉부곡(德峯部曲)은 읍치에서 동쪽으로 10리에 있다.

금천소(金川所) 읍치에서 동쪽으로 5리에 있다〉

『산수』(山水)

재악산(宰岳山)〈읍치에서 서쪽으로 13리에 있다〉

황령산(黃嶺山)〈일명 칠봉(七峯)이라고도 한다. 읍치에서 서쪽으로 37리에 있다. 문경(聞慶)과 상주(尙州) 두 고을 사이로 길게 들어가 있다〉

오봉산(五峯山)〈읍치에서 남쪽으로 7리에 있다〉

고산(孤山)〈읍치에서 동쪽으로 9리 큰 들판 가운데 있다. 바라보면 마치 섬과 같다. 그 아래에 깊은 못이 있다〉

○관천(串川)〈읍치에서 동쪽으로 7리에 있다. 문경(聞慶) 견탄(犬灘)의 하류이다〉

저곡천(猪谷川)〈읍치에서 남쪽으로 7리에 있다. 근원은 상주(尙州) 봉황산(鳳凰山)에서 나와 동쪽으로 흐르다가 읍치 앞에서 이안천(利安川)으로 합쳐 들어간다〉

이안천(利安川)〈읍치에서 서쪽으로 5리에 있다. 근원은 속리산(俗離山)의 동쪽에서 나와 동쪽으로 흐르다가 읍치 앞에서 저곡천(猪谷川)과 합쳐서 동쪽으로 흘러 관천(串川)으로 들어간다〉

공검지(恭檢池)〈읍치에서 남쪽으로 13리에 있다. 뒤에는 여러 산 봉우리가 둘러 싸고 앞에는 큰 들판이 넓고 아득하게 펼쳐 있다. 여러 강물이 모여서 깊고 넓으며 질펀한 호수를 이루고 있다. 상주(尙州)를 보라〉

남지(南池)〈객사(客舍)가 작은 언덕에 의거하여 건축되어 있는데, 연못이 그 사이를 애워싸고 있다〉

【제언(堤堰)이 9곳이 있다】

『성지』(城池)

남산성(南山城)〈읍치에서 남쪽으로 10리에 있다. 둘래가 4,530척이고 연못이 1곳 있다〉

『봉수』(烽燧)

남산(南山) 봉수〈옛 성안에 있다〉

『창고』(倉庫)

읍창(邑倉)〈읍내에 있다〉

산창(山倉)〈문경(聞慶)의 조령산성(鳥嶺山城)에 있다〉

『역참』(驛站)

덕통역(德通驛)〈읍치에서 동쪽으로 7리에 있다〉

「보발」(步撥)

덕통참(德通站)

『교량』(橋梁)

당교(唐橋)〈읍치에서 북쪽으로 6리에 있다〉

『토산』(土産)

대[죽(竹)] 감[시(柿)] 호도(胡桃) 연밥[연실(蓮實)] 송이버섯[송심(松蕈)] 벌꿀[봉밀(蜂蜜)] 은어[은구어(銀口魚) 붕어[즉어(鯽魚)]

『장시』(場市)

읍내장(邑內場)은 1일, 6일, 4일, 9일 즉 1달에 12번 열린다. 남면장(南面場)은 3일, 8일이다. 유암장(柳岩場)은 2일, 7일이다.

『누정』(樓亭)

명은루(明隱樓)〈읍내에 있다〉

쾌재정(快哉亭)〈이안부곡(利安部曲)에 있다〉

『전고』(典故)

조선 선조(宣祖) 25년(1592) 4월에 왜적이 함창(咸昌)을 함락시켰다.

9. 선산도호부(善山都護府)

『연혁』(沿革)

본래 신라 일선군(一善郡)이다. 진평왕(眞平王) 36년(614)에 일선주(一善州)를 설치하였다.〈일길찬(一吉湌) 일부(日夫)로 군주(軍主)를 삼았다〉 신문왕(神文王) 7년(687)에 주(州)를 폐지하였다.〈냉산(冷山)의 서쪽에 월파정진(月波亭津)이 있고 동쪽 1리에 일선군(一善郡)의 옛 터가 있다〉 경덕왕(景德王) 16년(757)에 숭선군(嵩善郡)으로 개칭하고〈영현(領縣)은 군위현(軍威縣) 효령현(孝靈縣) 파징현(波澄縣) 부림현(缶林縣)이 있다〉 상주(尙州)에 소속시켰다. 고려 성종(成宗) 14년(995)에 선주자사(善州刺史)로 개칭하였고, 현종(顯宗) 9년(1018)에 상주(尙州)에 예속시켰다. 고려 인종(仁宗) 21년(1143)에 고쳐서 일선현령(一善縣令)을 두었고 후에 지선주사(知善州事)로 승격시켰다. 조선 태종(太宗) 때 선산군(善山郡)이라고 개칭하였다. 후에 도호부(都護府)로 승격시키고 독진(獨鎭)으로 삼았다.〈예전에는 상주진관(尙州鎭管) 소속이었다〉

「읍호」(邑號)

화의(和義)〈고려 성종(成宗) 때 정한 것이다〉

「관원」(官員)

도호부사(都護府使)〈선산진병마첨절제사(善山鎭兵馬僉節制使)와 금오산성수성장(金烏山城守城將)을 겸한다〉 1원

『고읍』(古邑)

해평(海平)〈읍치에서 동쪽으로 33리에 있다. 본래 신라 병정현(幷井縣)이었는데, 경덕왕(景德王) 16년(757)에 파징현(波澄縣)이라고 개칭하고 숭선군(嵩善郡)의 영현(領縣)으로 삼았다. 고려 태조(太祖) 23년(940)에 해평군(海平郡)이라고 개칭하고 후에 복주(福州)에 예속시켰다가 현종(顯宗) 9년(1018)에 상주(尙州)에 예속시켰다. 고려 인종(仁宗) 21년(1143)에

선산에 합쳤다〉

『방면』(坊面)

동읍내면(東邑內面)〈읍치에서 동쪽으로 10리에서 끝난다〉

서읍내면(西邑內面)〈읍치에서 서쪽으로 10리에서 끝난다〉

독용동면(禿用洞面)〈읍치에서 북쪽으로 10리에서 시작하여 20리에서 끝난다〉

주아면(注兒面)〈읍치에서 북쪽으로 20리에서 시작하여 40리에서 끝난다〉

상구미면(上龜尾面)〈읍치에서 서남쪽으로 30리에서 시작하여 40리에서 끝난다〉

하구미면(下龜尾面)〈읍치에서 남쪽으로 30리에서 시작하여 40리에서 끝난다〉

평성면(坪城面)〈읍치에서 남쪽으로 20리에서 시작하여 30리에서 끝난다〉

망장면(網障面)〈읍치에서 남쪽으로 10리에서 시작하여 20리에서 끝난다〉

무래면(舞來面)〈읍치에서 서쪽으로 10리에서 시작하여 20리에서 끝난다〉

신당포면(神堂浦面)〈읍치에서 서북쪽으로 10리에서 시작하여 30리에서 끝난다〉

무을동면(無乙洞面)〈읍치에서 서북쪽으로 20리에서 시작하여 40리에서 끝난다〉

지북면(旨北面)〈읍치에서 15리에서 시작하여 40리에서 끝난다〉

해평면(海平面)〈읍치에서 동쪽으로 20리에서 시작하여 35리에서 끝난다〉

몽도면(夢徒面)〈읍치에서 동쪽으로 30리에서 시작하여 40리에서 끝난다〉

북웅곡면(北熊谷面)〈본래는 웅곡부곡(熊谷部曲)이었다. 읍치에서 동남쪽으로 50리에서 시작하여 70리에서 끝난다〉

신곡면(新谷面)〈읍치에서 북쪽으로 20리에서 시작하여 30리에서 끝난다〉

도개면(道開面)〈본래는 도개부곡(道開部曲)이었다. 읍치에서 동쪽으로 20리에서 시작하여 30리에서 끝난다〉

산내면(山內面)〈읍치에서 동쪽으로 20리에 있다〉

산외면(山外面)〈읍치에서 동쪽으로 35리에 있다. 위 7면은 낙동강(洛東江)의 동쪽에 있다〉

○〈비산부곡(緋山部曲)은 읍치에서 남쪽으로 30리에 있다. 인동(仁同)을 보라.

가덕부곡(加德部曲)은 읍치에서 북쪽으로 20리에 있다.

예능부곡(藝能部曲)

고아부곡(高牙部曲)은 읍치에서 남쪽으로 15리에 있다.

보미부곡(寶彌部曲)은 읍치에서 남쪽으로 25리에 있다.

칠창부곡(漆倉部曲)은 읍치에서 동쪽으로 15리에 있다.

국안부곡(國安部曲)

질곡부곡(秩谷部曲)은 모두 옛 해평현(海平縣) 지역에 있다〉

【제언(堤堰)은 67곳이 있다】

『산수』(山水)

비봉산(飛鳳山)〈읍치 북쪽에 있다. ○미봉사(彌鳳寺)가 있다〉

복우산(伏牛山)〈읍치에서 서쪽으로 25리 개령(開寧) 경계에 있다. 득익사(得益寺)가 있는데, 고려말에 왜구가 남해안에 침입하자 합천(陜川) 해인사(海印寺)에서 고려 역대의 실록(實錄)을 여기로 운반하였다가 후에 충주(忠州) 개천사(開天寺)로 옮겨갔다〉

금오산(金烏山)〈읍치에서 남쪽으로 43리에 있다. 서쪽으로는 개령(開寧)에 이었고, 동쪽으로는 인동(仁同)에 연결되고 남쪽으로는 성주(星州)에 걸쳐서 4고을의 교차지역에 넓고 높게 점령하고 있다. 산 북쪽에 대혈사(大穴寺)와 도선굴(道銑窟)이 있는데, 도선굴은 너비가 16척, 깊이가 24척, 높이가 15척이고 그 안에 집을 지었다〉

연악산(淵岳山)〈읍치에서 서쪽으로 32리에 있다. 산의 북쪽 갈래는 상주(尙州) 갑장산(甲長山)이다. ○수다사(水多寺)가 있다〉

태조산(太祖山)〈읍치에서 동북쪽으로 13리에 있다. 산 북쪽 5리쯤의 작은 산 위는 고려 태조(太祖)가 견훤(甄萱)을 정벌할 때 여기서 군대를 주둔하였다. 성채의 터가 아직도 골짜기에 남아 있는데, 세속에서 어성정(御城亭)이라고 부르고 그 산은 태조산(太祖山)이라고 하였다〉

냉산(冷山)〈읍치에서 동쪽으로 15리 해평(海平) 경계에 있다. ○도리사(桃李寺)가 있다〉

옥산(玉山)〈읍치에서 동쪽으로 22리에 있다. 보천탄(寶泉灘)의 서쪽 연안이다. 감천(甘川)의 물이 합류하는 곳이다〉

대황당산(大皇堂山)〈읍치에서 남쪽으로 10리에 있다〉

부래산(浮來山)〈읍치에서 남쪽으로 5리에 있다〉

백마산(白馬山)〈읍치에서 동쪽으로 25리에 있다〉

조계산(曹溪山)〈읍치에서 동쪽으로 35리에 있다〉

노자암(鸕鷀岩)〈읍치에서 북쪽으로 20리 원흥사(元興寺) 앞 물 속에 있다〉

동지수(冬至藪)〈읍치에서 남쪽으로 3리에 있다. 감천(甘川)의 북쪽 연안이다. 길이가 10리나 된다. 그 안에 있는 작은 산을 동지산(冬至山)이라고 하는데 밤나무가 많다〉

「영로」(嶺路)

죽현(竹峴)〈읍치에서 서북쪽으로 30리 상주(尙州) 경계에 있다〉

갈현(乫峴)〈읍치에서 동북쪽으로 25리에 있다〉

열현(紇峴)〈읍치에서 북쪽으로 25리에 있다〉

좌현(左峴)〈읍치에서 서북쪽으로 30리 금산(金山) 경계에 있다〉

○낙동강(洛東江)〈견탄(犬灘)은 읍치에서 북쪽으로 34리에 있다. 상주(尙州) 낙동진(洛東津)의 하류이다. 동남쪽으로 흘러 노자암(鸕鶿岩)을 지나 이매연(鯉埋淵)이 되고, 다음에는 여차리진(余次里津)이 되고, 그 다음에는 보천탄(寶泉灘)이 되고, 그 다음에는 송학진(松鶴津)이 된다. 왼쪽으로 장천(丈川)을 지나고 오른쪽으로 울주천(蔚洲川)을 지나 인동(仁同) 경계에 이르러 지주비(砥柱碑)를 지나 칠진(漆津)이 된다〉

감천(甘川)〈근원은 지례(知禮)의 대덕산(大德山)과 우두현(牛頭峴)에서 나와 합쳐서 북쪽으로 흐르다가 지례(知禮) 읍치 동쪽을 지난다. 또 북쪽으로 흘러 금산(金山)의 김천역(金泉驛)에 이르고, 척산(尺山)을 경유하여 직지천(直指川)과 아천(牙川)을 지난다. 또 꺾여서 동쪽으로 흐르다가 개령(開寧) 읍치 남쪽을 지나 신당포천(新堂浦川)을 지난다. 읍치 남쪽 4리를 지나 옥산(玉山)의 동쪽을 지나 보천탄(寶泉灘)으로 들어간다. ○내의 위와 아래 논은 모두 비옥하고 관개의 이점이 있어 백성들이 넉넉한 사람들이 많다〉

이매연(鯉埋淵)〈읍치에서 동쪽으로 13리에 있다. 낙동강(洛東江)이다. 강의 동쪽 연안에는 월암(月岩)이 있는데, 바위 아래에 용혈(龍穴)이 있다〉

보천탄(寶泉灘)〈읍치에서 동남쪽으로 21리에 있다. 낙동강(洛東江)이다〉

울주천(蔚州川)〈읍치에서 남쪽으로 28리에 있다. 근원은 금조산(金鳥山)에서 나와 동쪽으로 흐르다가 낙서정(洛西亭)을 지나 낙동강(洛東江)으로 들어간다〉

신당포천(新堂浦川)〈읍치에서 서쪽으로 20리에 있다. 근원은 연악산(淵岳山)에서 나와 남쪽으로 흐르다가 감천(甘川)으로 들어간다〉

호지(狐池)〈읍치에서 남쪽으로 24리에 있다. 둘레가 3,679척이다〉

『성지』(城池)

읍성(邑城)〈고려말에 지군사(知郡事) 이득신(李得辰)이 축성하였다. 조선 영조 10년(1734)에 석성(石城)으로 개축하였다. 둘레가 1,448척이 샘이 9곳, 연못이 3곳이다〉

금오산성(金烏山城)〈읍치에서 남쪽으로 50리에 있다. 산세(山勢)가 매우 험하고 높다. 옛 석성(石城)이 있다. 고려말에 선산(善山) 인동(仁同) 개령(開寧) 성주(星州)의 백성들이 여기서 왜구를 피하였다. 조선시대에 옛 성터에 의거하여 개축하였다. 내성(內城)은 둘레가 7,644척이다. 성이 없는 절벽이 661보이고 외성(外城)은 둘레가 4,135척이다. 내성 안에는 폭포(瀑布)가 있다. 우물이 8곳, 연못이 7곳이다. 여기에 속한 읍은 선산(善山) 개령(開寧) 금산(金山) 지례(知禮)이다. ○별장(別將) 1원을 두었다〉

옛 해평현성(海平縣城)

구미성(龜尾城)

『봉수』(烽燧)

남산(藍山)〈읍치에서 동쪽으로 9리에 있다〉

석현(石峴)〈옛 해평현(海平縣) 읍치 남쪽 10리에 있다〉

『창고』(倉庫)

읍창(邑倉)〈읍내에 있다〉

해평창(海平倉)〈옛 해평현 읍치에 있다〉

강창(江倉)〈여차니진(余次尼津) 가에 있다〉

대혜창(大惠倉)〈읍치에서 남쪽으로 42리에 있다〉

산성창(山城倉)〈금오산성(金烏山城)에 있다〉

『역참』(驛站)

구미역(龜尾驛)〈예전에는 구미역(仇彌驛)이라고 하였다. 읍치에서 동쪽으로 1리에 있다〉

안곡역(安谷驛)〈읍치에서 서쪽으로 35리에 있다〉

영향역(迎香驛)〈읍치에서 동쪽으로 21리에 있다〉

상림역(上林驛)〈읍치에서 동쪽으로 45리에 있다〉

「혁폐」(革廢)

견도역(牽途驛)〈옛 해평현(海平縣) 읍치에서 동쪽으로 10리에 있다. 안곡역(安谷驛)에 합쳤다〉

「보발」(步撥)

영춘참(迎春站)

『진도』(津渡)

여차리진(余次里津)〈읍치에서 동쪽으로 11리에 있다. 이매연(鯉埋淵) 하류이다. 월파정진(月波亭津)이라고 부른다〉

송학진(松鶴津)〈옥산(玉山)의 남쪽에 있다〉

『토산』(土産)

대[죽(竹)] 옻[칠(漆)] 감[시(柹)] 밤[율(栗)] 잣[해송자(海松子)] 왕골[완초(莞草)] 잉어[이어(鯉魚)] 붕어[즉어(鯽魚)]

『장시』(場市)

읍내장(邑內場)은 2일, 7일이다. 해평장(海平場)은 4일, 9일이다. 구미장(龜尾場)은 1일, 6일이다. 장천장(丈川場)은 5일, 10일이다.

『누정』(樓亭)

월파정(月波亭)〈여차리진(余次里津) 동쪽 언덕에 있다. 작은 산이 강을 임하여 솟아 있는데, 정자가 그 위에 있다〉

노자정(鸕鶿亭)〈노자암(鸕鶿岩) 강변에 있다〉

매학정(梅鶴亭)〈층층 바위가 들판 가운데 우뚝 서 있는데 정자가 그 위에 있고 강을 바라본다〉

봉하루(鳳下樓)

정정루(正正樓)

제남루(濟南樓)

『사원』(祠院)

금오서원(金烏書院)〈관찰사(觀察使) 남재(南在)가 창건하고 선조(宣祖) 을해년(1575)에 사액(賜額)하였다. 원래 야은사(冶隱祠)였는데, 광해군(光海君) 기유년(1609)에 지금의 이름으로 고쳐 사액하였다〉 길재(吉再)〈자는 재보(再父), 호는 야은(冶隱)이고 본관은 해평(海平)이다. 벼슬은 우왕(禑王) 때 문하부(門下府) 주서(注書)를 지냈다. 조선왕조에서 태상박사(太常博士)를 받았으나 굴하지 않았다. 좌간의대부(左諫議大夫)에 증직되었고 시호는 충절(忠節)이다〉 김종직(金宗直)〈밀양(密陽)을 보라〉 정붕(鄭鵬)〈자는 운정(雲程), 호는 신당(新堂)이고 본관은 해주(海州)이다. 벼슬은 사인(舍人)을 지냈다〉 박영(朴英)〈자는 자실(子實), 호는 송당(松堂)이고 본관은 밀양이다. 벼슬은 병조참판(兵曹參判)을 지냈고 이조판서(吏曹判書)에 증직되었다. 시호는 문목(文穆)이다〉 장현광(張顯光)〈성주(星州)를 보라〉을 제사한다.

○월암서원(月巖書院)〈인조(仁祖) 무진년(1628)에 창건하고 숙종(肅宗) 갑술년(1694)에 사액(賜額)하였다〉 김주(金澍)〈안동(安東)을 보라〉 하위지(河緯地)〈과천(果川)을 보라〉 이맹전(李孟專)〈자는 백순(伯純), 호는 경은(耕隱)이고 본관은 성산(星山)이다. 벼슬은 정언(正言)을 지냈다. 단종(端宗)을 위하여 절개를 다하였다. 이조판서(吏曹判書)에 증직되고 시호는 정목(貞穆)이다〉

○낙봉서원(洛峯書院)〈인조(仁祖) 병술년(1646)에 창건하고 정조(正祖) 정미년(1787)에 사액(賜額)하였다〉 김숙자(金淑滋)〈자는 자배(子培), 호는 강호(江湖)이고 본관은 선산(善山)이다. 벼슬은 사예(司藝)를 지내고 호조판서(戶曹判書)에 증직되었다〉 김취성(金就成)〈자는 성지(成之), 호는 진낙당(眞樂堂)이고 본관은 선산(善山)이다〉 박운(朴雲)〈자는 택지(澤之), 호는 용암(龍巖)이고 본관은 밀양(密陽)이다〉 김취문(金就文)〈자는 문지(文之), 호는 윤암(允庵)이고 취성(就成)의 아우이다. 벼슬은 강원감사(江原監司)를 지냈다〉 고응척(高應陟)〈자는 숙명(淑明), 호는 두곡(杜谷)이고 본관은 안동(安東)이다. 벼슬은 사성(司成)을 지냈다〉

『전고』(典故)

신라 소지왕(炤智王) 5년(483)에 왕이 일선(一善) 지역으로 순행하여 자연 재해를 입은 백성들을 위문하였고, 10년(488)에 또 일선에 순행하여 홀아비·과부·고아·무의탁 노인들[환과고독(鰥寡孤獨)]을 위문하였다. 진지왕(眞智王) 2년(577)에 백제(百濟)가 신라의 서쪽 고을들을 침략하니 이찬(伊飡) 세종(世宗)에게 명하여 일선 북쪽에서 격파하고 3,700명을 베었다.

무열왕(武烈王) 4년(657)에 일선군(一善郡)에 큰 홍수가 나서 300여 명이 익사하였다. 효공왕(孝恭王) 11년(907)에 일선군 이남 10여 성이 모두 견훤(甄萱)에게 점령되었다.

○고려 고종(高宗) 22년(1235)에 이유정(李裕貞) 등이 몽고 군사들을 해평(海平)에서 공격하였다가 패배하여 전군이 몰살당하였다. 우왕(禑王) 6년(1380)에 왜구가 선주(善州)를 불태웠고, 9년(1383)에도 선주를 노략질하였다. 〈5월에 왜구가 고을 경내로 들어와 관아를 불태웠다. 지주사(知州事) 이득신(李得辰)이 관심평(觀心坪)으로 피하였다가 왜구가 물러가자 읍성(邑城)을 쌓고 지키니 왜구가 다시 오지 않았다〉

○조선 선조(宣祖) 25년(1592) 4월에 왜적이 선산(善山)을 함락시켰다.

10. 진주목(晉州牧)

『연혁』(沿革)

본래 신라(新羅)의 거타주(居陁州)이다. 신문왕(神文王) 5년(685)에 청주(菁州)로 개칭하고 총관(摠管)을 두었다.〈청주정(菁州亭)이라고 하고 대아찬(大阿飡) 복세(福世)를 총관(摠管)으로 삼았다〉 경덕왕(景德王) 16년(757)에 강주도독부(康州都督府)라고 고쳤다.〈9주(州)의 하나이다. 예하에 주(州) 1곳, 군(郡) 11곳, 현(縣) 31곳이 있다. ○도독부(都督府)의 영현(領縣)은 가수현(嘉樹縣) 굴촌현(屈村縣) 반성현(班城縣)이다〉 고려 태조(太祖) 23년(940)에 진주(晉州)라고 고치고 성종(成宗) 2년(983)에 목(牧)을 두었다.〈12목(牧)의 하나이다〉 같은 왕 14년(995)에 정해군절도사(定海軍節度使)〈12절도사의 하나이다〉로 삼고 산남도(山南道)에 소속시켰다. 고려 현종(顯宗) 3년(1012)에 안무사(安撫使)로 고치고 9년(1018)에 목(牧)을 두었다.〈8목의 하나이다. ○속군(屬郡)은 2곳이니 강성군(江城郡)과 하동군(河東郡)이다. 속현(屬縣)은 7곳이니 사주현(泗州縣) 악양현(岳陽縣) 영선현(永善縣) 진해현(鎭海縣) 곤명현(昆明縣) 반성현(班城縣) 의령현(宜寧縣)이다〉 고려 충선왕(忠宣王)2년(1310)에 강등하여 지주사(知州事)로 삼았다가〈여러 목(牧)을 폐지시켰다〉 공민왕(恭愍王) 5년(1356)에 다시 목을 부활하였다. 조선 태조(太祖) 때 승격하여 진양대도호부(晉陽大都護府)로 삼았다가 태종(太宗) 때 다시 진주목(晉州牧)으로 환원하였다. 세조(世祖) 때 진(鎭)을 두었다.〈13개 고을을 관할한다〉

「읍호」(邑號)

진강(晉康)〈고려 성종(成宗) 때 정한 것이다〉 청주(菁州) 진산(晉山)

「관원」(官員)

목사(牧使)〈진주진병마첨절제사(晉州鎭兵馬僉節制使)를 겸한다〉 1원을 두었다.〈선조 36년(1603)에 경상우도병마절도사(慶尙右道兵馬節度使)가 목사(牧使)를 겸하게 하였다가 인조(仁祖) 13년(1635)에 목사를 겸하는 것을 폐지하였다〉

『고읍』(古邑)

반성현(班城縣)〈읍치에서 동쪽으로 55리에 있다. 본래 신라의 현(縣) 지역이었다. 경덕왕(景德王) 16년(757)에 반성현(班城縣)으로 개칭하고 강주(康州)의 영현(領縣)으로 하였다. 고려 현종(顯宗) 9년(1018)에 진주에 합쳤다. ○옛 읍호(邑號)는 편월(片月)이었다〉

영선현(永善縣)〈읍치에서 동남쪽으로 48리에 있다. 본래 신라의 일선현(一善縣)이었는데 경덕왕(景德王) 16년(757)에 상선현(尙善縣) 일명 양선현(良善縣)으로 개칭하고 고성군(固城郡)의 영현(領縣)으로 삼았다. 고려 태조(太祖) 23년(940)에 영선현(永善縣)으로 개칭하였고 현종(顯宗) 9년(1018)에 진주에 합쳤다〉

굴촌현(屈村縣)〈읍치에서 동쪽으로 50리에 있다. 본래 신라의 현(縣) 땅이었다. 경덕왕(景德王) 16년(757)에 굴촌현(屈村縣)으로 개칭하고 강주(康州)의 영현(領縣)으로 하였다. 고려 초에 진주에 합쳤다〉

문화현(文和縣)〈읍치에서 동남쪽으로 60리에 있다. 본래 신라의 교화량현(蛟火良縣)이었는데, 경덕왕(景德王) 16년(757)에 문화현(文和縣)으로 고치고 고성군(固城郡)의 영현(領縣)으로 하였다. 고려 태조(太祖) 때 진주에 합쳤다〉

흥선현(興善縣)〈흥선도(興善島)에 있다. 읍치에서 남쪽으로 70리에 있다. 본래 고려 유질부곡(有疾部曲)이었는데, 현종(顯宗) 때 창선현(彰善縣)이라고 하고 내속시켰다가, 충선왕(忠宣王) 때 흥선현(興善縣)으로 개칭하였다. 후에 왜구(倭寇)의 노략질로 백성과 물화가 흩어져 폐지되었다〉

살천현(薩川縣)〈읍치에서 서쪽으로 80리에 있다. 고읍을 설치하고 폐지한 내력을 고증할 수 없다. 후에 강등하여 부곡(部曲)이 되었다. 그 우두머리는 머리를 깎았기 때문에 중머리[승수(僧首)]라고 하였다〉

『방면』(坊面)

주내면(州內面)〈곧 읍내에 있다〉

조곡면(槽谷面)〈읍치에서 동쪽으로 20리에서 시작하여 25리에서 끝난다〉

금산면(金山面)〈읍치에서 동쪽으로 20리에서 시작하여 30리에서 끝난다〉

대여면(代如面)〈읍치에서 동쪽으로 30리에서 시작하여 40리에서 끝난다〉

갈곡면(葛谷面)〈위와 같다. 본래 갈곡소(葛谷所)였다〉

가주면(加住面)〈위와 같다〉

가수개면(加樹介面)〈읍치에서 동쪽으로 40리에서 시작하여 50리에서 끝난다〉

가좌촌면(加佐村面)〈읍치에서 동쪽으로 30리에서 시작하여 35리에서 끝난다〉

상사면(上寺面)〈읍치에서 동쪽으로 20리에서 시작하여 35리에서 끝난다〉

반성면(班城面)〈위와 같다〉

어동면(於東面)〈읍치에서 동쪽으로 50리에서 시작하여 70리에서 끝난다〉

용봉면(龍鳳面)〈위와 같다〉

양전면(良田面)〈위와 같다〉

영이면(永爾面)〈읍치에서 동남쪽으로 70리에서 끝난다〉

내진면(內晉面)〈읍치에서 동남쪽으로 50리에서 끝난다〉

외진면(外晉面)〈위와 같다〉

말문면(末文面)〈읍치에서 남쪽으로 60리에서 시작하여 90리에서 끝난다〉

창선도면(昌善島面)〈곧 흥선도(興善島)이다. 읍치에서 남쪽으로 100리에서 시작하여 120리에서 끝난다〉

적량면(赤梁面)〈흥선도(興善島) 안에 있다. 읍치에서 110리에서 시작하여 130리에서 끝난다〉

영이곡면(永耳谷面)〈읍치에서 동남쪽으로 40리에서 시작하여 50리에서 끝난다〉

오읍곡면(五邑谷面)〈위와 같다〉

영현면(永縣面)〈읍치에서 동남쪽으로 40리에서 시작하여 70리에서 끝난다〉

생을산면(省乙山面)〈읍치에서 동남쪽으로 40리에서 시작하여 60리에서 끝난다〉

금동어면(金洞於面)〈읍치에서 동남쪽으로 30리에서 시작하여 40리에서 끝난다〉

송곡면(松谷面)〈위와 같다〉

소촌면(召村面)〈읍치에서 동남쪽으로 20리에서 시작하여 30리에서 끝난다〉

이곡면(耳谷面)〈위와 같다〉

지곡면(枝谷面)〈읍치에서 남쪽으로 15리에서 시작하여 25리에서 끝난다〉

정촌면(鼎村面)〈읍치에서 남쪽으로 10리에서 시작하여 15리에서 끝난다〉

섭천면(涉川面)〈읍치에서 남쪽으로 5리에서 시작하여 10리에서 끝난다〉

나동면(奈洞面)〈읍치에서 남쪽으로 10리에서 시작하여 20리에서 끝난다〉

가차면(加次面)〈본래는 가차례부곡(加次禮部曲)이었다. 읍치에서 서남쪽으로 25리에서 시작하여 30리에서 끝난다〉

유곡면(杻谷面)〈읍치에서 서남쪽으로 20리에서 시작하여 30리에서 끝난다〉

가이곡면(加伊谷面)〈위와 같다〉

마동면(馬洞面)〈읍치에서 서남으로 25리에서 시작하여 30리에서 끝난다〉

평거면(平居面)〈읍치에서 서남쪽으로 2리에서 시작하여 24리에서 끝난다〉

신풍면(新豐面)〈읍치에서 서남쪽으로 30리에서 시작하여 40리에서 끝난다〉

부화곡면(夫火谷面)〈위와 같다〉

동곡면(桐谷面)〈읍치에서 서남쪽으로 40리에서 시작하여 45리에서 끝난다〉

모태곡면(毛台谷面)〈읍치에서 북쪽으로 30리에서 시작하여 40리에서 끝난다〉

사죽면(沙竹面)〈읍치에서 북쪽으로 15리에서 시작하여 30리에서 끝난다〉

동물곡면(冬勿谷面)〈읍치에서 북쪽으로 5리에서 시작하여 10리에서 끝난다〉

성태면(省台面)〈읍치에서 북쪽으로 25리에서 시작하여 50리에서 끝난다〉

집현면(集賢面)〈읍치에서 북쪽으로 25리에서 시작하여 30리에서 끝난다〉

명석면(鳴石面)〈읍치에서 북쪽으로 40리에 있다〉

대곡면(大谷面)〈본래는 대곡소(大谷所)였다. 읍치에서 동북쪽으로 30리에서 시작하여 40리에서 끝난다〉

설매곡면(雪梅谷面)〈읍치에서 동북쪽으로 30리에서 시작하여 50리에서 끝난다〉

비라면(非羅面)〈읍치에서 서쪽으로 10리에서 시작하여 15리에서 끝난다〉

침곡면(針谷面)〈본래 침곡부곡(針谷部曲)이었다. 읍치에서 서쪽으로 30리에서 시작하여 40리에서 끝난다〉

원당면(元堂面)〈위와 같다〉

이하면(籬下面)〈읍치에서 서쪽으로 40리에서 시작하여 50리에서 끝난다〉

수곡면(水谷面)〈위와 같다〉

단속면(斷俗面)〈읍치에서 서쪽으로 55리에서 시작하여 60리에서 끝난다〉

서남면(西南面)〈읍치에서 서쪽으로 35리에 있다〉

정수면(正守面)〈읍치에서 서쪽으로 40리에서 시작하여 45리에서 끝난다〉

북평면(北坪面)〈위와 같다〉

운곡면(雲谷面)〈읍치에서 서쪽으로 50리에서 시작하여 55리에서 끝난다〉

종화면(宗花面)〈읍치에서 서쪽으로 50리에서 시작하여 60리에서 끝난다〉

대야면(大也面)〈위와 같다. 본래는 대야천부곡(大也川部曲)으로 일명 선천(鐥川)이라고도 하였다〉

청암면(靑岩面)〈읍치에서 서쪽으로 60리에서 시작하여 130리에서 끝난다〉

가서면(加西面)〈읍치에서 서쪽으로 60리에서 시작하여 70리에서 끝난다〉

살천면(薩川面)〈읍치에서 서쪽으로 80리에서 시작하여 120리에서 끝난다. 일명 시천면(矢川面)이라고도 한다〉

삼장면(三壯面)〈위와 같다〉

백곡면(栢谷面)〈읍치에서 서쪽으로 60리에서 시작하여 70리에서 끝난다〉

금만면(金萬面)〈읍치에서 서북쪽으로 60리에서 시작하여 70리에서 끝난다〉

사월면(沙月面)〈읍치에서 서북쪽으로 40리에서 시작하여 50리에서 끝난다〉

진성면(晉城面)〈읍치에서 동쪽으로 40리에서 시작하여 60리에서 끝난다〉

파지면(巴只面)〈읍치에서 서북쪽으로 40리에서 시작하여 50리에서 끝난다〉

오산면(吳山面)〈읍치에서 서북쪽으로 30리에서 시작하여 40리에서 끝난다〉

대평면(大坪面)〈읍치에서 서북쪽으로 30리에서 시작하여 35리에서 끝난다〉

○〈어아부곡(於牙部曲)은 읍치에서 남쪽으로 10리에 있다.

율곡부곡(栗谷部曲)은 읍치에서 서쪽으로 30리에 있다.

부곡부곡(釜谷部曲)은 읍치에서 북쪽으로 5리에 있다.

인담부곡(鱗潭部曲)은 옛 영선현(永善縣)에 있다. 읍치에서 30리 거리에 있다.

송자부곡(松慈部曲)은 옛 영선현(永善縣)에 있다.

월아부곡(月牙部曲)은 읍치에서 동쪽으로 15리에 있다.

명진부곡(溟珍部曲) 옛 영선현(永善縣)에 있다. 읍치에서 동쪽으로 15리에 있다. 고려말에 거제(巨濟) 명진포(溟珍浦) 사람들이 여기에 임시로 이주하여 살다가 조선왕조에 들어와 거제로 돌아갔다.

진성부곡(晉城部曲)은 읍치에서 동쪽으로 45리에 있다. 지금의 진성면(晉城面)이다.

송곡향(松谷鄕)은 읍치에서 남쪽으로 30리에 있다. 지금의 송곡면(松谷面)이다.

복산향(福山鄕)은 옛 영선현(永善縣)에 있다.

벌대소(伐大所)는 읍치에서 서쪽으로 40리에 있다.

수곡소(水曲所)는 읍치에서 서쪽으로 30리에 있다. 지금의 수곡면(水谷面)이다.

수곡소(水谷所)는 읍치에서 동쪽으로 30리에 있다.

수대곡소(水大谷所)는 읍치에서 남쪽으로 40리에 있다.

○대야천부곡(大也川部曲)은 고려(高麗) 공민왕(恭愍王) 7년(1358)에 남해군(南海郡) 사람들이 왜구로 인하여 땅을 잃고 임시로 이주하여 살던 곳이다.

『산수』(山水)

비봉산(飛鳳山)〈읍치에서 북쪽으로 1리에 있다〉

지리산(智異山)〈읍치에서 서쪽으로 100여 리에 있다. 일명 지리산(地理山), 두류산(頭流山), 방장산(方丈山)이라고도 한다. 웅장하게 중첩되어 전라도와 경상도 2도, 8고을의 경계에 걸쳐 400여 리에 이어있다. 봉우리 중에서 가장 높은 것을 동쪽은 천왕봉(天王峯)이라고 하고 서쪽은 반야봉(般若峯)이라고 하는데 그 거리가 100리이지만 직선 거리는 불과 수십리에 지나지 않는다. 또 향노봉(香爐峯) 미타봉(彌陁峯) 묘적봉(杳積峯) 등이 있고 가섭대(迦葉臺) 소년대(少年臺) 창불대(唱佛臺) 등구참(登龜站) 영낭참(永郎站) 등이 있다. ○천왕봉(天王峯)은 바위 언덕이 험준하고 찾아갈 수 있는 지름길이 없다. 회나무[괴(槐)]와 노송나무[회(檜)]가 하늘을 덮고 아래에는 세죽(細竹)이 빼빽하다. 간혹 교목(喬木)들이 천길 언덕에 둘러 있고 폭포가 멀리 백운 끝에서 쏟아져 내려 언덕과 골짜기의 사이를 측량할 수 없다. 얼음과 눈이 여름을 지나도 녹지 않고 6월에 서리가 내리고 7월에 눈이 내리고 ?월에 얼음이 언다. 어떤 때는 산 아래에는 눈과 비가 오는대 산위에는 날씨가 청명(淸明)하기도 한다. 산에 올라가 남쪽을 바라보면 거대한 바다가 있고 동쪽 서쪽 북쪽을 바라보면 경상도와 전라도 300-400리의 큰 산과 봉우리들이 아들이나 손자들처럼 눈 아래에 들어온다. 대개 산 아래에는 감과 밤이 많고산 위에는 모두 삼나무[삼(杉)] 소나무[송(松)] 홰나무[괴(槐)] 잣나무[백(柏)]가 섞여 있다. 마른 꽃들이 청백(青白)하고 서로 뒤섞여 있어 바라보면 그림과 같다. 최 상봉에는 다만 철쭉[척촉(躑躅)] 뿐인데 나무의 길이가 1자도 되지 않는다. 무릇 좋은 나물과 특이한 과일이 다른 산보다 성대하다. 멀리는 산 주위의 수십 고을 사람들이 모두 그 이득을 먹고 산다. 이름난 암자와 경치 좋은 절들이 이루다 기록할 수 없을 만큼 많다. ○천왕봉(天王峯)에서 동쪽으로 내려가면 천불암(千佛庵)이 있는데, 집과 같이 생긴 바위가 있어 수십인이 들어갈 수 있다. 그 아래에 법계사(法戒寺)가 있고, 천불암에서 조금 북쪽으로 올라가면 작은 굴(窟)이 있는데, 동쪽으로 큰 바다를 바라보고 서쪽으로 천왕봉을 지고 있으며 법주굴(法住窟)이라고 부른다. ○묵계사(默契寺): 안양사(安養寺) 앞 냇물을 따라 서북쪽으로 가면 계곡 사이가 매우 험하고 질퍽거리는데 40여 리를 가면 물의 근원이 다하고 땅이 조금 넓게 열리고 토지가 비옥하다. 이 절은 지리산에서 가장 경치가 좋은 곳이다. ○오대사(五臺寺): 살천(薩川)에서 남쪽으로 고개 하나를 넘으면 다섯 봉우리가 늘어서 있는데 그 형상이 대(臺)와 같고 절이 그 가운데 있다. 일천 봉우리가 둘러싸고 있고 일백 계곡이 여기서 모인다〉

【천왕봉(天王峯)은 마땅히 하동(河東) 편에 있어야 한다】

【이상은 마땅히 하동(河東) 편에 있어야 한다】

단속산(斷俗山)〈신라 경덕왕(景德王) 22년(763)에 대나마(大奈麻) 이순(李純)이 세상을 피하여 승왕(僧王)이 되어 단속사(斷俗寺)를 창건하고 여기에 거주하였다〉

안양산(安養山)〈안양사(安養寺)가 있다. 절에서 서쪽으로 고개 셋을 넘으면 섬진강(蟾津江)이 있다. 읍치에서 60리에 있다〉

삼장산(三壯山)〈삼장사(三壯寺)가 살천(薩川)의 북쪽에 있다〉

청암산(青岩山)〈청암사(青岩寺)가 있다〉

도원동(桃源洞)

부춘동(富春洞)

덕산동(德山洞)〈이상은 모두 지리산(智異山)의 동쪽 갈래이다〉

옥산(玉山)〈읍치에서 서쪽으로 50리에 있다〉

우산(牛山)〈읍치에서 서쪽으로 65리에 있다. 모방사(茅方寺)가 있다. 이상은 지리산(智異山)의 남쪽 갈래이다〉

광제산(廣濟山)〈읍치에서 북쪽으로 30리에 있다〉

연화산(蓮華山)〈읍치에서 남쪽으로 40리에 있다〉

망진산(望晉山)〈읍치에서 남쪽으로 6리에 있다〉

영봉산(靈鳳山)〈옛 반성현(班城縣)에 있다. 골짜기가 있다〉

집현산(集賢山)〈읍치에서 북쪽으로 40리 단성(丹城) 경계에 있다〉

월아산(月牙山)〈읍치에서 동쪽으로 15리에 있다〉

와룡산(臥龍山)〈읍치에서 남쪽으로 65리 사천(泗川) 경계에 있다〉

송대산(松臺山)〈읍치에서 동쪽으로 42리에 있다〉

방어산(防禦山)〈옛 반성현(班城縣)에 있다. 읍치에서 북쪽으로 15리 함안(咸安) 경계에 있다. 읍치에서 동쪽으로 60리 거리에 있다〉

천금산(千金山)〈읍치에서 남쪽으로 50리 사천(泗川)에 있다〉

용암산(龍岩山)〈읍치에서 남쪽으로 40리에 있다〉

「영로」(嶺路)

동현(東峴)〈읍치에서 동쪽으로 65리 함안(咸安) 경계에 있다〉

마현(馬峴)〈북쪽 도로에 있다〉

사현(沙峴)〈남쪽 도로에 있다〉

○바다〈읍치에서 남쪽으로 70리에 있다〉

진강(晉江)〈일명 남강(南江)이라고도 하고 촉석강(矗石江)이라고도 한다. 단성(丹城) 신안진(新安津)에서부터 남쪽으로 흘러 소남진(召南津)이 되고 신풍(新豐) 서쪽에 이르러 살천(薩川)과 만나 청천(菁川)이 된다. 꺾어서 동쪽으로 흘러 촉석루(矗石樓) 남쪽을 지나 남강(南江)이 된다. 오른쪽으로 영선천(永善川)을 지나 동북쪽으로 흐르다가 운당진(雲堂津)과 황류진(黃柳津)이 된다. 왼쪽으로 독천(禿川)을 지나 대여(代如)에 이른다. 오른쪽으로 반성천(班城川)에 이르러 의령(宜寧) 경계로 들어간다〉

살천(薩川)〈읍치에서 서쪽으로 50리에 있다. 근원은 천왕봉(天王峯)에서 나와 동쪽으로 흘르다가 백운동(白雲洞)을 경유하여 덕천(德川)이 된다. 율치(栗峙)의 삼장동천(三壯洞川)을 지나 운곡(雲谷)에 이르고 청암천(靑岩川)을 지나 동남쪽으로 흐르다가 금성강(金城江)이 된다. 또 동북쪽으로 흐르다가 청천진(菁川津)에 들어간다〉

반성천(班城川)〈읍치에서 동쪽으로 50리에 있다. 근원은 영봉산(靈鳳山)에서 나와 북쪽으로 흐르다가 대여(代如)에 이르러 진강(晉江)에 들어간다〉

영선천(永善川)〈읍치에서 남쪽으로 45리에 있다. 근원은 고성(固城)의 대둔산(大芚山)에서 나와 북쪽으로 흐르다가 소촌(召村)을 지나 진강(晉江)에 들어간다〉

독천(禿川)〈읍치에서 동쪽으로 5리에 있다. 근원은 집현산(集賢山)에서 나와 남쪽으로 흐르다가 진강(晉江)에 들어간다〉

반룡포(盤龍浦)〈읍치에서 남쪽으로 79리에 있다〉

강주포(江洲浦)〈사천(泗川) 경계에 있다〉

「도서」(島嶼)

흥선도(興善島)〈읍치에서 남쪽으로 70리에 있다. 둘레가 90리이다. 고려 원종(元宗) 10년(1269)에 일본(日本)이 쳐들어 온다는 소식을 듣고 본도에서 소장하고 있던 실록(實錄)을 진도(珍島)로 옮겼다〉

죽도(竹島)〈읍치에서 서남쪽으로 45리에 있다〉

【제언(堤堰)이 37곳 있다】

『형승』(形勝)

지리산(智異山)이 고을의 서쪽에 자리잡고 큰 바다가 남쪽으로 들어와 있다. 들판이 광대하고 긴 강이 띠를 두르고 있으니 토지가 비옥하고 인물이 번성하였다. 고려말 이래로 큰 행정도시요 국방의 거진(巨鎭)이 되었다.

『성지』(城池)

촉석산성(矗石山城)〈본 고을의 읍성이다. 예전에는 토축(土築)으로 쌓았으나 우왕(禑王) 3년(1377)에 석축(石築)으로 고쳐 쌓았다. 둘레가 800보이며 3곳의 문을 설치하였고, 촉석성(矗石城)이라고 부른다. 조선 선조(宣祖) 임진왜란(壬辰倭亂) 후에 개축하였다. 내성(內城)은 둘레가 401보이며, 우물과 샘이 6곳이 있다. 외성(外城)은 촉석산성(矗石山城)이라고 하는데 남강(南江) 가에 있다. 임란 후에 옛 읍성(邑城)의 터를 토대로 하여 덧쌓았다. 둘레는 2,650보이다. 옹성(瓮城) 3곳, 수문(水門) 2곳, 암문(暗門) 1곳, 호지(壕池) 4곳이다. ○수성장(守城將)은 본 고을의 목사(牧使)가 겸한다〉

송대산고성(松臺山古城)〈토축으로 쌓았다. 둘레가 4,073척이다〉

옛 영선현성(永善縣城)〈읍치에서 동쪽으로 44리에 있다. 토축으로 쌓았다. 둘레가 2,814척

이다〉

옛 굴촌현성(屈村縣城)〈읍치에서 서쪽으로 48리에 있다. 둘레가 977척이다〉

진성부곡성(晉城部曲城)〈읍치에서 동쪽으로 45리에 있다. 산 위에 옛 터가 있다〉

월아산목책(月牙山木柵)〈읍치에서 동쪽으로 15리에 있다. 임진왜란 때 의병장(議兵將) 김덕령(金德齡)이 설치하였다. 옛 터가 있다〉

척산성(尺山城)

당산성(堂山城)

신령산성(神靈山城)〈위 3곳은 왜인들이 쌓은 것이다〉

『영아』(營衙)

우병영(右兵營)〈조선 태종(太宗) 때 창원(昌原)에 설치하였다. 선조(宣祖) 36년(1603)에 촉석산성(矗石山城)으로 옮겨 설치하였다. 앞으로 긴 강을 바라보고 있어 경치가 좋은 곳이다〉

「관원」(官員)

경상우도병마절도사(慶尙右道兵馬節度使), 중군(中軍)〈곧 병마우후(兵馬虞候)이다〉, 심약(審藥) 각 1원을 두었다.

「속영」(屬營)

진주(晉州)에는 우영(右營)이 있다. 상주(尙州)에는 좌영(左營)이 있다. 김해(金海)에는 별중영(別中營)이 있다.

「창고」(倉庫)

〈별회창(別會倉)

보군창(補軍倉)

양무창(養武倉)

조음포창(助音浦倉)

유황고(硫黃庫)

영고(營庫)〉

○우영(右營)〈인조(仁祖) 때 처음으로 설치하였다. ○우영장(右營將) 겸 토포사(討捕使) 1원을 두었다. ○관할 속읍은 진주(晉州) 거창(居昌) 하동(河東) 함양(咸陽) 곤양(昆陽) 합천(陜

川) 초계(草溪) 남해(南海) 사천(泗川) 단성(丹城) 산청(山淸) 안의(安義) 의령(宜寧) 삼가(三嘉)이다〉

『진보』(鎭堡)

적량진(赤梁鎭)〈흥선도(興善島) 안에 있다. 읍치에서 110리 거리에 있다. 서쪽으로 남해(南海)와 30리 거리에 있다. 성의 둘레는 1,282척이다. 예전에는 만호(萬戶)를 두었다. 숙종(肅宗) 14년(1688)에 승격하여 첨사(僉使)를 두었다. ○수군동첨절제사(水軍同僉節制使)는 좌조창영운차사원(左漕倉領運差使員)을 겸한다〉

「혁폐」(革廢)

삼천포보(三千浦堡)〈읍치에서 남쪽으로 74리 말문면(末文面)에 있다. 성의 둘레는 2,050척이다. 권관(權管)을 두었다가 후에 사천(泗川)으로 옮기고 또 고성(固城) 우수영(右水營) 서남쪽으로 옮겼다〉

구라량진(仇羅梁鎭)〈읍치에서 남쪽으로 76리 각산(角山)의 남쪽 남해 변에 있다. 예전에는 만호(萬戶)를 두었는데, 후에 고성(固城)의 사량(蛇梁)으로 옮겼다〉

각산수(角山戍)

『봉수』(烽燧)

대방산(臺方山) 봉수〈흥선도(興善島) 안에 있다. 읍치에서 남쪽으로 140리에 있다〉

각산(角山) 봉수〈읍치에서 남쪽으로 76리에 있다〉

망진산(望晉山) 봉수〈위를 보라〉

광제산(廣濟山) 봉수〈위를 보라〉

『창고』(倉庫)

읍창(邑倉)

군향창(軍餉倉)

제민창(濟民倉)〈모두 읍내에 있다〉

가산창(駕山倉)〈우조창(右漕倉)이라고 부른다. 읍치에서 남쪽으로 40리 해변에 있다. 영조(英祖) 경진년(1760)에 관찰사(觀察使) 조엄(趙曮)이 보고하여 설치하였다. 진주(晉州) 곤양(昆陽) 하동(河東) 단성(丹城) 남해(南海) 사천(泗川) 및 고성(固城) 서북면(西北面)과 의령(宜寧) 서남면(西南面)의 전세(田稅)와 대동미(大同米)를 서울로 조운한다. ○진주목사(晉州牧使)가 징수를 감독하고 적량첨사(赤梁僉使)가 운송을 담당한다〉

별향창(別餉倉)

통창(統倉)〈모두 말문면(末文面)에 있다〉

장암창(場岩倉)〈가차례면(加次禮面)에 있다〉

영현창(永縣倉)〈옛 영선현(永善縣)에 있다〉

반성창(班城倉)〈옛 반성현(班城縣)에 있다〉

북창(北倉)〈사상면(寺上面)에 있다〉

강창(江倉)〈대산여면(代山如面)에 있다〉

서창(西倉)〈수곡면(水谷面)에 있다〉

『역참』(驛站)

소촌도(召村道)〈읍치에서 동쪽으로 25리에 있다. ○속역(屬驛)은 15곳이다. ○찰방(察訪) 1원을 두었다〉

평거역(平居驛)〈읍치에서 서쪽으로 10리에 있다〉

부다역(富多驛)〈읍치에서 동쪽으로 59리에 있다〉

문화역(文和驛)〈읍치에서 남쪽으로 60리에 있다〉

영창역(永昌驛)〈읍치에서 남쪽으로 52리에 있다〉

안간역(安磵驛)〈읍치에서 북쪽으로 42리에 있다〉

소남역(召南驛)〈소남진(召南津) 서쪽에 있다〉

정수역(正守驛)〈읍치에서 서쪽으로 54리에 있다〉

『목장』(牧場)

진주장(晉州場)〈흥선도(興善島)에 있다. ○감목관(監牧官) 1원을 두었다〉

『진도』(津渡)

남강진(南江津)

황류진(黃柳津)〈고을 동쪽에 있다〉

운당진(雲堂津)〈읍치에서 동쪽으로 10리 남강진(南江津) 하류에 있다〉

청천진(菁川津)〈읍치에서 서쪽으로 3리 남강진南江) 상류에 있다〉

소남진(召南津)〈읍치에서 서쪽으로 29리 단성(丹城) 신안진(新安津) 하류에 있다〉

구라량진(仇羅梁津)〈홍선도(興善島)로 들어가는 사람들이 이곳을 경유한다〉

『교량』(橋梁)

십수교(十水橋)〈읍치에서 남쪽으로 28리 사천(泗川) 경계에 있다〉

『토산』(土産)

대[죽(竹)] 옻[칠(漆)] 닥나무[저(楮)] 감[시(柿)] 차[다(茶)] 잣[해송자(海松子)] 석류[유(榴)] 송이버섯[송심(松蕈)] 석이버섯[석심(石蕈)] 오미자(五味子) 생강[강(薑)] 벌꿀[봉밀(蜂蜜)] 매실(梅實) 웅담(熊膽) 녹용(鹿茸) 고령토[백토(白土)] 청각(靑角) 미역[곽(藿)] 김[해의(海衣)] 전복[복(鰒)] 해삼(海蔘) 문어(文魚) 등 어물(魚物) 10종이 난다.

『장시』(場市)

읍내장(邑內場)은 2일, 7일이다. 소촌장(召村場)은 3일, 8일이다. 반성장(班城場)은 3일, 8일이다. 조창장(漕倉場)은 1일, 6일이다. 말문장(末文場)은 10일장으로 4일, 14일, 24일 한 달에 3번이다. 창선장(昌善場)은 2일, 7일이다. 마동장(馬洞場)은 3일, 8일이다. 수곡장(水谷場)은 2일, 7일이다. 덕산장(德山場)은 4일, 9일이다. 북창장(北倉場)은 4일, 9일이다. 안간장(安澗場)은 3일, 8일이다.

『누정』(樓亭)

봉명루(鳳鳴樓)〈읍내에 있다〉

촉석루(矗石樓)〈남강(南江) 가 성 머리에 있다. 크고 높고 탁 트여있다. 아래로 아득한 긴 강물을 내려다보면 여러 봉우리들이 밖으로 벌려 있다. 여염의 뽕나무 대나무들이 그 사이로 비친다. 푸른 절벽과 긴 백사장이 그 옆에 연접하여 경상우도의 최고 명승지가 되고 있다〉

『단유』(壇壝)

가량악(加良岳)〈신라의 사전(祀典)에 청주(菁州)가 명산(名山)의 하나로 소사(小祀)에 올라 있었으나 고려 때 폐지되었다〉

정충단(旌忠壇)〈남강(南江) 가에 있다. 임진왜란 때 순절한 사람들을 제사한다. 매년 봄과 가을에 중앙에서 향축(香祝)이 내려온다〉

『사원』(祠院)

덕천서원(德川書院)〈선조(宣祖) 병자년(1576)에 창건하고 광해군(光海君) 기유년(1609)에 사액(賜額)하였다〉 조식(曹植)〈자는 건중(健仲), 호는 남명(南溟)이고 본관은 창령(昌寧)이다. 벼슬은 전첨(典籤)을 지내고 영의정(領議政)에 증직되었다. 시호는 문정(文貞)이다〉 최영경(崔永慶)〈자는 효원(孝元), 호는 수우당(守愚堂)이고 본관은 화순(和順)이다. 벼슬은 지평(持平)을 지내고 대사헌(大司憲)에 증직되었다〉을 제사한다.

○신당서원(新塘書院)〈숙종(肅宗) 경인년(1710)에 창건하고 무술년(1718)에 사액(賜額)하였다〉 조지서(趙之瑞)〈자는 백부(伯符), 호는 지족당(知足堂)이고 본관은 임천(林川)이다. 연산군(燕山君) 갑자년(1504)에 화를 입었다. 벼슬은 응교(應敎)를 지내고 도승지(都承旨)에 증직되었다〉를 제사한다.

○은열사(殷烈祠)〈고려 현종(顯宗) 신유년(1021)에 창건하고 조선 광해군(光海君) 때 사액(賜額)하였다〉 강민첨(姜民瞻)〈본관이 진주(晉州)이다. 벼슬은 병부상서(兵部尙書)를 지내고 태자태보상주국(太子太保上柱國)에 증직되었다. 시호는 은열(殷烈)이다〉을 제사한다.

○창렬사(彰烈祠)〈선조(宣祖) 때 창건하고 후에 사액(賜額)하였다〉 김천일(金千鎰)〈자는 사중(士重), 호는 건재(健齋)이고 본관은 언양(彦陽)이다. 벼슬은 판결사(判決事)와 창의사(倡義使)를 지내고 영의정(領議政)에 증직되었다. 시호는 문열(文烈)이다〉 황진(黃進)〈자는 명보(明甫)이고 본관은 장수(長水)이다. 벼슬은 충청병사(忠淸兵使)를 지내고 좌찬성(左贊成)에 증직되었다. 시호는 무민(武愍)이다〉 최경회(崔慶會)〈자는 선우(善遇), 호는 삼계(三溪)이고 본관은 해주(海州)이다. 벼슬은 경상우병사(慶尙右兵使)를 지내고 좌찬성(左贊成)에 증직되었다. 시호는 충의(忠毅)이다〉 장윤(張潤)〈자는 명보(明甫)이고 본관은 목천(木川)이다. 벼슬은 진주목사(晉州牧使)를 지내고 병조판서(兵曹判書)에 증직되었다. 시호는 충의(忠毅)이다〉 이의정(李義精)〈벼슬은 현감(縣監)을 지냈다. 이상 5현(五賢)은 선조(宣祖) 계사년(1593) 6월에

본 고을에서 전사하였다〉을 제사한다.

○충민사(忠愍祠)〈효종(孝宗) 임진년(1652)에 창건하고 현종(顯宗) 정미년(1667)에 사액(賜額)하였다〉 김시민(金時敏)〈자는 면오(勉吳)이고 본관은 안동(安東)이다. 벼슬은 우병사(右兵使)를 지내고 영의정(領議政) 상락부원군(上洛府院君)에 증직되었다. 시호는 충무(忠武)이다〉 양산도(梁山濤)〈자는 회원(會元), 벼슬은 공조좌랑(工曹佐郎)을 지내고 좌부승지(左副承旨)에 증직되었다〉 김상건(金象乾)〈자는 감평(鑑平), 벼슬은 사포서(司圃署) 별좌(別坐)를 지내고 좌부승지(左副承旨)에 증직되었다〉 이준민(李俊民)〈벼슬은 거제현감(巨濟縣監)을 지내고 병조판서(兵曹判書)에 증직되었다〉 강희설(姜熙說)〈의병장(義兵將)이었다〉 조경향(曹慶享)〈벼슬은 진해현감(鎭海縣監)을 지냈다〉 최기필(崔琦弼)〈벼슬은 판관(判官)을 지내고 호조참의(戶曹參議)를 증직하였다〉 유함(兪晗)〈본관은 기계(杞溪), 의병장(義兵將)을 지내고 주부(主簿)에 증직되었다〉 이욱(李郁)〈본관은 여흥(驪興), 생원(生員)으로 호조좌랑(戶曹佐郎)에 증직되었다〉 강희복(姜熙復)〈의병장(義兵將)이었다〉 장윤현(張胤賢)〈벼슬은 수문장(守門將)을 지내고 호조좌랑(戶曹佐郎)에 증직되었다〉 박승남(朴承男)〈벼슬은 판관(判官)을 지냈다〉 하계광(河繼光)〈유생(儒生)으로 호조좌랑(戶曹佐郎)에 증직되었다〉 최언량(崔彦亮)〈본관은 삭령(朔寧), 유생(儒生)으로 호조좌랑(戶曹佐郎)에 증직되었다〉 고종후(高從厚)〈고경명(高敬命)의 아들이다. 의병복수장(義兵復讐將)으로 벼슬은 임피현령(臨陂縣令)을 지내고 이조판서(吏曹判書)에 증직되엇다. 시호는 효열(孝烈)이다〉 이잠(李潛)〈무과(武科) 출신으로 적개의병장(敵愾義兵將)이었다〉 이종인(李宗仁)〈본관은 개성(開城), 무과(武科) 출신으로 벼슬은 김해부사(金海府使)를 지내고 호조판서(戶曹判書)에 증직되었다〉 성영달(成穎達)〈본관은 창령(昌寧), 무과(武科) 출신으로 벼슬은 경상우병사(慶尙右兵使)를 지냈다〉 윤사복(尹思復)〈본 고을의 군관(軍官)으로 벼슬은 첨정(僉正)을 지내고 호조참의(戶曹參議)에 증직되었다〉 이인민(李仁民)〈자는 자원(子元), 이준민(李俊民)의 동생이며 유생(儒生)으로 호조좌랑(戶曹佐郎)에 증직되었다〉 손승선(孫承善)〈의병대장(義兵代將)으로 호조좌랑(戶曹佐郎)에 증직되었다〉 정유경(鄭惟敬)〈벼슬은 主簿를 지냈다〉 김태백(金太白)〈벼슬은 수문장(守門將)을 지냈다〉 박안도(朴安道)〈유생(儒生)으로 호조좌랑(戶曹佐郎)에 증직되었다〉 양제(梁濟)〈선무랑(宣務郎)이다. 이상은 선조(宣祖) 계사년(1593) 6월에 본 고을에서 전사한 사람들이다〉를 제사한다.

『전고』(典故)

신라 경명왕(景明王) 4년(920)에〈고려 태조(太祖) 3년이다〉 강주(康州) 장군(將軍) 윤웅(閏雄)이 고려에 항복하였다. 경순왕(敬順王) 2년(928)에 강주 장군 유문(有文)이 견훤(甄萱)에게 항복하였다. 강주의 원보(元甫)와 진경(珍景) 등이 고자군(古自郡)으로 군량미를 운반하였는데, 견훤(甄萱)이 몰래 군사를 동원하여 강주를 습격하였다. 진경(珍景) 등이 돌아와 싸웠으나 패배해 죽은 자가 300여 인이나 되었다. 경애왕(景哀王) 4년(927)에〈고려 태조(太祖) 10년이다〉 고려가 장수와 군졸 및 수군을 보내어 강주를 공격하여 이산(伊山)〈남해(南海)〉 노포(老浦)〈남해에 속한 난포(蘭浦)〉 평서산(平西山)〈남해에 속한 평산(平山)이다〉 돌산(突山)〈순천(順天)에 속한 돌산(突山)이다〉 등 4고을 함락시켰다.

○고려(高麗) 우왕(禑王) 2년(1376)에 왜구(倭寇)가 진주(晉州) 명진현(溟珍縣)을 습격하였다.〈지금은 거제(巨濟)에 속한다〉 왜구가 반성현(班城縣)과 영선현(永善縣) 등을 도륙하고 불태웠다. 왜구가 진주를 노략질하니 조민수(曺敏修)가 청수역(淸水驛)〈곧 정수역(正守驛)이다〉에서 싸워 13명을 베었다. 같은 왕 4년(1378)에 왜구가 진주(晉州)를 노략질하니 배극렴(裵克廉) 등이 19명을 베었고, 5년(1379)에 왜구가 반성현(班城縣)을 노략질하고 웅산(雄山)〈곧 방어산(防御山)이다〉 정상으로 올라가 목책을 세우고 방어하니 우인열(禹仁烈) 등이 합동으로 포위 공격하여 승리하고 30-40명을 베었다. 왜적 기병 700명과 보병 2,000명이 진주를 노략질하니 병마사(兵馬使) 양백연(楊伯淵) 등 7명의 장수가 반성현(班城縣)에서 싸워 13명을 베었다. 같은 왕 6년(1380)에 왜구가 영선현(永善縣)을 노략질하였다. 창왕(昌王) 때 왜구가 진주(晉州)를 노략질하니 목사(牧使) 이윤(李贇)이 전사하였다. 공양왕(恭讓王) 4년(1392) 2월에 왜구가 경상도(慶尙道) 구라량(仇羅梁)을 노략질하니, 만호(萬戶) 이흥인(李興仁)이 격파하고 전함(戰艦)을 빼앗아 바쳤다.

○조선 선조(宣祖) 25년(1592)에 왜장(倭將) 정종(政宗)이 먼저 진주(晉州)에 들어왔다. 진주판관(晉州判官) 김시민(金時敏)이 사천(泗川)에 주둔하고 있는 왜장이 본 고을을 침범하려는 소식을 듣고 조대중(曺大中)과 사천현감(泗川縣監) 정득열(鄭得悅)과 함께 군사를 합쳐 사천(泗川) 고성(固城) 진해(鎭海)의 왜적을 공격하여 십수교(十水橋)에서 적을 만나 참살한 것이 매우 많았다. 왜적이 달아나자 고성(固城) 창원(昌原) 등 여러 고을을 수복하였다. 김시민은 목사(牧使)로 승진되어 김면(金沔)과 합세하여 금산(金山)의 적을 공격하여 베어 죽인 것이 역시 많았다. 또 적장 평소대(平小大)을 유인하여 붙잡아 행재소(行在所: 임금이 임시로 머

물던 곳, 즉 의주를 말함/역자주)로 보내자 조정에서는 김시민을 경상우병사(慶尙右兵使)로 승진시켰다.〈김시민은 피난하던 백성들을 진주에 안집(安集)시키고, 여러 번 출전하여 승전하니, 금산(金山) 이남에 주둔하던 왜적들이 모두 도망갔다. 이에 김시민은 진주에 돌아와 주둔하면서 굳게 지킬 계책을 마련하였다〉 10월에 왜적은 길을 셋으로 나누어 진주(晉州)로 향하였다. 1군은 마현(馬峴)을 넘어오고 1군은 불천(佛遷)을 경유하여 곧장 진주성으로 들이닥쳐 포위하였다. 김시민의 군사 3,700여 명과 곤양군수(昆陽郡守) 이광악(李光岳) 군사 100여 명이 부대를 나누어 성을 지켰다. 왜적은 백가지 계책을 쓰면서 성을 공격하였으나 김시민은 귀신같이 응대하여 안으로 정예한 군사가 없고 밖으로 원병도 없었으나 충성과 의리로 사졸(士卒)들을 격려하여 14주야를 싸워 무수한 적을 살상하고 호남을 지킴으로써 적군이 내륙으로 깊이 들어오지 못하게 하였다. 적은 대패하여 도망가고 김시민도 역시 탄환에 맞아 전사하였다.〈임진왜란의 3대첩으로는 진주(晉州)의 수호와 노량(露梁) 전투 그리고 행주(幸州) 대첩을 일컫는다〉 선조 26년(1593) 6월에 왜장(倭將) 청정(淸正) 등이 30만명의 군사를 이끌고 김해(金海) 창원(昌原)을 경유하여 수로와 육로로 공격해 왔다. 선봉이 함안(咸安)에 이르렀을 때 이빈(李蘋) 권율(權慄) 선거이(宣居怡) 등이 군사를 이끌고 함안(咸安)에 주둔하였다. 적병이 함안(咸安)에서 정암진(鼎岩津)에 이르니 곽재우(郭再祐)가 대세가 상대할 수 없음을 알고 물러나고, 권율(權慄) 이빈(李蘋) 이복남(李福男) 등은 산음(山陰)으로 물러가서 전라도(全羅道)로 향하였다. 적군은 의령(宜寧)을 함락시키고 진주(晉州)로 향하니 온 산야에는 포성이 천지를 진동하였다. 적군은 단성(丹城) 삼가(三嘉) 곤양(昆陽) 사천(泗川)에 척후병을 나누어 보내어 후원군의 길을 끊고 대거 도래하여 진주성을 포위하였다. 여러날 지나자 적의 전세는 날로 치열해지고 원병의 소식이 통하지 않으니, 적은 일시에 성중으로 난사하였는데 그 형세가 우레가 진동하는 것 같았다. 아군은 죽는 사람이 잇달으니 이여송(李如松)이 낙상지(駱尙志) 송대윤(宋大贇) 유정(劉綎) 오유충(吳惟忠) 등에게 명하여 힘을 합쳐 가서 구원하도록 하였으나 모두가 명을 받들지 않았다. 그 때 성중에는 6만명의 군사와 수십만 석의 곡식이 있었다. 왜적은 문경원(聞慶院)〈읍치 동쪽 2리에 있다〉에서 진을 나누어 산 허리와 마현(馬峴)에서 백가지 방법으로 성을 공격하였다. 아군은 필사적으로 싸워 하루에도 3-4번씩 전투하니, 전사하는 사람이 산과 같이 쌓이게 되었다. 적군은 서북문(西北門)으로부터 돌진하여 드디어 성이 함락되니 김천일(金千鎰) 최경회(崔慶會) 황진(黃進) 고종후(高從厚) 등이 모두 전사하고 군사와 백성들도 죽은 사람이 6-7만명이 되었고 장수나 군사로써 도망갈 수 있었던 사람은 몇 명뿐이었다. 적군은 읍성을 도륙하고 평지를 만들었다. 촉석루(矗石樓)에서부터 남강(南江) 북봉(北峯)까지 시체가 쌓여 언덕을 이루었고, 청천강(菁川江)에서부터 무봉(武峯)까지 5리길에 죽은 시체가 강을 메우고 떠내려갔다. 왜적이 노략질 한 이래로 이와 같이 심한 적은 없었다.

11. 거창도호부(居昌都護府)

『연혁』(沿革)

본래 신라 거열군(居列郡)〈일명 거열성(居烈城)이라고도 한다〉 경덕왕(景德王) 16년(757)에 거창군(居昌郡)〈영현(領縣)은 하나인데 여선현(餘善縣)이다〉으로 개칭하고 강주(康州)에 예속시켰다. 고려 현종(顯宗) 9년(1018)에 합주(陜州)에 소속시키고 명종(明宗) 2년(1172)에 감무(監務)를 두었다. 조선 태종(太宗) 13년(1413)에 현감(縣監)으로 개칭하고, 14년(1414)에 거제(巨濟)를 합병하여 제창현(濟昌縣)이라고 하였다. 세종(世宗) 14년(1432)에 분리하여 다시 거창(居昌)이라고 하였고, 연산군(燕山君) 원년(1495)에 승격하여 군(郡)으로 삼았다.〈왕비 신씨(愼氏)의 관향이었기 때문이다〉 중종(中宗) 원년(1506)에 다시 현(縣)으로 하였다. 효종(孝宗) 9년(1658)에 안음현(安陰縣)에 합쳤다가〈노비가 주인을 살해하였기 때문이다〉 현종(顯宗) 9년(1668)에 다시 설치하였다. 영조(英祖) 5년(1729)에 단의왕후(端懿王后) 신씨(愼氏)〈중종(中宗)의 왕비〉가 복위되자 후에 거창이 그의 관향이었던 까닭으로 도호부(都護府)로 승격되었다. 정조(正祖) 11년(1787)에 현으로 강등하였다가 다시 승격하였다.

「읍호」(邑號)

아림(娥林)

「관원」(官員)

도호부사(都護府使)〈진주진관병마동첨절제사(晉州鎭管兵馬同僉節制使)를 겸한다〉 1원을 두었다.

『고읍』(古邑)

가조현(加祚縣)〈읍치에서 동쪽으로 35리에 있다. 본래 신라 가소현(加召縣)이었는데, 경덕왕(景德王) 16년(757)에 함음현(咸陰縣)으로 개칭하고 거창군(居昌郡)의 영현(領縣)으로 삼았다. 고려 태조(太祖) 23년(940)에 가조현(加祚縣)이라고 고치고 현종(顯宗) 9년(1018)에 합주(陜州)에 예속시켰다. 후에 거창현에 합쳤다. 고려 원종(元宗) 12년(1271)에 거제현(巨濟縣)이 왜구 때문에 땅을 잃자 여기에 임시로 이주하여 살았다. 조선 세종(世宗) 때 거제현이 옛 치소로 돌아갔다. ○거제현이 가조현에서 임시로 피난해 있을 때 본읍의 속현(屬縣)과 역원(驛院)이 모두 현 땅에서 임시로 설치되어 있었다. 아주현(鵝洲縣)은 지금의 읍치에서 동쪽으로 10리에 있었다. 송변현(松邊縣)은 지금의 무촌역(茂村驛) 남쪽 5리에 있었다. 오양역(烏壤驛)은 가조현(加祚縣) 서쪽에 있다. 거기에 사는 사람들은 지금까지도 그렇게 부르고 있다〉

『방면』(坊面)

동부면(東部面)〈읍치에서 5리에서 끝난다〉

음석면(陰石面)〈읍치에서 동쪽으로부터 5리에서 시작하여 10리에서 끝난다〉

모곡면(毛谷面)〈읍치에서 동쪽으로부터 10리에서 시작하여 15리에서 끝난다〉

고모현면(古毛峴面)〈읍치에서 동쪽으로부터 10리에서 시작하여 20리에서 끝난다〉

지상곡면(只尙谷面)〈읍치에서 동북쪽으로부터 15리에서 시작하여 25리에서 끝난다〉

웅양면(熊陽面)〈읍치에서 동북쪽으로부터 25리에서 시작하여 48리에서 끝난다〉

적화현면(赤火峴面)〈읍치에서 동북쪽으로부터 30리에서 시작하여 50리에서 끝난다〉

남흥면(南興面)〈읍치에서 동남쪽으로부터 10리에서 시작하여 30리에서 끝난다〉

무등곡면(無等谷面)〈위와 같다〉

천외면(川外面)〈읍치에서 남쪽으로부터 10리에서 끝난다〉

청림면(青林面)〈읍치에서 남쪽으로부터 10리에서 시작하여 20리에서 끝난다〉

고천면(古川面)〈읍치에서 남쪽으로부터 15리에서 시작하여 35 에서 끝난다〉

천내면(川內面)〈읍치에서 서쪽으로부터 10리에서 끝난다〉

갈지면(乫旨面)〈위와 같다〉

주곡면(主谷面)〈읍치에서 북쪽으로부터 20리에서 시작하여 30리에서 끝난다〉

고제면(高梯面)〈읍치에서 북쪽으로부터 35리에서 시작하여 60리에서 끝난다〉

지차리면(只次里面)〈읍치에서 20리에서 시작하여 25리에서 끝난다〉

가동면(加東面)〈읍치에서 동쪽으로부터 35리에서 시작하여 40리에서 끝난다〉

가서면(加西面)〈읍치에서 동쪽으로부터 25리에서 시작하여 35에서 끝난다〉

상가남면(上加南面)〈읍치에서 동쪽으로부터 40리에서 시작하여 50리에서 끝난다〉

하가남면(下加南面)〈읍치에서 동쪽으로부터 30리에서 시작하여 40리에서 끝난다〉

가북면(加北面)〈읍치에서 동북쪽으로부터 30리에서 시작하여 60리에서 끝난다. 위 5면은 옛 가조현(加祚縣) 지역에 있다〉

『산천』(山川)

건흥산(乾興山)〈읍치에서 북쪽으로 8리에 있다〉

삼봉산(三峯山)〈읍치에서 북쪽으로 50리 무주(茂朱) 경계에 있다〉

감악산(紺岳山)〈읍치에서 동남쪽으로 30리 삼가(三嘉)에 있다. ○연수사(演水寺)가 있다〉

금귀산(金貴山)〈읍치에서 동쪽으로 35리 가조현(加祚縣)에 있다〉

우두산(牛頭山)〈읍치에서 동북쪽으로 50리에 있다. 합천(陜川) 가야산(加耶山) 서쪽 갈래이다. 계곡이 맑고 기이하며 수석(水石)이 요조하다. ○견암사(見岩寺)가 있다〉

수도산(修道山)〈읍치에서 동북쪽으로 50리 성주(星州)와 지례(知禮) 경계에 있다. ○보해사(普海寺)와 용계사(龍溪寺)가 있다〉

관술산(官述山)〈읍치에서 남쪽으로 30리 안의(安義) 경계에 있다〉

박유산(朴儒山)〈가조현(加祚縣) 읍치에서 남쪽으로 5리에 있다〉

오도산(吳道山)

비학산(飛鶴山)〈모두 읍치에서 동쪽으로 40리에 있다〉

불령산(佛靈山)〈수도산(修道山)의 서쪽에 있다〉

금광산(金光山)〈읍치에서 북쪽으로 50리에 있다〉

밀점산(密岾山)〈읍치에서 남쪽으로 35리 산청(山淸)과 삼가(三嘉)의 경계에 있다〉

산음동(山陰洞)〈우두산(牛頭山) 남쪽에 있다〉

낙모대(落帽臺)〈가조현(加祚縣) 북쪽에 있다. 기청담(奇淸潭)이 있다〉

「영로」(嶺路)

우마현(牛馬峴)〈읍치에서 북쪽으로 50리 지례(知禮) 경계에 있다〉

도마치(都麼峙)〈읍치에서 북쪽으로 55리 무주(茂朱) 경계에 있다〉

조곡령(鳥谷嶺)

골산현(骨山峴)〈모두 읍치에서 남쪽으로 30리 산청(山淸) 경계에 있다〉

적현(赤峴)〈읍치에서 동북쪽으로 50리 성주(星州) 경계에 있다〉

마항치(馬項峙)〈우두산(牛頭山) 북쪽 갈래이다〉

【송전(松田) 12곳, 제언(堤堰) 7곳이 있다】

○영천(濚川)〈근원은 안의(安義) 월성산(月星山)과 무주(茂朱) 덕유산(德裕山)의 불영봉(佛影峯)에서 나와 합쳐서 동쪽으로 흐르다가 읍치 남쪽 1리를 지나 영천(濚川)이 되어 합천(陜川) 경계로 들어간다. 초계(草溪) 황둔강(黃屯江) 편에 자세히 설명되어 있다〉

아월천(阿月川)〈읍치에서 동쪽으로 10리에 있다. 근원은 삼봉산(三峯山)에서 나와 남쪽으로 흐르다가 고제창(高梯倉)을 지나 우마현(牛馬峴) 도마치(都麽峙)의 물과 만나 영천(濚川)으로 들어간다〉

가조천(加祚川)〈옛 가조현 읍치에서 동쪽으로 20리에 있다. 근원은 수도산(修道山) 적현(赤峴)에서 나와 남쪽으로 흐르다가 합천군(陜川郡)의 부자연(父子淵)으로 들어간다〉

무촌천(茂村川)〈읍치에서 남쪽으로 15리에 있다. 근원은 관술산(官述山)에서 나와 동쪽으로 흐르다가 영천(濚川)으로 들어간다〉

웅곡지(熊谷池)〈읍치에서 남쪽으로 6리에 있다〉

『성지』(城池)

건흥산고성(乾興山古城)〈신라 문무왕(文武王) 13년(673)에 거열주(居烈州) 만흥사(萬興寺)에 산성을 쌓았다. 둘레가 3리이다〉

옛 가조현성(加祚古縣城)〈금귀산성(金貴山城)이라고 부른다. 신라 파사왕(婆娑王) 8년(87) 7월에 가소성(加召城)을 쌓았다. 둘레가 1,587척이고 샘이 3곳이 있다〉

고성(古城)〈읍치에서 북쪽으로 5리 평망상(平罔上)에 있다. 둘레가 3리이다〉

월곡산성(月谷山城)〈옛 터가 있다〉

『봉수』(烽燧)

금귀산(金貴山) 봉수〈고성 안에 있다〉

거말흘산(巨末訖山) 봉수〈곧 우마현(牛馬峴)의 남쪽에 있다〉

『역참』(驛站)

성초역(省草驛)〈읍치에서 서북쪽으로 54리에 있다〉

성기역(星奇驛)〈읍치에서 북쪽으로 24리에 있다〉

무촌역(茂村驛)〈읍치에서 남쪽으로 14리에 있다〉

『창고』(倉庫)

읍창(邑倉)

고제창(高梯倉)〈읍치에서 북쪽으로 40리에 있다〉

신창(新倉)〈읍치에서 동북쪽으로 30리에 있다〉

가조창(加祚倉)〈읍치에서 동쪽으로 30리에 있다〉

『교량』(橋梁)

대교(大橋)〈영천(濴川)에 있다〉

고제교(高梯橋)〈읍치에서 북쪽으로 30리에 있다〉

『토산』(土産)

감[시(柹)] 밤[율(栗)] 잣[해송자(海松子)] 호도(胡桃) 오미자(五味子) 송이버섯[송심(松蕈)] 석이버섯[석심(石蕈)] 벌꿀[봉밀(蜂蜜)] 은어[은구어(銀口魚)] 대[죽(竹)] 웅담(熊膽) 사향(射香)

『장시』(場市)

읍내장(邑內場)은 1일, 6일이다. 양무당장(養武堂場)은 3일, 8일이다. 가조장(加祚場)은 4일, 9일이다.

『누정』(樓亭)

침류정(枕流亭)〈영천(濴川) 위에 있다〉

『사원』(祠院)

도산서원(道山書院)〈현종(顯宗) 경자년(1660)에 창건하고 임인년(1662)에 사액(賜額)하였다〉 김굉필(金宏弼) 정여창(鄭汝昌) 이언적(李彦迪)〈모두 문묘(文廟)를 보라〉 정온(鄭蘊)〈광주(廣州)를 보라〉을 제사한다.

○완계서원(浣溪書院)〈현종(顯宗) 갑진년(1664)에 창건하고 숙종(肅宗) 경신년(1680)에 사액(賜額)하였다〉 김식(金湜)〈청풍(淸風)을 보라〉을 제사한다.

○포충사(褒忠祠)〈영조(英祖) 정사년(1737)에 창건하고 무오년에 사액(賜額)하였다〉 이술원(李述源)〈자는 선숙(善叔)이고 본관은 연안(延安)이다. 영조(英祖) 무신년(1728)에 좌수(座首)로서 본부에서 절의를 지키다 죽었다. 대사헌(大司憲)에 증직하였다〉을 제사한다.

『전고』(典故)

신라 문무왕(文武王) 5년(665)에 김흠순(金欽純) 등을 보내어 백제(百濟)의 거열성(居列城)을 탈취하고 700여 명을 죽였다.

○고려 우왕(禑王) 5년(1379) 9월에 왜구(倭寇)가 거창을 노략질하였고, 6년(1380) 7월에도 왜구가 노략질 하였다.

○조선 선조(宣祖) 25년(1592)에 김면(金沔)이 의병(義兵)을 일으켜 거창(居昌)으로 달려가 우현(牛峴)과 마령(馬嶺) 등지를 지켰다. 또 고령(高靈)과 지례(知禮)의 적군을 패퇴시켰다. 이때부터 김면이 거창에 주둔하면서 지례(知禮)와 금산(金山)의 대로를 방어하였다.

12. 하동도호부(河東都護府)

『연혁』(沿革)

본래 신라(新羅) 한다사군(韓多沙郡)〈한(韓)은 방언으로 "크다"는 것을 일컫는다〉이었는데, 경덕왕(景德王) 16년(757)에 하동군(河東郡)이라고 개칭하고〈영현(領縣)은 4곳인데, 악양현(岳陽縣) 하읍현(河邑縣) 생량현(省良縣) 합포현(陜浦縣)이다〉 강주(康州)에 예속시켰다. 고려 현종(顯宗) 9년(1018)에 진주(晉州)에 소속시키고 명종(明宗) 2년(1172)에 감무(監務)를 두었다. 조선 태종(太宗) 때 남해현(南海縣)을 하동에 합쳐 하남현(河南縣)이라고 하고 현령

(縣令)을 두었다가 후에 분리하여 현감(縣監)으로 고쳤다. 세종(世宗) 7년(1425)에 읍치를 섬진강(蟾津江) 가로 옮겼다.〈옛 읍치는 양경산(陽慶山)의 남쪽 3리에 있었다〉 숙종(肅宗) 28년(1702)에 섬진강이 전략상의 요지라고 하여 진주(晉州)의 악양면(岳陽面) 화개면(花開面) 등 4면을 쪼개어 하동에 붙였다. 그 익년에 읍치를 진답면(陳畓面) 두곡(豆谷)으로 옮겼고, 또 다음해에 도호부(都護府)로 승격하였다. 영조(英祖) 6년(1730)에 읍치를 나동(螺洞)으로 옮기고 21년(1745)에 또 항촌(項村)으로 옮겼다.

「읍호」(邑號)

청하(清河)

「관원」(官員)

도호부사(都護府使)〈진주진관병마동첨절제사(晉州鎭管兵馬同僉節制使)를 겸한다〉 1원을 두었다.

『고읍』(古邑)

악양현(岳陽縣)〈읍치에서 서북쪽으로 40리에 있다. 본래 신라의 소다사현(小多沙縣)이었는데, 경덕왕(景德王) 16년(757)에 악양현(岳陽縣)으로 고치고 하동군(河東郡)의 영현(領縣)으로 삼았다. 고려 현종(顯宗) 9년(1018)에 진주(晉州)에 이속시켰다. 조선 중종(中宗) 13년(1518)에 의창(義倉)을 두었다. 숙종(肅宗) 28년(1702)에 하동에 합쳤다〉

화개현(花開縣)〈읍치에서 북쪽으로 30리에 있다. 본래 신라의 현(縣) 땅이었는데, 경덕왕(景德王) 16년(757)에 합포현(陜浦縣)으로 개칭하였다. 고려 현종(顯宗) 9년(1018)에 진주(晉州)에 속하게 하였다가 후에 강등하여 화개부곡(花開部曲)으로 삼았다. 조선 숙종(肅宗) 28년(1702)에 하동에 합쳤다. 동쪽으로 진주(晉州)와 110리 거리에 있고, 서쪽으로 악양현(岳陽縣)과 20리 거리에 있다. 위 2현은 지리산(智異山) 남쪽에 있다〉

『방면』(坊面)

동면(東面)〈읍치에서 37리에서 시작하여 50리에서 끝난다〉

고현면(古縣面)〈읍치에서 동남쪽으로부터 30리에서 시작하여 40리에서 끝난다〉

팔조면(八助面)〈읍치에서 남쪽으로부터 10리에서 시작하여 20리에서 끝난다〉

마전면(馬田面)〈읍치에서 남쪽으로부터 25리에서 시작하여 30리에서 끝난다〉

서랑곡면(西良谷面)〈읍치에서 남쪽으로부터 30리에서 시작하여 40리에서 끝난다〉

진답면(陳畓面)〈읍치에서 서북쪽으로부터 1리에서 시작하여 15리에서 끝난다〉

북면(北面)〈읍치에서 30리에서 시작하여 40리에서 끝난다〉

내횡포면(內橫浦面)〈읍치에서 동쪽으로부터 40리에서 끝난다〉

외횡포면(外橫浦面)〈읍치에서 동쪽으로부터 50리에서 끝난다〉

적량면(赤良面)〈읍치에서 북쪽으로부터 10리에서 시작하여 20리에서 끝난다〉

악양면(岳陽面)〈읍치에서 서쪽으로부터 15리에서 시작하여 40리에서 끝난다〉

화개면(花開面)〈읍치에서 서북쪽으로부터 20리에서 시작하여 100여 리에서 끝난다〉

『산수』(山水)

양경산(陽慶山)〈읍치에서 동남쪽으로 35리에 있다〉

금오산(金鰲山)〈읍치에서 동남쪽으로 40리 곤양(昆陽) 경계에 있다〉

모방산(茅方山)〈읍치에서 북쪽으로 10리에 있다〉

이산(梨山)〈읍치에서 북쪽으로 50리에 있다〉

지리산(智異山)〈읍치에서 북쪽으로 100여 리에 있다. 진주(晉州)와 남원(南原) 편에 상세히 기록되어 있다. ○청학동(青鶴洞)은 지금은 매계(梅溪)라고 일컫는다. 동쪽으로 진주(晉州)와 147리 거리에 있다. 화개동(花開洞)에는 구의봉(九疑峯) 소상포(瀟湘浦) 군자대(君子臺) 악양대(岳陽臺) 왜대(倭臺) 취적대(吹笛臺) 등이 있다. ○악양동(岳陽洞)은 산수가 매우 아름답다. ○천왕봉(天王峯)에서 조금 내려오면 서쪽에 향적사(香積寺)가 있다. 또 서쪽으로 50리쯤에는 가섭대(迦葉臺)가 있는데, 대의 남쪽에 영신사(靈神寺)가 있다. 서쪽으로 20여 리 내려오면 텅빈 땅이 있는데 평탄하고 비옥하며 종횡으로 60-70리이고 곡식을 심기에 적당하다. 늙은 잣나무가 하늘을 찌르고 가운데 서서 4방을 돌아보면 끝이 없다. 완연히 하나의 평야가 비스듬히 펼쳐 있다. 계곡을 따라 내려오면 의신사(義神寺) 신흥사(新興寺) 쌍계사(雙溪寺) 3절이 있다. 의신사(義神寺)에서부터 서쪽으로 꺾어 20여 리를 가면 칠불암(七佛庵)있는데, 암자에는 수십길 되는 폭포(瀑布)가 있다. 그 앞에는 청학봉(青鶴峯)과 백학봉(白鶴峯) 2봉우리가 마치 사람이 두 손을 맞잡고 서 있는 것과 같다. 산의 동쪽에는 향적사(香積寺)와 취령(鷲嶺)이 있는데 모두 진주(晉州)의 살천(薩川) 경계에 접하여 있다. ○불일암(佛日庵)은 서쪽으로 고개 하나를 넘어 쌍계사(雙溪寺)와 10여 리 거리에 있다. 바위 계곡이 험준하고 갈 수 있는 길이 없다. 절벽 중간을 깎아 겨우 1사람 정도가 지나갈 수 있는데, 왕래하는 사람들이 진땀을 흘리지 않는 사람이 없다. 암자는 또 아득한 낭떠러지에 임하여 있는데, 높이가 수십 수백 길이 된다. 깊이를 알 수 없는 못이 2곳 있는데 하나는 용추(龍湫)라고 하고 또 하나는 학연(鶴淵)이라고 한다. ○영신사(靈神寺)는 절 뒤 봉우리에 바위가 깎은 듯이 서 있는데 그 머리에 작은 바위를 이고 있어 상(床)과 같아 좌고대(坐高臺)라고 부른다. 물의 근원이 있는데, 영신사(靈神寺) 작은 샘에서부터 시작되어 신흥사(新興寺) 앞에 이르면 큰 내가 되어 섬진강(蟾津江)에 들어간다. 이것을 화개동천(花開洞川)이라고 한다. ○직전동(稷田洞)은 읍치에서 서북쪽으로 70리 지리산 남쪽에 있다. 밤나무 봉산(封山)이 있다〉

【장흥암(長興庵)】

옥계산(玉溪山)〈읍치에서 동쪽으로 15리에 있다〉

소묘산(小卯山)〈읍치에서 남쪽으로 30리에 있다〉

안심산(安心山)〈읍치에서 동쪽으로 30리에 있다〉

내방산(內方山)〈읍치에서 남쪽으로 20리에 있다〉

삽암(鈒岩)〈악양강(岳陽江) 가에 있다. 어선들이 항상 여기에 정박한다〉

봉황대(鳳凰臺)〈평사역(平沙驛) 남쪽 강변에 있다〉

【율목봉산(栗木封山)이 1곳 있다】

【송전(松田)이 9곳 있다】

「영로」(嶺路)

차점(車岾)〈읍치에서 동쪽으로 35리에 있다〉

해점(蟹岾)〈읍치에서 동남쪽으로 30리에 있다〉

우치(牛峙)〈읍치에서 동쪽으로 5리에 있다〉

공월치(公月峙)〈읍치에서 동쪽으로 10리에 있다〉

이맹점(理盲岾)〈읍치에서 동쪽으로 50리에 있다. 이맹굴(理盲窟)이 잇다〉

장령(長嶺)〈읍치에서 동남쪽으로 50리에 있다〉

율현(栗峴)〈읍치에서 동쪽으로 45리에 있다. 위 3곳은 곤양(昆陽) 경계에 있다〉

황령(黃嶺)〈읍치에서 동북쪽으로 40리 진주(晉州) 경계에 있다〉

문래현(文來峴)〈읍치에서 북쪽으로 30리에 있다〉

옥산치(玉山峙)〈읍치에서 북쪽으로 15리에 있다〉

탕녹치(湯鹿峙)〈남쪽 길에 있다〉

서현(西峴)

○바다〈읍치에서 남쪽으로 30리에 있다〉

섬진강(蟾津江)〈읍치에서 서쪽으로 5리에 있다. 산수고(山水考)에 상세히 기록되어 있다〉

쌍계천(雙溪川)〈일명 화개동천(花開洞川)이라고도 한다. 읍치에서 서북쪽으로 50리에 있다. 근원은 지리산(智異山)의 향적봉(香積峯)에서 나와 남쪽으로 흘러 화개동(花開洞)을 지나 섬진강(蟾津江)의 용연(龍淵)으로 들어간다. 조수(潮水)가 여기까지 온다〉

횡포천(橫浦川)〈읍치에서 동쪽으로 20리에 있다. 근원은 황령(黃嶺)에서 나와 서남쪽으로 흘러 전탁포(錢卓浦)로 들어간다〉

옥계(玉溪)〈근원은 이산(梨山)에서 나와 남쪽으로 흘러 횡포천(橫浦川)으로 들어간다〉

남포(南浦)〈읍치에서 남쪽으로 35리에 있다. 근원은 차참(車站)에서 나와 남쪽으로 흘러 바다로 들어간다〉

사포(蛇浦)〈읍치에서 남쪽으로 15리에 있다. 조수(潮水)가 왕래한다〉

소근포(所斤浦)〈읍치에서 남쪽으로 50리에 있다〉

전탁포(錢卓浦)〈읍치에서 남쪽으로 20리에 있다〉

【제언(堤堰)이 6곳 있다】

「도서」(島嶼)

목도(牧島)〈읍치에서 남쪽으로 10리에 있다〉

갈도(葛島)〈소근포(所斤浦)에 있다〉

사도(蛇島)

사도(沙島)

소사도(小沙島)

중도(中島)

노도(櫓島)

나팔항(喇叭項)〈목도(牧島) 사도(沙島) 사이에 있다. 이상은 모두 섬진강(蟾津江) 해구(海口)에 있다〉

『성지』(城池)

옛 읍성(邑城)〈양경산(陽慶山) 아래에 있다. 태종(太宗) 17년(1417)에 축성하였다. 둘레가 1,019척이고 우물이 5곳, 못이 1곳 있다〉

『창고』(倉庫)

읍창(邑倉)

두곡창(豆谷倉)〈섬진강변(蟾津江邊)에 있다〉

고읍창(古邑倉)〈양경산(陽慶山) 남쪽에 있다〉

해창(海倉)〈사근포(沙斤浦)에 있다〉

목도창(牧島倉)〈목도(牧島)에 있다〉

『역참』(驛站)

율원역(栗原驛)〈읍치에서 동쪽으로 40리에 있다〉

마전역(馬田驛)〈읍치에서 남쪽으로 40리에 있다〉

횡포역(橫浦驛)〈읍치에서 동쪽으로 30리에 있다〉

평사역(平沙驛)〈읍치에서 북쪽으로 40리에 있다. 진주(晉州)에서부터 이속되어 왔다〉

『진도』(津渡)

두치진(豆治津)〈읍치에서 서쪽으로 5리에 있다. 광양(光陽)으로 통한다〉

섬진(蟾津)〈읍치에서 남쪽으로 30리에 있다〉

『토산』(土産)

대[죽(竹)] 감[시(枾)] 석류[유(榴)] 유자[유(柚)] 차[다(茶)] 닥나무[저(楮)] 미역[곽(藿)] 실미역[사곽(絲藿)] 우무가사리[가사리(加士里)] 우무가사리[우모(牛毛)] 김[해의(海衣)] 전복[복(鰒)] 해삼(海蔘) 문어(文魚) 어물(魚物) 15종이 난다.

『장시』(場市)

두치장(豆治場)은 2일, 7일이다. 화개장(花開場)은 1일, 6일이다. 선교장(船橋場)은 5일,

10일이다. 횡포장(橫浦場)은 3일, 8일이다. 진교장(辰橋場)은 10일장으로 3일, 13일, 23일 한 달에 3번 열린다. 장시(場市)는 곤양(昆陽)을 보라.

『누정』(樓亭)

해산루(海山樓)

계향루(桂香樓)〈읍치 안에 있다〉

서해루(誓海樓)〈배가 정박하는 곳이다〉

『전고』(典故)

신라 유리왕(儒理王) 10년(33)에 다사군(多沙郡)에서 가화(嘉禾)를 바쳤다.

○고려 공민왕(恭愍王) 11년(1362)에 왜구가 악양현(岳陽縣)을 불태우고, 13년(1364)에 왜구가 하동(河東)을 노략질하였다. 같은 왕 22년(1373)에 왜구가 하동을 노략질하였다. 우왕(禑王) 3년(1377)에 왜구가 악양현(岳陽縣)을 노략질하니, 원수(元帥) 이림(李琳)〈우왕의 왕비 근비(謹妃)의 아버지다〉이 그들을 격파하고 적선 2척을 노획하였다. 같은 왕 4년(1378)에 왜구가 하동을 노략질하였다.

○조선 선조(宣祖) 25년(1592)에 왜적이 하동(河東)을 함락시켰고, 30년(1597)에 또 왜적이 하동을 함락시켰다.

13. 함양군(咸陽郡)

『연혁』(沿革)

본래 신라 속함현(速含縣)이었는데, 경덕왕(景德王) 16년(757)에 천령군(天嶺郡)으로 개칭하고〈영현(領縣)이 2곳인데, 이안현(利安縣)과 운봉현(雲峯縣)이다〉 고려 태조(太祖) 23년(940)에 허주(許州)로 개칭하고, 성종(成宗) 14년(995)에 도단련사(都團練使)로 승격하였다. 고려 현종(顯宗) 3년(1012)에 강등하여 함양군(咸陽郡)으로 삼고, 9년(1018)에 합천(陜川)에 예속시켰다. 고려 명종(明宗) 2년(1172)에 함양감무(咸陽監務)를 두었다. 조선 태조(太祖) 4년(1395)에 승격하여 지군사(知郡事)로 삼고 세종(世宗) 12년(1430)에 군수(郡守)로 고쳤다. 영조(英祖) 5년(1729)에 도호부(都護府)로 승격하였다가, 정조(正祖) 12년(1788)에 강등하여 군(郡)이 되었다.

「읍호」(邑號)

함성(含城)

「관원」(官員)

군수(郡守)〈진주진관병마동첨절제사(晉州鎭管兵馬同僉節制使)를 겸한다〉 1원을 두었다.

『방면』(坊面)

읍내면(邑內面)〈읍치에서 5리에서 끝난다. 일명 원수면(元水面)이라고도 한다〉

관변면(官邊面)〈읍치에서 동쪽으로부터 5리에서 시작하여 15리에서 끝난다〉

지내면(池內面)〈읍치에서 동쪽으로부터 10리에서 시작하여 20리에서 끝난다〉

사근면(沙斤面)〈읍치에서 동쪽으로부터 15리에서 시작하여 30리에서 끝난다〉

열음계면(列音界面)〈읍치에서 동남쪽으로부터 25리에서 시작하여 30리에서 끝난다〉

휴지면(休知面)〈읍치에서 남쪽으로부터 10리에서 시작하여 20리에서 끝난다〉

엄천면(嚴川面)〈읍치에서 남쪽으로부터 30리에서 시작하여 40리에서 끝난다〉

마천면(馬川面)〈읍치에서 남쪽으로부터 30리에서 시작하여 100리에서 끝난다〉

죽곡면(竹谷面)〈읍치에서 서쪽으로부터 5리에서 시작하여 20리에서 끝난다〉

광복면(廣福面)〈읍치에서 서쪽으로부터 5리에서 시작하여 30리에서 끝난다〉

백전면(柏田面)〈읍치에서 서북쪽으로부터 20리에서 시작하여 50리에서 끝난다〉

북산면(北山面)〈읍치에서 북쪽으로부터 10리에서 끝난다〉

병곡면(瓶谷面)〈읍치에서 북쪽으로부터 7리에서 시작하여 30리에서 끝난다〉

유등포면(柳等浦面)〈읍치에서 남쪽으로부터 20리에서 시작하여 30리에서 끝난다〉

도북면(道北面)〈읍치에서 남쪽으로부터 25리에서 시작하여 40리에서 끝난다〉

북천면(北川面)〈읍치에서 북쪽으로부터 30리에서 시작하여 50리에서 끝난다〉

상덕곡면(上德谷面)〈읍치에서 동북쪽으로부터 25리에서 시작하여 40리에서 끝난다〉

하덕곡면(下德谷面)〈읍치에서 동북쪽으로부터 15리에서 시작하여 20리에서 끝난다〉

백토면(柏吐面)〈읍치에서 30리에서 시작하여 35리에서 끝난다〉

모수면(毛首面)〈읍치에서 동쪽으로부터 25리에서 시작하여 30리에서 끝난다〉

현내면(縣內面)〈읍치에서 30리에서 시작하여 40리에서 끝난다〉

서상동면(西上洞面)〈읍치에서 50리에서 시작하여 100리에서 끝난다〉

서하동면(西下洞面)〈읍치에서 40리에서 시작하여 50리에서 끝난다〉

【사한면(沙閑面)은 읍치에서 남쪽으로 30리에 있다】

〈공안부곡(功安部曲)은 읍치에서 동남쪽으로 15리에서 시작하여 50리에서 끝난다.

마천소(馬川所)는 지금 면(面)이 되었다.

의탄소(義呑所)는 읍치에서 남쪽으로 30리에 있다〉

『산수』(山水)

백암산(白岩山)〈읍치에서 북쪽으로 5리에 있다〉

지리산(智異山)〈읍치에서 남쪽으로 40리에 있다. 산의 북쪽은 본 고을이 전적으로 차지하고 있다. 남원(南原)과 진주(晉州) 편에 자세히 기록되어 있다. ○산의 북쪽에는 영원동(靈源洞) 용유동(龍遊洞) 벽운동(碧雲洞) 추성동(楸城洞) 4골짜기와 유점촌(鍮店村)이 있는데, 모두 명승지이다. 안국사(安國寺) 군자사(君子寺) 견불사(見佛寺) 마적사(馬跡寺) 보월사(寶月寺) 무주사(無住寺) 선열사(先涅寺) 고열사(古涅寺) 등이 있다〉

백운산(白雲山)〈읍치에서 서북쪽으로 40리 안의(安義) 경계에 있다. ○영은사(靈隱寺)가 있다〉

화장산(華藏山)〈읍치에서 남쪽으로 15리에 있다. 산 속에 난[난혜(蘭蕙)]이 많다〉

취암산(鷲岩山)〈읍치에서 북쪽으로 20리에 있다〉

상산(霜山)〈읍치에서 서쪽으로 20리에 있다. 여러 봉우리들이 빼어남을 다투는데 그 형상이 칼날을 세운 것과 같다. 산 아래에 하나의 골짜기가 있는데, 우왕(禑王) 6년(1380) 왜구를 토벌할 때 군사를 숨겼던 곳이다〉

사암산(蛇岩山)〈읍치에서 동쪽으로 20리에 있다〉

악도봉(惡道峯)〈읍치에서 남쪽으로 20리에 있다. 월명총(月明塚)이 있다. ○등구사(登龜寺)가 있다〉

수지봉(愁知峯)〈읍치에서 동북쪽으로 10리에 있다〉

「영로」(嶺路)

천왕참(天王站)〈읍치에서 북쪽으로 40리 안의(安義) 경계에 있다. 그 아래에 덕봉(德峯)이

있다〉

대방치(大方峙)

보천치(寶天峙)

원통치(圓通峙)

안치(鞍峙)〈모두 읍치에서 북쪽으로 30리 안의(安義) 경계에 있다〉

도현(桃峴)〈읍치에서 동쪽으로 30리에 있다〉

팔량치(八良峙)〈읍치에서 서쪽으로 30리에 있다. 운봉(雲峯)과 경계를 이루는 대로(大路)에 있다〉

본통치(本通峙)〈읍치에서 동쪽으로 25리에 있다〉

문수현(文殊峴)〈읍치에서 남쪽으로 40리에 있다. 진주(晉州)와의 경계에 있다〉

○임천(瀶川)〈읍치에서 남쪽으로 30리에 있다. 근원은 지리산(智異山) 반야봉(般若峯) 아래 저연(猪淵)에서 나와 북쪽으로 흘러 만수동천(萬水洞川)이 되고, 황령동(黃嶺洞)을 경유하여 실상사(實相寺) 앞을 지나 부연(釜淵)이 된다. 적산(赤山)의 광천(廣川)을 지나 동남쪽으로 흐르다가 마천소(馬川所)와 임창(任倉)을 지나고 동쪽으로 흘러 용유담(龍游潭)과 엄천(嚴川)이 되었다가 우탄(牛灘)으로 들어간다. ○내의 아래 위에는 못과 폭포와 암석이 절경을 이루고 있다〉

엄천(嚴川)〈읍치에서 남쪽으로 25리에 있다. 북쪽 언덕에 엄천사(嚴川寺)가 있다〉

뇌계(濡溪)〈읍치에서 서쪽으로 1리에 있다. 근원은 백운산(白雲山)에서 나와 동남쪽으로 흐르다가 북창(北倉)을 지나 위수(渭水)가 되고 군의 남쪽을 지나고 서계(西溪) 오른쪽으로 지나고 경수(涇水)을 지나 남계(濫溪) 동쪽으로 들어간다. ○계곡 가운데 예전에는 소고대(小孤臺)가 있었는데 지금은 흔적이 없다〉

남계(濫溪)〈읍치에서 동쪽으로 15리 안의(安義) 경계에 있다. 남쪽으로 흐르다가 임천·뇌계와 합쳐서 동쪽으로 흐르다가 산청(山淸) 경계로 들어가 진강(晉江)의 근원이 된다〉

서계(西溪)〈읍치에서 서쪽으로 8리에 있다. 근원은 팔량치(八良峙)에서 나와 동쪽으로 흐르다가 제한역(蹄閑驛)에 이른다. 5리쯤 내려가면 두 협곡 사이에 바위가 평평하게 펼쳐져 있다〉

경수(涇水)〈근원은 보천치(寶天峙)에서 나와 남쪽으로 흐르다가 읍치 동쪽에 이르러 뇌계(?溪)로 들어간다〉

용유담(龍遊潭)〈읍치에서 서쪽으로 40리에 있다. 못의 양쪽 가에는 바위가 평평하게 깔려 있는데 모두 반질반질하게 연마한 것과 같다. 길게 펼쳐져 있고 어떤 곳에는 큰 항아리 같은 것이 있는데 그 깊이가 끝이 없다. 어떤 것은 술 주전자와 같이 생겨 천만가지로 기괴한 것들이 많아 귀신의 변화와도 같다. 그 물 속에는 가파어(袈婆魚)가 있다. 지리산(智異山) 서북쪽에는 달공사(達空寺)가 있고, 그 곁에 저연(猪淵)이 있는데 고기는 여기서 난다. 곧 운봉현(雲峯縣) 토착인들이 거물을 놓아 잡는다〉

대고대(大孤臺)〈남계(濫溪) 가운데 있다〉

대관림(大舘林)〈뇌계 동쪽 언덕에 있다〉

우탄(牛灘)〈임천과 남계(濫溪)가 합치는 곳이다〉

【제언(堤堰)이 하나 있다】

『성지』(城池)

읍성(邑城)〈영조(英祖) 5년(1729)에 개축하였다. 둘레는 7,035척이다. 동문(東門) 서문(西門) 남문(南門) 3문이 있다〉

고읍성(古邑城)〈읍치에서 동쪽으로 4리에 있다. 토축(土築)의 옛 터가 있는데, 예전 읍치는 현재 읍치 동쪽 2리에 있었다. 우왕(禑王) 6년(1380)에 왜구에게 불타고 지금의 자리로 옮겼다〉

사근고성(沙斤古城)〈역 북쪽에 있다. 둘레는 2,796척이고, 못이 3곳이 있다. 우왕(禑王) 6년(1380)에 왜구에게 함락되었다. 조선 성종(成宗) 때 수축하였다〉

천왕봉고성(天王峯古城)〈일명 추성(楸城) 혹은 박회성(朴回城)이라고도 한다. 의탄소(義呑所)에서 5-6리 떨어져 있다. 소와 말이 갈 수 없다. 그 안에 창고의 터가 있다〉

안치고성(鞍峙古城)〈석축의 터가 있다〉

『창고』(倉庫)

읍창(邑倉)

북창(北倉)〈읍치에서 북쪽으로 30리에 있다〉

임창(任倉)〈읍치에서 남쪽으로 30리에 있다〉

역창(驛倉)〈사근면(沙斤面)에 있다〉

『역참』(驛站)

사근도(沙斤道)〈읍치에서 동쪽으로 16리에 있다. ○속역(屬驛)은 14곳 있다. ○찰방(察訪) 1원을 두었다〉

제한역(蹄閑驛)〈읍치에서 서쪽으로 15리에 있다〉

『교량』(橋梁)

사근교(沙斤橋)〈역 남쪽에 있다〉

대교(大橋)〈읍치에서 남쪽으로 5리에 있다〉

『토산』(土産)

대[죽(竹)] 감[시(柿)] 석류[유(榴)] 잣[해송자(海松子)] 오미자(五味子) 석이버섯[석심(石蕈)] 벌꿀[봉밀(蜂蜜)] 은어[은구어(銀口魚)]

『장시』(場市)

읍내장(邑內場)은 2일, 7일이다. 개평장(介坪場)은 5일, 10일이다. 사근장(沙斤場)은 4일, 9일이다. 마천장(馬川場)은 4일, 9일이다.

『누정』(樓亭)

학사루(學士樓)〈읍내에 있다〉

양화루(陽化樓)〈읍성 동문(東門)이다〉

망악루(望岳樓)〈읍성 남문(南門)이다〉

백사정(白沙亭)〈읍치에서 서쪽으로 1리에 있다〉

함허정(涵虛亭)〈읍치에서 남쪽으로 20리에 있다〉

운고정(雲皐亭)〈읍치에서 동쪽으로 20리에 있다〉

『사원』(祠院)

남계서원(灆溪書院)〈명종(明宗) 임자년(1552)에 창건하고 병인년(1566)에 사액(賜額)하였다〉 정여창(鄭汝昌)〈문묘(文廟)를 보라〉 정온(鄭蘊)〈광주(廣州)를 보라〉 강익(姜翼)〈자는 중보

(仲輔), 호는 개암(介庵)이고 본관은 진주(晉州)이다. 벼슬은 참봉(參奉)을 지냈다〉을 제사한다.

○당주서원(溏州書院)〈선조(宣祖) 신사(1581)년에 창건하고 현종(顯宗) 경자년(1660)에 사액(賜額)하였다〉 노진(盧禛)〈자는 자응(子膺), 호는 옥계(玉溪)이고 본관은 풍천(豐川)이다. 벼슬은 이조판서(吏曹判書)를 지내고 시호는 문효(文孝)이다〉을 제사한다.

『전고』(典故)

신라 진평왕(眞平王) 46년(624)에 백제(百濟)〈무강왕(武康王) 25년이다〉가 속함성(速含城)을 공격하였다.

○고려 우왕(禑王) 5년(1379)에 왜구가 함양(咸陽)을 함락시키고, 6년(1380)에 왜구가 사근역(沙斤驛)에 주둔하였다. 원수(元帥) 배극렴(裵克廉) 등 9장수가 역 동쪽 3리쯤에서 싸워서 패전하고 박수경(朴修敬) 배언(裵彦) 두 원수가 죽었다. 군사들 중에 전사한 사람이 500여 명이었고, 냇물이 모두 붉게 물들었다. 지금까지 혈계(血溪)라고 부른다. 이로 말미암아 왜적의 세력이 더욱 왕성하게 되었다. 드디어 여러 군의 성을 도륙하고 남원(南原)으로 향하다가 인월역(引月驛)에서 태조(太祖) 이성계(李成桂)에게 섬멸되었다.〈운봉(雲峯) 편에 상세히 기록되어 있다〉 같은 왕 10년(1384)에 왜구가 함양을 노략질하니 도순문사(都巡問使) 윤가관(尹可觀)과 진주목사(晉州牧使) 박자안(朴子安)이 그들과 싸워 18명을 죽였다. 창왕(昌王) 때 왜구가 함양군을 노략질 하니, 진주절제사(晉州節制使) 김상(金賞)이 구원하러 갔다가 그들과 싸워 패배하였다.

○조선 선조 25년(1592) 30년(1597)에 왜구가 함양을 노략질하였다.

14. 초계군(草溪郡)

『연혁』(沿革)

본래 초팔국(草八國)이었다. 신라 파사왕(婆娑王) 29년(108)에 합병하여 초팔혜현(草八兮縣)을 두었다. 경덕왕(景德王) 16년(757)에 팔계현(八谿縣)으로 고치고 강양군(江陽郡)의 영현(領縣)으로 삼았다. 고려 태조(太祖) 23년(940)에 초계현(草溪縣)으로 고쳤다. 고려 현종(顯宗) 9년(1018)에 예전과 같이 합주(陜州)에 속하게 하였다. 고려 명종(明宗) 2년(1172)에 감무

(監務)를 두었다. 고려 충숙왕(忠肅王) 때 승격하여 지군사(知郡事)를 두었다.〈고을 사람이었던 정수기(鄭守琪)와 변우성(卞遇成)이 공로가 있었기 때문이다〉 조선(朝鮮) 세조(世祖) 12년(1466)에 지군사를 군수(郡守)로 고쳤다.

「읍호」(邑號)

청계(淸溪)

「관원」(官員)

군수(郡守)〈진주진관병마동첨절제사(晋州鎭管兵馬同僉節制使)를 겸한다〉 1원

『방면』(坊面)

택정면(宅定面)〈읍치에서 서쪽으로 7리에서 끝난다〉

양동면(良洞面)〈읍치에서 서쪽으로 10리에서 끝난다〉

적동면(赤洞面)〈읍치로부터 남쪽으로 5리에서 시작하여 30리에서 끝난다〉

백암면(白岩面)〈읍치로부터 남쪽으로 15리에서 시작하여 30리에서 끝난다〉

초책면(初册面)〈읍치로부터 북쪽으로 10리에서 시작하여 20리에서 끝난다〉

이책면(二册面)〈읍치로부터 북쪽으로 10리에서 시작하여 30리에서 끝난다〉

삼책면(三册面)〈읍치로부터 북쪽으로 30리에서 시작하여 40리에서 끝난다〉

갑산면(甲山面)〈읍치로부터 북쪽으로 5리에서 시작하여 30리에서 끝난다〉

중방면(中方面)〈읍치로부터 동쪽으로 10리에서 끝난다〉

청원면(淸元面)〈읍치로부터 동쪽으로 10리에서 시작하여 30리에서 끝난다〉

덕진면(德眞面)〈읍치로부터 동북쪽으로 10리에서 시작하여 30리에서 끝난다〉

덕곡면(德谷面)〈읍치로부터 동북쪽으로 30리에서 시작하여 40리에서 끝난다〉

【천곡면(泉谷面)은 읍치에서 서쪽으로 10리에 있다】

○대여곡소(代如谷所)〈읍치로부터 북쪽으로 28리에 있다〉

『산수』(山水)

청계산(淸溪山)〈읍치로부터 서쪽으로 5리에 있다〉

소학산(巢鶴山)〈읍치로부터 북쪽으로 30리 고령(高靈) 경계에 있다〉

대암산(臺岩山)〈일명 봉서산(鳳棲山)이라고도 한다. 읍치로부터 서쪽으로 10리 합천 경계

에 있다〉

미타산(彌陀山)〈읍치로부터 남쪽으로 28리 의령(宜寧) 경계에 있다. ○유학사(留鶴寺)가 있다〉

【옥두봉(玉斗峯)은 읍치에서 동쪽으로 10리에 있다】

「영로」(嶺路)

무월현(舞月峴)〈읍치로부터 동남쪽으로 14리 합천 경계에 있다. 삼가(三嘉) 방면 대로로 통한다〉

○낙동강(洛東江)〈읍치로부터 동쪽으로 20리에 있다〉

황둔강(黃芚江)〈읍치로부터 북쪽으로 10리에 있다. 합천의 남강(南江) 하류에서 동으로 흘러 대천(大遷)을 거쳐 황둔진(黃芚津)이 되고 오른쪽으로 팔진천(八鎭川)을 지나 현창(玄倉)에 이르러 낙동강(洛東江)과 합친다. '산수고(山水考)'에 자세히 기록되어 있다〉

팔진천(八鎭川)〈무월(舞月) 대암(臺岩) 등 지역의 8개 시내가 모여서 동쪽으로 흐르다가 군치(郡治) 남쪽을 지나 황둔강(黃芚江)으로 들어간다. 읍호(邑號)를 팔계(八溪)라고 한 것은 이 때문이다〉

【제언(堤堰)은 6곳이 있다】

『성지』(城池)

고성(古城)〈청계산(淸溪山) 위에 옛날의 축성 터가 있다〉

『봉수』(烽燧)

미타산(弥陀山) 봉수〈위에 나와 있다〉

『창고』(倉庫)

읍창(邑倉)

적창(笛倉)〈읍치 서쪽에 있다〉

외창(外倉)〈읍치 북쪽에 있다〉

『역참』(驛站)

팔진역(八鎭驛)〈읍치로부터 동쪽으로 5리에 있다〉

『진도』(津渡)

황둔진(黃芚津)〈읍치에서 북쪽으로 10리 고령(高靈) 방향의 대로(大路)에 있다〉

감물창진(甘勿倉津)〈일명 현창진(玄倉津)이라고도 한다. 고령 개산강(開山江)의 하류이다. 읍치에서 동쪽으로 25리에 있다. 길이 창녕(昌寧) 대로로 통한다〉

삼학진(三鶴津)〈현창진(玄倉津)의 상류이다. 읍치에서 30리 거리에 있다〉

앙진(仰津)〈현창진(玄倉津) 하류이다. 읍치에서 35리 거리에 있다. 이상 2곳은 중로(中路)에 속한다〉

『토산』(土産)

대[죽(竹)] 닥나무[저(楮)] 칠(漆) 감[시(枾)] 석류[유(榴)] 호도(胡桃) 잣[해송자(海松子)] 벌꿀[봉밀(蜂蜜)] 은어[은구어(銀口魚)] 잉어[이어(鯉魚)] 붕어[즉어(鯽魚)]

『장시』(場市)

읍내장(邑內場)은 5일, 10일이다. 율진장(栗津場)은 1일, 6일이다.

『누정』(樓亭)

창랑루(滄浪樓)〈황둔강(黃芚江) 남쪽 언덕에 있다〉

권가루(勸稼樓)

낙민정(樂民亭)〈읍치에서 서쪽으로 15리에 있다〉

『전고』(典故)

신라 경순왕(敬順王) 2년(928)에 견훤(甄萱)이 강주(康州)를 습격하였다. 고려 장군 김상(金相) 등이 가서 강주(康州)를 구하려고 가다가 초팔성(草八城)을 지날 때 성주(城主) 홍종(興宗)에게 패하여 김상(金相)이 죽었다. 조선(朝鮮) 선조 30년(1597) 8월에 왜장 청정(淸正)이 초계(草溪)를 도륙하였다.

15. 합천군(陜川郡)

『연혁』(沿革)

본래는 신라의 대야성(大耶城)이다. 진흥왕(眞興王) 26년(565)에 여기에 대량주(大良州)를 두었다. 무열왕(武烈王) 8년(661)에 압량주(押梁州) 도독(都督)을 여기에 옮겼다.〈아찬(阿飡) 종정(宗貞)으로 도독을 삼았다. ○『삼국사기(三國史記)』에는 "김유신(金庾信)의 아버지 서현(舒玄)으로 대량주(大梁州) 도독을 삼아 대량주의 군사(軍事) 전반을 담당하게 하였다"고 하였다〉 경덕왕(景德王) 16년(757)에 강양군(江陽郡)이라고 고치고〈영현(領縣)이 3곳이니, 삼기현(三岐縣) 팔계현(八谿縣) 의상현(宜桑縣)이다〉 강주(康州)에 예속시켰다. 고려 현종(顯宗) 때 승격하여 지합주군사(知陜州郡事)로 하였다.〈현종(顯宗)이 대량원군(大良院君)으로서 즉위하였기 때문이다. 또 황비(黃妣) 효숙왕후(孝肅王后) 이씨(李氏)의 고향이었기 때문이다. ○속군(屬郡)은 하나인데 거창군(居昌郡)이고 속현은 11개인데 삼기현(三岐縣縣) 가수현(嘉樹縣) 산음현(山陰縣) 단계현(丹溪縣) 가조현(加祚縣) 감음현(感陰縣) 이안현(利安縣) 신번현(新繁縣) 야로현(冶爐縣) 초계현(草溪縣) 함양현(含陽縣)이다〉 조선(朝鮮) 태종(太宗) 13년(1413)에 합천(陜川)이라고 고쳤다. 세조(世祖) 12년(1466)에 지군사를 군수(郡守)로 고쳤다.

「관원」(官員)

군수(郡守)〈진주진관병마동첨절제사(晋州鎭管兵馬同僉節制使)〉 1원이 있다.

『고읍』(古邑)

야로(冶爐)〈읍치에서 북쪽으로 30리에 있다. 본래는 신라의 적화현(赤火縣)이었다. 경덕왕(景德王) 16년(757)에 야로현(冶爐縣)으로 고치고 고령군(高灵郡)의 영현(領縣)으로 삼았다. 고려 현종(顯宗) 9년(1018)에 합천군에 합쳤다〉

『방면』(坊面)

상삼면(上三面)〈읍치로부터 북쪽으로 15리에서 끝난다〉

하삼면(下三面)〈읍치로부터 북쪽으로 10리에서 끝난다〉

율진면(栗津面)〈읍치로부터 동쪽으로 10리에서 시작하여 25리에서 끝난다〉

천곡면(泉谷面)〈읍치로부터 동쪽으로 10리에서 시작하여 15리에서 끝난다〉

대월면(大月面)〈읍치로부터 남쪽으로 10리에서 시작하여 15리에서 끝난다〉

이사역면(伊士亦面)〈위와 같다〉

양산면(陽山面)〈읍치로부터 남쪽으로 15리에서 시작하여 25리에서 끝난다〉

조고개면(助古介面)〈읍치로부터 서남쪽으로 15리에서 시작하여 30리에서 끝난다〉

가의면(加衣面)〈읍치로부터 남쪽으로 15리에서 시작하여 20리에서 끝난다〉

독토면(禿土面)〈읍치로부터 서남쪽으로 30리에서 시작하여 50리에서 끝난다〉

두상면(頭上面)〈일명 두현(豆峴)이라고도 한다. 읍치로부터 북쪽으로 15리에서 시작하여 25리에서 끝난다〉

거거산면(居居山面)〈읍치로부터 북쪽으로 30리에서 시작하여 40리에서 끝난다〉

현동면(縣東面)〈일명 동촌(東村)이라고도 한다. 읍치로부터 북쪽으로 40리에서 시작하여 45리에서 끝난다〉

상북면(上北面)〈읍치로부터 북쪽으로 50리에서 시작하여 60리에서 끝난다〉

하북면(下北面)〈읍치로부터 북쪽으로 40리에서 시작하여 50리에서 끝난다〉

산곡면(山谷面)〈읍치로부터 북쪽으로 60리에서 시작하여 90리에서 끝난다〉

숭산면(崇山面)〈읍치로부터 동북쪽으로 50리에서 시작하여 60리에서 끝난다〉

관소면(官所面)〈읍치로부터 동남쪽으로 25리에서 시작하여 60리에서 끝난다〉

심묘면(心妙面)〈읍치로부터 ???쪽으로 25리에서 시작하여 30리에서 끝난다〉

【잉읍면(仍邑面)은 읍치에서 북쪽으로 25리에 있다. 가산면(加山面)은 읍치에서 북쪽으로 30리에 있다. 현내면(縣內面)은 읍치에서 북쪽으로 30리에 있다】

○〈말곡향(末谷鄕)

좌이부곡(坐伊部曲) 은 모두 야로(冶爐)에 있다.

박산소(樸山所)는 읍치 동쪽 10리에 있다〉

『산수』(山水)

북산(北山)〈읍치에서 북쪽으로 3리에 있다〉

사두산(蛇頭山)〈읍치에서 서쪽으로 5리에 있다. 일명 송악산(松岳山)이라고도 한다〉

옥산(玉山)〈객사(客舍) 서쪽 귀퉁이에 있는 작은 산이다. 고려 현종(顯宗)이 여기에 머물렀다〉

가야산(加耶山)〈야로(冶爐)에서 북쪽으로 30리에 있다. 상왕산(象王山) 중향산(衆香山) 지달산(只怛山) 우두산(牛頭山)은 모두 이 산의 별명이다. 바위의 형세가 연달아 있는 것이 마치 일만개의 창을 꽂아 놓은 것과 같이 높고 빼어나다. 그 정상의 바위는 4면을 깎아 놓은 것과 같아서 사람들이 올라갈 수 없으나 위쪽은 평탄한 것 같다. 월류봉(月留峯)은 산의 서쪽에 있고 그 아래에는 청량사(淸凉寺)가 있다. ○취적봉(吹笛峯) 칠성봉(七星峯) 학사대(學士臺) 백운대(白雲臺) 봉천대(奉天臺) 치원대(致遠臺) 첩석대(疊石臺) 칠성대(七星臺) 차필암(泚筆岩) 완재암(宛在岩) 회현암(會賢岩) 낙화암(落花岩) 광풍뢰(光風瀨) 음풍뢰(吟風瀨) 제월담(霽月潭) 분옥폭(噴玉瀑) 홍류동(紅流洞) 무릉교(武陵橋)가 있다. ○해인사(海印寺)는 가야산의 서쪽에 있다. 신라 애장왕(哀莊王) 3년(802)에 건립하였다. 여러 대장경(大藏經)을 보관하였는데, 일설에는 고려 문종 때 간행한 것이라고 한다. 고려 때도 역시 여기에 보관하였다. 바위 골짜기가 둥그렇게 돌아가고 단풍나무와 흰 바위가 서로 비치며 절경을 이룬다. 절 북쪽 5리에 내원사(內院寺)가 있고 내원사 곁에 득검지(得劍池)가 있다. ○원명사(圓明寺) 심원사(深源寺) 반야사(般若寺) 정각암(淨覺庵) 소리암(蘇利庵) 성불암(成佛庵) 등이 있다〉

미숭산(美崇山)〈읍치에서 동북쪽으로 60리에 있다. 가야산 동쪽 가지로서 고령(高靈)과 경계를 이룬다〉

오두산(烏頭山)〈야로(冶爐) 옛 읍치로부터 남쪽으로 18리에 있다〉

두모산(豆毛山)〈조두산(鳥頭山)의 북쪽에 있다〉

악견산(嶽堅山)〈읍치에서 서남쪽으로 30리 삼가(三嘉) 경계에 있다〉

가점산(可岾山)〈일명 만대산(萬岱山)이라고도 한다. 읍치로부터 북쪽으로 15리에 있다. 동쪽으로 고령(高靈) 경계에 접하고 있다. ○용계사(龍溪寺)가 있다〉

「영로」(嶺路)

지을현(知乙峴)〈읍치에서 북쪽으로 26리에 있다〉

두리현(頭里縣)〈읍치에서 서북쪽으로 30리에 있다〉

갈점(葛岾)〈읍치에서 동쪽으로 27리에 있다〉

권빈령(勸賓嶺)〈권빈역(勸賓驛) 남쪽에 있다〉

화지현(花旨峴)〈읍치에서 동남쪽으로 50리 의령(宜寧) 경계에 있다〉

견천(犬遷)〈읍치에서 동쪽으로 13리에 있다. 낭떠러지를 따라 잔도(棧道)가 나 있는데, 위로는 절벽을 등지고 아래로는 깊은 못을 향하고 있다. 2-3리 가량 길이 얽히고 굴곡되어 있다〉

○남강(南江)〈읍치 남쪽 5리에 있다. 초계(草溪) 황둔강(黃屯江)의 상류이다〉

둔덕연(芚德淵)〈읍치 남쪽 15리에 있다. 남강(南江)의 상류이다〉

부자연(父子淵)〈읍치 서쪽 45리 권빈역(勸賓驛) 앞 둔덕연(芚德淵) 상류에 있다. 위 3곳은 황둔강(黃芚江) 조에 자세히 기록되어 있다〉

황계폭(黃溪瀑)〈읍치 서쪽 30리 악견산(岳堅山)의 동쪽에 있다. 아래에는 깊은 못이 있다〉

낙화담(落花潭)

가야천(加耶川)〈근원은 두 곳이 있는데, 하나는 거창(居昌)의 우두산(牛頭山)에서 나오고 하나는 가야산(加耶山)에서 나온다. 무릉교(武陵橋)를 거쳐 옛 야로현(冶爐縣) 읍치 북쪽 5리에 있는 월광사(月光寺) 앞에서 합쳐져 동쪽으로 흘러 고령(高靈) 경계로 들어간다. 고령 편에 자세히 기록되어 있있다. ○내의 좌우에는 토양이 극히 비옥하여 1말의 씨앗을 뿌리면 120말의 수확을 거두고, 아무리 적어도 80말 아래로 내려가지 않는다. 물이 풍부하고 관개(灌漑)하기에 좋아서 한발이 들어도 재해를 입지 않는다. 또 이곳의 목면은 상품으로 친다〉

징심천(澄心川)〈하나의 근원은 군치 북쪽 십상곡(十上谷)에서 나오고, 또 하나의 근원은 두리현(頭里峴)에서 나와 군치 서쪽 10리에서 합쳐서 군의 서남쪽을 안고 동쪽으로 흐르다가 징심루(澄心樓) 앞을 지나 남강(南江)으로 들어간다〉

【용연(龍淵)이 있다】

【제언(堤堰)이 7곳이 있다】

『성지』(城池)

미숭산고성(美崇山古城)〈둘레가 1,643척이다. 우물 6곳, 못 1곳이 있다. 매우 험준하다〉

갈점고성(葛岾古城)〈둘레가 2,239척이다〉

갈귀성(葛歸城)〈해인사(海印寺) 동북쪽에 있다. 석축으로 된 유지(遺址)가 있다〉

갈마성(渴馬城)

구산성(傴山城)

벽계성(辟溪城)

천개성(天蓋城)

「봉수」(烽燧)

소현산(所峴山) 봉수〈읍치로부터 서북쪽으로 49리에 있다〉

미숭산(美崇山) 봉수〈위를 보라〉

「창고」(倉庫)

읍창(邑倉)

신창(新倉)〈읍치로부터 서북쪽으로 35리에 있다〉

야창(冶倉)〈옛 야로현(冶爐縣) 읍치에 있다〉

북창(北倉)〈읍치로부터 북쪽으로 60리에 있다〉

「역참」(驛站)

금탕역(金湯驛)〈읍치로부터 북쪽으로 70리에 있다〉

권빈역(勸賓驛)〈읍치로부터 서쪽으로 45리에 있다〉

「진도」(津渡)

남강진(南江津)〈삼가(三嘉) 방면 대로로 통한다〉

「토산」(土産)

쇠[철(鐵)] 대[죽(竹)] 닥나무[저(楮)] 감[시(柹)] 잣[해송자(海松子)] 송이버섯[송균(松菌)] 석이버섯[석균(石菌)] 벌꿀[봉밀(蜂蜜)] 오미자(五味子) 은어[은구어(銀口魚)]

「장시」(場市)

읍내장(邑內場)은 3일, 8일이다. 야로장(冶爐場)은 2일, 7일이다. 도곡장(陶谷場)은 4일, 9일이다. 권빈장(勸賓場)은 5일, 10일이다. 중마장(中麻場)은 5일, 10일이다.

「누정」(樓亭)

징심루(澄心樓)〈읍내에 있다〉

함벽루(涵碧樓)〈읍치 남쪽 4리 남강(南江) 바위 위에 있다. 절벽에 의지하여 긴 강을 굽어

보고 있다〉

호연정(浩然亭)

『사원』(祠院)

이연서원(伊淵書院)〈선조(宣祖) 병술년(1586)에 창건하고 경자년(1600)에 사액(賜額)하였다〉 김굉필(金宏弼)과 정여창(鄭汝昌)을 제사한다.〈모두 문묘(文廟)에 나타나 있다〉

○화암서원(華岩書院)〈효종(孝宗) 계사년(1653)에 창건하고 영조 정미년(1727)에 사액(賜額)하였다〉 박소(朴紹)〈자는 언주(彦胄)이고 호는 야천(冶川)이며 본관은 반남(潘南)이다. 벼슬은 사간원 사간(司諫)이고 영의정(領議政)에 증직되었다. 시호는 문강(文康)이다〉를 제사한다.

『전고』(典故)

신라 선덕여왕(善德女王) 11년(642)에 백제 장군 윤충(允忠)이 대야성(大耶城)을 침공하였다. 도독(都督) 김품석(金品釋)이 성을 지킬 수 없게 되자 먼저 처자식을 죽이고 자살하였다. 휘하의 부하인 사지(舍知) 죽죽(竹竹)이 나머지 병졸들을 모아 성문을 열고 나가 항거하였다. 힘을 다해 싸우다가 성이 함락되자 용석(龍石)과 함께 죽었다. 진덕여왕(眞德女王) 2년(648)에 김유신(金庾信)이 백제를 치고 대야성(大耶城)으로 군사를 진격시켰다. 옥문곡(玉門谷)에서 백제와 싸워 대패시키고 적군 1,000여 명의 목을 베었다. 신덕왕(神德王) 5년(916)에 후백제 견훤(甄萱)의 주력군이 대야성(大耶城)을 공격하였으나 이기지 못하였다. 경명왕(景明王) 4년(920)에 견훤(甄萱)이 보병과 기병 1만명을 거느리고 대야성과 구사성(仇史城) 두 성을 공격하여 함락시키고 진례(進禮)로 진격하였다. 신라가 고려에 원병을 청하자 고려가 장수에게 명령하여 토벌케 하니 견훤이 물러갔다. 경순왕(敬順王) 원년(927)에 고려가 대량성(大良城)을 공격하여 격파하였다. 경순왕 2년(928)에 견훤(甄萱)이 장군 관흔(官昕)을 시켜서 양산(陽山)에 성을 쌓게 하였으나 고려에게 축출되고 물러나 대량성(大良城)을 지켰다. 군사를 풀어 대목군(大木郡)의 곡식을 베어갔다. 드디어 오어곡(烏於谷)에 군사를 나누어 주둔시키니 죽령의 길이 막히게 되었다. 견훤이 조어곡성(烏於谷城)을 공격하여 수비군 1,000명을 살해하였다.

○고려 우왕(禑王) 5년(1379)에 왜구(倭寇)가 야로(冶爐)를 노략질하였다.

○조선(朝鮮) 선조(宣祖) 25년(1592)에 왜군이 합천(陜川)을 노략질하였다.

16. 곤양군(昆陽郡)

『연혁』(沿革)

본래 신라(新羅)의 포촌현(浦村縣)이었다. 경덕왕(景德王) 16년(757)에 하읍현(河邑縣)으로 고치고 하동군(河東郡)의 영현(領縣)으로 삼았다. 고려 태조(太祖) 23년(940)에 곤명현(昆明縣)이라고 고쳤다. 고려 현종 9년(1018)에 진주(晋州)에 예속시켰다. 후에 감무(監務)를 두었다. 조선(朝鮮) 세종(世宗) 원년(1419)에 임금의 태(胎)를 봉안하였기 때문에 남해현(南海縣)을 여기에 합쳐서 곤남군(昆南郡)으로 승격하였다가 19년(1437)에 다시 남해현을 분리시키고, 진주(晋州)의 금양부곡(金陽部曲)을 여기에 합쳐서 곤양군(昆陽郡)이라고 개칭하였다.〈옛 읍치는 지금 읍치의 45리 거리에 있는데 곤명리(昆明里)라고 한다〉

「읍호」(邑號)

철성(鐵城) 곤산(昆山)

「관원」(官員)

군수(郡守)〈진주진관병마동첨절제사(晋州鎭管兵馬同僉節制使)를 겸한다〉 1원을 두었다.

『고읍』(古邑)

생량현(省良縣)〈읍치에서 서쪽으로 45리에 있다. 본래 신라의 현지(縣地)였다. 경덕왕(景德王) 16년(757)에 생량현(省良縣)으로 고치고 하동군(河東郡) 영현(領縣)으로 하였다. 고려 때 금양부곡(金陽部曲)으로 강등하여 진주(晋州)에 예속시켰다. 조선 태종(太宗) 때 남해현(南海縣)에 붙여서 해양현(海陽縣)이라고 하였다. 세종(世宗) 19년(1437)에 다시 진주(晋州)에 합쳤다가 후에 다시 곤양군에 예속시켰다〉

『방면』(坊面)

동부면(東部面)〈읍치로부터 동쪽으로 7리에서 끝난다〉

서부면(西部面)〈읍치로부터 서쪽으로 10리에서 시작하여 20리에서 끝난다〉

성방면(城坊面)〈읍치로부터 북쪽으로 10리에서 시작하여 20리에서 끝난다〉

가리면(加利面)〈읍치로부터 동북쪽으로 8리에서 시작하여 30리에서 끝난다〉

남포면(南浦面)〈읍치로부터 남쪽으로 10리에서 시작하여 30리에서 끝난다〉

금양면(金陽面)〈읍치로부터 서쪽으로 20리에서 시작하여 30리에서 끝난다〉

서면(西面)〈읍치로부터 서쪽으로 40리에서 시작하여 60리에서 끝난다. 이상 3개면은 바다가에 있다〉

초량면(草梁面)〈읍치로부터 북쪽으로 10리에서 시작하여 30리에서 끝난다.

소곡면(所谷面)〈읍치로부터 북쪽으로 20리에서 시작하여 40리에서 끝난다〉

곤명면(昆明面)〈읍치로부터 북쪽으로 25리에서 시작하여 35리에서 끝난다〉

○〈유실부곡(有實部曲)

다음향(多音鄕)은 읍치에서 동쪽으로 20리에 있다.

포곡소(蒲谷所)는 읍치에서 동쪽으로 10리에 있다.

반룡소(盤龍所)는 읍치에서 동쪽으로 15리에 있다〉

『산수』(山水)

동곡산(銅谷山)〈읍치에서 북쪽으로 3리에 있다〉

소곡산(所谷山)〈읍치에서 북쪽으로 25리에 있다. 세종(世宗)의 태(胎)를 봉안하였다〉

봉명산(鳳鳴山)〈일명 누봉산(樓鳳山)이라고도 한다. 읍치에서 북쪽으로 15리에 있다. 봉암(鳳岩)이 있다〉

우산(牛山)〈읍치의 남쪽에 있다〉

금오산(金鰲山)〈일명 병요산(甁要山)이라고도 한다. 읍치에서 서쪽으로 20리 하동(河東) 경계에 있다〉

제방산(諸方山)〈읍치에서 북쪽으로 3리에 있다〉

학유산(鶴游山)〈읍치에서 북쪽으로 3리에 있다〉

【송전(松田) 16곳이 있다】

「영로」(嶺路)

율치(栗峙)〈읍치에서 서쪽으로 10리에 있다〉

십이치(十二峙)〈읍치에서 동북쪽으로 10리에 있다〉

금매치(金罵峙)〈읍치에서 북쪽으로 30리에 있다〉

○바다〈읍치에서 남쪽으로 125리에 있다〉

금성강(金城江)〈읍치에서 북쪽으로 30리에 있다. 진주(晋州)의 살천(薩川)에 자세히 있다〉

당천(唐川)〈읍치에서 동쪽으로 1리에 있다. 근원은 진주(晋州)의 동곡면(桐谷面)에서 나와 남으로 흐르다가 읍치의 동쪽을 지나 바다로 들어 간다〉

전천(前川)〈근원은 하동(河東)의 차점(車岾)에서 나와 남쪽으로 흐르다가 다시 동쪽으로 꺾어서 읍치 앞을 지나가 당천(唐川)에서 모인다〉

아방포(牙方浦)〈읍치에서 동쪽으로 20리에 있다〉

모랑포(毛郎浦)〈읍치에서 동쪽으로 10리에 있다〉

성창포(城倉浦)·염전포(鹽田浦)·구량포(仇良浦)〈모두 읍치에서 남쪽으로 20리에 있다〉

율포(栗浦)〈읍치에서 서쪽으로 8리에 있다〉

신제포(辰梯浦)〈읍치에서 남쪽으로 18리에 있다〉

금양포(金陽浦)〈읍치에서 서남쪽으로 28리에 있다〉

포곡포(蒲谷浦)〈읍치에서 동쪽으로 10리에 있다〉

대포(大浦)〈읍치에서 동쪽으로 20리에 있다〉

강주포(江洲浦)〈읍치에서 동쪽으로 20리 진주(晋州)와 사천(泗川) 경계에 있다〉

반룡포(盤龍浦)〈읍치에서 동북쪽으로 25리 진주(晋州)와 사천(泗川) 경계에 있다〉

【제언(堤堰)은 6곳이 있다】

「도서」(島嶼)

비도(飛島)〈읍치에서 남쪽으로 30리 바다 가운데에 있다〉

『성지』(城池)

읍성(邑城)〈둘레가 3,765척이다. 옹성(甕城)은 18개이며, 우물이 셋, 연못이 둘이 있다〉

『진보』(鎭堡)

「혁폐」(革廢)

노량진(露梁鎭)〈노량진 북쪽 언덕에 있다. 예전에는 수군만호(水軍萬戶) 진영이 있었다〉

『창고』(倉庫)

창고(倉庫) 3곳이 있다〈읍내에 있다〉

제민창(濟民倉)〈남산(南山)에 있다〉

현창(縣倉)〈금양면(金陽面)에 있다〉

『역참』(驛站)

완사역(浣紗驛)〈읍치에서 북쪽으로 18리에 있다〉

양포역(良浦驛)〈읍치에서 서쪽으로 25리에 있다〉

『진도』(津渡)

노량진(露梁津)〈읍치에서 서남쪽으로 45리에 있다. 남해도(南海島)로 들어가는 사람들이 이곳을 경유한다〉

『교량』(橋梁)

진교(辰橋)〈읍치에서 서쪽으로 18리에 있다〉

병교(幷橋)〈금성강(金城江)에 있다〉

『토산』(土産)

대[죽(竹)] 차[다(茶)] 감[시(柿)] 유자[유(柚)] 석류[유(榴)] 벌꿀[봉밀(蜂蜜)] 실[사(絲)] 미역[곽(藿)] 김[해의(海衣)] 송이버섯[송심(松蕈)] 표고버섯[향심(香蕈)] 전복[복(鰒)] 해삼(海參) 홍합(紅蛤) 문어(文魚) 대구[대구어(大口魚)] 굴[석화(石花)] 은어[은구어(銀口魚)] 오징어[오적어(烏賊魚)] 전어(錢魚) 홍어(洪魚) 낙지[낙제(絡蹄)] 게[해(蟹)] 농어[노어(鱸魚)] 숭어[수어(秀魚)] 조기[석수어(石首魚)] 대합[합蛤] 청어(靑魚) 상어[사어(鯊魚)] 진어(眞魚) 등이 있다. 〈어물(魚物)은 연해의 여러 읍과 대동소이하다〉 고령토[백토(白土)]가 나온다.

『장시』(場市)

읍내장(邑內場)은 5일, 10일이다. 신교장(辰橋場)은 7일, 17일, 27일 한 달에 3회이다.〈하동(河東)을 보라〉

『전고』(典故)

조선(朝鮮) 선조(宣祖) 25년(1592) 왜군이 곤양(昆陽)을 함락시켰다. 선조 30년(1597) 8월에 왜장 의홍(義弘) 등이 병선을 곤양(昆陽)에 정박시키고 육지를 수색하니 관가와 백성들이 모두 분탕(焚蕩)되었다.

17. 남해현(南海縣)

『연혁』(沿革)

본래는 해도(海島)라고 하였는데, 신라의 전야산(轉也山)〈일명 전이산(轉伊山)이라고도 한다〉이다. 신문왕(神文王) 10년(690)에 군(郡)을 두었다. 경덕왕(景德王) 16년(757)에 남해군(南海郡)이라고 고치고〈영현(領縣)이 둘이니 난포현(蘭浦縣)와 평산현(平山縣)이다〉 강주(康州)에 예속시켰다. 고려 현종(顯宗) 9년(1018)에 현령(縣令)으로 고쳤다.〈속현(屬縣)은 위와 같다〉 공민왕(恭愍王) 7년(1358)에 왜구로 인하여 땅과 백성을 잃어 진주(晋州)의 대야천부곡(大也川部曲)〈진주에서 40리 거리에 있다〉에 부쳤다. 조선(朝鮮) 태종(太宗) 때 하동(河東)에 합쳐서 하남군(河南郡)이라고 하였다가 후에 다시 분리하였고 진주(晋州)의 금양부곡(金陽部曲)을 이양 받아 해양(海陽)이라고 하였다. 오래지 않아 금양부곡을 진주에 환속시키고 다시 남해(南海)라고 칭하였다. 세종(世宗) 원년(1419)에 곤명현(昆明縣)과 합쳐서 곤남현(昆南縣)이라고 하였다가, 19년(1437)에 다시 분리하여 남해현령(南海縣令)으로 하였다. 연산군(燕山君) 5년(1499)에 강등하여 현감(縣監)으로 하였다가〈고을 사람들이 구례(求禮) 사람 배인목(裵仁目)과 함께 모반에 참여하였기 때문인 것 같다〉 중종(中宗) 2년(1507)에 다시 현령(縣令)으로 승격하였다.

「읍호」(邑號)

전산(轉山) 화전(花田) 윤산(輪山)

「관원」(官員)

현령(縣令)〈진주진관병마절제도위(晋州鎭管兵馬節制都尉)를 겸한다〉 1원이 있다.

『고읍』(古邑)

난포현(蘭浦縣)〈본도(本島) 가운데에 있다. 읍치에서 동쪽으로 21리에 있다. 본래 신라의 내포(內浦)였다. 경덕왕(景德王) 16년(757)에 난포(蘭浦)로 고치고 남해군(南海郡)의 영현(領縣)으로 삼았다. 고려 현종(顯宗) 때 그대로 남해군에 소속시켰다〉

평산현(平山縣)〈본도 가운데에 있다. 읍치에서 남쪽으로 25리에 있다. 본래 신라의 평서산현(平西山縣)이며 일명 서평현(西平縣)이라고도 하였다. 경덕왕(景德王) 16년(757)에 평산현으로 고치고 남해군(南海郡)의 영현(領縣)으로 삼았다. 고려 현종(顯宗) 때 그대로 남해군에 소속시켰다〉

『방면』(坊面)

현내면(縣內面)〈4방이 5리이다〉

이동면(二東面)〈읍치로부터 동쪽으로 10리에서 시작하여 40리에서 끝난다〉

삼동면(三東面)〈읍치로부터 동쪽으로 45리에서 시작하여 90리에서 끝난다〉

남면(南面)〈읍치로부터 남쪽으로 25리에서 끝난다〉

서면(西面)〈읍치로부터 서쪽으로 20리에서 끝난다〉

고현면(古縣面)〈읍치로부터 북쪽으로 10리에서 시작하여 20리에서 끝난다〉

설천면(雪川面)〈읍치로부터 동쪽으로 15리에서 시작하여 25리에서 끝난다〉

○〈우산소(亏山所)가 있다〉

『산수』(山水)

망운산(望云山)〈읍치에서 서쪽으로 2리에 있다〉

금산(錦山)〈읍치에서 동남쪽으로 25리에 있다. 골짜기와 바위가 절경을 이루고 있다. 구정봉(九井峯) 대장봉(大藏峯) 향노봉(香爐峯) 지장봉(地藏峯) 의상대(義相臺) 췌암대(萃巖臺) 금수굴(金水窟) 음성굴(音聲窟) 구룡굴(九龍窟) 관음굴(觀音窟) 등이 있다. ○구정봉에 올라 남쪽으로 대양을 바라보면 드넓은 바다 가운데 문과 같이 생긴 바위가 있는데, 마치 무지개와 같고 배들이 그 가운데로 다닌다. 바위 앞에 작은 바위섬들이 화살처럼 솟아 있고 봉우리 위에는 상도솔암(上兜率庵) 중도솔암(中兜率庵) 보리암(菩提庵) 생선대(生禪臺) 등이 있는데 모두가 절경이다. 또 용문사(龍門寺) 의상암(義相庵) 망해암(望海庵) 등이 있는데 모두가 절경

이다〉

소흘산(所屹山)〈읍치에서 남쪽으로 30에 있다〉

원산(猿山)〈읍치에서 남쪽으로 6리에 있다〉

녹두산(鹿頭山)〈읍치에서 북쪽으로 23리에 있다. 서쪽에 삼봉(三峯)이 있다〉

【송전(松田)이 3곳 있다】

○바다〈동서남북이 모두 바다이다〉

관음포(觀音浦)〈읍치에서 북쪽으로 20리에 있다〉

대포(大浦)〈읍치에서 북쪽으로 50리에 있다〉

파천포(巴川浦)〈읍치에서 북쪽으로 5리에 있다〉

거산포(車山浦)〈읍치에서 동서쪽으로 6리에 있다〉

두음포(豆音浦)〈읍치에서 동쪽으로 15리에 있다〉

염전포(鹽田浦)〈읍치에서 서쪽으로 30리에 있다〉

호을포(湖乙浦)〈읍치에서 남쪽으로 15리에 있다〉

모향포(毛香浦)〈읍치에서 북쪽으로 25리에 있다〉

갈곶포(乫串浦)〈읍치에서 북쪽으로 30리에 있다〉

동천곶(凍川串)〈읍치에서 동쪽으로 30리에 있다〉

「도서」(島嶼)

소도(蘇島) 〈읍치에서 동쪽으로 6리에 있다. 섬 전체에 가득 찬 것이 모두 동백(冬柏)이다〉

조도(鳥島)〈읍치에서 동남쪽으로 60리에 있다〉

갈도(葛島)〈읍치에서 동남쪽으로 70리에 있다〉

노도(櫓島)〈읍치에서 동남쪽으로 25리에 있다〉

우모도(牛毛島)〈읍치에서 북쪽에 있다〉

마도(麻島)

죽도(竹島)〈읍치에서 서남쪽에 있다〉

장도(長島)

녹도(鹿島)〈읍치에서 동쪽에 있다〉

석도(石島)

죽도(竹島)

사도(沙島)

조도(槽島)

정도(鼎島)〈읍치에서 남쪽에 있다〉

호도(虎島)〈읍치에서 동남쪽에 있다〉

【비자도(榧子島)가 있다】

『성지』(城池)

읍성(邑城)〈둘레가 2,876척이다. 옹성(甕城)은 18개이고 우물이 1곳, 샘이 5곳이 있다. 세조(世祖) 5년(1459)에 축성하였다〉

고현성(古縣城)〈읍치에서 북쪽으로 17리에 있다. 둘레가 1,740척이다〉

관당고성(官堂古城)〈읍치에서 북쪽으로 17리에 있다. 둘레가 720척이다〉

『진보』(鎭堡)

미조항진(彌助項鎭)〈읍치에서 동남쪽으로 87리에 있다. 성종(成宗) 17년(1486)에 진지를 설치하였다. 후에 왜군에게 함락되어 그대로 폐지하였다가 중종(中宗) 17년(1522)에 다시 설치하였다. 성의 둘레가 2,146척이다. ○수군첨절제사(水軍僉節制使) 1원을 두었다〉

【창고가 하나 있다】

평산포진(平山浦鎭)〈옛 평산현(平山縣) 읍치에 있다. 처음에는 가석(加石)에 설치하였으나 후에 옛 읍치 자리에 다시 설치하였다. 성의 둘레가 2,146척이다. ○수군만호(水軍萬戶) 1원을 두었다〉

【창고가 하나 있다】

「혁폐」(革廢)

미조항(彌助項) 옛 진(鎭)〈현재 진의 서쪽 12리에 있었다. 둘레가 835척이다〉

상주포(尙州浦) 옛 진(鎭)〈읍치 동남쪽 45리에 있다. 중종(中宗) 17년(1522)에 성현보(城峴堡)를 이 자리에 옮기고 권관(權管)을 두었다. 성의 둘레는 985척이다. 영조 27년(1751)에 폐지하였다〉

곡포(曲浦) 옛 보(堡)〈읍치 동쪽 20리 옛 난포현(蘭浦縣) 읍치에 있다. 중종(中宗) 17년(1522)에 우현보(牛峴堡)를 이 자리에 옮기고 권관(權管)을 두었다. 성의 둘레는 961척이다.

영조 27년(1751)에 폐지하였다〉

성현(城峴) 옛 보(堡)〈읍치에서 남쪽으로 20리에 있다. 성종(成宗) 19년(1488)에 권관(權管)을 두었다. 성의 둘레는 760척이다. 중종(中宗) 때 상주포(尙州浦)로 옮겼다〉

우현(牛峴) 옛 보(堡)〈읍치에서 남쪽으로 25리에 있다. 권관(權管)을 두었고, 성의 둘레는 930척이다. 중종(中宗) 때 곡포(曲浦)로 옮겼다〉

『창고』

읍창(邑倉)

외창(外倉)〈읍치에서 동남쪽으로 30리에 있다〉

조창(漕倉)〈노량(露梁)에 있다〉

『봉수』(烽燧)

금산(錦山) 봉수〈위 첫머리를 보라〉

소흘산(所屹山) 봉수〈위를 보라〉

원산(猿山) 봉수〈위를 보라〉

영상별망(嶺上別望) 봉수〈미조항(彌助項)에 있다〉

『역참』(驛站)

덕신역(德新驛)〈읍치에서 북쪽으로 35리에 있다〉

『목장』(牧場)

금산곶(錦山串) 목장

동천곶(凍川串) 목장

『진도』(津渡)

노량진(露梁津)〈읍치에서 북쪽으로 38리에 있다. 하동(河東)과 곤양(昆陽)으로 통한다〉

『토산』(土産)

대[죽(竹)] 닥나무[저(楮)] 옻[칠(漆)] 유자[유(柚)] 석류[유(榴)] 치자[치(梔)] 비자[비(榧)] 애끼찌[궁간(弓幹)] 뽕[상(桑)] 송이버섯[송심(松蕈)] 표고버섯[향심(香蕈)] 미역[곽(藿)] 김[해의(海衣)] 등 어물(魚物) 16종이 있다.

『장시』(場市)

읍내장(邑內場)은 4일, 9일이다.

『사원』(祠院)

충렬사(忠烈祠)〈인조(仁祖) 계유년(1633)에 창건하고 현종(顯宗) 계묘년(1663)에 사액(賜額)하였다〉 이순신(李舜臣)을 제사한다.〈아산(牙山)을 보라. ○사당 앞에 승첩비(勝捷碑)를 세웠다〉

『전고』(典故)

고려(高麗) 원종(元宗) 12년(1271)에 삼별초(三別抄)의 적장(賊將) 유존혁(劉存奕)이 남해현(南海縣)에 근거를 두고 연해 지역을 약탈하였다. 그 적당들이 제주도로 들어갔다는 말을 듣고 그 역시 80여 척의 선박을 가지고 따라 갔다. 고려 공민왕(恭愍王) 즉위년(1352)에 왜구(倭寇)가 남해(南海)를 노략질하였다. 같은 왕 10년(1361)에 왜구가 남해를 불태웠다. 고려 우왕(禑王) 8년(1382)에 해도원수(海道元帥) 정지(鄭地)가 전선 47척을 인솔하여 나주(羅州)와 목포(木浦)에 주둔하였다. 적선 120척이 대거 경상도 연해 고을에 도착하여 크게 진동하였다. 합포원수(合浦元帥) 유만수(柳曼殊)가 급보를 올리자 정지는 밤낮으로 행진을 독려하였다. 그가 섬진강(蟾津江)에 도착하여 합포(合浦)의 군졸들을 모았는데, 적군은 이미 남해(南海)의 관음포(觀音浦)에 도착해 있었다. 그 기세가 매우 치열하고 사방을 포위하여 진격하니 정지도 진격을 독려하여 박두양(朴頭洋)〈박두양은 고성(固城)의 남쪽 바다로 상박도(上樸島)와 하박도(下樸島)가 있다〉에 이르렀다. 적군은 대선(大船) 수십 척과 강인한 군사 140인을 선봉으로 삼아 쳐들어 왔다. 정지도 진격하여 그들을 대패시키니 적선 17척을 불태우고 시체가 바다를 덮고 떠 있었다. 병마사(兵馬使) 윤송(尹松)은 화살에 맞아 전사하였다.

○조선(朝鮮) 선조(宣祖) 25년(1592)에 왜군이 대거 쳐들어오자 경상우수사(慶尙右水使)

원균(元均)은 형세가 당할 수 없음을 알고 전함과 무기들을 모두 침몰시키고 수군 1만여 명을 모두 흩어버리고 홀로 옥포만호(玉浦萬戶) 이운룡(李云龍)과 영등포만호(永登浦萬戶) 우치적(禹致績)과 함께 남해현(南海縣) 앞에 정박하고 있으면서 육로를 찾아 피신하려고 하였다. 이운룡이 대항하여 말하기를, "이 곳은 전라도와 충청도의 목구멍이 되는 곳이니, 만약 지키지 못한다면 호서와 호남이 위태롭게 됩니다. 전라도 수군의 원조를 청하는 것이 좋겠습니다"라고 하였다. 원균이 그의 계책을 따라 율포만호(栗浦萬戶) 이영남(李英男)을 보내어 원조를 청하였다. 전라좌수사(全羅左水使) 이순신(李舜臣)은 그 때 마침 여러 포구의 수군을 앞 바다에 집합시켜 적군을 맞아 싸우기를 기다리고 있었다. 드디어 녹도만호(鹿島萬戶) 정운(鄭運), 군관(軍官) 송희립(宋希立) 언양현감(彥陽縣監) 어영담(魚泳潭)을 수로의 선봉으로 삼아 진격하여 거제(巨濟) 앞 바다에서 원균을 만나 합쳤다. 옥포(玉浦)에 이르자 지나가는 왜선 30척을 만나 진격하여 대파하였다. 나머지 적들이 육지로 올라가 달아나자, 적선들을 모두 불태우고 돌아왔다. 다시 노량진(露梁津)에서 싸워 적선 13척을 불태우니 적군은 모두 익사하였다. 이순신은 일찍이 거북선[龜船]을 만들었는데 이것으로써 매번 승리하게 되었던 것이다. 선조 30년(1597)에 왜적이 대거 침입해 들어오자 통제사(統制使) 원균(元均)은 적군을 막다가 힘이 다해 패하여 전사하였다. 적군은 승승장구하여 남해(南海)와 순천(順天)을 차례로 함락시키고 두지진(豆至津)에 도착하여 육지로 올라가 진격하게 되니 호남과 호서 지방이 크게 진동하였다. 선조 31년(1598) 9월에 사천(泗川)에 주둔하고 있던 왜장 의홍(義弘)과 남해에 주둔하고 있던 왜장 조신(調信) 등이 수백 척의 배를 이끌고 밤을 타고 행장(行長)의 본진을 도우러 갔다.〈이때 행장(行長)은 순천(順天)의 왜교(倭橋)에 주둔하고 있었다. 「명사(明史)」에서는 예교(曳橋)라 하였다〉 진린(陳璘)과 이순신은 모든 전선을 동원하여 좌·우 합동군을 형성하였다. 아군은 남해의 관음포(觀音浦)에 주둔하고 명군(明軍)은 곤양(昆陽)의 죽도양(竹島洋)에 진을 치고 있었다. 한 밤중이 되자 왜군은 광양(光陽)의 운합(云合)에서 왜교(倭橋)로 직향하고 있었는데, 조선과 명의 수군이 협공하여 적선 50여 척을 파괴하고 적군 200여 명을 죽였다. 적군이 물러나 관음포에 들어가자 이순신이 먼저 올라가 추격하였는데 적의 저격병이 선미(船尾)에 숨어 있다가 탄환을 쏘아 쏘았다. 이순신은 탄환을 맞자 아들 이회(李薈)에게 명하여 이를 비밀에 부치고 곡하지 못하게 하였다. 이회가 명에 따라 손으로 직접 북을 쳐서 적군 900여 명을 죽였고 물에 익사한 자들도 매우 많았으며 도망한 자들은 겨우 50여 명에 지나지 않았다. 행장(行長) 등은 몰래 묘도(貓島)의 서량(西梁)으로부터 도망하였다. 남해의 왜적은 육지를 경유하여 미조항(彌助項)에 들어갔다. 왜장 의지(義智)가 배를 모아 그들을 싣고 갔다. 유정(劉綎)이 왜교(倭橋)의 전투 포연을 보고 진격하였으나 적진은 이미 텅비어 있었다. 진린(陳璘)은 모든 군사를 이끌고 남해로 들어갔다. 군량미 1만여 석을 노획하였다.

○『통감집람(通鑑輯覽)』에는 이렇게 기록하였다. "만력(萬曆) 26년(1598) 겨울11월 초에 관군(官軍)이 길을 나누어 왜군을 치다가 전세가 불리하여 강화를 하게 되었는데, 수길(秀吉)이 죽자 여러 왜장들이 모두 귀국하려는 마음을 가지고 있었다. 그 사령관이었던 청정(清正)이 배를 타고 먼저 돌아갔다. 총병관(總兵官) 마귀(麻貴)가 드디어 도산(島山)의 서포(西浦)에 들어가고 도독 진린(陳璘)은 부장(副將) 등자룡(鄧子龍)을 보내어 수군 1천명과 삼신함(三臣艦)을 선봉으로 삼아 독려하여 적군을 남해에서 맞아 싸우다가 전사하였다.〈그때 등자룡은 나이가 70을 넘었으나 의기가 충만하여 급히 장사 300명을 이끌고 조선 전선에 올라가 앞으로 진격하면서 용감히 싸우며 적을 죽이고 찌르니 다른 수군이 비할 데가 없었다. 화기(火器)를 주워 등자룡의 배에 실었는데, 배 안에서 불이 나자 적군이 승세를 타고 싸워 등자룡은 전사하였다〉 진잠(陳蠶)과 이금(李金) 등의 군사가 도착하여 요격하자 왜군은 전의를 잃었고 관군은 적선을 불태웠다. 적군은 대패하고 탈출하여 언덕으로 올라 간 자들도 육군의 공격을 받아 섬멸되거나 익사한 자가 수만 명이 되었다.

18. 사천현(泗川縣)

『연혁』(沿革)

본래 신라(新羅)의 사물현(史勿縣)이다. 〈일명 사물국(史勿國)이라고도 하는데 이는 연안 포구에 있는 8개국 중의 하나이다〉 신라 경덕왕(景德王) 16년(757)에 사수현(泗水縣)이라고 고치고 고성군(固城郡)의 영현(領縣)으로 삼았다. 고려 태조(太祖) 23년(940)에 사수현(泗水縣)으로 고쳤다. 고려 현종(顯宗) 9년(1018)에 진주(晋州)에 소속시켰다. 고려 명종(明宗) 2년(1172)에 감무(監務)를 두었다. 조선(朝鮮) 태종(太宗) 13년(1413)에 사천현감(泗川縣監)으로 개칭하였다. 세종(世宗) 때 진(鎭)을 두고 병마사(兵馬使)가 판현사(判縣事)를 겸직하게 하였다. 뒤에 병마첨절제사(兵馬僉節制使)로 개칭하였다. 후에 현감(縣監)으로 고쳤다.

「읍호」(邑號)

동성(東城)

「관원」(官員)

현감(縣監)〈진주진관병마절제도위(晋州鎭管兵馬節制都尉)를 겸한다〉 1원을 두었다.

『방면』(坊面)

상주내면(上州內面)〈읍치로부터 5리에서 끝난다〉

동면(東面)〈읍치로부터 동쪽으로 5리에서 시작하여 25리에서 끝난다〉

근면(近面)〈위와 같다〉

중남면(中南面)〈읍치로부터 남쪽으로 7리에서 시작하여 30리에서 끝난다〉

하남면(下南面)〈읍치로부터 남쪽으로 15리에서 시작하여 25리에서 끝난다〉

상서면(上西面)〈읍치로부터 서쪽으로 5리에서 시작하여 30리에서 끝난다〉

하서면(下西面)〈읍치로부터 서쪽으로 5리에서 끝난다〉

북면(北面)〈읍치로부터 북쪽으로 5리에서 시작하여 12리에서 끝난다〉

삼천면(三千面)〈읍치로부터 남쪽으로 35리에서 시작하여 50리에서 끝난다. 고성(固城)의 서쪽 경계에 넘어가 있다. 진주(晋州)의 말문면(末文面)은 본면의 남쪽 경계에 넘어와 있다〉

○〈관해곡소(觀海谷所)는 읍치로부터 북쪽으로 10리에 있다〉

『산수』(山水)

두음벌산(豆音伐山)〈읍치에서 동쪽으로 6리에 있다〉

귀룡산(歸龍山)〈읍치에서 남쪽으로 10리에 있다〉

와룡산(臥龍山)〈읍치에서 남쪽으로 30리 진주와 고성 경계에 있다. ○고려 성종(成宗) 11년(1480)에 태조(太祖)의 제8 왕자인 왕욱(王郁)을 사수현(泗水縣)으로 유배하였는데, 고려 현종(顯宗)이 즉위한 후에 그 아버지 왕욱을 추존하여 안종(安宗)으로 모시고 능화봉(陵華峯) 아래에 장례하였는데, 지금 능화리(陵華里)라고 부르는 곳이다. 같은 왕 8년(1017)에 재관(梓官)을 송도(松都)로 이장하고 건릉(乾陵)이라고 하였다. 현종이 일찍이 와룡산의 배방사(排房寺)에 거주하였다〉

팔음산(八音山)〈읍치에서 동북쪽으로 15리에 있다〉

천금산(千金山)〈읍치에서 동북쪽으로 18리 진주 경계에 있다〉

소거산(所居山)〈읍치에서 서쪽으로 19리 곤양 경계에 있다〉

옥산(玉山)〈읍치에서 동쪽으로 10리에 있다〉

이산(尼山)〈읍치에서 남쪽으로 10리에 있다〉

【송전(松田) 13곳이 있다】

「영로」(嶺路)

울도치(鬱道峙)〈동남쪽 길에 있다〉

부용치(芙蓉峙)〈위와 같다〉

○바다〈읍치에서 서쪽으로 6리 남쪽으로 30리에 있다〉

사수(泗水)〈근원은 고성(固城)의 무량산(無量山)에서 나와 서쪽으로 흐르다가 읍치 남쪽 4리를 지나 진주(晋州)의 강주포(江洲浦)로 들어갔다가 바다 입구로 들어간다〉

통양포(通陽浦)〈읍치에서 남쪽으로 20리에 있다. 근원은 고성 경계에서 나와 서쪽으로 흘러 바다 입구로 들어간다〉

병풍지(屛風池)〈읍내에 있다〉

대관대(大觀臺)〈읍치 서쪽 해변에 있다〉

【제언(堤堰) 3곳이 있다】

「도서」(島嶼)

구량도(仇良島)〈일명 늑도(勒島)라고도 한다〉

심수도(深水島)

초도(草島)

저도(楮島)〈남해 바다에 있다〉

『성지』(城池)

읍성(邑城)〈둘레가 5,015척이다. 옹성(瓮城) 3개, 우물 4개, 연못 2개가 있다〉

고성(古城)〈읍치 남쪽 5리 성황산(城隍山)이라고 하는 곳에 있다. 성의 둘레가 1,941척이다. 샘이 하나, 연못이 둘 있다〉

『진보』(鎭堡)

「혁폐」(革廢)

삼천포보(三千浦堡)〈읍치에서 남쪽으로 20리에 있다. 진주(晋州)로부터 통양포(通陽浦)로 옮겨왔다. 조선 성종(成宗) 19년(1488)에 축성하고 권관(權管)을 두었다. 후에 고성현(固城縣)으로 옮겼다. ○선조(宣祖) 정유년(1597)에 왜장 석만자(石曼子)가 여기에 주둔하였으므로, 울산(蔚山)의 도산(島山)과 순천(順天)의 왜교(倭橋)와 함께 왜적의 3대 소굴이라고 칭하였다. ○이 성은 지금 왜증성(倭甑城)이라고 부른다〉

『봉수』(烽燧)

안점(鞍岾)〈읍치에서 남쪽으로 15리에 있다〉

『창고』(倉庫)

읍창(邑倉)

병창(兵倉)〈중남면(中南面)에 있다〉

남창(南倉)〈하남면(下南面)에 있다〉

제민창(濟民倉)

통양창(通陽倉)〈고려 12조창의 하나이다. ○창고의 성은 읍치 남쪽 17리에 있다. 토축으로 쌓았으며 둘레는 3,086척이다. 선조(宣祖) 정유년(1597)에 왜장 석만자(石曼子)가 또한 여기에 주둔하였다〉

『역참』(驛站)

동계역(東溪驛)〈읍치에서 남쪽으로 2리에 있다〉

관율역(官栗驛)〈읍치에서 북쪽으로 17리에 있다〉

『토산』(土産)

대[죽(竹)] 감[시(柹)] 석류[유(榴)] 유자[유(柚)] 매실[매(梅)] 미역[곽(藿)] 표고버섯[향심(香蕈)] 벌꿀[봉밀(蜂蜜)] 외 어물(魚物) 15종이 있다.〈곤양(昆陽)과 같다〉

『장시』(場市)

읍내장(邑內場)은 5일, 10일이다. 팔장기장(八場基場) 8일, 18일, 28일 한 달에 3회이다. 신장(新場)은 3일, 13일, 23일 한 달에 3회이다.

『누정』(樓亭)

영화루(永和樓)

제경루(齊景樓)

침오루(枕鰲樓)〈모두 읍내에 있다〉

비우당(備虞堂)〈읍치 남쪽 20리에 있다. 배가 정박한다〉

『사원』(祠院)

구계서원(龜溪書院)〈광해군(光海君) 신해년(1611)에 창건하고 숙종(肅宗) 병진년(1676)에 사액(賜額)하였다〉 이황(李滉)〈문묘(文廟)를 보라〉 이정(李禎)〈자는 강이(剛而), 호는 구암(龜岩)이고 본관은 사천(泗川)이며 벼슬은 부제학(副提學)에 올랐다〉 김덕성(金德誠)〈자는 경화(景和) 호는 성옹(醒翁) 본관은 상산(商山)이다. 벼슬은 대사헌(大司憲)이며 이조판서(吏曹判書)에 증직되었고 시호는 충정(忠貞)이다〉을 제사한다.

『전고』(典故)

신라 눌지왕(訥祗王) 25년(441)에 사물현(史勿縣)에서 꼬리가 긴 흰 꿩을 바쳤다. 고려 공민왕(恭愍王) 7년(1358)에 왜구(倭寇)가 각산(角山)을 노략질하여 배를 불태우고 300여 명을 죽였다. 같은 왕 9년(1360)에 왜구(倭寇)가 사주(泗州) 각산을 노략질하였다. 같은 왕 10년(1361) 13년(1364)에 왜구가 사주를 노략질하였다. 고려 우왕(禑王) 4년(1378)에 왜구가 또 진주(晋州)를 노략질 하였다. 배극렴(裵克廉) 등이 사주로 진격하여 적군 20여 명을 베었다. 같은 왕 5년(1379)에 상원수(上元帥) 우인열(禹仁烈)이 배극렴 등과 함께 사주(泗州)에서 왜구를 쳐서 대파하고 140여 명을 죽였다.

○조선(朝鮮) 선조(宣祖) 25년(1592)에 왜적이 사천(泗川)을 함락시켰다. 같은 왕 30년(1597) 8월에 왜적이 사천을 도륙하였다. 의홍(義弘)과 석만자(石曼子)가 머물러 주둔하였다. 같은 왕 31년(1598) 7월에 형개(邢玠)와 만세덕(萬世德)이 군사를 4로로 나누어 마귀(麻貴)

양등산(楊登山) 설호신(薛虎臣) 등 11명의 장수가 군사 24,000명을 거느리고 동로(東路)를 담당하였고, 동일원(董一元) 이여매(李如梅) 등 7인은 군사 13,000명을 거느리고 중로(中路)를 담당하였고, 유정(劉綎) 이춘방(李春芳) 등 7인은 군사 13,600명을 거느리고 서로(西路)를 담당하였다. 진린(陳璘) 허국위(許國威) 등 9인은 수군(水軍) 13,200명을 거느리고 해전(海戰)을 담당하였다. 전군이 도합 142,700명이었다. 충청도와 전라도는 서로에 속하였고, 경기도 황해도 경상우도는 중로에 속하였고, 평안도 강원도 경상좌도는 동로에 속하였다. 황해도와 평안도의 수군은 해전에 속하였다. 4로의 군사가 진격하여 9월에 도산(島山) 왜교(倭橋) 사천(泗川) 3곳에 주둔하던 왜적을 일제히 공격하였다. 동일원(董一元)은 진주에서부터 먼저 사천의 왜적을 치니 왜적이 군세를 보고 도망쳐서 대진으로 들어갔다. 동일원은 군사를 풀어 추격하여 적병들을 죽였다. 이어 법질도(法叱島)를 포위하고 연일 공격하자 왜군이 거짓으로 패한 체하고 성으로 들어가니 명나라 군사들이 따라 들어갔다. 의홍(義弘)이 군사를 풀어 역습하니 시체가 산과 같이 쌓였다. 조금 있다가 불이 일어나 군졸이 타 죽으니 동일원은 겨우 혼자 삼가(三嘉)로 도망하자 적이 진주로 추격하여 남강의 군량미 12,000석을 모두 빼앗아 갔다. 동일원은 군사를 거두어 거창(居昌)에 주둔하였으나 또 군량미 8,000석을 잃었다.

19. 삼가현(三嘉縣)

『연혁』(沿革)

본래 신라 가주화현(加主火縣)이다. 경덕왕(景德王) 16년(757)에 가수현(嘉樹縣)으로 고치고 강주(康州)의 영현(領縣)으로 삼았다. 고려 현종(顯宗) 9년(1018)에 합천(陜川)에 합쳤다. 조선(朝鮮) 태종(太宗) 때 삼기(三岐)를 여기에 이속시켜 합쳐서 삼가(三嘉)라 하고 감무(監務)를 두었다가, 13년(1413)에 현감(縣監)으로 고쳤다.

「읍호」(邑號)

봉성(鳳城)

「관원」(官員)

현감(縣監)〈진주진관병마절제도위(晋州鎭管兵馬節制都尉)를 겸한다〉 1원이 있다.

『고읍』(古邑)

삼기현(三岐縣)〈읍치에서 서북쪽으로 50리에 있다. 본래 신라의 삼지현(三支縣)이었는데 일명 마지현(麻枝縣)이라고도 하였다. 경덕왕(景德王) 16년(757)에 삼기현(三岐縣)이라고 고치고 강양군(江陽郡)의 영현(領縣)으로 하였다. 고려 현종(顯宗) 9년(1018)에 합주(陜州)에 예속시켰다. 고려 공민왕(恭愍王) 22년(1373)에 감무(監務)를 두었다. 조선(朝鮮) 태조(太祖) 때 승격하여 군(郡)으로 하였다가, 태종(太宗) 때 다시 현으로 강등시키고 얼마 후 가수(嘉樹)와 합쳤다. 옛 읍호(邑號)를 기산(岐山)이라고 하였다.

『방면』(坊面)

상곡면(上谷面)〈읍치로부터 동쪽으로 5리에서 시작하여 15리에서 끝난다〉

아곡면(阿谷面)〈읍치로부터 남쪽으로 5리에서 시작하여 10리에서 끝난다〉

문송면(文松面)〈읍치로부터 남쪽으로 15리에서 시작하여 25리에서 끝난다〉

백동면(柏桐面)〈읍치로부터 북쪽으로 10리에서 시작하여 20리에서 끝난다〉

가회면(佳會面)〈읍치로부터 북쪽으로 10리에서 시작하여 30리에서 끝난다〉

고현면(古縣面)〈읍치로부터 서북쪽으로 40리에서 시작하여 50리에서 끝난다〉

태평면(太平面)〈읍치로부터 서북쪽으로 30리에서 시작하여 40리에서 끝난다〉

병수면(幷水面)

모태면(毛台面)

계산면(界山面)〈모두 읍치로부터 서북쪽으로 60리에서 시작하여 70리에서 끝난다〉

지옥면(知玉面)〈읍치로부터 서북쪽으로 70리에서 시작하여 80리에서 끝난다〉

신지면(神旨面)〈읍치로부터 서북쪽으로 70리에서 시작하여 100리에서 끝난다. 이상 7개 면은 삼기(三岐縣) 옛 현(縣) 지역으로서 동북쪽으로 합천(陜川)과 접하고 서남쪽으로 산청(山淸)과 접하고 북쪽으로 거창(居昌)과 접하고 있다〉

○〈면현소(緜峴所)

토촌소(吐村所)〉

『산천』(山川)

비봉산(飛鳳山)〈읍치로부터 동쪽으로 2리에 있다〉

마장산(馬壯山)〈읍치로부터 북쪽으로 6리에 있다〉

도굴산(闍窟山)〈읍치로부터 동쪽으로 17리 의령 경계에 있다〉

황산(黃山)〈읍치로부터 서북쪽으로 50리에 있다. ○몽계사(夢溪寺)가 있다〉

감악산(紺岳山)〈읍치로부터 서북쪽으로 80리 거창 경계에 거창(居昌) 있다〉

호굴산(虎窟山)〈읍치로부터 서북쪽으로 40리에 있다〉

악견산(嶽堅山)〈읍치로부터 북쪽으로 40리 합천(陜川) 경계에 있다〉

「영로」(嶺路)

아두치(阿斗峙)〈읍치로부터 북쪽으로 25리에 있다〉

도두치(都豆峙)〈"두(豆)"는 어떤 데서는 "토(討)"로 쓰기도 하였다. 읍치로부터 남쪽으로 20리에 있다〉

대현(大峴)〈읍치로부터 동남쪽으로 20리 의령(宜寧) 경계에 있다〉

삼대치(三大峙)〈일명 삼다불치(三多佛峙)라고도 한다. 읍치로부터 서남쪽으로 15리에 있다〉

백현(白峴)〈읍치로부터 서쪽으로 13리 단성(丹城) 경계에 있다〉

율현(栗峴)〈읍치로부터 서북쪽으로 70리 거창(居昌) 경계에 있다〉

갈항(葛項)〈읍치로부터 서북쪽으로 13리에 있다〉

○수정천(水晶川)〈일명 심천(深川)이라고도 한다. 근원은 합천(陜川)의 화지현(花旨峴)에서 나와 남쪽으로 흐르다가 읍치의 동쪽을 지나 단성(丹城) 경계로 들어가 양천(梁川)이 된다〉

침연(砧淵)〈읍치로부터 서북쪽으로 50리에 있다. 합천(陜川) 부자연(父子淵)의 하류이다. 동쪽으로 흘러 둔덕탄(芚德灘)이 된다. 초계의 황둔강(黃芚江) 편에 자세히 기록되어 있다〉

율연(栗淵)〈읍치로부터 동쪽으로 2리에 있다〉

솔비포(乺非浦)〈읍치로부터 서북쪽으로 47리에 있다〉

도두지(都豆池)〈읍치로부터 남쪽으로 10리에 있다. 둘레가 200보이다〉

【제언(堤堰) 6곳이 있다】

『성지』(城池)

읍성(邑城)〈둘레가 3,259척이다. 우물이 2곳이 있다〉

악견산성(嶽堅山城)〈둘레가 2,208척이다. 성 가운데에 시내가 있다. 천험의 요새지이다〉

금성(金城)〈읍치로부터 서북쪽으로 50리에 있다. 삼기(三岐) 옛 읍성이다. 유허지가 있다〉

『봉수』(烽燧)

금성산(金城山) 봉수〈옛 성 안에 있다〉

『창고』(倉庫)

읍창(邑倉)

삼기창(三岐倉)〈옛 읍치에 있다〉

외창(外倉)〈읍치로부터 서북쪽으로 70리에 있다〉

『역참』(驛站)

유린역(有鄰驛)〈읍치로부터 동쪽으로 8리에 있다〉

『토산』(土産)

쇠[철(鐵)] 대[죽(竹)] 닥나무[저(楮)] 감[시(柿)] 오미자(五味子) 꿀벌[봉밀(蜂蜜)] 사향(麝香) 은어[은구어(銀口魚)] 쏘가리[궐어(鱖魚)]

『장시』(場市)

읍내장(邑內場)은 2일, 7일이다. 고현장(古縣場)은 4일, 9일이다.

『사원』(祠院)

용암서원(龍岩書院)〈선조(宣祖) 계묘년(1603)에 창건하고 광해군(光海君) 사유년에 사액(賜額)하였다〉 조식(曹植)〈진주(晋州)를 보라〉을 제사한다.

『전고』(典故)

신라 진덕여왕(眞德女王) 2년(648)에 김유신(金庾信)이 악성(嶽城)〈악견산성(嶽堅山城)이다〉 등 12개 성을 공격 함락시켜 2만여 명을 죽이고 9,000명을 포로로 잡았다.

○고려 우왕(禑王) 5년(1379) 9월에 왜구(倭寇)가 가수현(嘉樹縣)을 노략질하였다. 도순문사(都巡問使) 김광부(金光富)가 적과 싸우다가 패하여 죽었다. 〈율연(栗淵)은 김광부가 죽은 곳이다. 일명 유린서정(有鄰西亭)이라고 한다. 읍치에서 7리 거리에 있다〉

○조선(朝鮮) 선조(宣祖) 25년(1592)에 왜적이 삼가(三嘉)를 함락시켰다.

20. 의령현(宜寧縣)

『연혁』(沿革)

본래 신라의 장함현(獐含縣)이다. 경덕왕(景德王) 16년(757)에 의령(宜寧)으로 고치고 함안군(咸安郡)의 영현(領縣)으로 삼았다. 고려 현종 9년(1018)에 진주(晋州)에 예속시켰다. 고려 공양왕(恭讓王) 2년(1390)에 감무(監務)를 두었다. 조선(朝鮮) 태종(太宗) 13년(1413)에 현감(縣監)으로 고쳤다.

「읍호」(邑號)

의춘(宜春) 의산(宜山)

「관원」(官員)

현감(縣監)〈진주진관병마절제도위(晋州鎭管兵馬節制都尉)를 겸한다〉 1원을 두었다.

『고읍』(古邑)

신번현(新繁縣)〈읍치로부터 동북쪽으로 60리에 있다. 본래 신라의 신이현(新尒縣)인데 일명 주오촌(朱烏村)이라고도 하고 천천현(泉川縣)이라고도 한다. 경덕왕(景德王) 16년(757)에 의상현(宜桑縣)이라고 고치고 강양군(江陽郡)의 영현(領縣)으로 하였다. 고려 태조(太祖) 23년(940)에 신번현(新繁縣)으로 고쳤다. 고려 현종(顯宗) 9년(1018)에 합천(陜川)에 예속시켰다가 공양왕(恭讓王) 2년(1390)에 의령현으로 이속하였다〉

『방면』(坊面)

어화면(漁火面)〈읍치로부터 동쪽으로 5리에서 시작하여 20리에서 끝난다〉

풍덕면(豊德面)〈읍치로부터 동쪽으로 5리에서 시작하여 30리에서 끝난다〉

지산면(芝山面)〈읍치로부터 동북쪽으로 10리에서 시작하여 50리에서 끝난다〉

만천면(萬川面)〈읍치로부터 남쪽으로 5리에서 시작하여 10리에서 끝난다〉

가례면(嘉禮面)〈읍치로부터 서쪽으로 10리에서 시작하여 20리에서 끝난다〉

상정면(上井面)〈읍치로부터 서쪽으로 5리에서 시작하여 25리에서 끝난다〉

칠곡면(七谷面)〈읍치로부터 서쪽으로 10리에서 시작하여 30리에서 끝난다〉

모아면(毛兒面)〈읍치로부터 서쪽으로 5리에서 시작하여 35리에서 끝난다〉

유태면(由太面)〈읍치로부터 북쪽으로 3리에서 시작하여 15리에서 끝난다〉

화곡면(禾谷面)〈읍치로부터 북쪽으로 7리에서 시작하여 30리에서 끝난다〉

정곡면(定谷面)〈읍치로부터 북쪽으로 5리에서 시작하여 40리에서 끝난다〉

부산면(夫山面)〈읍치로부터 북쪽으로 10리에서 시작하여 55리에서 끝난다〉

지촌면(紙村面)〈읍치로부터 북쪽으로 3리에서 시작하여 50리에서 끝난다〉

정동면(正洞面)〈읍치로부터 동쪽으로 15리에서 시작하여 40리에서 끝난다〉

대곡면(大谷面)〈읍치로부터 서남쪽으로 7리에서 시작하여 35리에서 끝난다〉

보림면(寶林面)〈읍치로부터 동북쪽으로 5리에서 시작하여 50리에서 끝난다〉

낙서면(洛西面)〈읍치로부터 동북쪽으로 20리에서 시작하여 70리에서 끝난다〉

내요면(來要面)〈읍치로부터 서북쪽으로 10리에서 시작하여 50리에서 끝난다〉

○〈정골부곡(正骨部曲)은 읍치에서 동쪽으로 35리에 있다.

우물곡부곡(亐勿谷部曲)은 읍치에서 동쪽으로 10리에 있다.

장곡향(藏谷鄕) 신번(新繁)의 남쪽 15리에 있다.

지산향(砥山鄕)은 읍치에서 동쪽으로 60리에 있다.

부곡소(釜谷所)는 읍치에서 남쪽으로 15리에 있다.

저지소(楮旨所)는 신번(新繁)에 있다.

궁곡소(弓谷所)는 읍치에서 동쪽으로 15리에 있다.

동곡소(桐谷所)가 있다〉

『산수』(山水)

덕산(德山)〈읍치로부터 북쪽으로 2리에 있다〉

구룡산(龜龍山)〈읍치로부터 남쪽으로 2리에 있다〉

도굴산(闍窟山)〈읍치로부터 서북쪽으로 35리 삼가(三嘉) 경계에 있다. 백운대(白云臺)와 명경대(明鏡臺)가 있다. ○보리사(菩提寺)가 있다〉

미타산(彌陀山)〈읍치로부터 동북쪽으로 60리 초계(草溪) 경계에 있다. ○유학사(留鶴寺)

가 있다〉

벽화산(碧花山)〈읍치로부터 서쪽으로 25리에 있다〉

【송전(松田) 2곳이 있다. 제언(堤堰) 5곳이 있다】

「영로」(嶺路)

대현(大峴)〈읍치로부터 서북쪽으로 30리 삼가(三嘉)에 있다〉

고로치(孤老峙)〈읍치로부터 북쪽으로 60리에 있다〉

월나치(月羅峙)〈동쪽으로 가는 길에 있다〉

설매현(雪梅峴)〈읍치로부터 서남쪽으로 30리 진주(晋州)에 있다〉

장현(長峴)〈읍치로부터 동쪽으로 15리에 있다〉

홍도현(弘道峴)〈읍치로부터 북쪽으로 40리에 있다〉

화지현(花旨峴)〈읍치로부터 서북쪽으로 50리 합천(陜川) 경계에 있다〉

○낙동강(洛東江)〈읍치로부터 동쪽으로 12리에 있다〉

진강(晋江)〈읍치로부터 남쪽으로 10리에 있다〉

세간천(世干川)〈읍치로부터 동북쪽으로 50리, 옛 신번현(新繁縣) 읍치 남쪽 10리에 있다. 근원은 도굴산(闍窟山)에서 나와 동북쪽으로 흐르다가 낙동강(洛東江)으로 들어간다〉

검정천(黔丁川)〈읍치로부터 남쪽으로 2리에 있다. 근원은 도굴산(闍窟山)에서 나와 동쪽으로 흐르다가 진강(晋江)의 정암진(鼎岩津)으로 들어간다〉

우질포(亏叱浦)〈옛 신번현(新繁縣) 읍치 남쪽 12리에 있다. 세간천(世干川)이 낙동강(洛東江)으로 들어가는 곳이다〉

『성지』(城池)

읍성(邑城)〈선조(宣祖) 22년(1589)에 축조하였다. 둘레가 1,570척이다. 우물이 3곳이 있다〉

『봉수』(烽燧)

가막산(可莫山)〈읍치로부터 동쪽으로 36리에 있다〉

『창고』(倉庫)

읍창(邑倉)

신창(新倉)〈옛 신번현(新繁縣) 읍치에 있다〉

북창(北倉)〈읍치로부터 서북쪽으로 45리에 있다〉

『역참』(驛站)

신흥역(新興驛)〈읍치로부터 남쪽으로 15리에 있다〉

지남역(指南驛)〈읍치로부터 남쪽으로 15리에 있다〉

『진도』(津渡)

정암진(鼎岩津)〈읍치로부터 동남쪽으로 9리 함안(咸安) 경계 대로에 있다. 그 속에 세발 달린 솥과 같은 바위가 있다. 산 위에 누암(累岩)이 있다〉

박진(朴津)〈읍치로부터 동북쪽으로 50리에 있다. 창녕(昌寧) 편을 보라〉

척당진(尺堂津)〈진주(晋州)의 황류진(黃柳津) 하류이다〉

『토산』(土産)

대[죽(竹)] 닥나무[저(楮)] 뽕[상(桑)] 모시[저(苧)] 칠(漆) 감[시(柿)] 매실[매(梅] 석류[(榴)] 꿀벌[봉밀(蜂蜜)] 은어[은구어(銀口魚)] 붕어[즉어(鯽魚)]

『장시』(場市)

읍내장(邑內場)은 3일, 8일이다. 보림장(寶林場)은 4일, 9일이다.

『사원』(祠院)

덕곡서원(德谷書院)〈효종(孝宗) 병신년(1656)에 창건하고 현종(顯宗) 경자년(1660)에 사액(賜額)하였다〉 이황(李滉)〈문묘(文廟)를 보라〉을 제사한다.

『누정』(樓亭)

십완정(十翫亭)이 있다.

『전고』(典故)

조선(朝鮮) 선조(宣祖) 25년(1592) 4월에 왜적이 경상우도(慶尙右道)에 침입하자 그 장수 안국사(安國司)가 큰 소리를 치면서 호남(湖南)으로 향하였다. 현풍(玄風) 사람 곽재우(郭再祐)는 홍의장군(紅衣將軍)이라고 불리웠는데 의병(義兵)을 일으켜 1,000여 명이 정암진(鼎岩津)에서 주둔하였다.〈이곳은 최고의 요해처(要害處)로서 반드시 지켜야 하는 곳이다〉 곽재우는 낙동강 유역을 왕래하면서 동쪽으로 치고 서쪽으로 공격하면서 항상 함정을 설치하고 함안(咸安) 창녕(昌寧) 영산(靈山)에서 도강(渡江)하려는 적들에 대비하였다. 적진을 출입하면서 달리고 모이는 것이 나르는 군대와 같이 피해를 입지 않고 적에게 손상을 주었다가 바라보면 문득 철수하고 없었다. 이 때문에 군대의 사기가 크게 떨쳐 의령(宜寧) 삼가(三嘉) 합천(陜川) 등의 고을을 수복하였다. 6월에 왜선 18척이 쌍산역(雙山驛)〈현풍(玄風)에 있다〉에서부터 정암진(鼎岩津)에 이르렀는데 곽재우가 이를 막아 물리쳤다. 왜적이 영산(靈山) 창녕(昌寧)에서부터 낙동강 지류를 건너려 하자 곽재우가 달려가 막았다. 왜적이 의령(宜寧)에 들어오자 병사(兵使) 조대곤(曹大坤)이 도망가고 군졸들이 이미 흩어지니 이 때 영남(嶺南) 60여 읍이 모두 함락되었으나 오직 경상우도 6-7읍만이 겨우 병화(兵火)를 면하였다.

21. 안의현(安義縣)

『연혁』(沿革)

본래 신라의 마리현(馬利縣)이다. 경덕왕(景德王) 16년(757)에 이안현(利安縣)이라고 고치고 천령군(天嶺郡)의 영현(領縣)으로 하였다. 고려 현종(顯宗) 9년(1018)에 합주(陜州)에 예속시켰다. 공양왕(恭讓王) 2년(1390)에 감음현(感陰縣)을 여기에 이속시켰다. 조선 태종(太宗) 때 안음(安陰)으로 고치고〈두 고을의 이름을 따서 지은 것이다. 이안(利安)을 읍치로 삼았다〉 13년(1413)에 현감(縣監)으로 고쳤다. 영조 4년(1728)에 고을을 혁파하였다가 〈역적(逆賊) 정희량(鄭希亮)이 모반한 것 때문에 혁파한 것이다. 고을의 땅은 함양(咸陽)과 거창(居昌) 두 읍에 갈라 부쳤다〉 12년(1736)에 다시 설치하였고, 43년(1767)에 안의(安義)로 고쳤다.

「읍호」(邑號)

화림(花林)

「관원」(官員)

현감(縣監)〈진주진관병마절제도위(晋州鎭管兵馬節制都尉)를 겸한다〉 1원을 두었다.

『고읍』(古邑)

감음현(感陰縣)〈읍치에서 북쪽으로 35리에 있다. 본래 신라의 남내현(南內縣)이다. 경덕왕(景德王) 16년(757)에 여선현(余善縣)으로 고치고 거창군(居昌郡)의 영현(領縣)으로 하였다. 고려 태조(太祖) 23년(940)에 감음현(感陰縣)으로 고치고 현종(顯宗) 9년(1018)에 합주(陜州)에 예속시켰다. 고려 의종(毅宗) 15년(1161)에 무고옥(誣告獄)으로 인하여 부곡(部曲)으로 강등되었다가, 공양왕(恭讓王) 2년(1390)에 다시 감무(監務)를 설치하고 이안현(利安縣)과 병합하였다〉

『방면』(坊面)

현내면(縣內面)〈읍치로부터 5리에서 끝난다〉

황곡면(黃谷面)〈읍치로부터 동남쪽으로 20리에서 끝난다〉

초참면(草站面)〈읍치로부터 동쪽으로 20리에서 끝난다〉

대대면(大代面)〈위와 같다〉

지대면(知代面)〈읍치로부터 북쪽으로 20리에서 끝난다〉

남리면(南里面)〈읍치로부터 북쪽으로 30리에서 끝난다〉

고현면(古縣面)〈읍치로부터 북쪽으로 40리에서 끝난다〉

동리면(東里面)〈위와 같다〉

북상동면(北上洞面)〈읍치로부터 북쪽으로 60리에서 끝난다〉

북하동면(北下洞面)〈읍치로부터 북쪽으로 50리에서 끝난다〉

서상동면(西上洞面)〈읍치로부터 서북쪽으로 70리에서 끝난다〉

서하동면(西下洞面)〈읍치로부터 서쪽으로 40리에서 끝난다. 이상 6개면은 옛 감음현(感陰縣) 땅이다〉

가을산소(加乙山所)〈지금은 옥산면(玉山面)이라고 부른다. 읍치에서 서쪽으로 40리에 있다〉

『산수』(山水)

성산(城山)〈읍치로부터 서쪽으로 3리에 있다〉

기박산(旗泊山)〈일명 지우산(智雨山)이라고 한다. 읍치로부터 북쪽으로 20리에 있다. 장수사(長水寺)가 있는데, 절 앞에 폭포(瀑布)가 있고 그 아래에 용추(龍湫)가 있다〉

봉황봉(鳳凰峯)〈곧 덕유산(德裕山) 동쪽 갈래이다. 읍치로부터 서북쪽으로 70리에 있다〉

금원산(金猿山)〈읍치로부터 남쪽으로 15리에 있다. 그 아래에 학담(鶴潭)이 있다〉

장안산(長安山)〈읍치로부터 서북쪽으로 60리 장수(長水) 경계에 있다〉

영취산(靈鷲山)〈읍치로부터 서쪽으로 50리 남원(南原) 경계에 있다〉

백운산(白雲山)〈읍치로부터 서쪽으로 30리 함양(咸陽) 경계에 있다〉

덕유산(德裕山)〈읍치로부터 서북쪽으로 60리 무주(茂朱) 장수(長水) 경계에 있다. ○영각사(靈覺寺)가 있다〉

부전산(扶田山)〈장안산(長安山)의 남쪽에 있다〉

불영봉(佛影峯)〈덕유산(德裕山)의 남쪽 갈래이다〉

월봉산(月峯山)〈읍치로부터 북쪽으로 60리에 있다〉

화림동(花林洞)〈읍치로부터 서북쪽으로 30리에 있다〉

심진동(尋眞洞)〈읍치로부터 북쪽으로 20리에 있다〉

원학동(猿鶴洞)〈읍치로부터 북쪽으로 30리에 있다. 맑은 물과 흰 바위가 아래위로 50여리에 걸쳐 있다〉

수송대(愁送臺)〈읍치로부터 동북쪽으로 40리에 있다. 원학천(猿鶴川)이 있고 그 곁에 폭포(瀑布)가 있다〉

점풍대(點風臺)〈향교 남쪽 모퉁이에 있다. 심진천(尋眞川)과 화림천(花林川) 두 물이 점풍대 앞에서 합친다〉

【송전(松田)이 4곳이 있다】

「영로」(嶺路)

육십치(六十峙)〈읍치로부터 서북쪽으로 60리 장수(長水) 경계에 있다. 그윽하고 험한 요해처(要害處)이다〉

조령(鳥嶺)〈읍치로부터 동쪽으로 22리 거창(居昌) 경계에 있다〉

관술치(官述峙)〈위와 같다〉

천왕참(天王站)〈읍치로부터 서쪽으로 20리 함양(咸陽) 경계에 있다〉

망치(望峙)〈읍치로부터 북쪽으로 15리에 있다〉

월성현(月星峴)〈곧 월성산(月星山)이다. 읍치로부터 북쪽으로 10리에 있다〉

○심진천(尋眞川)〈근원은 월봉산(月峯山)에서 나와 남쪽으로 흐르다가 기박산(旗泊山)의 설옥암(屑玉岩)에 이르러 용추(龍湫)가 된다. 심진동(尋眞洞)에 이르러 꺾여서 남으로 흐르다가 함양(咸陽) 경계에 이르러 남계(濫溪)가 된다〉

화림천(花林川)〈근원은 덕유산(德裕山)의 봉황봉(鳳凰峯)에서 나와 남쪽으로 흐르다가 추천(湫川) 용유담(龍游潭)이 된다. 읍치 북쪽 삼리(三里)에 이르러 왼쪽으로 심진천(尋眞川)을 지나고 서남쪽으로 흐르다가 남계(濫溪)가 되니 곧 진강(晋江)의 근원이다. 읍치 서쪽 10여리 냇가에 농암(籠岩)이 있다〉

원학천(猿鶴川)〈근원은 덕유산(德裕山)의 불영봉(拂影峯)에서 나온다. 남쪽으로 흘러 구연(龜淵)과 위천(渭川)이 되고 수송대(愁送臺)에 이른다. 또 갈천(葛川)의 남쪽을 지나 금원산(金猿山)의 학담(鶴潭)이 되고 동쪽으로 흘러 거창(居昌)의 영천(瀯川)이 되니 이것이 곧 황둔강(黃屯江)의 근원이다〉

동천(東川)〈심진천(尋眞川)과 화림천(花林川)이 합쳐서 읍치 동쪽을 지나 남계(濫溪)의 상류가 된다〉

위천(渭川)〈읍치로부터 북쪽으로 50리에 있다. 원학천(猿鶴川)의 상류이다〉

갈천(葛川)〈읍치로부터 동북쪽으로 40리에 있다. 근원은 월성산(月星山)에서 나와 동쪽으로 흘러 원학천(猿鶴川)이 된다〉

【제언(堤堰)이 1곳 있다】

『성지』(城池)

고성(古城)〈읍치로부터 서쪽으로 3리에 있다. 성산(城山)이라고 하는데 옛 터가 남아 있다〉

황석산고성(黃石山古城)〈둘레가 2,924척이고 작은 시내가 있다. 읍치에서 서북쪽으로 15리 거리에 있다〉

『창고』(倉庫)

읍창(邑倉)

고현창(古縣倉)〈감음(感陰)에 있다〉

옥산창(玉山倉)〈읍치로부터 서쪽으로 40리에 있다〉

『역참』(驛站)

임수역(臨水驛)〈읍치로부터 동쪽으로 5리에 있다〉

『교량』(橋梁)

대교(大橋)〈동천(東川)에 있다〉

용문교(龍門橋)〈향교 앞에 있다〉

장풍교(長風橋)〈읍치로부터 북쪽으로 40리에 있다. 감음현(感陰縣) 하류에 있다〉

『토산』(土産)

대[죽(竹)] 감[시(柿)] 닥나무[저(楮)] 호도(胡桃) 석이버섯[석심(石蕈)] 오미자(五味子) 꿀벌[봉밀(蜂蜜)] 웅담(熊膽) 사향(麝香) 은어[은구어(銀口魚)]

『장시』(場市)

읍내장(邑內場)은 2일, 7일이다. 고현장(古縣場)은 5일, 10일이다. 도천장(道川場)은 3일, 8일이다.

『누정』(樓亭)

광풍루(光風樓)

화학루(花鶴樓)〈모두 읍내에 있다〉

『사원』(祠院)

용문서원(龍門書院)〈선조(宣祖) 계미년(1583)에 창건하고 현종(顯宗) 임인년(1662)에 사액(賜額)하였다〉 정여창(鄭汝昌)〈문묘(文廟)를 보라〉과 정온(鄭蘊)〈광주(廣州)를 보라〉을 제사한다.

○황암사(黃岩祠)〈숙종(肅宗) 을미년(1715)에 건립하고 정미년(1727)에 사액(賜額)하였

다〉 곽준(郭䞭)〈호는 재재(在齋) 본관은 현풍(玄風)이다. 벼슬은 안음현감(安陰縣監)을 지내고 이조판서(吏曹判書)에 증직되었다. 시호는 충렬(忠烈)이다〉 조종도(趙宗道)〈호는 대소헌(大笑軒)이고 본관은 함안(咸安)이다. 벼슬은 함양군수(咸陽郡守)를 지내고 이조판서(吏曹判書)에 증직되었다. 시호는 충의(忠毅)의다〉 정용(鄭庸)〈자는 자상(子常)이고 본관은 진주(晋州)이다. 임진왜란(壬辰倭亂) 때 문경(聞慶)의 임시 수령으로서 진주(晋州)에서 전사하였다〉 유명개(劉名蓋)〈자는 현보(顯普)이고 본관은 거창(居昌)이다. 정유재란(丁酉再亂) 때 거창(居昌)의 좌수(座首)로서 본읍(本邑)에서 순절하였다. 이상 2인은 숙종(肅宗) 을미년(1715)에 별도의 사당을 세워 제향하였다〉

『전고』(典故)

조선 선조(宣祖) 30년(1597)에 왜(倭)의 두목 평수길(平秀吉)이 금오(金吳)를 대장(大將)으로 삼아 20여 명의 장수와 50만의 군사를 이끌고 수로와 육로로 대거 침입하였다. 밀양(密陽) 진해(鎭海) 김해(金海) 거제(巨濟)의 대로가 화염에 휩싸이고 청정(淸正)의 군대가 함양(咸陽)에 이르렀다. 선봉 수천 명이 황석산성(黃石山城)에 이르자 조방장(助防將) 백사림(白士霖)이 성을 지키다가 무너져 달아나고 왜적이 성에 들어와 사람들을 닥치는 대로 죽였다. 함양군수(咸陽郡守) 조종도(趙宗道)와 안음현감(安陰縣監) 곽준(郭䞭)이 이때 죽었다. 〈처음에 체찰사(體察使) 이원익(李元翼)이 황석산성은 호남으로 들어가는 입구이므로 적군이 반드시 싸울 것으로 생각하여 3읍의 군사를 예속시켜 곽준(郭䞭)으로 하여금 지키게 하였는데 이 때 함락되었다〉 영조 4년(1728)에 영남(嶺南)의 역적 이웅보(李熊輔: 본명은 이웅좌(李熊佐)이며 이인좌(李麟佐)의 동생이다./약자주)와 정희량(鄭希亮) 등이 안음(安陰)에서 반란을 일으켜 옆의 고을들을 침략하고 청주의 반군(反軍: 이인좌(李麟佐)의 반군/역자 주)과 호응하였다. 이웅보의 군대는 우두현(牛頭峴)〈거창(居昌)에 있다〉에 진을 치고 정희량의 군대는 생초령(省草嶺)에 진을 치고 장차 전라도 무주(茂朱)로 이동하려고 하였다. 토벌 관군이 추풍령(秋風嶺)을 넘어 오니, 절제사(節制使) 박필건(朴弼健)이 즉시 군사를 일으켜 곧장 진격하여 먼저 우두현(牛頭峴)을 점령하였다. 우방장(右防將) 이보혁(李普赫)은 동쪽 길로 진격하고 곤양군수(昆陽郡守) 우하형(禹夏亨)은 남쪽 길로 진격하여 함께 나아가고 나머지 여러 군사는 4면에서 곧장 반란군을 추격하니, 일시에 궤멸되고 이웅보와 정희량 등을 사로잡으니 영남의 반란이 모두 평정되었다.

22. 산청현(山淸縣)

『연혁』(沿革)

본래 신라의 지품천현(知品川縣)이다.〈옛 지례현(知禮縣)과 같다〉 경덕왕(景德王) 16년(757)에 산음(山陰)이라고 고치고 궐성군(闕城郡)의 영현(領縣)으로 삼았다. 고려 현종(顯宗) 9년(1018) 에 합주(陜州)에 예속시켰다. 고려 공양왕(恭讓王) 2년(1390)에 감무(監務)를 두었다가, 조선 태종(太宗) 13년(1413)에 현감(縣監)으로 고쳤다. 영조 43년(1767)에 읍호를 산청(山淸)으로 고쳤다.〈민가(民家)의 여자 종단(從丹)이 7세에 아들을 낳았기 때문이다〉

「읍호」(邑號)

산양(山陽)

「관원」(官員)

현감(縣監)〈진주진관병마절제도위(晋州鎭管兵馬節制都尉)를 겸한다〉 1원을 두었다.〈옛 읍치는 현재 읍치의 북쪽 20리에 있다〉

『방면』(坊面)

현내면(縣內面)〈읍치로부터 5리에서 끝난다〉

월동면(月洞面)〈읍치로부터 북쪽으로 5리에서 시작하여 10리에서 끝난다〉

오곡면(梧谷面)〈읍치로부터 북쪽으로 15리에서 시작하여 20리에서 끝난다〉

고읍내면(古邑內面)〈읍치로부터 북쪽으로 20리에서 시작하여 25리에서 끝난다〉

생림면(生林面)〈위와 같다〉

부곡면(釜谷面)〈읍치로부터 북쪽으로 20리에서 시작하여 40리에서 끝난다〉

수다곡면(水多谷面)〈읍치로부터 동쪽으로 5리에서 시작하여 20리에서 끝난다〉

차현면(車峴面)〈읍치로부터 동북쪽으로 10리에서 시작하여 25리에서 끝난다〉

황산면(黃山面)〈읍치로부터 동북쪽으로 20리에서 시작하여 30리에서 끝난다〉

지곡면(智谷面)〈읍치로부터 남쪽으로 5리에서 시작하여 10리에서 끝난다〉

금석면(金石面)〈읍치로부터 서쪽으로 5리에서 시작하여 15리에서 끝난다〉

서촌면(西村面)〈읍치로부터 서쪽으로 15리에서 시작하여 20리에서 끝난다〉

모호면(毛好面)〈읍치로부터 서쪽으로 15리에서 시작하여 25리에서 끝난다〉

○〈개품부곡(皆品部曲)은 장계(長溪)라고 부르는데 읍치에서 서북쪽으로 25리에 있다. 송곡소(松谷所)는 읍치에서 북쪽으로 13리에 있다〉

『산수』(山水)

동산(東山) 〈읍치에서 동쪽으로 3리에 있다〉

남산(南山)〈읍치에서 남쪽으로 2리에 있다〉

지리산(智異山)〈읍치에서 서남쪽으로 10리에 있다〉

유산(楡山)〈읍치에서 남쪽으로 10리에 있다〉

계명산(鷄鳴山)〈읍치에서 서남쪽으로 15리에 있다〉

마연산(馬淵山)〈읍치에서 북쪽으로 10리에 있다〉

왕산(王山)〈읍치에서 서북쪽으로 20리에 있다. 가야국(加耶國) 구형왕(仇衡王)의 능(陵)이 왕산사(王山寺) 뒤편에 있다. 돌을 쌓아 구릉처럼 만들었는데 4면에 모두 층층이 되어 있다. 절은 구형왕이 살던 수정궁(水晶宮)이다. ◯구형왕의 사당이 산 아래에 있다〉

황산(黃山)〈일명 황매산(黃梅山)이라고도 한다. 읍치에서 동쪽으로 13리 삼가(三嘉) 경계에 있다〉

회계산(會稽山)〈읍치에서 동북쪽으로 10리에 있다〉

강고산(岡高山)〈읍치에서 서북쪽으로 15리에 있다〉

필봉(筆峯)〈읍치에서 서쪽으로 5리에 있다〉

와룡암(臥龍岩)〈읍치에서 서북쪽으로 30리에 있다〉

【송전(松田)은 10곳이 있다】

「영로」(嶺路)

본통치(本通峙)〈읍치에서 서쪽으로 30리 함양(咸陽) 경계에 있다〉

백야현(白也縣)〈읍치에서 동북쪽으로 15리에 있다〉

고천령(古川嶺)〈읍치에서 북쪽으로 50리에 있다〉

밀점(密岾)〈읍치에서 북쪽으로 50리 삼가(三嘉) 경계에 있다〉

척지령(尺旨嶺)〈읍치에서 동쪽으로 20리 단성(丹城) 경계에 있다〉

신거리령(新巨里嶺)〈읍치에서 서북쪽으로 25리에 있다〉

율치(栗峙)〈읍치에서 남쪽으로 10리 진주(晉州) 경계에 있다〉

○우탄(牛灘)〈읍치에서 서쪽으로 30리에 있다〉

장선탄(長善灘)〈읍치에서 남쪽으로 2리에 있다. 위 2곳은 함양(咸陽)의 남계(灆溪) 하류이며 진주(晋州) 남강(南江)의 상류이다〉

서계(西溪)〈근원은 고천령(古川嶺)에서 나와 남쪽으로 흐르다가 꺾어서 읍치 서쪽을 지나 장선탄(長善灘)으로 들어간다〉

경호(鏡湖)〈읍치에서 북쪽으로 1리에 있다〉

【제언(堤堰)은 2곳이 있다】

『성지』(城池)

남산고성(南山古城)〈둘레가 1,346척이다〉

『창고』(倉庫)

읍창(邑倉)

서창(西倉)〈읍치에서 서쪽으로 20리에 있다〉

북창(北倉)〈읍치에서 동북쪽으로 40리에 있다〉

『역참』(驛站)

정곡역(正谷驛)〈읍치에서 동쪽으로 10리에 있다〉

『진도』(津渡)

자탄진(自灘津)

『토산』(土産)

쇠[철(鐵)] 대[죽(竹)] 차[다(茶)] 감[시(柿)] 석류[유(榴)] 송이버섯[송심(松蕈)] 석이버섯[석심(石蕈)] 꿀벌[봉밀(蜂蜜)] 은어[은구어(銀口魚)] 웅담(熊膽) 사향(麝香)

『장시』(場市)

읍내장(邑內場)은 1일, 6일이다. 생림장(生林場)은 3일, 8일이다.

『누정』(樓亭)

환아정(換鵝亭)〈읍내에 있다. 강물을 굽어보고 있다. 앞에는 도사관(道士觀)이 있고 동쪽에는 세연정(洗硯亭)이 있다〉

『사원』(祠院)

서계서원(西溪書院)〈선조(宣祖) 병오년(1606)에 창건하고 숙종(肅宗) 정사년(1677)에 사액(賜額)하였다〉오건(吳健)〈자는 자강(子强), 호는 덕계(德溪)이고 본관은 함양(咸陽)이다. 벼슬은 전한(典翰)에 올랐다〉을 제사한다.

『전고』(典故)

고려(高麗) 우왕(禑王) 5년(1379)에 왜구(倭寇)가 산음(山陰)을 노략질하였다.

○조선 선조(宣祖) 25년(1592)에 왜적이 산음(山陰)을 함락시켰다. 26년(1593) 12월에 남원(南原)의 의병장(義兵將) 조경남(趙慶南)이 왜적 123명을 산음에서 죽였는데 휘하의 군사들은 다치지 않았다. 같은 왕 30년(1597)에 왜적이 산음(山陰)을 함락시켰다.

23. 단성현(丹城縣)

『연혁』(沿革)

본래 신라의 궐지현(闕支縣)이다. 경덕왕(景德王) 16년(757)에 궐성군(闕城郡)이라고 고치고〈영현(領縣)이 2곳이었는데 단읍(丹邑)과 산음(山陰)이다〉 강주(康州)에 예속시켰다. 고려 태조(太祖) 23년(940)에 강성현(江城縣)이라고 고쳤다가〈현의 옛 터가 지금 읍치 북쪽 15리에 있다〉 다시 군(郡)으로 환원하였다. 고려 현종(顯宗) 9년(1018)에 진주(晋州)에 예속시켰다. 공양왕(恭讓王) 2년(1390)에 단계(丹溪)를 여기에 이속시키고 감무(監務)를 두었다. 조선 정종(定宗) 때 임시로 이곳에 이주하여 있던 영선현(永善縣)〈진주(晋州)를 보라〉의 명진현(溟珍縣)〈거제(巨濟)를 보라〉을 이속시켜 합쳐서 진성(珍城)이라고 하였다. 세종(世宗) 때 명진현(溟珍縣)을 거제(巨濟)에 돌려주고 단성현감(丹城縣監)으로 하였다.〈단계(丹溪)와 강성(江城) 두 고을의 이름을 딴 것이다〉 선조(宣祖) 32년(1599)에 산음현(山陰縣)에 합쳤다가〈왜적의 노략질로 피폐하였기 때문이다〉 광해군(光海君) 5년(1613)에 고을을 분리 설치하였다.〈읍치를 내산(來山) 아래로 옮겼다. 숙종(肅宗) 28년(1702)에 강성(江城)의 옛 터로 복귀하였다가 영조(英祖) 7년(1731)에 다시 내산으로 옮겼다〉

「읍호」(邑號)

구성(龜城)

「관원」(官員)

현감(縣監)〈진주진관병마절제도위(晋州鎭管兵馬節制都尉)를 겸한다〉 1원을 두었다.

『고읍』(古邑)

단계(丹溪)〈읍치로부터 동쪽으로 48리에 있다. 본래 신라의 적촌현(赤村縣)이다. 경덕왕(景德王) 16년(757)에 단읍현(丹邑縣)이라고 고치고 궐성군(闕城郡)의 영현(領縣)으로 하였다. 고려 태조(太祖) 23년(940)에 단계(丹溪)라고 고쳤다. 현종 9년(1018)에 합주(陜州)에 예속시켰다. 고려 공양왕(恭讓王) 2년(1390)에 강성현(江城縣)에 환속시켰다〉

『방면』(坊面)

현내면(縣內面)〈읍치로부터 15리에서 끝난다〉

오동면(梧桐面)〈읍치로부터 동쪽으로 10리에서 끝난다〉

도산면(都山面)〈읍치로부터 동쪽으로 10리에서 시작하여 20리에서 끝난다〉

원당면(元堂面)〈읍치로부터 남쪽으로 5리에서 시작하여 15리에서 끝난다〉

북동면(北洞面)〈읍치로부터 서북쪽으로 3리에서 시작하여 25리에서 끝난다〉

생북양면(生北陽面)〈읍치로부터 동북쪽으로 20리에서 시작하여 35리에서 끝난다〉

채등면(彩燈面)〈읍치로부터 북쪽으로 20리에서 시작하여 40리에서 끝난다〉

범물야면(凡勿也面)〈읍치로부터 북쪽으로 30리에서 시작하여 50리에서 끝난다〉

신동면(新洞面)읍치로부터 북쪽으로 40리에서 끝난다〉

○〈문을부곡(文乙部曲)은 읍치에서 서쪽으로 9리에 있다. 송계부곡(松界部曲)은 읍치에서 북쪽으로 25리에 있다〉

『산수』(山水)

내산(來山)〈읍치에서 북쪽으로·리에 있다〉

단속산(斷俗山)〈읍치에서 서쪽으로 5리 진주(晋州) 경계에 있다〉

보암산(寶岩山)〈읍치에서 북쪽으로 37리에 있다〉

월명산(月明山)〈읍치에서 동북쪽으로 15리에 있다〉

집현산(集賢山)〈읍치에서 동쪽으로 25리 진주(晋州) 경계에 있다〉

둔철산(芚鐵山)〈읍치에서 북쪽으로 30리 산청(山淸) 경계에 있다〉

소괴산(消怪山)〈읍치에서 서쪽으로 8리 진주(晋州) 경계에 있다〉

올률산(屼栗山)〈읍치에서 동북쪽으로 40리에 있다〉

백운산(白云山)〈읍치에서 동쪽으로 10리에 있다〉

무릉(武陵)〈읍치에서 북쪽으로 25리에 있다〉

이구산(尼邱山)〈읍치에서 서쪽으로 5리에 있다〉

암혜산(岩惠山)〈읍치에서 남쪽으로 8리 진주(晋州) 경계에 있다〉

적벽(赤壁)〈읍치에서 동쪽으로 6리에 있다. 강 옆에 바위가 쌓여 위태로운데 길이 그 아래로 나 있다〉

낙수암(落水岩)〈읍치에서 북쪽으로 15리에 있다〉

【송전(松田) 9곳이 있다】

「영로」(嶺路)

척지령(尺旨嶺)〈읍치에서 북쪽으로 10리 산청(山淸) 경계에 있다〉

신현(新峴)〈읍치에서 서북쪽으로 25리 산청(山淸) 경계에 있다〉

시치(矢峙)〈남쪽 도로에 있다〉

○양천(梁川)〈일명 도천(道川)이라고도 한다. 읍치에서 동쪽으로 10리에 있다. 근원은 합천(陜川)의 화지현(花旨峴)에서 나와 남쪽으로 흘러 심천(深川)이 된다. 삼가현(三嘉縣) 읍치 동쪽을 지나 수정천(水晶川)이 되고 서남쪽으로 흘러 집현산(集賢山)의 북쪽을 지나 오른쪽으로 돌고 단계천(丹溪川)을 오른쪽으로 돌아 서쪽 신안진(新安津)으로 들어간다〉

단계천(丹溪川)〈근원은 산청(山淸) 황매산(黃梅山)에서 나와 남쪽으로 흘러 무릉(武陵) 백마성(白馬城)을 지나 양천(梁川)으로 들어간다〉

진강(晋江)〈산청(山淸) 장선탄(長善灘)에서부터 읍치 동쪽을 지나 동북쪽으로 돌아 남쪽

으로 흐르다가 신안진(新安津)이 되고 소괴산(消怪山)의 동쪽에 이르러 진주(晋州) 경계로 들어간다〉

벽계담(碧溪潭)〈단계천(丹溪川)의 북쪽 30리에 있다〉

【제언(堤堰) 7곳이 있다】

『성지』(城池)

동산성(東山城)〈읍치에서 북쪽으로 7리에 있다. 일명 백마성(白馬城)이라고도 한다. 둘레가 2,795척이고 3면이 절벽이고 동남쪽으로만 100여 척을 쌓았다. 샘 1곳, 못 1곳이 있다〉

『봉수』(烽燧)

입암산(笠岩山)〈읍치에서 북쪽으로 40리에 있다〉

『창고』(倉庫)

읍창(邑倉)

단계창(丹溪倉)〈옛 읍치에 있다〉

『역참』(驛站)

신안역(新安驛)〈읍치에서 북쪽으로 10리에 있다〉

벽계역(碧溪驛)〈옛 단계현(丹溪縣) 읍치에 있다〉

『진도』(津渡)

신안진(新安津)〈읍치에서 동쪽으로 5리에 있다〉

『토산』(土産)

쇠[철(鐵)] 대[죽(竹)] 차[다(茶)] 감[시(柿)] 비자[비(榧)] 매실[매(梅)] 석류[유(榴)] 꿀벌[봉밀(蜂蜜)] 숫돌[여석(礪石)] 은어[은구어(銀口魚)] 사향(麝香)

『장시』(場市)

읍내장(邑內場)은 2일, 7일이다. 도천장(道川場)은 5일, 10일이다. 단계장(丹溪場)은 4일, 9일이다. 입석장(立石場)은 1일, 6일이다.

『사원』(祠院)

도천서원(道川書院)〈태종(太宗) 신사년(1401)에 창건하고 정조(正祖) 정미년(1787)에 사액(賜額)하였다〉 문익점(文益漸)〈자는 일신(日新), 호는 삼우당(三憂堂)이고 본관은 남평(南平)이다. 고려 공민왕(恭愍王) 때 서장관(書狀官)으로 원(元) 나라에 갔다가 목면(木綿) 씨앗을 얻어 돌아와 우리 나라에 번식시켰다. 벼슬은 좌사의(左司議) 우문관(右文館) 제학(提學)을 지냈다. 조선 태종(太宗) 때 참지의정부사(參知議政府事) 강성군(江城君)을 증직하였다. 시호는 충선(忠宣)이다〉와 권도(權濤)〈자는 정보(靜甫), 호는 동계(東溪)이고 본관은 안동(安東)이다. 벼슬은 대사간(大司諫)에 올랐고 이조판서(吏曹判書)에 증직되었다〉

『전고』(典故)

고려 고종(高宗) 42년(1255) 평장사(平章事) 최린(崔璘)이 합주(陜州) 단계(丹溪)에 이르러 몽고 장군(將軍) 차라대(車羅大)를 만났다. 우왕(禑王) 5년(1379)에 왜구(倭寇)가 단계(丹溪)를 노략질 하였다.

○조선 선조(宣祖) 25년(1592)에 왜적이 단성(丹城)을 함락시켰다. 30년(1597)에 왜적이 단성(丹城)을 함락시켰다.

제4권

경상도 8읍

1. 김해도호부(金海都護府)

『연혁』(沿革)

한(漢) 나라 광무제(光武帝) 건무(建武) 18년(42)〈임인년이니 신라 유리왕(儒理王) 19년이다〉 김수로왕(金首露王)이 여기서 건국하여 국호를 가야(加耶)〈일명 가라국(加羅國) 혹은 가락국(駕洛國)이라고도 한다. 곧 변한(弁韓) 여러 나라의 하나이다〉 13왕을 지나 구형왕(仇衡王) 때 신라(新羅)에 항복하였다.〈역년(歷年)이 491년이니 곧 신라 법흥왕(法興王) 19년(532) 임자년이다〉 신라(新羅) 때 가야군(加耶郡)을 두었다. 〈일명 금관군(金官郡)이라고도 한다. ○김구형(金仇衡)에게 상대등(上大等)의 지위를 주고 그 나라를 식읍(食邑)으로 삼게 하였다〉 문무왕(文武王) 20년(680)에 금관소경(金官小京)을 두었다. 경덕왕(景德王) 16년(757)에 김해소경(金海小京)으로 고치고 양주(良州)에 예속시켰다. 고려 태조(太祖) 23년(940)에 강등하여 김해부(金海府)로 삼았고 또 강등하여 임해현(臨海縣)으로 삼았다가 곧 승격하여 군(郡)으로 삼았다. 고려 성종(成宗) 14년(995)에 금주(金州) 안동도호부(安東都護府)로 고치고 영동도(嶺東道)에 소속시켰다. 고려 현종(顯宗) 3년(1012)에 김해군방어사(金海郡防御使)로 고치고, 9년(1018)에 군현(郡縣)들을 예속시켰다.〈군은 2곳인데 의안군(義安郡)과 함안군(咸安郡)이다. 현은 3곳인데 칠원현(漆原縣), 웅신현(熊神縣), 합포현(合浦縣)이다〉 고려 원종(元宗) 11년(1270)에 김녕도호부(金寧都護府)로 승격시켰다.〈방어사(防御使) 김훤(金晅)이 밀성(密城)의 반란을 진압하고 삼별초(三別抄)에 대항하여 공이 있었기 때문이다〉 충렬왕(忠烈王) 19년(1293)에 강등하여 현으로 하였다가〈안렴사(按廉使) 유호(劉顥)를 죽였기 때문이다〉 34년(1308)에 금주목(金州牧)으로 승격하였다. 충선왕(忠宣王) 2년(1310)에 김해부(金海府)로 강등하였다. 조선 태종(太宗) 13년(1413)에 도호부(都護府)로 승격하였고, 세조(世祖) 12년(1466)에 진(鎭)을 두었다.〈7읍을 관할한다〉

「읍호」(邑號)

분성(盆城)

「관원」(官員)

도호부사(都護府使)〈김해진병마첨절제사(金海鎭兵馬僉節制使), 별중영장(別中營將), 토포사(討捕使)를 겸한다〉 1원을 두었다.

『방면』(坊面)

좌부면(左部面)〈읍치로부터 동쪽으로 10리에서 끝난다〉

우부면(右部面)〈읍치로부터 서쪽으로 10리에서 끝난다〉

상동면(上東面)〈읍치로부터 동쪽으로 20리에서 시작하여 40리에서 끝난다〉

하동면(下東面)〈읍치로부터 동쪽으로 10리에서 시작하여 40리에서 끝난다〉

활천면(活川面)〈읍치로부터 남쪽으로 5리에서 시작하여 15리에서 끝난다〉

태야면(台也面)〈읍치로부터 남쪽으로 30리에서 시작하여 50리에서 끝난다〉

칠산면(七山面)〈읍치로부터 서쪽으로 7리에서 시작하여 15리에서 끝난다〉

율적면(栗赤面)〈읍치로부터 서쪽으로 20리에서 시작하여 30리에서 끝난다〉

주촌면(酒村面)〈읍치로부터 서쪽으로 10리에서 시작하여 30리에서 끝난다〉

진례면(進禮面)〈읍치로부터 서쪽으로 25리에서 시작하여 30리에서 끝난다〉

유등야면(柳等也面)〈읍치로부터 서남쪽으로 10리에서 시작하여 30리에서 끝난다〉

잉촌면(芿村面)〈읍치로부터 서쪽으로 30리에서 시작하여 50리에서 끝난다〉

하계면(下界面)〈읍치로부터 서쪽으로 10리에서 시작하여 50리에서 끝난다〉

태산면(太山面)〈본래는 태산부곡(太山部曲)이다. 읍치로부터 남쪽으로 40리에서 시작하여 60리에서 끝난다〉

중북면(中北面)〈읍치로부터 서북쪽으로 30리에서 시작하여 40리에서 끝난다〉

하북면(下北面)〈읍치로부터 북쪽으로 15리에서 시작하여 30리에서 끝난다〉

주림면(朱林面)〈읍치로부터 북쪽으로 15리에서 시작하여 40리에서 끝난다〉

부내면(府內面)〈읍치로부터 5리에서 끝난다〉

○〈수다부곡(水多部曲)은 읍치에서 동쪽으로 15리에 있다.

고을미향(高乙彌鄕)은 읍치에서 동쪽으로 20리에 있다.

성화례향(省火禮鄕)은 읍치에서 남쪽으로 40리에 있다.

건음포향(建音浦鄕)은 읍치에서 동쪽으로 25리에 있다.

감물야향(甘勿也鄕)은 읍치에서 동쪽으로 20리에 있다〉

『산수』(山水)

분산(盆山)〈읍치에서 북쪽으로 3리에 있다〉

신어산(神魚山)〈읍치에서 동쪽으로 10리에 있다〉

유민산(流民山)〈일명 가조산(加助山)이라고도 한다. 읍치에서 동쪽으로 10리에 있다〉

운점산(雲岾山)〈읍치에서 서쪽으로 5리에 있다〉

장유산(長遊山)〈읍치에서 남쪽으로 40리에 있다〉

명월산(明月山)〈읍치에서 남쪽으로 40리에 있다. 산 아래 구량촌(仇良村) 견조암(見助岩)에 수참(水站)이 있어 일본 사신[왜사(倭使)]을 접대하였으나 지금은 폐지되었다. 산 정상의 바위틈에 굴이 문을 이루고 있는데 높이와 너비가 모두 5자쯤 되고 깊이는 7자쯤 된다. 된다. 상하와 4방은 평평하고 바르다. 그 속 중앙에는 직경 3자의 구멍이 형성되어 있는데 수심을 잴 수 없다. 이를 용추(龍湫)라고 한다〉

불모산(佛母山)

비음산(飛音山)〈모두 읍치에서 서쪽으로 35리 창원(昌原) 경계에 있다〉

식산(食山)〈읍치에서 북쪽으로 30리에 있다. 남쪽으로는 분산(盆山)에 연결되어 있는데 극히 높고 크다〉

구지봉(龜旨峯)〈읍치에서 북쪽으로 3리에 있다〉

삼랑봉(三郎峯)〈읍치에서 북쪽으로 40리에 있다〉

초현대(招賢臺)〈읍치에서 동쪽으로 7리 소산(小山)에 있다〉

범방대(泛舫臺)〈읍치에서 남쪽으로 10리 해변에 있다〉

【송전(松田) 4곳이 있다】

「영로」(嶺路)

율현(栗峴)〈읍치에서 서쪽으로 45리 웅천(熊川) 경계에 있다〉

웅저현(熊猪峴)〈읍치에서 남쪽으로 38리에 있다〉

진현(陳峴)〈읍치에서 남쪽으로 35리에 있다〉

노현(露峴)〈읍치에서 서쪽으로 40리 창원(昌原) 경계에 있다〉

능현(綾峴)〈읍치에서 남쪽으로 30리에 있다〉

마현(馬峴)〈읍치에서 북쪽으로 30리에 있다〉

적항현(赤項峴)〈읍치에서 서남쪽으로 30리에 있다〉

나전현(羅田峴)〈북쪽 도로에 있다〉

○바다〈읍치에서 남쪽으로 15리에 있다〉

해양강(海陽江)〈읍치에서 북쪽으로 48리 밀양(密陽)의 용진(龍津) 하류에 있다〉

황산강(黃山江)〈읍치에서 동쪽으로 40리 양산(梁山) 경계 해양강(海陽江)의 하류에 있다〉

태야강(台也江)〈읍치에서 남쪽으로 40리 황산강(黃山江) 하류에 있다〉 한 갈래는 죽도(竹島)에서 나와 명지도(鳴旨島)를 지나간다〉

삼차하(三叉河)〈읍치에서 동남쪽으로 42리 황산강 하류에 있다. 3갈래로 나뉜다. 양산군(梁山郡)의 칠점산(七點山)이 이차(二叉)의 사이에 있다〉

신교천(薪橋川)〈읍치에서 서북쪽으로 30리에 있다. 근원은 창원부(昌原府) 염산(簾山)에서 나와 동북쪽으로 흐르다가 무송지(茂松池)에서 합쳐 해양강(海陽江) 북쪽으로 들어간다〉

율천(栗川)〈읍치에서 서남쪽으로 10리에 있다. 적항현(赤項峴)에서 나와 동쪽으로 흐르다가 바다로 들어간다〉

호계(虎溪)〈읍치 성 안에 있다. 분산(盆山)에서 나와 남쪽으로 흐르다가 강창포(江倉浦)로 들어간다. ○시내 가에 파사석탑(婆娑石塔)이 있는데 모두 5층이다. 그 색이 붉은 반점을 띠고 있고 문양은 매우 아름다우며 조각이 매우 기묘하다〉

도요저(都要渚)〈읍치에서 동쪽으로 30리에 있다. 강 연안에 사는 사람들이 즐비하고 울타리가 서로 연해 있다. 고기잡이 소금 배의 운행으로 생업을 삼고 있으며 풍속이 순박한 것을 숭상한다. 거기에 경계를 닿고 있는 마휴촌(馬休村)도 역시 그러하다〉

주포(主浦)〈읍치에서 남쪽으로 40리에 있다. 명월포(明月浦)에서 나와 남쪽으로 흐르다가 바다로 들어간다〉

강창포(江倉浦)〈읍치에서 남쪽으로 6리에 있다. 삼차(三叉)의 한 줄기가 죽도(竹島)로 흐른다〉

방포(防浦)〈읍치에서 서쪽으로 5리에 있다. 노현(露峴)에서 나와 남쪽으로 흐르다가 바다로 들어간다〉

덕포(德浦)〈읍치에서 서쪽으로 10리에 있다. 참산(站山)에서 나와 동쪽으로 흐르다가 바다로 들어간다〉

주촌지(酒村池)〈읍치에서 남쪽으로 15리에 있다. 둘레가 4,230척이다〉

무송지(茂松池)〈읍치에서 서쪽으로 35리에 있다〉

【제언(堤堰)은 15곳이다】

「도서」(島嶼)

덕도(德島)〈읍치에서 남쪽으로 12리 강 가운데 있다〉

죽도(竹島)〈읍치에서 남쪽으로 15리 강 가운데 있다〉

취도(鷲島)〈읍치에서 남쪽으로 50리 낙동강(洛東江)이 바다로 들어가는 곳에 있다. 둘레가 20리이다. 흰 모래와 평평한 포구가 펼쳐 있고, 섬 남쪽에는 바위 언덕이 바다로 들어가 있는데 취암(鷲岩)이라고 부른다. 섬 북쪽은 물이 가장 깊은 곳인데 선박들이 정박하는 곳이다. 그곳을 취(鷲)라고 한다〉

명지도(鳴旨島)〈읍치에서 남쪽으로 40리에 있다. 수로(水路)는 20리이며 둘레는 70리이다. 동쪽으로 취도(鷲島)와 200보쯤 떨어져 있다. 소금 생산이 가장 성행하여 민가가 부유하고 번영한다〉

곤지도(坤池島)〈읍치에서 서남쪽으로 15리에 있다〉

전산도(前山島)〈일명 망산도(望山島)라고도 한다. 읍치에서 남쪽으로 5리에 있다〉

낙사도(落沙島)〈읍치에서 북쪽으로 10리 강 가운데에 있다〉

『형승』(形勝)

남쪽으로 큰 바다가 둘러 있고 북쪽으로는 장강(長江)이 이어 있다. 칠점산(七點山)이 구비구비 내려오고 삼차하(三叉河)가 빙빙 돌아가 산수가 빼어나게 아름답고 훌륭한 인물이 많이 배출되었다. 경상도 전체 수로(水路)의 입구가 되어 남북으로 바다와 육지의 재리(財利)를 독점하고 있다.

『성지』(城池)

읍성(邑城)〈고려 우왕(禑王) 때 본부의 부사였던 박위(朴葳)가 축성하였다. 둘레가 4,683척이고 옹성(瓮城)은 4곳이며, 우물이 28곳, 시내가 1곳, 염못이 1곳 있다〉

분산성(盆山城)〈둘레가 1,560척이다〉

분성(盆城)〈토축(土築)으로 쌓았다. 둘레가 8,683척이다〉

진례성(進禮城)〈읍치에서 서쪽으로 35리에 있다. ○신라 때 김인광(金仁匡)으로써 진례성제군사(進禮城諸軍事)를 삼았다〉

조전성(漕轉城)〈읍치에서 동쪽으로 18리에 있다. 둘레가 265척이다〉

가곡산성(歌谷山城)〈읍치에서 서쪽으로 20리에 있다. 둘레가 600척이고 우물이 1곳 있다〉

마현성(馬峴城)〈일명 과녀산성(寡女山城)이라고도 한다. 읍치에서 북쪽으로 30리에 있다. 둘레가 1,030척이고 우물이 1곳 있다〉

신답산성(新沓山城)〈읍치에서 서쪽으로 15리에 있다. 둘레가 700여 척이다〉

망산도성(望山島城)〈본부의 부사였던 박위(朴葳)가 축성하였다〉

죽도왜성(竹島倭城)〈읍치에서 남쪽으로 10리에 있다. 선조(宣祖) 임진년(1592)에 왜인(倭人)들이 쌓은 것으로 둘레가 580척이다. 외성(外城)은 둘레가 615척이다〉

마사왜성(馬沙倭城)〈읍치에서 북쪽으로 40리에 있다. 토축으로 쌓았으며 둘레가 700여 척이다〉

타고성(打鼓城)

천곡성(泉谷城)

○가야(加耶) 수로왕(首露王) 3년(44)에 도성(都城)을 쌓고 궁궐을 지었다.〈지금 읍성 안에 왕궁(王宮)의 옛 터가 있다〉 고려 정종(靖宗) 6년(1040)에 김해부(金海府)에 성을 쌓았다. 고려 고종(高宗) 38년(1251)에 금주(金州)에 성을 쌓아 왜구(倭寇)의 노략질에 대비하였다.

『영아』(營衙)

별중영(別中營)〈조선 인조(仁祖) 때 설치하였다. ○별중영장(別中營將) 겸 토포사(討捕使) 1원은 본부의 부사(府使)가 겸한다. ○관할 속읍은 김해(金海) 창원(昌原) 함안(咸安) 고성(固城) 칠원(漆原) 거제(巨濟) 웅천(熊川) 진해(鎭海)이다〉

『진보』(鎭堡)

「혁폐」(革廢)

금단곶보(金丹串堡)〈읍치에서 남쪽으로 52리에 있다. 성의 둘레는 2,568척이고 우물이 1곳 있다. 예전에는 권관(權管)이 있었다〉

『역도』(驛道)

남역(南驛)〈읍치에서 동쪽으로 5리에 있다〉

적항역(赤項驛)〈읍치에서 남쪽으로 30리에 있다〉

금곡역(金谷驛)〈읍치에서 북쪽으로 35리에 있다〉

생법역(省法驛)〈읍치에서 서쪽으로 28리에 있다〉

태산역(太山驛)〈읍치에서 서북쪽으로 45리에 있다〉

덕산역(德山驛)〈읍치에서 동쪽으로 37리에 있다〉

『봉수』(烽燧)

성화야(省火也) 봉수〈읍치에서 남쪽으로 50리에 있다〉

산성(山城) 봉수〈곧 분산성(盆山城)이다〉

자암산(子岩山) 봉수〈읍치에서 북쪽으로 35리에 있다〉

『창고』(倉庫)

읍창(邑倉)은 3곳이 있다.

산산창(蒜山倉)〈읍치에서 동쪽으로 30리에 냇가에 있다. 영조(英祖) 20년(1744)에 별장(別將)을 설치하였다가 36년(1760)에 폐지하였다〉

해창(海倉)〈읍치에서 남쪽으로 6리에 있다〉

설창(雪倉)〈읍치에서 서북쪽으로 30리에 있다〉

『진도』(津渡)

뇌진(磊津)〈읍치에서 북쪽으로 48리에 있다. 곧 해양강(海陽江)이니 밀양(密陽) 용진(龍津)의 하류이다〉

태산진(太山津)〈태산역(太山驛)에 있다. 곧 밀양(密陽) 수산(守山) 앞 나루이다〉

동원진(東院津)〈읍치에서 동쪽으로 40리에 있다. 일명 월당진(月唐津)이라고도 한다. 덕산역(德山驛) 아래에 있는데 양산군(梁山郡)으로 통한다〉

불암진(佛岩津)〈읍치에서 동쪽으로 40리에 있다. 동래(東萊)로 지름길로 가고자 하는 사람들은 여기서 배를 타고 양산(梁山)의 용당(龍堂)으로 들어가 정박하고, 황산강(黃山江) 하류에서 죽도(竹島)로 들어간다〉

【손가진(孫哥津)이 있다】

『교량』(橋梁)

덕포교(德浦橋)〈배들이 그 아래를 경유하여 주촌지(酒村池)에 정박한다〉

삽교(揷橋)〈신교천(薪橋川)에 있다〉

방포교(防浦橋)

『토산』(土産)

쇠[철(鐵)] 대[죽(竹)] 자초(紫草) 표고버섯[향심(香蕈)] 미역[곽(藿)] 김[해의(海衣)] 석류[유(榴)] 감[시(柿)] 전복[복(鰒)] 문어(文魚) 등 어물 수십 종과 벌꿀[봉밀(蜂蜜)]이 난다.

『장시』(場市)

읍내장(邑內場)은 2일, 7일이다. 신문장(新文場)은 3일, 8일이다. 설창장(雪倉場)은 4일, 9일이다. 생법장(省法場)은 5일, 10일이다. 반송장(盤松場)은 5일, 10일이다.

『누정』(樓亭)

청심루(淸心樓)〈호계(虎溪)를 걸터앉은 것처럼 지었다〉

연자루(燕子樓)〈호계 위에 있다〉

함허정(涵虛亭)〈연자루의 북쪽에 있다〉

『능묘』(陵墓)

수로왕릉(首露王陵)〈읍치 서쪽으로 300보에 있다. 납릉(納陵)이라고 부른다. 봄 가을에 조정에서 향축(香祝)을 내려 제사한다. ○관원은 감(監) 1인이 있는데 김해 김씨(金海金氏)의 후손으로써 임명한다〉

수로왕비 허씨릉(首露王妃許氏陵)〈구지봉(龜旨峯)에 있다. 왕릉(王陵)과 함께 제사한다〉

『사원』(祠院)

신산서원(新山書院)〈선조(宣祖) 병자년(1576)에 창건하고 광해(光海) 기유년(1609)에 사액(賜額)하였다〉 조식(曹植)〈진주(晋州)를 보라〉을 제사한다.

『전고』(典故)

신라 유리왕(儒理王) 21년(44) 가을에 아찬(阿飡) 길문(吉門)이 황산진(黃山津) 어구에서 가야 군사들과 싸워 1,000여 명을 베었다. 지마왕(祗摩王) 5년(116) 가을에 장수를 보내어 가야를 침략하고 왕이 직접 정병(精兵) 1만 명을 이끌고 후원하였다. 가야는 성을 굳게 닫고 지켰으므로 돌아갔다.

○고려 고종(高宗) 10년(1223), 13년(1226), 14년(1227)에 왜구(倭寇)가 김해(金海)를 노략질하니 방호장군(防護將軍) 노단(盧旦)이 군사를 일으켜 적선 2척을 잡고 30여 명을 베어 죽였다. 고려 원종(元宗) 12년(1271)에 삼별초(三別抄)가 금주(金州)를 노략질하였다. 방호장군 박보(朴保)가 산성으로 도망가니 적들이 불을 지르고 노략질하였다. 고려 충렬왕(忠烈王) 7년(1281)에 원(元) 나라가 금주(金州) 등의 지역에 진변만호부(鎭邊萬戶府)를 설치하였다. 충렬왕(忠烈王)이 합포(合浦)에서 와서 금강사(金剛社)에서 놀았다.〈지금 읍치 북쪽 대사리(大寺里)에 있다〉 고려 공민왕(恭愍王) 10년(1361), 13년(1364)에 왜구가 김해를 노략질하였다. 고려 우왕(禑王) 원년(1375)에 왜구가 김해를 노략질하여 백성을 죽이고 관청을 불태웠다. 조민수(曹敏修)가 적과 싸워서 여러 번 패하였다. 같은 왕 3년(1377)에 왜선 130여 척이 김해군(金海郡)을 노략질하니 순문사(巡問使) 배극렴(裴克廉)이 적과 싸워 여러 번 패하였다. 조정에서 태조(太祖: 이성계/역자주)와 김득제(金得濟) 이림(李林) 유만수(柳曼殊)를 보내에 전투를 원호하였다. 원수(元帥) 도순문사(都巡問使) 우인렬(禹仁烈)이 태산(太山)의 신역(新驛)에서 적과 싸워 패퇴시켰다. 우인렬은 밤에 정예 기병 500명을 보내어 적을 사불낭(沙弗郎) 송지(松旨)에서 적을 습격하니 적이 궤멸되었다. 같은 왕 6년(1380)에 왜구가 김해를 불질렀고, 7년(1381)에 왜선 50척이 김해를 노략질하여 산성을 포위하였다. 원수 남질(南秩)이 쳐서 물리쳤다.

○조선 선조(宣祖) 25년(1592) 4월에 왜적이 김해를 함락시켰다. 부사(府使) 서예원(徐禮元)과 초계군수(草溪郡守) 이유검(李惟儉)이 함께 달아나자 드디어 성이 함락되었다. 같은 왕 30년(1597)에 왜적이 김해를 함락시켰다.

【사불낭(沙弗郎)은 웅천(熊川)의 사화낭(沙火郎)이다】

2. 창원대도호부(昌原大都護府)

『연혁』(沿革)

본래 신라 굴자현(屈自縣)이다. 경덕왕(景德王) 16년(757)에 의안군(義安郡)이라고 개칭하고〈영현(領縣)은 3곳인데, 합포현(合浦縣)·웅신현(熊神縣)·칠원현(漆原縣)이다〉 양주(良州)에 예속시켰다. 고려 현종(顯宗) 9년(1018)에 금주(金州)에 이속시키고 후에 감무(監務)를 두었다. 고려 충렬왕(忠烈王) 8년(1282)에 의창현령(義昌縣令)으로 승격하였다.〈원(元) 세조(世祖)의 일본 원정에 이바지한 공로에 대한 포상이었다〉 조선 태종(太宗) 때 회원(會原)을 여기에 합쳐서 창원부(昌原府)로 승격시켜 우병영(右兵營)을 두었고 13년(1413)에는 도호부(都護府)로 개칭하였다. 선조(宣祖) 34년(1601)에 대도호부(大都護府)로 승격시키고〈임진왜란 때 왜적이 오래 동안 읍성에 주둔하고 있었으나 병사(兵使) 김응서(金應瑞)가 부사(府使)를 겸하고 있는 동안 종군(從軍)한 아전과 백성들 중에서 한 사람도 왜적에게 투항한 사람이 없었다. 체찰사(體察使)의 장계(狀啓)로 승격된 것이다〉 칠원(漆原)을 이속시켜 창원에 합쳤다가 광해군(光海君) 9년(1617)에 분리하였다. 인조(仁祖) 5년(1627)에 진해(鎭海)를 창원에 합쳤다가 7년(1629)에 다시 분리시켰다. 현종(顯宗) 2년(1661)에 현(縣)으로 강등하였다가〈전패(殿牌)를 도둑맞았기 때문이다〉 10년(1669)에 다시 대도호부로 승격되었다.

「읍호」(邑號)

회산(檜山) 환주(還珠)

「관원」(官員)

대도호부사(大都護府使)〈김해진관병마동첨절제사(金海鎭管兵馬同僉節制使)를 겸한다〉 1원을 두었다.〈우병영(右兵營)은 선조(宣祖) 36년(1603)에 진주(晋州)로 이설하였다〉

『고읍』(古邑)

회원(會原)〈읍치에서 서쪽으로 15리에 있다. 본래 골포국(骨浦國)이었다. 경덕왕(景德王) 16년(757)에 합포현(合浦縣)으로 개칭하고 의안군(義安郡) 영현(領縣)으로 하였다. 고려 현종(顯宗) 9년(1018)에 금주(金州)에 예속시켰다가 후에 감무(監務)를 두었다. 충렬왕(忠烈王) 8년(1282)에 회원현령(會原縣令)으로 승격시켰다가, 조선 태종(太宗) 때 창원에 합쳤다〉

『방면』(坊面)

부내면(府內面)〈읍치에서 10리에서 끝난다〉

북일운면(北一運面)〈읍치에서 북쪽으로 50리에 있다〉

북이운면(北二運面)〈읍치에서 북쪽으로 25리에 있다〉

북삼운면(北三運面)〈읍치에서 북쪽으로 35리에 있다〉

동일운면(東一運面)〈읍치에서 동쪽으로 10리에 있다〉

동이운면(東二運面)〈읍치에서 동쪽으로 15리에 있다〉

동삼운면(東三運面)〈읍치에서 동쪽으로 25리에 있다〉

남일운면(南一運面)〈읍치에서 남쪽으로 10리에 있다〉

남이운면(南二運面)〈읍치에서 남쪽으로 12리에 있다〉

남삼운면(南三運面)〈읍치에서 남쪽으로 13리에 있다〉

서일운면(西一運面)〈읍치에서 서쪽으로 30리에 있다〉

서이운면(西二運面)〈읍치에서 서쪽으로 40리에 있다〉

서삼운면(西三運面)〈읍치에서 서쪽으로 50리에 있다〉

신풍면(新豐面)〈읍치에서 북쪽으로 10리에 있다〉

도하일운면(道下一運面)〈읍치에서 남쪽으로 30리에 있다〉

도하이운면(道下二運面)〈읍치에서 서남쪽으로 50리에 있다〉

○〈우북지부곡(亏北只部曲)은 읍치에서 남쪽으로 10리에 있다.

차의상향(車衣上鄕)은 읍치에서 남쪽으로 10리에 있다.

신소향(新所鄕)은 읍치에서 북쪽으로 25리에 있다.

동천향(銅泉鄕)은 읍치에서 북쪽으로 15리에 있다.

내포향(內浦鄕)은 읍치에서 서쪽으로 50리에 있다〉

안성소(安城所)는 읍치에서 서쪽으로 30리에 있다〉

『산수』(山水)

첨산(檐山)〈읍치에서 북쪽으로 1리에 있다〉

청룡산(靑龍山)〈읍치에서 서쪽으로 1리에 있다〉

봉림산(鳳林山)〈읍치에서 남쪽으로 15리에 있다〉

불모산(佛母山)〈읍치에서 동남쪽으로 30리 창원 경계에 있다〉

구룡산(九龍山)〈일명 염산(簾山)이라고도 한다. 읍치에서 동쪽으로 15리에 있다〉

백월산(白月山)〈읍치에서 북쪽으로 25리에 있다. 남쪽에 사자암(獅子岩)이 있다〉

전단산(栴檀山)〈읍치에서 동쪽으로 25리에 있다〉

비음산(飛音山)〈읍치에서 동쪽으로 25리 김해(金海) 경계에 있다〉

무릉산(武陵山)〈읍치에서 북쪽으로 35리 칠원(漆原) 경계에 있다〉

반룡산(盤龍山)〈읍치에서 남쪽으로 7리에 있다〉

장복산(長福山)〈읍치에서 남쪽으로 20리 웅천(熊川) 경계에 있다. ○중봉사(中峯寺)가 있다〉

두척산(斗尺山)〈읍치에서 서쪽으로 15리에 있다. 그 위에 고운대(孤雲臺)가 있다. 동남쪽은 해안이다. 또 남쪽으로 해변에서 5리 떨어진 곳에 월영대(月影臺)가 있다. ○광산사(匡山寺)가 있다〉

광려산(匡廬山)〈일명 광산(匡山)이라고도 한다. 읍치에서 서쪽으로 27리 함안(咸安) 경계에 있다. 두척산(斗尺山)의 서쪽 갈래이다〉

천주산(天柱山)〈읍치에서 북쪽으로 5리에 있다〉

선두산(船頭山)〈읍치에서 서쪽으로 30리 해변에 있다〉

철마봉(鐵馬峯)〈읍치에서 북쪽으로 20리에 있다〉

월영대(月影臺)〈옛 회원현(會原縣) 읍치 서쪽 해변에 있다. 기암(奇岩)이 바다를 베고 있고 층대(層臺)가 우뚝 솟아 있다. 푸른 바다가 아득하고 풍월(風月)이 끝이 없다〉

【송전(松田)은 8곳이다】

「영로」(嶺路)

안민령(安民嶺)〈읍치에서 동남쪽으로 25리 웅천(熊川)으로 가는 도로에 있다〉

신풍현(新豐峴)〈읍치에서 동쪽으로 5리에 있다〉

적현(赤峴)〈읍치에서 서남쪽으로 50리 칠원(漆原) 구산면(龜山面) 경계에 있다〉

송현(松峴)〈읍치에서 남쪽으로 30리 웅천(熊川) 경계에 있다. 산길이 구비구비 나 있다〉

남정현(南井峴)〈남쪽 도로에 있다〉

제굴현(諸屈峴)〈서쪽 도로에 있다〉

○바다〈읍치에서 서쪽으로 20리, 남쪽으로 10리에 있다〉

합포(合浦)〈읍치에서 서쪽으로 10리에 있다〉

마산포(馬山浦)〈읍치에서 서쪽으로 20리에 있다〉

사화포(沙火浦)〈읍치에서 남쪽으로 15리에 있다〉

지이포(只耳浦)〈읍치에서 남쪽으로 10리에 있다〉

여음포(余音浦)〈옛 회원현(會原縣) 읍치 서남쪽으로부터 15리 칠원(漆原) 구산면(龜山面) 경계에 있다〉

온정(溫井)〈읍치에서 북쪽으로 20리에 있다〉

「도서」(島嶼)

저도(楮島)〈월영대(月影臺)의 남쪽에 있다. 둘레가 5리이다〉

『성지』(城池)

읍성(邑城)〈둘레가 2,004척이다. 곡성(曲城) 18곳, 옹성(甕城) 4곳, 문 4곳, 우물 1곳과 연못 1곳이 있다〉

옛 우병영성(右兵營城)〈읍치에서 서쪽으로 10리에 있다. 옛 회원현(會原縣)의 월영대(月影臺) 북쪽에 있다. 고려 때 정동행성(征東行省)의 옛 터이다. 조선 태종(太宗) 때 군영(軍營)을 설치하였다가 선조(宣祖) 때 진주(晋州)로 이설하였다. ○고려(高麗) 우왕(禑王) 4년(1378)에 배극렴(裵克廉)이 축성하였다. 둘레가 4,291척이다. 우물이 5곳이 있다〉

염산고성(簾山古城)〈읍치에서 동쪽으로 15리에 있다. 둘레가 8,320척이다. 작은 시내 8곳, 우물 1곳이 있다〉

강마산성(江馬山城)〈왜적들이 축성한 것이다〉

『봉수』(烽燧)

성황산(城隍山)〈읍치에서 서쪽으로 15리에 있다〉

여음포(餘音浦)〈위를 보라〉

『창고』(倉庫)

마산창(馬山倉)〈좌조창(左漕倉)이라고 하는데 마산포(馬山浦)에 있다. 영조(英祖) 경진년(1760)에 관찰사(觀察使) 조엄(趙曮)이 조정에 요청하여 설치하였다. 관할 지역은 창원(昌原)·김해(金海)·함안(咸安)·칠원(漆原)·진해(鎭海)·거제(巨濟)·웅천(熊川) 및 의령(宜寧)

동북면(東北面), 고성(固城) 동남면(東南面)의 전세(田稅)와 대동미(大同米)를 거두어 서울로 조운한다. ○창원부사(昌原府使)가 징수를 감독하고 제포만호(薺浦萬戶)가 수납을 감독한다〉

읍창(邑倉)

반산창(盤山倉)〈반룡산(盤龍山) 아래 해변에 있다〉

해창(海倉)〈합포(合浦) 해변에 있다〉

○석두창(石頭倉)〈나포(螺浦)에 있다. '고려사(高麗史)'에는 회원(會原) 앞에 있는데 골골포(骨骨浦)라고 한다고 하였다. 고려 초에 남해안 지역의 해변 고을에 12곳의 조창을 설치하였는데, 석두창도 그 중의 하나이다〉

『역도』(驛道)

자여도(自如島)〈읍치에서 동쪽으로 19리에 있다. ○속역(屬驛)은 14곳이 있다. ○찰방(察訪) 1원을 두었다〉

근주역(近朱驛)〈읍치에서 서쪽으로 16리에 있다〉

신풍역(新豐驛)〈읍치에서 동쪽으로 4리에 있다〉

안민역(安民驛)〈읍치에서 남쪽으로 27리에 있다〉

【창고가 1곳 있다】

『진도』(津渡)

주물연진(主勿淵津)〈읍치에서 북쪽으로 40리 칠원(漆原) 매포(買浦) 하류에 있다〉

『토산』(土産)

쇠[철(鐵)] 대[죽(竹)] 옻[칠(漆)] 닥나무[저(楮)] 석류[유(榴)] 감[시(柿)] 유자[유(柚)] 밤[율(栗)] 세모(細毛) 및 어물(魚物) 15종이 난다.

『장시』(場市)

읍내장(邑內場)은 2일, 7일이다. 자여장(自如場)은 1일, 6일이다. 마포장(馬浦場)은 5일, 10일이다. 신촌장(新村場)은 4일, 9일이다.

『누정』(樓亭)

벽한루(碧寒樓)〈읍내에 있다〉

창취정(蒼翠亭)〈자여도(自如島)에 있다〉

강무정(講武亭)〈읍성 서문(西門) 밖에 있다〉

『묘전』(廟殿)

공자영전(孔子影殿)〈공자(孔子)의 후손이 우리 나라에 오자 창원(昌原)에 본관을 정하고 살게 하였기 때문에 이 영전을 지었다〉

『전고』(典故)

고려 원종(元宗) 12년(1270)에 삼별초(三別抄)가 합포현(合浦縣)을 노략질 하고 감무(監務)를 잡아서 갔다. 같은 왕 13년(1271)에 또 삼별초 합포(合浦)를 노략질 하고 전선 20척을 불태웠고, 14년(1272)에 삼별초가 합포(合浦)를 노략질하여 전선 32척을 불태우고, 몽고 군사 4명을 잡아 죽였다. 같은 왕 15년(1273)에 원(元) 세조(世祖)가 장차 일본을 정벌하고자 정동성(征東省)을 합포에 설치하였다. 원의 도원수(都元帥) 홀돈(忽敦)과 부원수(副元帥) 홍공구(洪恭丘)〈고려인〉 유복형(劉復亨) 및 고려의 원수(元帥) 김방경(金方慶) 박지량(朴之亮) 김흔(金忻) 김신(金侁) 등이 몽고와 중국 군사 25,000명과 고려군 8,000명, 수군(水軍) 6,700명, 전함 900여 척을 동원하여 합포를 출발하였는데, 다음달 11일에 일본의 일기도(一岐島)에 도착하였으나 패전이 겹쳐 합포로 회군하였다. 돌아오지 못한 사람이 13,500여 명이나 되었다. 충렬왕(忠烈王) 원년(1275)에 상장군(上將軍) 인후(印候)를 보내어 합포를 지키게 하였다. 같은 왕 6년(1280)에 왜구(倭寇)가 합포를 노략질하였고, 7년(1281)에 원 세조가 또 원수(元帥) 흔도(忻都) 홍다구(洪茶丘) 고려 장수 김방경(金方慶) 김주정(金周鼎)에게 명하여 수군을 거느리고 다시 일본을 정벌하였다. 왕이 합포에 행차하여 대대적인 사열을 행하였다. 원 세조가 또 범문호(範文虎)에게 명하여 오랑캐 군사 10만명을 징발하여 강남에서 출발하여 함께 일본의 일기도(一岐島)에 도착하여 여러 번의 전투에서 350여 명을 죽였으나, 원의 군사도 전투와 질병으로 죽은 자가 3,000여 인이나 되었다. 범문호(範文虎)가 전함 3,500여 척과 오랑캐 군사 10만여 명을 거느리고 일본에 도착하였을 때 마침 태풍을 만나 군사가 모두 익사하였다. 원의 군사로서 돌아오지 못한 자가 10만여 명이었고, 고려의 군사로서 돌아오지 못한 자가 7,000

여 명이었다. 원은 정동성(征東省)을 폐지하고 기병 300여 명을 보내어 합포를 지키게 하였다. 또 몽고 군사 4,500여 명을 진영(鎭營)에 보내어 주둔하게 하였다.〈충렬왕(忠烈王) 20년(1294)에 폐지하였다. 이때 축성한 성터가 월영대(月影臺) 북쪽에 있다. 후에 우병영(右兵營)을 설치하였다〉 고려 충정왕(忠定王) 2년(1350) 5월에 왜선 20여 척이 합포를 노략질하고 병영을 불태웠다. 또 회원(會原)을 노략질하였다. 공민왕(恭愍王) 원년(1352)에 왜선 50여 척이 합포를 노략질하였다. 같은 왕 23년(1374)에 왜구가 경상도(慶尙道) 일대를 노략질하여 전함 40여 척을 파괴하였다. 또 왜선 350척이 합포에 와서 노략질하고 군영을 불태우니, 군사로서 죽은 사람이 5,000여 명이었다. 왕이 조림(趙琳)을 보내어 도순문사(都巡問使) 김횡(金鋐)을 처형하였다. 고려 우왕(禑王) 2년(1376)에 왜구가 합포의 군영을 불태우고 의창(義昌)과 회원(會原)을 도륙하였다. 같은 왕 3년(1377)에 왜구(倭寇)가 의창을 노략질하고 회원창(會原倉)을 약탈하였다.〈곧 석두창(石頭倉)이다〉 왜구가 또 의창을 노략질하니 도순문사(都巡問使) 배극렴(裴克廉)이 그들과 싸워서 패전하였다. 같은 왕 5년(1379)에 왜구가 합포(合浦)를 노략질 하니 원수(元帥) 우인열(禹仁烈)이 싸워서 물리치고 4명을 죽였다. 아군(我軍)으로서 죽거나 부상한 사람은 80여 명이나 되었다.

○조선 선조(宣祖) 25년(1592)에 왜적이 창원(昌原)을 함락시켰다.

3. 거제도호부(巨濟都護府)

『연혁』(沿革)

본래는 해도(海島)였는데, 신라 문무왕(文武王) 때 처음으로 상군(裳郡)을 설치하였다. 경덕왕(景德王) 16년(757)에 거제군(巨濟郡)이라고 개칭하고〈영현(領縣)은 3곳인데, 아주현(鵝洲縣) 명진현(溟珍縣) 남수현(南垂縣)이다〉 강주(康州)에 소속시켰다. 고려 현종(顯宗) 9년에 현령(縣令)으로 고쳤다.〈영현은 아주현(鵝洲縣) 송변현(松邊縣) 명진현(溟珍縣)이다〉 고려 원종(元宗) 12년(1271)에 거창(居昌)의 가조현(加祚縣)에 임시로 읍치를 옮겼다.〈왜구(倭寇)에게 땅을 빼앗겼기 때문이다〉 충렬왕(忠烈王) 때 읍치를 관성현(管城縣)〈지금의 옥천군(沃川郡)이다〉에 병합되었다가 곧 복귀하였다. 조선 태종(太宗) 14년(1414)에 거창현(居昌縣)에 합쳐서 제창현(濟昌縣)이라고 하였다가 세종(世宗) 14년(1432)에 다시 옛 섬으로 복귀하여 지거제현사(知巨濟縣事)로 삼았다. 후에 현령(縣令)으로 개칭하였다. 현종(顯宗) 5년(1664)에 읍치를 옛 명진현(溟珍縣) 읍치 서쪽 3리로 옮겼다.〈옛 읍치는 현재의 읍치에서 북쪽으로 30리에 있다〉 숙종(肅宗) 37년(1711)에 도호부(都護府)로 승격하였다.

「읍호」(邑號)

기성(岐城)

「관원」(官員)

도호부사(都護府使)〈김해진관병마동첨절제사(金海鎭管兵馬同僉節制使)를 겸한다〉 1원을 두었다.

『고읍』(古邑)

아주현(鵝洲縣)〈읍치에서 동쪽으로 20리에 있다. 본래 신라의 거로현(居老縣)으로서 일명 노거현(老居縣)이라고도 하였다. 실성왕(實聖王) 원년(402)에 학생(學生)들의 식읍(食邑)으로 삼기 위하여 청주(菁州)에 소속시켰다. 경덕왕(景德王) 16년(757)에 아주현(鵝洲縣)으로 고치고 거제군의 영현(領縣)으로 삼았다. 고려 현종(顯宗) 9년(1018)에 거제군에 합쳤다〉

송변현(松邊縣)〈읍치에서 남쪽으로 30리에 있다. 본래 신라의 송변현(松邊縣)이었다. 경덕왕(景德王) 16년(757)에 남수현(南垂縣)이라고 고치고 거제군(巨濟郡)의 영현(領縣)으로 삼았다. 고려 현종(顯宗) 때 옛 이름으로 복구하였다가 거제군에 합쳤다〉

명진현(溟珍縣)〈읍치에서 동쪽으로 3리에 있다. 본래 신라의 매진이현(買珍伊縣)이었다. 경덕왕(景德王) 16년(757)에 명진현(溟珍縣)으로 고치고 거제군(巨濟郡)의 영현(領縣)으로 삼았다. 고려 현종(顯宗) 때 거제현에 합쳤고 후에 감무(監務)를 두었다. 고려 원종(元宗) 12년(1271)에 왜구를 피해 육지로 올라와서 진주(晋州)의 옛 영선현(永善縣)에 임시 읍치를 두고 있었다. 조선 정종(定宗) 때 강성현(江城縣)과 합쳐서 진성현(珍城縣)이라고 하였다가 세종(世宗) 14년(1432)에 다시 거제군에 합쳤다〉

『방면』(坊面)

읍내면(邑內面) 〈읍치로부터 남쪽으로 1리에서 시작하여 40리에서 끝난다〉

고현내면(古縣內面)〈읍치로부터 북쪽으로 15리에서 시작하여 40리에서 끝난다〉

둔덕면(屯德面)〈읍치로부터 서쪽으로 10리에서 시작하여 30리에서 끝난다〉

사등면(沙等面)〈읍치로부터 서쪽으로 10리에서 시작하여 40리에서 끝난다〉

영초면(迎草面)〈읍치로부터 북쪽으로 30리에서 시작하여 50리에서 끝난다〉

하청면(河淸面)〈읍치로부터 북쪽으로 40리에서 시작하여 70리에서 끝난다. 본래는 하청부곡(河淸部曲)이었다〉

○〈고정부곡(古丁部曲)은 곧 옛 거제현(巨濟縣) 때의 치소(治所)였다.

죽토부곡(竹吐部曲)은 읍치에서 동북쪽으로 30리에 있다.

말근향(末斤鄕)은 죽토부곡의 동쪽에 있다.

덕해향(德海鄕)은 읍치에서 동북쪽으로 30리에 있다.

연정장(鍊汀莊)은 읍치에서 동북쪽으로 30리에 있다〉

『산수』(山水)

계룡산(雞龍山)〈읍치에서 동북쪽으로 5리에 있다. 웅장하고 높으며 널리 펼쳐져 있다. 동쪽으로 대마도(對馬島)를 바라보고 있다. 산 가운데에는 소요동(逍遙洞) 백운계(白雲溪) 운문폭(雲門瀑) 신청담(神淸潭) 성심천(醒心泉) 군자지(君子池) 등이 있다〉

가라산(加羅山)〈읍치에서 남쪽으로 30리에 있다. 대마도(對馬島)를 바라보기에 가장 가깝다〉

증산(甑山)〈읍치에서 서쪽으로 40리에 있다. 견내량(見乃梁)의 동편 가이다〉

주산(主山)〈읍치에서 동쪽으로 5리에 있다〉

육금산(六金山)〈읍치에서 북쪽으로 50리에 있다〉

앵산(鶯山)〈읍치에서 동북쪽으로 40리에 있다〉

옥림산(玉林山)〈읍치에서 동북쪽으로 30리에 있다〉

노자산(老子山)〈읍치에서 동쪽으로 15리에 있다〉

【송전(松田)이 93곳 있다】

「영로」(嶺路)

주작현(朱雀峴)〈읍치에서 북쪽으로 30리에 있다〉

고성치(古城峙)〈읍치에서 동쪽으로 5리에 있다〉

반송치(盤松峙)〈읍치에서 남쪽으로 20리에 있다〉

○바다〈서북쪽으로는 작은 바다가 있고 동남쪽으로는 큰 바다가 있다〉

구천(九川)〈주산(主山)에서 나와 서쪽으로 흐르다가 산촌포(山村浦)로 들어간다〉

사등포(沙等浦)〈읍치에서 서북쪽으로 25리에 있다〉

탑포(塔浦)〈읍치에서 남쪽으로 30리에 있다〉

오비포(吳非浦)〈읍치에서 동북쪽으로 40리에 있다〉

가이포(加耳浦)〈읍치에서 동북쪽으로 50리에 있다〉

하청포(河淸浦)〈北五十里 읍치에서 북쪽으로 50리에 있다〉

사외포(絲外浦)〈읍치에서 동북쪽으로 50리에 있다〉

황포(黃浦)〈읍치에서 동북쪽으로 70리에 있다〉

간다포(間多浦)〈읍치에서 서쪽으로 10리에 있다〉

명진포(溟珍浦)〈읍치에서 남쪽으로 4리에 있다〉

산촌포(山村浦)〈읍치에서 남쪽으로 10리에 있다〉

오양포(烏壤浦)〈읍치에서 서북쪽으로 10리에 있다〉

죽림포(竹林浦)〈읍치에서 서남쪽으로 5리에 있다. 여러 고을의 전선들이 집결 정박하는 곳이다〉

조아포(鳥兒浦)〈읍치에서 남쪽으로 20리에 있다. 통영(統營)의 옛 터가 있다〉

「도서」(島嶼)

산달도(山達島)〈둘레가 30리이다. 통영(統營)의 둔전이 있다〉

한산도(閑山島)〈둘레가 80리이다. 임진왜란(壬辰倭亂) 때 통제사(統制使) 이순신(李舜臣)이 왜적(倭賊)을 여기서 대파하였다. 군향창(軍餉倉) 봉대(烽臺) 제승당(制勝堂) 충렬사(忠烈祠)가 있다〉

좌이도(佐伊島)〈대·소의 두 섬이 있다〉

용초도(龍草島)〈이상은 읍치 서쪽 바다 가운데 있다〉

사도(沙島)

칠천도(漆川島)

유자도(柚子島)〈대·소의 두 섬이 있다. 온 섬에 유자가 가득하다〉

선이도(先耳島)〈대·소의 두 섬이 있다〉

노론덕도(老論德島)

이물도(利勿島)

저도(猪島)〈이상은 읍치 북쪽의 바다에 있다〉

주원도(朱原島)〈둘레가 40리이다〉

비진도(非辰島)〈안팎의 두 섬이 있다〉

매매도(每每島)〈둘레가 40리이다〉

오아도(烏兒島)

죽도(竹島)〈대·소의 두 섬이 있다〉

모미도(毛味島)〈안팎의 두 섬이 있다. 이상 여러 섬들은 읍치 남쪽 바다에 있다〉

지삼도(只森島)

난도(卵島)〈이상은 읍치 동남쪽 바다에 있다〉

각도(角島)

연도(椽島)〈이상은 읍치 동북쪽 바다에 있다〉

좌이도(佐耳島)

적도(赤島)〈이상은 읍치 서쪽 바다에 있다〉

『성지』(城池)

고읍성(古邑城)〈사등성(沙等城)이라고 부른다. 읍치 북쪽으로 20리 옛 오양보(烏壤堡)의 동쪽에 있다. 둘레는 2,511보이고, 우물이 하나 있다〉

고현성(古縣城)〈읍치에서 동북쪽으로 20리에 있다. 사등성(沙等城)에서 현재의 읍치로 옮긴 것이다. 남북 사이의 거리가 10리이니 곧 지금의 고정부곡(古丁部曲)이다. 이 때부터 현재의 읍치로 옮겨왔다. 단종(端宗) 때 찬성(贊成) 정분(鄭苯)이 축조하였다. 둘레는 3,088척이다. 샘 3곳, 연못 2곳이 있다〉

둔덕기성(屯德岐城)〈읍치에서 서북쪽으로 30리에 있다. 둘레는 1.002척이다. 연못 1곳이 있다〉

『영아』(營衙)

「혁폐」(革廢)

우수영(右水營)〈본래는 웅천(熊川)의 제포(薺浦)에 설치하였다가 후에 창원의 합포(合浦)로 이설하였고, 또 본 고을의 산연포(山連浦)로 옮겼다가, 탑포(塔浦)로 이설하였고 또 오아포(烏兒浦)로 옮겼다. 선조(宣祖) 26년(1593)에 삼도통제영(三道統制營)을 겸하였고, 37년(1604)에 고성(固城)의 두룡포(頭龍浦)로 옮기고 오아포를 행영(行營)으로 삼았다가 후에 폐지하였다. 고성을 보라〉

『진보』(鎭堡)

영등포진(永登浦鎭)〈예전에는 구미포(仇未浦)를 설치하고 수군만호(水軍萬戶)를 두었다. 인조(仁祖) 원년(1623)에 견내량(見乃梁) 서쪽 3리 되는 곳으로 옮겼다가 영조 27년(1751)에 폐지하고, 32년(1756)에 다시 설치하였다. 왜인(倭人)들이 설치한 석성(石城)이 있다. ○수군만호(水軍萬戶) 1원을 두었다〉

조라포진(助羅浦鎭)〈읍치에서 동북쪽으로 40리에 있다. 선조(宣祖) 25년(1592)에 옥포(玉浦) 성 밖으로 옮겼다가 효종(孝宗) 2년(1651)에 지세포(知世浦) 옛 터로 옮겼다. 성의 둘레는 1,074척이다. 우물 1곳, 연못 1곳이 있다. ○수군만호(水軍萬戶) 1원을 두었다〉

옥포진(玉浦津)〈읍치에서 동북쪽으로 35리에 있다. 성종(成宗) 19년에 성을 축조하였다. 둘레는 1,074척이고, 우물 1곳, 연못 1곳이 있다. ○수군만호(水軍萬戶) 1원을 두었다〉

지세포(知世浦)〈읍치에서 동쪽으로 40리에 있다. 임진왜란(壬辰倭亂) 뒤 변포(邊浦)에서부터 옥포(玉浦)의 옛 성으로 옮겼다. 효종(孝宗) 2년(1651)에 옛 터로 돌아왔다. 후에 또 지금의 진성(鎭城)으로 옮겼다. 둘레는 1,605척이다. ○수군만호(水軍萬戶) 1원을 두었다〉

가배량진(加背梁鎭)〈읍치에서 남쪽으로 20리 오아포(烏兒浦)의 우수영(右水營) 옛 터에 있다. 성의 둘레는 2,620척이다. 샘 1곳과 연못 1곳이 있다. 선조(宣祖) 37(1604)년에 우수영(右水營)을 고성현(固城縣) 자리로 옮기면서 본진을 여기에 설치하였다. ○수군만호(水軍萬戶) 1원을 두었다〉

장목포진(長木浦津)〈읍치에서 북쪽으로 60리에 있다. 본래 훈련도감(訓練都監)의 둔전이었는데, 효종(孝宗) 7년(1656)에 둔(屯)을 설치하고 별장(別將)을 두었다. 왜인들이 쌓은 성이 있다. ○수군만호(水軍萬戶) 1원을 두었다〉

율포보(栗浦堡)〈읍치에서 동남쪽으로 20리에 있다. 현종(顯宗) 5년(1664)에 우수영(右水營)의 옛 터 남쪽으로 옮겼다. 숙종(肅宗) 13년(1687)에 또 가라산(加羅山) 아래로 옮겼다. 경종(景宗) 4년(1724)에 옛 수영(水營) 남쪽 5리로 옮겼다. ○권관(權管) 1원을 두었다〉

「혁폐」(革廢)

영등포구진(永登浦舊鎭)〈읍치에서 동북쪽으로 70리에 있다. 성의 둘레는 1,068척이다. 시내 1곳이 있다〉

조라포구진(助羅浦舊鎭)〈읍치에서 동쪽으로 40리에 있다. 성의 둘레는 1,890척이다. 샘이 1곳 있다〉

옥포구진(玉浦舊鎭)〈읍치에서 동쪽으로 40리에 있다〉

지세포구진(知世浦舊鎭)〈읍치에서 동쪽으로 40리에 있다〉

가배량구진(加背梁舊鎭)〈예전에는 고성(固城) 남쪽 경계에 있었다가 왕포(王浦)로 옮겼다. 성의 둘레는 2,628척이다. 영조(英祖) 23년(1747)에 지금의 진으로 옮겼다〉

율포구진(栗浦舊鎭)〈읍치에서 동북쪽으로 50리에 있다. 성의 둘레는 900척이다. 샘이 1곳, 시내가 1곳이 있다〉

오양폐보(烏壤廢堡)〈읍치에서 서북쪽으로 30리에 있다. 연산군(燕山君) 6년(1500)에 진보(鎭堡)를 역(驛)에 설치하고 권관(權管)을 두었다. 성의 둘레는 2,150척이다〉

소비포폐보(所非浦廢堡)〈읍치에서 동남쪽으로 50리에 있다. 성의 둘레는 1,068척이다. 영조(英祖) 26년(1750)에 고성(固城)의 비포진(非浦鎭)으로 부르던 곳으로 옮겼다〉

『봉수』(烽燧)

가라산(加羅山) 봉수〈첫 시작하는 곳이다. 위를 보라〉

「권설」(權設: 임시로 설치한 곳/역자주)

등산(登山) 봉수

남망(南望) 봉수 〈모두 가배량(加背梁)에 있다〉

옥림산(玉林山) 봉수〈옥포(玉浦)에 있다〉

눌일곶(訥逸串) 봉수〈지세포(知世浦)에 있다〉

가을곶(柯乙串) 봉수〈율포(栗浦)에 있다〉

『창고』(倉庫)

읍창(邑倉)은 2곳이 있다.

진창(鎭倉)은 7곳이 있다.

『역참』(驛站)

오양역(烏壤驛)〈견내량(見乃梁) 동쪽 해안에 있다〉

『목장』(牧場)

가조도(加助島) 목장

칠천도(漆川島) 목장〈소를 키운다〉

산달도(山達島) 목장

구천동(九川洞) 목장〈가라산(加羅山) 동쪽에 있다〉

탑포(塔浦) 목장

옛 영등(舊永登) 목장

장목포(長木浦) 목장

구조라포(舊助羅浦) 목장

지세포(知世浦) 목장

『진도』(津渡)

견내량진(見乃梁津)〈읍치에서 서쪽으로 30리에 있다. 고성(固城)에서 이 곳을 건너 본 고을에 들어온다. 요해(要海)가 되는 지점이다〉

『토산』(土産)

대[죽(竹)] 옻[칠(漆)] 왜닥나무[왜저(倭楮)] 유자[유(柚)] 치자[치(梔)] 석류[유(榴)] 표고버섯[향심(香蕈)] 벌꿀[봉밀(蜂蜜)] 녹용(鹿茸) 김[해의(海衣)] 미역[곽(藿)] 해삼(海蔘) 전복[복(鰒)] 문어(文魚) 등 어물(魚物) 15종 및 활[궁(弓)] 창자루[삭(槊)] 수달(水獺)이 있다.

『장시』(場市)

읍내장(邑內場)은 4일, 9일이다. 하청장(河淸場)은 1일, 8일이다. 아주장(鵝洲場)은 2일, 7일이다.

『누정』(樓亭)

진남루(鎭南樓)

운주루(運籌樓)

제승정(制勝亭)

대변정(待變亭)

『전고』(典故)

고려 의종(毅宗) 24년(1170)에 무신 정중부(鄭仲夫)와 이의방(李義方) 등이 반란을 일으켜 왕을 폐위시키자 왕은 혼자서 말을 타고 거제현(巨濟縣)으로 귀양을 갔다. 고려 고종(高宗) 13년(1226)에 왜구(倭寇)가 경상도(慶尙道) 연해 지역의 고을들을 노략질하였다. 거제현령(巨濟縣令) 진룡(陳龍)이 수군을 지휘하여 사도(沙島)에서 싸우니 적군이 밤을 타고 도망갔다. 고려 원종(元宗) 13년(1272)에 삼별초(三別抄)가 거제현을 노략질하여 전선 3척을 불태우고 현령(縣令)을 잡아갔다. 고려 충정왕(忠定王) 2년(1350)에 왜구(倭寇)가 거제(巨濟)를 노략질하였다. 공민왕(恭愍王) 10년(1361)에 왜구가 거제현을 노략질하였다.

○조선 선조(宣祖) 25년(1592)에 전라좌수사(全羅左水使) 이순신(李舜臣)이 왜적을 옥포진(玉浦鎭) 앞 바다에서 대파하고 왜선 30여 척을 불태웠다. 선조 27년(1394)에 명 나라에서 일본책봉정사(日本册封正使) 이종성(李宗誠) 등을 보내었다. 이종성은 왜군 진영에 여러 번 사자(使者)를 보내어 왜군이 바다를 건너가도록 재촉하였다. 이에 평행장(平行長)이 먼저 웅천(熊川)의 몇 진과 거제(巨濟) 장문(場門) 소반포(蘇泮浦) 등에서 철수하여 신뢰를 보였다. 선조 31년(1398) 12월에 수군도독(水軍都督) 진린(陳璘)과 계금(季金) 등이 우리 수군과 힘을 합쳐서 영남 해안 지역을 수색하여 적의 자취를 모두 없애고 허국위(許國威) 등에게 명하여 거제(巨濟) 한산도(閑山島) 등의 지역에 수군을 나누어 주둔시켰다. 진린은 남해(南海)에서 고금도(古今島)로 돌아와 주둔하고 허국위는 남해로 물러가 주둔하였다.

4. 함안군(咸安郡)

『연혁』(沿革)

본래는 아시량국(阿尸良國)니다.〈일명 아나가야(阿那加耶)라고도 한다〉 신라 지증왕(智證王) 15년(514)에 점령하여 아시촌(阿尸村)에 소경(小京)을 두었다.〈육부(六部)와 남부 지역의 사람들을 이곳으로 이주시켜 민호를 채웠다〉 법흥왕(法興王) 24년(537)에 아시량군(阿尸良郡)을 두었다. 경덕왕(景德王) 16년(757)에 함안군(咸安郡)이라고 고치고〈영현(領縣)이 2곳인데, 현무현(玄武縣)과 의령현(宜寧縣)이다〉 고려 성종(成宗) 14년(995)에 함주(咸州)로 승격시키고 자사(刺使)를 두었다. 현종(顯宗) 9년(1018)에 다시 함안군(咸安郡)으로 하고 금주(金州)에 예속시켰다. 명종(明宗) 2년(1172)에 감무(監務)를 두었고, 공민왕(恭愍王) 22년(1373)에 지군사(知郡事)로 승격하였다.〈고을 사람이었던 주영찬(周英贊)의 딸이 원 나라에 들어가 궁인(宮人)이 되고 황제의 총애를 받았기 때문이다〉 조선 세조(世祖) 12년(1466)에 군수(郡守)로 고쳤다. 선조(宣祖) 34년(1601)에 진해(鎭海)를 여기에 이속시켰다가, 광해군(光海君) 9년(1617)에 다시 분리시켰다. 인조(仁祖) 7년(1629)에 또 진해를 합병시켰다가 17년(1639)에 분리시켰다.

「읍호」(邑號)

금라(金羅) 사라(沙羅) 파산(巴山)

「관원」(官員)

군수(郡守)〈김해진관병마동첨절제사(金海鎭管兵馬同僉節制使)를 겸한다〉 1원을 두었다.

『고읍』(古邑)

현무현(玄武縣)〈읍치에서 서쪽으로 30리에 있다. 본래 신라의 소삼현(召彡縣)이었는데 후에 소삼정(召參亭)을 두었다. 경덕왕(景德王) 16년(757)에 현무현(玄武縣)이라고 고치고 함안군(咸安郡)의 영현(領縣)으로 삼았다. 고려 현종(顯宗) 9년(1018)에 그대로 함안군에 예속시키고 강등하여 소삼부곡(召彡部曲)으로 삼았다〉

『방면』(坊面)

상리면(上里面)〈읍치로부터 1리에서 시작하여 10리에서 끝난다〉

산내면(山內面)〈읍치로부터 1리에서 시작하여 5리에서 끝난다〉

산외면(山外面)〈읍치로부터 북쪽으로 5리에서 시작하여 10리에서 끝난다〉

산익면(山翼面)〈읍치로부터 동쪽으로 5리에서 시작하여 20리에서 끝난다〉

병곡면(并谷面)〈읍치로부터 남쪽으로 10리에서 시작하여 25리에서 끝난다〉

안인면(安仁面)〈읍치로부터 동북쪽으로 10리에서 시작하여 25리에서 끝난다〉

내대산면(內代山面)〈읍치로부터 북쪽으로 20리에서 시작하여 40리에서 끝난다〉

외대산면(外代山面)〈읍치로부터 북쪽으로 15리에서 시작하여 40리에서 끝난다〉

우곡면(牛谷面)〈읍치로부터 북쪽으로 10리에서 시작하여 20리에서 끝난다〉

백사면(白沙面)〈읍치로부터 서쪽으로 15리에서 시작하여 20리에서 끝난다〉

마유면(馬榆面)〈읍치로부터 서쪽으로 20리에서 시작하여 30리에서 끝난다〉

남산면(南山面)〈읍치로부터 남쪽으로 20리에서 시작하여 30리에서 끝난다〉

대곡면(大谷面)〈읍치로부터 남쪽으로 15리에서 시작하여 30리에서 끝난다〉

비사곡면(比史谷面)〈읍치로부터 남쪽으로 15리에서 시작하여 40리에서 끝난다〉

산니면(山尼面)〈읍치로부터 서쪽으로 25리에서 시작하여 30리에서 끝난다〉

안도면(安道面)〈읍치로부터 서쪽으로 20리에서 시작하여 30리에서 끝난다〉

○〈본산부곡(本山部曲)은 읍치에서 서쪽으로 20리에 있다.

감물각부곡(甘勿各部曲)은 읍치에서 서북쪽으로 25리에 있다.

간곡소(杆谷所)는 읍치에서 남쪽으로 18리에 있다〉

지곡소(知谷所)는 읍치에서 서쪽으로 37리에 있다.

추자곡소(楸子谷所)는 읍치에서 남쪽으로 20리에 있다.

비사곡소(比史谷所)는 읍치에서 남쪽으로 27리에 있다.

손촌소(損村所)는 읍치에서 서쪽으로 40리에 있다〉

『산수』(山水)

파산(巴山)〈읍치에서 동남쪽으로 25리에 있다. 서쪽으로 여항산(余航山)과 연결되어 있다〉

여항산(余航山)〈읍치에서 남쪽으로 25리 진해(鎭海) 경계에 있다. 그 정상의 바위에는 소리가 난다. 그 서북쪽에 또 하나의 봉우리가 있는데 곧 미산(眉山)이다. 읍치 서남쪽으로 50리에 있다〉

생동산(生董山)〈읍치에서 동남쪽으로 23리에 있다〉

광려산(匡廬山)〈읍치에서 동쪽으로 20리에 있다. 이상 두 산은 창원(昌原) 경계에 있다〉

방어산(防禦山)〈일명 침산(砧山)이라고도 한다. 읍치에서 서쪽으로 30리에 있다〉

백이산(伯夷山)〈일명 쌍안(雙岸)이라고도 한다. 읍치에서 서남쪽으로 20리 진주(晋州) 경계에 있다. 쌍둥이 봉우리가 대치하여 경치가 맑고 빼어나다〉

용화산(龍華山)〈읍치에서 북쪽으로 40리에 있다〉

안곡산(安谷山)〈읍치에서 동북쪽으로 40리 칠원(漆原) 경계에 있다〉

포덕산(飽德山)〈읍치에서 동쪽으로 20리 칠원(漆原) 경계에 있다〉

동지산(冬至山)〈읍치에서 동쪽으로 10리에 있다〉

법수산(法水山)〈읍치에서 북쪽으로 25리에 있다〉

장원봉(壯元峯)〈읍치에서 동쪽으로 20리에 있다〉

의상대(義相臺)〈읍치에서 서남쪽으로 20리에 있다〉

「영로」(嶺路)

어령(於嶺)〈읍치에서 동쪽으로 2리 칠원(漆原) 경계에 있다〉

일이현(一伊峴)〈읍치에서 동쪽으로 25리 창원(昌原) 경계에 있다〉

미산령(眉山嶺)읍치에서 서남쪽으로 20리에 있다〉

대현(大峴)〈읍치에서 남쪽으로 25리 진해(鎭海) 경계에 있다〉

○낙동강(洛東江)〈읍치에서 북쪽으로 40리에 있다〉

진강(晋江)〈읍치에서 서쪽으로 30리에 있다. 읍치 북쪽 40리에 이르러 낙동강에 합쳐 들어간다〉

장안천(長安川)〈읍치에서 서북쪽으로 40리에 있다. 근원은 여항산(余航山)의 동쪽에서 나와 북쪽으로 흐르다가 읍치 남쪽 10리에 이르러 멈춰 고여서 도량연(道場淵)이 되는데 그 깊이를 측정할 수 없다. 군의 동쪽을 지나 큰 내가 되었다가 북쪽으로 흘러 진강(晋江)의 풍탄(楓灘)으로 들어간다〉

대천(大川)〈읍치에서 동쪽으로 1리에 있다. 도량연(道場淵)의 하류이다〉

파수(巴水)

팔곡계(八谷溪)

별천(別川)〈위 3곳은 모두 여항산(余航山)에서 나와 북쪽으로 흘러 대천과 합쳐 풍탄(楓

灘)으로 들어간다〉

대포(大浦)〈대천의 하류이다〉

풍탄(楓灘)〈읍치에서 북쪽으로 25리에 있다. 정암진(鼎岩津)의 하류이다. 또 동북쪽으로 흐르다가 영산(靈山) 경계에 이른다. 낙동강(洛東江)이 북쪽에서 내려와서 기강(岐江)이 된다. 남안에는 아견사(阿見寺)가 있다〉

율계(栗溪)〈읍치에서 동쪽으로 10리에 있다〉

【제언(堤堰)은 9곳이 있다】

『성지』(城池)

읍성(邑城)〈둘레가 7,003척이다. 우물 15곳, 해자와 연못 2곳이 있다〉

가야고성(加耶古城)〈읍치에서 북쪽으로 5리에 옛 터가 있다. ○읍치 북쪽 백사리(白沙里)에는 옛 가야국의 터가 있다. 또 우곡면(牛谷面)의 동서 경계에는 고분(古墳)들이 있는데 높이가 5길 되는 것이 40여 소가 있다. 세상에서 전하기를 가야(加耶) 때의 임금을 장사한 것이라고 한다〉

방어산고성(防禦山古城)〈곧 현무현(玄武縣) 때의 성이다. 둘레가 923척이고 우물이 1곳 있다. 서쪽에 장군대(將軍臺)가 있고 아래에는 마제현(馬蹄峴)이 있다. 북쪽에는 장군(將軍)의 철 동상이 있다〉

고성(古城)〈읍치에서 동쪽으로 5리에 있다. 성점(城岾)이라고 부른다. 둘레가 3,605척이다〉

『봉수』(烽燧)

파산(巴山) 봉수〈위를 보라〉

『창고』(倉庫)

읍창(邑倉)

서창(西倉)〈읍치에서 서쪽으로 25리에 있다〉

『역참』(驛站)

춘곡역(春谷驛)〈읍치에서 서쪽으로 11리에 있다〉

파수역(巴水驛)〈읍치에서 서쪽으로 4리 파수 강 위에 있다〉

『진도』(津渡)

도흥진(道興津)〈읍치에서 서쪽으로 40리 영산(靈山) 경계에 있다〉

정암진(鼎岩津)〈읍치에서 서북쪽으로 38리 의령(宜寧) 경계에 있다〉

『토산』(土産)

대[죽(竹)] 옻[칠(漆)] 닥나무[저(楮)] 밤[율(栗)] 감[시(柿)] 석류[유(榴)] 대추[조(棗)] 모시[저(苧)] 표고버섯[향심(香蕈)] 벌꿀[봉밀(蜂蜜)] 잉어[이어(鯉魚)] 붕어[즉어(鯽魚)]

『장시』(場市)

평림장(平林場)은 1일, 6일이다. 방목장(放牧場)은 3일, 8일이다. 궁업장(弓業場)은 4일, 9일이다.

『누정』(樓亭)

청범루(淸範樓)

이사정(二謝亭)

『사원』(祠院)

서산서원(西山書院)〈숙종(肅宗) 병술년(1706)에 창건하고 계묘년(1723)에 사액(賜額)하였다〉 조려(趙旅)〈자는 주옹(主翁) 호는 어계(漁溪)이고 본관은 함안(咸安)이다. 이조판서(吏曹判書)를 증직하였고 시호는 정절(靖節)이다〉 원호(元昊)〈호는 관란(觀瀾)이고 본관은 원주(原州)이다. 벼슬은 직제학(直提學)을 지내고 이조판서(吏曹判書)에 증직되었다. 시호는 정절(貞節)이다〉 김시습(金時習)〈양주(楊州)를 보라〉 이맹전(李孟專)〈선산(善山)을 보라〉 성담수(成聃壽)〈호는 문두(文斗)이고 본관은 창녕(昌寧)이며, 성희(成熺)의 아들이다. 이조판서(吏曹判書)를 증직하였고 시호는 정숙(靖肅)이다〉 남효온(南孝溫)〈고양(高陽)을 보라. 위 6현(六賢)은 단종(端宗)을 위하여 절개를 다하였는데, 세칭 생육신(生六臣)이라고 부른다〉을 제사한다.

『전고』(典故)

고려 우왕(禑王) 2년(1376)에 왜구가 함안(咸安)을 불태우고 노략질하였다.〈동래(東萊) 양주(梁州) 언양(彦陽) 기장(機張) 고성(固城) 영선(永善)도 그러하였다〉 ○조선 선조(宣祖) 25년(1592)에 왜적이 함안(咸安)을 함락시켰고, 30년(1597)에 다시 왜적이 함안을 함락시켰다.

5. 고성현(固城縣)

『연혁』(沿革)

본래 소가야국(小伽耶國)이었는데, 신라가 점령하여 고자군(古自郡)〈일명 고자국(古自國)이라고도 한다. 지금의 고성(固城)은 포상8국(浦上八國)의 하나이다〉을 설치하였다. 경덕왕(景德王) 16년(757)에 고성군(固城郡)으로 고치고〈영현(領縣)이 3곳이니, 문화현(文和縣) 사수현(泗水縣) 상선현(尙善縣)이다〉 강주(康州)에 예속시켰다. 고려 성종(成宗) 14년(995)에 고주자사(固州刺史)로 고쳤다가 현종(顯宗) 9년(1018)에 현령(縣令)으로 강등하였다.〈일설에는 거제현(巨濟縣)에 합쳤다가 후에 분리하여 현령(縣令)을 두었다고도 한다〉 고려 원종(元宗) 7년(1266)에 지주사(知州事)로 승격하였고, 충렬왕(忠烈王) 때 남해군(南海郡)에 합병하였다가 곧 분리시키고 현령(縣令)을 두었다. 조선에서도 그대로 하였다.

「읍호」(邑號)

철성(鐵城)

「관원」(官員)

현령(縣令)〈김해진관병마절제도위(金海鎭管兵馬節制都尉)를 겸한다〉 1원을 두었다.

『방면』(坊面)

동읍내면(東邑內面)〈읍치로부터 10리에서 끝난다〉

서읍내면(西邑內面)〈읍치로부터 5리에서 끝난다〉

상서면(上西面)〈읍치로부터 15리에서 시작하여 40리에서 끝난다〉

하리일운면(下里一運面)〈읍치로부터 서쪽으로 25리에서 시작하여 45리에서 끝난다〉

하리이운면(下里二運面)〈읍치로부터 서쪽으로 40리에서 시작하여 65리에서 끝난다〉

가동면(可洞面)〈읍치로부터 북쪽으로 5리에서 시작하여 20리에서 끝난다〉
대둔면(大芚面)〈읍치로부터 북쪽으로 5리에서 시작하여 30리에서 끝난다〉
마암면(馬岩面)〈읍치로부터 동북쪽으로 20리에서 시작하여 40리에서 끝난다〉
구만면(九萬面)〈읍치로부터 동북쪽으로 30리에서 시작하여 45리에서 끝난다〉
회현면(會賢面)〈읍치로부터 동북쪽으로 30리에서 시작하여 43리에서 끝난다〉
광내일운면(光內一運面)〈읍치로부터 남쪽으로 5리에서 시작하여 15리에서 끝난다〉
광내이운면(光內二運面)〈읍치로부터 동쪽으로 15리에서 시작하여 50리에서 끝난다〉
도선면(道先面)〈읍치로부터 남쪽으로 15리에서 시작하여 30리에서 끝난다〉
춘원면(春元面)〈읍치로부터 남쪽으로 30리에서 시작하여 70리에서 끝난다〉
○〈곡산향(曲山鄕)은 읍치에서 동북쪽으로 20리에 있다.
녹명향(鹿鳴鄕)은 읍치에서 동북쪽으로 30리에 있다.
죽림부곡(竹林部曲)은 읍치에서 동쪽으로 40리에 있다. 후에 죽림수(竹林戍)로 개칭하였다.
어례향(魚禮鄕)은 읍치에서 서쪽으로 30리에 있다.
보령향(保寧鄕)은 읍치에서 서쪽으로 40리에 있다.
적진향(積珍鄕)은 읍치에서 동쪽으로 20리에 있다.
의선향(義善鄕)은 읍치에서 북쪽으로 40리에 있다.
곤의부곡(坤義部曲)은 읍치에서 북쪽으로 15리에 있다.
해빈부곡(海濱部曲)은 읍치에서 동남쪽으로 67리에 있다.
도선부곡(道善部曲)은 읍치에서 동쪽으로 20리에 있다.
진여부곡(珍餘部曲)은 읍치에서 동남쪽으로 25리에 있다.
구허부곡(邱墟部曲)은 읍치에서 동남쪽으로 30리에 있다.
박달부곡(博達部曲)은 읍치에서 서쪽으로 20리에 있다.
활촌부곡(活村部曲)은 읍치에서 서쪽으로 20리에 있다.
궤촌부곡(跪村部曲)은 읍치에서 서쪽으로 50리에 있다.
발산부곡(鉢山部曲)은 읍치에서 동쪽으로 1리에 있다〉

『산수』(山水)

무량산(無量山)〈읍치에서 서쪽으로 10리에 있다〉

남산(南山)〈읍치에서 남쪽으로 2리에 있다〉

불암산(佛岩山)〈읍치에서 서쪽으로 2리에 있다〉

무기산(舞妓山)〈읍치에서 북쪽으로 2리에 있다〉

미륵산(彌勒山)〈읍치에서 남쪽으로 67리에 있다〉

벽산(碧山)〈읍치에서 동쪽으로 15리에 있다〉

괘방산(掛榜山)〈읍치에서 남쪽으로 20리에 있다〉

와룡산(臥龍山)〈읍치에서 서쪽으로 60리 사주(泗州) 경계에 있다〉

무이산(武夷山)〈읍치에서 서쪽으로 25리에 있다. 북쪽으로 백악동(白岳洞)이 있고 서쪽으로 내원사(內院寺)가 있다〉

박달산(朴達山)〈읍치에서 동북쪽으로 40리에 있다〉

적석산(磧石山)〈읍치에서 동북쪽으로 50리 진주(晉州) 경계에 있다〉

대둔산(大芚山)〈읍치에서 북쪽으로 20리에 있다〉

종송산(宗送山)〈읍치에서 서북쪽으로 20리에 있다〉

망림산(望林山)〈읍치에서 서쪽으로 15리에 있다〉

문수산(文殊山)〈읍치에서 서쪽으로 20리에 있다〉

주악곶(住岳串)〈읍치에서 남쪽으로 50리에 있다. 임해암(臨海岩)이 있다〉

용수암(龍水岩)〈읍치에서 북쪽으로 20리에 있다. 우물이 있는데 그 깊이가 끝이 없다〉

상족암(床足岩)〈옛 구솔비포(舊乷非浦)의 서남쪽 15리에 있다. 해변의 암벽에 4개의 석주(石柱)가 있는데 바위가 마치 상(床)과 같다. 조수가 밀려오면 물이 그 아래로 지나간다〉

【송전(松田) 2곳이 있다. 참나무[진목(眞木)] 봉산(封山)은 읍치에서 서쪽으로 60리에 있다】

「영로」(嶺路)

성현(城峴)〈읍치에서 서쪽으로 66리에 있다. 사천(泗川)의 삼천면(三千面)과 진주(晉州)의 말문면(末文面)으로 통한다〉

감치(甘峙)〈읍치에서 서쪽으로 20리에 있다. 사천현(泗川縣)으로 통한다〉

천왕점(天王岾)〈읍치에서 동쪽으로 15리에 있다. 진주(晉州)로 통한다〉

우배치(牛背峙)〈읍치에서 동북쪽으로 20리에 있다. 진해(鎭海)로 통한다〉

○바다〈동북쪽에서 서남쪽에 이르기 까지 모두 바다로 둘러싸여 있다〉

율천(栗川)〈읍치에서 북쪽으로 5리에 있다. 무량산(無量山)에서 나와 동쪽으로 흘러 바다

로 들어간다〉

적진포(積珍浦)〈읍치에서 동쪽으로 30리에 있다〉

안영포(安營浦)〈읍치에서 남쪽으로 15리에 있다〉

수월포(愁月浦)

양지포(陽知浦)〈모두 읍치에서 남쪽으로 15리에 있다〉

마소포(馬所浦)〈읍치에서 서쪽으로 17리에 있다〉

자화포(資火浦)〈읍치에서 동북쪽으로 35리에 있다〉

가차포(加次浦)〈읍치에서 북쪽으로 20리에 있다〉

소소포(召所浦)〈읍치에서 북쪽으로 10리에 있다〉

춘원포(春元浦)〈읍치에서 동남쪽으로 30리에 있다〉

구허포(邱墟浦)〈읍치에서 동쪽으로 30리에 있다〉

장평포(長平浦)〈읍치에서 동쪽으로 50리에 있다〉

어례포(魚禮浦)〈속어로는 어령포(魚令浦)라고 한다. 읍치에서 서쪽으로 30리에 있다〉

쌍봉포(雙峯浦)

수천포(水天浦)〈읍치에서 서쪽으로 24리에 있다〉

지포(池浦)〈읍치에서 서쪽으로 40리에 있다〉

당항포(當項浦)〈읍치에서 북쪽으로 30리에 있다〉

【제언(堤堰) 5곳이 있다】

「도서」(島嶼)

죽도(竹島)〈일명 열악산(悅樂山)이라고도 한다. 읍성 남문 밖에 있다. 온 섬이 모두 대나무로 가득 차 있다〉

종해도(終海島)〈견내량(見乃梁) 서남쪽에 있다. 둘레가 34리이다〉

자란도(自卵島)〈읍치에서 서쪽으로 30리에 있다. 민전(民田)이 있다〉

송도(松島)〈읍치에서 서쪽으로 40리에 있다〉

상박도(上樸島)〈둘레가 20리이다〉

하박도(下樸島)〈둘레가 20리이다〉

연대도(烟臺島)

적화도(赤火島)

공수도(公須島)

조도(鳥島)

오소도(吳所島)

장좌도(長佐島)〈이상 8곳의 섬은 춘원면(春元面)의 남쪽 바다에 있다〉

가조도(加助島)〈말상곶(末上串)의 남쪽에 있다. 민전(民田)이 있다〉

추라도(楸羅島)〈둘레가 40리이다〉

노태도(老太島)〈크고 작은 두 섬이 있다〉

욕지도(欲知島)〈둘레가 60리이다〉

연화도(蓮花島)〈둘레가 50리이다. 욕지도(欲知島) 동쪽에 있다. 이상 두 섬에는 임진왜란(壬辰倭亂) 이전에 왜인(倭人)들의 어선이 상시로 왕래하였다〉

사량도(蛇梁島)〈읍치에서 서남쪽으로 70리 바다 가운데에 있다〉

적질도(赤叱島)

지도(紙島)

하백도(河伯島)〈위 두 섬은 동남쪽에 있다〉

시락도(時落島)〈둘레가 40리이다〉

포도도(葡萄島)〈읍치에서 동쪽으로 40리에 있다. 육지와 잇닿은 곳에 민전(民田)이 있다〉

어응적도(於應赤島)

비파도(琵琶島)〈이상 4곳의 섬은 고을의 동쪽에 있다〉

유자도(柚子島)〈유자(柚子)가 생산된다〉

곤이도(鵾耳島)

두미도(頭尾島)

안도(鞍島)

둔미도(芚味島)

가도(柯島)〈이상 6곳의 섬은 서남쪽에 있다〉

독박도(禿朴島)〈당포(唐浦)의 남쪽에 있다〉

【대구도(大口島) 화도(華島) 정도(鼎島)가 있다】

『성지』(城池)

읍성(邑城)〈둘레가 3,524척이다. 우물이 4곳, 연못이 1곳 있다. 남문(南門)은 안청루(晏淸樓)라고 부른다〉

남산고성(南山古城)〈유지(遺址)가 있다〉

불암산고성(佛岩山古城)〈토축(土築)의 유지(遺址)가 있다〉

성현고성(城峴古城)〈유지(遺址)가 있다〉

자란도고성(自卵島古城)

욕지도고성(欲知島古城)〈모두 유지(遺址)가 있다〉

『영아』(營衙)

우수영겸삼도통제영(右水營兼三道統制營)〈읍치에서 남쪽으로 50리에 있다. 조선 초에 거제(巨濟)의 오아포(烏兒浦)에 우수영(右水營)을 설치하였다. 선조(宣祖) 26년(1593)에 처음으로 통제사(統制使)를 설치하고 경상·전라·충청 3도의 수군을 관장하게 하였다. 이순신(李舜臣)을 통제사(統制使)로 삼았다. 선조 35년(1602)에 본 고을의 두룡포(頭龍浦)에 통제영을 이설하고 오아포(烏兒浦)는 행영(行營: 임시 군영 혹은 예비 군영/역자주)으로 삼았다가 후에 폐지하였다〉

「관원」(官員)

경상우도수군절도사겸경상전라충청삼도수군통제사(慶尙右道水軍節度使兼慶尙全羅忠淸三道水軍統制使) 중군(中軍)〈우후(虞候)를 겸한다. 3월부터 8월까지는 견내량관(見乃梁關)에 유방(留防)한다〉 한학훈도(漢學訓導) 왜학훈도(倭學訓導) 심약(審藥) 각 1원을 두었다.

○영성(營城)〈둘레가 11,730척이다. 우물이 10곳, 연못이 5곳 있다〉

○본영(本營)의 수군이 속한 고을〈창원(昌原) 진주(晉州) 김해(金海) 하동(河東) 거제(巨濟) 고성(固城) 곤양(昆陽) 남해(南海) 웅천(熊川) 진해(鎭海) 사천(泗川)이다〉

속진(屬鎭)〈가덕포(加德浦) 미조항(彌助項) 귀산포(龜山浦) 적량포(赤梁浦) 조라포(助羅浦) 영등포(永登浦) 당포(唐浦) 안골포(安骨浦) 제포(薺浦) 왕포(王浦) 지세포(知世浦) 가배량(加背梁) 사량도(蛇梁島) 평산포(平山浦) 천성포(天城浦) 남촌포(南村浦) 신문포(新門浦) 장수포(長水浦) 청천포(晴川浦) 구솔비포(舊乺非浦) 율포(栗浦) 삼천포(三千浦)이다〉

【섬진(蟾津)은 광양(光陽)에 있다】

창고(倉庫)〈저향창(儲餉倉: 군량미를 보관하는 창고/역자주) 포량창(砲粮倉: 포수의 군량을 보관하는 창고/역자주) 원문창(轅門倉) 유방창(留防倉: 파견부대의 군량이나 군기를 보관하는 창고/역자주) 진휼창(賑恤倉: 일반 백성들의 진휼미를 보관하는 창고/역자주) 군창(軍倉) 섬향고(贍餉庫) 보민고(補民庫: 보관하는 창고/역자주) 군기고(軍器庫) 화약고(火藥庫)〉

누정(樓亭)〈만하루(挽河樓) 세병관(洗兵館) 대변정(待變亭) 상영선소(上營船所) 대변정(待變亭) 우후선소(虞候船所)〉

본영(本營)의 각종 전선은 36척이다. 속읍(屬邑)과 속진(屬鎭)의 각종 전선은 148척이다.

『진보』(鎭堡)

사량도진(蛇梁島鎭)〈섬 가운데 있다. 진주(晉州) 구라량만호(仇羅梁萬戶)를 이곳으로 옮겨온 것이다. 성의 둘레는 1,251척이다. ○수군만호(水軍萬戶) 1원을 두었다〉

당포진(唐浦鎭)〈읍치에서 남쪽으로 67리에 있다. 광영(統營) 서남쪽으로 20리에 있다. 성종(成宗) 19년(1488)에 축성하였다. 성의 둘레는 1,445척이다. ○수군만호(水軍萬戶) 1원을 두었다〉

남촌포보(南村浦堡)〈읍치에서 동남쪽으로 30리에 있다. 광해군(光海君) 6년(1614)에 고을 남쪽 도선촌(道善村)에 설치하였다가 11년(1619)에 소모진(召募鎭)을 적진포(積珍浦)에 이설하고 남촌(南村)이라고 부르게 된 것이다. ○별장(別將) 1원이 있다〉

구솔비포보(舊乺非浦堡)〈읍치에서 서쪽으로 47리에 있다. 처음에는 권관(權管)을 설치하였다. 성종(成宗) 22년(1491)에 축성하였다. 둘레가 825척이다. 선조(宣祖) 37년(1604)에 거제(巨濟)의 수영(水營) 옛 터로 이설하였다가, 39년(1606)에 다시 소모진(召募鎭)을 여기로 이설하고 지금의 이름으로 부르게 되었다. ○별장(別將) 1원이 있다〉

삼천포보(三千浦堡)〈통영(統營) 서남쪽 5리에 있다. 광해군(光海君) 11년(1619)에 사천현(泗川縣)에서 미륵산(彌勒山) 아래로 옮겨와 그대로 삼천포(三千浦)라고 부르게 되었다. 둘레가 2,050척이다. ○권관(權管) 1원이 있다〉

「혁폐」(革廢)

가배량보(加背梁堡)〈읍치에서 남쪽으로 34리에 있다. 예전에는 수군도만호(水軍都萬戶)가 있었는데 후에 거제현(巨濟縣)의 옥포(玉浦)로 옮겨갔다. 성종(成宗) 22년(1491)에 왜구(倭寇)가 자주 침입하여 다시 권관(權管)을 두고 성을 쌓았다. 둘레가 883척이다. 선조(宣祖)

37년(1604)에 다시 거제현의 우수영(右水營) 옛 터로 옮겼다〉

번계진(樊溪鎭)〈읍치에서 서쪽으로 34리에 있다. 예전에는 수군만호(水軍萬戶)가 있었는데 후에 당포(唐浦)로 옮겼다〉

성산진(城山鎭)〈읍치에서 서쪽으로 24리에 있다. 설치하고 폐지한 연혁은 알 수 없다. 옛 성이 있다〉

좌신포(佐申浦)〈읍치에서 동남쪽으로 30리에 있다〉

혜질이포(惠叱伊浦)〈읍치에서 서쪽으로 30리에 있다. 이상 2곳은 척후하고 순시하던 곳이다〉

죽림수(竹林戍)〈죽림부곡(竹林部曲)에 있다. 고려 때 수(戍: 작은 방어 진지/역자주)를 건설하였다〉

『봉수』(烽燧)

미륵산(彌勒山) 봉수〈위를 보라〉

우산(牛山) 봉수〈읍치에서 남쪽으로 30리에 있다〉

천치(天峙) 봉수〈읍치에서 동북쪽으로 20리에 있다〉

곡산(曲山) 봉수〈읍치에서 북쪽으로 10리에 있다〉

좌이산(佐耳山) 봉수〈읍치에서 서남쪽으로 30리에 있다〉

공수산(供需山) 봉수〈사량진(蛇梁鎭)의 주봉(主峯)이다. 이상 6곳은 간봉(間烽)이다〉

「권설」(權設)

한배곶(閑背串) 봉수〈당포진(唐浦鎭)에 있다〉

한산도(閑山島) 봉수〈삼천포보(三千浦堡)에 있다〉

『창고』(倉庫)

읍창(邑倉)

제민창(濟民倉)〈읍치에서 남쪽으로 5리에 있다〉

속창(屬倉)〈곧 진주(晉州) 가산창(駕山倉)의 속창(屬倉)이다. 견내량(見乃梁)에 있다. 고성(固城)과 거제(巨濟)를 위하여 설치하였다. 본창과 더불어 여기서 세곡을 배에 실어 출발시킨다〉

진보창(鎭堡倉)〈5곳이 있다〉

『역참』(驛站)

배둔역(背屯驛)〈읍치에서 북쪽으로 27리에 있다〉

송도역(松道驛)〈읍치에서 북쪽으로 2리에 있다〉

구허역(邱墟驛)〈읍치에서 동남쪽으로 30리에 있다〉

『목장』(牧場)

「혁폐」(革廢)

말상곶(末上串) 목장〈읍치에서 남쪽으로 30리에 있다〉

해평곶(海平串) 목장〈읍치에서 남쪽으로 40리에 있다〉

삼천포(三千浦) 목장

당포(唐浦) 목장

종해도(終海島) 목장

포도도(葡萄島) 목장

『진도』(津渡)

견내량진(見乃梁津)〈읍치에서 동남쪽으로 50리에 있다. 거제(巨濟)로 가는 사람들이 여기를 경유하여 건너가는 곳이니, 곧 영등포진(永登浦鎭)이다. 나루 가에는 관해루(觀海樓)가 있다〉

『토산』(土産)

대[죽(竹)] 왜닥나누[왜저(倭楮)] 차[다(茶)] 석류[유(榴)] 유자[유(柚)] 비자[비(榧)] 감[시(柿)] 표고버섯[향심(香蕈)] 송이버섯[송심(松蕈)] 녹용(鹿茸) 지황(池黃) 양대(凉臺) 부채[선자(扇子)] 미역[곽(藿)] 김[해의(海衣)] 전복[복(鰒)] 해삼(海蔘) 홍합(紅蛤) 대구(大口) 등 어물(魚物) 15종이 난다.

『장시』(場市)

읍내장(邑內場)은 1일, 6일이다. 배둔장(背屯場)은 4일, 9일이다.

『단유』(壇壝)

관음짐단(觀音岾壇)〈읍치에서 서쪽으로 10리에 있다. 봄과 가을에 현령(縣令)이 상박도(上樸島) 하박도(下樸島) 욕지도(欲知島)의 신(神)을 바라보면서 여기에 들어와 제사한다〉

『사원』(祠院)

충렬사(忠烈祠)〈한산도(閑山島)에 있다. 광해군(光海君) 갑인년(1614)에 창건하고 경종(景宗) 계묘년(1723)에 사액(賜額)하였다〉 이순신(李舜臣)〈위를 보라〉을 제사한다.

『전고』(典故)

고려(高麗) 충렬왕(忠烈王) 6년(1280)에 왜구가 고성(固城) 칠포(漆浦)에 침입하자 대장군(大將軍) 한희유(韓希愈)를 보내어 섬들을 방어하게 하였다. 같은 왕 15년(1289)에 왜선이 연화도(蓮花島)와 저전도(楮田島) 두 섬에 침입하였다. 고려 충정왕(忠定王)2년(1350)에 왜구(倭寇)가 고성(固城)과 죽림(竹林)〈거제(巨濟)〉 등 지역을 침입하였다. 합포천호(合浦千戶) 최선(崔禪) 등이 싸워서 격파하였다. 죽은 사람이 300여 인이나 되었다. 왜구가 일어나게 된 것이 이때부터였다. 5월에 왜적(倭賊)이 합포(合浦)에서부터 또 고성(固城)으로 노략질하였다.〈회원(會原)과 장흥(長興)도 같다〉 공민왕(恭愍王) 10년(1361)에 왜구가 고성을 노략질하였다.〈울주(蔚州) 거제(巨濟)도 같다〉 같은 왕 13년(1364)에 왜구가 고성을 노략질하였다.〈사주(泗州)도 같다〉 우왕(禑王) 2년(1376)에 왜구가 고성을 노략질하였다. 같은 왕 4년(1378)에 경상도원수(慶尙道元帥) 배극렴(裵克廉)이 욕지도(欲知島)에서 왜구를 격파하고 50여 명을 베었다. 일본 구주절도사(九州節度使) 원료준(源了俊)이 승려 신홍(信弘)을 보내어 와서 고성 적전포(赤田浦)〈곧 적진포(積珍浦)이다〉에서 왜적과 싸웠으나 이기지 못하고 드디어 그 나라로 돌아갔다. 같은 왕 5년(1379)에 일본해도포촉군관(日本海盜捕促軍官) 박거사(朴居士)가 왜구와 싸웠으나 원수(元帥) 하을지(河乙沚)가 구원하지 않아서 박거사의 군대가 대패하고 겨우 50여 명만 살아 남았다. 이보다 앞서 한주국(韓柱國)이 일본에서 돌아오자 박거사가 그 군사 186인을 거느리고 함께 돌아왔다. 같은 왕 7년(1381)에 왜구가 고성을 노략질하니 남질(南秩)이 그들과 싸워 8명을 베었다.

○조선 선조(宣祖) 25년(1592) 6월에 전라좌수사(全羅左水使) 이순신(李舜臣)이 본영(本營)에서부터 사량진(蛇梁津)으로 나아가 당포(唐浦)에서 적선을 만나자 대파시켰다. 전라우수

사(全羅右水使) 이억기(李億祺)가 수군을 이끌고 와서 합세하여 함께 당포항(唐浦項)에 이르러 지나가던 왜적과 크게 전투를 벌여 적장(賊將)을 죽이고 적선 30척을 격파하였다. 적이 대패하여 육지로 올라가 흩어졌다. 또 영등포(永登浦)에서 싸워 적선을 잡아서 섬멸하였다. 이때부터 아군의 사기가 크게 떨치게 되었다. 왜적이 전선을 대거 발동하여 호남으로 향하자 이순신(李舜臣)과 이억기(李億祺)가 군사를 이끌고 전진하여 견내량(見乃梁)에서 적선들이 바다를 가득 덮고 오는 것을 만났다. 이순신은 여러 장수들에게 명령하여 적을 한산도 앞 바다까지 유인하도록 하여 군사를 돌려 전투를 독려하였다. 적선 70여 척을 모두 격침시키고 또 거꾸로 안골포(安骨浦)까지 추격하여 패배시켰다. 적군이 해안으로 기어올라가 달아나자, 적선 40여 척을 불태웠다. 왜적들이 전언하기를, 한산도의 전투에서 죽은 자가 9,000여 명이라고 하였다. 그때 영남의 여러 군영들이 모두 무너졌으나 이순신(李舜臣)과 어영담(魚泳潭) 신여량(申汝良) 구사직(具思稷)과 이억기(李億祺)가 전선 80여 척을 이끌고 한산 앞 바다에서 전투를 벌여 적선이 모두 침몰되고 베어 죽인 적이 심히 많았다. 진해(鎭海) 앞 바다에서 적선 27척을 격침시켰다. 경상우수사(慶尙右水使) 원균(元均)도 적의 대선(大船) 한 척을 공격하여 불태웠다. 다음날 3도의 수군을 이끌고 율포(栗浦)에서 출발하여 적을 가덕도(加德島) 앞 바다까지 추격하여 돌아가는 적선과 싸워 100여 척을 격침시키니 불에 타 죽거나 익사한 적군이 셀 수 없이 많았다. 이순신은 계속 3도의 수군을 이끌고 한산도(閑山島)에 주둔하면서 서쪽으로 넘어오는 적들을 막았다. 이 전투에서 녹도만호(鹿島萬戶) 정운(鄭運)이 전사하였다. 선조 30년(1597)에 왜적이 고성을 노략질하였다.

6. 웅천현(熊川縣)

『연혁』(沿革)

본래 신라의 웅지현(熊只縣)이었다. 경덕왕(景德王) 16년(757)에 웅신현(熊神縣)이라고 고치고 의안군(義安郡)의 영현(領縣)으로 삼았다. 고려 현종(顯宗) 9년(1018)에 금주(金州)에 예속시켰다. 조선 세종(世宗) 때 첨절제사(僉節制使)를 두었다가 문종(文宗) 때 웅천현감(熊川縣監)으로 고쳤다. 중종(中宗) 5년(1510)에 도호부(都護府)로 승격하였다가〈왜구(倭寇)를 평정하였기 때문이다〉 곧 현(縣)으로 강등하였다.

「읍호」(邑號)

병산(屛山) 웅산(熊山)

「관원」(官員)

현감(縣監)〈김해진관병마절제도위(金海鎭管兵馬節制都尉)를 겸한다〉

『고읍』(古邑)

완포현(莞浦縣)〈읍치에서 서쪽으로 30리에 있다. 본래 합포현(合浦縣)의 완포향(莞浦鄕)이었는데, 고려 때 현(縣)으로 승격하여 금주(金州)에 소속시켰다. 조선 문종(文宗) 때 웅천에 합쳤다〉

『방면』(坊面)

읍내면(邑內面)〈읍치로부터 7리에서 끝난다〉

동면(東面)〈읍치로부터 동쪽으로 10리에서 시작하여 30리에서 끝난다〉

중면(中面)〈읍치로부터 북쪽으로 12리에서 시작하여 20리에서 끝난다〉

상서면(上西面)〈읍치로부터 20리에서 시작하여 30리에서 끝난다〉

하서면(下西面)〈읍치로부터 서쪽으로 25리에서 시작하여 40리에서 끝난다〉

○〈천읍부곡(川邑部曲)은 읍치에서 동쪽으로 10리에 있다.

사법부곡(寺法部曲)〉

『산수』(山水)

웅산(熊山)〈北五里 읍치에서 북쪽으로 5리에 있다〉

병산(屛山)〈北一里 읍치에서 북쪽으로 1리에 있다〉

고방산(庫房山)〈西六里 읍치에서 서쪽으로 6리에 있다〉

부인산(夫人山)〈東二十里 읍치에서 동쪽으로 20리에 있다〉

장복산(長福山)〈西三十里 읍치에서 서쪽으로 30리 창원(昌原) 경계에 있다〉

남산(南山)〈읍치의 남쪽에 있다〉

수락암(水落岩)〈東十三里 읍치에서 동쪽으로 13리에 있다. 율현산(栗峴山)의 남쪽 계곡물이 산 허리 바위 사이에 들어와 폭포를 형성하였는데 높이가 수십 길이 되고 물이 3갈래로

갈라져 떨어진다〉

【송전(松田)이 20곳 있다】

「영로」(嶺路)

율현(栗峴)〈읍치에서 동쪽으로 15리 김해(金海) 경계에 있다〉

송현(松峴)〈읍치에서 서북쪽으로 30리 창원(昌原) 경계에 있다〉

팔현(八峴)〈읍치에서 서쪽으로 7리에 있다〉

배응현(裵應峴)〈읍치에서 동쪽으로 10리에 있다〉

웅암(熊岩)〈읍치에서 북쪽으로 15리 북로(北路)에 있다〉

○바다〈읍치에서 동쪽으로 20리에 있다. 낙동강(洛東江)이 바다로 들어가는 입구이다. 남쪽으로 20리에 큰 바다가 있고 서북쪽 40리에 작은 바다가 있다〉

주포(主浦)〈읍치에서 동쪽으로 30리에 있다〉

양곡포(梁谷浦)〈읍치에서 서북쪽으로 55리에 있다〉

덕산포(德山浦)〈읍치에서 서쪽으로 16리에 있다〉

웅포(熊浦)〈읍치에서 남쪽으로 2리에 있다〉

부곡포(釜谷浦)〈읍치에서 동쪽으로 10리에 있다〉

구천포(九泉浦)〈읍치에서 서쪽으로 15리에 있다〉

망운대(望雲臺)〈읍치에서 서쪽으로 20리 해변에 있다〉

【제언(堤堰)이 4곳 있다】

「도서」(島嶼)

가덕도(加德島)〈둘레가 75리이다〉

백산도(白山島)

흑산도(黑山島)

송도(松島)

연도(椽島)

수도(水島)

만산도(滿山島)

초리도(草里島)

대하도(大鰕島)

소하도(小鰕島)

전모도(展帽島)

부도(釜島)〈이상은 고을의 남쪽 바다 가운데에 있다〉

사의도(蓑衣島)

대죽도(大竹島)

소죽도(小竹島)

감물도(甘勿島)

이슬도(理瑟島)

대도(代島)

음지도(陰地島)

병도(並島)

웅도(熊島)

고장도(庫藏島)〈대·소 두 섬이 있다〉

망어도(蟒魚島)

화도(花島)

마도(馬島)

호도(虎島)

목도(木島)〈대·소 두 섬이 있다〉

표도(瓢島)

서도(鼠島)〈이상은 고을의 서쪽 바다 가운데에 잇다〉

『성지』(城池)

읍성(邑城)〈둘레가 3,514척이다. 우물이 2곳, 연못 1곳이 있다. 남문(南門)은 식파루(息波樓)라고 한다〉

완포고현성(莞浦古縣城)〈둘레가 4,172척이다. 우물이 2곳, 시내가 1곳 있다〉

고성(古城)〈고산(高山)에 있다. 옛 완포현(莞浦縣) 읍치 북쪽 5리에 있다. 둘레가 4,172척이다〉

웅포성(熊浦城)〈왜인들이 쌓은 것이다〉

『진보』(鎭堡)

가덕도진(加德島鎭)〈섬 안에 있다. 수로로 30리이다. 중종(中宗) 30년(1535)에 진(鎭)을 설치하였다. 암석이 뾰죽 뾰죽 서 있어 배를 정박시킬 수 없다. 선조(宣祖) 임진년(1592) 이후로 안골성(安骨城)으로 진을 옮겼다가 효종(孝宗) 7년(1656)에 옛 터로 돌아왔다. ○수군첨절제사(水軍僉節制使) 1원을 두었다〉

천성포진(天城浦鎭)〈가덕도(加德島) 가덕진(加德鎭)의 남쪽 10리에 있다. 중종(中宗) 29년(1534)에 진을 설치하였다. 선조(宣祖) 임진년(1592) 이후에 안골성(安骨城)으로 옮겼다가 효종(孝宗) 7년(1656)에 옛 터로 돌아왔다. ○수군만호(水軍萬戶) 1원을 두었다〉

안골포진(安骨浦鎭)〈읍치에서 동쪽으로 30리에 있다. 성의 둘레는 1,714척이다. ○수군만호(水軍萬戶) 1원을 두었다〉

제포진(薺浦鎭)〈읍치에서 남쪽으로 5리에 있다. 성의 둘레는 4,013척이다. 우물이 2곳 있다. 회원루(懷遠樓)가 있다. 첨사(僉使)를 두었다. 선조(宣祖) 임진년(1592) 후로 안골성(安骨城)으로 옮겼다가 인조(仁祖) 3년(1625)에 옛 자리로 돌아왔다. ○수군만호(水軍萬戶) 1원을 두었다〉

신문보(新門堡)〈읍치에서 남쪽으로 30리에 있다. ○수군별장(水軍別將) 1원을 두었다〉

청천보(晴川堡)〈읍치에서 동쪽으로 20리에 있다. ○수군별장(水軍別將) 1원을 두었다〉

「혁폐」(革廢)

풍덕포보(豐德浦堡)〈읍치에서 서북쪽으로 40리에 있다. 예전에는 별장(別將)을 두었다. 영조(英祖) 27년(1751)에 폐지하였다〉

『봉수』(烽燧)

고산(高山) 봉수〈읍치에서 서북쪽으로 45리에 있다〉

사화낭(沙火郎) 봉수〈읍치에서 남쪽으로 6리에 있다〉

천성진연대(天城鎭烟臺)〈봉수가 처음 시작되는 곳이다〉

『역참』(驛站)

보평역(報平驛)〈읍성의 서문 밖에 있다〉

『창고』(倉庫)

읍창(邑倉)

서창(西倉)〈읍치에서 서북쪽으로 45리에 있다〉

진창(鎭倉) 6곳이 있다.

『목장』(牧場)

「혁폐」(革廢)

가덕도(加德島) 목장〈후에 칠원(漆原) 땅으로 옮겼다〉

감물도(甘勿島) 목장〈염소 목장이 있다〉

『토산』(土産)

대[죽(竹)] 유자[유(柚)] 석류[유(榴)] 감[시(柿)] 비자[비(榧)] 표고버섯[향심(香蕈)] 미역[곽(藿)] 김[해의(海衣)] 전복[복(鰒)] 홍합(紅蛤) 문어(文魚) 미역실[곽사(藿絲)] 대구[대구어(大口魚)] 청어(靑魚) 전어(錢魚) 홍어(洪魚) 오징어[오적어(烏賊魚)] 숭어[수어(秀魚)] 농어[노어(鱸魚)] 상어[사어(鯊魚)] 조개[합(蛤)] 굴[석화(石花)] 낙지[낙제(絡蹄)] 소금[염(鹽)]

【토산물(土産物)은 연해(沿海)의 고을들과 대략 같다】

『장시』(場市)

읍내장(邑內場)은 4일, 9일이다. 부신당장(夫神堂場)은 2일, 7일이다. 고음포장(古音浦場)은 1일, 6일이다. 풍덕포장(豐德浦場)은 3일, 8일이다.

『단유』(壇壝)

웅지단(熊只壇)〈『삼국사기(三國史記)』의 기록에는 "굴자군(屈自郡)의 웅지현(熊只縣)에는 신라 때 소사(小祀) 급의 명산(名山)으로 제사하였다"고 하였다〉

『전고』(典故)

고려 고종(高宗) 14년(1227)에 왜구(倭寇)가 웅신현(熊神縣)을 노략질하자 별장(別將) 정금억(鄭金億) 등이 적군 7명을 죽였다. 원종(元宗) 4년(1263)에 왜구(倭寇)가 웅신현(熊神縣)

의 수도(水島)와 여러 고을들의 세공선을 노략질하였다. 또 연도(椽島)를 약탈하였다.

○조선 중종(中宗) 5년(1510)에 삼포〈제포(薺浦) 부산포(釜山浦) 염포(塩浦)〉에서 왜적 대조(大趙) 마고(馬古) 수장(守長) 등이 몰래 대마도(對馬島)의 왜구와 전선 수백 척을 이끌고 제포와 부산포의 두 진영을 야습하여 제포첨사(薺浦僉使) 김세균(金世鈞)과 부산첨사(釜山僉使) 이우증(李友曾)을 죽이고 군사를 풀어 사방으로 약탈하였고 연이어 웅천(熊川)을 함락시켰다. 웅천현감(熊川縣監) 한륜(韓倫)이 성을 버리고 도망가자 적이 성에 들어와 불지르고 파괴하였다. 임금이 도원수(都元帥) 유순정(柳順汀) 등에게 명령하여 경기(京畿) 충청도 강원도의 군사와 경상도의 수군을 이끌고 나아가 정벌하게 하였다. 제포에서 적을 대파하여 300여 명을 죽이고 익사한 자들은 헤아릴 수 없었다.〈왜관(倭館)은 예전에 제포 남문 밖에 있었다. 대마도(對馬島) 왜인들이 내지로 옮겨 살기를 요청한 후에 왜관 앞에서 바다까지 왜인들이 점점 불어나 500여 호나 되었다. 부산포(釜山浦)에 거주하는 왜인들이 진장(鎭將)이 잘 대접하지 않는데 분격하여 제포의 왜인들과 함께 난을 일으키게 되었다. 조정에서는 방축사(防築使) 유담년(柳聃年)을 보내어 토벌하게 하고 그 소굴을 불태우고 다시는 거주하지 못하게 하였다. 후에 왜인들이 죄를 자복하고 공문을 바쳐 조빙(朝聘)하기를 간청하여 다시 왜관을 설치하였다가 임진왜란(壬辰倭亂) 후에 폐지하였다〉 선조(宣祖) 25년(1592)에 왜적이 웅천(熊川)을 함락시켰다. 선조 30년(1597)에 왜적이 또 대거 침입하여 노략질하였다. 통제사(統制使) 원균(元均)이 수군을 모두 거느리고 전진하였다가 가덕진(加德津)에서 적을 만나자 보성군수(寶城郡守) 안홍국(安弘國)이 전사하였다. 전라우수사(全羅右水使) 배설(裵楔)이 선봉이 되어 적선 10여 척을 격파하였으나, 적의 세력이 더욱 치열해졌다. 도원수(都元帥) 권율(權慄)이 격문으로 원균을 불러 곤장을 때렸다. 원균이 한산도(閑山島)로 물러가 유방병(留防兵)들을 이끌고 부산포에 이르자 적선 1,000여 척이 또 다가왔다. 원균이 전진을 독려하니 적이 거짓으로 패한 척하고 달아나자, 원균은 승세를 타고 대양으로 깊숙이 전진해 들어갔다. 전라도 전선 7척이 먼저 동쪽으로 표류해 가자 원균은 급히 전선을 후퇴시켜 겨우 가덕도(加德島)에 도달하였다. 적은 모든 배를 총동원하여 아군을 추격하니 아군은 물러나 영등포에 도착하였으나 적군이 먼저 복병을 숨겨두어 4방에서 일어나자 원균 등은 급히 온라도(溫羅島)로 물러났다. 적선이 대거 공격해 오니 그 형세가 산이 무너지는 것과 같았다. 원균은 배를 버리고 육지로 올라갔으나 적병이 추격하여 아군을 마구 죽이니 원균도 이때 죽었다. 이억기(李億祺) 최호(崔湖) 등도 따라서 죽었고, 전선 100여 척이 모두 침몰되었다. 배설(裵楔)이 나머지 전선을 인솔하여 달아나

니 그 군사만 온전히 한산도로 돌아와 건물과 군량미 무기 등을 모두 불태웠다.

7. 칠원현(漆原縣)

『연혁』(沿革)

본래 신라의 칠토현(漆吐縣)이었다. 경덕왕(景德王) 16년(757)에 칠제현(漆隄縣)이라고 개칭하고 의안군(義安郡)의 영현(領縣)으로 삼았다. 고려 태조(太祖) 23년(940)에 칠원현(漆原縣)이라고 고치고 현종(顯宗) 9년(1018)에 금주(金州)에 예속시켰다. 공양왕(恭讓王) 2년(1390)에 감무(監務)를 두었다가 조선 태종(太宗) 13년(1413)에 현감(縣監)으로 개칭하였다. 선조(宣祖) 34년(1601)에 창원(昌原)에 합쳤다가〈왜란 후에 읍리가 피폐하였기 때문이다〉 광해군(光海君) 9년(1617)에 다시 설치하였다.

「읍호」(邑號)

구성(龜城) 무릉(武陵)

「관원」(官員)

현감(縣監)〈김해진관병마절제도위(金海鎭管兵馬節制都尉)를 겸한다〉 1원을 두었다.

『고읍』(古邑)

구산(龜山)〈읍치에서 남쪽으로 70리에 있다. 본래는 생법부곡(省法部曲)이었는데, 고려 때 구산현(龜山縣)으로 승격하여 웅신현(熊神縣)의 속현이 되었다. 후에 금주(金州)에 예속되었다. 공양왕(恭讓王) 때 칠원과 합쳐 은산(銀山)이라고 불렀다〉

『방면』(坊面)

상리면(上里面)〈읍치로부터 남쪽으로 25리에서 끝난다〉

서면(西面)〈읍치로부터 서쪽으로 14리에서 시작하여 북쪽으로 25리에서 끝난다〉

북면(北面)〈읍치 북쪽으로 5리에서 시작하여 25리에서 끝난다〉

구산면(龜山面)〈곧 옛 구산현(龜山縣)으로 창원부(昌原府)의 서쪽 경계를 넘어가 있다. 곧 여음포(余音浦)의 북쪽이다. 동남쪽 해변은 읍치에서 40리에서 시작하여 80리에서 끝난다〉

○〈우포향(亐浦鄕)은 읍치에서 북쪽으로 25리에 있다.

부곡부곡(釜谷部曲)은 읍치에서 남쪽으로 7리에 있다〉

『산수』(山水)

청룡산(青龍山)〈읍치에서 동쪽으로 7리 창원(昌原) 경계에 있다〉

무륙산(武陸山)〈읍치에서 북쪽으로 10리에 창원 경계에 있다. ○천계사(天溪寺)가 있다〉

청량산(淸涼山)〈옛 구산현(龜山縣)의 읍치에서 동쪽으로 2리에 있다〉

【송전(松田)이 1곳 있다】

「영로」(嶺路)

적현(赤峴)〈옛 구산현(龜山縣)의 읍치에서 북쪽으로 2리 창원(昌原) 경계에 있다〉

갈현(葛峴)〈읍치에서 동남쪽으로 10리 창원(昌原) 경계에 있다〉

송치(松峙)〈읍치에서 북쪽으로 10리에 있다〉

율전치(栗田峙)〈옛 구산현(龜山縣)의 읍치 서쪽 진해(鎭海) 경계에 있다〉

어령(於嶺)〈읍치에서 서쪽으로 10리 함안(咸安) 경계에 있다〉

북현(北峴)〈어령(於嶺)의 남쪽에 있다〉

우두현(牛頭峴)〈읍치에서 북쪽으로 5리에 있다〉

【제언(堤堰)이 3곳이 있다】

○바다〈구산(龜山)의 남쪽 경계에 있다〉

낙동강(洛東江)〈읍치에서 북쪽으로 25리에 있다〉

서천(西川)〈읍치에서 서쪽으로 5리에 있다. 근원은 창원(昌原)의 광산(匡山)에서 나와 북쪽으로 흐르다가 매포(買浦)로 들어간다〉

대천(大川)〈근원은 광산(匡山)에서 나와 남쪽으로 흐르다가 구산포(龜山浦)로 들어간다. 곧 여음포(餘音浦)의 상류이다〉

상포(上浦)〈예전에는 우질포(亐叱浦)라고 하였다. 읍치에서 서북쪽으로 30리 곧 영산(靈山)의 기강(岐江) 하류이다. ○포(浦)의 서쪽 언덕에 바위 하나가 돌기하여 있는데, 그 위는 손바닥처럼 평탄하여 10여 인이 앉을 수 있으니 경양대(景釀臺)라고 부른다〉

매포(買浦)〈예전에는 멸포(蔑浦)라고 불렀다. 읍치에서 북쪽으로 30리에 있다. 곧 상포(上浦)의 아래 언덕이다. 위 두 곳은 낙동강(洛東江)에 있다〉

여음포(餘音浦)〈구산(龜山)의 동쪽 창원(昌原) 경계에 있다〉

구산포(龜山浦)〈구산현(龜山縣) 동남쪽 3리 바다가에 있다〉

「도서」(島嶼)

저도(猪島)〈구산포(龜山浦)의 남쪽에 있다〉

『성지』(城池)

읍성(邑城)〈둘레가 1,595척이다. 옹성(甕城) 6곳, 우물 1곳, 연못 1곳이 있다〉

고성(古城)〈읍치에서 북쪽으로 4리에 있고 성산(城山)이라고 부른다. 둘레가 1,340척이다〉

『진보』(鎭堡)

구산포진(龜山浦鎭)〈구산포(龜山浦)에 있다. 광해군(光海君) 6년(1614)에 진(鎭)을 설치하고 첨사(僉使)를 두었다. 현종(顯宗) 9년(1668)에 폐지하였다가 14년(1673)에 다시 설치하였다. ○수군동첨절제사(水軍同僉節制使) 1원이 좌조창영운차사원(兼左漕倉領運差使員)을 겸한다〉

『봉수』(烽燧)

안곡산(安谷山)〈읍치에서 서쪽으로 10리 함안(咸安) 경계에 있다〉

『창고』(倉庫)

읍창(邑倉)

동창(東倉)〈읍치에서 동쪽으로 10리에 있다〉

해창(海倉)〈구산포(龜山浦)에 있다〉

진창(鎭倉)〈구산(龜山)에 있다〉

『역도』(驛道)

창인역(昌仁驛)〈읍치에서 서쪽으로 7리에 있다〉

영포역(靈浦驛)〈읍치에서 북쪽으로 21리에 있다〉

『진도』(津渡)

매포진(買浦津)〈영산(靈山)으로 통한다〉

상포진(上浦津)

『토산』(土産)

대[죽(竹)] 옻[칠(漆)] 감[시(柿)] 벌꿀[봉밀(蜂蜜)] 어물(魚物) 10여 종이 난다.〈구산(龜山) 바다에서 난다〉

『장시』(場市)

읍내장(邑內場)은 2일, 7일이다. 상포장(上浦場)은 2일, 7일이다.

『목장』(牧場)

여화곶(汝火串) 목장〈구산현(龜山縣) 남쪽에 있다. 가덕도(加德島) 목장을 여기로 옮겼다가 후에 폐지하였다〉

『누정』(樓亭)

진귀루(鎭龜樓)

망궐루(望闕樓)

『사원』(祠院)

덕연서원(德淵書院)〈인조(仁祖) 신사년(1641)에 창건하고 숙종(肅宗) 병진년(1676)에 사액(賜額)하였다〉 주세붕(周世鵬)〈순흥(順興)을 보라〉을 제사한다.

『전고』(典故)

고려 공민왕(恭愍王) 22년(1373)에 왜구(倭寇)가 구산현(龜山縣)과 삼일포(三日浦)를 노략질하였다. 경상도도순문사(慶尙道都巡問使) 홍사우(洪師禹) 가서 공격하니 적이 무너져 달아났다. 홍사우가 군사를 지휘하여 4면에서 공격하여 200여 명을 죽였고, 익사한 자들은 1,000여 명이나 되었다. ○조선 선조(宣祖) 25년(1592)에 왜적이 칠원(漆原)을 함락시켰고 30년

(1597)에 또 칠원(漆原)을 함락시켰다.

8. 진해현(鎭海縣)

『연혁』(沿革)

고려 때 진해현(鎭海縣)을 두었다. 고려 현종(顯宗) 9년(1018)에 진주(晉州)에 예속시켰다. 공양왕(恭讓王) 2년(1390)에 감무(監務)를 두었다가 조선 태종(太宗) 13년(1413)에 현감(縣監)을 두었다. 선조(宣祖) 3년(1570) 4월에 함안(咸安)에 합쳤다가 광해군(光海君) 9년(1617)에 다시 설치하였다. 인조(仁祖) 5년(1627)에 창원(昌原)에 합쳤다가, 7년(1629)에 또 함안(咸安)에 합쳤고, 17년(1639)에 다시 분리하여 설치하였다.

「읍호」(邑號)

팔진(八鎭) 우산(牛山)

「관원」(官員)

현감(縣監)〈김해진관병마절제도위(金海鎭管兵馬節制都尉)를 겸한다〉 1원을 두었다.

『방면』(坊面)

동면(東面)〈읍치에서 10리에서 끝난다〉

서면(西面)〈읍치에서 15리에서 끝난다〉

북면(北面)〈읍치에서 15리에서 끝난다〉

○〈부산향(富山鄕)은 읍치에서 서쪽으로 3리에 있다〉

『산수』(山水)

취산(鷲山)〈읍치에서 북쪽으로 5리에 있다〉

우산(牛山)〈읍치에서 서쪽으로 15리에 있다〉

여항산(餘航山)〈읍치에서 북쪽으로 15리 함안(咸安) 경계에 있다〉

【송전(松田) 11곳이 있다】

「**영로**」**(嶺路)**

대현(大峴)〈읍치에서 북쪽으로 10리 함안(咸安)으로 가는 길에 있다〉

율전현(栗田峴)〈읍치에서 동쪽으로 10리 칠원(漆原)의 구산진(龜山鎭) 경계에 있다〉

동산치(東山峙)〈읍치에서 동북쪽으로 10리 창원(昌原) 경계에 있다〉

○바다〈읍치에서 남쪽으로 3리에 있다〉

동성천(東城川)〈근원은 여항산(餘航山)의 동쪽에서 나와 남쪽으로 흐르다가 현의 동쪽을 지나 바다로 들어간다〉

거차포(巨次浦)〈읍치에서 서쪽으로 2리에 있다. 근원은 함안(咸安)의 파산(巴山) 남쪽에서 나와 남쪽으로 흐르다가 바다로 들어간다〉

소달포(所達浦)〈읍치에서 서쪽으로 10리에 있다. 근원은 여항산(餘航山)의 남쪽에서 나와 남쪽으로 흐르다가 거차포(巨次浦)에 합쳐서 바다로 들어간다〉

도만포(道萬浦)〈읍치에서 동쪽으로 12리에 있다〉

마적포(馬赤浦)〈대변정(待變亭) 서쪽 10리에 있다. 읍치에서 서쪽으로 1리에 있다〉

시락포(時落浦)〈읍치에서 서쪽으로 15리에 있다〉

【제언(堤堰)이 1곳 있다】

「**도서**」**(島嶼)**

범의도(凡矣島)〈남해에 있다. 대·소 두 섬이 있다〉

주도(酒島)〈대·소 두 섬이 있다〉

연미도(燕尾島)〈모두 동해에 있다〉

궁도(弓島)〈동남해에 있다〉

『**성지**』**(城池)**

읍성(邑城)〈둘레가 1,446척이다. 곡성(曲城) 5곳, 우물 3곳이 있다. 남문(南門)은 진남루(鎭南樓)라고 하고 동문(東門)은 인명루(仁明樓)라고 한다〉

『**봉수**』**(烽燧)**

가을포(加乙浦)〈읍치에서 동쪽으로 4리에 있다〉

『창고』(倉庫)

읍창(邑倉)

해창(海倉)〈읍치에서 서쪽으로 10리 해변에 있다〉

【대변정(待變亭)은 읍치에서 서족으로 10리에 있다】

『역참』(驛站)

상령역(常令驛)〈읍치에서 서쪽으로 5리에 있다〉

『토산』(土産)

대[죽(竹)] 유자[유(柚)] 석류[유(榴)] 차[다(茶)] 표고버섯[향심(香蕈)] 벌꿀[봉밀(蜂蜜)] 전복[복(鰒)] 조개[합(蛤)] 등 어물(魚物) 15종이 난다.

『장시』(場市)

읍내장(邑內場)은 9일, 19일, 29일이다. 고현장(古縣場)은 7일, 17일, 27일이다. 장기장(場基場)은 4일, 14일, 24일이다. 창포장(倉浦場)은 2일, 12일, 27일이다. 모두가 한 달에 3번 열리는 장이다.

『전고』(典故)

고려 공민왕(恭愍王) 13년(1364)에 왜적(倭賊) 3,000여 명이 진해(鎭海)를 노략질하였다. 경상도도순문사(慶尙道都巡問使) 김속명(金續命)이 군사를 거느리고 급히 공격하자 적이 배를 탈 겨를이 없어 현의 북쪽 산에 올라가 나무를 찍어 녹각(鹿角: 나무 가지를 뾰족하게 깎아 밖으로 비스듬히 세우고 울타리처럼 만든 임시 방어 시설/역자주)을 설치하고 지켰다. 김속명이 다시 진격하여 대패시켰다. 고려 우왕(禑王) 2년(1376)에 왜구가 진해(鎭海)를 불지르고 약탈하였다. 조선 선조(宣祖) 25년(1592)에 왜적이 진해를 함락시키고 30년(1597)에 다시 진해를 함락시켰다.

부록

1. 강역(疆域)

【감천(甘泉)·내성(奈城)·춘양(春陽)·재산(才山)·소천(小川)은 기입하지 않았다】

【창락(昌樂)·와단(臥丹)·대룡산(大龍山)은 기입하지 않았다】

【상동(上東)은 안동(安東) 북쪽에 땅을 건너 띄어 있다】

2. 전민(田民)

구 분	전(田)	답(畓)	민호(民戶)	인구(人口)	군보(軍保)
경주(慶州)	10,417결	7,719결	18,190	72,250	22,796
울산(蔚山)	4,610	4,015	8,650	32,950	9,394
양산(梁山)	1,415	2,274	2,080	12,220	2,832
영천(永川)	4,963	3,330	7,945	32,460	7,795
흥해(興海)	958	1,758	3,550	12,980	2,873
청하(淸河)	666	512	1,710	6,590	1,211
영일(迎日)	1,794	1,328	4,030	18,600	3,159
장기(長鬐)	864	652	2,230	8,410	2,063
기장(機張)	850	1,551	2,660	10,330	2,367
언양(彦陽)	1,109	1,089	1,235	10,760	1,835
동래(東萊)	1,033	2,203	6,580	25,100	5,094
안동(安東)	9,884	4,082	9,180	43,580	12,229
영해(寧海)	1,407	586	2,500	8,650	1,647
청송(靑松)	1,780	549	3,404	11,780	1,475
순흥(順興)	1,609	1,147	2,320	11,450	1,589
예천(醴泉)	4,519	2,708	6,640	24,350	7,400
영천(榮川)	1,975	1,232	3,310	17,380	1,783
풍기(豊基)	1,259	960	2,400	8,560	1,789

구 분	전(田)	답(畓)	민호(民戶)	인구(人口)	군보(軍保)
의성(義城)	6,700	2,132	8,160	31,180	7,919
영덕(盈德)	1,504	559	3,790	15,100	2,147
봉화(奉化)	870	454	820	4,870	785
진보(眞寶)	1,481	275	1,340	6,300	1,035
군위(軍威)	1,839	904	2,340	10,470	3,597
비안(比安)	2,266	978	2,890	8,890	2,492
예안(禮安)	1,029	369	1,339	3,990	1,192
용궁(龍宮)	2,318	1,247	2,870	12,170	3,200
영양(英陽)	1,244	258	2,270	11,100	1,206
대구(大邱)	7,807	4,976	13,020	56,040	13,201
밀양(密陽)	7,121	4,329	8,210	32,810	10,413
인동(仁同)	2,863	1,777	3,320	13,120	4,267
칠곡(漆谷)	1,756	1,553	3,650	14,900	3,195
청도(淸道)	3,073	2,464	7,240	31,540	6,726
경산(慶山)	2,619	1,356	2,890	13,080	3,894
하양(河陽)	1,813	844	1,720	7,140	1,991
현풍(玄風)	2,934	1,395	3,400	12,850	3,817
신녕(新寧)	1,154	1,172	4,000	20,300	3,072
영산(靈山)	2,920	1,321	3,490	17,320	3,597
창녕(昌寧)	4,087	2,313	5,750	31,130	6,708
의흥(義興)	1,800	938	3,590	20,420	3,924
자인(慈仁)	1,713	1,279	3,130	12,630	4,009
상주(尙州)	8,847	7,641	17,860	64,990	16,246
성주(星州)	6,086	5,640	11,970	52,070	13,759
금산(金山)	2,237	2,358	5,660	26,690	4,499
개령(開寧)	2,018	1,824	4,350	19,420	3,120

구 분	전(田)	답(畓)	민호(民戶)	인구(人口)	군보(軍保)
지례(知禮)	767	863	2,220	10,040	2,129
고령(高靈)	1,371	1,509	2,470	11,010	3,413
문경(聞慶)	1,836	965	3,490	10,630	2,633
함창(咸昌)	1,545	1,203	2,360	9,770	2,151
선산(善山)	5,327	3,569	7,240	35,110	10,693
진주(晋州)	7,554	8,206	14,220	67,610	14,700
거창(居昌)	2,095	2,856	4,070	22,810	4,612
하동(河東)	1,713	2,032	3,680	15,990	2,516
함양(咸陽)	1,623	2,295	4,680	24,400	4,260
초계(草溪)	2,330	1,301	3,010	12,120	4,540
합천(陜川)	2,271	2,099	4,310	24,040	4,644
곤양(昆陽)	1,163	1,655	2,950	11,700	2,958
남해(南海)	1,422	1,510	3,340	14,890	3,616
사천(泗川)	1,487	1,891	2,170	10,120	4,047
삼가(三嘉)	1,283	1,726	2,970	16,950	3,594
의령(宜寧)	4,108	1,978	6,460	27,990	13,956
산청(山淸)	978	1,270	2,100	8,830	3,590
안의(安義)	921	1,576	3,900	16,740	3,070
단성(丹城)	958	1,574	2,480	9,660	2,104
김해(金海)	4,467	5,786	5,680	20,470	8,770
창원(昌原)	2,670	3,622	7,290	29,500	7,311
거제(巨濟)	1,350	1,656	6,730	28,840	3,210
함안(咸安)	4,429	2,437	4,510	20,470	6,132
고성(固城)	2,901	3,338	8,450	38,360	6,364
웅주(熊州)	869	922	3,090	15,730	1,796
칠원(漆原)	1,736	877	2,770	11,060	2,702

구 분	전(田)	답(畓)	민호(民戶)	인구(人口)	군보(軍保)
진해(鎭海)	619	707	1,110	3,580	1,533

3. 역참(驛站)

안기도(安奇道) 금소(琴召) 운산(雲山) 송제(松蹄)〈안동(安東)에 있다〉 철파(鐵坡) 청로(靑路)〈의성(義城)에 있다〉 청운(靑雲) 이전(梨田) 문거(文居) 화목(和睦)〈청송(靑松)에 있다〉 각산(角山)〈진보(眞寶)에 있다〉 영양(寧陽)〈영해(寧海)에 있다〉

○장수도(長水道)〈신녕(新寧)에 있다〉 우곡(牛谷)〈의성(義城)에 있다〉 청통(靑通) 청경(淸景)〈영천(永川)에 있다〉 아화(阿火) 모량(牟梁) 사리(沙里) 조역(朝驛) 구어(仇於) 경역(鏡驛) 인비(仁庇) 의곡(義谷)〈경주(慶州)에 있다〉 화양(華陽)〈아양(阿陽)에 있다〉 산역(山驛)〈자인(慈仁)에 있다〉 부평(富平)〈울산(蔚山)에 있다〉

○성현도(省峴道) 오서(鰲西) 유천(楡川) 매전(買田) 서지(西芝)〈청도(淸道)에 있다〉 압량(押梁)〈경산(慶山)에 있다〉 범어(凡於) 금천(琴川) 설화(舌化) 유산(幽山)〈대구(大邱)에 있다〉 쌍산(雙山)〈현풍(玄風)에 있다〉 내야(內野)〈창녕(昌寧)에 있다〉 일문(一門) 온정(溫井)〈영산(靈山)에 있다〉

○황산도(黃山道) 위천(渭川) 윤산(輪山)〈양산(梁山)에 있다〉 무흘(無訖) 금동(金洞) 용가(龍架) 수안(水安)〈밀양(密陽)에 있다〉 덕산(德山)〈김해(金海)에 있다〉 노곡(蘆谷)〈경주(慶州)에 있다〉 아월(阿月) 신명(新明)〈기장(機張)에 있다〉 간곡(肝谷) 굴화(掘火)〈울산(蔚山)에 있다〉 소산(蘇山) 휴산(休山)〈동래(東萊)에 있다〉 잉보(仍甫)〈경주(慶州)에 있다〉

○송라도(松羅道)〈청하(淸河)에 있다〉 남역(南驛) 주등(酒登)〈영덕(盈德)에 있다〉 병곡(柄谷)〈영해(寧海)에 있다〉 육역(陸驛)〈경주(慶州)에 있다〉 망창(望昌)〈흥해(興海)에 있다〉 대송(大松)〈영일(迎日)에 있다〉 봉산(峯山)〈장기(長鬐)에 있다〉

○창락도(昌樂道) 죽동(竹洞)〈순흥(順興)에 있다〉 평은(平恩) 창보(昌保)〈영천(榮川)에 있다〉 옹천(瓮泉) 유동(幽洞) 안교(安郊)〈안동(安東)에 있다〉 도심(道深)〈봉화(奉化)에 있다〉 선안(宣安)〈예안(禮安)에 있다〉 통명(通明)〈예천(醴泉)에 있다〉

○유곡도(幽谷道) 요성(聊城)〈문경(聞慶)에 있다〉 덕통(德通)〈함창(咸昌)에 있다〉 대은

(大隱) 지보(知保)〈용궁(龍宮)에 있다〉 수산(守山)〈예천(醴泉)에 있다〉 안계(安溪) 쌍계(雙溪)〈비안(比安)에 있다〉 소계(召溪)〈군위(軍威)에 있다〉 낙원(洛源) 낙양(洛陽) 낙서(洛西) 낙평(洛平) 낙동(洛東) 장림(長林)〈상주(尙州)에 있다〉 안곡(安谷) 구미(龜尾) 영춘(迎春) 상림(上林)〈선산(善山)에 있다〉

○김천도(金泉道) 추풍(秋豊) 문산(文山)〈금산(金山)에 있다〉 양천(楊川) 부상(扶桑)〈개령(開寧)에 있다〉 양원(楊原) 동안(東安)〈인동(仁同)에 있다〉 고평(高平)〈칠곡(漆谷)에 있다〉 답계(踏溪) 안언(安堰) 무계(茂溪)〈성주(星州)에 있다〉 안림(安林)〈고령(高靈)에 있다〉 팔진(八鎭)〈초계(草溪)에 있다〉 금양(金陽) 권빈(勸賓)〈합천(陜川)에 있다〉 무촌(茂村) 성기(星奇) 성초(省草)〈거창(居昌)에 있다〉 장곡(長谷) 작내(作乃)〈지례(知禮)에 있다〉

○사근도(沙斤道) 제한(蹄閑)〈함양(咸陽)에 있다〉 임수(臨水)〈안의(安義)에 있다〉 정곡(正谷)〈산청(山淸)에 있다〉 벽계(碧溪) 신안(新安)〈단성(丹城)에 있다〉 유린(有鄰)〈삼가(三嘉)에 있다〉 안간(安澗) 소남(召南) 정수(正守)〈진주(晋州)에 있다〉 신흥(新興)〈의령(宜寧)에 있다〉 율원(栗原) 마전(馬田) 횡포(橫浦) 평사(平沙)〈하동(河東)에 있다〉

○소촌도(召村道) 평거(平居) 부다(富多) 문화(文和) 영창(永昌)〈진주(晋州)에 있다〉 동계(東溪) 관률(官栗)〈사천(泗川)에 있다〉 완사(浣紗) 양포(良浦)〈곤양(昆陽)에 있다〉 덕신(德新)〈남해(南海)에 있다〉 송도(松道) 배둔(背屯) 구허(邱墟)〈고성(固城)에 있다〉 오양(烏壤)〈거제(巨濟)에 있다〉 상령(常令)〈진해(鎭海)에 있다〉 지남(指南)〈의령(宜寧)에 있다〉

○자여도(自如道) 신풍(新豐) 근주(近珠) 안민(安民)〈창원(昌原)에 있다〉 창인(昌仁) 영포(靈浦)〈칠원(漆原)에 있다〉 남역(南驛) 적항(赤項) 금곡(金谷) 성법(省法) 태산(太山)〈김해(金海)에 있다〉 보평(報平)〈웅천(熊川)에 있다〉 파수(巴水) 춘곡(春谷)〈함안(咸安)에 있다〉 양동(良洞)〈밀양(密陽)에 있다〉 모두 161개 역(驛)이며, 3등 말[마(馬)] 1,401필(匹), 이졸(吏卒) 40,276명이 있다.

4. 봉수(烽燧)

죽령(竹嶺)〈순흥(順興)에 있다. ○북쪽으로 단양(丹陽) 소이산(所伊山)에 준한다〉

망전산(望前山)〈풍기(豊基)에 있다〉

성내산(城內山)〈영천(榮川)에 있다〉

사랑당(沙郎堂)〈순흥(順興)에 있다〉

당북산(堂北山)〈안동(安東)에 있다〉

용참산(龍站山)〈봉화(奉化)에 있다〉

창팔래산(昌八來山)〈영천(榮川)에 있다〉

녹전산(祿轉山)〈예안(禮安)에 있다〉

개목산(開目山)

봉지산(峯枝山)

감곡산(甘谷山)〈안동(安東)에 있다〉

마산(馬山)

계란현(鷄卵峴)

성산(城山)

대야곡(大也谷)

승원(蠅院)〈의성(義城)에 있다〉

승목산(繩木山)

보지현(甫只峴)

토을산(吐乙山)〈의흥(義興)에 있다〉

여음동(余音洞)〈신녕(新寧)에 있다〉

구토현(仇吐峴)

성산(城山)

성황당(城隍堂)

영계방산(永溪方山)〈영천(永川)에 있다〉

주사봉(朱砂峯)

접포현(蝶布峴)

고위산(高位山)

소산(蘇山)〈경주(慶州)에 있다〉

부로산(夫老山)〈언양(彦陽)에 있다〉

위천산(渭川山)〈양산(梁山)에 있다〉

계명산(鷄鳴山)

황령산(荒嶺山)〈동래(東萊)에 있다. ○동남쪽으로 간비오(干飛烏)에서 합쳐지는데, 간비오는 아래에 적혀 있다〉

구봉(龜峯)

응봉(鷹峯)〈다대진(多大鎭)에 있다. ○처음 봉수가 시작되어 오른쪽으로 육로로 연결된다〉

「간봉」(間烽)

신석산(新石山)〈서쪽으로 봉지산(峯枝山)에서 합쳐지는데, 봉지산은 위에 적혀 있다〉

약산(藥山)〈안동(安東)에 있다〉

신법산(神法山)〈진보(眞寶)에 있다〉

광산(廣山)

대소산(大所山)〈영해(寧海)에 있다〉

별반산(別畔山)〈맹덕(孟德)에 있다〉

도리산(桃李山)〈청하(淸河)에 있다〉

지을산(知乙山)

오산(烏山)〈흥해(興海)에 있다〉

대동배(大冬背)〈영일(迎日)에 있다〉

발산(鉢山)

뇌성산(磊城山)

복음(福音)〈장기(長鬐)에 있다〉

독산(禿山)

하서지(下西知)〈경주(慶州)에 있다〉

남목천(南木川)

천내(川內)

가리산(加里山)〈울산(蔚山)에 있다〉

하산(下山)

이길(爾吉)〈서생진(生鎭)에 있다〉

아이(阿爾)

남산(南山)〈기장(機張)에 있다〉

간비오(干飛烏)〈동래(東萊)에 있다. ○처음 봉수가 시작되는 곳이다. ○서쪽으로 황령산(荒嶺山)에서 합쳐지는데, 황령산은 위에 적혀 있다. ○오른쪽으로 바다를 연하고 있다. ○이상 57개의 봉수는 좌병영(左兵營)에서 관할한다〉

「간봉」(間烽)

탄항(炭項)〈서쪽으로 연풍(延豐) 계립령(鷄立嶺)에 준한다〉

선암산(禪岩山)〈문경(聞慶)에 있다〉

남산(南山)〈함창(咸昌)에 있다〉

소산(所山)

서산(西山)

회룡산(回龍山)〈상주(尙州)에 있다〉

소산(所山)〈금산(金山)에 있다〉

성황산(城隍山)〈개령(開寧)에 있다〉

남산(籃山)

석현(石峴)〈선산(善山)에 있다〉

건대산(件臺山)

박집산(朴執山)〈인동(仁同)에 있다〉

각산(角山)

성산(星山)

이부로산(伊夫老山)〈성주(星州)에 있다〉

망산(望山)〈고령(高靈)에 있다〉

미숭산(美崇山)〈합천(陜川)에 있다〉

미타산(彌陀山)〈초계(草溪)에 있다〉

가막산(可莫山)〈의령(宜寧)에 있다〉

파산(巴山)〈함안(咸安)에 있다〉

가을포(加乙浦)〈진해(鎭海)에 있다〉

곡산(曲山)

천치(天峙)

우산(牛山)

미륵산(彌勒山)〈고성(固城)에 있다〉

가라산(加羅山)〈거제(巨濟)에 있다. ○처음 봉수가 시작되는 곳이다. ○이상 26개 봉수는 우병영(右兵營)에서 관할한다〉

「간봉」(間烽)

고성산(高城山)〈금산(金山)에 있다. ○서쪽으로 황간(黃澗) 눌이항(訥伊項)에 준한다〉

구산(龜山)〈지례(知禮)에 있다〉

거말흘산(巨末訖山)

금귀산(金貴山)〈거창(居昌)에 있다〉

소현산(所峴山)〈합천(陜川)에 있다〉

금성산(金城山)〈삼가(三嘉)에 있다〉

입암산(笠岩山)〈단성(丹城)에 있다〉

광제산(廣濟山)

망진산(望晋山)〈진주(晋州)에 있다〉

안점산(鞍岾山)〈사천(泗川)에 있다〉

각산(角山)

대방산(臺防山)〈진주(晋州)에 있다〉

금산(錦山)〈남해(南海)에 있다. ○처음 봉수가 시작되는 곳이다. ○서쪽으로 본현(本縣)의 소을산(所乙山)에 준한다. 서쪽으로 전라도 순천(順天) 돌산도(突山島)에 합쳐진다〉

「간봉」(間烽)

마천산(馬川山)〈대구(大邱)에 있다. ○서쪽으로 성주(星州) 각상(角上)에 합쳐진다. 각상은 위에 적혀 있다〉

성산(城山)〈대구(大邱)에 있다〉

말응덕산(末應德山)〈성주(星州)에 있다〉

소이산(所伊山)〈현풍(玄風)에 있다〉

태백산(太白山)〈창녕(昌寧)에 있다〉

여통(餘通)

소산(所山)〈영산(靈山)에 있다〉

안곡산(安谷山)〈칠원(漆原)에 있다〉

성황산(城隍山)〈창원(昌原)에 있다〉

고산(高山)

사화랑(沙火郞)

천성진(天城鎭)〈웅천(熊川)에 있다. ○처음 봉수가 시작되는 곳이다〉

「간봉」(間烽)

시산(匙山)〈하양(河陽)에 있다. ○북쪽으로 영천(永川) 성황당(城隍堂)에서 합쳐지는데, 성황당은 위에 적혀 있다〉

성산(城山)〈경산(慶山)에 있다〉

법이산(法伊山)〈대구(大邱)에 있다〉

북산(北山)

남산(南山)〈청도(淸道)에 있다〉

분항(盆項)

성황(城隍)

남산(南山)

백산(栢山)〈밀양(密陽)에 있다〉

자암산(子庵山)

산성(山城)

성화야(省火也)〈금해(金海)에 있다. ○남쪽으로 웅천(熊川) 천성진(天城鎭)에 준하는데, 천성진은 위에 적혀 있다. ○이상 37개의 봉수는 우병영(右兵營)에서 관할한다〉

「간봉」(間烽)

좌이산(佐耳山)〈고성(固城)에 있다. ○서쪽으로 진주(晋州) 각산(角山)에서 합쳐지는데, 각산은 위에 적혀 있다〉

사량진주봉(蛇梁鎭主峯)〈고성(固城)에 있다. ○동쪽으로 본현(本縣) 우산(牛山)에 준하는데, 우산은 위에 적혀 있다〉

여음포(餘音浦)〈창원(昌原)에 있다. ○동쪽으로 웅천(熊川) 사화랑(沙火郞)에 준하는데, 사화랑은 위에 적혀 있다. ○서쪽으로 진해(鎭海) 가을포(加乙浦)에 준하는데, 가을포는 위에 적혀 있다〉

소흘산(所屹山)〈남해(南海)에 있다. ○동쪽으로 본현(本縣) 금산(錦山)에 준한다. ○서쪽

으로 순천(順天) 돌산도(突山島)에 준하는데, 돌산도는 위에 적혀 있다〉

「권설」(權設)

권설(權設: 임시로 설치한 곳/역자주)

한배곶(閑背串)〈고성(固城) 당포진(唐浦鎭)에 있다〉

가을곶(柯乙串)〈조라포진(浦鎭)에 있다〉

눌일곶(訥逸串)〈지세포진(知世浦鎭)에 있다〉

옥림산(玉林山)〈옥포진(玉浦鎭)에 있다〉

등산(登山)〈율포보(栗浦堡)에 있다. ○위의 네 곳은 거제(巨濟)에 있다〉

원산(猿山)〈남해(南海)에 있다. ○금산(錦山)에서 합쳐진다〉

구솔비포별망(舊乷非浦別望)〈고성(固城)에 있다〉

가배량별망(加背梁別望)〈거제(巨濟)에 있다〉

미조항별망(彌助項別望)〈남해(南海)에 있다. ○금산(錦山)에서 합쳐진다〉

삼천보별망(三千堡別望)〈고성(固城)에 있다. ○이상 10곳은 단지 본읍(本邑: 소속되어 있는 고을/역자주)과 본진(本鎭)에만 보고한다〉 모두 134곳이다.

【원봉(元烽)이 34개, 간봉(間烽)이 90개, 권설(權設)이 10개이다】

5. 총수(摠數)

방면(坊面) 947

민호(民戶) 335,600

인구(人口) 1,447,800

전(田) 190,834결(結)

답(畓) 146,115결(結)

군보(軍保) 392,603

장시(場市) 276

보발(步撥) 19

진도(津渡) 58

목장(牧場) 27

제언(堤堰) 1,786

동보(垌洑) 1,339

봉산(封山)〈황장(黃腸)이 7개이고, 율목(栗木)이 5개이다〉

송전(松田) 376

죽전(竹田) 7,020

단유(壇壝) 3

묘전(廟殿) 6

사원(祠院) 72

창고(倉庫) 320 〈영(營)·읍(邑)·진(鎭)·역(驛)·목(牧)·성(城)·사창(社倉)에 있다〉

조창(漕倉) 3〈창원(昌原)·진주(晋州)·밀양(密陽)에 있다〉

경상도
영인본

三

大東地志目錄

大東地志卷七

古山子 編

慶尚道 號嶺南

本辰弁二韓之地後皆為新羅所并景德王十六年置尚良康三州都督府於本道領郡縣孝恭王時後百濟甄萱侵有尚康二州之地敬順王九年高麗太祖十八年乙未降于高麗成宗十四年以尚州等州縣為嶺南道慶州金州等州縣為嶺東道晉州陝州等州縣為山南道睿宗元年合三道為慶尚晉州道明宗元年分為慶尚州道晉陝州道十六年合為慶尚州道神宗七年改為尚晉

大東地志　卷七　嶺南　一

安東道後改慶尚晉安道高宗四十五年濱州道之和登定長四州沒於蒙古翌年割本道之平海德源盈德松生隷濱州道後還本道忠烈王十六年又以寧海盈德松生移隷東界後復還本道忠肅王元年定為慶尚道　本朝因之　凡七十一邑

巡營　大邱府
左兵營　蔚山府
右兵營　晉州牧
左水營　東萊府
右水營兼三道統制營　固城縣
討捕營　前營安東　左營尚州　中營大邱　右營晉州　後營慶州　別中營金海

慶州鎭管 蔚山 梁山 永川 興海 淸河 延日 長鬐 機張 彥陽

東萊鎭 舊爲慶州鎭管

安東鎭管 寧海 靑松 順興 醴泉 榮川 豐基 義城 盈德 奉化 眞寶 軍威 比安 禮安 龍宮 英陽

大邱鎭管 密陽 仁同 漆谷 淸道 慶山 河陽 玄風 新寧 靈山 昌寧 義興 慈仁

尙州鎭管 星州 金山 開寧 知禮 高靈 聞慶 咸昌

善山鎭 舊爲尙州鎭管

晉州鎭管 居昌 河東 咸陽 草溪 陜川 昆陽 南海 泗川 三嘉 宜寧 山淸 安義 丹城

金海鎭管 昌原 巨濟 咸安 固城 熊川 漆原 鎭海

釜山浦鎭管 西生浦 豆毛浦 開雲浦 包伊浦 西平浦

加德島鎭管 龜山浦 天城浦 安骨浦 薺浦 助羅浦 知世浦 玉浦 加背梁 長木浦

多大浦鎭

彌助項鎭管 赤梁 平山浦 蛇梁 唐浦 永登浦

慶州

〔沿革〕本辰韓之居西村一云居世村漢宣帝五鳳元年甲子
六部村長共推赫居世朴氏爲居西干干辰弁大人之稱又官長之
稱開國建都于此號徐耶伐陳壽三國志云弁辰二韓有斯盧國南史云魏時曰新盧宋時曰新羅或云斯羅○按方言稱新曰斯稱國曰羅轉爲邦耶盧則斯羅新盧當新國之稱又方言稱大坪曰伐徐耶伐郎王京之稱今稱京都轉爲徐鬱脫解王九年改號雞林智證
王四年定號新羅一云基臨王十年復號斯羅文武王三年唐以新
羅爲雞林州大都督府以王爲大都督敬順王九年降于高麗

歷五十八王凡九百九十三年高麗太祖十九年爲慶州置東南都部
署使置司慶州以大城郡爲治所二十三年陞大都督
府成宗六年改東京留守十四年改置留守使副留守隸嶺東道顯
宗三年降爲慶州防禦使五年改安東大都護府二十
東京又置判官睿宗改少尹一年復爲東京留守屬郡四興海章山壽城永州屬縣十安康新寧慈仁河陽淸河延日
解顏神光杞溪長鬐神宗五年降爲知慶州事東京夜別抄作亂傳檄尙淸忠原州
道謀亂因降爲州奪管內州府郡縣鄕部曲分隸安東尙州高宗六年復爲東京留
守忠烈王三十四年改鷄林府尹辛禑二年自金山移置
按廉使營于府 本朝 太祖元年移營于尙州 太
宗十五年置兵馬節制使營于府以節制使兼府尹十七年移

營于蔚山 世祖十二年置鎭管十邑內東萊今爲獨鎭 宣祖二
十五年置左道觀察使營翌年移于星州詳大邱〔邑號〕金城
月城俱新羅都城號樂浪高麗成宗所定○淸虜書俱云新羅漢樂浪地金鰲 蚊川〔官員〕
府尹兼慶州鎭兵馬節制使一員
〔六部〕中興部本閼川楊山村儒理王九年春改及梁部賜其長謁平姓李高麗太祖二十三年改中興部今曇岩寺一云勳岩峯南山部本突山高墟村儒理王改沙梁部賜其長蘇伐都利姓崔高麗太祖改南山部今兄山長福部本茂山大樹村儒理王改漸梁部一云牟梁部賜其長俱禮姓孫高麗太祖改長福部今伊山一作背地山通仙部本觜山珍支村一云于珍村儒理王改本彼部賜其長智伯虎姓鄭高麗太祖改通仙部今花山加德部本金山加利村儒理王改漢祇部一云韓岐部賜其長祇陁姓裵高麗太祖改加德部今金剛山栢栗寺北山一云明活山臨川部本明活山高郞

新羅以營為停

村儒理王改習比部賜其長虎珍姓薛高麗太祖改臨川部令金剛山以上六部儒理王時俱置官員

(六停) 東畿停本毛只停係大城郡 南畿停本道品兮停 中畿停本根乃停 西畿停本豆良彌知停 北畿停本雨谷停 莫耶停本官阿良知停一云北阿良停以上五停係商城郡 右京都六停各有幢

(古邑) 大城 今本府治所新羅統合麗濟後置大城郡領縣一約章及六部東畿停如今之漢城府

約章 東南三十五里本新羅惡支一云阿支景德王十六年改約章為大城郡領縣高麗顯宗九年來屬

商城 西十里本新羅高墟村地為西兄山郡景德王十六年改商城郡領五畿停隸良州高麗顯宗九年來屬

臨關 東南四十五里本毛伐郡一云毛火一云蚊火景德王十六年改臨關郡領縣二東津河曲隸良州高麗顯宗九年來屬

安康 北三十里本新羅比火郡景德王十六年改安康為義昌郡領縣後以音汁縣來併高麗顯宗九年來屬恭讓王三年置監務本朝初復來屬

四

杞溪 北五十里本新羅芼兮一云化鷄景德王十六年改杞溪為義昌郡領縣高麗顯宗九年來屬

神光 北七十里本新羅東仍音一云神乙景德王十六年改神光為義昌郡領縣後補肥於鎮高麗太祖十三年親幸城之改神光鎮徙民實之顯宗九年來屬

音汁 北三十里本音汁伐國新羅婆娑王二十三年來降置音汁火縣景德王十六年改音汁為義昌郡領縣後併于安康縣

長鎮 北一百里青松界本新羅長鎮景德王十六年為臨皋郡領縣高麗顯宗九年來屬後改竹長部曲

(坊面) 東面三十 西面三十 南面四十 川北東北二十 江東北四十 江西北三十 安谷本北安谷部曲越入永川東南界西北五十 杞溪北六十 神光北七十 竹長北一百 東海東五十 外方東南四十 見谷西北二十 山內西六十 南路東南四十 南路西南五十 南道

金鰲 ○省法伊部曲北五十 八助東四十五 大庵 大昌西五十 南安谷西四十五 根谷在安康西南五 桃界 虎鳴部曲安康縣東南七里 虎村神光縣東南五里 以上皆部曲

(山水) 狼山 東九里 吐含山 東三十里○佛國寺新羅人金大成刱有青雲白雲二橋制作極巧○宗聖王丙辰吐含山崩 金剛山 北七里○柏栗寺 仙桃山 西七里一云西兄又西岳 含月山 東四十五里有曼瑚峯○祇林寺 金鰲山 南五里一云南山○九聖臺鳳生岩北有上書莊東有書出池上上舊有琴松亭○昌林寺即新羅宮殿遺址○茸長寺僧雪岑嘗構此居爲雪岑即金時習也○鮑石亭古址在山之西距府七里錬石作鮑魚形故名景哀王遇甄萱亂于此 明活山 東十里 兄山 東北三十里 蔚介山 西南二十三里 伏安山 南二十里 墨匠山 南三 馬北山 神光縣北二十六里 匪月洞山 西六十五里 馬登山 在鵲述嶺之西距府南七十里 只火谷山 西四十里 斷石山 一云月生山西二十三里有石窟 紫玉山 安康縣西十三里 達城山 安康縣南十三里 飛鶴山 神光縣西五里 咽薄山 南三

五

十五里 月老山 在竹長面 古羅山 竹長北界 土甘山 神光縣西十里 雲住山 上同 所山 杞溪縣西十里 雲岳山 安康縣北十五里 印出山 西二十里 四龍山 西四十里永川界 高冠山 西北四十里 松花山 西十里 星浮山 南二十里一峯虎出 余那山 南四十里 法光山 十里 天台山 東四十里 虎踞山 西南四十里 下枝山 西三十二里俗稱富山山之南有朱岩寺寺之北有臺岩峨絶奇秀臨遠山遙遠海臺之西有持芬石四方削成其上平坦可坐百餘人自持芬石之西八九步有朱岩臺 高城山 北五里 甲山 北三十里 珊瑚峯 吐含山西支 東岳峯 吐含山南支 童子岩 北四十里 珠岩 在竹長面郎盈德縣玉溪上流所在 女根谷 西四十里 月明巷 金城南 始林 南四里脫解王九年改鷄林 黑林 東二十里 井田 新羅時畫斷遺址尚存 瞻星臺 東南三里善德王十六年錬石築臺上方下圓高十九尺通其中人由中以上下以候天文 金藏臺 西川

松田十
四天王寺在狼山南
岸利見臺 東五十里海岸臺下十步海中有石四角聳出如四門稱爲大王岩文武王燒柩處
鳳臺○芬皇寺東五里善德主三年刱○靈妙寺西五里善德主元年刱建三層殿宇四年而成
○皇龍寺在月城東真興王十四年捨新宮爲寺十三年而成三十五年鑄皇龍寺丈六佛像重三萬五千七
斤鍍金重一萬一百九十八分一云鑄像黃鉄重五万七千斤黃金三萬分善德主十四年造皇龍寺塔景德
王十三年鑄皇龍寺鍾長一丈三寸厚九寸重四十九萬七千五百八十一斤又有迦葉宴坐石高可五六丈
圓僅三肘○奉德寺惠恭王時鑄奉德寺鍾重十二万斤聲聞百餘里翰林金鄕奚作鍾銘後寺渝於北川天
順庚辰移懸于靈妙寺今移在府南門外○臺岩寺在蛇陵南○天官寺在五陵東○神元寺在府南月南里
倭有鬼橋寺南有北淵高麗李義旼弑毅宗于此○三郎寺真平王十九年三郎寺成碑文朴居易撰姚克一
書○奉聖寺東四里神文王五年奉聖寺成○永興寺在城內真平王十八年永興寺火延燒三百五十家○
興輪寺南二里真興王五年興輪寺成○感恩寺東五十里東距利見臺三里景德王十二年幸感恩寺望海
五

堤堰二百七
○天柱寺在月城西北寺之北有鴈鴨池文武王於宮
內爲池積石爲山象巫山十二峯種花卉養珍禽其西
有臨海殿舊址礎砌猶在田畝間○望德寺神文王五
年刱○祇園實際二寺真興王二十七年成○奉恩寺
元聖王十年刱○以上諸寺皆新羅古跡
(嶺路) 鵄述嶺 南三十六里通蔚山 箴嶺 東三十里 楸嶺 東二十五里 柿嶺 東五十四里長鬐界 八助嶺 東五十三里 件代嶺 東三十六里
成峴 北五十八里 舍羅峴 北三十里 柳峴 鼎峴 俱在竹長面青松界 牛峴 月老山東支 省法峴 馬北山南支 法水峴 官嶺 分內峴 杞溪縣東
香峴 東北四十里 馬耳峴 西北三十里 於義峴 西南二十五里 東山嶺 東南三十里
○海 東五十四里 兄江 源出吐含山西流爲史等川至月城爲蚊川環府南北流過咽薄山川爲掘淵過閼川東北流爲温淵過玉山川經兄山爲兄江至迎日縣地爲注津經德島浦項倉爲入助浦入于海
閼川 一云北川一云東川東五里出楸嶺入掘淵
西川 西四里一出咽薄山一出

墨匠山一出只火谷山合流入于兄江
蚊川 南五里史等川下流可遊賞之地舊有日精橋一云春陽橋又有月精橋二橋俱在府西南遺址尚存蚊川之上又有白雲梁設橋
掘淵 北二十里西川下流有魚梁
史等川 一云荒川東二十四里出吐含山入西川
杞溪川 一云玉山川出馬北山南流經杞溪安康入兄山浦
神光川 出馬北山南流經神光析而東流爲興海郡之北川
仍甫川 南五十五里出斷石山東南流經仍南驛入蔚山界郎大和江之源
孔岩川 出四龍山南流經孔岩入于清道郡之雲門川距府西四十里
東海川 東四十里出含月山南流經東海而入海
竹長川 出青松普賢山南流經竹長面至永川界爲南川
温淵 兄江下流有龍堂在兄山安康縣東二十四里
浦 安康東二十五里掘縣下流
八助浦 東北五十三里右二處有魚梁 金城井 在府內
雛羅井 楊山蘿井 俱南七里 閼英井 南五里 王家藪 南十里
(形勝)千年故都一道雄府左環滄海右連疊嶂山川回
六

其土壤膏沃繁華佳麗甲於南方
(城池)邑城 周四千七十五尺城門四井八十六池一 金城 東四里新羅始祖二十一年土築京
城號金城二十六年營宮室於金城文獻備考云周二
千四百七尺三國史云王都長三千七十五步廣三千
一十八步三十五里六部 月城 東南五里金城之東南一云半月城一云新月城一云在城婆娑王二十
二年築之炤智王九年修築十年移居三國史云土築周一千二十三步備考云周三千二十三尺 明活
城 在月城東慈悲王十六年葺明活城十八年移居真興王十五年改石築周一千九百六步真平王十五
年改築周三千步備考云周七千八百十八步 滿月城 在月城北三國史云土築周一千八百三十八
步備考云周四千九百四十五尺 南山城 在月城南郎高墟城真平王十三年土築文武王三年作
長倉於南山新城十九年增築周二千八
百四步備考云土築周七千五百四十尺 富山城 西三十二
里文武王三年石築周三千六百尺池一泉九溪四 西兄山城 郎高城郡城本高墟村地真平王十

五年築周二千步四十八年築高墟 關門城卽臨關郡城聖德王
二十一年發丁夫三萬九千命角干元眞築毛伐郡城
石城周六千七百九十九尺以遮日本賊路今稱關門
城新唐書云其國連山數十里有峽固以鐵闔號關門
東距長人國新羅常屯弩士數千守之○按長人卽指日本也長人是唐書之誤
北兄山城 卽兄山東北三十里文武王十三年築 神光縣城 高麗太祖十三年築
〔營衙〕後營 孝宗八年置○後營將兼討捕使一員○屬邑慶州蔚山興海永川清河延日長鬐彥陽
○左兵營 廢 太宗十五年設營於府東南二十餘里吐乙里以兵使兼府尹十七年移營于蔚山府
〔鎭堡〕廢甘浦鎭 東南七十二里海邊今蔚山府屬東津古縣地中宗七年石築周七百三十六尺井四置水軍萬戶宣祖二十五年移于東萊
下西知木柵 東六十里內有一井二池
〔烽燧〕朱砂峯 西四十二里 蝶布峴 西二十六里 高位山 南二十五里 蘇

七

山 南六十八里 禿山 東五十四里 下西知 東南六十三里
〔倉庫〕倉四 邑內 神光倉 杞溪倉 竹長倉 安康倉 各在
古縣 義谷倉 仍甫倉 各在其縣 東倉 東南三十五里 兄倉 達倉
〔驛站〕沙里驛 北六里 牟梁驛 西二十三里 阿火驛 西四十五里 朝驛
東二十五里 仇於驛 東南四十八里 鏡驛 北三十九里 安康 仁庇驛 北七十六里 杞
溪 義谷驛 西五十七里 仍甫驛 南五十五里 蘆谷驛 南二十六里 陸驛
北七十五里 神光
〔橋梁〕大橋 在蚊川上○景德王十九年起月淨春陽二橋於蚊川之上 孝不孝橋 東六
里 廣濟院橋 在掘淵川 神元橋 西十里
〔土產〕鐵 水精 花斑石 竹 楮 倭楮 漆 柹 松蕈 蜂蜜 海松子

邑內 二七
沙正 四九
沙坪 一六
仇於 三八
下西 四九
於日 五十
牟梁 三八
乾川 五十
阿火 一六
義谷 四九

芦谷 五十
仍甫 三八
安康 四九
達城 三八
杞溪 三八
仁庇 一六
土城 一六
竹長 三八
連倴 五十
立石 四九
赤火谷 一六

中國謂之新羅松子 人蔘 中國謂之新羅蔘 海衣 藿 魚物十五種
〔樓亭〕故都南樓 賓賢樓 倚風樓 光風樓 涵碧
亭 一勝亭 並邑內 鍊兵館 西川上西四里
〔廟殿〕集慶殿 本朝世宗朝建奉安太祖御眞置參奉二員後移安于江陵府以火仍廢爲高
崇德殿 在府南月南里新羅南解王三年立始祖廟每 麗時廢本朝世宗十一年立新羅始祖廟每
歲春秋降香祝以祭 景宗三年賜額崇德殿新羅始
英宗二十八年立碑大提學趙觀彬撰碑文 北四里本
祖 國 姓朴氏漢五鳳元年甲子○參奉一員以朴氏差 ○敬順王廟 影堂無節
日州首吏率三班以祭 本朝景宗 敬順王 姓金氏後
二年賜額○參奉一人以金氏差 唐淸泰二年乙未遂國于高麗
〔壇壝〕奈歷 在習比部 穴禮 在大城郡右二處 羅以三山載大祀 新吐含山 東岳在大

奈歷一云金剛北岳

八

城郡 金剛山 北岳在大城郡右二處載中祀 溫沫懃 東鎭在牙谷停 北兄山城 在大城郡右二處載中祀
赤黃 在牟梁部 高墟 在沙梁部 西述 在牟梁部卽仙桃山右三處載小祀
以上載新羅祀典高麗俱廢
〔祠院〕西岳書院 明宗辛酉建仁祖癸亥賜額 薛聰 見文廟 金庾信 金海人官
太大舒發翰平壤郡開國公追封興武王 崔致遠 見文廟 ○玉山書院 宣祖癸酉建甲
戌賜額 李彥迪 見文廟 ○崇烈祠 肅宗庚辰建辛卯賜額 崔震立 字士建號
潛窩慶州人仁祖丙子以公州營將戰死官工曹參判贈兵曹判書謚貞武
〔典故〕新羅始祖八年倭欲寇邊聞王有神德乃還 十
七年王巡撫六部勸督農桑妃閼英從焉 三十年樂
浪人將欲襲掠及至邊境見民不夜扃野多露積乃相

謂曰此有道之國也不可犯缀兵而還　五十三年東沃沮遣使獻良馬二百匹曰寡君聞南韓有聖人遣使來獻　南解王元年樂浪兵圍金城尋退　十一年倭舡百餘艘掠海邊民户發六部勁兵以禦之　樂浪謂新羅內虛攻金城甚急尋退屯於閼川之上造石堆二十而去六部兵一千追之自吐含山東至閼川見石堆知賊衆乃至　儒理王十四年冬高句麗滅樂浪樂浪人五千與帶方人來投王分居六部　祇摩王十年夏倭侵東邊　助賁王三年倭人猝至圍金城王親出戰賊潰走殺獲一千餘級　訖解王三十七年倭兵猝至

九

風島抄掠邊户又進圍金城賊食盡將退命康世擊走之　奈勿王九年夏倭大擧來侵王懼造草偶人數千持兵列吐含山下伏勇士一千於斧峴東原倭恃衆直進伏發擊其不意倭兵大敗走追擊殺之幾盡　十八年春百濟禿山城主率三百人奔新羅王納之分居六部　三十八年夏倭人來圍金城五日不解因閉城固守賊乃退王先遣勇騎二百遮其歸路又遣步卒一千追於獨山（今東山嶺）夾擊大敗之殺獲甚衆　實聖王四年倭兵來攻明活城不克而歸王率騎兵要之獨山之南敗之殺獲三百餘級　六年倭侵東邊又侵南邊奪掠

一百人　訥祇王十五年倭侵東邊圍明活城無功而退　二十八年倭兵圍金城十日糧盡乃歸王率數千餘騎追及獨山之東為賊所敗死者過半　慈悲王二年倭人以兵舡百餘艘襲東邊進圍月城賊將退出兵擊敗之賊溺死者過半　十九年倭人侵東邊王命將軍德智擊敗之殺獲二百餘人　二十年倭人擧兵五道來侵竟無功而還　炤智王八年倭人犯邊王大閱於狼山之南　智證王六年王親定國內州郡縣　善德主十五年大臣毗曇等擧兵欲廢主屯於明活城王師營於月城攻守十日不解金庾信督諸將奮擊之毗

十

（真興王十年梁遣使送佛舍利於新羅王使百官奉迎興輪寺前路）

曇等敗走追斬之　文武王九年以所虜高句麗人七千八京　王疑百濟殘衆反覆擧兵討百濟品日文忠等攻取城三十六獲其人於內地天存竹旨等取城七斬首二千軍官文頴等取城十二擊狄兵斬七千級獲戰馬兵仗甚多　聖德三十年日本兵舡三百艘襲我東邊王命將出兵大破之　惠恭王十六年夏金志貞作亂圍王宮上大等良相與伊飡敬信（即元聖王）擧兵誅志貞良相自立為王　憲德王十一年遣將軍金雄元助唐討李師道（帝遣使徵兵）　十四年金憲昌之亂（詳公州）角干金忠恭匝飡金允膺等守蚊火關門　興德王十一年

冬王薨無嗣金陽與均貞元聖王孫之子祐徵即神武王奉均貞
為王入積板宮為金明即閔哀王所害明立悌隆即僖康王為王
後弑悌隆自立金陽起兵於武州今光州與清海鎮今莞島
大使張保皐進兵討明明兵敗奔入月遊宅兵士追斬
之 真聖主十年賊起國西南至京西部賊黨赤其袴
以自識屠害州縣 孝恭王四年國原菁州槐壤賊帥
清吉莘萱等擧城降於弓裔 景哀王三年後百濟主
甄萱襲高鬱府逼至郊圻王告急于高麗高麗遣公萱
等以兵一萬赴之未至甄萱猝至王都時王與妃嬪遊
鮑石亭置酒娛樂忽聞兵至王與妃嬪走匿城南離宮

十一

侍從宮女伶官皆被虜萱遂縱兵大掠入據王宮令左
右索王置軍中逼令自盡強辱王妃縱其下亂嬪妾乃
立金傅即敬順王為王虜王弟孝廉宰臣英景盡取子女百
工兵仗珍寶以歸高麗王遣使弔之親率精騎救之有
公山之敗詳大邱 敬順王五年高麗王如新羅羅王會
于臨海殿○高麗顯宗二年東女真百餘艘寇慶州
文宗二十七年東蕃海賊寇東京 明宗三年東北面
兵馬使金甫當起兵欲討鄭仲夫復立前王毅宗使張純
錫至巨濟奉前王出居慶州慶州人幽前王于客舍守
之李義旼出前王至神元寺北淵上弑之 神宗二年

盜又起東京與溟州賊合侵掠州郡 五年東京賊孛
佐等起兵遣將分道侵掠州郡王遣諸將討之賊募雲
門山及蔚珍草田分為三軍 東京賊掠杞溪縣李維
城斬一千餘級 高宗二十五年蒙古兵至東京燒皇
龍寺塔 恭愍王二十三年倭寇鷄林府 禑辛三年倭
寇鷄林府 五年倭再寇鷄林府 七年鷄林元帥元
虎斬倭十一級 八年倭寇鷄林 九年倭寇安康杞
溪初日本大內義弘嘗欲禁諸島倭侵擾我疆會本國使韓國柱如九州請禁賊義弘遣麾下朴居士以其
兵一百八十六人與之偕來至是倭寇鷄林居士率兵
與戰鷄林元帥河乙沚逗留不救居士軍大敗得脫者
僅五十餘人○本朝 宣祖二十五年四月倭陷慶州 八

十二

月倭五百餘騎自彦陽向蘆谷義兵將金虎等領軍一
千四百拒戰賊奔回本州虎等追趕斬五十餘級 左
兵使朴晉率兵萬餘進薄慶州倭掩其不備朴晉奔還
安康縣更募死士千餘人潛伏城下放飛擊震天雷于
賊陣中聲震天地一陣眩倒明日賊棄城遁歸西生浦
朴晉遂入慶州 三十一年正月經理楊鎬自蔚山還
屯慶州

蔚山

沿革 本新羅屈阿村火婆娑王始置皆知邊縣一云戒邊城又云神鶴城一云火城郡 景德王十六年改河曲為臨關郡領縣高麗

太祖陞興麗府以縣人朴允雄有功乃以虞風東津二縣來合後降恭化縣顯
宗九年改知蔚州郡事屬縣二東萊巘陽又改置防禦使本
朝太祖六年置鎮以兵馬使兼知州事太宗十三
年罷鎮改知蔚山郡事十七年置左道兵馬都節制使
營于郡治世宗十八年移郡治于營西七里後罷營
復置鎮以兵馬僉節制使兼知郡事十九年陞都護府
後以左道節制使兼判府事置判官是年還降為郡
宣祖三十一年陞都護府以兵馬節度使兼府使光海
主八年別置府使(邑號)鶴城高麗成宗所定(官員)都護府使兼慶州鎮管兵
馬同僉節制使一員

松田五

(古邑)虞風在于弗山下本新羅于火縣景德王十六年改虞風為東安郡領縣高麗太祖時來屬
東津東北三十里本新羅栗浦縣景德王十六年改東津為臨関郡領縣高麗太祖時來屬本朝置甘
浦鎮見慶州東安南五十里本新羅生西良景德王十六年改東安郡領縣一虞風隸良州高麗顯宗
九年來屬本朝置西生浦鎮
(坊面)府內終十東面東初十終三十柳浦東初二十終三十五府南初五終十五
內廂東初十終二十大峴南初五終三十青良南初十五終三十五溫陽西南初三十終
六十熊村西初三十終七十凡西本凡西部曲西初十五終三十水〻西北初十終三十農
所東北初十終三十五
(山水)無里龍山東二十里達川山北二十里文殊山西二十五里有望海臺
圓寂山西六十里梁山界連峯疊嶂洞府深邃○雲興寺佛光山南四十五里機張界○大

堤堰一百五

和寺鷲山東十里聳立大野○碧波寺東大山東二十五里南有曉星岾于弗山西五
十里黃芳山西北五里鳳棲山北四十里泉谷山北二十里開門山北四十里
慶州界尺果山北三十里含月山西十里華藏山西南四十里聳峭山
于弗山之東隱月峯大和津之西立岩掭火川之北波蓮岩東三十里鯨魚津東
北處容岩開雲浦海中藏春塢在黃龍淵東南有山鬱然名花異卉海竹山茶經冬馥郁
(嶺路)栗峴西路大岾北四十里○海東三十五里大和江源出慶州斷石山南流至
所山折而東南流為蟠龜川至立岩右過彥陽南川為掭火川東流經府南為大和江注津至島山左過語連
川洄為諸內浦入于海有魚梁掭火川在掭火驛東即大和江上流立岩淵下流南木川東三
十里源出東大山與波蓮岩浦合入于海諸連川東十里出慶州東山嶺南流入蕉浦西川西十
里出尺果山南流入掭火川下流黃龍淵西十里大和江上流淵水宏闊澄深淵之北石崖巉然層

立立岩淵西二十里彥陽南川及鷲城川合流為此淵有岩屹立水中如塔其水黝碧臨之可愕
開雲浦南二十五里新羅憲康王五年出遊鶴城至海浦還異人處容者即此地浦邊有處容岩又有
舡町諸海浦一云諸內浦在東南十里有鹽盆柳浦東三十里海口火浦南七十里鹽
浦東南十五里有恒居倭戶舊蓮池城西二里御風臺東南海邊(島嶼)鳴山島南十
竹島南二十里冬栢島南三十里冬栢藪島
(城池)邑城本朝成宗十二年築周三千六百三十五尺井八古邑城在戒邊城西辛禑十
一年朴葳築周三百十五步島山城東五里一云神鶴城一云戒邊城一云甑城宣祖三十年倭
因古址修築與順天倭橋南海露梁為三窟○明史以倭橋為曳橋露梁為老營伴鷗亭壘
大和江壘右二處倭人所築
(營衙)左兵營太宗十五年置兵馬節制使營于慶州東南二十餘里十七年移設於戒邊城北即

舊郡治 宣祖三十七年移設于內廂即舊設營之地 【城池】石城周九千三百十六尺井七渠二池三 【官員】慶尙左道兵馬節度使 中軍 兼慶 虞候 審藥各一員 ○評事 明宗八年始設尋罷 【營】慶州後營 安東前營 大邱中營

【鎭堡】西生浦鎭 南五十里初置水軍萬戶 宣祖二十五年移設于倭人所築之外甕城○水軍同僉節制使一員 【革廢】鹽浦鎭 南二十三里城周一千三十九尺井三有水軍萬戶○舊有恒居倭戶 中宗五年開蕣浦之波患入本島 開雲浦鎭 在開雲浦有水軍萬戶 宣祖二十五年移于東萊之釜山浦 柳浦石堡 世祖朝石築兵使分兵戍之

【烽燧】南木川 東三十里 川內 鯨魚津西 加里山 在開雲浦 下山 南五十里 爾吉 南六十七里

【倉庫】邑倉三 公須倉 南四十里 西倉 熊村面 西四十五里 外倉 東三十里

邑內 五十 大峴 一六 內廂 二七 浦項 二七 城隍堂 三八 公須串 三八 西倉 四九

兵營倉三 庫三

【驛站】肝谷驛 西三十九里 振火驛 西十五里 富平驛 兵營城西

【牧場】蔚山場 東三十里魴魚津○監牧官一員○屬場在長鬐冬乙背串

【津渡】大和津 府南一里 渼津 府南四里

【橋梁】海陽橋 兵營東門外

【土產】鐵 瑪瑙 石決 中青竹 倭楮 楮 芍 香蕈 蜂蜜 藿 海衣 烏海藻 牛毛 茶 海獺 鰒 海參 紅蛤 等魚物數十種

【樓亭】大和樓 西南五里今移揭其號於鶴城館南鐘樓 唐貞觀十七年僧慈藏法師所刱大和寺之樓也 樓在層崖絶壁之上 下臨大川山 橫野外 海接天涯 江海樓 伴鷗亭

【壇壝】于弗山壇 新羅祀典于火在生西良郡之于火縣 以名山載小祀 高麗及本朝因之

【祠院】鷗江書院 肅宗戊午建甲戌賜額 鄭夢周 李彥迪 俱見文廟

【典故】高麗太祖十三年新羅皆知邊遣崔奐請降 成宗十六年王自東京過興麗府御大和樓宴羣臣 顯宗二年城蔚州 恭愍王十年倭寇蔚州 二十三年倭寇蔚州 辛禑二年倭屠燒蔚州又寇蔚州 三年倭再寇蔚州等處焚掠殆盡 倭又寇蔚州元帥禹仁烈擊之斬九級 倭又寇蔚州等地禹仁烈裵克廉等與戰斬十級獲船七艘 五年倭寇蔚州倭留蔚州刈稻爲粮 七年元帥南秩與倭戰于蔚州 十年倭焚掠蔚州奪其漕船○本朝 宣祖二十五年四月倭陷左

兵營兵使李珏虞候元應斗先已遁去十三邑兵入城潰 二十六年九月宋應昌李如松等引兵還留劉綎屯八莒吳惟忠駱尙志等率步軍萬餘屯蔚山 三十年正月倭清正等領兵船渡海來復修西生島山等舊壘 楊鎬欲先攻清正與麻貴領兵四萬五千踰鳥嶺進屯慶州攻行長之來援令中協將向義城東援左右兩協將以扼全慶間除又以三協將同我兵由天安全州南原而下大張旗鼓詐攻順天等處以牽行長時清正築城於蔚山東海邊斗絶處曰島山自領大軍留島山分諸倭遮絶要路 十二月李芳春從左路高策

從中路彭友德由右路吳惟忠扼梁山董正誼赴南原
盧繼忠屯西江防水路接伴使李德馨元帥權慄從經
理麻貴先到蔚山距賊壘六十里以擺賽爲先鋒領精
勇兵一千楊登山領驍騎二千合擊斬四百六十級翌
日三協俱進左軍圍伴鷗亭賊壘中軍自兵營路直衝
賊窟右軍圍大和江賊壘楊鎬督諸軍奮擊盡燒營壘
拔伴鷗大和兩寨餘倭遁入島山鎬與麻貴上島山北
邊高峰督戰不利陳寅中丸還京城時島山城中飢渴
日甚清正約詐降以緩其鋒兩南諸屯倭發兵赴援
三十一年正月楊鎬恐腹背受敵引兵還慶州吳惟忠

十七

祖承訓夜半率死士二十人入西生浦拔吊橋上脾子
李春芳邀絶賊路斬百餘級是役也天兵死者一千四
百人傷者三千餘人　時倭盤據湖嶺南邊分爲三窟
東路則清正據島山西路則行長據順天粟林之倭橋
中路則石蔓子據泗川之三千浦北埒晋江南通大海
爲東西聲援

梁山

(沿革)本新羅歃良 文武王五年置州景德王十六年改
良州都督府 九州之一領州一小京一郡十二縣三十四○都督府領縣一巘陽 高麗太
祖二十三年改梁州成宗置防禦使顯宗九年改知郡

松田一

事 領縣二東平機張 後屬密城忠烈王三十年復置梁州 本
朝 太宗十三年改梁山郡 宣祖壬辰倭亂後合于
東萊府三十六年復置 (邑號)宜春 高麗成宗所定 順正 (官員)郡守 兼慶州鎮管兵馬同僉節制使 一員
(坊面)邑內 終五 上東 初五終三十 下東 東南初十終四十 上北 西北初十終二十 下北 初二十終四十 上西 初十終二十 下西 初二十終六十 大上洞 南初四十終五十 大下洞 南初四十終六十五右二面在大楮島 佐耳田 南初三十終五十○ 凡谷部曲北十 尾谷部曲北六 凡魚部曲西六 於谷所西五里有小城俗稱水蛭獄
(山水)鷲棲山 北四十里彥陽界○通度寺藏釋迦佛之頭骨舍利及所著袈裟 圓寂山 一云斗聖山北二十里山勢崒嵂清秀千朵芙蓉倒影於烟波之中北接鷲棲東連丐井縈紆重疊○佛池寺

梁山 十八

堤堰一

寺北岩底下有泉湧出其色如金 城隍山 東北五里 梨川山 西三十里 甑山 西南十二里大野中 金井山 南四十里東萊界 七點山 南六十里大渚島中七峯如點 臨鏡臺 在黃山驛西絶壁上崔孤雲遊賞之地一云崔公臺俯呑澄江之溶溶遠挹烟巒之簇簇 (嶺路)沙背也峴 南四十里東萊路 黃山遷 在黃山江岸路出石壁甚危險通密陽 ○海 大渚島之南 黃山江 西二十里卽洛東江下流古稱黃山河爲新羅加耶兩國之界 靈川 東二十里出圓寂山之南南流經機張縣西界東萊府之東爲海雲浦入于海 孤川 一云孤浦西十里出鷲棲圓寂二山合流入黃山江 內浦川 西四十里出密陽姑射山南流至郡之西界入加耶津 北川 在郡北孤川上流水漲則直衝邑城故築石以防 仇邑浦 西三里孤川上流 大楮浦 西二十里 柤浦 南三十五里 東頭渚浦 柤浦下流 源浦 西三十里 鷄原淵 在殘碧樓下一出圓寂山一出郡北十里石谷村合入孤川西岸有竹塢 (島嶼)大楮島 南四十里洛東江入海之口土沃民阜

倉二

蛇頭島南四十五里卽七點山南支有良田五百餘頃閭閻櫛比富厚所要渚島在大楮島之東有田數百餘頃土極膏饒

(城池)邑城周三千七百十尺井五池一　古城在城隍山周四千三百六十八尺井六池二

古城東三里有石築遺址　古長城在黃山江東北岸上土石雜築　仇法谷城　孤浦城右二處倭人所築　○新羅文武王十三年築歃良州骨爭峴城　神文王七年築歃良城周一千二百六十步

(烽燧)渭川山北二十一里

(倉庫)邑倉二　甘同倉南四十里爲統營接濟而設

(驛站)黃山道在黃山江岸○屬驛十六○察訪一員　輪山驛西五里　渭川驛北二十里　(革廢)源浦驛西三十里　(步撥)官門站　內浦站

邑內一六　甘洞三八　黃山五十　竜堂三八

(津渡)加耶津一云玉池淵西四十里黃山江上流　東院津南二十五里黃山江下流右二處通金海　孤浦津大路向小津

(橋梁)鷄原橋鷄原淵下　仇邑浦橋　火者浦橋

(土產)鐵竹茶松蕈香蕈銀口魚黃魚秀魚

(樓亭)雙璧樓邑內俯視清流萬竹叢翠　春雪樓

(壇壝)加耶津壇南二十二里新羅稱黃山河高麗稱加耶津衍所本朝土民稱赤石龍壇竝以南瀆載中祀

(祠院)松潭書院肅宗丙子建丁酉賜額　白受繪字汝彬秩餘人官自如察訪贈戶曹參議　宣祖壬辰被擄九年全節而還

(典故)新羅祇摩王四年加耶寇南邊王親率步騎度黃山河加耶人伏兵圍之數重王奮擊決圍而退　味鄒王三年春三月王幸黃山閱高年及貧不能自存者賑恤之　慈悲王六年倭人侵歃良城不克而去王命將伏兵於歸路要擊大敗之王以倭屢侵疆場築沿邊二城○高麗恭愍王十年倭寇梁州　十三年倭寇梁州焚二百餘戶　辛禑二年倭屠燒梁州　三年倭寇梁州金海府使朴葳擊倭于黃山江敗之斬二十九級賊狼狽自刃投水死殆盡裵克廉又與倭戰斬其魁　七年元帥南秩與倭戰於梁州　十年倭寇梁州○本朝宣祖二十五年倭陷梁山　三十年倭寇梁山

永川

(沿革)本新羅切也火景德王十六年改臨臯郡領縣五道同臨川長鎭新寧黽白　高麗太祖二十三年以道同臨川來合改號永州成宗十四年置刺使顯宗九年屬慶州明宗二年置監務後陞知州事　本朝　太宗十三年改永川郡

(邑號)益陽高麗成宗所定　永陽

(官員)郡守兼慶州鎭管兵馬同僉節制使一員

(古邑)道同南七里本新羅刀冬火景德王十六年改道同爲臨臯郡領縣高麗初來屬　臨川東南五里本骨火小国一云骨伐国新羅助賁王七年伐取之置縣景德王十六年改臨川爲臨臯郡領縣高麗初來屬

(坊面)內東終十　內西終十　完山東初五終十五　追谷東初十終三十　古村東初

四十終五十元堂東南初十二終三十七百南初十五終二十巨餘西初十終十五古見西初十五終二十北習西初三十終五十山底西北初十終二十五阿川北初十終十二櫛林北初二十終三十鳴山北初十五終三十五慈川北初四十終八十仇川北初四十終一百叱谷初三十終四十厚谷初三十終五十釜谷初十五終二十五毛沙洞初三十終四十蒼水初三十終三十還歸初三十終四十

〔山水〕普賢山一云母子山北一百里北接青松之安德古縣界東接慶州之竹長古縣界南連新寧地寺功德寺○鼎脚八公山西五十里盘據大邱漆谷義興河陽新寧及本邑之交上有動石○銀海寺栢旨寺雲浮寺上元寺抹藥山南十五里騎龍山北二十里龜尾山東四十里四龍山南五十里慶州界屏山一云屏風庵西十五里有岩列如屏障鵲山南六里竹防山南九里南川北川二水之口清景山東三十里黙丹山在慈川西慶州竹長

灵芝寺 松谷

堤堰一百笔

西界山南有雲穴石芝山南二十五里立岩東北六十里南川上流即本郡地越在竹長西界太祖旨西三十里八公山下一小峰高麗太祖為甄萱所敗退保于此〔嶺路〕柳峴北一百里普賢山之南慶州青松界倭項普賢南支居峙西四十里倭屈峙西五十里柳峴南二十里○南川源出普賢山之南南流經竹長西界過立岩川西南流至郡東過清景山川經郡南一里其下為東京渡即琴湖江上流北川源出普賢山之南南流經慈川西新寧之古縣西至郡西清道驛之南與南川合為東京渡立岩川源出竹長西之法水峴西南流經聖穴入于南川凡魚川南十五里出慶州四龍山西北流入于東京渡清景山川出清景山西流至郡東入南川匙川西十五里出八公山東流入東京渡靈芝川南二十里出靈芝山西流入南川下菁川堤南

〔城邑〕邑城宣祖二十四年築周一千九百二尺井三古邑城西二里高麗辛禑八年築周一千三百尺井三臨川古縣城在南亭院西距邑東南五里高麗高宗二十年李子晟據此城大破

邑內二七 墨石三八

東京賊金剛城東八里有遺址即道同縣城

〔烽燧〕仇吐峴北二十里城山西二十三里城隍堂西十里永溪方山東三十里

〔倉庫〕邑倉二北倉東北四十里慈倉北六十里東倉東三十里南倉南三十五里山倉在漆谷架山上城

〔驛站〕清道驛西三里清景驛東三十八里

〔津渡〕東京渡南十里南北二川會合處冬橋夏船

〔土産〕海松子漆鉄紫草松蕈蜂蜜銀口魚黄魚笠草

〔樓亭〕明遠樓邑內東南敞豁下有大川石壁環抱羣山繚繞列岳嵳峩長林大野黄畦縱橫明朗爽塏東水樓在清道驛傍東南石崖上二水合流

〔壇壝〕骨火新羅祀典以三山載大祀係切也火郡後廢

〔祠院〕臨臯書院明宗乙卯建宣祖癸卯賜額鄭夢周見文廟皇甫仁字四叟號芝峯永川人端宗癸酉被禍官領議政諡忠定張顯光見星州○道岑書院光海癸丑建肅宗戊午賜額曺好益字士友號芝山昌寧人官安州牧使贈吏曹叅判

〔典故〕新羅智證王五年築骨火城○高麗神宗五年慶州別抄軍引雲門賊及符仁桐華兩寺僧徒攻永州州人李先仁率精銳突出城與戰慶州人敗走 高宗二十年東京賊崔山等作亂王遣李子晟帥師倍道趣永州入據州城賊屯于州之南郊子晟遂開門奮擊大敗之僵尸數十里斬山等東京遂平 辛禑七年倭焚永州

九年倭寇永州○本朝 宣祖二十五年九月左兵使朴晋進攻永川屯倭為賊所襲僅以身免 是時永川倭賊自補封庫御史向新寧安東義兵將權應銖等遇於朴淵斬馘甚多時永川士民請援于應銖等並進耀兵于楸坪賊閉門不出應銖與諸軍合勢進破城門賊走入官舍應銖因風縱火燒殺殆盡斬數百餘級安東以下屯賊皆撤向尚州左道數十邑獲全應銖勇悍敵鬪諸將莫及

興海

(沿革)本新羅退火景德王十六年改義昌郡 領縣六杞溪神光安康音汀臨汀鬐立 隷良州高麗太祖二十三年改興海 周官六翼云高麗太祖十三年北彌秩夫城主萱達與南彌秩夫城主來降合二彌秩夫為興海郡 顯宗九年屬慶州明宗二年置監務恭愍王十六年陞知郡事 以國師僧千熙之鄕 本朝因之後改郡守(邑號)曲江 鰲山(官員)郡守 兼慶州鎮管兵馬同僉節制使 一員

(坊面)東部 終五 西部 終五 北上 初七終十五 北下 初七終二十 東上 初十終二十 東下 初七終十五 西面 初七終十五 南面 初十終二十

(山水)禱陰山 西南十里 望昌山 南二里 孤靈山 東十里 鷲山 上同 鳳林山 南十五里海邊 (嶺路)別乃峴 北二十里清河界 佛峴 南二十里延日界 ○海 東三里 曲江 東七里出慶州馬北山南流至郡北為南川 北川東流至孤靈山下為曲江入于海

松田十一

堤堰四十九

南五里出禱陰山北流入于曲江 沙邑浦 東二十里 豆毛赤浦 東十五里 包伊浦 北二十里有魚梁 魴魚串 北十五里

(城池)邑城 辛禑十四年築周一千四百九十三尺井三池一泉二 ○高麗顯宗二年城興海 望昌山古城 土築周六千尺

(鎮堡)革廢漆浦鎮 北十五里舊在豆毛赤浦中宗五年移于此又移延日縣之通洋浦萬戶合于此城周一千一百五十三尺井二置水軍萬戶宣祖二十五年移于東萊府

(烽燧)知乙山 東十五里 烏山 北十六里

(驛站)望昌驛 東二里

(津渡)倭弓音津 東十五里 曲江津 北

(土產)竹 松 蕈 藿 海衣 細毛 牛毛 鰒 海參 紅蛤 等十五種

邑內二七

余川四九

(樓亭)望衣樓 邑內負城而峙平挹大野

(壇壝)阿等邊 一云斤烏兄邊新羅以東海載中祀係退火郡 槧浦 一云吐只河新羅以東瀆載中祀今曲江 非藥岳 新羅以名山載小祀係退火郡

(典故)新羅炤智王三年高句麗與靺鞨入北邊取孤鳴等七城又進軍於彌秩夫羅軍與百濟加耶援兵分道禦之賊敗退追擊破之泥河西斬千餘級○高麗宣宗元年東女真寇興海郡毋山津裵場戍卒擊敗之

清河

(沿革)本新羅阿兮縣景德王十六年改海阿為有鄰郡領縣高麗太祖二十三年改清河顯宗九年屬慶州 本

松田四
堤堰八

朝 太祖朝始置監務 太宗十三年改縣監本縣古治在南十里

(邑號)德城 (官員)縣監兼慶州鎮管兵馬節制都尉一員

(坊面)縣內終五 東面初七終十五 南面初十五終十五 西面初五終十五 北面初十五終十 驛面北五終二十 ○新池部曲北十 阿部曲西北四十 毛等谷部曲西十五 于川部曲西十 南界南十部曲

(山水)呼鶴山西北九里 內迎山西北二十里有大中小三石列於岩上俗稱三動石岩 神龜山北三十一里 龍湫瀑之勝奇妙 ○寶鏡寺間 龍山南六里 鷹峰西二十里 ○海東七里 介浦東六十里置兵舡以其海門廣濶常有風患移置於迎日縣之通洋浦世傳新羅時置營鑿三坡子於此浦上以防倭各長二里深數仞有遺址 二岐路浦東十里 虛穴浦東七里有虛穴石 古松羅浦北三十里 桃

(嶺路)別乃峴南十五里大路海界

二十五

邑內五十
松羅三八

李浦北十一里

(城池)邑城高麗末監務閔寅築周一千三百五十三尺井二池二 古德城南十里有遺址

(烽燧)桃李山北十一里

(驛道)松羅道北一里古址在北十三里屬驛七○察訪一員

(土産)竹蜂蜜石蕈藿海衣魚物十種

(樓亭)海月樓邑內 鳳松亭東二里長松數百株掩翳海門

(典故)高麗顯宗二年城清河 三年東女真寇清河 辛禑十年倭寇清河縣

迎日

(沿革)本新羅斤烏支一云烏良友 景德王十六年改臨汀爲

松田四

義昌郡領縣高麗太祖二十三年改迎日 顯宗九年屬慶州 恭讓王二年置監務以管軍萬戶兼之 本朝太宗朝置鎮以兵馬使兼知縣事 世宗朝改補兵馬僉節制使後只置縣監

(邑號)烏川 (官員)縣監兼慶州鎮管兵馬節制都尉一員

(坊面)縣內終五 西面初七終十五 南面初十五終十五 古縣東南初十終二十 驛面東初七終十五 古邑北初十終二十 東面初五終七 大山在東北初二十終七 長鬐縣北界 冬乙背串海邊○都只部曲北八

(山水)雲梯山南十五里慶州界山頂有大王岩岩間有泉沸出西有萬丈岩岩窟出燧○元曉寺吾魚寺俱在山之東 恒沙洞 陳田山東南三十里長鬐界 大興山南二十里 沙火郎

迎日
二十六

堤堰二十七

山東十五里長鬐界 (嶺路)沙峴東十七里通長鬐 香峴西南十里通慶州 ○海東北十里 林谷浦東二十里 日月池東十里池之地名都祈野新羅時祭日月之所縣名迎日者以此 冬乙背串東北七十三里 魚龍臺海邊東十里 大澳臺東三十里大岩特立 (島嶼)竹島北十六里有竹林又傍有小島 德島縣北注津下流海中有二小島

(城池)邑城恭讓王二年築周二千九百四十尺南北二門井三 古縣城東十五里土城周一千古邑城北七里土城周九百尺 ○高麗顯宗二年城迎日

(鎮堡)(革廢)通洋浦鎮北二十二里有水軍萬戶後合于興海郡漆浦

(烽燧)大冬背

(倉庫)邑倉 浦項倉北二十里通洋浦注津下流 英宗八年爲賑濟北關之資設倉置別將以管之從本道監司趙顯命之請

邑內三八 浦項一六 鋪市十日三市

〔驛站〕大松驛 東十里
〔津渡〕注津 北十五里慶州兄山浦下流通與海
〔土産〕礪石 出雲梯山品佳取爲國用 竹 松蕈 蜂蜜 藿 海衣 海獺 鰒 紅
蛤等魚物十五種
〔樓亭〕倚雲亭 邑內南望雲梯東接大海山海之間田疇廣膴川津連紆 大松亭 東七里東
枕大海蒼松蔭白沙
〔祠院〕烏川書院 宣祖戊子建 光海壬子賜額 鄭襲明 迎日人高麗毅宗辛卯仵嬖死
官樞密院知奏事 鄭夢周 見文廟 鄭思道 襲明後孫 高麗官政堂文學 烏川君謚文貞
鄭澈 字季涵號松江迎日人官左議政寅城府院君 謚文清 ○右二人 英宗庚申建別祠享之
〔典故〕高麗顯宗三年東女眞寇迎日縣 明宗二十三
年迎日縣獻瑪瑙 ○本朝 宣祖二十五年倭陷延日
縣

二十七

長鬐

〔沿革〕本新羅只沓景德王十六年改鬐立爲義昌郡領
縣高麗太祖二十三年改長鬐顯宗九年屬慶州恭讓
王二年置監務 本朝改知縣事 太宗十三年改縣
監〔邑號〕蓬山〔官員〕縣監 兼慶州鎭管兵馬節制都尉一員
〔坊面〕縣內 終十 南面 初十終二十 西面 初五終十八 北面 初十終十五
○新村部曲 北十二 八於谷部曲 西七 許於里部曲 北十五
〔山水〕巨山 西二里自舊治移治于此山之頂 妙峰山 西十八里迎日界 望海山

松田二

西十九里 曉星山 妙峯山南支 甑山 曉星山東支 大谷山 西二十里 馬山 東五
里 三鶴山 北十里 雲章山 北四十里 明月山 在冬乙背串 小蓬臺 東南
二十里 海邊 〔嶺路〕柿嶺 南十六里慶州界 許於嶺 北三十里 毛伊峴 西北二十五里
○海 東六里 東川 北二十里出雲梯山東流入海 西川 出迎日陳田山東流經縣南與淺乙
伊川合入于海 淺乙伊川 北十里出毛伊峴南流與西川合入于海 梁浦 東九里 松吉
浦 北二十五里 冬乙背串 北六十五里斗入于海其盡處爲迎日大山西

堤堰三

〔城池〕邑城 周二千九百八十尺井四池二 古邑城 南二里周一千四百六十尺泉二
〔鎭堡〕〔廢革〕包伊浦鎭 北十七里舊有水軍萬戶 宣祖二十五年移于東萊府
〔烽燧〕鉢山 北六十里 磊城山 北十八里 福吉 南十八里
〔驛站〕峯山驛 南三里

長鬐 二十八

邑內一六 大朴谷四九

〔牧場〕冬乙背串場 屬蔚山場
〔土産〕竹 磊綠 出磊城山 松蕈 藿 海衣 海獺 鰒 紅蛤 海蔘 等魚
物十種
〔典故〕高麗顯宗二年城長鬐 三年東女眞寇長鬐縣
王遣文演姜民瞻等督州郡兵擊走之 ○本朝 宣祖
二十五年倭陷長鬐

機張

〔沿革〕本新羅甲火良谷景德王十六年改機張爲東萊
郡領縣高麗顯宗九年屬梁州後置監務 本朝 太
宗十三年改縣監 宣祖三十二年合于東萊 以倭寇蕩殘

光海主九年復置(邑號)車城(官員)縣監兼慶州鎮管兵馬節制都尉一員

(坊面)縣內終十 東面初三終十五 南面初十終二十 中北初二十終四十九 下北初二十終四十二 上西初十終二十五 下西初二十五終四十五 ○吉村部曲結 蒲部曲西十 沙良村部曲東五 沙也部曲東三今 沙也村

(山水)庆山西二里 雲峰山西十五里 向雲山北四十里 鷲峰山北二十里 佛光山北四十 ○長安寺五里 鷲林山南十三里 角山北三十里 巨勿山東北二十里 舡餘山西北十里 三鐵馬山西北五里 十巨文山北十里 十龍泉峰西十五里 ○海東八里 伊乙浦東六里 加乙浦南三里 冬栢浦東南四里 公須浦東九里 碁浦東七里 (島嶼)無只浦島南四里 竹島南八里又傍有小島 冬栢島在碁浦之南島傍水中有隱灘又有岩石舟舡不得直下舟行甚難

松田一

堤堰七

樑張

二十九

(城池)邑城周二千一百九十七尺井三 ○古邑城東五里土城周三千二百八尺 林郎浦城北四十五里海邊 倭城右二處倭人所築

(鎮堡)(革廢)豆毛浦鎮東七里 中宗五年築城周一千二百五十尺舊有水軍萬戶 宣祖二十五年移于東萊府

(烽燧)阿爾北二十里 南山南五里

(驛站)阿月驛北四十八里 新明驛西一里

(土産)竹 黑碁出碁浦 石榴 柿 柚 烏海藻出加乙浦 蘿海衣 細毛 鰒 海蔘 紅蛤等魚物十餘種

(樓亭)息波樓 拱辰樓城南門樓

(典故)高麗顯宗二年城機張 辛禑二年倭屠燒機張

奴橋

邑內五十 佐村兜

五年倭侵機張掃地無遺 恭讓王三年城機張 ○本朝 宣祖二十五年倭陷機張 二十年倭陷機張

彥陽

(沿革)本新羅居知火縣 景德王十六年改巘陽爲良州郡都督府領縣 高麗顯宗九年屬蔚州 仁宗二十一年置監務 本朝 太宗十三年改彥陽縣監 宣祖三十二年合于蔚山以倭寇蕩殘 光海主四年復置(邑號)巘山(官員)縣監兼慶州鎮管兵馬節制都尉一員

(坊面)上北東北二十 中北初五終十五 下北西北初五終三十三 上南初西五終三十 中南南初五終二十 下南西南初十終三十 三同南初十初三十

彥陽

三十

(山水)高巘山北十里 鷲捿山一云大石山西南二十里梁山界 石南山一云迦智山西二十七里 華藏山北二里山上有窟窟前有臺臺中有泉自石間瀉出 野足山南二十里 盤龜山東北十八里山上有盤龜臺有景勝 眉月山西南十里 古毛山東南十五里 松洞北二里 (嶺路)穿火峴西二十里密陽界 嘉瑟峴西三十一里清道界 進峴高巘山之南 隱峴北十五里 ○南川源出石南山東流左過鷲城川入于蔚山大和江 鷲城川南十五里出鷲捿山東流合于南川

(城池)邑城燕山六年改築周三千六十四尺井三 鷲捿山古城在山上稍丹鳥城周四千五十尺池一 邑城門四

(烽燧)夫老山南五里

(驛站)德川驛西南五里

堤堰二十五

邑內場三七
土産 鐵竹榴香蕈石蕈松蕈蜂蜜銀口魚黃魚
典故 高麗辛禑二年倭焚掠彥陽 三年倭焚彥陽又寇
彥陽 五年倭寇彥陽掃地無遺 七年元帥南秩與
倭戰于彥陽寧海蔚州梁州等處

東萊

沿革 本居漆山國一云萇山國古址在府東十里 新羅脫解王二十三
年取之置居漆山郡 景德王十六年改東萊郡領縣二東平機
張隷良州 高麗顯宗九年屬蔚州後置縣令 本朝
太祖朝始置鎭以兵馬使兼判縣事 世宗朝改僉
節制使後移鎭于東平縣未幾還于舊治後改縣令

東萊 三十一

明宗二年陞都護府以本縣爲倭人往來初程 宣祖朝降縣令後
還陞 二十五年降縣令 三十二年復陞府以天將接待事 肅
宗十六年兼防禦使旋罷 英宗二十五年陞獨鎭舊爲慶州鎭管
邑號 蓬萊 蓬山 萊山 官員 都護府使兼東萊鎭兵馬僉節制使守城將
一員
古邑 東平 南二十里本新羅大甑景德王十六年改東平爲東萊郡領縣高麗顯宗九年屬梁州
本朝太祖五年復來屬後復屬梁州 世宗朝復來屬
坊面 東部終五 西部終五 東面初十終三十 南面初十終二十五 西面初五終二十五
北面初十終三十 東平南初十五終二十五 釜山南初二十終二十五 沙川西南初二十終二十 諸島東二十
○古智島部曲 部曲北二十 郎 古智島 兀邊部曲 調井 府南

海岸 富山部曲 釜山浦 生川鄕南二十

松封山二 松田八

山水 輪山東北八里 金井山北二十里山頂有石高可三丈上有井圓十餘尺深七寸許有水常滿旱不渴如黃金色以梵魚寺 鷄鳴山北二十五里 上山東十五里望對馬島最近 釜
山在東平縣山形如釜 花池山南十里 嚴光山西南二十八里 仙岩山西十五里
金湧山西十里 松峴山西南三十里 勝岳山西南三十五里 永嘉臺在釜山浦海邊入日本者發船于此 讓孝臺南五里 海雲臺東十八里有山陡入海中若蚕頭其上皆冬柏杜冲四時蒼翠望對馬甚近 沒雲臺西南六十里一麓斗入海中西望加德等諸島南對大洋有景勝 翻雨岩在金井山 嶺路 鞍嶺北路 其比峴西十里 沙背也峴北二十里梁山界大路 ○海環東西南三面 梵魚川出金井山南流經治南及茶島入海雲浦
絲川出蔚山之弓弗山南流經機張界至本府地右過沙背也峴之水屈曲西經府東爲海雲浦入于海

堤堰十四

三十二

南乃浦南二十里 甘同浦東平縣西十三里 栽松浦東十里有松數万株 海雲
浦東十九里 多大浦西南五十里與對馬島相對北十五里許名古多大舡廠東十五里許有多阿里島前洋舡路順便又去十五里許有絶影島與倭舘相對又去二十里許有五六島又去二十里許郎水營舡廠去繞營陸路三日程水路二日可到自多大浦西去十里許有古里島又去十五里許有沒雲臺前洋中有隱嶼名釜嶼西南爲加德前洋 草梁項南三十里絶影島內 吾海也項南四十三里
溫井北五里水甚熱新羅時王屢幸于此梵石四隅立銅柱其穴猶存 島嶼 絶影島距水營釜山各三四里許外面絶嶮中寬土沃地廣可容四五民戶東南北三面石角嶮岩削立如壁直西一面近北半面稍似平易 古智島南三十里 毛等邊島古智島西 茶島南四里 五六島在絶影島東峯巒削立列在海中自東視之爲六峯自西觀之爲五峯故名第三峯有天將萬世德碑 冬
栢島不浦東南 多阿里島多大浦東洋中 古里島多大浦西十里 木島 兀

弟島俱多大浦前洋 太宗臺單梁前洋 觀音岩 牛岩 石牛岩 腰岩俱水營東洋中

(城池)邑城辛禑十三年朴葳築 本朝英宗七年拓其舊址改築周一萬七千二百九十一尺井十池一 金井山城北二十里周六万九百八尺肅宗二十九年始築旋廢後改築有海月寺國清寺〇別將一員 古邑城東二十里海雲浦東南石築西北土築周四千四百三十尺 東平古縣城南石築西北土築周三千五百八尺新羅祇摩王十年築大甑山城者是 東甑山城倭人所築

(營衙)左兵營東南十里舊設本府之釜山浦後移蔚山之開雲浦宣祖二十五年移設於本府南村仁祖十四年移設于戡蠻夷浦孝宗三年還于南舊基顯宗十一年石築港口以防流沙 (城池)城周九千一百九十尺井三

(官員)慶尚左道水軍節度使 中軍虞候兼

倭學訓導各一員 (屬邑)蔚山 機張 (屬鎮)釜山浦 多大浦 西生浦 開雲浦 豆毛浦 西平浦 包伊浦

本營及屬邑屬鎮各樣戰船六十五艘津船四十二艘〇東萊鎮英宗朝陞獨鎮〇守城將本府使兼〇屬邑東萊梁山機張

(鎮堡)釜山浦鎮南二十里本朝成宗十九年築城周五千三百五十六尺〇水軍僉節制使一員 多大浦鎮西南五十里城周一千八百六尺舊置水軍萬戶後陞〇水軍僉節制使兼監牧官一員 豆毛浦鎮南二十五里宣祖二十五年自機張移設于釜山肅宗六年又移于倭館舊基城周一千二百五十尺〇水軍萬戶一員 開雲浦鎮南三十里宣祖二十五年自蔚山移于釜山浦之倭人所築城〇水軍萬戶一員 包伊浦鎮東南十三里宣祖二十五年自長鬐移設于此〇水軍萬戶一員 西平浦鎮西南四十九里舊在府南六里宣祖二十五年合于多大浦移于舊鎮南二里又還設於多大浦舊基〇水軍萬戶一員 (革廢)海雲浦鎮東南十八里中宗九年築城

周一千三十六尺池一舊有萬戶 甘浦鎮南十一里宣祖二十五年自慶州移于釜山又移南村有萬戶英宗二十七年罷 丑山浦鎮南十二里宣祖二十五年自寧海移于釜山仁祖十四年又移于戡蠻夷浦孝宗三年又移于府南舊有萬戶英宗二十七年罷 漆浦鎮南十二里宣祖二十五年自興海移于釜山又移于南村舊有萬戶英宗二十七年罷 帝釋串戍有石城中宗五年因倭変以孤絶難守罷之

(烽燧)鷄鳴山北二十五里金井山北峯 荒嶺山南五里 龜峯西南二十五里 鷹峯西南五十里〇初起 干飛烏東十五里上山南峯〇初起

(倉庫)邑倉三 釜山倉爲倭館接濟而設收東萊蔚山機張稅米

(驛站)休山驛南一里 蘇山驛北十五里 (撥站)蘇山站 官門站 釜山站

(牧場)絶影島 吾海也項南四十里 石浦南二十五里端宗元年以土肥草饒宜養馬築牧場周九十里

(橋梁)東川橋 利涉橋 廣濟橋

邑內二七 左水營五十 釜山四九 禿旨一六

(土產)竹 榴 柚 香蕈 青玉 藿 海衣 昆布 多士麻 烏海藻 鰒 紅蛤 海蔘 等魚物十五種

(樓亭)靖遠樓邑內 望美樓 息波樓

(壇壝)兄邊部曲新羅祀南海神于此載中祀至高麗廢

(祠院)安樂書院宣祖乙巳建仁祖甲子賜額忠烈祠孝宗壬辰改額 宋象賢見開 鄭撥字子周慶州人官釜山僉使贈左贊成諡忠壯 尹興信官多大僉使 趙英圭字玉瞻稷山人官梁山郡守贈戶曹判書 盧蓋邦字雄輔豊川人官本府教授贈承旨 文德謙以鄉

校儒生守文廟而死贈戶曹佐郎宋鳳壽判官贈軍資金希壽贈軍資判官又二人宋象
賢將碑金祥本府氏贈東部參奉右三人享東廡宋伯禮本府戶長贈申汝櫓
高靈人宋象賢傔人贈中部參奉右二人享西廡烈女金蟾咸興妓宋象賢妾烈女愛
香鄭撥妾右二人享于門外。以上諸人壬辰四月殉節
(典故)新羅聖德王十一年幸溫泉。高麗顯宗十二年
修東萊郡城　忠定王二年倭寇東萊郡　恭愍王十
年倭焚掠東萊奪其漕船　辛禑二年倭屠燒東平東萊
三年倭入蔚州刈禾為糧侵及機張上元帥禹仁烈
募兵夜戰于東萊斬七級　十年倭焚掠東萊　恭讓
王元年慶尚道朴葳以兵船一百艘擊對馬島燒倭船

三百艘廬舍殆盡。本朝　中宗五年三浦釜山浦蔚山鹽浦熊
川薺浦居倭潛引對馬島倭夜襲釜山鎮殺僉使李友曾
連陷東萊熊川詳　宣祖二十五年四月倭酋平秀吉發
諸島兵二十五萬親領至一歧島以平秀家清正等三
十六將分領以對馬島主平義智及平調信平行長玄
蘇為導船五千餘艘渡海而來釜山僉使鄭撥鏖沉戰
船盡率兵民守堞賊圍城乘西門外高處發砲如雨撥
守西門拒戰賊衆中矢死者甚衆撥矢盡中丸死城遂
陷東萊府使宋象賢盡驅境內兵民及招傍縣民入城
分守左兵使李玨自兵營馳入聞釜山之陷託言我大

將當在外犄角即出陣于蘇山驛城遂被圍象賢登城
南門督戰半日而城陷象賢不屈而死之倭陷東萊殺
掠殆盡助防將洪允寬右衛將梁山郡守趙英圭代將
宋鳳壽教授盧蓋邦等皆死之　賊連陷西平多大多
大僉使尹興信力戰死之　左兵使李玨自蘇山驛脫
身遁去衆軍大潰後斬玨於臨津軍中　左水使朴泓聞釜山敗
報焚粮械棄城遁去泓見鄭撥之報馳向東萊亦不入
其城而逃　二十七年五月清正撤兵渡海四十六屯
連續撤歸只有釜山四屯

附對馬島

對馬島在本府東南海中便風一日可到舊隷辰韓新羅寶聖王七年倭置營於對馬島是為倭人所
據之始屬為新羅邊患島中分為八郡人戶皆沿海浦
而居南北三日程東西一日程或半日程西面皆石山
土瘠民貧以煮鹽捕魚販賣為生宗氏世為島主郡守
以下土官皆島主所署亦世襲以土田鹽戶分屬之收
稅三分之二于島主有牧馬場四處馬多曲背所產
多柑橘木楮南北有高山皆名天神山島在東海諸島
之要衝高麗末作賊於我國者皆日本西邊各島及此
島之倭也　本朝世宗朝對馬島倭犯邊命李從茂領
九節制征之大捷　宣祖壬辰日本之入寇也亦因此
島往來本島最近於我國而貧甚每歲賜米布有數
朝廷年例所賜公貿綿布五萬七千四百五疋二十尺五寸　禮曹年例回
賜求請鷹子五十八連人蔘三十二斤八兩虎皮十三張翎皮十七張白苧布四十疋白綿細黑麻布
各三十二疋白綿布六十五疋筆墨各四百七十五四
付油芚六十八番花席一百十張白紙七十七束雨傘
紙二十九束十張火熨眞帆虎肉虎膽犬膽各五十二
刀子獅子硯硯滴各二十六馬省七十四扇子八十法

油清蜜綿末薏苡各一石二斗胡桃栢子大棗黃栗各
三石七斗榛子一石十一斗此外又有歲賜島主米穀
及雜物而
不能盡記
對馬島年例所獻別幅公貿
銅鉄二万九千
三百七十三斤
五兩四錢鑞鉄一万六千十三斤八兩蘇木六千三百
三十五斤黑角四百桶胡椒四千四百斤白礬一千四
百斤朱紅八斤彩画硯匣二坐紋紙三軸貼金屛風一
雙赤銅盤盤一部黑漆華盞匣一坐水晶笠緖一結彩
画七寸鏡二面
假銀烟管十箇
○倭館
釜山浦舊有恒居倭戶　中宗
五年與薺浦居倭作亂棄夜隔
城遂遣將討平之絶不許居後島倭納款請罪許居如
舊至于壬辰之前入本島　宣祖己亥通和後吏爲置
館待之凡三百
人有館首書僧
草梁客舍
郞貢倭肅拜所　肅宗四年
移館于草梁○倭學訓導別
差
員
一倭館公貿
綿布三万六千四十四疋米一万八百
三十九石大豆五千八百八十六石三
手米四千七
百二十石
倭料
米二千二百八十七石大豆八百二
十二石三手米三百八十三石錢八
百
兩
下納各邑
東萊機張慶州大邱仁同漆谷蔚山星州
善山草溪高靈寧海盈德淸河興海延日

長
鬐
○開市
世宗朝倭人來寓釜山浦薺浦鹽浦等地此
爲三浦倭戶之始後漸至滋蔓命島主刷還
成宗朝以日本書契使臣私有所獻責以人臣無私要
拒不許其後別幅內始補貴物未幾又補商物朝廷又
許貿易　宣祖朝許和後始令開市於倭館大廳已館
市每月三日八日爲定而若倭人有請或物貨委積之
時則別
開市

安東

〔沿革〕本新羅古陁耶郡景德王十六年改古昌郡
領縣三
直寧日
谿
郡
高隷尙州　高麗太祖十三年陞安東府
以郡人金宣
平金幸張吉
佐太祖有功拜宣平爲
大相幸吉各爲大匡
後降永嘉郡　成宗十四年陞吉
州刺史　顯宗三年改安撫使九年改知吉州事二十一
年改知安東府事
屬郡三臨河禮安義興屬縣十一
直殷豊甘泉奉化安德豊山基州興

州順安義
城基陽
明宗二十七年陞都護府
南賊金三等掠州
郡以府有討賊功
神宗五年陞大都護府
東京夜別抄孛佐等
叛以府有捍禦功
忠烈王三
十四年改福州牧忠宣王二年降爲知州事
汰諸
牧
恭愍
王五年復爲牧十年陞安東大都護府
避紅巾賊南巡
留駐以州人盡
心　本朝因之　世祖十二年置鎭
管十
五邑
以府使兼兵
馬副使未幾罷副使　宣祖九年降縣監
因賊
變
十四年
復陞　正宗卽位丙申降縣監九年復陞〔邑號〕石陵古寧
花山
陵羅地平
一界古藏
〔官員〕大都護府使
兼安東鎭兵
馬僉節制使
一員
〔古國〕昌寧國
一云古陁耶新
羅取之置郡
沙羅國
春陽古縣南十里
水口有古羅國古
址高麗時爲古羅部曲
越入奉化縣之東界
駒令國
今春陽古縣北三十餘
里有串赤嶺山上開谷

三面險阻谷口有城門兩石礎南去十五里山上有小
石城城中有時壇遺址以今奉化縣之覺華寺洞口石
峴爲國界云今補駒令坊○串
赤嶺在榮川郡北三十三里
〔古邑〕臨河
東三十三里本新羅屈火一云屈弗景德王
十六年改曲城郡隷溟州領縣一緣武高麗
太祖二十三年改臨
河顯宗九年來屬
豐山
西三十五里本新羅下枝景
德王十六年改永安爲醴泉
郡領縣高麗太祖六年縣人元逢有歸順之功陞爲順
州十三年元逢降投甄萱復降爲下枝縣後改豐山一
云豐岳顯宗九年來屬明
宗二年置監務後來屬
一直
南三十一里本新羅一
直景德王十六年改直
寧爲古昌郡領縣高麗太祖
時復稱一直顯宗九年來屬
甘泉
西一百里新羅改號
爲醴泉郡領縣顯宗
九年
來屬
春陽
北一百二十里本加也鄕高麗忠烈王
十年以土人護軍金仁軛有功陞縣
才山
東北七十五里本德山部曲高麗
忠烈王以敬和翁主之鄕陞縣
吉安
東五十里本吉
安部曲高麗忠
惠王時
陞縣
奈城
北九十里本退串部曲高麗忠惠王以鄕
人宦者姜金剛入元有侍衛之功陞縣

以上四縣
本朝初來屬

〔坊面〕 東部 西部 並邑內 東先 初十終三十 東後 同上 南先 初七終二十 南後 初十終三十 西先 初十五終二十五 西後 同上 北先 初十終三十 北後 初二十終五十 臨縣內 東初二十終三十 臨東 東初三十五終七十 臨西 南初二十五終八十 臨南 東南初五十終六十 臨北 東初三十終八十右五面臨河古郡地 豐縣內 西初三十五終四十 豐南 西南初五十終七十 豐西 西初四十五終七十 豐北 西初三十終六十右四面豐山古縣地 一直 南初三十終六十 甘泉 西初九十終一百越在醴泉北榮川南豐基東南界 吉安 東南初四十終七十 奈城 北初五十終一百十越在奉化西榮川順興之東寧越永春之南 春陽 北初一百終二百十五南連才山斗入于奉化界北據寧越之東界據太白山之陽 才山 東北初九十終百二十右六面各其古縣 小川 古小川部曲東北初九十終百三十面連春陽右二面越

三十九

黃腸封山一
松田十

在禮安英陽之北西接奉化北接三陟東接蔚珍據太白山之陽 ○皆丹部曲奈城古縣北二十五琴村部曲東三十五新陽部曲在豐山縣吐吞部曲奈城古縣北河壞部曲

〔山水〕 太白山 北一百二十里北接寧越旋善三陟南接安東禮安奉化西走為小白竹嶺其旁支則文殊大林三台牛甫末邑牛檢諸山也山皆白礫望之如積雪山名太白以此周圍數三百里山北則皆亂山深峽危峰疊嶂山南則泉不皆在洞府低平處山腰以上無不山蝤雄巨而自遠望之峯峦不起鬱紆如行雲流水際天障北山邑清秀旻朗北有黃池之勝山上閑野頻有峽詆保聚地氣高寒早霜惟以粟麥耕種山以南精下則皆平岡廣野明隸清爽白沙堅土頻似漢陽山下有奈城春陽才山小川四村皆重壑疊峯遠迤回互開作洞府峽民聚居通江原沿海魚鹽之利口春陽有一洞府寬敞平野曠遠大川灣回浮麓嫩岡船田猜望洞之幅圓數四五十里東去三陟魚鹽至賊有寺剎十餘區 清涼山 北九十五里才山古縣之西禮安丹砂溪之東太白一支東南為白石又南為頭陀又西南為清涼自外望之只土峦數朵耳入其洞府

中臺寺
普門寺

四面石壁周回皆萬丈蹲岩奇險不可名狀有蓮花祝融丈人仙鶴紫鸞香爐金塔卓筆硯摘紫霄擎日義相等峰又有爛柯致遠般若璿草風穴彩霞驂鸞喚仙等臺真佛庵金生窟並有瀑又有蓮臺清涼等十餘寺刹 下枝山 一云豐岳在豐山古縣北 瓶山 北十里 文筆山 一云葛蘿山南二十三里 下柯山 一云鶴駕山西北四十里榮川醴泉兩邑界在二水間山勢恰似五冠三角而少石峰下有豐山之野 廬山 一云五老峰東二十五里 天燈山 北三十里禮安界有鳳停寺奇岩對立名其洞曰洛水臺 花山 一在府南十里一在豐山古縣南五里 松官山 奈城古縣南五里 文殊山 北九十里奈城古縣北郡興卧丹西界太白山之西順 猪首山 北五里 向屏山 奈城古縣北四十里接順興 照骨山 北四十里 黃鶴山 東六十里吉安 逍邱山 在小川面東接蔚珍界 卧龍山 東二十里 藥山 臨河古縣東五里 遠志山 豐山古縣南五里 琵琶。一云介乃山在小川南三十里上有三層石室 蓬萊山 在小川東五里絕壁千尺下有深潭 山

堤堰八

乾止山 西二十五里下有上浴臺 開目山 西北三十九里 石介山 琵琶山東 齊飛山 才山古縣西 御廣山 東北二十里 鐵屯山 御廣山東 走馬山 甘泉古縣北 屏山 在豐南面河洄 南城山 西二十里 龍角山 在南後面 徐岩山 南二十五里 騰雲山 黃鶴山南支義城羽谷界五里 岐山 在臨東面 水閣山 東黃山北三十里。廣興寺 延峽 東南

〔嶺路〕 石峴 一直古縣南五里 龜嶺 一直古縣南 豆峴 一直古縣西 山城峴 西四十里醴泉界 古岩縣 南三十里 再而峴 臨河古縣東青松界 豆毛峴 北三十五里 菁峴 吉安古縣東路 鳳停峴 北二十八里 階外嶺 東北十里 楓峴 西北三十里榮川路 德峴 東五里 楸峴 東六十里真宝界 昆泥峴 才山古縣北 ○琴村灘 東四十里禮安浮津下流 勿野灘 東十里琴村灘下流 廣灘 東十三里 凡釜灘 東三里真宝神漢川下流合于犬項津之南入于勿野灘 尧川 南二十里源出義城

之黃山西北流經一直古縣過斜川至倫岩山入于犬項津

琴名川 在臨河古縣西五里距府東二十七里源出青松普賢山西北流經安德古縣及松蹄驛琴名驛入于神漢川

神漢川 源出英陽日月山南流為將軍川至英陽縣南過小注嶺川青杞川南流過大泣嶺川西流經真宝縣北為神漢川左過青松府南川為落澗經臨河古縣左過琴君川為廣灘仙魚澗瓦釜灘入于多野灘

沙川 在奈城面詳榮川

花川 源出楓峴南流經豐山縣之花山入河洄上流

斜川 源出義城雲放山北流入壳川

才山川 源出英陽日月山及清涼山西流入買吐川之下

小川 源出英陽鉤磨山西流經本縣苗比倉入于穿川之下

黃池 在三陟界太白山之北牛甫山西十里山中之水合而西南流過白石坪二十里穿山而南流為洛東江之源名曰穿川

仙魚澗 東十里

落澗 在臨河東五里瓦釜灘上流石壁中斷瀑布下垂

綱羅潭 一云馬螺潭俗補綱川又號崖西三十里潭上絶壁千尺

磨河洄 西南四十里卽洛東江上流綱川之水回折灣環演漾渟渫自東而南自南而西北曲而圓瀉而滙環江皆石壁雍容

四十一

嫩麗屏山在河洄之中水上有玉淵亭及小庵點綴於石壁間江之上下又有三龜亭綃澗九潭佳逸等村皆臨江名村下流多灘雖不通洛江商舡然亦可用舠艓且田疇極善環江之南

〔形勝〕水踰黃池而呑萬壑山拔太白而綜羣巒

〔城池〕邑城 周二千九百四十七尺泉十八渠一 清涼山古城 周一千三百五十尺井七溪二 下枝山古城 卽豐山古縣城土築周數千尺 下柯山古城 山頂有遺址

〔營衛〕前營 仁祖朝置○前營將一員○屬邑安東寧海青松順興醴泉豐基榮川義城盈德龍宮禮安奉化真宝英陽比安

〔烽燧〕堂北山 奈城古縣南三里 開目山 北十九里 峰枝山 南十四里 甘谷山 一直古縣東九里 新石山 南二十六里 藥山 臨河古縣東五里右二處間烽

〔倉庫〕邑倉 三 小川倉 才山倉 春陽倉 甘泉倉

馬嶺倉 光德倉

一直倉 臨河倉 奈城倉 豐山倉 右各在其古縣 琴名倉 安奇倉 右各在其驛

〔驛站〕安奇道 北三里○屬驛十一○察訪一員 琴名驛 在琴名川北岸 雲山驛 在一直古縣南 松蹄驛 在臨河古縣距府七十六里 箟遷驛 北三十四里 安郊驛 在豐山古縣距府三十七里 幽洞驛 在甘泉古縣距府一百十三里

邑內 二七 新塘 四九 山下里 五十 鞍巷 五十 美質 一六 豐山 二七 箟迭 三九 龜尾 六十 獐洞 六日三市 奈城 七日三市 才山 五十

〔津渡〕犬項津 東三里勿 野灘下流 津

〔土產〕鐵 海松子 柿 蜂蜜 五味子 松蕈 石蕈 銀口魚 硯 石[illegible]產九龍山及壳川沉水者佳謂之馬肝石

〔樓亭〕觀風樓 淩趣樓 濟南樓 並邑內 映湖樓 南五里巫峽列其左城山控其右大川襟帶滙而為湖高麗恭愍王幸此樓乘舟遊賞親題樓額 慕恩樓 西五里

四十二

青岩亭 在奈城亭構池中大石上如島嶼 迎恩亭 北五里高麗忠烈王嘗登此樓題額 歸來亭 瓦釜灘上 三龜亭 豐山古縣西六里金山村東亭基有三石形如伏龜○東其峯甚高可六十丈亭跨峯頭東西南皆距野其南有大川曰曲江卽洛江上流也有馬螺潭潭上絶壁屓屭高可萬丈江上長林連亘十里亭北有鶴駕山双溪出自小間入于洛江其水會處為屛潭一云花川其峯又有石壁千餘丈回屛壁双溪北奇岩曰鵬石溪之兩傍有栗樹千餘株

〔廟殿〕關王廟 在西岳東臺薛虎臣建 宣祖戊戌天將關羽見京石像立廟庭碑都 ○三功臣廟 高麗初建 權幸 官太師本姓金賜姓權 金宣平 官太師 張貞弼 初名吉官太師

〔祠院〕虎溪書院 宣祖丙子建肅宗丙辰賜額 李滉 見文廟 柳成龍 字而見號西崖豐山人官領議政謚文忠 金誠一 字士純號鶴峯義城人官慶尚右道觀察使贈吏曹判書謚文

忠○三溪書院宣祖戊子建顯宗庚子賜額權撥字重虛號沖齋安東人官左贊成贈
領議政諡忠定○周溪書院光海主壬子建肅宗癸酉賜額具鳳齡字景瑞號栢潭綾城
人官吏曹參判權春蘭字彥晦號晦谷安東人官司諫○孤竹書院正宗庚戌建戊午賜
額金濟號白岩善山人高麗平海郡事諡忠介金澍字澤夫號龍岩濟弟恭讓王時以禮儀判
書朝京師還到鴨綠江聞本朝開國還入中朝諡忠貞○西磵祠肅宗己巳建正宗丙午賜額
金尚憲見太廟
(典故)新羅婆娑王五年古陁郡獻青牛 逸聖王五年
北巡親祀太白山 助賁王十三年古陁郡進嘉禾
武烈王二年屈弗郡進白猪 景明王六年下枝城將
軍元逢降於高麗高麗太祖以下枝城為順州 敬順

四十三

王三年高麗太祖十二年 後百濟甄萱圍高麗古昌郡庾黔弼
從太祖往救之次禮安鎮黔弼乃自猪首峰奮擊大破
之順州將軍元逢降於甄萱麗太祖以前功宥之但改順州為縣令 四年高麗太祖
自將軍于瓶山甄萱軍于石山相去五百步許萱敗走
死者八千餘人獲侍郎金渥甄萱攻陷順州太祖幸順
州修其城於是永安河曲直明松生等三十餘郡縣降
於高麗○高麗恭愍王十年王避紅巾亂南巡駐福州
辛禑七年倭寇臨河縣安東兵馬使鄭南晉擊倭斬十
六級 八年倭寇安東寧越禮安榮州順興甫州等處遣宋烈韓邦
彥等擊倭于安東斬三十餘級獲馬六十匹 九年倭

禑六年倭寇吉安寇比屋義城等處屢戰不利副元帥尹可觀與戰于安
東禮安等處敗績 倭寇春陽吉安

寧海

(沿革)本于尸山國新羅脫解王二十三年滅之置于尸
郡景德王十六年改有鄰郡領縣三臨阿古隱平海 隸溟州高麗
太祖二十三年改禮州置知郡事顯宗改防禦使屬府一甫
城屬郡三英陽平海盈德屬縣二青島松生 高宗四十六年陞德原小都護
府以衛社功臣朴松庇之鄉後陞禮州牧忠宣王二年降寧海府汰諸
本朝 太祖六年始置鎮以兵馬使兼判府事 太宗
十三年罷鎮改都護府(邑號)丹陽高麗成宗所定(官員)都護府使兼安

四十四 寧海

東鎮管兵馬同僉節制使一員
(坊面)邑內終五南面初五終二十北面初五終三十畝谷本畝谷部曲西南二
十五加乙西二十五石保本石保部曲西初二十終七十五烏於谷西北十五
面初八終四十○白石部曲北二十五加西鄉西十三倉粽部曲西三十
(山水)葦長山一云龍頭山西五十里眞寶盈德界山項有葦井水甚清澈水旱無增減東海
山東四里半浦山南七里仍良火山西九里加西山西十三里加乙
山西二十三里騰雲山北二十里平海界烏項山南十五里望日峰東五里
舍根洞南三里臙脂溪有觀魚臺東七里絕壁聳立海邊危磴千層東望雲濤萬里又觀日
出(嶺路)西泣嶺西四十里烏峴西北五十里英陽界小路南眠峴南二十里盈德界大
路松峴南五里南有貞信坊德峴烏峴之東三升嶺西北三十里平海界地境畍峴
苗長山西南三十
黃腸封山一松田九

赤川橋 北三十里平海界大路 ○海東七 赤川 西北五里 大注嶺川 源出島峴南流為赤
川入于海 小注嶺川 西五十里西流入真宝神漢川 畝谷川 源出葦長山東流經龍頭山之
陽至府西入于赤川 柄谷浦 北十五里 網谷浦 在白沙汀上 高城浦 在觀魚臺下
堤堰七 景汀浦 東南十五里 白沙汀 北二十里海邊 鯨汀 長汀 俱北十里 龍塘
大津在觀魚臺下 西五里山石間有泉湧出為大灘其下滙溉甚廣 靈穴池 在英陽界 (島嶼)丑山島 東南十里
中有高峯謂之馬山
(城池)邑城 辛禑十年元帥尹可觀築周一千二百七十八尺門三井三池一東卑南隘惟西門控臨
野 廣古城 西十五里補山城山有土築遺址
(鎮堡)(革廢)丑山浦鎮 東南十四里有水軍萬戶 宣祖二十五年移于東萊府之釜山浦
(烽燧)大所山 東八里 廣山 西四十三里

四十五

(倉庫)邑倉 石保倉 在石保面
(驛站)柄谷驛 北六里在柄谷浦 舊寧陽驛 西七十五里
邑內二七 石保三八
(土產)竹 柿 榴 蜂蜜 松蕈 蘿 海衣 鰒 紅蛤 鮮等物 十餘種
(樓亭)海晏樓 邑內 臨瀛樓 西五里 奉松亭 北四里海口栽松
(典故)高麗顯宗十三年命于山國民没蓄逃來者處之
禮州永為編戶 恭愍王二十一年倭寇寧海 辛禑七
年倭入丑山島寇寧海 盈德松山 倭又焚寧海又寇寧海元
帥南秩與倭戰於寧海 蔚山梁州彥陽等處 凡五合斬八級 十
一年倭舡二十八艘泊丑山島 十三年初倭賊皆由
丑山島入寇判密直司事尹可觀出鎮合浦置舡卒自

後倭患稍息

青松

(沿革)本新羅青己 景德王十六年改積善為野城郡領
縣 高麗太祖二十三年改鳧伊又改雲鳳 成宗五年改
青鳧 顯宗九年屬禮州 恭讓王二年置監務 本朝
太祖三年以真寶來併 世宗即位之年以中宮沈
氏 昭憲王后 貫鄉陞青松寶郡 後析置真寶縣以松生來屬改
青松 世祖朝陞都護府 成宗五年以真寶來合 九
年析之 (官員)都護府使 兼安東鎮管兵馬同僉節制使 一員
(古邑)安德 南五十三里本新羅伊火兮景德王十六年改緣武為曲城郡領縣置伊火兮停高麗太

青松
四十六

祖二十三年改安德 顯宗九年屬安東 恭讓
王二年置監務 本朝太祖朝合于松生縣 松生 東十五里
本新羅只良 景德王十六年改松生為野城郡領縣 高
麗顯宗九年屬禮州 仁宗二十一年置監務 本朝太
祖朝以安德來合 世
宗朝來屬 ○邑號松山
(坊面)府內 初二十五 府東 初二十終六十 府南 初二十五終六十 府西 初七
終二十 縣內 南初四十終五十 縣東 南初四十終七十 縣南 南初六十終八十 縣
西 南初六十終九十 縣北 南初二十終三十五右五面安德古縣
(山水)放光山 北二里 周房山 上有巢鶴臺石作洞府驚心駭目而泉瀑絕奇○大興寺
白雲明月山 注兒山 右三山俱東十里盈德界 三日外山 東十里 普
庵 光山 南五里 普賢山 一云毋子山南七十五里慶州永川新寧界 天馬山 北五里真
寶界 葛田山 東南四十里 海峴山 南三十里 懸碑岩 一云龍纏岩在南川上流 方

宗山 安山 業山 東臺山

堤堰四

臺 安德古縣北十里川邊有層岩之勝 梨田坪 東南五十里

〔嶺路〕刀峴 南七十里永川新寧界 三者峴 南三十八里 茅峴 南七十里新寧界 柳峴 東南七十四里慶州竹長西界 於火峴 南五十二里 枝峴 西十里 牛峴 南路 ○南川 源出於火峴及柳峴北流 經懸碑岩過楸水環府南西北流 安德西川 源出普賢山西北流 爲巴川至楸原入于真寶神漢川 經安德古縣至安松生川 出周房山西流合于楸水 楸水 東八里出月外山西 東界爲琴召川 流入于南川

〔城池〕周房山古城 周一千四百五十尺三面天作之險內有二溪

〔倉庫〕邑倉 南倉 南三十里 安德倉 古安德縣 西倉 安德西十五里

〔驛道〕青雲驛 南十五里 梨田驛 東南五十里 文居驛 南六十里 和睦驛 南七十里安德西二十里茅峴下

四十七

邑內四九 東谷三八 川邊五十 和睦四九

〔土産〕漆 海松子 蜂蜜 松蕈 石蕈 紫草 熊膽

〔樓亭〕讚慶樓 邑內川流盤迴 孤秀亭

〔祠院〕屏岩書院 肅宗辛巳建 壬午賜額 李珥 金長生 俱見文廟

〔典故〕高麗辛禑七年倭寇松生

順興

〔沿革〕本新羅及伐山郡 景德王改岌山郡 領縣鄰豐 一隸朔州 高麗太祖二十三年改興州 顯宗九年屬安東 後移屬順安 明宗二年置監務 忠烈王時陞興寧縣令 以藏御胎 忠肅王時陞知興州事 以藏御胎 忠穆王時陞順興府 以藏御胎

本朝 太宗十三年改都護府 世祖二年革之 割馬兒嶺

水東之地屬榮川郡 文殊山水東之地屬奉化縣 其餘屬豐基郡 肅宗九年復陞府 因邑人陳疏

〔邑號〕順定 高麗成宗所定

〔官員〕都護府使 兼安東鎭管兵馬同僉節制使 一員

〔古邑〕鄰豐 東三十里鳳凰山之南本新羅伊伐支景德王十六年改鄰豐爲岌山郡領縣高麗初來屬三國史云未詳

〔坊面〕東元 東初五終十 竹內 南終十 太平 西終十 一浮石 東初十終四十 二浮石 東初十終三十 三浮石 東初二十終五十 水息 東初三十終五十 花川 東初三十終四十 道溝 東初十終二十 壽民 東初三十終五十 大龍山 南初三十終四十五 越入 川豐基川 榮昌樂 西初三十終四十 豐基西界竹嶺之南 越入 臥丹 東初六十終一百 北接寧越西接榮川梧鹿面 東接安東春陽面南接奉化界 ○大龍山部曲 甘谷部曲 林谷所

順興

四十八

〔山水〕飛鳳山 北一里 ○小白山 北二十里北接丹陽永春上峯曰國望有圓寂月明石廩獻喜白鶴白蓮宴坐上元等峯又有白雲光風霽月紫霞金剛等臺又有觀音窟竹岩灝上元聖穴等十餘寺○紫蓋峯東二十五里○毘盧峯小白西支○慶元峯北十三里藏忠肅王胎○輪岩峯藏忠穆王胎○草庵洞東四十五里藏忠烈王胎○郁錦洞在山之南泉石數十里皆在洞府低平處鬱紆清朗高障西北○陽谷洞北十五里

鳳凰山 東三十里○浮石寺新羅文武王十六年命僧義相刱之東有暑妙井西有食沙龍井後有聚遠樓空閣縹渺若出天外又有凝石淨佛等寺

文殊山 東北六十里臥丹面安東太白山西支也南去奉化三十里○智林寺

白屏山 在臥丹面北接寧越乃文殊山西支也西南距本府五十里金輪峯在其南

橋內山 即小白之西支西映竹嶺北接丹陽山中頗開野樹木叢茂絶澗橫流谷口架大木作橋若去木則路不通峽氓聚居

龍岩山 在大龍山面

〔嶺路〕竹嶺 西北四十里丹陽界東南距豐基郡二十四里○新羅阿達羅王五年春使竹竹始開此路故名之嶺西有竹竹祠嶺頭

堤堰二

高峻通慶尚左道大路 馬兒嶺東北四十里永春界南去榮川三十六里〇東川一云沙川一在府東十里一在府東一里俱出小白山至府東南三十里與豐基南北川合流入于榮川界 赤德東南五十五川里沙川上流 愚溪東三十里源出馬兒嶺南流經榮川郡南入赤德川 竹溪東三里源出小白山野淵山低而水石清朗上有白雲洞出深清湫 湫井在臥丹西白屏山之陽

(城池)小白山古城在山上周一千四百二十八尺中有宮室遺址 飛鳳山古城城址周環山頂在城門遺址 鳳凰山古城遺址山頂有 竹嶺古關城嶺上有遺址新羅時關防處 玉泉山古城

(烽燧)沙郎堂東四十里 竹嶺西北四十一里

倉一

(倉庫)邑倉 東倉東三十里鄉豐古址

(驛站)昌樂道在竹嶺之下〇屬驛九〇察訪一員 竹洞驛南

邑內六十 鵝谷四日三市 甘谷一日三市

(土産)楮柿蜂蜜松蕈石蕈紫草銀口魚

(樓亭)鳳棲樓邑內高可見萬層絶頂遠可望千疊重峰奇岩屹聳衆壑襟廻懸湍飛瀑湊合于樓下泓深澄澈灘淺漫沙石清細瀨 勝雲樓 風詠樓

(壇壝)竹嶺新羅祀典竹嶺在及伐山郡以名山載小祀高麗廢之〇成仁壇肅宗乙亥築英宗壬辰賜額忠臣神壇 錦城大君瑜 李甫欽俱見寧越

(祠院)紹修書院在白雲洞中宗癸卯周世鵬為豐基郡守時創之此有書院之始明宗庚戌御筆賜額賜額自此始 安裕見文廟 安軸字當之號謹齋裕之族孫官三重大匡興寧府院君 安輔字員之軸弟官政堂文學諡文敬 周世鵬字景游號慎齋官大司成

(典故)高麗辛禑八年倭賊據客館府使崔雲海日與戰所獲牛馬財寶輒與士卒及州民大致克捷 九年典儀

李令督諸兵馬使與倭戰于順興斬六級〇本朝 世祖元年安置錦城大君瑜世祖之弟于順興府府使李甫欽與錦城合謀欲迎上王端宗大王復位移檄南中郡縣將興兵事覺俱被殺翌年遂革本府 宣祖二十五年四月以劉克良為助防將守竹嶺

大東地志卷七

大東地志卷八

古山子 編

醴泉

〔沿革〕本新羅水酒村（干有村）景德王十六年改醴泉郡（領縣六安仁嘉猷殷正永安甘泉岦山）隷尚州高麗太祖二十三年改甫州顯宗九年爲安東府屬縣明宗二年陞基陽縣令（以太子藏胎）神宗七年陞知甫州事（以破東京賊于此縣地）本朝 太宗十三年改甫州郡十六年改醴泉〔邑號〕襄陽（本朝定宗所定）清河〔官員〕郡守（兼安東鎭管兵馬同僉節制使）一員

〔古邑〕多仁（越在龍宮東南界距郡南四十五里本新羅達己一云多己景德王十六年改多仁爲尚州領縣高麗初仍屬後來屬本郡○邑號仁陽）安仁（西北四十里葛平倉近地本新羅蘭山景德王十六年改安仁爲醴泉郡領縣高麗初仍屬）

〔坊面〕東邑內 南邑內 西邑內 北邑內（俱終十）神堂（東初十終十五）普門（東初二十五終四十）陰山（東初十終二十）雷澤（東初十終二十）神堂鳴（南初十五終二十五）位羅谷（同上）閑浦里（西南初十終二十）柳等川（西初十終二十）堂洞（西初十終三十）只西牙（西初二十終二十五）諸谷（西北初十五終三十）流里洞（同上）花北（西北初二十五終八十）冬老所（西北終九十里右二面斗入于西北東爲豐基之上里下里二面花北之西郎尚州之山陽小東山西山北四面界冬老所之畫處西接聞慶之身北面界北接清風丹陽豐基之交）縣內（南初四十終五十）縣西（南初五十終六十）縣南（同上）縣（初五十終七十右四面多仁古縣地東接安東之豐東南面義城之羽谷面比安之定西面南接尚州之中東面龍宮之內下南下兩面○高林部曲越入龍宮之北接同縣之中上中下兩面北界距郡西二十里）

縄乃宮東二十 芳浦西南十五

天柱寺在花北

黃腸封山一

堤堰十七

孝川部曲南十八 宝進部曲南二十七

〔山水〕德鳳山（西三里）西庵山（西八里）龍門山（北三十二里高麗明宗藏太子胎于山之北峰）普門山（東三十四里○普門寺高麗藏史籍于此寺辛禑七年移藏于忠州開天寺）鵲城山（北九十里豐基峴率山之西支）下柯山（東三十一里安東界）鼎盖山（東六里）天藏山（在花北面安仁古縣之北）五赤山（東三十里）蝇山（南十五里）飛鳳山（在多仁古縣南距郡六十里）龍腦山（在多仁古縣東距郡五十里）仙夢臺（在沙川邊距郡十五里）冬老坪（北五十三里）〔嶺路〕歸尾峴（東十里）底同峙（東北四十里榮川界）狐項嶺（北九十里）○沙川（東十里詳榮川）瀼川（南一里出豐基鳴鳳山及骨里峴東流經殷豐古縣過殷豐東川東南流經龍門縣盖山過流里洞川至郡南十二里入于沙川）柳等川（西十五里）

深川

邑內二七 甫道五九 語川五十 北面一六 信雲三八 柳等川四九 蘇野三九

出西庵山西流經牛頭院復南流入于龍宮之省火川 大谷灘（多仁古縣東九里）酒泉（郡北黃草洞味極甘洌邑之得號以此）紅蓮池（在多仁古縣距郡六十里）

〔城池〕德鳳山古城（在山上號黑鷹城周四千八十尺井二池一）鵲城（在鵲城山上周六百十尺西有石門三面皆岩石）姑城（在安仁古縣）

〔倉庫〕邑倉 縣倉（多仁古縣）葛平倉（西北四十里）山倉（聞慶鳥嶺山城）

〔驛站〕通明驛（東七里）守山驛（多仁古縣西）

〔津渡〕縣倉津

〔土産〕鐵 楮 桑 石蕈 松蕈 海松子 五味子 紫草 蜂蜜 銀口魚 鯽魚

〔樓亭〕快賓樓（邑內後負高山前帶大川）龍頭亭 挹湖亭

(祠院)鼎山書院光海主壬子建肅宗丁丑賜額李滉見文廟趙穆字士敬號月川
橫城人官工曹參判
(典故)高麗神宗五年慶州賊入基陽縣南道招討兵馬
使崔匡義擊之殺獲甚多辛禑八年倭寇甫州

榮川

(沿革)本捺已新羅婆娑王取之置郡景德王十六年改
奈靈郡領縣二善谷玉馬高麗太祖二十三年改剛州成宗十
四年置團練使顯宗九年屬安東仁宗二十一年置順
安縣令高宗四十六年陞知榮州事以衛社功臣金仁俊之鄕本
朝太宗十三年改榮川郡世祖二年革順興府以馬兒嶺下水東之地浮石水

息串川破文丹四里割屬于本郡肅宗九年復設順興還屬(邑號)龜城高麗成宗所定(官員)郡守
兼安東鎭管兵馬同僉節制使一員
(坊面)山伊東初五終十奉香初五終十謹闕終十可興南初五終十
豆田南初十終三十權先同上好文西南初十五終三十辰穴南初二十五終四十赤
布南初十終二十於火東南初十終二十川上東南初二十七終四十赤山東初十終
三十林只東初二十終六十越在奉化南界安東才山西西界北面三十終五十一韶川村越在順
興二浮石西界甾谷村越在同府枝谷村越在同府東元西界右二浮石西界越在東村北接永春梧鹿北
五十越在順興三浮石西界北接永春○代只部曲東十五龍山部曲西二十馬輪部曲北六十
林只力部曲郎林只西・省乙良部曲東十五島等部曲榆水部曲北三十省谷部曲北三十郎省谷
泥谷部曲今彌田里西二十五奈小里部曲今沙奈里東一里

(山水)鐵呑山北一里龜山西南一里平地獨立其南麓岩壁斗起名東龜岩又與西龜臺
隔水相對豐樂山東五十五里奉化界鶴駕山南四十里安東界靈池山東三十里
松官山東五十里安東奈城西界唐山東二十里鞍甫山北五里德山南三里
烽山東十五里蓮花山南十五里藏軍谷東八里(嶺路)串赤嶺北三十三里永
春順興西邑界省谷在其下禮佛嶺在梧鹿西北接永春界馬兒嶺北三十六里永春順
興界險阻向嶺南十五里並峙東二十里神峴東十五里○臨川西三里源出順興小
白山東南流為順興竹溪至東元西過東川為藏岩川徑昌保驛過基豐之南北川徑東西龜基南流入沙川
沙川東十五里源出順興白屏山西南流徑青岩梧麓過馬兒嶺之愚溪西南流為順興赤德川過奉化
之勿野溪南流徑安東奈城古縣南為小川過奉化前川至安東出同驛東右過臨川至醴泉南過灤川徑龍
宮環龍飛山過省火川入無訖灘藏岩川南十二里椒井北四十二里見順興

堤堰二

(城池)龜山古城周一千二百八十一尺井一
(烽燧)昌八來山東三十里城內山北十四里
(倉庫)邑倉東倉東三十里北倉梧鹿面
(驛站)昌保驛西九里平恩驛東南二十六里
邑內三八盤邱兕
(土産)楮海松子漆松蕈石蕈蜂蜜銀口魚
(樓亭)濟民樓龜南迎薰亭南三里
(壇壝)太白山新羅祀典以北岳載中祀係奈已郡高麗廢
(祠院)伊山書院宣祖癸酉建甲戌賜額李滉見文廟
(典故)新羅逸聖王五年北巡親祀太白山炤智二十
二年幸捺已郡○高麗太祖十二年辛禑八年春倭賊

數千寇榮州殺人甚衆 九年倭寇榮州

豐基

(沿革)本新羅代買後置基木鎭高麗太祖二十三年改基州顯宗九年爲安東屬縣明宗二年置監務後復屬安東恭讓王二年復置監務以安東屬縣殷豐來屬 本朝 太宗十三年改基川縣監 文宗元年陞豐基郡以安御胎抹二縣名改號

(邑號)永定高麗成宗所定 安定

(官員)郡守兼安東鎭管兵馬同僉節制使一員 世祖二年革順興府割小白山以南之地屬于本郡肅宗九年復設順興府還屬

(古邑)殷豐西南三十七里本新羅赤牙景德王十六年改殷正爲醴泉郡領縣高麗太祖二十三年改殷豐顯宗九年屬安東恭讓王二年來屬○邑號殷山

豐基 五

松封山六 龍泉寺北七里 高麗太祖眞 初在開慶陽 寧于辛禑五 年因倭寇 移于此後廢

(坊面)東部自邑終十五 西部自邑終二十 東村自邑終二十 生古介南初五終十五 臥龍洞西南初五終十五 普佐里南初十五終五十 上里西初十五終六十 下里西南初二十五終五十

(山水)嶢峯山西二十里順興昌樂面界與竹嶺相連北接丹陽界重疊出阻 鳴鳳山西五十五里安文宗大王胎 夫老山西南四十里 磐淸山殷豐古縣東十里 芙蓉山南五十里醴泉界 占方山東十里順興界

(嶺路)汗峴西南三十里 骨里峴西十二里 礪峴南十四里 鳳峙殷豐古縣西十五里 故峴嶢峯山西支丹陽界 ○南川南三里出順興竹嶺東流爲榮川郡臨川北川 殷豐東川在古縣東二十里出骨里峴南流合于西川 殷豐西川在古縣西十里出鳴鳳山至古縣南八里東南流至醴泉界爲瀼川

邑內三九 前丘一五 永定五十 殷豐四九

挹淸亭

(城池)嶢峯山古城在竹嶺之下 夫老山古城有遺址 登降城西五里 於瀼城一云氷城在殷豐古縣南三十里周九百八十步有十泉一淡

(烽燧)望前山南八里

(倉庫)邑倉 殷豐倉在古縣

(土産)楮 海松子 石蕈 松蕈 蜂蜜 紫草 銀口魚

(典故)新羅善德王十一年使金春秋聘高句麗行至代買縣○高麗太祖十二年幸基木鎭○本朝 宣祖二十五年倭陷豐基

義城

(沿革)本召文國國基在南二十五里稱召文里新羅伐休王二年滅之

義城 六

置召文郡景德王十六年改聞韶郡領縣四眞寶比屋安賢丹密隸尙州高麗太祖二十三年陞義城府顯宗九年屬安東仁宗二十一年置縣令神宗二年降監務以嘗陷賊忠烈王時併于大邱尋析之置縣令 本朝因之

(官員)縣令兼安東鎭管兵馬節制都尉一員

(古邑)日谿東四十里本新羅熱兮一云泥兮景德王十六年改日谿爲古昌郡領縣高麗太祖二十三年來屬 高邱北三十里本新羅仇火一云仇伐一云高近景德王十六年改高邱爲古昌郡領縣高麗太祖二十三年來屬

(坊面)南部自邑終十五 北部終十 點谷東初十五終四十 氷山東南初二十五終五十 巢野東南初五十終八十 山雲南初三十終四十 佳音東南初三十終四十 上

川南初十五終二十下川西初二十終三十石田同上金磊同上及文南初二十
終三十億谷南初三十終四十安平西北初十五終三十玉山東初三十終四十五龜
山北初十終三十丹村北初十五終二十五外也同上內舍谷東初十終四十外舍
谷東初四十終五十羽谷西北初五十終八十在安東南界比安北界越泥芳東初三十終五
十卽日谿古縣仇火北初二十五終四十卽高邱古縣○及村鄉南二十五新村部曲東北三十
屈於谷部曲南五牛谷部曲東三十骨羅所東
南五十【山水】金鶴山南二十五里舡岩山南五十里義興界飛鳳山西南三十里○
百丈寺黃山東五十里山中多桑木傍近之民賴此養蠶屯德山東三里豆音山
西二十五里騰雲山北四十里安東界天放山西三十里盈尼山南二十五里有
石塔雲放山在羽谷西五土山南十五里梧桐山西十五里七青靈山東北二十

大山藏臺
里○雲寺孤氷山東南四十里山之大岩下有石穴穴口高三尺廣五尺橫入五尺餘是謂風穴又有
穴在岩底直下廣一尺深可量撿一尺其下回曲深淺難量立夏後氷始凝極熱則氷堅如雹雨則氷釋春夏
不寒不熱冬則溫氣如春是謂氷穴○氷穴傍舊有太一殿成化十四年移于忠清道之泰安鐵峴峰
北二十里穿岩東二十里黃山川邊俯臨深洞有穴在岩中奇怪異常我眉岩南二十五里極奇麗屏風岩在舡岩山之東仙岩在長川上流之北岸穴洞東二十五里舍谷里岩穴深遠可墿
【嶺路】芥峴東四十五里百丈嶺西南三十八里城嶺西三十里比安界鷄卵峴北十里豆易峴西北二十里佛峴東十五里菱峴南五里可倉峴南二十里外也峴北二十里安東界○長川源出芥峴之石穴西北流為鵲金潭經縣西又北流西折環古城之山西入于雙溪川
雙溪川源出氷山西流為鳳凰川西北流經佳音鳳臺之倉為下川過長川為羌川過安平川至殘溪驛西入渭水安平川源出豆易峴南流經安平翁南入雙溪川

堤堰九十六
下川南二十里源出氷山與南川合流于縣西二十里為并川卽比安之雙溪上流黃山川東三十里源出黃山西北流入安東界為兎川鳳凰川東三十五里巢野川源出青松普賢山西支西流為義興南川炭池南三十里御井在召文里世傳召文國時井
【城郭】邑城土築周四千七百二十尺金鶴山古城一云金城周九千一百尺高險有四泉新羅文武王十三年築石文城者是日谿古縣城東四十里號黃山城東南北絕壁惟西面石築一百四十五尺古城西五里宣祖三十年天時征倭時因古址改築屯于此周五里餘今有遺址高邱古縣城一云馬嶺城北三十里周三里新羅炤智王七年築仇火城者是
【烽燧】馬山北三十里鷄卵峴北十里城山西五里大也谷南二十里蠅院南三十五里
【倉庫】邑倉二鳳臺倉在佳音面東倉東四十里日谿古縣八召倉在召文里

邑內二七 下川四八 點谷四九 佳音一百三十 山雲六百三十 舍谷五十 氷山三八 羽谷一六 安平五九 鄒里院
【安平倉】在安平面
【驛站】鐵坡驛北五里青路驛南三十二里
【土產】桑漆楮松蕈紫草蜂蜜織席
【樓亭】聞韶樓邑內岐陽亭凌波亭並西一里
【祠院】氷溪書院明宗丙寅建宣祖丙子賜額金安國見太廟李彥迪見文
廟柳成龍金誠一俱見安東張顯光見星州
【典故】新羅敬順王三年高麗太祖十二年後百濟主甄萱以甲
卒五千侵義城府城主金洪術洪術以府史為城主○高麗辛禑九
年倭寇義城安東永州新寧長守義興古安康杞溪善州丹陽堤川等處遣典儀令
禹夏督諸兵馬使擊倭于義城斬三級

盈德

沿革 本新羅也尸忽 景德王十六年改野城郡 領縣三 眞安 積善 松生 隸溟州 高麗太祖二十三年改盈德 顯宗九年屬禮州 後置監務 又改縣令 本朝 太宗十五年陞知縣事 以地濱大海 後還爲縣令

官員 縣令 兼安東鎭管兵馬節制都尉 一員

古邑 眞安 西四十里達老山下 本新羅助攬 景德王十六年改眞安爲野城郡領縣 高麗初合于眞寶 顯宗時析之來屬

坊面 邑內 終五 東面 初五終二十五 中南 初六終二十 外南 初二十終五十 西面 初二十終六十 北面 初十終二十 ○烏保部曲 在東海邊 牙部曲 南二十五里 伊巳知品部曲 西北十七里

盈德 九

堤堰三

黃腸封山一 松田一

山水 無乭山 北二里 達老山 西四十里 大乭山 西北四十里 山南有笠岩 岩谷山 北十里 花林山 北十里 黃石山 南十六里 ○淨水寺 茸長山 西北六十里眞寶界 周房山 西四十里青松界 八角山 西三十里 豆城山 西十里有龍湫 所之山 西南十五里 鯨岳山 東北二十里 烏保山 東邊海 小螺岩 龍岩 俱東十五里海邊 三動石 南五十里見清河 氷穴 一云風穴在大乭山盛夏堅氷猶在

嶺路 林勿峴 西北四十五里眞寶界 竹峴 西四十里青松界 南眠峴 東北十五里寧海界 岾火峴 孤嶺 西南四十里俱青松界 ○海 東十三里 五十川 源出林勿峴東南流右過達老山之水及玉溪環縣城西東流入于海 川水屈曲凡五十渡故名 玉溪 西三十里 源出慶州月老山經珠岩北流入于五十川 三江 東南十五里 水陡入如湖 海浦 內川 東五十里 五十川下流 南驛浦 南二十里 骨谷浦 南四十五里

城池 邑城 周二千三百九十尺 曲城六 井二 池一 古城 東門外土築 周三千三百尺 達老山古城 周八千三百五十六尺 縣東有眞安古縣址

烽燧 別畔山 東十八里

驛站 酒登驛 東九里 南驛 南二十一里

土産 鐵 竹 海松子 弓幹 桑 蜂蜜 藿 海衣 細毛 紫草 鰒 海蔘 紅蛤 文魚 等魚物十五種

邑內三七 植栗五十 長沙四九

鎭堡 烏浦鎭 南十七里 巡邊使高荊山以海涇不通 移于縣南十三里 中宗朝築城周一千四百九十尺 置水軍萬戶 後革

典故 高麗 恭愍王二十一年倭寇盈德 辛禑七年倭寇

盈德 十

奉化

沿革 本新羅古斯馬 景德王十六年改玉馬爲奈靈郡領縣 高麗太祖二十三年改奉化 顯宗九年屬安東 恭讓王二年置監務 本朝 太宗十三年改縣監 世祖二年 割順興之文殊山水東之地來屬 肅宗九年還于順興

官員 縣監 兼安東鎭管兵馬節制都尉 一員

坊面 縣內 終五 中東 初五終十 上東 越在安東北界 東爲小川 南爲才山 西爲春陽 北接寧越之上東三陟之上長省界 初境四十里 終境八十里 南面 初十終四十 西面 初五終十五 北面 初五終十 勿野 北終十五 本勿野部曲 ○買吐部曲 別號青地 本彌良谷部曲 西北七 安東地 恭讓二年來屬 在上東面之南界

黃腸封山 覺華寺北麓 松田十

(山水)金輪峰北二里 太白山東北八十里詳安東 寺洪濟庵並距縣五十里 覺華
豐樂山南十五里榮川界 太子山南三十五里禮安界 駕馬山南五里 望日
峰西北二里 (嶺路)破呑岩峴在太白山之南覺華寺之東道安東小川面及三陟界 猫峙
南二里 新羅峴南十五里東有望仙庵 ○南川出金輪峯南流經禮安地入于醴泉沙川
買吐川東五十里源出潢池與道美川合西南流至禮安地爲丹砂溪 道美川東三十里出順
興白屛山經安東春陽面地及本縣中東面界南流入買吐川 勿野溪北十八里出順興文殊山經安
東奈城面界入于榮川之沙川 龍淵在太白山下
(烽燧)龍岾山西十三里
(驛站)道深驛或稱彌屯舊在縣北十三里今在縣內五里
邑內場五十 (土産)海松子 石蕈 松蕈 蜂蜜 水獺 銀口魚

鳳棲樓邑內 (宮室)璿源閣 實錄閣 史庫俱在覺華寺傍有參奉及守直軍
(祠院)文岩書院光海主丙辰建肅宗甲戌賜額 李滉見文廟 趙穆見醴泉
眞寶
(沿革)本新羅漆巴火 景德王十六年改眞寶爲聞韶郡
領縣 高麗太祖陞爲甫城郡一云載岩城 以眞安縣來屬 顯
宗九年屬禮州 又析眞安屬于盈德 恭讓王二年置監
務 本朝 太祖三年合于青島 世宗朝析置縣監
成宗五年革屬青松以縣人琴孟誠毆辱縣監申石同 九年復舊因土人申
許 (邑號)眞海 (官員)縣監兼安東鎭管兵馬節制都尉 一員
(坊面)下里四方終五 上里東初十終二十 東面初二十終三十 南面初五終二十五

西面初七終二十五 北面初十終三十 ○泉宿部曲東十春廿部曲北十巴吒部曲南十
五 古乙介部曲東三十 省夫部曲北三十
(山水)南角山南八里水淨山 ○高山西十里 筆洞山東三十里 葦長山
東四十里寧海盈德界 天馬山西南二十里青松界 紫陽山北二十五里 斗陰山
上同 路坪東二十里 (嶺路)林勿峴東南三十里盈德界 楸峴西二十里安東界 井峴
東南三十里青松界 ○神漢川北一里詳安東 ○南岸石壁四百餘尺回以爲城基西木之築 太
泣嶺川東二十里源出寧海西泣嶺西流入于神漢川 巴川南二十里出南角山西流入于青松
南川 虎鳴川西二十里青松南川下流
堤堰六
(烽燧)神法山西十里
(倉庫)邑倉 北倉在北面

驛道角山驛東五里
邑內場三七 立流亭邑後 (土産)紫草 石蕈 松蕈 蜂蜜
(祠院)鳳覽書院宣祖壬寅建肅宗庚午賜額 李滉見文廟
(典故)新羅景明王六年眞寶城將軍洪述降於高麗
敬順王四年載岩城將軍善弼降于高麗
軍威
(沿革)本新羅奴同覓 景德王十六年改軍威爲嵩善郡
領縣 高麗顯宗九年屬尚州 仁宗二十一年還屬一善
恭讓王二年置監務兼任孝靈 本朝 太宗十三年
改縣監 (邑號)赤羅 (官員)縣監兼安東鎭管兵馬節制都尉 一員

古邑 孝靈 西南三十五里本新羅芼兮 景德王十六年改孝靈爲嵩善郡領縣 高麗顯宗九年屬尙州 仁宗二十一年還屬一善 恭讓王二年來屬

坊面 縣內 終五 東里 初三 終十五 西里 初西北五 終十 城東 初二十 終中里 初東南十 終二十五 孝令 初南二十 終四十 石本 初北十五 終二十 花谷 初西北三十 終四十 南面 初三十五 終 ○ 召谷保部曲 南二十 仍未谷部曲 西十

山水 馬井山 東五里 留鳳山 南二十四里 韓赤山 南十五里 青華山 西北二十里善山界 肝岾山 北二十里 ○ 鷲魚寺 安花山 北終花谷境 西 豆音山 北十五里 錦山 南四十里義興界 迎邦山 ○ 月影寺 里 祈雨峯 西七里 龍岩 北十三里 嶺路 風峴 西十里 槌峴 西北六里 磊峴 東七里古靈古縣 朴達峙 留鳳山南 ○ 并川 東南十里義興之南川至溪古縣之南川并西北流合于朴達山之

軍威 十三

北環縣南而北流逈回十餘曲入于比安界爲南川 南川 南一里 川下流并 孝令川 南三十里 出義興智士峴北流入于義興之缶溪川

堤堰四十

舡橋在南川

倉庫 邑倉 花谷倉 花谷西 孝令倉 孝靈古縣

驛站 台溪驛 南四十里

土産 漆 蜂蜜 紫草 松蕈

樓亭 晙喜樓 縣內 枕流亭 南二里 歸詠亭 北七里 鷲魚亭 西三十里

祠院 金發翰祠 在孝靈西岳新羅時建每歲端午日首吏行祀 金庾信 見慶州

典故 本朝 宣祖二十五年倭陷軍威

邑內二七 孝令三八 花谷一六

比安

沿革 本新羅阿火屋 一云并屋 景德王十六年改比屋爲聞韶郡領縣 高麗顯宗九年屬尙州 恭讓王二年以安貞監務兼任 本朝 世宗三年改安比 五年改比安 以比屋爲治所

邑號 屛山

官員 縣監 兼安東鎭管兵馬節制都尉 一員

古邑 安貞 北十七里本新羅阿尸兮一云阿乙兮 景德王十六年改安賢爲聞韶郡領縣 高麗太祖二十三年改安貞 顯宗九年屬尙州 恭讓王二年兼任比屋 本朝 世宗朝合兩縣 見上

坊面 縣內 終七 身東 終五十 南面 同上 內面 終十 外西 終十二 內北 終十 外北 終十三 定東 北十 終十五 定北 北十 終三 定西 安貞古縣地 同上 右三面 ○ 退谷部曲 東十 新平部曲 下筆站伊部曲 多失部曲

山水 大岩山 北二十里 肝岾山 南十七里軍威界 白馬山 西十七里善山界 ○ 龍興寺 鳳頭山 北三十里 鳳尾山 北二十里 ○ 彌陁寺 醒安窟 北十一里 觀魚臺 安貞古縣南五里 ○ 南川 南一里軍威之并川下流 雙溪 東十里義城之長川與本縣南川合流環縣北西流屈曲入于尙州之丹密古縣界

飛鳳山 無居山

比安 十四

城池 古城 北一里 城隍山

堤堰四十二

倉庫 邑倉 安貞倉

驛站 安溪驛 西北二十九里 雙溪驛 東十里

土産 漆 蜂蜜 紫草

樓亭 饒明樓 青山屛迴大溪襟帶 望北亭

典故 高麗 辛禑九年倭寇比屋 ○ 本朝 宣祖二十五年倭陷比安

邑內二七 安溪一六

禮安

沿革本新羅買谷景德王十六年改善谷爲奈靈郡領縣高麗太祖十二年陞禮安郡南征甄萱時次禮安鎭城主李能宣擧義歸順顯宗九年屬安東後置監務辛禑二年陞爲郡以胎藏尋陞知州事恭讓王二年降爲監務 本朝 太宗十三年改縣監邑號宣城官員縣監兼安東鎭管兵馬節制都尉一員
古邑宜仁東九里本安德縣之知道保部曲高麗恭愍王十八年陞宜仁縣屬安東府恭讓王二年來屬
坊面邑内終十西面初七終四十北面西北初八終四十東上初二十終四十東下初十終二十宜西北初十終二十宜東東北初十終三十
山水邀聖山北十八里靈芝山北五里一支東陶山及芙蓉山爲清涼山東北十五禮安

龍岩

天淵臺

三十里安東才山界龍頭山北二十里軋芝山東二十里有落帽峰陶山東十里兩山合爲長谷而不甚高黃池之水至此始大兩山皆有石壁而臨水可以容舠艤洞中從容開雅山後溪南皆良田芙蓉山東七里孤山東二十五里朴達山西三十里安東界幅頭山西十里太祖峰西北四十里鼻岩南三里石壁高聳十餘丈其上可坐六十人前臨大川有遊賞之致嶺路長葛嶺東三十里英陽之青杞古縣界大峴北二十里通奉化刀甲峴西北四十里○羅火石川東北二十八里化貫吐川下流奉丹砂溪東北二十里羅火石川下流石壁峭立溪水灣石色多赤南有王丹城葛仙臺洄損良川東五里丹砂溪下流水始大浮津南一里損良川下流南流至安東界爲琴村灘溫江東八里浮津上流水之南北背有遊勝之致月明潭東二十五里濯纓潭東十里風月潭東七里右三處逝溫江上流退溪在乾芝山之南西流入于溫江東溪東十里遊山藪浮津南岸大王藪

邑内二七
陶洞一六
迂川三九

在龍頭山南地多喬木
高麗太祖屯兵之所
城池北山古城補宣城一云城隍山在縣北周一千一百四十九尺宜仁古縣城
在古縣之南有土築遺址
烽燧祿轉山西二十里
驛站宣安驛南三里
土産鐵漆桑海松子石蕈松蕈紫草蜂蜜銀口魚
樓亭瑝美樓 寬心亭
祠院易東書院宣祖戊辰建肅宗甲子賜額禹倬見丹陽朴忠佐高麗咸陽府院君謚文齊○陶山書院宣祖甲戌建乙亥賜額李滉見文廟趙穆見醴泉
典故高麗辛禑八年倭寇禮安 九年副元帥尹可觀與十六

倭戰于禮安敗績 典儀副令禹夏與倭戰于禮安斬
八級

龍宮

沿革本新羅竺山一云園山景德王十六年爲醴泉郡領縣
高麗成宗十四年置龍州刺史穆宗八年罷之顯宗三
年爲龍宮郡九年屬尙州明宗二年置監務 本朝
太宗十三年改縣監哲宗己未移治于舊治西十里省火川邊官員縣監兼安東鎭管兵馬節制都尉一員
坊面北面終五十北上東北二十省火西五西面終十南上終十二南下終十三内上東二十五内下東南十五三中上東終十五四中下東南終六

十○陽井部曲南二十曲茂松部曲 豊壤部曲南十五平部部曲 曲渼部曲 河南部
(山水)笠山舊邑北山在東十里 龍飛山東南十二里 天德山東十七里 羅浮
山東南二十五里 委峰山東三十里 遏雲山南二十五里 鼇山東五十五里 大
恒山東南十五里 馬山南十五里 大洞山南二十里 月老山南三十里 老仙
山東四十五里 (嶺路)大峴東二十五里醴泉路 ○洛東江安東河迴水之下流折而南流至縣東南四十五里為修正灘又折而西北流至縣南十五里為鶴灘至縣南七里為無訖灘縣之南川省火川會于此西流為豊津入于尚州界 河南川在舊邑南醴泉之沙川下流環龍飛山之陰過省火川入于無訖灘 東川東五里醴泉之冥川下流入于省火川 省火川源出醴泉之鵲城山南流會四佛峴雲達山之水至于縣西入于沙川為三灘

堤堰九

(城池)龍飛山古城周八百七十一尺泉三

英陽

十七

邑內二七 華陰三八 知保一六

(倉庫)邑倉 社倉東四十里 山倉在聞慶之鳥嶺山城
(驛站)大隱驛東十三里 知保驛東四十里
(津渡)河豊津西南二十里大路
(土産)鐵 梨 柿 海松子 蜂蜜 銀口魚 竹
(樓亭)浮翠樓 水月樓俱在舊邑 清遠亭省火川東岸
(典故)本朝 宣祖二十五年倭陷龍宮

英陽

(沿革)本新羅古隱 景德王十六年為有隣郡領縣 高麗
太祖二十三年改英陽一作近陽郡 顯宗九年屬禮州 明宗
五年置監務 後復屬禮州 本朝 肅宗二年復置縣

監三年還屬寧海禮州九年復置 (邑號)益陽 (官員)縣監兼安東鎮管兵
馬節制都尉一員
(古邑)青杞西三十里本大青部曲舊屬青鳧縣小青部曲屬英陽縣高麗忠烈王合二部曲為青杞
縣屬禮州 本朝 肅宗九年來屬
(坊面)邑內終十五 南面初十五終二十 東面初五終三十 北面終四十初
度北初五終二十 北二度初二十終四十 西面終二十 西二度終三十五 首比
北初三十終八十 青杞初十終三十 ○首比部曲北六十本屬本縣文宗時移屬蔚珍後復來屬
唱石部曲 貫下部曲 主谷部曲
(山水)日月山北三十里安東界有窟井洞洞口甚窄其內廣濶 ○龍華寺 釰磨山北五
十里蔚珍界 ○道成寺 芍藥山北一里 蔚然山北五十里蔚珍界 佛吉山首比

松田一

十八

面終境 興霖山北十里 白岩山東三十五里蔚珍平海界 河豊山南十五里 翰
屛山東南二十五里 七星峰北十里 立岩在南川傍 (嶺路)東山峴西北三十里通
安東才山面 大峴北二十里通首比面 ○將軍川源出日月山南流至縣南過小泣嶺川合
青杞川至真寶界為大川田神漢川 興霽川西十里東流入于將軍川 西泣嶺川東南十里

廣庇岑東三十

堤堰二

青杞川 元惠池
(城池)古城東十五里山上周二千七十八尺高險
(倉庫)邑倉 青杞倉 首比倉

邑內四九

(土産)海松子 松蕈 紫草 蜂蜜
(祠院)英山書院孝宗乙未建肅宗甲戌賜額 李滉見文廟 金誠一見安東
(典故)高麗辛禑九年倭寇青杞

大丘

沿革 本新羅達句火一云達句伐又達伐句又達弗城景德王十六年改大丘爲壽昌郡領縣高麗顯宗九年屬京山府仁宗二十一年置縣令本朝世宗朝陞知郡事世祖十二年置鎭領十二邑陞都護府

邑號 達城

官員 都護府使宣祖三十四年以觀察使兼肅宗二年置府使十年以觀察使兼二十七年置府使三十四年以觀察使兼 判官兼大丘鎭兵馬節制都尉○觀察使兼府使則置若別置府使則減判官一員

古邑 壽城南十五里本新羅喟火一云上村昌景德王十六年改壽昌郡領縣四大丘河濱八里花園隷良州高麗太祖二十三年改壽城顯宗九年屬慶州恭讓王二年置監務兼任解顏本朝太祖三年革屬本府後還屬慶州太宗十四年復來屬○周管六翼云壽城古有三城壽大郡一名壤城向具城助伊城

大丘 十九

解顏北十七里本新羅雉省火一云美里景德王十六年改解顏爲獐山郡領縣高麗顯宗九年屬慶州恭讓王二年以壽城監務來兼本朝太祖三年來屬後還屬慶州太宗十四年復來屬 河濱西三十六里本新羅多斯只一云峕只景德王十六年改河濱爲壽昌郡領縣高麗顯宗九年屬京山府後復來屬邑號琴湖 豐角南七十里東南距密陽五十里本新羅上火村景德王十六年改出山爲火王郡領縣高麗太祖二十三年改豐角顯宗九年仍屬密城本朝顯宗朝來屬 花園西南三十里西距星州七十里本新羅古火景德王十六年改花園爲壽昌郡領縣高麗顯宗九年屬京山府後移屬本府後復屬京山府本朝肅宗朝復屬本府邑號錦城

坊面 東上終五 東中初五終十 東下初五終二十 西上終五 西中初五終十五 西下初二十終三十 甘勿川西初二十終三十 玉浦西初三十五終四十 月背南初二十終三十 但岩南初二十終二十五 法華西南初四十終五十 省平谷西南初三

十五終四十五 守縣內東南初五終二十 守東東南初五終二十 守北初十終二十 守南南初四十終五十 下守南南初三十五終四十 上守西南初二十終四十 下守西南初八終十○右七面壽城古縣地 解東村東北初二十終三十 解北村北初三十終五十 解西部北初十五終二十 解西村北初二十終四十○右四面解顏古縣地在琴湖江之北 河東西初二十終三十 河西西初四十終五十 河南西初三十五終四十 河北西北初四十終五十○右四面河濱古縣地在琴湖江之北 角縣內南終七十 角北南初五十終七十 角初同南初七十終一百 角二同南初八十終一百 角南南初七十終一百○右五面豐角古縣地 花縣內西南初三十終三十○豆也保五部花園古縣地鄉曲在豐角古縣地 資巳所解顏縣北二十

山水 連龜山南三里 砧山北六里 八公山古云公山在解顏古縣北十七里距

二十

松田二

堤堰一百三

府三十五里盤據大丘漆谷仁同新寧河陽之界延袤數百里連紆重疊○桐華寺地形回合屋宇宏壯符仁寺慈華寺杞淺寺 琵瑟山南四十里據大丘玄風昌寧之交內有湧泉之石○湧泉寺龍淵寺仁與寺 成佛山南十里 烏足山東二十里 王山在解顏古縣 城山在花園古縣北五里小山據大江其上平廣下有錦江亭五柳亭古址新羅王賞花處而縣之得名以此 獨母山北二十里 最項山在壽城古縣○地藏寺 水王山在角南面 兄弟峰東二十里 琴湖坪琴湖江之左右皆廣野而田地肥腴

嶺路 八助嶺南五十里清道界大路 高老峙在角南面距府八十五里密陽界 墻峴東十五里慶山界 鼎峙北三十里漆谷界 香林峙在解東面河陽界○洛東江西五十里星州之東安津下流 琴湖江源出青松之普賢山南流爲永川爲慈乙阿川至屏風宕過新寧之西川經永川郡至竹坊山之陽左過南川氏魚川右過匙川左過靈芝山川往河陽縣南西流左過觀瀾川爲黃栗川至盤溪左過慶山之南川至府北爲泗水前灘左過新

川右過解顔川入苢川西爲琴湖津經河濱古縣入于洛東江 達川 琴湖下流在河濱古縣東十六里
新川 源出琵琶山及入助嶺北流會而經府東解顔川四里入于琴湖江 ○笠岩在川中形如笠
源出八公山南流入于琴湖江 豐角山 一出清道外西面一出琵琶山合而東流至清道界爲紫川
西面川 源出連龍山西流入于洛東江 杏灘 在河濱古縣南十里洛東江中 猪灘 在解顔古縣南五里琴湖江上流

形勝 處一道之中央南北道里甚均 四山高塞中藏 廣野地勢夷衍大川縈紆四方之會

城池 邑城 本朝英宗十二年築周二千一百二十四步井五 達城 西四里新羅沾解王十五年築達伐城以元宗爲城主周九百四十四尺井三池二 成佛山古城 壽城古縣西十里周三千五十一尺 馬川山古城 西三十五里河濱古縣南一里有遺址稱錦城 花園古城 在古

二十一

縣北五里稱城山 舊倭城

營衙 巡營 本朝 太祖元年置按廉都觀察黜陟使營于尙州 太宗元年更爲按廉使 世祖十一年改稱觀察使 中宗十三年以本道事煩分爲左右道觀察使同年復合 宣祖二十五年倭寇搶擾道路不通又分爲左右 左營設慶州右營設尙州 二十六年復合開營星州之八莒古縣卽總兵劉綎駐陣處也 二十八年以地廣難治復分爲左右 二十九年復合設營於達城因加石築 三十年因兵發又罷 三十一年觀察使韓浚議體察使李德馨狀請以大邱星州爲一道之中而廢奏未蘇姑於安東府留營三十四年體察使史爲狀請移營本府

官員 觀察使 兼兵馬水軍節度使巡察使大邱都護府使 都事 中軍 兼討捕使 審藥 檢律 各一員 ○ 中營將一員 仁祖朝置 ○中營屬邑 密陽仁同漆谷清道慶山河陽玄風新寧靈山昌寧義興慈仁

烽燧 馬川山 西三十五里 城山 花園古縣北五里 法伊山 壽城古縣南

邑內 二七
花園 三八
縣內 五十
無怠 四九
百安 五十
凡魚 四九
豐角 四九
解顔 五十
梧桐院 四九

倉庫 司倉 營倉 修城倉 庫六 並邑內 南倉 南十五里 河倉 河西面洛東江邊 江倉 琴湖入江處之南岸 豐倉 豐角古縣 解倉 北十里 花園倉 古縣南 大惠倉 善山 八莒倉

驛站 凡魚驛 東九里 琴川驛 河濱古縣西一里 舌火驛 花園古縣西五里 幽山驛 在豐角古縣 撥站 官門站 梧桐院站

津渡 沙門驛處 琴湖江入江西通星州 琴湖津 西北十里北通漆谷冬則設橋

土産 柿 海松子 竹 漆 榴 紫草 松蕈 笠草 胡桃 銀口魚 黃魚 鯉魚 鯽魚

樓亭 琴鶴樓 觀風樓 滌襟樓 占豐樓 挹北樓 臨水亭 俱邑內 霞鶩堂 西南三十五里 洛東江邊有勝槩

二十二

祠院 研經書院 明宗甲子建 顯宗庚子賜額 李滉 見文廟 鄭逑 見忠州 鄭經世 見尙州 ○洛濱書院 肅宗乙未建 甲戌賜額 朴彭年 成三問 河緯地 李塏 柳誠源 俞應孚 俱見果川 ○表忠祠 顯宗庚戌建 肅宗丁卯賜額 申崇謙 見麻田 金樂 順天人 諡忠節

典故 新羅神文王九年欲移都達句伐未果 閔哀王元年 戊午正月閔哀王明誅僖康王自立 冬清海鎭大使張保皐以兵五千援其友鄭年以助征 武州都督金陽奉祐徵 是爲神武王 率諸將統軍至鐵冶縣 今南平縣之鐵冶古縣 王使金敏周等領馬步迎戰 金陽遣駱金李順行以馬軍三千突擊殺傷殆盡 二年春閏正月金陽等率兵萬餘晝夜兼行至達伐句王命將

軍大昕允琳等將兵拒之一戰大敗王軍死者過半王之左右皆散王奔入閔遊宅兵士尋而害之羣臣以禮葬之謚閔哀 景哀王四年高麗太祖十年後百濟主甄萱逼新羅郊畿新羅求救於高麗高麗太祖率精騎五千邀萱於公山桐藪大戰不利萱兵圍太祖甚急大將申崇謙金樂死之諸軍敗北太祖僅以身免○高麗辛禑元年雷敏修又與倭戰於大邱敗績士卒死者甚衆敏修前敗績金海九月倭寇大邱京山善州仁同知禮金山等處八年倭寇大邱花園○本朝 宣祖三十年正月倭復大舉入寇都元帥權慄留大邱檄各道兵二萬三千餘人定將分兵于各

二十三

處賊路

密陽

〔沿革〕本新羅推火景德王十六年改密城郡領縣五密津尚藥烏丘荊山蘇山隸良州高麗成宗十四年改密州刺史顯宗九年改防禦使屬郡二昌寧清道屬縣四玄豐桂城靈山豐角忠烈王元年降為歸化部曲守以越吁等將謀叛殺二年置蘇復別監屬于鷄林府後為密城縣令十一年陞為郡未幾降為縣恭讓王二年陞密陽府以曾祖益陽侯妻朴氏貫鄉 本朝 太祖朝還為密城郡後陞密陽府以入中朝官者金仁甫之鄉 太宗朝降知郡事後陞都護府 中宗十三年降縣割府地分屬清道靈山慶山玄風等邑十七年復陞宣祖三十三年兼防禦使明年罷之三十七年復兼 仁祖七年罷之十九年兼討捕使 顯宗朝罷之

〔邑號〕凝川 密山

〔官員〕都護府使兼大邱鎮管兵馬同僉節制使一員

〔古邑〕密津今靈山縣南三十里蕤浦部縣地本新羅推浦一云竹山景德王十六年改密津為密城郡領縣高麗初仍屬守山南四十里本寶山部曲一云銀山高麗初陞守山縣顯宗九年來屬

〔坊面〕府內終十府內初同南初十終三十府內二同初三十終四十府內三同上同府北初三十終五十上東東北初十五終五十下東初同東南初三十終五十下東二同東初二十終四十中初同東初十五終八十中二同東初二十五終七十中三同東初二十終三十上南終三十下南初同終二十下南二同終三十下南三同終十五上西初同初二十終四十上西二同

二十四
密陽

初三十終四十上西三同初三十終五十中西終三十下西初十五終四十古彌東北初八十終一百二十○米進鄉一名通駕西二十雲幕鄉俗號白旦南二十五薪浦鄉郎釵浦見下伊冬音部曲一名金山南二十今音勿部曲東南下五烏丁部曲平陵部曲東北十五古買部曲越入清道東界慶州西界東北九十五谷良所部曲西二十破西防防部曲南三十近皆部曲西二十五陽良部曲北十陰谷所西二十五

〔山水〕華岳山一云屯德山北二十里推火山東五里牛巖山西十里載岳山東四十五里○靈井寺金剛庵岩峰奇勝左右有瀑布萬魚山東十里有一洞洞口岩石大小皆有鍾磬之聲慈氏山東十五里龜齡山西南三十里寶芳山東三十一里○嚴光寺高岩山西九里龍頭山東四里姑射山東五十里水石極佳天臺岩山東四十里甘勿里山東四十五里無訖山南三十里馬岩山西南三十

松田二

里
德大山西十五里 終南山南十五里 南山南五里 馬岩西六里有岩斗入凝
川形如飲下有深潭馬 栗林凝川之南北岸蒲蒲數里咸狄甚野其邑亦佳世稱密栗 (嶺路)
冈嶺一云羅峴西十五里高岩山南 胡法峴西北三十七里 穿火嶺東九十三里彥陽界 鵲院
棧路各東南四十五里依崖棧道甚危險其一曲鑿石開路俯視千丈之淵水色深黑人皆兢慄疊足而行
其西岸即金海郡妥諸 鈴峴西南十五里 石骨峙東北二十里 〇海陽江南三
十五里即凝川源出大邱琵瑟山東南流為清道紫川洛東江環清道郡東南流至鳥惠山南榆川驛
左過清道雲門川為榆川至府東為月盈淵左過牛島在凝川經府南田二栗林南為無訖岳入海陽江
中川 來進川西二十里源出華岳山入守山津上流 載岳川源出載岳之陰流經穿火峴西
入于凝川 盈淵東十里推火山入載岳之水至凝川處 臼淵在穿火嶺下周百餘尺瀑布落
石四成淵形如雉臼 鈒浦東南五十里 將軍井邑內深十餘人甚清冽 守山堤在

二十五

堤堰十二

山縣周二十餘里中有
竹島芙荷蒦芡蒲塗
(城池)邑城本朝成宗十年築周四千六百七十尺井四池一 推火山古城在山頂周
二千三百六十尺泉二池一
(烽燧)盆城北二十里 城隍即推火山 南山南五里 栢山南四十里
(倉庫)邑倉 北倉西古松 東倉西上東 下東倉西下東 南倉南三
十里 西倉西三十五里 〇三郎倉松後漕倉南四十里江邊英宗乙酉右參贊李益輔建
請設置收密陽玄風昌寧靈山金海梁山六邑田稅大
同漕至京師密陽府使監捧蔣浦萬戶領納
(驛道)龍駕驛北六里 水安驛西三十里 無訖驛東南十里 金洞驛南二
十三里 良洞驛古縣里在守山
(津渡)磊津南三十五里 守山津南四十里 龍津南三十六里守山津下流 五友

津南四十里龍津下流右並通金海
(橋梁)茵橋西四十五里來進川下流 內浦橋 鵲院前
(土產)楮 竹 篁竹 箭竹
銀口魚 鯽魚 葦魚 鱸魚
(樓亭)嶺南樓在邑內古嶺南寺之樓也寺廢恭愍王乙
巳郡事金湊改剏俯控長川平蓋曠野
召樓今嶺南樓西 枕流堂在三郎樓南三十餘里凝川入江處 揖升亭 凝香
樓並邑內 德民亭在守山古縣
(壇壝)海卹也里一云忠帝在推火郡新羅以南鎮載中祀高麗時府
(祠院)禮林書院明宗丁卯建顯宗己酉賜額 金宗直字季溫號佔畢齋善山人官刑
曹判書贈領議政諡文簡 朴漢柱字天支號迂拙齋密陽人燕山甲子被禍官獻納贈都承旨

邑內二七 城外五十 八風三八 三郎一六 守山三八 水安一六

二十六

表忠祠英宗癸亥建同年賜額 釋休靜字玄應號清虛又號西山俗姓崔氏完山人 宣祖
壬辰倡義僧軍討倭賜國一都大禪師都揔攝號 釋惟政字離幻號泗溟又號松雲俗姓任氏豐川人
壬辰代休靜為都揔攝後奉使日本入官知中樞私謚慈通弘濟尊者 釋靈圭
壬辰倡義僧七百人從文烈公趙憲討倭同時殉于錦山贈知中樞
(典故)高麗明宗二十四年南路兵馬使擊東京賊南賊金
沙彌于密城楮田村斬七千餘級又連戰三日賊敗北
元宗十二年本郡民方甫等作亂殺副使以應珍島賊
三別抄一善縣令斬方甫等賊遂平 恭愍王十年倭又
寇密城梁州金海泗川 十三年倭寇密城 二十三年辛禑即位
初倭寇密城火官廨掠人物 辛禑元年倭賊數十艘自

金海浒黄山江將寇密城都巡問使書敏修邀擊斬數
十級金海府使朴葳擊倭于黄山江斬二十九級賊投
江死者亦衆又倭賊五十艘至金海南浦將浒黄山江
直擣密城葳偵知之設伏兩岸將舟師三十艘以待之
賊一艘入江口伏發葳亦邀擊賊狼狽自刃投水死殆
盡時江州元帥裵克廉又與倭戰斬賊魁　二年倭又
寇密城東萊　三年倭寇密城禹仁烈與戰敗績典客副
令崔方雨等死之　五年倭寇密城侵掠村落元帥王
賓擊却之　七年倭寇密城知兵馬使李興富斬三級
恭讓王元年朴葳捕倭舡一艘斬三十二級朴子安

與倭戰斬三十級○本朝　宣祖二十五年四月倭陷
梁山蔚山分道而進一軍從彥陽犯慶州一軍直犯密
陽府使朴晋自梁山遮守黄山棧道郎鵲院棧路　力戰斬數
級賊踰嶺截其歸路晋奔還本府焚倉庫突圍而走倭
陷密陽　妙香山僧休靜招聚諸寺僧數千餘人以弟
子義嚴爲摠攝領屬元帥爲聲援又檄弟子關東惟政
湖南處英爲將各從本道起亦得數千人惟政有膽智
數使倭陣倭人信服僧軍不能接戰而善警備不先潰
散諸道賴之

〔沿革〕本新羅斯同火一云甬同兮　景德王十六年改壽同爲
星山郡領縣高麗太祖二十三年改仁同顯宗九年屬
京山府恭讓王二年置監務以若木來併　本朝　太
宗十三年改縣監　宣祖三十七年陞都護府兼助防
將四十一年減助防將〔邑號〕玉山〔官員〕都護府使兼大邱鎭管兵馬同僉節制使一員
〔古邑〕若木西南三十里漆津西二十七里本新羅大木一云七村景德王十六年改谿子爲星山郡
領縣高麗太祖二十三年改若木顯宗九年屬京山府恭讓王二年來屬邑號毘山
〔坊面〕邑內四方五里北面初十終十五東面初十五終二十五石積東初二十
終三十五文良東南初二十五終三十五長谷南初十終十五北三西初十終三十若木
西南初三十終四十岐山西南初四十終五十右三面若木古縣地○猪項部曲

松田七　砥柱碑　堤堰十二

〔山水〕玉山東五十步流泉山東十里金烏山若木古縣北善山星州界○仙鳳寺
巢鶴山東南三十里漆谷界黃鶴山南三十里呉泰山西十四里嘯岩西南三十
五里洛東江西岸〔嶺路〕所也峴東南四十里漆谷界周岩峴西星州路枳青關
西五里洛江東岸○洛東江西五里善山松鶴津下流北川一云文川北十里源出漆谷八
公山西北流會流泉巢鶴兩山之水經天生山城入于緋山津若木川出金烏山之陽南流經若木古
縣入于洛東江
〔城池〕天生山城東八里本新羅古城本朝宣祖三十四年郭再祐築外城周三千六百十二
尺四面石壁削立萬仞天作爲城中有四池
〔烽燧〕件臺山北三里朴執山南三十五里
〔倉庫〕邑倉　中旨倉南三十里江邊縣倉若木古縣西倉岐山面

石橋西二里 邑內四九 大橋二七 若木三八

(驛站)楊原驛南一里 東安驛西三十里末古縣東 若(步撥)楊原站

(津渡)漆津西十里善山宋泉灘下流星州所耶江上流 緋山津西北七里

(土産)柿胡桃竹蜂蜜銀口魚鯽魚

(樓亭)仁風樓 望湖樓俱邑內長江襟帶西望金烏

(祠院)吳山書院宣祖甲戌建光海主己酉賜額 吉再見善山○東洛書院孝宗甲午建肅宗丙辰賜額 張顯光見星州

(典故)高麗辛禑九年倭寇仁同○本朝 宣祖二十五年義兵將郭再祐大破倭賊于本府

漆谷

(沿革)本新羅八居里一云仁里一云北恥長里 景德王十六年改八

漆谷 二十九

松田十六

里爲壽昌郡領縣高麗太祖二十三年改八莒顯宗九年屬京山府 本朝 仁祖十八年設邑改號漆谷爲都護府

(邑號)架山(官員)都護府使兼大邱鎭管兵馬同僉節制使架山山城守城將一員 八莒古縣在南三十里本府初設于山城後移于平地

(坊面)東北初五終二十 西北初七終二十 下北初五終二十 八莒南初二十終三十五 退川南初二十五終三十 文朱南初二十五終五十 伊彥西南初三十五終四十 上枝南初三十終四十 道村西初四十終五十 蘆谷西初五十終六十 巴彌西初五十終七十

(山水)八公山古云公山東北十里據大邱永川河陽新寧義興之界石峰橫亘東南漢山頫佳 巢鶴山西北三十里仁同界 道德山西五里 建靈山西二十里 巨武山西五

加土山西

十里 牛岩山西北二十里 鹿峯南十五里 玉山峰南三十五里 鉢岩西二十里 把岩架山西支 (嶺路)所也峴西北二十里仁同界 鼎峙南十里大邱界 無思峴東路

○洛東江西五十里仁同漆津下流 琴湖江南十里詳大邱 八莒川出加土山所也峴南流入琴湖江 梅院川西四十里出巢鶴山西流入于洛東江

(城池)架山山城卽公山西支本公山古城仁祖十八年築內城周四千七百十步井二十一池九城在萬仞山上峻險無比城臨南北大路爲要害巨防肅宗二十六年築外城周三千七百五十四步有天柱寺英宗十七年築中城周六百二步宝國寺在北城○本城屬于巡營○守城將本府使兼別將一員僧摠攝一人○屬邑漆谷義興新寧軍威河陽

(倉庫)邑倉 僧倉 南倉 北倉右三倉在外城 江倉 庭馬倉 八莒倉在古縣西距星州七十里 城倉在城中

三十

南倉四九 牛岩一六 八莒五十 上枝三八 梅院一六

(驛站)高平驛南十里(步撥)高平站 (革廢)水鄕驛 緣情右係八莒

(土産)竹漆柿海松子胡桃紫草蜂蜜銀口魚鯽魚鯉魚

(典故)本朝 宣祖二十六年李如松引兵還留劉綎屯八莒

清道

(沿革)本伊西小國新羅滅之按三國史云儒理王十四年伐伊西小國滅之儒禮王十四年伊西小國來侵金城其間爲二百二十五年則儒理儒禮聲相近故疊錄而傳訛未知孰是 置率伊山烏刀山鷲山三縣景德王十六年改三縣名倶爲密城郡領縣高麗太祖二十三年合三縣置清道郡顯宗九年屬密城三國史地志以烏岳等三縣合爲大城郡者誤 睿宗四年置

監務忠惠王後四年陞知郡事以郡人上護軍金善莊有功 明年復爲監務恭愍王十五年復陞知郡事以郡人監察大夫金漢貴請

本朝 世祖十二年改郡守(號邑)鰲山道州(官員)郡守兼大邱鎭管兵馬同僉節制使一員

(古邑)蘇山 東五十里買田驛地本率伊山城景德王十六年改蘇山爲密城郡領縣高麗初合于本郡

烏岳 南三十五里榆川驛地本烏刀山城一云烏邱山一云烏禮山一云烏也山一云仇道城一云景德王十六年改烏岳爲密城郡領縣高麗初合于本郡

荊山 一云鷲山景德王十六年改荊山爲密城郡領縣高麗初合于本郡 東南七里吠城之地本茄山城一云伊西國基

(坊面)上邑內 自邑東西十里南北七里 次邑內 北初五終二十 上東 東北初四十終一百十東接慶州西接慈仁北接永川 中東 東初五十終七十 上南 東南初二十終七十 下

南 南初十終四十 上北 初十終二十五 次北 初十終二十 內 終 東初十二十五 終 外

終 東初二十五終四十 赤岩 東南初二十終四十 內西 初五終十五 外西 初三十終六十

越在昌寧東界 ○ 五 買田部曲 鄕買田驛地 釜谷部曲 北十五 北谷部曲 東二十

(山水)鰲山 南二里有高沙洞南有磧川寺 雲門山 東九十六里慶州界古補鵲岬山勢高峻盤據數州之間峰巒重疊洞壑深邃多奇岩澄潭山之南有落花岩李木淵○雲門寺新羅僧寶壤所創

烏惠山 東南三十一里鄕烏禮山 馬谷山 東北一百十三里上東面慶州界 虎距山 東五十五里買田驛之東 中山 東五十里 大王山 東北四十里 松亭山 東北三十里

華山 西南五里 孔岩 東八十六里路出岩壁間如門可數十步 落水岩 南十里瀑布懸流百餘尺 仙岩 東六十里奇岩屹立如畫 蜂岩 巨淵上流 玉井岩 泉石奇勝

(嶺路)甲乙嶺 西五十四里西面通昌寧 外八助嶺 北三十里大邱界 隱避嶺 東一百二十里彥陽界

堤堰四十八

省峴 北二十三里慶山界 回谷峙 上東西 奈嶺 葛旨嶺 俱在大王山東支慈仁界

熊峴 東四十五里 中峴 東二十里 沙峴 東四十里 烏峴 東五十里 ○ 紫川

北五里環郡東南流爲巨淵至烏惠山之南雲門

川自東北會于密陽府界爲瀷川詳密陽北流爲若

川東九十里源出雲門山陽彥陽界爲下瀷川北流

川耶溪李木淵過孔岩川經落花岩仙岩過馬谷山之南

水析而西南流經西芝虎距買田之陰至烏惠山之南

紫川自北來會雲門紫川會合處曰榆川距郡四十里

(城池)邑城 宣祖二十四年築一十五百七十步 烏惠山古城 周九千九百八十尺溪三池五泉三 吠城 東七里東西皆石壁有城址

(烽燧)南山 南十里 北山 北二十四里

(倉庫)邑倉 上東倉 東九十里 下南倉 東五十里 西倉 西外也

(驛站)省峴道 在省峴南○屬驛十三○察訪一員 榆川驛 南四十里 西芝驛 東八

邑內 五十

山城 一六

省峴 三八

陽院 四九

仇佐 四九

大田 二七

大川 五十

葛旨 一六

東倉 二七

榆川 四九

十一里 買田驛 東五十里 鰲西驛 西二里 (撥站)鰲西站 榆川站

(土產)竹 篁竹 笛竹 箭 楮漆栗柿胡桃松蕈石蕈蜂蜜銀口魚

(祠院)紫溪書院 宣祖戊寅建顯宗辛丑賜額 金克一 金海人官持平贈執義私謚節 孝 金馹孫 川見木 金大有 字天佑號三足堂馹孫之姪官正言贈應教

(典故)高麗明宗二十三年南賊金沙彌據雲門孝心據草田嘯聚亡命標掠州縣東南路按察副使金光濟討賊不克請遣京兵遣金存傑等擊之敗績 辛禑五年倭寇清道元帥禹仁烈擊走之○本朝 宣祖二十五年倭陷清道

慶山

婆娑王二十 年章押督賦 貢

沿革 本押梁小國新羅婆娑王二十三年取之置郡一云祇摩王時取之置郡 後爲押梁州一云押州督州 置軍主善德主十一年以金庾信爲軍主
眞德主二年稱都督 武烈王三年陞金仁問押督州總管八年移都督於大耶州
景德王十六年改獐山郡 領縣三餘粮解顔慈仁 隸良州 高麗太
祖二十三年改章山 顯宗九年屬慶州 明宗二年置監
務 忠宣王郎位改慶山 王名璋避王名同音 忠肅王四年陞縣令
以國師僧一然之鄕 恭讓王二年陞知郡事 以王妃盧氏之鄕 盧 本朝
太祖初復降縣令 宣祖三十四年合于大邱 因倭寇凋殘
四十年復析置 邑號玉山 官員縣令 兼大邱鎭管兵馬節制都尉一員
坊面 邑內 四方終七 上東 初七終十 下東 初十終十五 中南 初六終二十 外

慶山 三十三

南 初二十終三十 西面 初二十終北 北面 初七終十五

松田四

山水 馬岩山 南二十里 ○顒湊寺 動鶴山 西八里 長鼓山 東四里 聖賢
山 南十里 慶興山 西十五里 玉山 西五里 聖岩 西三里中有石窟可容數十人 嶺路
鳩峴 東十里慈仁界 大墻峴 西二十里大邱界 省峴 南二十里清道界 松峴
西支 ○黃栗川 北九里上流見大邱琴湖江 南川 源出馬岩山北流經縣南一里入于黃栗
川下流 甲池 東十里

堤堰五十四

城池 邑城 周四千八百尺 西門曰鎭玉樓 古浦城 北九里周三千一百七十尺 金城
南七里周二千一百五十五尺 亏谷城 西六里○周官六翼云新羅時 合古浦金城亏谷三城爲押梁
郡文武王統合 後改爲三城 新羅文武王三年築獐山城 未知何處
烽燧 城山 浦郎城古

乾與流北平 驛站 押梁驛 東十二里 世傳押梁國古址
邑內 五十 土産 竹 棗 梅 蓮子 紫草 笠草 蜂蜜 銀口魚 鯽魚
礶野 一六 壇壝 父岳 今八公山新羅稱父岳以擬中 岳載中祀係押督郡高麗廢之
典故 新羅奈解王二十三年 百濟 仇首王 五年 遣兵圍押梁
城 王親率兵擊走之 一云我軍敗績 神文王九年幸獐山城
○高麗辛禑八年倭寇慶山 ○本朝 宣祖二十五年
倭寇慶山 三十年倭寇慶山

河陽

沿革 本新羅置邑 邑號未詳 高麗初改河州 成宗十四年置
刺史 顯宗九年改河陽縣 屬慶州 後置監務 本朝

河陽 三十四

太宗十三年改縣監 宣祖三十四年合于大邱 以倭寇蕩
殘 四十年復置 肅宗四十一年移治于舊基南五里泉天面 邑號花城 官員縣監
兼大邱鎭管兵馬節制都尉一員
坊面 邑內 終五 北面 終十 磨陽 西十終 瓦村 東十終 中林 南十三終 樂
山 南初十終十八 安心 西初二十終三十 ○陽良村部曲 西十二 只部曲 西八 狸
名明山在八公山下即安心面 安心所一

松田三

山水 無落山 西北五里 醴禮山 西北二十三里 有剎知音谷 八公山 西北
二十五里 漆谷界 別房山 西二十五里 光明山 西二十七里 外赤山 東十里
屛風岩 西北十七里 ○南川 南三里永川之東京渡 流大邱之琴湖江上流 下 東川
出醴禮山東 南流入南川 大池 東北五里

堤堰二十四

(烽燧)匙山 西五里

(驛站)華陽驛 一云化良 西五里

(土産)棗 笠草 銀口魚 鯽魚

(祠院)琴湖書院 肅宗甲子建 正宗庚戌賜額 許稠廟 見太

(典故)本朝 宣祖二十五年倭寇河陽

邑內四九

玄風

(沿革)本新羅推良火 景德王十六年改玄驍爲大丘郡領縣 高麗太祖二十三年改玄風 一作豊 顯宗九年屬密城郡 恭讓王二年置監務 知密城郡之仇知山部曲屬之 本朝 太宗十三年改縣監 (邑號)苞山 (官員)縣監 兼大邱鎭管兵馬節制都尉 一員

玄風 三十五

(坊面)東部 終八 西部 終五 論工 東初八終二十 瑜伽 東初五終十五 亏萬 南終十 宋亦村 南初十終十五 妙洞 南初七終十五 仇知山 本部曲南初十五終三十 馬山 南初十終二十 山田 南初十終十五 毛老村 西南初八終十五 鳥舌 西南初二十五終十 乭山 西初十終十五 津村 西初七終十七 雀谷 西初二十終二十五 王旨 丘旨右三

西面在洛東江之西

(山水)琵瑟山 一云苞山 東十五里 盤據大邱昌寧玄風之界 山勢峻極 重疊有大見天王二峯 山之南有大見寺 新羅憲德王時創 又有寺三區 金寺山 西九里 洛江邊 玉山 西五里獨立野中 戴尼山 一云台離山 西南二十里 下有率禮村 瑩岩 西南二十五里江中 沱然卓立可坐百餘入 (嶺路)馬峴 東南路 大峙 南路並通昌寧 鼠峙 一云西峴 東北二十里 通大邱 瑜伽峙 東十五里 通清道 ○ 洛東江 西五里有廣灘經臺宗爲開山江 寨浦 西十里 廣灘下

堤堰 四

流 龜川 源出琵瑟山西流經縣南一里入于廣灘 東川 南十里 源出昌寧龍興寺洞 西北流入于廣灘下流 長澤 西九里 周四里 澤邊有金溪墩

(城池)古城 西四里栝西山城周 一千八百二十三尺 石門城 栝石城山西南 二十里 宣祖三十年倭亂郭再祐因古址 改築周二千七百五十九尺

(烽燧)所伊山 北六里

(倉庫)邑倉 江倉 西五里

(驛站)雙山驛 北五里

(津渡)雀谷津 西南二十里 馬丁津 南二十七里 雀谷津下流

(土産)竹 榴 梅 紫草 蜂蜜 鯉魚 鯽魚

(祠院)道東書院 宣祖乙巳建 丁未賜額 金宏弼 見文廟 鄭逑 見忠州 ○

邑內二七 東川五十

三十六

禮淵書院 肅宗甲寅建 丁巳賜額 郭䞭 見安義 郭再祐 字季綏 號忘憂堂 䞭之姪 壬辰義兵將 拔紅衣將軍 官咸鏡監司 贈兵曹判書 謚忠翼

(典故)本朝 宣祖二十五年義兵將郭再祐敗倭兵于玄風昌寧間 賊撤屯而遁 自此右道賊路斷絶 賊兵由大邱中路往來

新寧

(沿革)本新羅史丁火 景德王十六年改新寧 爲臨皐郡領縣 高麗顯宗九年屬慶州 恭讓王二年置監務 本朝 太宗十三年改縣監 移治于長壽驛地 古治在今治東二十五里 燕山主三年革之 分屬傍邑 縣吏苦縣監吉儁嚴猛 空邑而逃 仍革之 割新

村西屬義城梨旨西屬河陽雉山西屬義興其餘屬永川九年復置〔邑號〕花山〔官員〕縣監

兼大邱鎭管兵馬節制都尉一員

〔古邑〕題白東三十里本新羅買熟次景德王十六年題白爲臨皐郡領縣高麗顯宗九年來屬

梨旨西南二十里本永州梨旨銀所高麗末陞爲縣仍屬永州本朝太祖來屬

〔坊面〕縣內終五 長水西終十 雉山北初五終十五 梨旨一云南面終三十里越在永川之西河陽之北 河村東初七終十七 代良東初十五終三十 古縣東初三十終四十 知谷東北上同 新村東北初五十終七十本新村部曲東接永川北接青松西接義城

〔山水〕華山北三十里見義興 八公山西十五里安仁宗大王胎中有修道洞飛瀑百尺又有仙舟岩揖仙臺見大邱○修道寺 普賢山北七十五里一云母子山北接青松東接永川有法華洞雄盤峻高東望大海北控太白○法華寺 新寧

板立山普賢西支 瓊林山東四十里 白鶴

三十七

松田一

堤堰一百六

山東二十里〔嶺路〕余音洞嶺西十里 甲峴西北十五里並義興界 ○西川源出華山南流環縣西而復東入于永川之北川 慈乙阿川東二十里詳永川之北川

〔烽燧〕餘音洞西十里

〔倉庫〕邑倉 東倉距縣二十里

〔驛站〕長水道西五里一作長壽又云長守○屬驛十四○察訪一員

邑內三八

古縣五十

〔土産〕竹 漆 笠草 蜂蜜

黃池院六

〔典故〕高麗辛禑九年倭寇新寧長守○本朝 宣祖二十五年倭陷新寧

環碧亭

靈山

〔沿革〕本新羅西火景德王十六年改尚藥爲密城郡領縣高麗太祖二十三年改靈山 顯宗九年屬密城郡元宗十五年置監務 本朝 太宗十三年改縣監 仁祖九年以昌寧來合十五年析之〔邑號〕鷲山 鷲城〔官員〕縣監

兼大邱鎭管兵馬節制都尉一員

〔古邑〕桂城北十五里本新羅置邑古號未詳景德王十六年改桂城爲火王郡領縣高麗顯宗九年屬密城郡恭愍王十五年來屬恭讓王二年還屬密城 本朝太祖三年復來屬

〔坊面〕邑內終十 釜谷東初十二終四十、 箕谷東南初十二終二十古吉谷部曲 都泉北初五終十五 桂城北初七終十五 馬丹南初十二終二十 長嘉西初二十終三十 道謝西南上同 ○馬川部曲東南三十玉岐音部曲在桂城古縣西十里烏加伊鄕在買浦東距縣二十 退谷所東十 多伊所東三十

靈山

三十八

松田十六

堤堰十

〔山水〕靈鷲山東北七里○寶林寺法華寺俱在絶壁上僅通石逕人攀緣而上下又有竹林寺 太子山北十里有新羅太子墓故名 道草山西二十二里 石泉山南十五里 芍藥山東二里南有岩屛出箭竹 德岩山東二十里 半同山西十里 文星山南十五里〔嶺路〕尼勿峴東十七里密陽路 件峴東二十二里密陽界 ○岐江西二十八里洛江晉江合流處 桂城川出昌寧火王山之南南流經桂城古縣環太子山入于買浦津 穿淵川東二里 同步浦西二十里 長者澤西十里 鵲澤西十一里 法師池南十八里

〔城池〕邑城周三千八百十尺 桂城古縣城有遺址

〔烽燧〕所山西五里 餘通西十四里

〔驛站〕一門驛西五里 溫井驛東二十里

〔津渡〕買浦津南二十三里一云蔑浦即漆原縣亏叱浦下岸 松津南二十里並通漆原

邑內五十
軋川一六
遵興二三七
待月樓
双樹亭

(土産)竹梅榴柿蜂蜜鯉魚鯽魚

(壇壝)歧江龍壇 載小祀 高麗祀典稱加耶津溟所 今邑春秋致祭

(典故)高麗禑辛三年倭寇至靈山據險自固都巡問使禹仁烈副元帥裵克廉等進擊不利又戰于粟浦斬賊將又斬十餘級獲馬六十餘匹 ○本朝 宣祖二十五年倭陷靈山

昌寧

(沿革)本新羅比自火 一云比斯伐 ○眞興王十六年置下州 全州古號相同 二十六年州廢後置下州停 神文王五年罷之置嶺山停 今雲峯縣 景德王十六年改火王郡 領縣三玄驍 幽山桂城

昌寧 三十九

隷良州高麗太祖二十三年改昌寧顯宗九年屬密城郡明宗二年置監務 本朝 太宗十三年改縣監 仁祖九年革屬靈山縣以逆 十五年析置 邑號昌山夏城

(官員)縣監 兼大邱鎭管兵馬節制都尉 一員

(坊面)縣內終五 高岩北初五終二十 城山北初二終四十 合山西初十五終三十 大谷西初十終三十 沃野西北初二十終四十 利彦西初二終四十 長遊西初十終三十 池浦西初五終十 大松同上 昌樂南初五終十五 漁村南初七終二十 南谷西南初二十終四十 ○新文部曲 今城山面 南二十 城山鄉 北二十三

(山水)火王山 東四里山形高峻中有九泉三池壬辰倭亂郭再祐拒倭于此 ○觀音寺 玉泉寺

文房山 西北三十里 孝子庵山 南二十五里 合山 西北二十里 琵琶山

北三十里大邱玄風界 ○蓮華寺 龍興寺 楡南山 北十里 貫珠山 火王山東南 於山 昌樂西 參山 西十五里 牛項山 西四十里 照花峰 琵琶山南 大見峯 上周玄風界

(嶺路)馬峴 北三十里通玄風 ○洛東江 西四十里 勿瑟川 西十五里源出火王山西楡南太白等諸山合流入洛東江 南川 南二里出火王山西流爲兎川入洛東江 藿川 北三十里源出龍興寺洞西流入玄風界爲車川 梨旨浦 西二十五里琵瑟川入江處 勿龍壯澤 西北二十里周五里 盤介澤 南三十里 樓仇澤 西二十五里

(城池)火王山古城 周五千九百八十尺九泉三池 ○古城 在城山面

(烽燧)太白山 西北三十里

(倉庫)邑倉 社倉 在大谷面 甘勿倉

(驛站)內野驛 北一里

堤堰十六

四十

(津渡)朴只谷津 一云朴津西十里通宜寧 牛山津 西四十里通草溪 馬首院津 西四十里 甘勿倉津 西四十里

(土産)竹榴五味子蜂蜜鯽魚

(樓亭)不日樓 澄源樓 滿香亭

(祠院)冠山書院 光海主庚申建 肅宗辛卯賜額 鄭逑 見忠州

(典故)本朝 宣祖二十五年義兵將成天禧等領兵千餘圍昌寧之倭終日交戰賊焚柵遁去

天見三八
燕岩四九

義興

(沿革)本新羅置邑 邑號未詳 高麗初改義興顯宗九年屬安東恭讓王二年置監務 本朝 太宗十三年改縣監

松面一

(邑號)龜山 (官員)縣監 兼大邱鎮管兵馬節制都尉一員

(古邑)缶溪 南三十一里本新羅置邑古號未詳景德王十六年改缶林爲嵩善郡領縣高麗太祖二十年改缶溪顯宗九年屬尚州後移屬善州恭讓王二年來屬

(坊面)中里 南五終 下里 西初五終十 牛保里 西南初十五終二十 乃化里 西初十終二十 巴丘 東初十終二十 小首里 東初十五終三十 身南 南初十五終三十 缶東 南初二十終三十 縣內 南初二十五終四十 缶南 南初三十終五十 缶西 西南初二十終四十 ○皮吐部曲南十一 尼火村西十 古老谷部曲東二十

(山水)龍頭山 東一里 峨岩山 東十七里義城界 ○水泰寺 圓通山 西十七里 華山 東四十里新寧界 ○風穴在山之西竅廣三尺二寸長二尺八寸風自穴出甚寒夏初必氷 ○麟角寺在山之洞 ○石壁矗立 八公山 南五十里卽漆谷界 大閻氏山 東二十里 到鳳山 在牛保里內 ○新興寺

義興

四十一

堤堰十九

(嶺路)慈悲峴 西南五十里仁同界 知士峴 南四十八里漆谷界 吐乙峴 南三十五里中路 石毛峴 南四十五里漆谷界 新峴 西南二十五里

○南川 源出華山九龍潭西流至巢鶴臺右過義城之巢野川西北流經縣南左過牛谷川折而西流爲軍威之并川 牛谷川 南十一里南川下流入 缶溪川 源出八公山西北流經缶溪古縣之南左過軍威之孝令川北流入于并川

(城池)華山城 肅宗三十五年始築中輟周九千三百餘步 古城 東二里松城山周一千一百十尺 古城 在八公山缶溪古縣西四十里周三千七十五尺今入架山城址

(倉庫)邑倉 二 缶溪倉 在古縣

(驛站)牛谷驛 南十里

(烽燧)繩木山 西十里 甫只峴 南十五里 吐乙峴 見上

邑內 五十

新院 一六

遊勝亭

(土產)漆 紫草 笠草 松蕈 石蕈 蜂蜜

(典故)高麗 辛禑九年倭寇義興

慈仁

(沿革)本新羅奴斯火 一云其火 景德王十六年改慈仁爲獐山郡領縣 高麗顯宗九年屬慶州 本朝 仁祖十五年復置縣

(官員)縣監 兼大邱鎮管兵馬節制都尉一員

(古邑)餘粮 北十里本新羅麻珍良 一作弥 景德王十六年後餘粮爲獐山郡領縣高麗顯宗九年屬慶州改降爲仇史部曲本朝孝宗九年來屬

(坊面)加村 初五終十五 洞內 初十終十五 下早谷 終十 大寺洞 初十終十五 加耶旨 終十 馬沙里 初十終十五 仇史 初十終二十

慈仁

四十二

(山水)到天山 北三里 九龍山 東三十里 ○盤龍寺 三聖山 南十五里 金朴山 筆山 俱東北十五里 金鶴山 東十里 三川山 東十五里 朴加利山 東二十里 松林洞 東二十里

(嶺路)鳩峴 西十里慶山界 吉里嶺 西南二十里北有新竹寺 三峴 東北二十里

○觀瀾川 東南十里源出金朴九龍等山合而西流左過烏沐川北流經縣西入于慶山之黃栗川上流 烏沐 源出九龍山之南西流折入于觀瀾川

堤堰十二

(驛站)山驛 南三里

邑內場三八

(土產)竹 棗 銀口魚 鯽魚

樂山樓

(典故)高麗 辛禑五年倭寇慈仁

大東地志 卷八

大東地志卷九

古山子 編

尙州

沿革 本沙伐國(一云沙伐梁國 一云沙弗國)新羅沾解王三年滅之置沙伐州法興王十二年改上州置軍主(以大阿飡伊登為軍主)真興王十三年置上州停十八年廢之降為沙伐郡眞平王三十六年廢之神文王七年復置沙伐州(一云沙大州)摠管(以伊飡官長為摠管)景德王十六年改尙州都督府(九州之一〇領州一郡十縣三十四〇都督府領縣青驍化昌多仁)惠恭王復為沙伐州高麗太祖二十三年復為尙州後改安東都護府成宗二年改尙州牧(十二牧之一)牧十四年為歸德軍節度使(十二節度之一)隸嶺南道顯宗三年改安東大都護府五年改尙州安撫使九年置牧(八牧之一〇屬郡七聞慶龍宮開寧報令咸昌永同海平屬縣十八化寧丹密山陽青理功成化昌青山比屋安貞中牟加恩虎溪禦侮多仁一善軍威孝靈缶溪)忠宣王二年降為知州事(汰諸牧)恭愍王五年復為牧 本朝 太祖元年自慶州移觀察使營于州 世祖十二年置鎭(管八邑內善山今為獨鎭) 宣祖二十九年移觀察使營于大邱

邑號 上洛(高麗成宗所定) 商山 阤阿

官員 牧使(兼尙州鎭兵馬僉節制使)一員(世宗三十一年以觀察使兼牧使尋罷世祖朝以牧使兼右道兵馬節度副使尋罷之)

古邑 化寧(西五十里本新羅答達匕一云沓達景德王十六年改化寧郡領縣一道安高麗顯宗九年來屬) 中牟(西南五十七里本新羅刀良縣景德王十六年改道安為化寧郡領縣高麗太祖二十三年改中牟顯宗九年來屬) 丹密(東五十七里本武冬彌知武一作曷景德王十六年改丹密為聞韶郡領縣高麗顯宗九年來屬) 山陽(北四十三里本新羅近品品一作嵒景德王十六年改嘉猷為醴泉郡鎭縣高麗太祖二十三年改山陽顯宗九年來屬後置監務明宗十年復來屬) 功成(南三十里本新羅大并部曲高麗太祖二十三年改功成顯宗九年來屬) 青理(南二十里本新羅音里火置音里火停景德王十六年改青驍為尙州領縣高麗太祖二十三年改青理顯宗九年來屬) 化昌(西北五十里本新羅知乃彌知景德王十六年改化昌為尙州領縣高麗顯宗九年來屬) 永順(東北三十五里本州之北百林下村高麗高宗時村人大金就擊蒙古有功陞其所居村為永順縣仍屬)

坊面 府內 內東(初一終二十) 中東(初二十終三十) 外東(初十五終四十) 內

中南 中西

西(初一終三十) 外西(西北初十五終五十) 內南(初一終二十二) 外南(初二十終四十) 內

北面(初一終二十五) 中北(初一終三十) 外北(初十五終三十五) 長川(本長川部曲東南初十五終四十) 銀尺(西北初四十終六十本化昌古縣地) 丹北(初四十終八十) 丹東(初四十終九十) 丹西(初四十終六十) 丹南(初四十終五十右四面丹密古縣地與中東面倶在洛江之東) 永順(東北初三十終五十本永順古縣地) 山陽(終六十五) 山東(初五十終一百十) 山南(初五十終八十) 山西(初六十終七十) 山北(終一百二十右五面山陽古縣地越在咸昌聞慶兩邑之東龍宮醴泉兩邑之西山北北接忠州界) 化東(初四十終六十) 化西(初五十終七十) 化北(西北初七十終一百十右三面化寧古縣地) 功東(初三十終五十) 功西(初三十終五十五右二面功成古縣地) 牟東(初四十終七十) 牟西(終九十右二面中牟古縣地) 青東(初十五終三十五) 青南(初二十終三十右二面青理古縣地) ○茂林部曲北三十連山部曲洛江東五里白京部曲南十五壞寧部曲河曲部曲加良部曲南十五保良部曲東二十陽寶部曲在山陽灌濟部曲

咸錫銀所俱在化寧平安部曲平山部曲俱在功主善部曲丹谷部曲生物部曲俱在丹密海上伊所在中牟

山水 王山 邑城內小山 天峯山 北七里 九峯山 在化寧距州西七十里俗離山南支報是界峯嶽如到戰極高峻 俗離山 化寧西北三十里距州八十里清州報恩兩邑界詳報恩 四佛山 一云功德山在山陽古縣北距州一百里東連鵲城山西接雲達山南提天藏山〇山上有石方一丈許四而刻四方佛新羅眞卒王辛而觀之其中峯曰法王其陽崖石又鶴猶勒像傍有彌勒庵庵北百妙峯遂向四佛而峙新羅王禮四佛之處又有大乘白蓮金龍等寺 屛風山 東十里 甲長山 南三十里山南為善山之淵岳山 石岳山 北六里 萬岳山 在丹密古縣南距州四十七里有龍岩寺上倚寬岩下臨蘞漫 白筆山 在中牟古縣西距州七十二里黃澗界 露陰山 西十里一云西靈岳與北石岳南淵岳稱商山三岳 雲達山 北九十里聞慶界下有島洞三泉出岩穴號甕泉

五峯山 東十五里 大駕山 北三十里 牛頭山 西北四十里 鳳凰山 西五十里 八音山 西五十五里 圓通山 西四十里 千苞山 西六十里青山界 熊耳山 西南五十里 龍門山 在中牟古縣西山化寧西南 梓木山 西北六十里咸昌界外 興岩北

嶺路 倭踰峴 南四十七里金山界大路 大鳥峴 山陽縣北距州八十八里中路 野雲嶺 雲達山北支 松峴 北二十八里咸昌界 竹峴 南三十八里善山界大路 安谷峴 南四十里善山界通開寧大路 佛峴 南三十里通善山 二佛峴 洛東江之東 葛嶺 西北七十里通清州間路 栗峴 西北七十里通報恩 熊峴 西四十里通青山 ◯洛東江 東南三十六里龍宮之三灘下流為松羅灘經自天之臺為飛鸞津右過伊水長川為竹岩津左過渭水為洛東津東南流入于善山界 渭水 源出義興縣華山之九龍潭西流至巢鶴臺過巢野川西北流經義興縣過牛谷川折西西流為并川過缶溪川經韓敵山為舡禍川環軍威縣紆回數十折經花谷倉至肝岾山經比

堤堰至

安縣南過雙溪折而北流至安溪驛又西流經丹密古縣為渭水入于竹岩津 伊水 源出熊耳山及高山熊峴之東北流經功城青理二古縣為巢湖川至州南五里為南川至州東五里與北川合流入于洛東江 北川 北四里源出熊峴加田峴牛頸山東流經州北與南川合 長川 南三十里源出湖岳山東北流經外東南入飛鸞津 寅川 北六十里一云山陽川南流入龍宮之無訖灘 瀕川 北四十五里永順面 通川 西六十里源出九峯山南流經化寧中牟二古縣至于黃澗界為松川見永同縣 恭檢池 北二十七里高麗明宗二十五年司錄崔正份因舊址改築堤長八百六十歩周一万六十六百四十七尺其池實在咸昌而尚州之民專灌漑之利見咸昌縣 佛岩池 北四里 大堤 在丹密古縣北 機池 南六里周四十一百八十一尺

形勝 左帶洛江右鎭俗離北距鳥嶺南臨廣野舟車之會四達之衝自新羅為大府

四

城池 邑城 周三十八百八十三尺井二十一池一 沙伐國古城 在屛風山下城傍有邱隆然世傳沙伐王所葬 白筆山古城 周二千九百四尺泉五溪一 化寧古縣城 西五十里世傳甄萱城者誤 古城 西北五十里補城山郎化昌縣城有遺址

營衙 左營 仁祖朝置〇左營將兼討捕使一員〇屬邑 尙州開寧金山知禮咸昌 ○監營 本朝太祖元年自慶州移觀察使營于州世宗三十一年以觀察使兼牧使尋罷世祖朝以牧使兼右道兵馬節度副使尋罷宣祖二十九年移營于大邱見大邱

烽燧 回龍山 在功成西南距州五十里 西山 在青理縣西距縣三十里 所山 東五里

倉庫 邑倉三 丹密倉 功成倉 中牟倉 山陽倉 化寧倉 青理倉 外西倉 西北十里郭化昌古縣

驛站 洛源驛 東北十六里 洛陽驛 西三里 洛西驛 西十九里 洛平驛

邑內二七 北川四九 洛東五十 丹密三八 功成一六 長蛤三八 中牟四九 鐵谷二七 化寧三六 銀尺四九 洛原五十 三灘三八 山陽五十

南二十六里 洛東驛在洛東一里 長林驛在化寧古縣東 【撥】洛源站 洛東站

津渡 松羅津 龍宮河豊津下 飛鳶津 松羅津下 竹岩津 飛鳶津下 洛東津 竹岩津下通東萊大路

橋梁 北川橋 北五里 南大橋 南五里 東迷橋 東五里 陽山旨橋 南十三里

土産 玉石 出甲長山 玉燈石 出大島峴 鐵 出松羅灘 水晶石 柿 栗 胡桃 松蕈 石蕈 莞草 楮 銀口魚 蜂蜜

樓亭 鎭南樓 二香亭 觀水樓 在洛江東岸石壁沿江數十里白沙平鋪長江彌望遠岫隱顯 迎賓館 北五里

五

祠院 道南書院 宣祖丙午建肅宗丁巳賜額 鄭夢周 金宏弼 鄭汝昌 李彦迪 李滉 俱見文廟 盧守愼 見忠州 柳成龍 見安東 鄭經世 字景任號愚伏晋州人官吏曹判書典文衡贈左贊成謚文莊 ○玉洞書院 宣祖朝建正宗己酉賜額 黃喜 見大廟 全湜 字淨遠號沙西沃川人官大司憲贈領議政謚忠簡 ○興岩書院 肅宗壬午建英宗丙辰御筆揭額 宋浚吉 見文廟 ○忠臣義士壇 壬辰倭亂諸義士殉節之所正宗壬子賜號上壇享四士從事下壇享戰亡 尹暹 字汝進號果齋南原人官校理贈領議政謚文烈 李慶流 字長遠韓山人官禮曹佐郎贈都承旨 朴箎 字大建密陽人官弘文校理 金俊臣

典故 新羅慈悲王八年沙伐郡蝗 神文王七年築沙伐城 周一千一百九步 十一年沙火州獻白雀 眞聖主三年元宗哀奴據沙伐州叛村主祐連力戰死之 孝恭王十年泰封主弓裔命王建領兵三千攻尙州沙火鎭與甄萱累戰克之 景明王二年尙州賊師阿玆蓋遣使降於高麗 景哀王三年 高麗太祖王建十年 甄萱燒近品城 高麗太祖又攻下近品城 ○高麗高宗四十一年蒙古將車羅大攻尙州山城 黃嶺寺 咸昌 僧洪之射殺一將士卒死者過半遂解圍而去 恭愍王十一年王自福州駐蹕于尙州 辛禑六年倭寇中牟化寧功成青理等縣焚尙州 善州黃澗御侮 辛昌時慶尙道都巡問使朴葳安東元帥崔鄲擊倭于尙州中牟縣破之 ○本朝 宣祖二十

六

五年四月倭陷尙州巡邊使李鎰兵潰從事朴箎尹暹李慶流本州判官權吉皆死之積屍如山鎰僅免還踰鳥嶺趍申砬軍于忠州鳥嶺助防將邊璣死之 壬辰倭將權元 在尙州

星州

沿革 本碧珍加耶 新羅取之 置碧珍郡 一云本彼縣 景德王十六年改新安爲星山郡領縣 高麗太祖二十三年改京山 顯宗九年置知府事 屬郡一高靈屬縣十四若木仁同知禮加利八莒金山黃澗管城安邑陽山利山大邱花園河濱 忠烈王二十一年陞興安都護府 三十四年陞星州牧 忠宣王二年降京山府 太諸牧 本

朝 太宗朝陞星州牧（安御胎于祖谷山）光海主七年降新安縣監（州人李昌祿論時事以大逆鞫殺）仁祖元年復陞九年降星山縣監（以州人朴許之誅）十八年復陞二十二年降縣（以李縒逆誅）孝宗四年復陞 英宗十二年降縣（以邑人毒殺牧使）二十一年復陞

館 牧使（兼尙州鎭營兵馬同僉節制使禿用山城守城將）一員

方言謂狢都

古邑 加利（南三十九里本新羅一利郡景德王十六年改星山郡領縣四都山新安壽同谿子隷康州高麗太祖二十三年改加利顯宗九年來屬○邑號岐城）都山（西三十里本新羅狄山景德王十六年改都山爲星山郡領縣高麗顯宗九年來屬）

坊面 州內 舡南（本舡南部曲東二十）禾谷（東二十）吾道（東三十）大洞（東三十五）龍山（東南十）山南（東南十五）草谷（東南二十）豆衣（東南三十）祖谷 七

茶吐（俱東南四十）伐旨（東南六十）南山（南十）知士（南十五）省法山（南二十）雲羅（南三十）所也 黑水（南十五）大尺（南四十）汝等（西南十五）大里（西南三十）所件（西南十五）吾次（西南六十）雲谷 本牙（俱西十）大家谷（西十）明岩（西三十）德谷（南三十）今勿（西四十）甑山（西五十）草田（西北三十）薪谷（本薪谷部曲西北四十）北山（北十）唐所（北三十）非乎石（北二十）甬勿（西五十）蘆長谷 柳洞（東十）○葦谷部曲東三十

山水 印懸山（北九里）祖谷山（南三十五里）禪石山（北二十八里安世宗御胎）狄山（西二十五里有積山寺卽本朝相臣李稷舊宅也）斐旨山（西北二十五里山之東有圓石疊立三層號太子岩高九丈圓經十三丈頗奇怪）加耶山（西南四十八里南有深源寺見陝川）修道山（西六十里居昌知禮界）祈水山（西四十里）雲峯山（北三十里開寧界達甲庵）

義馬塚

大馬坪（北二十里）

嶺路 花嶺（西二十里）勿閑嶺（高靈路）星峴（南路）月岩峴（仁同路）扶桑峴（北開寧路）大也峴（北路）火只峴（東路）抓峴（西二十五里）箭峴（西金山界）履掛峴（北善山路）西谷峴（一云新谷峴北金山界）屹音峙（西南居昌路）釜項（西知禮路東有双溪寺）

堤堰三十五

○所耶江（卽洛東江東二十里仁同之漆津下流一云高道岩津）伊川（源出斐旨山南流經州西五里抱州城東流左過達田之馬鋪川入于所耶江）祖谷川（源出祖谷山東北流入于所耶江）馬鋪川（一云白川北十里源出開寧之雲峯山南流至州東合于伊川）加耶川（西南四十七里源出加耶修道二山北流經双溪寺前東流環禿用山城而復南流入于高靈界洋高靈川之上下左右田壯膏腴）

城池 邑城（舊土築中宗十五年改石築宣朝二十四年又改築周六千五十三尺環城有清東門日迎春樓北門外有龍興寺）禿用山城（本都山城西三十三里修道山之東舊石築肅宗元年 八 改築周四十五百八十一步倉城一砲樓四溪三泉二夷險相半○屬邑星州高靈○守城將本牧使兼別將一員）

烽燧 角山（北二十里）星山（東五里）伊夫老山（加利縣西南）末應德山（加利縣東）

倉庫 邑倉二 東安倉（東二十六里）達倉（西北二十五里）加利古縣倉 山城倉 南倉（南四十里）泉坪倉（西三十里）

邑內二七 新場五十 大橋四九 茂溪一六 安堰三八 泉坪一六

驛站 踏溪驛（北十里）安堰驛（南二十八里）茂溪驛（古云茂湛在茂溪津西）

津渡 東安津（東二十六里所耶江下流）茂溪津（東南五十里東安津下流）

土産 竹 漆 楮 柿 紫草 海松子 松蕈 蜂蜜 銀口魚

樓亭 臨風樓 青雲樓 湖山亭 雙島亭

廟殿 關王廟宣祖丁酉天將茅國器建英宗丁未改建于南亭下 關羽見京都東廟
祠院 川谷書院中宗戊子建宣祖癸酉賜額 程叔子 朱子 金宏
弼 李彦迪俱見文廟 鄭逑見忠州 張顯光字德晦號旅軒仁同人官右參贊贈
領議政謚文康 ○ 檜淵書院仁祖丁卯建肅宗庚午賜額 鄭逑見忠州 ○ 忠烈
祠肅宗己酉建正宗丙辰賜額 諸沫宣祖壬辰倭亂戰亡官星州牧使贈兵曹判書謚忠武 李
士龍本州砲手仁祖戊寅以清徵兵入遼東殉義于錦州之松山贈星州牧使
典故 新羅景明王七年高麗太祖六年 碧珍將軍良文降于高
麗 景哀王三年高麗十年 後百濟主甄萱遣將侵高麗碧
珍郡收大小木二郡禾稼正朝索湘戰死之 ○ 高麗辛禑
六年九年倭寇京山府 ○ 本朝 宣祖二十五年前掌 九

令鄭仁弘與佐郎金沔縣監朴惺儒生郭趪郭赳僉使
孫仁甲等糾集鄉兵仁甲武勇絶倫先擊茂溪屯倭敗
之燒其屯糧仁弘因屯星州以備高靈陝川之路　七
月義兵將金俊民敗倭兵于茂溪郭再祐又連敗倭兵
于玄風昌寧間賊撤屯而遁自此右道賊路斷絶賊兵
由大邱中路往來　八月倭自知禮之敗遁向星州為
星州軍所邀擊勦滅無遺　三十年八月經理楊鎬以
茅國器屯星州

金山

沿革 本新羅桐岑景德王十六年改金山為開寧郡領
縣 高麗顯宗九年屬京山府 恭讓王二年置監務 本
朝 定宗即位之年陞為郡以安御胎 **號** 金陵 **官員** 郡守兼尚州鎮
管兵馬同僉節制使 一員
古邑 禦侮北三十五里新羅阿達羅王四年置甘勿縣一云今勿一云陰達景德王十六年改禦侮
為開寧郡領縣高麗顯宗九年屬尚州本朝太祖朝來屬
坊面 郡內終十 米谷西初終十八 金泉南初終十八 古加大南初終十五
乾川南初四十終五十斗八星州知禮兩邑間 助馬西南初四十終五十 果谷內南初三十
終四十五 果谷外西南初十五終四十 巴尒西初十終十五本巴買處今稱鳳溪土地膏沃民皆
饒給 黃金所西北初三十終五十 仇所要北初十終四十五 川上北初十終十五 川
下北初十終二十五 位良東北初二十終五十 代項西南初十終四十五 延命本延

命鄉東初三十終四十越○居曲部曲南三新加良 在里州北界開寧南界部曲南二十三助馬部
曲南二十五今助馬面 負谷所南二十八於未谷部曲南二十七水
山水 五沒山東五里 黃岳山西十五里黃澗界有直指寺寺之北峯安定宗御胎又
有能如庵 俗門山北三十七里 高山西北三十五里尙州之功城中牟二古縣界 極樂
山西北十一里黃澗界 黑雲山北三十一里○伏龍寺 三聖山西十五里黃澗界 德
大山西南二十五里 **嶺路** 秋豐嶺西北三十五里黃澗界為湖嶺咽喉嶺不高峻峯巒和平溪澗
澄清嶺之東西地肥饒易灌溉 掛榜嶺西十五里黃澗界 左峴俗門山之東善山界 箭峴
在乾川面星州界 餅岾南十一里○真興寺 石峴西南四十里知禮界 ○ 甘川東十一里
自知禮界居曲而東北流入于開寧地詳善山府 直指川源出黃岳山南流環郡西南入于甘川
牙川東十五里源出俗門黑雲西山南流入于甘川 鷲華池南一里
堤堰八

邑內四九 金泉五十九 牙川二七 秋豐四九

城池 俗門山古城 北四十里疑禦侮古縣之鎭城周二千四百五十尺泉二池二 高城山古城 南九里有遺址

烽燧 高城山 見上 所山 北二十九里

倉庫 邑倉 金泉驛倉

驛站 金泉道 南十里○屬驛十九○察訪一員 秋豐驛 西北三十里 文山驛 北三里 巨下院 北二十五里尚州路

土產 竹柿松蕈石蕈蜂蜜銀口魚

樓亭 風月樓 邑內 鳳凰臺 臺西有湧金門

典故 新羅眞德主元年百濟來攻桐岑甘勿 見茂朱 ○高麗 辛禑 六年倭寇禦侮 九年倭寇金山○本朝 宣祖

十一

二十五年倭陷金山

開寧

沿革 本甘文小國新羅助賁王二年伐取之置甘文郡 眞興王十八年置甘文州 以沙飡起宗爲軍主 眞平王時廢州 文武王元年復爲甘文郡景德王十六年改開寧郡 領縣四禦侮金山知禮茂豐 隷尚州高麗顯宗九年屬尚州明宗二年置監務 本朝 太宗十三年改監縣 宣祖三十四年合于金山郡 以逆賊吉云節伏誅 三十九年移屬善山府光海主元年復置

邑號 甘州 **官員** 縣監 兼尚州鎭管兵馬節制都尉 一員

坊面 赤田 東十終 東西 終十 牙浦 東初十終二十 曲松 同上 農所 西南初十

堤堰十九

終三十 赤峴 南初五終四十 西面 終十 北面 初十二十終 ○達島村部曲茂領谷部曲俱南二十 乫叱村部曲北十五 下活村部曲 上島知部曲 今力刀部曲

山水 甘文山 一云城隍山北二里○鷄林寺 柳山 東二里小山甘川經其下山之北東流傍有甘文國時宮室遺址 乞水山 南三十里星州界○高方寺 台星山 東十二里 伏牛山 北二十里善山界○文殊寺 金烏山 南三十里善山仁同界西有葛項寺 雲峯山 一作雲晴南三十里 荒山 乞水山西南支 **嶺路** 右峴 伏牛山之西善山界 葛項峴 南二十里 ○甘川 南二里自金山界東流入善山界○川之上下左右皆沃野平疇沿水作九堰利灌漑宜秔稻水旱無災 牙川 西十五里金山界

地池 古城 北二里甘文國時城 古城 遺址在台星山

烽燧 城隍山 見山

十二

邑內二七 梨水川三六

倉庫 邑倉 東倉 東三十里

驛道 楊川驛 東三里 扶桑驛 南三十里

土產 竹柿栗銀口魚

陵墓 金孝王陵 北二十里有大塚世傳甘文國金孝王陵 獐陵 縣西熊峴里世傳甘文國時獐夫人陵

祠院 德林書院 顯宗己酉建肅宗丁丑賜額 金宗直 見密陽 鄭鵬 見善山 鄭經世 見尚州

知禮

沿革 本新羅知品川 與山號同 淸 景德王十六年改知禮爲開寧郡領縣高麗顯宗九年屬京山府恭讓王二年置

監務 本朝 太宗十三年改縣監 **號** 龜城 **舘** 縣監一
員兼尚州鎮管兵馬節制都尉一員
坊面 下縣內初一終十 上縣內初五終十 上南初二十六終四十六 下南初十
終二十五 上面初二十五終三十五 下西初十終二十五 上北初八終三十 下北初八
終十五 ○月伊谷部曲沙等良部曲俱西二十五衣谷部曲西三十 頭
山水 龜山南二里 大德山西南四十里茂朱之茂豊古縣界 文義山南五里
修道山東十五里星州界 南山南五里 甑山南十里 文岩山一云飛鳳山西
南三十里○鳳谷寺 沙鉢岾南九里○弓谷寺 三道峯西北四十里茂朱之茂豊古縣及黃
澗縣本縣三邑之交界忠全慶三道之會故名 孔子洞 伯夷洞俱北二十里 **嶺路** 牛
馬峴西南四十五里居昌界 牛頭峴南四十五里居昌界要害 十三 釜項峴東三十里星州

界 餅峴東十二里星州界 石峴北十五里金山界 山衣音峙南四十里居昌界
○甘川其源有三一出縣西三十五里茂朱之釜項嶺桶內甘川一出大德山桶外甘川一出牛馬峴
合西北流經龜山之下東北流入金山界復東流經開寧善山之通桶甘川詳善山 縣前川源出三道
峯東流經縣前合于甘川
城池 龜山古城周一千三百四十三尺
烽燧 龜山見上
倉庫 邑倉 南倉南四十里 西倉西三十里
邑內二七 南面五十
土産 海松子 石榴 柿 松蕈 石蕈 蜂蜜 銀口魚
寒松亭[illegible]
典故 高麗辛禑九年倭寇知禮 本朝 宣祖二十五年
倭陷知禮 八月義兵將金沔討知禮所據倭賊燒殺

殘盡我軍死者五十餘人
高靈
沿革 本大加耶國自始祖伊珍阿鼓王至道設智王凡十六世五百二十年○國基在縣
南一里 新羅眞興王二十三年滅之置大加耶郡 景德王
十六年改高靈郡領縣二新復冶爐 新隷康州 高麗顯宗九年屬
京山府 明宗五年置監務 本朝 太宗十三年改縣
監 **號邑** 高陽 靈川 **舘** 縣監兼尚州鎮管兵馬節制都尉一員
古邑 新復南三十里本新羅加尸兮一云加尸城景德王十六年改新復為高靈郡領縣高麗初來
屬○一云縣西十里有加西谷者疑是
坊面 東部終七 西部終三 松泉東初七終二十 九音同上 十四 下彌東南初二十終

三十 一郎南初七終十 牛村南初十終十七 鍮泉南初十三終二十八 上洞西南初二
十終三十 下洞西南初十終二十八 高谷北初七終十 舘洞同上 安林西初十終十五
乃谷初十終十五 九谷東初二十五終二十五
山水 耳山西二里 美崇山西南二十里陜川界○盤龍寺 玉山北七里小山 棠
鶴山南三十八里草溪界 萬岱山一云可岾山西南三十四里陜川界 飛龍山東十五里
太先山東北二十五里星州界 琴谷北三里加耶國嘉悉王之樂師于勒象中國秦箏而製琴
號加耶琴此地卽于勒率工人隷業之地 沙惠坪南五里 **嶺路** 安偃峴一作安原北二十里
星州界大路 知老峙西南三十里陜川界 九未峙南三十八里草溪界 ○開山江
卽洛東江之異名東二十二里玄風界星州之茂溪津下流其下為玄風之省谷津 加耶川源出陜川
之加耶山及星州之修道山合而東北流經頭溪寺前又東流至禿用山城之北折而東南流過小加耶川南

堤堰五

流由香林赤林經縣東至決惠坪 右會龍潭川東南流入開山江

小加耶川 一云龍潭川源出加耶山之南東南流為落花潭由紅流洞經冶爐古縣右過牛頭嶺之水東流為龍潭川經安林驛及縣南入加耶川

御井 南一里有大加耶國宮室遺址其傍有石井俗稱御井

赤林 加耶川東岸

香林 加耶川西岸右二度在縣南

城池 古城 在耳山有遺址

烽燧 望山 東七里

倉庫 邑倉 江倉 開山江邊 山倉 星州之禿用山城

驛站 安林驛 西十里

土産 竹 柿 梅 榧 蜂蜜 硯石 磁器 銀口魚 鯉魚 鯽魚

樓亭 披香亭 碧松亭 俱邑內 開湖亭 開山江邊 十五

邑內坊四九

陵墓 錦林王陵 西二里許有古藏 世傳錦林王陵

壇壝 推心 新羅祀典云推心在大加耶郡以名山載小祀

典故 新羅眞興王二十三年加耶叛命金異斯夫討之副將斯多含領五千騎先馳入栴檀門立白旗城中恐懼不知所爲異斯夫引兵臨之一時盡降 ○高麗 辛昌時 朴葳擊倭于高靈縣斬三十五級 ○本朝 宣祖二十五年義兵將金沔自居昌引軍陣于高靈縣聞倭賊下江邀擊斬八十餘級獲賊舡所載皆內帑珍寶

聞慶

沿革 本新羅高思曷伊 一云冠文 景德王十六年改冠山爲古寧郡領縣 高麗太祖二十三年改聞喜郡 顯宗九年屬尚州 後改聞慶 恭讓王二年置監務 本朝 太宗十三年改縣監

官員 縣監 兼尚州鎭管兵馬節制都尉 鳥嶺山城守城將 一員

古邑 加恩 西南四十一里本新羅加害景德王十六年改嘉善爲古寧郡領縣高麗太祖二十三年改加恩顯宗九年屬尚州恭讓王二年來屬 虎溪 東南四十里本新羅虎側一云拜山城景德王十六年改虎溪爲古寧郡領縣高顯宗九年屬尚州本朝太宗朝來屬

坊面 邑內 終五 草谷 西北初七終二十八 身東 東南初七終二十 身南 南初五終二十五 身北 東北初十終四十 加縣內 西南初四十終五十 加東 南初二十八終四十 加南 西南初五十三終六十五 加西 西南初五十終九十 加北 西初二十五終七十 右五面加恩古縣 虎縣內 東南初二十七終四十五 虎南 東南初四十終五十 十六 虎西 東南初二十五終五十 右三面虎溪古縣 ○伐川部曲 北十五 馬良部曲 在虎溪古縣 仍乙項所 東十 高谷部曲 綃川部曲 小山川部曲

山水 主屹山 北一里 冠芳山 南四里 曦陽山 西三十里延豊界 ○鳳岩寺一名陽山寺 ○山上有白雲臺山之西南有九龍峯山之西二十餘里為外仙遊洞其西十餘里為內仙遊洞倶泉石絶勝 梓木山 加恩方縣南二里 獐山 虎溪古縣北一里 所屯山 南十五里 鳳鳴山 東八里金鶴寺○ 華山 一云青華山在加恩古縣西距縣七十里南接報恩之俗離山西接清州之松面里北有仙遊洞龍遊洞之勝 佛日山 加恩古縣西南二十里與青華山相連 黛眉山 東北三十里 龍磊山 一名雲逹山東二十里 廬山 虎溪古縣西 大耶山 曦陽山南支上峯曰毗廬為仙遊洞主山西距清州擧陽洞三十里 官方山 縣西里 龍遊洞 在青華山之南洞中平衍皆盡石大川迂回旋轉石狀奇怪萬狀谷風凄冽

嶺路 鷄立嶺 俗云麻骨岾 北

黃腸封山一 松田二

二十八里延豐界新羅阿達羅王三年始開鷄立嶺路 伊火峴西十八里延豐界捷路 葛嶺
古毛嶺垂西路 鳥嶺俗號草岾西北二十八里延豐界慶尙右道通京大路險阻擅亘羊腸百
岬界絶南北為折湖咽喉有事必守之地 不寒嶺曦陽山南支西距二十里為內仙遊洞 野雲
嶺雲達山北支東北三十里 兔遷一云串岬遷南二十里卽龍淵東崖上繞峭壁下臨深淵欹危隘窄
因鑿石為棧道縈紆屈曲幾六七里而通于犬灘 ○犬灘東南三十五里源出鳥嶺之龍湫南流經
草谷至縣南過聯城川為所耶川過湖泉水由姑母姑父之城至兔遷為龍湫過加恩川東南流為回淵經虎
溪古縣為寅川串川南流至鳳凰臺過利安川右過瀨川入無訖灘○龍淵之下岩石矗立流瀑成潭有上中
下三窟為險阻要冲 聯城川東四里源出黛看山南流至縣南華封院前興所耶川合流至兔遷興加
恩川合為犬灘上流 所耶川南六里源出鷄立嶺鳥嶺諸谷南流合于聯城川 加恩川在加
恩縣南源出俗離山之東東流至龍淵聯城所耶二川合于此 寅川在虎溪縣東距縣五十五里見尙州

十七

堤堰二

瓶川在加恩縣西距萃陽洞四十里下有上下龍湫二處北接仙遊洞溪山泉石寺勝而水田饒沃土宜
柿栗 龍淵南二十二里加恩所耶二川合流處 龍湫在鳥嶺下桐萃院西北一里有瀑布宛如晴雷
白虹源不可測 潮泉有二一在所屯山出自岩穴其源如綫每日朝暮漲溢噴浸三里而止如潮水之往
來一在縣南五里井谷里出自土穴每日三時噴溢出洞口入于所耶川

城池

鳥嶺山城肅宗三十四年築南北十八里周一萬八千五百九步城在三處一在嶺上限
忠慶兩道界曰鳥嶺關一在麞岩北因忠元舊城改築鳥東門一在草谷曰主屹關有聞慶咸昌醴泉龍宮尙
州五邑軍餉倉右三處皆有虹霓門以通大路又有虹霓門三閒城內諸邑皆流出于此英宗二十七年置
別將以聞慶咸昌兩邑兵專屬○守城將本縣監兼別將一員

廢革

御留城在鳥嶺東有遺址其中闊
兼形勢險固東南則絶壁千仞北為稍低而非人力可通設堞之所不過五六百把城中多井泉可容數萬兵
北有月岳東有鵲城西有鳥嶺南有兔遷皆絶險棧道重關 曦陽山城加恩古縣北十五里三面

皆石壁 加恩古縣城古縣西南五里周五百六十五尺井一○一作甄萱城甄萱是加恩縣人
故云 聯城東南四里周五百五十六尺 姑父城在兔遷南高山上周六百二十尺與姑母城相
對 姑母城在兔遷西之新峯上西峽如東中盤大川大路由其下城周九百九十尺俱新羅時防守
處 井谷城南五里井谷里

烽燧

禪岩山虎溪古縣北七里 炭項北三十一里

倉庫

邑倉邑內 虎溪倉 加恩倉各在古縣 山城倉在主屹閑內

驛道

幽谷道東南四十里○屬驛十八○察訪一員 聯城驛東三里

撥

聯城

站

犬灘站

津渡

犬灘津旱橋潦舡

邑內二七
鎭南一六
虎南三八
幽谷二七
加恩三八
籠岩五十
松面四九

土産

柿 海松子 松蕈 石蕈 楮 蜂蜜 熊膽 銀口魚

十八

樓亭

交龜亭西二十七里鳥嶺龍湫上新舊監司交印處 遷喬亭幽谷亭

壇壝

主屹山壇以名山載小祀 冠方山祔祭主屹山 梓木山 獐山
右三處本縣春秋致祭

典故

新羅善德主十一年金春秋後為武烈王使高句麗麗
王曰麻木峴卽鷄立嶺竹嶺本我國地若不我還則不得歸
高句麗長壽王南伐百濟取其地疆城及於鳥竹兩嶺新羅真興王攻取竹嶺以外至于漢陽積城 ○高
麗太祖十年王徇高思曷伊城城主興達歸款 修拜
山城命正朝悌宣領兵二隊守之 十二年後百濟主
甄萱圍加恩縣不克而歸○本朝 宣祖二十五年四
月以邊璣為助防將守鳥嶺死之 是月倭陷聞慶縣

監中吉元被執奮罵不屈而死之

咸昌

[沿革]本古寧加耶國新羅取之爲古冬攬郡一云古陵縣景德王十六年改古寧郡領縣三嘉善冠山虎溪隷尙州高麗光宗十五年改咸寧郡顯宗九年屬尙州後改咸昌明宗二年置監務 本朝 太宗十三年改縣監[官員]縣監兼尙州鎭管兵馬節制都尉一員

[坊面]縣內終七 北面初三終七 東面初七十五終 南面初七終十 上西初七終十五 下西初五終二十五 ○利安部曲西五 金川所東五 德峯部曲東十

[山水]寧岳山西十三里 黃嶺山一云七峯西三十七里斗入于聞慶尙州兩邑之間五

十九

堤堰九

峯山南七里 孤山東九里大野中望之如島嶼下有深潭 ○串川東七里聞慶犬灘下流 猪谷川南七里源出尙州鳳凰山東流至縣前合于利安川 利安川西五里源出俗離山之東東流至縣前與猪谷川合而東流入于串川 茶檢池南十三里後則羣峯環擁前則大野曠邈衆水聚會滉瀁淼漫見尙州 南池客館據小岡而擴池環擁其間

[城池]南山城古城南十里周四千五百三十尺井一

[烽燧]南山古城內

[倉庫]邑倉邑內 山倉在聞慶之島嶺山城

[驛站]德通驛東七里 [撥站]德通站

[橋梁]唐橋北六里

邑內二六兎九 一朔三十市 南面三八 柳岩二七

[土産]竹 柿 胡桃 蓮實 松蕈 蜂蜜 銀口魚 鯽魚

[樓亭]明隱樓邑內 快哉亭在利安部曲

[典故]本朝 宣祖二十五年四月倭陷咸昌

善山

[沿革]本新羅一善 眞平王三十六年置一善州以一吉飡日夫爲軍主 神文王七年州廢冷山之西月波亭津東一里有一善古址 景德王十六年改嵩善郡領縣軍威孝靈洑瀅缶林隷尙州高麗成宗十四年改善州刺史顯宗九年屬尙州仁宗二十一年改置一善縣令後陞爲知善州事 本朝 太宗朝改善山郡後陞都護府爲獨鎭舊爲尙州鎭管[邑號]和義高麗成宗所定[官員]都護府使兼善山鎭兵馬僉節制使金烏山城守城將一員

二十

[古邑]海平東三十三里本新羅并井縣景德王十六年改洑瀅爲嵩善郡領縣高麗太祖二十三年改海平郡後屬福州顯宗九年屬尙州仁宗二十一年來屬

[坊面]東邑內終十 西邑內終十 禿用洞北初十終二十 注兒北初二十終四十 上龜尾西南初三十終四十 下龜尾南初三十終四十 坪城南初二十終三十 網障南初十終二十 舞來西初十終二十 神堂浦西北初十終三十 無乙洞西北初二十終四十 吉北初十五終四十 海平東初二十終三十五 蔓徒東初三十終四十 北熊谷本熊谷部曲東初五十終七十 南新谷北初二十終三十 道開本道開部曲東初二十終三十 山內東十二 山外東三十五右七面在洛江之東 ○緋山部曲南三十見仁同 加德部曲北二十 藝能部曲 高牙部曲南十五 漆倉部曲東十五 安部曲 寶彌部曲南二十五 秩谷部曲俱海平縣地

堤堰六十七

山水 飛鳳山 府北○彌鳳寺 伏牛山 西二十五里開寧界○得盃寺高麗末倭侵南邊自
陜川海印寺移歷朝實錄于此後移于忠州開天寺 金烏山 南四十三里西聯開寧東連仁同南接星
州居四邑之交雄盤高大山北有大穴寺寺有道詵窟廣十六尺深二十四尺高十五尺攢座其中 淵岳
山 西三十二里山之北支郎尚州甲長山○水多寺 太祖山 東北十三里山北五里許小山上乃
高麗太祖征甄萱時駐軍于此壘址猶在俗號御城亭名其山曰太祖 冷山 東十五里海平界○桃李
寺 玉山 東二十二里宝泉灘西岸甘川交流處 大皇臺山 南十里 浮來山 南五
里 白馬山 東二十五里 曹溪山 東三十五里 鸕鶿岩 北二十里元興寺前水中
冬至巖 南三里甘川北岸長十里中有小山曰冬至山多栗樹 嶺路 竹峴 西北三十里尚州界
犯峴 東北二十五里 釜峴 北二十五里 左峴 西北三十里金山界 ○洛東江 大灘
在府北三十四里尚州洛東津下流東南流経鸕鶿岩為鯉埋淵次為餘次里津次為宝泉灘次為松鶴津左

二十一

過丈川右過尉洲川至仁同界經砥柱碑為漆之津 甘川 源出知禮之大德山及牛頭峴谷而北流經知
禮縣東又北至金山之金泉驛經天山過直指川牙川又折而東流經開寧縣南過新堂浦川經府南四里至
玉山之東入于宝泉灘○川之上下水田皆膏腴有灌溉之利民多饒給 鯉埋淵 東十二里洛江江之
東岸有月岩岩下有龍穴 寶泉灘 東南二十一里洛江 蔚洲川 南二十八里源出金烏山東流
經洛西亭入于洛江 新堂浦川 西二十里源出淵岳山南流入甘川 狐池 南二十四里周三十
六百七十九尺

城池 邑城 高麗末知郡李得辰築本朝英宗十年改築石城周一千四百四十八尺泉九池三
金烏山城 南五十里山勢奇險高峻有古石城高麗末善山仁同開寧星州之民避倭于此本朝
因古址改築內城周七千六百四十四尺無城絕壁六百六十一步外城周四千一百三十五尺內城中有瀑
布井八池七屬邑善山金山知權○別將一員
開寧 海平古縣城 龜尾城

邑內二七 海平四九 龜尾六 丈川五十

烽燧 藍山 東九里 石峴 在海平古縣南十里
倉庫 邑倉 邑內 海平倉 在古縣 江倉 在餘次尾津邊 大惠倉 南四十二里
山城倉 在金烏山城
驛站 龜尾驛 古云仇彌東一里 安谷驛 西三十五里 迎香驛 東二十一里
上林驛 東五十四里 屬驛 牽途驛 海平東十里合于安谷驛 擺撥 迎春站
津渡 餘次里津 東十一里鯉埋淵下流即月波亭津 松鶴津 玉山之陽
土產 竹 漆 柿 栗 海松子 莞草 鯉魚 鯽魚
樓亭 月波亭 餘次里東岸小山臨江而峙亭在其上 鸕鶿亭 鸕鶿岩汀邊 梅鶴
亭 層岩突立野中在其上而臨江 鳳下樓 正正樓 濟南樓
祠院 金烏書院 觀察使南在建宣祖乙亥賜號冶隱廟先海主己酉改賜今號 吉再

二十二

字再父號冶隱海平人辛禑時官門下注書本朝授太常博士不居贈左諫議大夫謚忠節 金宗直
見密陽 鄭鵬 字雲程號新堂海州人官舍人 朴英 字子實號松堂密陽人官兵曹參判贈吏曹判
書謚文穆 張顯光 見星州 ○月巖書院 仁祖戊辰建肅宗甲戌賜額 金澍 見安
東 河緯地 見果川 李孟專 字伯純號耕隱星山人官正言為端宗盡節贈吏曹判書謚
貞穆 ○洛峯書院 仁祖丙戌建正宗丁未賜額 金淑滋 字子培號江湖善山人官司藝
贈戶曹判書 金就成 字成之號真樂堂善山人 朴雲 字澤之號龍岩密陽人 金就文
字文之號久庵就成弟官江原監司 高應陟 字淑明號杜谷安東人官司成
典故 新羅炤智王五年幸一善界存問遭災百姓十
年幸一善存問鰥寡孤獨 真智王二年百濟侵西邊
州郡命伊飡世宗擊破之於一善北斬三千七百級

武烈王四年一善郡大水溺死三百餘人 孝恭王十一年一善郡以南十餘城盡爲甄萱所取○高麗高宗二十二年李裕貞等擊蒙兵于海平敗績一軍盡沒 辛禑六年倭焚善州 九年倭寇善州 五月倭闌入州境焚州廨知州李得辰保觀心坪寇退築邑城以守寇不復至○本朝 宣祖二十五年四月倭陷善山

晉州

沿革 本新羅居陁州神文王五年改菁州置摠管 補菁州亭以大阿飡福世爲摠管 景德王十六年改康州都督府 九州之一領州一郡十一縣三十一○都督府領縣嘉樹屈村班城 高麗太祖二十三年改晉州成

二十三

宗二年置牧 十二牧之一 十四年爲定海軍節度使 十二節度之一 隷山南道顯宗三年改安撫使九年置牧 八牧之一○屬郡二江城河東屬縣七泗州岳陽永善鎭海昆明班城宜寧 忠宣王二年降知州事 汰諸牧 恭愍王五年復爲牧 本朝 太祖朝陞晉陽大都護府 太宗朝復爲晉州牧 世祖朝置鎭 管十三邑 **號** 晉康 高麗成宗所定 菁州 晉山 **官** 牧使 兼晉州鎭兵馬僉節制使 一員 宣祖三十六年以右道兵馬節度使兼牧使仁祖十三年罷兼牧使

古邑 班城 東五十五里本新羅縣地景德王十六年改班城爲康州領縣高麗顯宗九年仍屬○邑號片月 永善 東南四十八里本新羅一善縣景德王十六年改尙善一云良善爲固城郡領縣高麗太祖二十三年改永善顯宗九年來屬 屈村 西五十里本新羅縣地景德王十六年改屈村爲康州領縣高

麗初來屬 文和 東南六十里本新羅蛟火良景德王十六年改文和爲同城郡領縣高麗太祖時來屬 興善 在興善島中南七十里本高麗有疾部曲顯宗時改彰善來屬忠宣王改興善後因倭寇人物散亡 仍廢 薩川 西八十里其達置革廢未毁後降爲部曲其長剃頭桶爲僧首

坊面 州內 卽邑內 槽谷 東初二十終二十五 金山 東初二十終三十 代如 東初三十終四十 葛谷 同上本葛谷所 加佳 同上 加樹介 東初四十終五十 加佐村 東初三十終三十五 上寺 東初四十終六十 班城 同上 於東 東初五十終七十 龍鳳 同上 良田 同上 永甯 東南七十終 內晉 東南五十終 外晉 同上 末文 南初七十終九十 昌善島 部興善島南初一百終百二十 赤梁 在興善島中初百十終百三十 一永 耳谷 東南初四十終五十 五邑谷 同上 永縣 東南初四十終七十 省乙山 東南初四十終六十 金洞於 東南初三十終四十 松谷 同上 召村 東南初二十終三十 耳谷 同上

二十四

枝谷 南初十五終二十五 將村 南初十終十五 洑川 南初五終十 奈洞 南初十終二十 加次 本加次禮部曲西南初二十五終三十 柑谷 西南初二十終三十 加伊谷 同上 馬洞 西南初二十五終三十 平居 西南初十終二十四 新壹 西南初三十終四十 夫火谷 同上 桐谷 西南初四十五終四十五 毛台谷 北初三十終四十 汝卯 北初十五終三十 冬勿谷 北初五終十 省台 北初二十五終五十 集賢 北初二十五終三十 鳴石 北四十 大谷 本大谷所東北初三十終四十 雪梅谷 東北初三十終五十 非羅 西初十終十五 針谷 本針谷部曲西初三十終四十 元堂 同上 蘿下 西初四十終五十 水谷 同上 新俗 西初五十五終六十 西南 西三十五 正守 西初四十終四十五 北坪 同上 雲谷 西初五十終五十五 宗花 西初五十終六十 大也 同上本大也川部曲一云鐥川 青岩 西初六十終百三十 加西 西初六十終七十 薩川 西初八十終百二十一云夫川 三壯 同上 栢谷 同上

天王峯當在河東

西初六十終七十 金萬 西北初六十終七十 沙月 西北初四十終五十 晉城 東初四十終六十 巴只 西北初四十終五十 吾山 西北初三十終四十 大坪 西北初三十終三十五 ○於牙部曲南十 栗谷部曲西三十 釜谷部曲北五 鑄潭部曲在永善距州三十 松慈部曲在永善 月牙部曲東十五 濱珍部曲在永善東十五里 麓末 巨濟濱珍浦人僑居于此 至本朝還于巨濟 晉城部曲東四十五今晉城面 松谷鄉南三十今松谷面 福山鄉在永善 伐大所西四十 水曲所西三十 今水谷面 火谷所東三十 水大谷所南四十 ○大也川部曲 高麗恭愍王七年南海因倭失土僑寓處

山水

飛鳳山 北一里

智異山 西一百餘里 一云地理 一云頭流 一云方丈 雄蟠重疊 跨全慶二道八邑之界 延袤四百餘里 峯之最高者 東曰天王 西曰坂着 相距百里 而直線不過數十里 又有香爐 彌陀 杳積等峯 迦葉臺 火年臺 唱佛臺 登龜岾 永郎岾 ○天王峯崖石峻險 無磴徑可尋 梯檜蔽天 下有細竹森密 或喬木橫千仞之崖 或飛泉遠自雲端下注 不測崖谷之間 氷雪經夏不消 六月始霜 七月有雪 月月

二十五

以上當在河東

氷合 或山下雷雨 而山上清明 登臨南望巨洋 東西北則望兩道三四百里 巨岳雄峙 皆入眼底 若兒孫焉 蓋山下多柿栗 山上皆杉松槐栢 桑半枯 花青白雜然相間 望之如畫 最上尺有躑躅木 長不滿尺 凡佳蔬異果 盛於他山 近山數十邑 皆食其利 名庵勝刹 不可彈記 ○自天王峯東下 有千佛庵 有石如屋 可庇數十人 其下有法戒寺 自千佛少北而上 有小窟 東臨大海 西負天王 號法住窟 ○默契寺 自安養寺前川 隨水西北行 溪谷之間 甚險泥濘 四十餘里 窮水源有地稍開 曠土又肥衍 寺在智異最勝處 ○五臺寺 自薩川南踰一嶺 有五峯列立 其狀如臺 寺在其中 千峯環衛 百谷會同

斷俗山 新羅景德王二十二年 大奈麻李純避世為僧 王刱斷俗寺居之

安養山 有安養寺 自寺西踰三嶺 至塘江六十餘里

三壯山 有三壯寺 在薩川之北

青岩山 有青岩寺

桃源洞 富春洞 德山洞 以上幷智異之東支

玉山 西五十里

牛山 西六十五里 有芳方寺 以上智異之南支

廣濟山 北三十里

蓮華山 南四十里

望晉山 南六里

靈鳳山 在班城古縣洞

集賢山 北四十里丹城界

月牙山 東十五里

臥龍山 南六十五里泗川界

松臺山 東四十二里

防禦山 在班城古縣北十五里 咸安界 距州東六十里

千金山 南五十里泗川界

龍岩山 南四十里

嶺路

東峴 東六十五里咸安界

馬峴 北路

沙峴 南路 ○

海 南七十里

堤堰三十七

晉江 一云南江 一云矗石江 自丹城新安津南流為召南津 至新臺西 會薩川為菁川 析而東流 經矗石之陽為南江 右過永善川 東北流為雲臺津 黃柳津 左過禿川 至代如 右過班城川 入于宜寧界

薩川 西五十里 源出天王峯 東流由右雲洞為德川 過栗峙之三壯洞川 至雲谷 過青岩川 東南流為金城江 又東北流入菁川津

班城川 東五十里 源出靈鳳山 北流至代如 入于晉江

永善川 南四十五里 源出固城之大芚山 北流經召村 入于晉江

禿川 東五里 源出集賢山 南流入于晉江

盤龍浦 南七十九里

江洲浦 在泗川界

島嶼

興善島 南七十里 周九十里 高麗元宗十年間 日本入寇 核本島所藏國史于珍島

竹島 西南四十五里

二十六

形勝

智異鎮其西 大海浸于南 原野曠邈 長江襟帶 土地饒沃 人物繁萃 自羅麗以來為雄府巨鎮

城池

矗石山城 本州城 古土築 高麗辛禑三年改石築 周八百步 設三門 補矗石城 本朝 宣祖壬辰倭亂後改築內城 周四百一步 井泉六 外城補矗石山城 在南江邊 壬辰後因舊邑城作址加築 周二千六百五十步 甕城三 水門二 暗門一 壕池四 ○守城將 本牧使兼

松臺山古城 土築 周四千七十三尺

永善古縣城 東四十四里 土築 周二千八百十四尺

屈村古縣城 西四十八里 周九百七十七尺

晉城部曲城 東四十五里 山上有遺址

月牙山木栅 東十五里 壬辰倭亂時 義兵將金德齡設置 有遺址

尺山城 臺山城 神靈山城 右三處倭人所築

營衙

右兵營 本朝 太宗朝設于昌原 宣祖三十六年移于矗石山城 前臨長江 為形勝之地

官員 慶尙右道兵馬節度使 中軍 兵馬虞候 審藥各一員

營鎭 晉州右營 中營 金海別中營 尙州左營 倉庫 別會倉 武會倉 軍補倉 助音浦倉 養硫黃庫 營庫 ○右營 仁祖開置○右營將兼討捕使一員○屬邑晉州居昌河東咸陽昆陽陜川草溪南海泗川丹城山淸安義宜寧三嘉

鎭堡 赤梁鎭 在興善島中距州一百八十里西距南海三十里城周一千二百二十尺舊有萬戶 肅宗十四年陞僉使○水軍同僉節制使兼左漕倉領運差使員 **廢堡** 三千浦堡 南七十四里末文面城周二千五十尺置權管後移泗川又移固城右水營西南 仇羅梁鎭 在南七十六里角山之南海邊舊有萬戶後移固城之蛇梁 角山戍

烽燧 臺方山 在興善島中距州一百十四里 角山 南七十六里 望晉山 見上 廣濟山 見上

二十七

倉庫 邑倉 軍餉倉 濟民倉 俱內邑 駕山倉 稱右漕倉南四十里海邊 英宗庚辰觀察使趙曮啓請設置收晉州昆陽河東丹城南海泗川及固城西北面宜寧西南面田稅大同漕至京師○晉州牧使監捧赤梁僉使領納 別餉倉 統倉 俱在文面末 場岩倉 加次禮面 永縣倉 古永善縣 班城倉 古班城縣 北倉 寺面 上江倉 代如山面 西倉 水谷面

驛站 召村道 東二十五里○察訪一員○屬驛 平居驛 西十里 富多驛 東五十九里 文和驛 南六十里 永昌驛 南五十二里 安磵驛 北四十二里 召南驛 召南津西 正守驛 西五十四里

牧場 晉州場 在興善島中監牧官一員○

津渡 南江津 黃柳津 州東 雲堂津 東十里南江津下流 菁川津 西三里南江上流 召南津 西二十九里丹城新安津下流 仇羅梁津 入興善島者由此

橋梁 十水橋 南二十八里泗川界

邑內 二七 召村 三八 班城 三八 漕倉 一六 末文 四日三市 昌善 二七 馬洞 三八 水谷 二七 德山 四九 北倉 四九 安磵 三八

土産 竹 漆 楮 柿 茶 海松子 榴 松蕈 石蕈 五味子 薑 蜂蜜 梅實 熊膽 鹿茸 白土 靑角 藿 海衣 鰒 海蔘 文魚 等魚物 十種

樓亭 鳳鳴樓 邑內 矗石樓 在南江邊城頭宏敞軒豁俯臨瞰浣長江流其下衆峯列于外間閣桑竹隱映其間翠壁長洲聯接其側爲嶺右第一形勝

壇壝 加良岳 新羅祀典係菁州以名山載祀小祀高麗廢 旌忠壇 在南江邊壬辰死節人享 每歲春秋降香祝

祠院 德川書院 宣祖丙子建光海主己酉賜額 曺植 字健仲號南溟昌寧人官典籤贈領

二十八

議政諡文貞 崔永慶 字孝元號守愚堂和順人官持平贈大司憲 ○新塘書院 肅宗庚寅建戊戌賜額 趙之瑞 字伯符號知足堂林川人燕山主甲子被禍官應教贈都承旨 ○殷烈祠 高麗顯宗辛酉建本朝光海主時賜額 姜民瞻 晉州人官兵部尙書贈太子太保上柱國諡殷烈 ○彰烈祠 宣祖朝建後賜額 金千鎰 字士重號健齋彥陽人官判決事倡義使贈領議政諡文烈 黃進 字明甫長水人官忠淸兵使贈左贊成諡武愍 崔慶會 字善遇號三溪海州人官慶尙右兵使贈左贊成諡忠毅 張潤 字明甫木川人官晉州牧使贈兵曹判書諡忠毅 李義精 官縣監右五賢宣祖癸巳六月戰亡于本州 ○忠愍祠 孝宗壬辰建顯宗丁未賜額 金時敏 字勉吾安東人官右兵使贈領議政上洛府院君諡忠武 梁山璹 字會元官工曹佐郞贈左副承旨 金象乾 千鐵手官司圃別坐贈左副承旨 李俊民 官巨濟縣令贈兵曹判書 姜熙說 義兵將 曺慶亨 官鎭海縣監 崔琦弼 官判官贈戶曹參議 兪晗 溪祀

人義兵將贈主簿 李都 驪興人生員贈戶曹佐郞 姜熙復 義兵將 張胤賢 官守門將 贈戶曹佐郞 朴承男 官判官 河結先 儒生贈戶曹佐郞 崔彥亮 翊寧人儒生贈戶曹佐郞 高從厚 敬命子義兵復讐將官臨陂縣令贈吏曹判書謚孝烈 李潛 武科敵愾義兵將 李宗仁 松京人武科官全海府使贈戶曹判書 成穎達 昌寧人武科官慶尙右兵使 尹思復 本州軍官官僉正贈戶曹參議 李仁民 字子元俊民弟儒生贈戶曹佐郞 孫承善 義兵代將贈戶曹左郞 鄭惟敬 官主簿 金太白 官守門將 朴安道 儒生贈戶曹佐郞 梁齊 宣務郞以上宣祖癸巳六月戰亡本州

[典故]新羅景明王四年高麗太祖三年康州將軍閏雄降於高麗 敬順王二年康州將軍有文降於甄萱 康州元甫珍景等運粮于古自郡甄萱潛師襲康州珍景等還

戰敗死者三百餘人 景哀王四年高麗太祖十年高麗遣將寧舟師擊康州下轉伊山南海老浦南海蘭浦屬平西山南海屬平山突山順天屬突山等四鄕○高麗辛禑二年倭寇晉州濱珍縣今屬巨濟倭屠燒班城永善等縣 倭寇晉州曺敏修與戰于清水驛卽正守驛斬十三級 四年倭寇晉州裵克廉等斬十九級 五年倭寇班城縣登雄山卽防禦山頂樹柵自保禹仁烈等合圍攻克之斬三十四級 倭賊騎七百步二千寇晉州兵馬使楊伯淵等七將戰于班城縣斬十三級 六年倭寇永善縣辛昌時倭寇晉州牧使李贇戰死 恭讓王四年二月倭寇慶尙道仇羅梁萬

戶李興仁擊破之獲戰艦以獻○本朝 宣祖二十五年倭將政宗先入晉州 晉州判官金時敏聞泗川屯倭將把本州與曺大中及泗川縣監鄭得悅合兵擊泗川固城鎭海之賊過於十水橋斬殺甚多賊宵遁遂復固城昌原等諸邑陞時敏爲牧使與金沔合擊金山之賊斬級亦多又誘執賊倭將平小大等送于行在陞時敏爲右兵使金時敏安集晉州出戰屢捷金山以下屯倭皆遁時敏還屯晉州爲固守計十月倭分三道向晉州一軍由馬峴一軍由佛遷直擣州城進圍之時敏軍三千七百餘人及昆陽郡守李光岳軍百餘人分隊守城倭賊百計攻城時敏應之如神

內無精兵外無蟻援而以忠義激勵士卒歷十四晝夜殺傷無數捍蔽湖南使賊不得長驅內地賊大敗而遁時敏亦中丸而死之壬辰之亂稱三大捷曰晉州之守露梁之戰幸州之捷 二十六年六月倭將清正等率三十餘萬兵由金海昌原水陸並進先鋒至咸安時李贇權慄宣居怡等領兵屯咸安賊兵自咸安到鼎岩津郭再祐勢不相敵而退權慄李贇李福男等退向山陰轉向全羅道賊陷宜寧進向晉州漫山塞野砲聲動天分送斥候於丹城三嘉昆陽泗川以絶援路賊大至圍城累日賊勢日熾援兵不通賊一時亂射城中勢如轟雷我軍死者相枕李如松

令駱尙志宋大贇劉綎吳惟忠等合力往援皆不用命
時城中兵六萬穀數十萬石倭分陣於開慶院（州東山二里）
腰及馬峴百道攻城我軍搏戰死拒一日三四戰死者
雄積如山賊從西北門突進城遂陷金千鎰崔慶會黃
進高從厚等皆死之軍民死者六七萬壯士得脫者數
三人賊屠州城爲平地自矗石樓至南江北峯積尸成
邱自菁川江至武峯五里之間死屍塞江而下自倭賊
入寇屠戮未有如此之甚

居昌

【沿革】本新羅居列郡（一云居烈城）景德王十六年改居昌郡

三十一

領縣（餘善）一 隸康州高麗顯宗九年屬陝州明宗二年置
監務 本朝 太宗十三年改縣監十四年以巨濟來
合號濟昌 世宗十四年析之復號居昌燕山主元年
陞爲郡（以王妃愼氏貫鄕） 中宗元年復爲縣 孝宗九年合
于安陰縣（以奴弑主） 顯宗九年復置 英宗五年 端懿
王后愼氏（中宗王妃）復位後以貫鄕陞都護府 正宗十一
年降縣二十一年復陞【號】娥林【官】都護府使（兼晋州鎭管兵馬同）
（僉節制使）一員

【古邑】加祚（東三十五里本新羅加召景德王十六年改咸陰爲居昌郡領縣高麗太祖二十三年改）
（加祚顯宗九年屬陝州後來屬元宗十二年巨濟縣因倭失土僑治于此 本朝世宗朝巨濟還于舊治○巨

（濟僑加祚時以本邑屬縣及驛院並僑置縣地鵝洲縣在今治東十里松邊縣在今茂村驛南五里爲壞驛在）
（加祚縣西居民至今仍稱）

【坊面】東部（終五）陰石（東初五終十）毛谷（東初十終十五）古毛峴（東初十終二十）
只尙谷（東北初十五終二十五）熊陽（東北初二十五終四十八）赤火峴（東北初三十終
五十）南興（東南初十終三十）無等谷（同上）川外（南十終）青林（南初十終二十）古
川（南初十五終三十五）川內（西十終）乫旨（同上）主谷（北初二十終三十）高梯（北初
三十五終六十）只次里（初二十終二十五）加東（東初三十五終四十）加西（東初二十五終
三十五）上加南（東初四十終五十）下加南（東初三十終四十）加北（東北初三十終
六十右五面加祚古縣地）

【山川】乾興山（北八里）三峯山（北五十里茂朱界）紺岳山（東南三十里三嘉界）

三十二

松四十二

堤堰七

（○濱水寺）金貴山（東三十五里加祚縣）牛頭山（東北五十里陝川加耶山西支岩磐淸奇水石）
（窩窟○見岩寺）修道山（東北五十里界○普海寺）（星州知龍溪寺）禮官述山（南三十里安義
界）朴儒山（加祚縣南五里）吾道山 飛鶴山（俱東四十里）佛靈山（修道
山之西）金先山（北五十里）審岾山（南三十五里山淸三嘉界）陰洞山（牛頭山南）落
帽臺（在加祚縣北有奇淸潭）【嶺路】牛馬峴（北五十里知禮界）都麿峙（北五十五里茂
朱界）鳥谷嶺 骨山峴（俱南三十里山淸界）赤峴（東北五十里星州界）馬項峙
（牛頭山北支）○灐川（源出安義月星山及茂朱德裕山之佛影峯合而東流經府南一里爲灐川入
陝川界詳草溪黃芚江）阿月川（東十里源出三峯山南流經高梯倉會牛馬峴都麿峙之水入于灐
川）加祚川（在古縣西二里源出修道山赤峴南流入于陝川郡之父子淵）茂村川（南十五里
源出宮述山東流入于灐川）熊谷池（南六里）

邑內一六
養武堂三八
加祚四九

城池 乾興山古城 新羅文武王十三年築居烈州萬興寺山城周三里 加祚古縣城 稱金貴山城新羅婆娑王八年七月築加召城周一千五百八十七尺泉二 古城 北五里平岡上周三里 月谷山城 有遺址

烽燧 金貴山 古城內 巨末訖山 卽牛馬峴之南

驛站 省草驛 西北五十四里 星奇驛 北二十四里 茂村驛 南十四里

倉庫 邑倉 高梯倉 北四十里 新倉 東北三十里 加祚倉 東三十里

橋梁 大橋 在瀯川 高梯橋 北三十里

土產 柿栗海松子胡桃五味子松蕈石蕈蜂蜜銀口魚 竹熊膽射香

樓亭 枕流亭 在瀯川上

祠院 道山書院 顯宗庚子建壬寅賜額 金宏弼 鄭汝昌 李彥迪 俱見文廟 鄭蘊 見廣州 ○浣溪書院 顯宗甲辰建肅宗庚申賜額 金澐 見淸風 ○褒忠祠 英宗丁巳建戊午賜額 李述源 字善叔延安人英宗戊申以座首節死 本府贈大司憲

典故 新羅文武王王年遣金欽純等攻取百濟居列城斬七百餘級○高麗 辛禑 五年九月倭寇居昌 六年七月倭寇居昌○本朝 宣祖二十五年金沔起義兵赴居昌分守牛峴馬嶺等處又連敗高靈知禮之賊自是沔仕居昌以禦知禮金山之路

河東

沿革 本新羅韓多沙郡 韓方言稱大 景德王十六年改河東郡 領縣四岳陽河邑省良陜浦 隷康州 高麗顯宗九年屬晋州 明宗二年置監務 本朝 太宗朝以南海縣來合號河南置縣令後復析之改為縣監 世祖七年移治于蟾江之邊 舊治在陽慶山之南三里 肅宗二十八年以蟾江為閑阨割晋州之岳陽花開四面來屬翌年移治于陳沓面豆谷又翌年陞都護府 英宗六年移治于螺洞二十一年又移于項村

縣號 淸河

官員 都護府使 兼晋州鎭管兵馬同僉節制使 一員

古邑 岳陽 西北四十里本新羅小多沙景德王十六年改岳陽為河東郡領縣高麗顯宗九年屬晋州本朝中宗三年置義倉肅宗二十八年來屬 花開 北三十里本新羅縣地景德王十六年改

陜浦 高麗顯宗九年屬晋州後降為花開部曲 本朝 肅宗二十八年來屬東距晋州一百十里西距岳陽二十里右二縣在智異之南

坊面 東面 初三十終五十七 古縣 東南初三十終四十 八助 南初十終二十 馬田 南初二十五終三十 西良谷 南初三十終四十 陳沓 西北初一終十五 北面 初三十終四十 內橫浦 東終四十 外橫浦 東終五十 赤良 北初十終二十 岳陽 西初十五終四十 花開 西北初二十終一百餘里

山水 陽慶山 東南三十五里 金鰲山 東南四十里昆陽界 茅方山 北十里 梨山 北五十里 智異山 北一百餘里跨晋州南原○靑鶴洞今稱梅溪東距晋州一百四十七里○花開洞有九疑峯瀟湘浦君山岳陽樓吹笛臺○岳陽洞山水甚佳○自天王峯稍下而西有香積寺又西五十里許有迦葉臺臺之南有靈神寺西下二十餘里有虛曠之地平衍肥膴縱橫可六七里宜種穀老柏參天中

長興庵

栗木封山一 松田九

處西四顧無涯宛然一平野遠邇南下沿溪有義神新興雙溪三寺自義神西折二十餘里有七佛庵庵有瀑布數十丈前有青鶴白鶴兩峯兀然如人拱立○山之東有香積寺鷲嶺並接晉州之薩川界○佛日庵西腧一嶺距雙溪十餘里崖谷絕峻無磴徑可由鑿絕壁腰可容一人行往來者無不駭汗庵又臨懸崖下可數十百丈有二池深不可測一曰龍湫一曰鶴淵○靈神寺寺之後峯有石削立其項戴小石如床號坐高臺有水源自靈神小泉至新興之前為大川流入蟾江是謂花開洞川○楼田洞在西北七十里智異之南有栗木封山

玉溪山(東十五里) 小叩山(南三十里) 安心山(東三十里) 內方山(南二十里)

鈒岩(在岳陽江邊漁舡常泊于此) 鳳凰臺(在平沙驛南江邊)

[嶺路] 車岾(東三十五里) 鱗岾(東南三十里) 牛峙(東五里) 公月峙(東十里) 理盲岾(東五十里有理盲窟) 長嶺(東南五十里) 栗峴(東四十五里三處昆陽界) 右 黃嶺(東北四十里晉州界) 文來峴(北三十里) 玉山峙(北十五里) 湯鹿峙(南路) 西峴 ○海(南三十里) 蟾江

三十五

堤堰六

西五里詳山水考

雙溪川(一云花開洞川西北五十里源出智異山之香積峯南流經花開洞入蟾江之龍湖潮水至焉) 橫浦川(東二十里源出黃嶺西南流入于錢卓浦) 玉溪(源出梨山南流入橫浦川) 南浦(南三十五里源出車岾南流入于海) 蛇浦(南十五里潮水往來) 所亇浦(南五十里) 錢卓浦(南二十里)

[島嶼] 牧島(南十里) 葛島(在所亇浦) 蛇島 沙島 小沙島 中島 櫓島 喇叭項(在牧島沙島之間以上並在蟾江海口)

[城池] 古邑城(在陽慶山下太宗十七年築周一千十九尺井五池一)

[倉庫] 邑倉 豆谷倉(蟾江邊) 古邑倉(陽慶山南) 海倉(在沙亇浦) 牧島倉(在牧島)

[驛站] 栗原驛(東四十里) 馬田驛(南四十里) 橫浦驛(東三十里) 平沙驛(北四十里自晉州來屬)

豆治二七 花開一六 舡橋五十 橫浦三八 辰橋三一望 市見昆陽

[津渡] 豆治津(西五里通光陽) 蟾津(南三十里)

[土產] 竹柿榴柚茶楮藿綵藿加士里牛毛海衣鰒海蔘文魚等魚物十五種

[樓亭] 海山樓 桂影樓(府內) 警海樓(舡所)

[典故] 新羅儒理王十年多沙郡進嘉禾○高麗恭愍王十一年倭焚岳陽縣 十三年倭寇河東 二十二年倭寇河東(辛禑) 三年倭寇岳陽元帥李琳(辛禑妻謹妃之父)擊之獲其舡二艘 四年倭寇河東○本朝 宣祖二十五年倭陷河東 三十年倭陷河東

咸陽

三十六

沙斤南南三十

[沿革] 本新羅速含景德王十六年改天嶺郡(領縣二利安雲峯)高麗太祖二十三年改許州成宗十四年陞都團練使顯宗三年降含陽郡九年屬陝川明宗二年置咸陽監務 本朝 太祖四年陞知郡事 世祖十二年改郡守 英宗五年陞都護府 正宗十二年降郡 [邑號] 含城

[官員] 郡守(兼晉州鎮管兵馬同僉節制使)一員

[坊面] 邑內(終五一云元水面) 官邊(東初五終十五) 池內(東初十終二十) 沙斤(東初十五終三十) 列音界(東南初二十五終三十) 休知(南初十終二十) 嚴川(南初三十終四十) 馬川(南初三十終一百) 竹谷(西初五終二十) 廣福(西初五終三十) 柏田(西北初二十終五十) 北山(北終十) 瓶谷(北初七終三十) 柳等浦(南初二十終三十) 道北(南初)

二十五終四十 北川北初三十終五十 上德谷東北初二十五終四十 下德谷東北初十五終二十 柏吐初三十終三十五 毛首東初二十五終三十 縣內初三十終四十 西上洞初五十終一百 西下洞初四十終五十 ○功安部曲東南十五馬川所今爲面 義呑所南三十

山水 白岩山北五里 智異山南四十里山之北本邑鎮據焉詳南原晉州○山北有吳源龍遊碧雲楸城四洞鍮店村俱爲勝地有安國君子見佛馬跡宝月無住先涅古涅等寺 白雲山西北四十里安義界○靈隱寺 聳藏山南十五里山中多蘭蕙 鷲岩山北二十里 霜山西二十里羣峯競秀狀若劍鋩山下有一洞府辛禑六年征倭時藏兵處 蛇岩山東二十里 悟道峯南二十里有月明塜○登竜寺 愁知峯東北十里

嶺路 天王岾北四十里安義界下有德峯寺 大方峙 寶天峙 圓通峙 鞍峙俱北三十里安義界 桃峴東三十里 八良峙西三十里峯界大路 雲本通峙東二十五里 文殊峴南四十里晉州界

三十七

○瀶川南三十里源出智異山般若峯下猪淵爲北流爲瀉水洞川由黃嶺洞至宗相寺前爲釜淵過赤山之廣川東南流經馬川所及任倉東流爲龍遊潭爲巖川入于牛灘○川之上下潭瀑岩石皆絶奇 巖川南二十五里北岸有巖川寺 濬溪西一里源出白雲山東南流經北倉爲渭水經郡南右過西溪左過涇水東入瀶溪○溪中舊有小孤臺今無形址 瀶溪東十五里自安義界南流與瀶川瀶溪合而東流入于山清界爲晉江之源 西溪西八里源出八良峙東流至歸開驛下五里許兩峽間亘石爲底 涇水源出宝天峙南流至郡東入于濬溪 龍遊潭南四十里潭之兩傍有岩石平鋪累積皆若廈襲然橫張展側或類大瓮其深無底或類罍樽千奇萬怪有似神變其水中有袈裟魚智異山西北有達空寺其傍有猪淵魚産于此卽雲峯縣地土人設網捕之 大孤臺在瀶溪中 大館林在瀶溪東岸 牛灘瀶川瀶溪會合處

堤堰 一

邑內二七 介坪五十 沙斤四九 馬川四九

城池 邑城英宗五年改築周七千三十五尺有東西南三門 古邑城東四里有土築遺址古邑治在郡東二里辛禑之年爲倭所焚移于今治 沙斤古城在驛北周二千七百九十六尺池三辛禑六年爲倭所陷本朝成宗朝修築 天王峯古城一云楸城一云朴回城去義呑所五六里牛馬所不能到內有倉庫遺址 鞍峙古城有石築遺址

倉庫 邑倉 北倉北三十里 仕倉南三十里 驛倉沙斤

驛站 沙斤道東十六里○屬驛十四○察訪一員 蹄閑驛西十五里

橋梁 沙斤橋驛南 大橋南五里

土産 竹 柿 榴 海松子 五味子 石蕈 蜂蜜 銀口魚

樓亭 學士樓邑內 陽化樓東門 望岳樓南門 白沙亭西一里 涵虛亭南二十里 雲皐亭東二十里

三十八

祠院 瀶溪書院明宗壬子建丙寅賜額 鄭汝昌見文廟 鄭蘊見廣州 姜翼字仲輔號介庵晉州人官叅奉 ○滄洲書院宣祖辛巳建顯宗庚子賜額 盧禛字子膺號玉溪豐川人官吏曹判書諡文孝

典故 新羅眞平王四十六年百濟武康王二十五年來攻速含城 ○高麗辛禑五年倭寇咸陽 六年倭屯沙斤驛元帥裵克廉等九將與戰于驛東三里許敗績朴修敬裵彦二元帥死之士卒死者五百餘人川水皆赤至今號爲血溪由是賊勢益熾遂屠郡城向南原屯引月驛爲我太祖所殄滅詳雲峯 十年倭寇咸陽都巡問使尹可觀晉州牧使朴子安與戰斬十八級 辛昌時倭寇咸陽郡

晋州鄧制使金實往救之與戰敗北〇本朝 宣祖二
十五年三十年倭陷咸陽
草溪
【沿革】本草八國新羅婆娑王二十九年取之置草八兮
縣景德王十六年改八谿爲江陽郡領縣高麗太祖二
十三年改草溪顯宗九年仍屬陜州明宗二年置監務
忠肅王時陞知郡事以縣人鄭守琪遇賊有功 本朝 世祖十
二年改郡守【郡名】清溪【官員】郡守兼晋州鎭管兵馬同僉節制使一員
【坊面】宅定西七終 良洞西十終 赤洞南初五終三十 白岩南初十終三十五
初冊北初十終二十 二冊北初十終三十 三冊北初三十終四十 甲山北初五終三十

三十九

泉谷西十
中方東終十 清元東初十終三十 德眞東北初十終三十 德谷東北初三十終四十
〇代如谷所北二十八
【山水】清溪山西五里 巢鶴山北三十里高靈界 臺岩山一云鳳棲山西十里
玉手峯東十里
陜川界 彌陀山南十六里宜寧界〇留鶴寺【嶺路】舞月峴西南十里陜川界通三嘉大路
仇彌峴北三十四里高靈界大路 高法峴東南十四里 〇洛東江東二十五里
堤堰六
黃芚江北十里陜川南江下流東流經大遷爲黃芚津右過八鎭川至玄倉與洛東江會〇詳山水考
八鎭川出于舞月臺岩等地八溪會而東流經郡南入于黃芚江邑號八溪者以此
【城池】古城清溪山上有古築遺址
【烽燧】彌陀山見上
【倉庫】邑倉 笛倉西 外倉北

邑內五十 栗津一六
【驛站】八鎭驛東五里
【津渡】黃芚津北十里高靈大路 甘勿倉津一云玄倉津高靈開山江下流東二十五
里通昌寧大路 三鶴津玄倉津上流距郡三十里 仰津玄倉津下流距郡三十五里右二處中路
【土產】竹 楮 漆 柿 榴 胡桃 海松子 蜂蜜 銀口魚 鯉魚 鯽魚
【樓亭】滄浪樓黃芚江南岸 勸稼樓 樂民亭西十五里
【典故】新羅敬順王二年甄萱襲康州高麗將金相等往
救康州經草八城爲城主興宗所敗金相死之〇本朝
宣祖三十年八月倭清正屠草溪
陜川
【沿革】本新羅大耶城 眞興王二十六年置大良州武烈

四十

王八年移押梁州都督于此以阿飡宗貞爲都督〇三國史云金庾信父舒玄爲
大梁州都督安撫大梁州諸軍事 景德王十六年改江陽郡領縣三三岐八谿宜
桑隷康州高麗顯宗陞知陜州郡事以顯宗大良院君卽位又以皇妣孝
肅王后李氏之鄕〇屬郡一居昌縣十一三岐嘉樹山陰丹溪加祚感陰利安新繁冶爐草溪含陽 本
朝 太宗十三年改陜川 世祖十二年改郡守【官員】郡
守兼晋州鎭管兵馬同僉節制使一員
【古邑】冶爐北三十里本新羅赤火景德王十六年改冶爐爲高靈郡領縣高麗顯宗九年來屬
【坊面】上三北終十五 下三北終十 栗津東初十終二十五 泉谷東初十終十五
大月南初十終十五 伊士赤同上 陽山南初十五終二十五 助古介西南初十五終
三十 加衣南初十終二十五 禿土西初三十終五十 頭上一云豆峴北初十五終二十五

仍邑北二十五 加山北三十 縣內北三十 龍淵

居居山北初三十終四十 縣東一云東村北初四十終四十五 上北北初五十終六十 下北北初四十五終五十 山谷北初六十終九十 崇山東北初五十終六十 官所東南初二十五終六十 心妙初二十五終三十 ○末谷鄉坐伊部曲俱在冶爐横山所東十

山水 北山北三里 蛇頭山西五里一名松岳 玉山客館西隅小山高麗顯宗駐此 加耶山在冶爐北三十里象王衆香只怛牛頭皆山之別名也石勢連紆如列萬戟極高且秀其上峯石勢如削四面人不可作上似平坦處○月留峯在山之西下有清凉寺○吹笛峯七星峯學士臺白雲臺奉天臺致遠臺疊石臺七星臺泚筆岩宛在岩會賢岩落花岩光風瀨吟風瀨霽月潭噴玉瀑紅流洞武陵橋○海印寺在山之西新羅哀莊王三年建刊大藏諸經藏之一云高麗文宗時所刊也高麗時亦藏實錄於此岩壑縈廻紅樹白石交映寺北五里有內院寺寺傍有得鈎池○圓明寺深源寺般若寺淨覺庵藴利庵成佛庵 美崇山東北六十里加耶東支高靈界 烏頭山冶爐古縣南十八里 豆毛山烏頭之北

堤堰七

嶽堅山西南三十里三嘉界 可岾山一云萬岱山北十五里東接高靈界○龍溪寺

嶺路 知乙峴東二十里高靈界極險阻 頭里峴西北三十里 阿斗峴南二十五里三嘉界 馬峴北二十六里 葛岾東二十七里 勸賓嶺勸賓驛南 花旨峴東南五十里宜寧界 大遷東十三里緣崖棧道上負絶壁下臨深淵縈紆屈曲二三里許 ○南江南五里草溪黄芚江上流 芚德淵西十五里南江上流 父子淵西四十五里勸賓驛前芚德淵上流右三處詳黄芚江 黄溪瀑西三十里岳堅山之東下有深潭 落花潭 加耶川其源有二一出居昌之牛頭山一出加耶山經武陵橋合于冶爐古縣北五里月光寺前東流入高靈界詳高靈○川之左右水口極膏沃種一斗收一百二十斗少不下八十斗水饒西易溉旱不為灾又木綿為上田 澄心川一源出郡北上上谷一源出頭里峴合于郡西十里抱耶西南東流經陰心樓前入于南江

城池 美崇山古城周一千六百四十三尺井六池一絶險 葛岾古城周二千二

邑內三八 冶爐二七 陶谷四九 勸賓五十 中麻五十

百三十九尺 葛歸城在海印寺東北有石築遺址 渴馬城 傴山城 辟溪城 天盖城

烽燧 所峴山西北四十九里 美崇山見上

倉庫 邑倉 新倉西北三十五里 冶倉冶爐古縣 北倉北六十里

驛站 金湯驛北七里 勸賓驛西四十五里

津渡 南江津通三嘉大路

土産 鐵 竹 楮 柿 海松子 松蕈 石蕈 蜂蜜 五味子 銀口魚

樓亭 澄心樓邑內 涵碧樓南四里南江石崖上倚絶壁俯長川 浩然亭

祠院 伊淵書院宣祖丙戌建顯宗庚子賜額 金宏弼 鄭汝昌俱見文廟

○莘岩書院孝宗癸巳建英宗丁未賜額 朴紹字彦胄號冶川潘南人官司諫贈領議政

諡文康

典故 新羅善德主十一年百濟將軍允忠來攻大耶城都督金品釋不能守先殺妻子以自刎幢下舍知竹竹收殘卒開城門以拒之遂力戰城陷與龍石同死 真德主二年金庾信伐百濟進兵大耶城至玉門谷與百濟戰大敗之斬一千級 神德王五年後百濟主甄萱攻大耶城不克 景明王四年甄萱率步騎一萬攻陷大耶仇史二城進軍於進禮新羅求援於高麗高麗命將討之萱引去 敬順王元年高麗攻破大良城 二年甄萱使將官昕城陽山為高麗所逐退保大良城縱

軍芟取大木郡禾稼遂分屯島於谷竹嶺路塞甑萱攻
拔島於谷城殺戍卒一千○高麗辛禑五年倭寇治壚○
本朝宣祖二十五年倭寇陜川

昆陽

[沿革]本新羅浦村景德王十六年改河邑爲河東郡領
縣高麗太祖二十三年改昆明顯宗九年屬晋州後置
監務 本朝 世宗元年安御胎以南海縣來合陞昆
南郡十九年復析置南海縣以晋州之金陽部曲來屬
改昆陽郡舊治在今治四十五里稱昆明里 [邑號]鐵城 昆山 [官員]郡守兼晋州鎭管兵馬同僉節制使一員

[古邑]省良西四十五里本新羅縣地景德王十六年改省良爲河東郡領縣高麗降爲金陽部曲屬晋州本朝太宗朝屬于南海稱海陽世宗十九年還屬于晋州後復來屬

[坊面]東部終七 西部初十終二十 城防北初十終二十 加利東北初八終三十 南浦南初十終三十 金陽西初二十終四十五本金陽部曲 西面初四十終六十以上三面沿海 草梁北初十終三十 所谷北初二十終四十 昆明北初二十五終三十五 ○有宗部曲五 亇音鄕東二十 瀰谷所東十 盤龍所東十

松田十六

[山水]銅谷山北三里 所谷山北二十五里安世宗御胎 鳳鳴山一云棲鳳山北十五里有鳳岩 牛山郡城南 金鰲山一云瓶要山西二十里河東界 諸方山北二十里 鶴遊山西十五里 [嶺路]栗峙西十里 十二峙東北十里 金冩峙北三十里
○海南二十五里 金城江北三十里晋州蓬川洋 唐川東一里源出晋州桐谷面南流

經郡東入于海 前川源出河東車岾南流復折而東流經郡前會于唐川 牙方浦東二十里 毛郎浦東十里 城倉浦 蓋田浦 仇良浦俱南二十里 粟浦西八里 辰梯浦南十八里 金陽浦西南二十八里 蒲谷浦東十里 大浦東二十里
江洲浦東北二十里晋州泗川界 盤龍浦東北二十五里晋州泗川界 [島嶼]飛島南三十里海中

堤堰六

[城池]邑城周三千七百六十五尺甕城十八井三池二
[鎭堡][廢鎭]露梁鎭在露梁津北岸舊有水軍萬戶
[倉庫]倉三邑內 濟民倉南外 山縣倉金陽面
[驛站]浣紗驛北十八里 良浦驛西二十五里
[津渡]露梁津西南四十五里入南海者由此

[橋梁]辰橋西十八里 芥橋金城江

邑內五十 辰橋七日朔 三市見 河東

[土産]竹茶柿柚榴蜂蜜絲藿海衣松蕈香蕈鰒海蔘紅
蛤文魚大口魚石花銀口魚烏賊魚錢魚洪魚絡蹄蟹
鱸魚秀魚石首魚蛤青魚鯊魚眞魚魚物沿海諸邑大同 白土
[典故]本朝 宣祖二十五年倭陷昆陽 三十年八月
倭義弘等泊昆陽搜山殺掠公私焚蕩

南海

[沿革]本海島也新羅轉也山一云轉伊山 神文王十年置郡
景德王十六年改南海郡領縣二蘭浦平山 隷康州高麗顯宗
九年改縣令屬縣如上 恭愍王七年因倭失土僑寓晋州之

大也川部曲(晉州西四十里) 本朝 太宗朝合于河東稱河南後復析之以晉州之金陽部曲來屬稱海陽未幾金陽還屬晉州而復稱南海 世宗元年合于昆明縣稱昆南十九年復析為南海縣令燕山主五年降縣監(以縣人與求禮民裵仁目謀叛) 中宗二年復為縣令

[邑號] 轉山 花田 輪山

[官員] 縣令(兼晉州鎮管兵馬節制都尉)一員

[古邑] 蘭浦(在本島中距縣東二十一里本新羅內浦縣景德王十六年改蘭浦為南海郡領縣高麗顯宗時仍屬) 平山(在本島中距縣南二十五里本新羅平西山一云西平景德王十六年改平山為南海郡領縣高麗顯宗時仍屬)

[坊面] 縣內(四方五里) 二東(初十終四十) 三東(初四十五終九十) 南面(終二十五)

四十五

西面(終二十) 古縣(北初十終二十) 雪川(東初十五終二十五) ○秀山所

松田三

[山水] 望雲山(西二里) 錦山(東南二十五里洞府泉石奇勝有九井峯大藏峯香爐峯地藏峯義相臺華嚴臺金水窟音聲窟九龍窟觀音窟○登九井峯南壁大海浩漫海中有門岩如虹霓虹行其中岩前有小岩嶼簇立峯上有上兜率庵中兜率庵菩提庵生禪臺皆有景勝又有龍門寺義相庵望海庵俱絕景) 所屹山(南三十里) 猿山(南六十里) 鹿頭山(北二十三里西有三峯) ○海(東西南北皆海) 觀音浦(北十里) 大浦(北十五里) 巴川浦(北五里) 車山浦(東六里) 豆音浦(東二十五里) 盆田浦(西三十里) 湖乙浦(南十五里) 毛沓浦(北二十五里) 架串浦(北三十里) 凍川串(東三十里)

[島嶼] 蘇島(東六里蒲島皆冬柏) 島島(東南六十里) 葛島(東南七十里) 櫓島(東南三十五里) 牛毛島(北) 麻島 竹島(西南)

櫃子島

長島 鹿島(東) 石島 竹島 汝島 槽島 鵲島(南) 虎島(東南)

倉一 倉一

[城池] 邑城(周二千八百七十六尺瓮城八井一泉五 世祖五年築)十 古縣城(北十七里周一千七百四十尺) 官堂古城(北十七里周七百二十尺)

[鎮堡] 彌助項鎮(東南八十七里 成宗十七年置鎮後為倭所陷因革之 中宗十七年復設城周二千一百四十六尺○水軍僉節制使一員) 平山浦鎮(在平山古縣初設于加石後還汲古縣址城周一千五百五十八尺○水軍萬戶一員)

[革罷] 彌助項舊鎮(在今鎮西十二里城周八百三十五尺) 尚州浦舊堡(東南四十五里 中宗十七年移城峴堡于此置權管城周九百八十五尺 英宗二十七年革) 曲浦舊堡(東二十里蘭浦古縣址 中宗十七年移牛峴堡于此置權管城周九百六十一尺 英宗二十七年革) 城峴舊堡(南二十里 成宗十九年置權管城周七百六十尺 中宗朝移于尚州浦) 牛峴舊堡(南二十五里置權管城周九百十三尺 中宗朝移于曲浦)

四十六

[倉庫] 邑倉 外倉(東南三十里) 漕倉(在露梁)

[烽燧] 錦山(見上初起)○ 所屹山(見上) 猿山(見上) 嶺上別望(在彌助項)

[驛站] 德新驛(北三十五里)

[牧場] 錦山串場 凍川串場

[津渡] 露梁津(北三十八里通河東昆陽)

邑內場四九

[土産] 竹 楮 漆 柚 榴 梔 榧 弓幹 桑 松 蕈 香蕈 藿 海衣 魚物 十六種(同昆陽)

[祠院] 忠烈祠(仁祖癸酉建 顯宗癸卯賜)額 李舜臣(見牙山○立勝捷碑于祠前)

[典故] 高麗元宗十二年三別抄賊將劉存奕據南海縣剽掠沿海聞其黨遁入耽羅亦以舡八十餘艘從之

恭愍王即位之年倭寇南海　十年倭焚南海　辛禑八
年海道元師鄭地率戰舡四十七艘次羅州不浦賊舡
百二十艘大至慶尙沿海州郡大震合浦元師柳曼殊
告急鄭地日夜督行到蟾津徵集合浦士卒賊已至南
海之觀音浦勢甚熾四圍而進鄭地督進至朴頭洋朴頭
即固城之南洋上樸島下樸島賊以大舡數十艘艘置勁卒百四十人
爲先鋒鄭地進攻大敗之焚賊舡十七艘浮尸蔽海兵
馬使尹松中箭死○本朝　宣祖二十五年倭兵大至
慶尙右水使元均知勢不敵悉沉戰艦戰具散水軍萬
餘人獨與玉浦萬戶李雲龍永登浦萬戶禹致績樓泊

于南海縣前欲尋陸避賊雲龍抗言曰此處乃兩湖咽
喉若不守則兩湖危矣可請湖南水軍來援也均從其
計遣栗浦萬戶李英男請援全羅左水使李舜臣方聚
諸浦舟師于前洋欲待寇至而戰遂與鹿島萬戶鄭運
軍官宋希立彥陽縣監魚泳潭爲水路前導會均於巨
濟前洋到玉浦遇倭舡三十艘進擊大破之餘賊登陸
而走盡焚其舡而還復戰于露梁津燒賊舡十三艘賊
皆溺死舜臣嘗造龜舡每以此取勝　三十年倭復大
擧入寇統制使元均禦倭力竭敗沒倭乘勝西向南海
順天次第陷敗至巨治津下陸長驅兩湖大震　三十

一年九月泗川所據倭義弘南海所據倭調信等領數
百艘乘夜潮赴行長之徵援時行長據順天之倭橋明史稱曳橋陳璘李
舜臣率諸舡爲左右挾我軍屯于南海之觀音浦天兵
陳於昆陽之竹島洋夜半倭自光陽雲合直向倭橋西
軍相擊破賊舡五十餘艘斬二百餘級賊退入觀音浦
舜臣先登追殺賊伏於舡尾發丸舜臣中丸急命子薈
秘不發哀薈從命手自鳴鼓斬九百餘級投水死者甚
衆逃免者僅五十餘艘行長等潛自猫島西梁而走南
海倭賊由陸路入彌助項倭將義智收聚舡載以去劉
綎見倭橋戰烟馳進賊陣已空陳璘率諸軍入南海收

粮萬餘石○通鑑輯覽云萬曆二十六年冬十一月初
官軍分道擊倭不利會平秀吉死羣倭俱有歸志其渠
師淸正發舟先走總兵官麻貴遂入島山西浦都督陳
璘遣副將鄧子龍督水軍千人駕三巨艦爲前鋒邀之
南海戰歿時子龍年踰七十意氣彌厲急攜壯士三百人躍上朝鮮舟直前奮擊死傷無等他舟誤
擲火器入子龍舟舟中火起賊乘勢子龍戰死會陳蠶李金等軍至邀擊而倭
無鬪意官軍焚其舟賊大敗脫登岸者又爲陸兵所殲
焚溺者萬計

泗川

[沿革]本新羅史勿縣一云史勿國是浦上八國之一景德王十六年改

松田十三

泗水爲固城郡領縣高麗太祖二十三年改泗州顯宗
九年屬晉州明宗二年置監務 本朝 太宗十三年
改泗川縣監 世宗朝置鎭以兵馬使兼判縣事後改
稱兵馬僉節制使後改縣監【鎭號】東城【官員】縣監兼晉州鎭管兵馬節
制都尉一員
【坊面】上州內終五 東面初五終二十五 迯面同上 中南初七終三十 下南
初十五終二十五 上西初五終十三 下西終五 北面初五終十二 三千南初三十
五終五十越在固城西界晉州之末文面越在本面南界○觀海谷所北十
【山水】豆音伐山東六里 歸龍山南十里 臥龍山南三十里晉州固城界○
高麗成宗十一年流太祖第八子郁于泗水縣顯宗郎位後追尊其考郁爲安宗葬于陵華峯下今稱陵華里

四十九

堤堰三

八年遷梓宮于松京號乾陵顯宗嘗寓居于山之排房寺 八音山東北十五里 十全山東北
十八里晉州界 所谷山西十九里昆陽界 玉山東十里 尼山南十里【嶺路】蔚道
峙東南路 芙蓉峙同上 ○海西五里南三十里 泗水源出固城之無量山西流徑縣
南四里八晉州江洲浦下流海口 通陽浦南二十里源出固城界西流入于海口 屛風池
縣內 大觀臺縣西海邊【島嶼】仇良島一云勒島 深水島 草島 楮島在南海中
【城池】邑城周五千十五尺城三井四池二瓮 古城南五里桶城隍山周一千九百四十一尺
泉一池二
【鎭堡】【營】三千浦堡南二十里自晉州移于通陽浦成宗十九年築城置權管後又移于固
城縣○宣祖丁酉倭石曼子據於此與對山之島山順天之倭橋稱爲三窟○堡城今稱倭龍城
【烽燧】鞍岾南十五里

邑內五辛八場基八日朔三市新場三日朔三市

【倉庫】邑倉 兵倉中南面 南倉下南面 濟民倉 通陽倉高麗
十二漕倉之一○倉城縣南十七里土築周三千八十六尺 宣祖丁酉倭石曼子亦據此
【驛站】東溪驛南二里 官栗驛北十七里
【土産】竹柿榴柚梅藿香蕈蜂蜜魚物十五種同昆陽
【樓亭】永和樓 霽景樓 枕鼇亭俱邑內 備虞堂南二十里舡泊
【祠院】龜溪書院光海主辛亥建肅宗丙辰賜額 李滉見文廟 李禎字剛而號龜岩
泗川人官副提學 金德誠字景和號醒菴南山人官大司憲贈吏曹判書諡忠貞
【典故】新羅訥祇王二十五年史勿縣進長尾白雉○高
麗恭愍王七年倭寇角山戍燒舡三百餘艘 九年倭
寇泗州角山 十年十三年倭寇泗州 辛禑四年倭又

五十

寇晉州裵克廉等進擊于泗州斬二十餘級 五年上
元帥禹仁烈與裵克廉等擊倭于泗州大破之殺獲百
四十餘人○本朝 宣祖二十五年倭陷泗川 三十
年八月倭屠泗川義弘石曼子留屯 三十一年七月
邢玠萬世德分軍爲四路麻貴揚登山薛虎臣等十一
人領兵二萬四千主東路董一元李如梅等七人領兵
一萬三千五百主中路劉綎李春芳等七人領兵一萬
三千六百主西路陳璘許國威等九人領水軍一萬三
千二百主水路大約兵十四萬二千七百忠淸全羅屬
西路京圻黃海慶尙右道屬中路平安江原慶尙左道

屬東路黃海平安舟師屬水路四路兵陸續進發九月
齊攻島山倭橋泗川三處所據倭壘一元自晋州先擊
泗川倭倭見兵勢走入大陣一元縱兵追殺因圍法叱
島連日攻戰倭群敗入城天兵追入義弘縱兵逆戰積
尸如山俄而火發士卒燒盡一元僅以身免走向三嘉
賊追至晋州奪南江軍粮一萬二千石而去一元收兵
鎭居昌亦失粮八千石

三嘉

[沿革]本新羅加主火景德王十六年改嘉樹爲康州領
縣高麗顯宗九年屬陝州 本朝 太宗朝以三岐來

五十一

合改號三嘉置監務十三年改縣監[邑號]鳳城[官員]縣監兼晋州鎭管兵馬節制都尉一員

[古邑]三岐西北五十里本新羅三支一云麻枝景德王十六年改三岐爲江陽郡領縣高麗顯宗九年屬陝州恭愍王二十二年置監務 本朝太祖朝陞爲郡 太宗朝復降爲縣尋合于嘉樹○邑號岐山

[坊面]上谷東初五終十五 阿谷南初五終十 文松南初十終二十 柏洞北初十終二十 佳會北初十終三十 古縣西北初四十終五十 太平西北初三十終四十 並水 毛台 界山並西北初六十終七十 知玉西北初七十終八十 神旨西北初七十終一百以上七面三岐古縣地東北接陝川西南接山清北居昌 ○綿峴所 吐村所

[山川]飛鳳山東二里 馬莊山北六里 闍崛山東十七里宜寧界 黃山西北五十里○愛溪寺 紺岳山西北八十里居昌界 虎窟山西北四十里 嶽堅山

北四十里陝川界 [嶺路]阿斗峙北二十五里陝川界 都豆峙豆一作討南二十里 大峴東南二十里並宜寧界 三大峙一云三多佛西南十五里峙 白峴西十三里並丹城界 栗峴西北七十里居昌界 葛項西北三十里 ○水晶川一云深川源出陝川之花旨峴南流經縣東入于丹城界爲深川 砧淵西北五十里陝川父子淵下流東流爲笔德灘詳草溪黃笔江

堤堰六

栗淵東二里 匙非浦西北四十七里 都豆池南十里周二百步

[城池]邑城周三千二百五十九尺泉二 嶽堅山城周二千二百八尺中有溪天險之地

金城西北五十里三岐古縣城有遺址

[烽燧]金城山古城內

[倉庫]邑倉 三岐倉古縣 外倉西北七十里

[驛站]有隣驛東八里

五十二

邑內二七 古縣四九

[土産]鐵竹楮柿五味子蜂蜜麝香銀口魚鰍魚

[祠院]龍岩書院宣祖癸卯建光海主己酉賜額 曺植見晋州

[典故]新羅眞德主二年金庾信攻拔嶽城嶽堅山城等十二
城斬二萬餘級生獲九千人○高麗辛禑五年九月倭寇
嘉樹縣都巡問使金光富與戰敗死栗淵是金光富敗死處一云有隣西
亭是也距縣七里 ○本朝 宣祖二十五年倭陷三嘉

宜寧

[沿革]本新羅獐含景德王十六年改宜寧爲咸安郡領
縣高麗顯宗九年屬晋州恭讓王二年置監務 本朝
太宗十三年改縣監[邑號]宜春宜山[官員]縣監兼晋州鎭管兵馬節制都

尉一員

古邑 新繁 東北六十里本新羅新介一云朱烏村一云泉川縣景德王十六年改宜桑為江陽郡領縣高麗太祖二十三年改新繁顯宗九年仍屬陝川恭讓王二年來屬

坊面 漁火 東初五終二十 豐德 東初五終三十 芝山 東北初十五終五十 萬川 南初五終十 嘉禮 西初十終二十 上井 西初五終二十五 七谷 西初十終三十 毛兒 西初五終三十五 由太 北初三終十五 禾谷 北初七終三十 定谷 北初五終四十 天山 北初十終五十五 紙村 北初三終五十 正洞 東初十終四十 大谷 西南初七終三十五 宝林 東北初五終五十 洛西 東北初二十終七十 來要 西北初十終五十 〇 正骨部曲東三十五 弓勿谷部曲東十 藏谷鄉新繁南十五 砥山鄉東六十 釜谷所南十五 楮吉所在新繁 弓谷所東十五 桐谷所

松田二

山水 德山 北二里 龜龍山 南二里 闍崛山 西北三十五里三嘉界有白雲明鏡二臺〇菩提寺 彌陀寺 東北六十里草溪界〇留鶴寺 碧花山 西二十五里 **嶺峴** 大峴 西北三十里三嘉界 孤老峙 北六十里 月羅峙 東路 雪梅峴 西南三十里晉州界 長峴 東十五里 弘道峴 北四十里 花旨峴 西北五十里陝川界 〇 洛東江 東二十里

堤堰五

晉江 南十里 世干川 東北五十里新繁古縣南十里源出闍崛山東北流入洛東江 黔丁川 南二里源出闍崛山東流入晉江之鼎岩津 亐叱浦 新繁古縣南十二里世干川之入洛江處

城池 邑城 宣祖二十二年築周一千五百七十尺井三

烽燧 可莫山 東三十六里

倉庫 邑倉 新倉 新繁古縣 北倉 西北四十五里

驛站 新興驛 北五十四里 指南驛 西九里

邑內三八 宝林四九

十瓢亭

津渡 鼎岩津 東南九里咸安界大路有岩在江中如鼎上有黑岩 朴津 東北五十里見昌寧 尺堂津 晉州黃柳津下流

土產 竹楮桑苧漆柿梅榴蜂蜜銀口魚鯽魚

祠院 德谷書院 孝宗丙申建顯宗庚子賜額 李滉 見文廟

典故 本朝 宣祖二十五年四月倭入慶尚右道其將安國司擊言南湖南玄風人郭再祐稱紅衣將軍起義兵千餘駐鼎岩津 最為要害有事必守之地 往來江上東西勦擊常設機變以備咸安昌寧靈山渡江之賊出入倭陣馳驟如飛軍無傷損賊望輒撤去由是軍聲大振收復宜寧三嘉陝川等邑 六月倭舡十八艘自雙山驛風至鼎岩津郭再祐拒卻之倭由靈山昌寧將渡岐江再祐馳往拒之 倭入宜寧兵使曺大坤走軍卒已散時嶺南六十餘邑盡沒唯右道六七邑僅免兵火

安義

沿革 本新羅馬利景德王十六年改利安為天嶺郡領縣高麗顯宗九年屬陝州恭讓王二年移屬感陰縣 本朝 太宗朝改安陰 取二縣名以利安為治所 十三年改縣監 英宗四年革之 以逆賊鄭希亮謀叛革之分屬縣地於咸陽居昌兩邑 十二年復置四十三年改安義 **郡名** 花林 **官員** 縣監 兼晉州鎮管兵馬節制都尉 一員

松田四

古邑 感陰（北三十五里本新羅南內景德王十六年改餘善爲居昌郡領縣高麗太祖二十三年改感陰顯宗九年屬陝州毅宗十五年因証告撤降爲部曲恭讓王二年復置監務以利安來併）

坊面 縣內（終五） 黃谷（東南終二十） 草站（東終二十） 大代（同上） 知代（北終二十） 南里（北終三十） 古縣（北終四十） 東里（同上） 北上洞（北終六十） 北下洞（北終五十） 西上洞（西北終七十） 西下洞（西終四十右六西感陰古縣地） ○加乙山所（今稱玉山西四十）

山水 城山（西三里） 旗泊山（一云智雨山北二十里有長水寺寺前有瀑布其下有龍湫） 鳳凰峯（卽德裕山東支西北七十里） 金猿山（北二十里下有鶴潭） 長安山（西北六十里長水界） 靈鷲山（西五十里南原界） 白雲山（西三十里咸陽界） 德裕山（西北六十里茂朱長水界○靈覺寺） 扶田山（長安山之南） 佛影峯（德裕山南支） 月峯山（北六

五十五

堤堰一

十里） 花林洞（西北三十里） 尋真洞（北二十里） 猿鶴洞（北三十里清泉白石上下五十餘里） 愁送臺（東北四十里猿鶴川邊有瀑布） 點風臺（在文廟南陽尋真花林二水合于臺前）

嶺路 六十峙（西北六十里長水界幽阻要害處） 島嶺（東二十二里居昌界） 官述峙（同上） 天王岾（西二十里咸陽界） 望峙（北十五里） 月星峴（卽月星山北十里） ○尋真川（源出月峯山南流至旗泊山之眉玉岩爲龍湫由尋真洞折而南流至咸陽界爲灆溪） 花林川（出德裕山之鳳凰峯南流爲楸川龍游潭至縣北三里左過尋真川西南流爲灆溪卽晉江之源縣西十餘里川邊有籠岩） 猿鶴川（源出德裕山之佛影峯南流爲龜淵爲渭川至愁送臺右過葛川南爲金猿山之鶴潭東流爲居昌之灣川卽黃芼江之源） 東川（尋真花林二川合而徑縣東爲灆溪上流） 渭川（北五十里猿鶴川上流） 葛川（東北四十里源出月星山東流入猿鶴川）

城池 古城（西三里稱城山有遺址） 黃石山古城（周二千九百二十四尺有小溪距縣

邑內二七 古縣五十 道川三八

西北十五里）

倉庫 邑倉 古縣倉（感陰） 玉山倉（西四十里）

驛站 臨水驛（東五里）

橋梁 大橋（東川） 龍門橋（鄕校前） 長風橋（北四十里感陰縣下流）

土産 竹 柿 楮 胡桃 石蕈 五味子 蜂蜜 熊膽 麝香 銀口魚

樓亭 光風樓 花鶴樓（並邑內）

祠院 龍門書院（宣祖癸未建顯宗壬寅賜額） 鄭汝昌（見文廟） 鄭蘊（見廣州）

○黃岩祠（肅宗乙未建丁未賜額） 郭趍（號在齋玄風人官安陰縣監贈吏曹判書諡忠烈） 趙宗道（號大笑軒咸安人官咸陽郡守贈吏曹判書諡忠毅） 鄭庸（字子常晉州人壬辰亂以聞慶假倅死於晉州） 劉名蓋（字顯番居昌人丁酉亂以居昌座首殉節本邑右二人肅宗乙未享于別祠）

五十六

典故 本朝 宣祖三十年倭酋平秀吉以金吾爲大將領二十餘將率五十萬兵水陸大進密陽鎭海金海巨濟之路烟焰連天淸正兵至咸陽先鋒數十至黃石山城助防將白士霖縋城潰走倭入城亂殺咸陽郡守趙宗道安陰縣監郭趍等死之（初體察使李元翼以黃石爲湖嶺咽喉賊所必爭隸三邑兵命郭趍守之至是見陷） 英宗四年嶺南逆賊李熊輔鄭希亮等稱兵安陰侵掠傍縣以應淸州賊熊輔軍牛頭峴（居昌）下希亮軍省草嶺將向茂朱時巡撫官軍踰秋風嶺節制使朴弼健卽提兵直前先據牛頭峴右防將李普赫從東路昆陽郡守禹夏亨從南路並進其餘諸軍四面

直追賊兵一時潰散擒熊輔希亮等嶺賊悉平

山淸

沿革 本新羅知品川 與知禮古號同 景德王十六年改山陰爲闕城郡領縣高麗顯宗九年屬陜州恭讓王二年置監務 本朝 太宗十三年改縣監 英宗四十三年改號山淸 以民家女子從丹七歲生子 邑號 山陽 官員 縣監 兼晋州鎭管兵馬節制都尉 一員 古治在北二十里

坊面 縣內 終五 月洞 北初五終十 梧谷 北初十五終二十 古邑內 北初二十終二十五 生林 同上 釜谷 北初二十終四十 水多谷 東初五終二十 車峴 東北初十終二十五 黃山 東北初二十終三十 智谷 南初五終十 金石 西初五終十五 西村 西初十五終二十 毛好 西初十五終二十五 ○ 皆品部曲號長溪西北二十五松谷所北十三

五十七

松田十

山水 東山 東三里 南山 南二里 智異山 西南五十里 楡山 南十里 雞鳴山 西南十五里 馬淵山 北十里 王山 西北二十里加耶國仇衡王陵在王山寺後累石爲郛四面皆有層級寺卽仇衡王所居水晶宮○仇衡王祠在山下 黃山 一云黃梅山東北五十里三嘉界 會稽山 東北十里 闊高山 西北四十五里 筆峯 西五里 卧龍岩 西北三十里

道路 本通峙 西三十里咸陽界 白也峴 東北十五里 古川嶺 北五十里居昌界 寄岾 北五十里三嘉界 尺旨嶺 東二十里丹城界 新巨里嶺 西北二十五里

栗峙 南十里晋州界 ○ 牛灘 西三十里 長善灘 南二里右二處咸陽濫溪下流晋州南江上流 西溪 源出古川嶺南流回折經縣西入于長善灘 鏡湖 北一里

堤堰二

城池 南山古城 周一千三百四十六尺

倉庫 邑倉 西倉 西二十里 北倉 東北四十里

驛站 正谷驛 東十里

津渡 自灘津

邑內一六
生林三八

土産 鐵竹茶柿榴松蕈石蕈蜂蜜銀口魚熊膽麝香

樓亭 換鵝亭 邑內俯瞰江流前有道士觀東有洗硯亭

祠院 西溪書院 宣祖丙午建肅宗丁巳賜額 吳健 字子強號德溪咸陽人官典翰

典故 高麗 辛禑 五年倭寇山陰○本朝 宣祖二十五年倭陷山陰 二十六年十二月南原義兵將趙慶男斬倭一百二十三級于山陰所領之兵無有損傷 三十年倭陷山陰

五十八

丹城

沿革 本新羅闕支景德王十六年改闕城郡 領縣二丹邑山陰 隷康州高麗太祖二十三年改江城縣 古址在今治北十五里 後復陞郡顯宗九年屬晋州恭讓王二年以丹溪來屬置監務 本朝 定宗朝以僑寓永善縣 見晋州 之濱珍縣 見巨濟 來合號珍城 世宗朝濱珍還屬巨濟改丹城縣監 取丹溪江城二縣名 宣祖三十二年合于山陰縣 以倭寇蕩殘 光海主五年復置 移治于來山之下肅宗二十八年復移于江城舊址英宗七年復還來山

邑號 龜城 官員 縣監 兼晋州鎭管兵馬節制都尉 一員

古邑 丹溪 東北四十八里本新羅赤村景德王十六年改丹邑爲闕城郡領縣高麗太祖二十三年

松田九

改丹溪顯宗九年屬陝州恭讓王二年還屬江城

坊面 縣內終十五 梧桐東終十 都山東初十終二十 元堂南初五終十五 北洞西北初三終二十五 生北陽東北初二十終三十五 彩燈北初二十終四十 凡勿也北初三十五終五十 新洞北終四十 ○文乙部曲北二十五 西九 松界部曲

山水 來山北里 斷俗山西五里晉州界 寶岩山北三十七里 月明山東北十五里 集賢山東二十五里晉州界 笆鐵山北三十里山清界 消悟山西八里晉州界 屹栗山東北四十里 白雲山東十里 武陵北二十五里 尼邱山西五五 岩惠山南八里晉州界 赤壁東六里江邊疊石危險路出其下 落水岩北十五里

堤堰七

嶺路 尺旨嶺北五十里山清界 新峴西北二十五里山清界 矢峙路南 ○梁川一云道川東十里源出陝川花旨峴南流為深川經三嘉縣東為水晶川西南流經集賢山之陰右過丹溪川西入新安津 丹溪川源出山清黃梅山南流經武陵白馬城入于深川 晉江自山清長善灘經縣東北轉而南流為新安津至消悟山之東入于晉州界 碧溪潭在丹溪川北三十里

五十九

邑內二七 道川卒 丹溪四九 立石一六

城池 東山城北七里一云白馬城周二千七百九十五尺三面絶壁東南補築百餘尺泉一池一

烽燧 笠岩山北四十里

倉庫 邑倉 丹溪倉在古縣

驛站 新安驛北十里 碧溪驛丹溪古縣

津渡 新安津東五里

土產 鐵 吋 茶 柿 榧 梅 榴 蜂蜜 礪石 銀口魚 麝香

祠院 道川書院太宗辛巳建正宗丁未賜額 文益漸字日新號三憂堂南平人恭愍王時以書狀官如元得木綿種歸蕃植于我國官左司議右文館提學 本朝太宗朝贈參知議政府事江城君諡忠宣 權濤字靜甫號東溪安東人官大司諫贈吏曹判書

典故 高麗高宗四十二年平章事崔璘至陝州丹溪見蒙將車羅大 辛禑五年倭寇丹溪○本朝 宣祖二十五年倭陷丹城 三十年倭陷丹城

六十

大東地志卷九

大東地志卷十

古山子 編

金海

沿革 漢光武建武十八年 壬寅新羅儒理王十九年 首露建國于此國號加耶 一云加羅國促呼爲駕洛國卽弁韓諸國之一 歷十王至仇衡降于新羅 歷年四百九十一年卽新羅法興王十九年壬子 新羅置加耶郡 一云金官郡○按金仇衡位上大等以其國爲食邑 文武王二十年置金官小京景德王十六年改金海小京隸良州高麗太祖二十三年降爲金海府後又降臨海縣尋陞爲郡成宗十四年改金州安東都護府隸嶺東道顯宗三年降爲金海郡防禦

使九年屬郡縣 郡二義安咸安縣三漆原熊神合浦 元宗十一年陞金寧都護府 以防禦使金恒平密城之亂又拒三別抄有功 忠烈王十九年降爲縣 以殺按廉使劉顥 三十四年陞金州牧 忠宣王二年降金海府

本朝 太宗十三年陞都護府 世祖十二年置鎭 管七

邑號 盆城 **官員** 都護府使 兼金海鎭兵馬僉節制使別中營將討捕使 一員

坊面 左部 東終十 右部 西終十五 上東 初二十終四十 下東 初十終四十 沽川 南初五終十五 台也 南初三十終五十 七山 西初七終十五 栗赤 西初二十終三十 酒村 西初十終三十 進禮 西初二十五終三十 柳等也 西南初十五終三十 務村 西初三十終五十 下界 西初四十終五十 太山 本太山部曲西北初四十終六十 中北 西北初三十終四十 下北 北初十五終三十 朱林 北初十五終四十 府內 終五 ○水多部曲

東十五 高乙彌鄕南二十 省火禮鄕南四十 達音浦鄕東二十五 甘勿也鄕東二十

山水 盆山 北三里 神魚山 東十里 流民山 一云加助山西五里 雲岾山 西五里 長遊山 南四十里 明月山 南四十里山下有仇良村見助岩水岾以接倭使今廢山項石罅有穴成門高廣皆五尺許深七尺許上下四方平正其內中央圓徑三尺成穴穴中水深不測謂之龍湫 佛母山 飛音山 俱西三十五里昌原界 食山 北三十里南連盆山極高大 龜旨峯 北三里 三郞峯 北四十里 招賢臺 東七里小山 迭舫臺 南十里海邊

嶺路 栗峴 南四十五里熊川界 熊猪峴 南三十八里 陳峴 南三十五里 露峴 西四十里昌原界 綾峴 南三十里 馬峴 北三十里 赤項峴 西南三十里 羅田峴 北路 ○海 南十五里 海陽江 北四十八里密陽龍津下流 黃山江 東四十里梁山界海陽江下流 台也江 南四十里黃山江下流一派自竹島來注鳴旨島 三叉河 東南四十二里

黃山江下流分爲三派梁山郡七點山在二叉之間 新橋川 西北三十里源出昌原府廉山東北流合于茂松池北入海陽江 栗川 西南十里出赤項峴東流入于海 虎溪 府城內出金山南流入江倉浦口溪邊有婆娑石塔凡五層其色赤斑其文良脆雕鏤甚奇 都要渚 東三十里沿江居民櫛比藩籬相接以漁鹽舟楫爲生俗尙淳朴其連境馬休村亦然 主浦 南四十里出明月山南流入于海 江倉浦 南六里三叉河一派流竹島 防浦 西五里出露峴南流入海 德浦 西十里出雲岾山東南流入海 酒村池 南十五里周四十二百三十尺 茂松池 西三十五里

島嶼 德島 南十二里江中 竹島 南十五里江中 鷲島 南五十里洛東江入海處周二十里白沙平鋪島南有石陸入于海名曰鷲岩島北海水最深舟舡經泊之處謂之鷲 鳴旨島 南四十里水路二十里周七十里東隔鷲島二百步許煑鹽最盛閭閻富繁 坤地島 西南十五里 前山島 一云壁山島南五里 落沙島 北四十里江中

形勝 南環大海北襟長江七點縈紆三叉經帶山川秀美人物殷阜居一道之水口管南北海陸之利

城池 邑城 辛禑時本府使朴葳築周四千六百八十三尺甕城四泉二十八瀆一池一 盆山城 周一千五百六十尺井二 盆城 土築周八千六百八十三尺 進禮城 西三十五里○新羅時以金仁匡為進禮城諸軍事 漕轉城 東十八里周二百六十五尺 歃谷山城 西二十里周六百尺井一 馬峴城 一云寡女山城北三十里周一千三十尺井一 新沓山城 西十五里周七百餘尺 望山島城 本府使朴葳築 竹島倭城 南十里宣祖壬辰倭人所築周五百八十尺外城周六百十五尺 馬汰倭城 北四十里土築周七百餘尺 打鼓城 泉谷城 ○加耶首露王三年築都城營宮室 今府城內有王宮遺址 高麗靖宗六年城金海府 高宗三十八年城金

三 (六十三)

州以備倭寇

營衙 別中營 仁祖朝置○別中營將兼討捕使一員本府使兼○屬邑金海昌原咸安固城漆原巨濟熊川鎭海

鎭堡 革廢 金丹串堡 南五十二里城周二千五百六十八尺井一舊有權管

驛道 南驛 東五里 赤項驛 南三十里 金谷驛 北三十五里 省法驛 西二十八里 太山驛 西北四十五里 德山驛 東三十七里

烽燧 省火也 南五十里 山城 卽盆山城 子岩山 北三十五里

倉庫 邑倉三 蒜山倉 東三十里河邊英宗二十年設置別將三十六年減別將 海倉 南六里 雪倉 西北三十里

津渡 磊津 北四十八里卽海陽江密陽龍津下流 太山津 在太山驛卽密陽守山前渡 孫哥津 東院津 東四十里一云月唐津在德山驛下通梁山郡 佛岩津 東四十里徑往東萊者來舡於此泊于梁山之龍堂自黃山江下流入于竹島

邑內二七 新文三八 雪倉四九 省法五十 盆松五十

橋梁 德浦橋 舟舡由其下泊于酒村池 柿橋 在新橋川 防浦橋

土產 鐵竹紫草香蕈藿海衣榴柿鰒文魚等魚物數十種蜂蜜

樓亭 淸心樓 跨虎溪西構 燕子樓 在虎溪上 涵虛亭 燕子樓北

陵墓 首露王陵 府西三百步納陵春秋降香祝致祭○置監一人以姓孫差 首露王妃許氏陵 在龜旨峯與王陵共祀

祠院 新山書院 宣祖丙子建光海己酉賜額 曺植 見晉州

典故 新羅儒理王二十一年秋阿飡吉門與加耶兵戰

四 (六十四)

於黃山津口獲一千餘級 祇摩王五年秋遣將侵加耶王帥精兵一萬繼之加耶嬰城固守乃還○高麗高宗十年十三年十四年倭寇金海防護盧旦發兵捕賊舡二艘斬三十餘級 元宗十二年三別抄寇金州防護將軍朴保奔入山城賊縱火剽掠 忠烈王七年元置鎭邊萬戶府於金州等處 忠烈王自合浦來遊于金剛社 今府北大寺里 恭愍王十年十三年倭寇金海 辛禑元年倭寇金海殺掠民物焚官廨曺敏修與戰敗績三年倭舡百三十艘寇金海郡巡問使裵克廉與戰敗績遣我 太祖及金得齊李琳柳曼殊為助戰元師都

沙弗郞卽熊川沙火郞

巡問使禹仁烈與賊戰于太山新驛賊退仁烈夜遣精騎五百擊賊子沙弗郞松苔賊潰 六年倭焚金海 七年倭舡五十艘寇金海園山城元帥南秩擊郤之○本朝 宣祖二十五年四月倭陷金海府使徐禮元草溪郡守李惟儉並遁去城遂陷 三十年倭陷金海

昌原

沿革 本新羅屈自景德王十六年改義安郡領縣三合浦熊神漆隄隸良州高麗顯宗九年屬金州後置監務忠烈王八年陞義昌縣令以賞元世祖東征供億之勞 本朝 太宗朝以會原來合陞昌原府置右兵營十三年改都護府 宣祖

三十四年陞大都護府以壬辰倭寇久據府城而兵使金應瑞兼府使從軍吏民無一人降倭因體察使狀啓陞以漆原來倂光海主九年析之 仁祖五年以鎭海來倂七年析之 顯宗二年降縣以殿牌偸失十一年復陞

號邑 檜山還珠

官員 大都護府使兼金海鎭管兵馬同僉節制使一員右兵營 宣祖三十六年移設于晉州

古邑 會原西十五里本骨浦國景德王十六年改合浦爲義安郡領縣高麗顯宗九年屬金州後置監務忠烈王八年陞會原縣令 本朝太宗朝來合

坊面 府內終十 北一運十五 北二運二十五 北二運三十五 東一運十 東二運十五 東三運二十五 南一運十 南二運十二 南三運三十 西一運二十 西二運四十 西三運五十 新豐北十 道下一運

南三十 道下二運西南五十○亐北只部曲南十車衣上鄕南十新所鄕北二十五銅泉鄕北十五內浦鄕西五十安城所西三十

松田八

山水 檜山北一里 青龍山西一里 鳳林山南十五里 佛母山東南三十里昌原界 九龍山一云簾山東十五里 白月山北二十五里南有獅子岩 梅檀山東二十五里 飛音山東二十五里金海界 武陵山北三十五里漆原界 盤龍山南七里 長福山南二十里熊川界○中峯寺 斗尺山西十五里上有孤雲臺東南濱海又南距海邊五里有月影臺○匡山寺 匡廬山一云匡山西二十七里咸安界斗尺山西支 天柱山北五里 舡頭山西三十里海邊 鐵馬峯北二十里 月影臺在會原古縣西海邊奇岩枕海曾臺崔嵬碧海淼茫風月無邊

嶺路 安民嶺東南二十五里熊川路 新豐峴東五里 赤峴西南五十里漆原之龜山面界 松峴南三十里熊川界山路回申 南井峴南路 諸屈

堤堰八

峴西路○海西二十里南十、里 合浦西十里 馬山浦西二十里 沙火浦南十五里 只耳浦南十里 餘音浦會原古縣西南十五里漆原龜山面界 溫井北二十里

島嶼 楮島在月影臺之南周五里

城池 邑城周二千四尺曲城十八甕城四城門四井一池一 古右兵營城西十里會原古縣之月影臺北高麗時征東行省古址本朝太宗朝設營 宣祖朝移設于晉州○高麗辛禑四年裵克廉築城周四千二百九十一尺井五 簾山古城東十五里周八十三百二十尺小渠八井一 江馬山城倭人所築

烽燧 城隍山西十五里 餘音浦見上

倉庫 馬山倉稱左漕倉在馬山浦英宗庚辰觀察使趙曮啓請設置收昌原金海咸安漆原鎭海巨濟熊川及宜寧東北面固城東南面田稅大同漕至京師○昌原府使監捧漕浦萬戶領納

邑倉 盤山倉盤龍山下海邊 海倉合浦海邊○石頭倉在螺浦高麗史係會原前號骨浦高麗初置十二漕倉於南道水郡倉其一也

驛道 自如道東十九里○屬驛十四○察訪一員 近珠驛西十六里 新豐驛東四里 安民驛南二十七里

倉一

邑內二七 自如一六 馬浦辛 新村四九

津渡 主勿淵津北四十里漆原之買浦下流

土產 鐵竹漆楮榴柿柚栗細毛魚物十五種

樓亭 碧寒樓邑內 蒼翠亭自如 講武亭西門外

廟殿 孔子影殿孔子後孫來于本國賜籍昌原故為建是殿

典故 高麗元宗十二年三別抄寇合浦縣執監務而去 十三年三別抄寇合浦焚戰舡二十艘 十四年三別抄寇合浦焚戰舡三十二艘擒殺蒙古兵四人 十五年元世祖將征日本置征東省於合浦元都元帥忽敦副元帥洪茶丘高麗人 劉復亨高麗元帥金方慶朴之亮金忻金侁等以蒙漢軍二萬五千高麗軍八千梢工水軍六千七百戰舡九百餘艘發合浦越十一日至日本之一岐島敗績還軍合浦不還者萬三千五百餘人 忠烈王元年遣上將軍印侯戍合浦 六年倭寇合浦 七年元世祖又命元帥忻都洪茶丘高麗將金方慶金周鼎率舟師復征日本王幸合浦大閱元世祖又令范文虎將蠻軍十萬發江南並至一岐島屢戰斬三百五十餘級官軍死于兵疫者三千餘人范文虎以戰艦三千五百艘蠻軍十餘萬至適值大風蠻軍皆溺死官軍比還不返者十萬餘我軍不返者七千餘人 元罷征東省 元遣兵三百騎來戍合浦又遣蒙兵四千五百留鎮忠烈王二十年罷之設營城址在月影臺北後置石兵營 忠定王二年五月倭舡二十艘寇合浦焚其營又寇會原 恭愍王元年倭舡五十艘寇合浦 二十三年倭寇慶尚道破兵舡四十艘倭舡三百五十艘來寇合浦燒軍營兵舡士卒死者五千餘人王遣趙琳誅都巡問使金鋐 辛禑二年倭焚合浦營屠燒義昌會原 三年倭寇義昌掠會原倉卽石頭倉倭又寇義昌都巡問使裵克廉與戰敗績 五年倭寇合浦元帥禹仁烈戰却之斬四級我軍死傷者八十餘人○本朝 宣祖二十五年倭陷昌原

七 (六十七)

八 (六十八)

巨濟

沿革 本海島也新羅文武王始置裳郡景德王十六年改巨濟郡領縣三鵝洲溟珍南垂 隷康州高麗顯宗九年改縣令屬縣三鵝洲松邊溟珍 元宗十二年僑寓於居昌之加祚縣因倭失土 忠烈王時併于管城縣今沃川郡 尋復舊 本朝 太宗十四年併于居昌縣號濟昌 世宗十四年復還舊島為知巨濟縣事後改縣令 顯宗五年移治于瀕珍古縣

西三里舊治在北三十里 肅宗三十七年陞都護府 [邑號]岐城

[官員]都護府使兼金海鎭管兵馬同僉節制使一員

[古邑]鵝洲東二十里本新羅居老一云老居昭聖王元年爲學生祿邑屬于菁州景德王十六年改鵝洲爲巨濟郡領縣高麗顯宗九年仍屬 松邊南三十里本新羅松邊景德王十六年改南垂爲巨濟郡領縣高麗顯宗復舊號仍屬 濱珍東三里本新羅買珍伊景德王十六年改濱珍爲巨濟郡領縣高麗顯宗仍屬後置監務元宗十二年避倭出陸僑寓晋州之永善古縣本朝定宗朝合于江城縣補珍城世宗十四年復來屬

[坊面]邑內南初一終四十 古縣內北初十五終四十 屯德西初十終三十 沙等西初十終四十 迎草北初三十終五十 河清北初四十終七十本河清部曲 ○古丁部曲卽古巨濟縣時治所 竹吐部曲東北二十五 末斤鄉在竹吐之東 德海鄉東北四十五 鍊汀莊東北三十

九〔六十九〕

松田九十三

[山水]雞龍山東北五里雄高磅礴東望對馬島中有適邃洞白雲溪雲門瀑神清潭醒心泉君子池 加羅山南三十里望對馬島最近 甑山西四十里見乃梁東邊 主山東五里 大金山北五十里 鷲山北四十里 玉林山東北三十里 老子山東十五里

[嶺路]朱雀峴北三十里 古城峙東五里 盤松峙南二十里 ○海西北小海東南大海 九川出主山西流入山村浦 沙等浦西北二十五里 塔浦南三十里 吾非浦東北四十里 加耳浦東北十里 河清浦北五十里 緣外浦東北十里 黃浦東北七十里 間多浦西十里 濱珍浦南四里 山村浦南十里 烏壤浦西北十里 竹林浦西南五里列戰艦藏泊處 邑島 兒浦南二十里統營舊址 有

[島嶼]山達島周三十里有統營屯 閑山島周八十里壬辰倭亂統制使李舜臣大破倭賊于此有軍餉倉烽臺制勝堂忠烈祠 佐伊島大小二島 龍草島以上府西海中 沙島 漆川島

柚子島大小二島猶島神樹 先耳島大小二島 老論德島 利勿島 猪島以上府北海中 朱原島周四十里 非辰島內外二島 每每島周四十里 烏兒島 竹島大小二島 毛味島內外二島右諸島府南海中 只森島 卯島右府東南海中 角島 椽島右府東北海中 佐耳島 赤島右府西海中

[城池]古邑城稱沙等城北二十里舊壤舊堡之東周二千五百十一尺井一 古縣城東二十里自沙等城移于北南北相距十里卽古丁部曲北自北移于今治坮宋朝贊成鄭莘築周三千八十八尺泉三池二 屯德岐城西北三十里周一千二尺池一

[營衙][廢]右水營本設熊川之薺浦後移昌原之合浦又移本府之山連浦又移塔浦又移烏兒浦宣祖二十六年兼三道統制營三十七年移于固城之頭龍浦以烏兒浦爲行營後廢見固城

[鎭堡]永登浦鎭舊設仇未浦置水軍萬戶仁祖元年移于見乃梁西三里英宗二十七年

十〔七十〕

廢三十二年復設有倭人所築石城○水軍萬戶一員 助羅浦鎭東北四十里宣祖二十五年移于玉浦城外孝宗二年移于知世浦舊基城周一千六百五尺漢二往對馬島者必於此候風焉○水軍萬戶一員 玉浦鎭東北三十五里成宗十九年築城周一千七十四尺井一池一○水軍萬戶一員 知世浦東四十里壬辰倭亂後自邊浦移于玉浦舊城外孝宗二年還于舊基後又移今鎭城周一千六百五尺○水軍萬戶一員 加背梁鎭南二十里烏兒浦右水營舊基城周二千六百二十尺泉一池一宣祖三十七年移舊水營于固城縣地移設本鎭于此○水軍萬戶一員 長木浦鎭北六十里本訓局屯孝宗七年設屯置別將有倭入所築城○水軍萬戶一員 栗浦堡東南二十里顯宗五年移于右水營舊基之南肅宗十三年又移于加羅山下景宗四年又移于舊水營南五里○權管一員

[廢]永登浦舊鎭東北七十里城周一千六十八尺漢一 助羅浦舊鎭東四十里城周一千八百九十尺泉一 玉浦舊鎭東四十里 知世浦舊鎭東四十里

加背梁舊鎮 舊在固城南界後移于玉浦城周二千六百二十八尺 英宗二十三年移于今鎮
栗浦舊堡 東北五十里城周九百尺泉一溪一 烏壤廢堡 西北三十里燕山主六年設堡
於驛置權管城周二千四百五十尺 所非浦廢堡 東南五十里城周一千六十八尺 英宗二十
六年移于固城稱舊所非浦鎮
烽燧 加羅山 初起見上 權設 登山 南望 俱加背梁 玉林山 玉浦 訥逸
串 知世浦 柯乙串 栗浦
倉庫 邑倉二 鎮倉七
驛站 烏壤驛 見乃梁東岸
牧場 加助島 漆川島 牧牛 山達島 九川洞 加羅山東 塔浦
舊永登 長木浦 舊助羅浦 知世浦

十一 (七十一)

邑內四九
河淸一六
鵂洲二七

津渡 見乃梁津 西四十里自固城渡此入本府要害之地
土産 竹漆倭楮柚梔榴香蕈蜂蜜鹿茸海衣藿海蔘鰒
文魚等魚物十五種弓槊水獺
樓亭 鎮南樓 運籌樓 制勝亭 待變亭
典故 高麗毅宗二十四年武臣鄭仲夫李義方等作亂
廢王王單騎遜于巨濟縣 高宗十三年倭寇慶尙沿
海州郡巨濟縣令陳龍甲以舟師戰于沙島賊夜遁
元宗十三年三別抄寇巨濟縣焚戰舡三艘執縣令
忠定王二年倭寇巨濟 恭愍王十年倭寇巨濟縣◯
本朝 宣祖二十五年全羅左水使李舜臣大破倭賊

于玉浦鎮之前洋焚倭舡三十餘艘 二十七年中朝
遣日本冊封正使李宗誠等來宗誠連遣使倭營促倭
渡渡海於是平行長先撤熊川數陣及巨濟場門蘇洋
浦等以示信 三十一年十二月水軍都督陳璘李金
等合我舟師搜討嶺海並無賊蹤令許國威等分陣巨
濟閑山島等處璘自南海還屯古今島國威退屯南海

咸安

沿革 本阿尸良國 一云阿那加耶 新羅智證王十五年取之置
小京於阿尸村 徙六部及南地人戶實之 法興王二十四年置阿尸
良郡 景德王十六年改咸安郡 領縣二玄武宜寧 高麗成宗十

十二 (七十二)

四年陞咸州刺史 顯宗九年復爲咸安屬金州 明宗二
年置監務 恭愍王二十二年陞知郡事 以縣人周英贊之女入中朝爲
宮人有寵 本朝 世祖十二年改郡守 宣祖三十四年以
鎮海來倂光海主九年析之 仁祖七年又以鎮海來
倂十七年析之 邑號 金羅 沙羅 巴山 官員 郡守 兼金海鎮管兵馬同僉節
制使 一員
古邑 玄武 西三十里本新羅召彡後置召參停景德王十六年改玄武爲咸安郡領縣高麗顯宗九
年仍屬降爲召彡部曲
坊面 上里 初一終十 山內 初一終五 山外 北初五終十 山翼 東初五終二十 並
谷 南初十二十五 終 安仁 東北初十終二十五 內代山 北初二終四十 十 外代山

北初十五終四十 牛谷 北初十終二十 白汝 西初十五終二十 馬楡 西初二十終三十 南山 南初二十終三十 大谷 南初十五終三十 叱史谷 南初十五終四十 山尼 西初二十五終三十 安道 西初二十終三十 ○本山部曲西二十甘勿各部曲西北二十五杆谷所南十八知谷所西三十七楸子谷所南二十叱史谷所南二十七損村所西四十

山水 巴山 東南十五里西連餘航山 餘航山 南二十五里鎮海界其絶頂岩石有聲其西北別峯即眉山距邑西南五十里 生薑山 東南二十三里 匡廬山 東二十里右二山昌原界 防禦山 一云砧山西三十里 伯夷山 一名双岸西南二十里晉州界双峯対峙清秀 龍華山 北四十里 安谷山 東北四十里漆原界 飽德山 東二十里漆原界 冬至山 東十里 法水山 北二十五里 壯元峯 東二十里 義相臺 西南二十里

嶺路 於嶺 東二十里漆原界 一伊峴 東二十五里昌原界 眉山嶺 西南二十里 大峴 南二十五里鎮

十三（七十三）

堤堰九

海界 ○洛東江 北四十里 晉江 西三十里至郡北四十里合于洛東江 長安川 西北四十里源出餘航山之東北流至郡南十里停滀為道塢淵深不可測經郡東為大川又北流入于晉江之楓灘 大川 東一里道塢淵下流 巴水 八谷溪 別川 右三處並出餘航山之北倶北流與大川合入于楓灘 大浦 大川下流 楓灘 北二十五里鷃岩津下流又東北流至靈山界洛東江自北來會為歧江南岸有阿見寺 栗溪 東十里

城池 邑城 周七十三天井十五壕池二 加耶古城 北五里有遺址○郡北白沙里有古國遺址又牛谷東西境上有古墓高五丈者四十餘所世傳加耶時國君之葬 防禦山古城 郡玄武縣時城周九百二十三尺井一西有將軍臺下有馬蹄峴北有將軍鐵像 古城 東五里稱城峙周三千六百五尺

烽燧 巴山 見上

平林一文 放牧三六 弓北四九

倉庫 邑倉 西倉 西二十五里

驛站 春谷驛 西十一里 巴水驛 西四里巴水上

津渡 道興津 北四十里靈山界 鷃岩津 西北三十八里宜寧界

土産 竹 漆 楮 栗 柿 榴 棗 苧 香蕈 蜂蜜 鯉魚 鯽魚

樓亭 清範樓 二謝亭

祠院 西山書院 肅宗丙戌建癸卯賜額 趙旅 字主翁號漁溪咸安人贈吏曹判書謚靖節 元昊 號觀瀾原州人官直提學贈吏曹判書謚貞節 金時習 見楊州 李孟專 見善山 成聃壽 號文斗昌寧人熺子贈吏曹判書謚靖肅 南孝溫 見高陽右六賢為端宗盡節世稱生六臣

典故 高麗辛禑二年倭焚掠咸安東萊梁州機張固城彥陽永善 ○本朝

十四（七十四）

宣祖二十五年倭陷咸安 三十年倭陷咸安

固城

沿革 本小加耶國新羅取之置古自郡 一云古自國今固城是浦上八國之一 景德王十六年改固城郡 領縣三文和泗水尚善 隸康州 高麗成宗十四年為固州刺史 顯宗九年降縣令 一云屬巨濟縣後析縣令 置 元宗七年陞知州事 忠烈王時併于南海 尋析之 恭愍王時置縣令 本朝因之

郡名 鐵城

官員 縣令 兼金海鎮管兵馬節制都尉 一員

坊面 東邑內 終十 西邑內 終十五 上西 初十五終四十 下里一運 西初二十五終四十五 下里二運 西初四十終六十五 可洞 北初五終二十 大芚 北初五十

松田二 眞木封山西卒

終三十 馬岩東北初二十終四十 九萬東北初三十五終四十五 會賢東北初三十終四十三 光內一運東初五終十五 光內二運東初十終五十 五道先南初十五終三十 春元南初三十終七十 ○曲山鄉東北二十 竹林部曲東四十 鹿鳴鄉北三十後改竹林 戍魚禮鄉西三十 義善鄉北四十 保寧鄉西四十 坤義部曲北十五 積珍鄉東二十 海濱部曲東南六十 七壚部曲 道善部曲東南三十 博達部曲西二十 珍餘部曲東南二 沽 村部曲西二十 驍村部曲西五十 鉢山部曲東一里

山水 無量山西十里 南山南二里 佛岩山西二里 彜妓山北二里 彌勒山南六十七里 碧山東十五里 掛榜山南二十里 臥龍山西六十里泗川界 武夷山西二十五里北有白岳洞西有內院寺 朴達山東北四十里 積石山東北五十里晉州界 大芚山北二十里 宗遂山西北二十里 望林山西十五里 文

十五（七十五）

堤堰五

殊山西二十里 住岳串南五十里有臨海岩 龍水岩北二十里有象其深無底 床廷 岩在舊䒦非浦西南十五里海邊石壁上有四石柱岩如床朝至則海水過其下之

關防 城峴西天十六 通泗川之三十面 晉州之末文面 甘峙西二十里通泗川縣 天王岾北十五里通晉州 牛背峙東北二十里通鎭海 ○海自東北至于西南並環海 栗川北五里出魚梁山東流入于海

積珍浦東三十里 安營浦南十五里 愁月浦 陽知浦俱南三十里 馬所浦西十七里 資火浦東北三十五里 加次浦北二十里 召所浦北十里 春元浦東南三十里 邱墟浦東三十里 長平浦東五十里 魚禮浦俗云魚全浦西三十里 甑峯浦 水天浦西二十四里 池浦西四十里 當項浦北三十里

島嶼 竹島一云悅樂山在南門外藩島皆竹 終海島在見乃梁西南周三十里 自卯島西三十里有民田 松島西四十里 上樸島周二十里 下樸島周五十里 烟臺島

大口島 華島 鼎島

赤火島 公須島 島島 吾所島 長佐島右八島在春元面之南海中 加助島在末上串之南有民田 楸羅島周四十里 老太島大小二島 欲知島周六十里 蓮花島周五十里在欲知島東右二島土辰倭亂以前倭人漁舡常時往來 蛇梁島西南七十里海中 赤吃島 紙島 河伯島右二島東南 時落島周四十里 葡萄島東四十里陸有民田 連於應赤島 琵琶島右四島縣東 柚子島產柚子 鵲耳島 頭尾島 鞍島 芚味島 柯島右六處西南 老朴島唐浦之南

城池 邑城周三千五百二十四尺井四池一南門曰晏清樓 南山古城有遺址 佛岩山古城有土築遺址 築城峴古城有遺址 自卯島古城 欲知島古城俱有遺址

營衙 右水營兼三道統制營南五十里 本朝初設右水營於巨濟之島兜浦

十六（七十六）

蟾津在光陽

宣祖二十六年始置統制使管慶尙全羅忠淸三道舟師以李舜臣爲統制使三十五年移營于本縣之頭龍浦以島兜浦爲行營後廢

官員 慶尙右道水軍節度使兼慶尙全羅忠淸三道水軍統制使 中軍虞候兼自三月至八月留防于見乃梁閑 漢學訓導 倭學訓導 審藥各一員 ○營城周一万一十七百三十尺井十池五

○本營舟師屬邑昌原晉州金海河東巨濟固城昆陽南海熊川鎭海泗川 屬鎭加德浦彌助項龜山浦玉深浦助羅浦永登浦唐浦安骨浦𤎅浦王浦知世浦加背梁蛇梁島平山浦天城浦南村浦新門浦長水浦晴川浦舊所非浦栗浦三千浦

倉庫 儲餉倉砲粮倉餘門倉留防倉賑恤倉軍倉贍餉庫補民庫軍器庫火藥庫

樓亭 挽河樓洗兵館待麦亭上營舡哥待麦亭虞侯舡所 本營各樣戰舡三十六艘 屬邑屬鎭各樣戰舡一百四十八艘

鎭堡 蛇梁島鎭在島中移晉州仇羅梁萬戶于此城周一千二百五十一尺 ○水軍萬戶一員

唐浦鎭 南六十七里統營西南二十里成宗十九年築城周一千四百四十五尺○水軍萬戶一員
南村浦堡 東南三十里光海主六年設于縣南道善村○十一年移設呂募鎭於積珍浦因稱南村
別將一員 舊所非浦堡 西四十七里初置權管成宗二十二年築城周八百二十五尺宣祖三十七年移于巨濟之水營舊址三十九年復移呂募鎭于此仍稱今名○別將一員 三千浦堡
在統營西南五里光海主十一年自泗川縣移于彌勒山下仍補三千浦築城周二千五十尺○權管一員
革廢 加背梁堡 南三十四里古有水軍都萬戶後移于巨濟縣之玉浦成宗二十二年以倭寇屢入後置權管築城周八百八十三尺宣祖三十七年復移于巨濟縣之右水營古址 樊溪鎭 西三十四里舊有水軍萬戶後移于唐浦 城山鎭 西二十四里革置未改有古城 佐申浦 東南三十里
惠叱伊浦 西三十里右二處古之候邏處 竹林戍 在竹林部曲高麗置戍
烽燧 彌勒山 見上 牛山 南三十里 天峙 東北二十里 曲山 北十里 佐耳

十七(七十七)

山 西南三十里 供需山 島蛇梁鎭主峯右六處間烽 權設 閑背串 唐浦鎭 閑山
島 三千浦堡
倉庫 邑倉 濟民倉 南五里 屬倉 郡晉州駕山倉之屬倉在見內梁為固城巨濟西設與元倉同為裝載發船 鎭堡倉五
驛站 背屯驛 北二十七里 松道驛 北二里 邱墟驛 東南三十里
牧場 革廢 末上串 南三十里 海平串 南四十里 三千浦 唐浦 終海島
葡萄島
津渡 見乃梁津 東南五十里入巨濟者由此越邊即永登浦鎭津邊有觀海樓
土產 竹 倭楮 桼 榴 柚 榧 柿 杏 藁 松蕈 鹿茸 地黃 涼臺扇
子 藿 海衣 鰒 海蔘 紅蛤 大口 等魚物十五種

邑內一六 背屯四九

壇壝 觀音岾壇 西十里春秋縣令望上樸島下樸島欲知島神于此
祠院 忠烈祠 在閑山島光海主甲寅建景宗癸卯賜額 李舜臣 見牙山
典故 高麗忠烈王六年倭入固城漆浦遣大將軍韓希
愈防守海島 十五年倭舡泊蓮花楮田二島 忠定
王二年倭寇固城竹林巨濟等處合浦千戶崔禪等戰破
之死者三百餘人倭寇之興始此五月倭賊自合浦又
寇固城會原長興 恭愍王十年倭寇固城蔚州巨濟 十三年
倭寇固城泗州 辛禑二年倭焚掠固城 四年慶尚道元
帥裵克廉擊倭于欲知島斬五十級 日本九州節度
使源了俊遣僧信弘來與倭賊戰于固城赤田浦即積珍浦

十八(七十八)

不克遂還其國 五年日本海盜捕捉軍官朴居士與
倭戰元師河乙沚不救居士軍大敗僅存五十餘人先
是韓柱國還自日本居士率其軍一百八十六人偕來
七年倭寇固城南秩與戰斬八級○本朝 宣祖二
十五年六月全羅左水使李舜臣自本營進陣于蛇梁
遇賊舡于唐浦大破之既而全羅右水使李億祺領舟
師來會遂偕至唐浦項遇倭賊大戰殺賊將椎破三十
舡賊大敗登陸而散又戰于永登浦捕得全戰殲之自
此軍聲大振 倭賊大發舟楫向湖南李舜臣李億祺
領兵前進遇賊于見乃梁賊舡蔽海而來舜臣令諸將

諸賊至閑山島前洋還軍促戰鏖盡賊舡七十餘艘又逆擭兵于安骨浦敗之賊登岸而走燒其舡四十艘倭中傳言閑山之戰倭兵死者九千人云　時嶺南諸鎭盡潰李舜臣與魚泳潭申汝良具思稷及李億祺領[illegible]戰舡八十餘艘轉戰于閑山洋大戰賊舡盡殺斬獲甚多過鎭海洋又勦賊舡二十七艘慶尚右水使元均又擊賊大舡一艘焚滅之翌日率三道水軍自栗浦發向進及加德前洋回舡逆戰破賊舡百餘艘燒溺死者無數舜臣因率三道水軍留屯閑山以扼西犯之賊是戰鹿島萬戸鄭運死之　三十年倭陷固城

十九 (七十九)

熊川

沿革 本新羅熊只景德王十六年改熊神爲義安郡領縣高麗顯宗九年屬金州　本朝　世宗朝置僉節制使　文宗朝改熊川縣監　中宗五年陞都護府(以平倭寇)尋復降縣 **邑號** 屛山 熊山 **官員** 縣監(兼金海鎭管兵馬節制都尉)一員

古邑 莞浦(西三十里本合浦縣之莞浦鄕高麗陞爲縣屬金州本朝文宗朝來屬)

坊面 邑內(終七) 東面(初十終三十) 中面(北初十二終二十) 上西(初二十終三十) 下西(西北初二十五終四十) ○川邑部曲(東十) 寺法部曲

山水 熊山(北五里) 屛山(北一里) 庫房山(西六里) 夫人山(東二十里) 長

榴二十

福山(西三十里昌原界) 南山(在縣南) 水落岩(東十三里栗峴山南溪水流入山腰岩石閒伙瀑布數十丈分三派直下) **嶺路** 栗峴(東十五里金海界) 松峴(西北三十里昌原界) 八峴(西七里) 裵應峴(東十里) 熊岩(北路北十五里) ○海(東二十里洛東江入海之口南二十里大海西北四十里小海) 主浦(東三十里金海界) 深谷浦(西北五十五里) 德山浦(西十六里) 熊浦(南二里) 釜谷浦(東十九里) 泉浦(西十五里) 瑩雲臺(西二十里海邊)

堤堰四

島嶼 加德島(周七十五里) 白山島 黑山島 松島 椽島 水島 淄山島 草里島 大鰕島 小鰕島 展帽島 釜島(以上縣南海中) 簑衣島 大竹島 小竹島 甘勿島 理瑟島 代島 陰地島 竝島 熊島 庫藏島(大小二島) 蟒魚島 花島 馬島 虎島 木島(大小二島) 甑島 鼠島(以上縣西海中)

城池 邑城(周三千五百十四尺井二池一南門曰息波樓) 莞浦古縣城(周四十一百七十二尺泉二溴一) 古城(在高山距莞浦古縣北五里周四十一百七十二尺) 熊浦城(倭人所築)

二十 (八十)

鎭堡 加德島鎭(在島中水路三十里鎭岩石矗立不可泊舡)(中宗三十年設宣祖壬辰後移于安骨城孝宗七年還于舊基○水軍僉節制使一員) 天城浦鎭(在加德島中加德鎭之南十里中宗二十九年設鎭宣祖壬辰後移于安骨城孝宗七年還于舊基○水軍萬戶一員) 安骨浦鎭(東三十里城周一千七百十四尺井一○水軍萬戶一員) 薺浦鎭(南五里城周四千十三尺井二有懷遠樓舊置僉使宣祖壬辰後移于安骨城仁祖三年還于舊基○水軍萬戶一員) 新門堡(南三十里○水軍別將一員) 晴川堡(東二十里○水軍別將一員) **廢堡** 豐德浦堡(西北四十里舊置別將英宗二十七年革罷)

烽燧 高山(西北四十五里) 沙火郎(南六里) 天城鎭烟臺(初起)

驛站 報平驛(縣之西門外)

邑內四九 夫神堂三七 古音浦一六 熊德浦三六

土產沿海大同

倉庫 邑倉 西倉 西北四十五里 鎭倉六

牧場 廢 加德島 條枝于漆原地 甘勿島 有場 羔

土產 竹 柚 榴 柿 榧 香蕈 藿 綠藿 海衣 鰒 紅蛤 文魚 大口魚 靑魚 錢魚 洪魚 烏賊魚 秀魚 鱸魚 鯊魚 蛤 石花 絡蹄 細毛毯

壇壝 熊只 三國史云屈自郡熊只縣新羅以名山載小祀

典故 高麗高宗十四年倭寇熊神縣別將鄭金億等斬七級 元宗四年倭寇熊神縣水島掠諸州縣貢船又掠椽島 ○ 本朝 中宗五年三浦 薺浦釜山浦鹽浦 倭大趙馬古守長等潛引對馬島倭領兵船數百艘夜襲薺浦釜山兩鎭殺薺浦僉使金世鈞釜山僉使李友曾遂放兵四掠連陷熊川熊川縣監韓倫棄城遁賊入城焚蕩上命都元帥柳順汀等率京畿忠淸江原兵及慶尙舟師進征大破于薺浦斬獲三百餘級溺死者無數 倭館舊在薺浦南門外對馬島倭請內徙居館前海濱漸至滋漫五百餘戶釜山浦居倭憤鎭將失撫與薺浦倭作亂朝廷遣防禦使柳聃年討平之焚其巢穴不復許居後因倭伏罪納款請通朝聘復置館壬辰倭亂後廢

宣祖二十五年倭陷熊川 三十年倭又大擧入寇統制使元均盡率舟師前進遇賊於加德洋寶城郡守安弘國戰死全羅右水使裵楔爲先鋒破賊船十餘艘賊勢愈熾都元帥權慄檄召均杖之均退至閑山島率留防兵馳到釜山浦賊船千餘艘又至均督進賊佯敗均乘勢進薄深入大洋全羅船七艘先遁東走均急退船僅達加德島賊盡船逐我我軍退至永登浦賊先已設伏伏兵四起均等急退溫羅島賊兵大至勢如山崩均棄船登陸賊兵追下亂殺均死之李億祺崔湖等赴水死戰船百餘艘皆沒裵楔率其戰船而走其軍獨全還至閑山盡焚廬舍糧械

漆原

沿革 本新羅漆吐景德王十六年改漆隄爲義安郡領縣高麗太祖二十三年改漆原顯宗九年屬金州恭讓王二年置監務 本朝 太宗十三年改縣監 宣祖三十四年合于昌原 以倭亂後邑里凋殘 光海主九年復置

邑號 龜城 武陵

官員 縣監 兼金海鎭管兵馬節制都尉 一員

古邑 龜山 南七十里本省法部曲高麗時陞龜山縣屬于熊神縣後屬金州恭讓王時來屬號銀山

坊面 上里 南終二十五里 西面 西十北三十 西北面 初五終二十五 龜山 郭龜山古 縣越在昌原府之西境郭余音浦之北也東南濱海初境四十里終境八十里 ○ 亐浦鄕 北二十五 釜谷部曲 南七

山水 青龍山 東七里昌原界 武陵山 北十里昌原界 ○ 天漢寺 清凉山 龜山古縣東二里 嶺 赤峴 龜山古縣北九里昌原界 葛峴 東南十里昌原界 松峙 北十里 栗田峙 龜山古縣西鎭海界 於嶺 西十里咸安界 北峴 於嶺之南 牛頭峴 北五里 ○

堤堰三

海龜山南界 洛東江北二十五里 西川西五里源出昌原之匡山北流入買浦 大川源出匡山南流入龜山浦郞餘音浦上流 上浦古云亏叱浦西北三十里卽臺山之岐江下流〇浦之西岸有岩突起其上平坦如亭可坐十餘人稱景釀臺 買浦古云鼊浦北三十里卽上浦下岸右二處洛東江 餘音浦龜山之東昌原界 龜山浦龜山縣東南三里濱海 島嶼 猪島龜山浦南

城池 邑城周一千五百九十五尺甕城六井一池一 古城北四里桶城山周一千三百四十尺

鎭堡 龜山浦鎭在龜山浦先海主六年設鎭置僉使顯宗九年罷之十四年復設〇水軍同僉節制使一員兼左漕倉領運差使員

烽燧 安谷山西十里咸安界

倉庫 邑倉 東倉東十里 海倉龜山浦 鎭倉龜山

驛道 昌仁驛西七里 靈浦驛北二十一里

二十三 (八十三)

邑內二七 上浦二七

津渡 買浦津通山靈上浦津

土産 竹漆柿蜂蜜魚物十餘種産龜山海中

牧場 汝大串在龜山縣南移加德島牧場于此後廢

樓亭 鎭龜樓 望闕樓

祠院 德淵書院仁祖辛巳建肅宗丙辰賜額 周世鵬見順興

典故 高麗恭愍王二十二年倭寇龜山縣三日浦慶尚道都巡問使洪師禹往擊之賊潰走師禹麾兵四面攻之斬二百餘級溺水死者以千數〇本朝 宣祖二十五年倭陷漆原 三十年倭陷漆原

鎭海

松田十一 堤堰一

沿革 高麗置鎭海縣 顯宗九年屬晉州 恭讓王二年置監務 本朝 太宗十三年改縣監 宣祖三年四年合于咸安 先海主九年復置 仁祖五年合于昌原七年又合于咸安十七年復置 號 八鎭 牛山 官員 縣監兼金海鎭管兵馬節制都尉一員

坊面 東面終十 西面終十五 北面終十五 〇富山鄕西三

山水 鷲山北五里 牛山西十五里 餘航山北十五里咸安界 嶺路 大峴北十里咸安路 栗田峴東十里漆原之龜山鎭界 東山峙東北十里昌原界 〇海南三里 東城川出餘航山之東南流徑縣東入于海 巨次浦西二里出咸安巴山之南南流入于海 所達浦西十里出餘航山之南南流與巨次浦合入于海 道萬浦東十二里 馬赤浦

二十四 (八十四)

待変亭西十里 邑內九日 古縣七日 場基四日 倉浦二日 幷朔三市

西里 一時落浦西十五里 島嶼 凡矣島南海有小二島六 酒島大小二島 鷲尾島俱海東 弓島東海南

城池 邑城周一千四百四十六尺曲城五井三南門曰鎭南樓東門曰仁明樓

烽燧 加乙浦東四里

倉庫 邑倉 海倉西十里海邊

驛站 常全驛西五里

土産 竹柚榴茶香蕈蜂蜜鰒蛤等魚物十五種

典故 高麗恭愍王十三年倭賊三千餘寇鎭海慶尚道都巡問使金續命帥兵急擊之賊不暇乘舡乃登縣之北山斫木為鹿角寨守之續命復進擊大敗之 辛禑二

年倭焚掠鎭海〇本朝 宣祖二十五年倭陷鎭海

三十年倭陷鎭海

疆域表

	東	東南	南	西南	西	西北	北	東北
慶州	海五十五 長鬐五十		蔚山五十 彥陽六十	淸道五十	四十 永川四十五	青松百二十	青松 盈德一百三十	迎日四十
蔚山	海	海	機張七十	五十	梁山七十 彥陽三十	慶州	慶州四十五	海
梁山	機張二十三		東萊十七 四十五		金海十八 密陽五十	密陽二十	彥陽四十	蔚山二十
永川	慶州三十 四十	三十	四十 慈仁三十五	河陽二十五	大丘五十 新寧三十五		青松一百	慶州四十
興海	海		迎日二十		慶州十		淸河三十	
淸河	海		興海十五		慶州十三		盈德十九	

二十五（八十五）

	東	東南	南	西南	西	西北	北	東北
迎日	長鬐二十	三十	慶州二十	十五	十	十五	興海二十	海十
長鬐	海五		慶州十八		迎日十八	海浦	海六十五	海
機張	海		東萊十五		梁山三十五		蔚山五十	
彥陽	蔚山十九		三十 梁山二十		密陽三十八 淸道三十		慶州十三	
東萊	海二十		海三十五	海六十	梁山十		三十	機張三十
安東 甘泉奈城春陽才山小川不入	眞寶六十五	青松七十	義城六十	醴泉七十	五十五 龍宮六十	榮川四十五	禮安三十五	英陽七十
寧海	海		盈德二十	三十	盈德五十 眞寶	眞寶 英陽八十	平海三十	
青松	盈德三十	五十	慶州七十 永川八十 新寧八十五	義城九十 七十	安東十九		眞寶五里	
順興 昌樂臥丹大竜山不入	安東 榮川 五十	榮川三十	豐基十五		丹陽二十		永春二十	
醴泉	安東四十	三十	龍宮三十五	十五	尙州三十	多老所面 見坊面	豐基三十	榮川四十

	東	東南	南	西南	西	西北	北	東北
榮川	奉化四十 安東奈城三十 禮安三十五	安東 禮安五十	醴泉 安東甘泉四十五	順興大竜五			十四	
豐基	榮川十五	順興大竜	安東甘泉 醴泉五十	醴泉三十	六十	丹陽四十 順興昌樂二十	順興六十	
義城	青松四十五	新寧八十	義興四十		軍威 比安 三十五		安東二十	
盈德	海		淸河四十五	慶州五十	青松四十五	眞寶五十五	寧海十五	
奉化 上東越在安東北	安東春陽三十	安東三十五 才山十	禮安三十		安東奈城 禮安十五 榮川		順興臥丹五十	
眞寶	寧海四十	盈德三十	青松二十八		安東二十	安東 禮安三十五 英陽	英陽二十	
軍威	義城二十	義興三十	四十	仁同 善山三十	善山十	善山 比安 四十	比安二十五	義城二十
比安	義城十六		軍威十七		善山二十三 尙州二十	醴泉多仁三十三	義城龍谷三十	
禮安	英陽四十		安東十		榮川四十	奉化 榮川 四十五	奉化二十	安東 才山 三十
龍宮	醴泉十五 安東六十	安東 醴泉七十	多仁 醴泉四十五	尙州十五	尙州 咸昌 十		醴泉十五	

二十六（八十六）

	東	東南	南	西南	西	西北	北	東北
英陽	蔚珍 平海三十	寧海四十	眞寶二十		禮安三十	安東三十	安東 蔚珍八十	
大邱	慶山十八		淸道四十五 密陽九十 昌寧五十	玄風四十	星州五十 江隔	漆谷五十	十	永川五十 河陽三十
密陽	梁山五十 彥陽九十		金海四十五 江隔		靈山四十	大丘四十五	淸道二十	五十
仁同	義興 漆谷四十		漆谷五十	星州四十 江隔	星州三十五 善山十 隔江		善山十	
漆谷	大丘 義興二十		大丘六五十		六十 星州六	仁同三十	仁同 義興三十	
淸道	慶州九十二 彥陽百八		密陽四十		大邱十六		大邱二十四 慶山十三	慈仁五十 慶州百十
慶山	慈仁十		淸道三十		大邱二十		河陽二十	
河陽	永川十		慈仁十五		慶山十 大邱二十		新寧 永川 二十	
玄風	大邱二十		昌寧五十	草溪三十 江隔	高靈二十		星州二十 隔江 大邱十五	
新寧	永川二十		十		義興十		十五	青松 義城七十

靈山	密陽四十		漆原二十 咸安三十 隔江		宜寧三十 隔江		昌寧十五	清道十五
昌寧	清道八十 大邱	密陽二十五	靈山二十	宜寧四十 隔江	草溪四十 隔江		玄風二十	大邱二十
義興	義城 新寧四十五		永川 大邱五十 漆谷	仁同 善山五十	軍威二十		義城十	
慈仁	慶州三十		清道二十		慶山十五		河陽十五	
尙州	比安八十 醴泉五十	善山五十	四十 金山四十七	黃澗七十	青山七十 報恩八十	報恩 清州百二十 聞慶	咸昌三十	龍宮三十
星州	仁同二十五 大丘四十 漆谷三十五	大丘 高靈五十五	高靈五十	陝川 居昌六十 知禮	知禮 金山六十	金山 開寧四十	開寧 善山三十五 仁同	仁同十五
金山	開寧十二		星州五十 知禮四十		黃澗二十	尙州 黃澗四十	尙州四十	善山
開寧	善山二十	仁同四十	星州四十 金山三十五	金山 星州四十	金山十五		善山二十	
知禮	星州十三		居昌四十六	茂朱 居昌四十	茂朱三十五	茂朱 黃澗四十	金山十五	
高靈	玄風三十		草溪三十八	陝川三十	十五	陝川 星州二十	星州十二	二十五

二十七 (八十七)

聞慶	尙州二十	五十	咸昌五十四	尙州 清州七十 報恩	清州九十 延豐十八		延豐三十五	醴泉 清風四十
咸昌	尙州十		十七		二十五		聞慶七	
善山	軍威四十	軍威 義興七十 仁同	仁同四十	星州	開寧二十	尙州 金山	尙州四十	比安
晋州	咸安六十七 鎭海七十九		固城六十六 泗川二十八	昆陽四十	河東七十	河東 咸陽一百 山淸十	丹城四十七 三嘉四十五	宜寧四十
居昌	陝川五十	三嘉二十五	山淸三十五		安義二十	茂朱 安義六十五	知禮五十	四十 陝川五十五
河東	晋州四十 昆陽五十		昆陽五十		光陽五 隔江	求禮六十 雲峯一百	咸陽一百	晋州八十
咸陽	山淸三十		晋州四十 河東四十五		雲峯二十	南原四十五	安義四十	
草溪	昌寧三十		宜寧三十		陝川十		高靈三十	玄風四十
陝川	草溪十七	宜寧六十	三嘉二十五	三十	二十	居昌五十	星州九十	高靈三十
昆陽	泗川十五 海 隔		海	南海四十五 河東六十	河東十		晋州三十七	

南海	海三	海九十	海四十	海三十	海二十	海二十五	露梁津三十八	
泗川	晋州三十	固城三十五	固城下西 晋州東 三十五		海五		晋州十	
三嘉	宜寧十三		宜寧 晋州 三十		丹城十三	山淸三十七 陝川 居昌一百	陝川二十五	
宜寧	靈山三十五 咸安二十 十 隔江		晋州十五 隔江	三十	晋州 三嘉 三十五	三嘉 陝川 五十	草溪六十	昌寧二十 隔江
山淸	丹城二十		晋州十		咸陽三十	咸陽 居昌 安義 五十	居昌六十	三嘉三十 四十五
安義	居昌二十	居昌 山淸 咸陽 二十二	咸陽五		南原四十	長水六十 茂朱七十五	茂朱七十	居昌五十
丹城	晋州十五		十五		七	山淸三十	山淸 三嘉 五十	三嘉三十五
金海	深山四十二 隔江		熊川四十		昌原四十四		密陽四十 隔江	
昌原	金海二十三		熊川三十三 海十	鎭海五十 海三十	咸安三十七 海二十	漆原三十五	密陽三十 隔江	金海十五
巨濟	海		海		海		海	

二十八 (八十八)

咸安	漆原二十 昌原二十五	昌原二十	鎭海三十	晋州四十	三十 宜寧三十五		靈山四十	
固城	海五十	五十	七十	二十	泗川六十 晋州四十		晋州三十	鎭海四十五
熊川	金海三十		海三十		海五	昌原三十五	金海二十	
漆原	昌原七		昌原 咸安 二十五		咸安十		靈山二十五 密陽二十三	
鎭海	漆原十三		海三		晋州二十		咸安十五	

田民表

	田	畓	民戶	人口	軍保
慶州	一萬四百十七結	七千一百十九結	一萬八千一百九十	七萬二千二百五十	二萬二千七百八十六
蔚山	四千六百十	四千十五	八千六百五十	三萬二千九百五十	九千三百九十四
梁山	一千四百十五	二千二百七十四	二千八十	一萬二千二百二十	二千八百三十五

永川	四千九百六十三	三千三百三十	七千九百四十五	三萬二千四百六十	七千七百九十八
興海	九百五十八	一千七百五十八	三千五百五十	一萬二千九百八十	二千八百七十三
清河	六百六十六	五百十二	一千七百十	六千五百九十	一千二百十一
延日	一千七百九十四	一千三百二十八	四千三十	一萬八千六百	三千一百五十九
長鬐	八百六十四	六百五十一	二千二百三十	八千四百十	二千六十三
機張	八百五十	一千五百五十一	二千六百六十	一萬三百三十	二千三百六十七
彦陽	一千一百九	一千八十九	一千二百三十五	一萬七百六十	一千八百三十五
東萊	一千三十三	二千二百三	六千五百八十	二萬五千一百	五千九十四
安東	九千八百八十四	四千八十一	九千一百八十	四萬三千五百八十	一萬二千一百三十九
寧海	一千四百七	五百八十六	二千五百	八千六百五十	一千六百四十七

二十九 (八十九)

青松	一千七百八十	五百四十九	三千四百四	一萬一千七百八十	一千四百七十五
順興	一千六百九	一千一百四十七	二千三百二十	一萬一千四百五十	一千五百八十九
醴泉	四千五百十九	二千七百八	六千六百四十	二萬四千三百五十	七千四百
榮川	一千九百七十五	一千二百三十一	三千三百十	一萬七千三百八十	一千七百八十三
豐基	一千二百五十九	九百六十	二千四百	八千五百六十	一千七百八十九
義城	六千七百	二千一百三十一	八千一百六十	三萬一千一百八十	七千九百十九
盈德	一千五百四	五百五十九	三千七百九十	一萬五千一百	二千一百四十七
奉化	八百七十	四百五十四	八百二十	四千八百七十	七百八十五
眞寶	一千四百八十一	二百七十五	一千三百四十	六千三百	一千三十五
軍威	一千八百三十九	九百四	二千三百四十	一萬四百七十	三千五百九十七

比安	二千二百六十六	九百七十八	二千八百九十	八千八百九十	二千四百九十二
禮安	一千二十九	三百六十九	一千三百三十	三千九百九十	一千一百九十二
龍宮	二千三百十八	一千一百四十七	二千八百七十	一萬二千三百七十	三千二百
英陽	一千二百四十四	二百五十八	二千七百七十	一萬一千一百	一千二百六
大丘	七千八百七	四千九百七十六	一萬三千二十	五萬六千四十	一萬三千二百一
密陽	七千一百二十一	四千三百二十九	八千二百十	三萬二千八百十	一萬四百十二
仁同	二千八百六十三	一千七百七十七	三千三百二十	一萬三千一百二十	四千二百六十七
漆谷	一千七百五十六	一千五百五十三	三千六百五十	一萬四千九百	三千一百九十五
清道	三千七十三	二千四百六十四	七千二百四十	三萬一千五百四十	六千七百二十六
慶山	二千六百十九	一千三百五十六	二千八百九十	一萬三千八十	三千八百九十四

三十 (九十)

河陽	一千八百十三	八百四十四	一千七百二十	七千一百四十	一千九百九十一
玄風	二千九百三十四	一千三百九十五	三千四百	一萬二千八百五十	三千八百十七
新寧	一千一百五十四	一千一百七十二	四千	二萬三百	三千七十一
靈山	二千九百二十	一千二百三十一	三千四百九十	一萬七千三百二十	三千五百九十七
昌寧	四千八十七	二千三百十三	五千七百五十	三萬一千五百二十	六千七百八
義興	一千八百	九百三十八	三千五百九十	二萬四百二十	三千九百二十四
慈仁	一千七百十三	一千二百七十九	三千一百三十	一萬二千六百三十	四十九
尙州	八千八百四十七	七千六百四十一	一萬七千八百六十	六萬四千九百九十	一萬六千一百四十六
星州	六千八十六	五千六百四十	一萬一千九百七十	五萬二千七十	一萬三千七百五十九
金山	二千三百三十七	二千三百五十八	五千六百六十	二萬六千六百九十	四千四百九十九

開寧	二千十八	一千八百二十四	四千三百五十	一萬九千四百二十	三千一百二十
知禮	七百六十七	八百三十三	二千二百二十	一萬四十	二千一百二十九
高靈	一千三百七十一	一千五百九	二千四百七十	一萬一千十	三千四百十三
聞慶	一千八百三十六	九百六十五	三千四百九十	一萬六百三十	二千六百三十三
咸昌	一千五百四十五	一千二百三	二千三百六十	九千七百七十	二千一百五十一
善山	五千三百二十七	三千五百六十九	七千二百四十	三萬五千一百十	一萬六百九十三
晉州	七千五百五十四	八千二百六	一萬四千一百二十	六萬七千六百十	一萬四千七百
居昌	二千九十五	二千八百五十六	四千七十	二萬二千一百十	四千六百十二
河東	一千七百十三	二千三十一	三千六百八十	一萬五千九百九十	二千五百十六
咸陽	一千六百二十三	二千二百九十五	四千六百八十	二萬四千四百	四千二百六十

三十一 (九十二)

草溪	二千三百三十	一千三百一	三千十	一萬二千一百二十	四千五百四十
陜川	二千一百七十一	二千九十九	四千三百十	二萬四千四十	四千六百四十四
昆陽	一千一百六十三	一千六百五十五	二千九百五十	一萬一千七百	二千九百五十八
南海	一千四百二十二	一千五百十	三千三百四十	一萬四千八百九十	三千六百十六
泗川	一千四百八十七	一千八百九十一	二千一百七十	一萬一百二十	四千四十七
三嘉	一千一百八十三	一千七百二十六	二千九百七十	一萬六千九百五十	三千五百九十四
宜寧	四千一百八	一千九百七十八	六千四百六十	二萬七千九百九十	一萬三千九百五十六
山淸	九百七十八	一千二百七十	二千一百	八千八百三十	三千五百九十
安義	九百二十一	一千五百七十六	三千九百	一萬六千七百四十	三千七十
丹城	九百五十八	一千五百七十四	二千四百八十	九千六百六十	二千一百四

金海	四千四百六十七	五千七百八十六	五千六百八十	二萬四百七十	八千七百七十
昌原	二千六百七十	三千六百二十三	七千二百九十	二萬九千五百	七千三百十一
巨濟	一千三百五十	一千六百五十六	六千七百三十	二萬八千八百四十	三千二百十
咸安	四千四百二十九	二千四百三十七	四千五百十	二萬四百七十	六千一百三十一
固城	二千九百一	三千三百三十八	八千四百五十	三萬八千五百六十	六千三百六十四
熊川	八百六十九	九百二十一	三千九十	一萬五千七百三十	一千七百九十六
漆原	一千七百三十六	八百七十七	二千七百七十	一萬一千六十	二千七百二
鎭海	六百十九	七百七	一千一百十	三千五百八十	一千五百三十三

驛站

安奇道 琴召 雲山 松蹄(安東) 鐵坡 靑路 靑雲(義城)

三十二 (九十二)

梨田 文居 和睦(靑松) 角山(眞寶) 寧陽(寧海) ○長水道(新寧) 牛谷(義城) 靑通 淸景(永川) 阿火 牟梁 汝里 朝驛 仇於 鏡驛 仁庇 義谷(慶州) 華陽(河陽) 山驛(慈仁) 富平(蔚山) ○省峴道 鰲西 楡川 買田 西芝(淸道) 押梁(慶山) 凡於 琴川 古化 幽山(大邱) 雙山(玄風) 內野(昌寧) 一門 温井(靈山) ○黃山道 渭川 輪山(梁山) 無訖 金洞 龍駕 水安(密陽) 德山(金海) 蘆谷(慶州) 阿月 新明(機張) 肝谷 掘火(蔚山) 穪山 休山(東萊) 仍甫(慶州) ○松羅道(淸河) 南驛 酒登(盈德) 栖谷(寧海) 陸驛(慶州) 望昌(興海) 大松(迎日) 峯山(長鬐) ○昌樂道 竹洞(順興) 平恩 昌保(榮川) 倉泉 幽洞 安郊(安東) 道深(奉化) 宣安

禮安 通明 醴泉 ○丛谷道 聯城 聞慶 德通 咸昌 大隱 知保 龍宮
守山 醴泉 安溪 雙溪 比安 召溪 軍威 洛源 洛陽 洛西
洛平 洛東 長林 尙州 安谷 龜尾 延香 上林 善山
○金泉道 秋豐 文山 金山 楊川 扶桑 開寧 楊原 東
安 仁同 高平 漆谷 踏溪 安堰 茂溪 星州 安林 高靈 八鎭 草溪 金
陽 勸賓 陜川 茂村 星奇 省草 居昌 長谷 作乃 知禮 ○
沙斤道 蹄閑 咸陽 臨水 安義 正谷 山淸 碧溪 新安 丹城 有鄰
三嘉 安澗 召南 正守 晉州 新興 宜寧 栗原 馬田 橫浦
平沙 河東 ○召村道 平居 富多 文和 永昌 晉州 東
溪 官栗 泗川 浣紗 良浦 昆陽 德新 南海 松道 背屯 邱

三十三 (九十三)

墟 固城 烏壞 巨濟 常令 鎭海 指南 宜寧 ○自如道 新豐 近珠
安民 昌原 昌仁 靈浦 漆原 南驛 赤項 金谷 省法
太山 金海 報平 熊川 巴水 春谷 咸安 良洞 密陽 共一百六
十一驛 三等馬一十四百一匹 吏卒四萬二百七
十六名

烽燧

竹嶺 順興○北準丹陽所伊山 望前山 豐基 城內山 榮川 沙郎堂 順興 堂北
山 安東 龍岾山 奉化 昌八來山 榮川 祿轉山 禮安 開目山 峯枝
山 甘谷山 安東 馬山 鷄卵峴 城山 大也谷 蠅
院 義城 繩木山 甫吕峴 吐乙山 義興 餘音洞 新寧 仇吐峴

城山 城隍堂 永溪 方山 永川 朱砂峯 蝶布峴
高位山 蘇山 慶州 夫老山 彦陽 渭川山 梁山 鷄鳴山 荒嶺
山 東萊○東南合于干飛烏見下 龜峯 鷹峯 多大鎭○初起右陸路 〔烽間〕新石山
西合于峯枝山見上 藥山 安東 神法山 眞寶 廣山 大所山 寧海 別畔山
盈德 桃李山 淸河 知乙山 烏山 興海 大冬背 延日 鉢山 磊城
山 福吉 長鬐 杏山 下西知 慶州 南木川 川內 加里
山 蔚山 下山 爾吉 西生鎭 阿爾 南山 機張 干飛烏 東萊○初起○
西合于荒嶺山見上○右沿海○以上五十七處左兵營所管 〔烽間〕炭項 西準延豐之鷄立嶺 禪岩
山 聞慶 南山 咸昌 所山 西山 回龍山 尙州 所山 金山 城隍山
開寧 籃山 石峴 善山 件臺山 朴執山 仁同 角山 星山

三十四 (九十四)

伊夫老山 星州 望山 高靈 美崇山 陜川 彌陁山 草溪 可莫山 宜寧 巴
山 咸安 加乙浦 鎭海 曲山 天峙 牛山 彌勒山 固城 加羅
山 巨濟○初起○以上二十六處右兵營所管 〔烽間〕高城山 金山○西準黃澗之訥伊項 龜
山 知禮 巨末訖山 金貴山 居昌 所峴山 陜川 金城山 三嘉 笠岩
山 丹城 鷹濟山 望晉山 晉州 鞍岾山 泗川 角山 臺防山 晉州
錦山 南海○初起○西準本縣所乙山西合于全羅道順天突山島 〔烽間〕馬川山 大邱○西合于
星州角山見上 城山 大邱 末應德山 星州 所伊山 古風 太白山 昌寧 餘通
所山 靈山 安谷山 漆原 城隍山 昌原 高山 沙火郎 天城
鎭 熊川○初起 〔烽間〕匙山 河陽○北合于永川城隍堂見上 城山 慶山 法伊山 大邱
北山 南山 淸道 盆項 城隍 南山 栢山 密陽 子庵山

山城 者火也 全海○南準熊川天城鎮見上○以上三十七處右兵營所管 間烽 佐
耳山 固城○西合于晉州角山見上 蛇梁鎮主峯 固城○東準本縣中山見上 餘音
浦 昌原○東準熊川浚大郎見上○西準鎮海加乙浦見上 所屹山 南海○東準本縣錦山○西準
順天突山島見上 設權 閑背串 固城浦鎮 唐 柯乙串 助羅浦鎮 訥逸串 知世浦鎮
玉林山鎮 玉浦 登山 栗浦堡○四處巨濟 右 猿山 南海○于錦山 合 舊垈非
浦別望 固城○加 背梁別望 巨濟 彌助項別望 南海○于錦山 合 三十
元烽三十五 間烽九十 權設十
堡別望 固城○以上十處 只報本邑本鎮 共一百三十四處

摠數

坊面九百四十七 民戶三十三萬五千六百 人口
一百四十四萬七千八百 田十九萬八百三十四結 三十五(九十五)
畓十四萬六千一百十五結 軍保三十九萬二千六
百三 場市二百七十六 步撥十九 津渡五十八
牧場二十七 堤堰一千七百八十六 垌洑一千三
百三十九 封山 黃腸七 栗木五 松田三百七十六 竹田
七十二十 壇壝三 廟殿六 祠院七十二 倉庫
三百二十 營邑鎮驛 牧城社倉 漕倉三 昌原晉州密陽

大東地志卷十 終

원문